Springer-Lehrbuch

Armin Wachter

Relativistische Quantenmechanik

Mit 67 Abbildungen,
44 Aufgaben und vollständigen Lösungswegen

 Springer

Dr. Armin Wachter
Internet: www.wachter-hoeber.com
E-mail: awachter@wachter-hoeber.com

Bibliografische Information Der Deutschen Bibliothek
Die Deutsche Bibliothek verzeichnet diese Publikation in der Deutschen Nationalbibliografie; detaillierte
bibliografische Daten sind im Internet über <http://dnb.ddb.de> abrufbar.

ISBN 3-540-22922-1 **Springer Berlin Heidelberg New York**

Springer ist ein Unternehmen von Springer Science+Business Media
springer.de

© Springer-Verlag Berlin Heidelberg 2005

Satz: Digitale Druckvorlagen des Autors
Umschlaggestaltung: *design & production*, Heidelberg
Herstellung: PTP-Berlin Protago-T$_E$X-Production GmbH, Germany
Gedruckt auf säurefreiem Papier   56/3141/Yu – 5 4 3 2 1 0

Vorwort

Im Hinblick auf Fehler ist wiedergutmachen wichtiger als vorbeugen. Das ist der Kern der Philosophie der menschlichen Erkenntnis, die als kritischer Rationalismus bekannt ist und ihren vielleicht stärksten Niederschlag in den modernen Naturwissenschaften findet. Erkenntnis entwickelt sich demnach aus einer Folge von Vermutungen und Widerlegungen, von vorläufigen Problemlösungen, die durch kompromißlose und gründliche Prüfungen kontrolliert werden. Wichtig hierbei ist die Feststellung, daß gewonnene Erkenntnis nie verifizierbar, sondern allenfalls falsifizierbar ist. Mit anderen Worten: Eine naturwissenschaftliche Theorie kann höchstens als „nicht bewiesenermaßen falsch" angesehen werden, und zwar nur so lange, bis diese Theorie nachprüfbar falsche Vorhersagen liefert. Ein hinreichendes Kriterium für ihre Richtigkeit gibt es dagegen nicht.

Die Newtonsche Mechanik, zum Beispiel, konnte als „nicht bewiesenermaßen falsch" angesehen werden, bis Ende des 19. Jahrhunderts erstmals Experimente zur Messung der Lichtgeschwindigkeit durchgeführt wurden, die im Widerspruch zu den Vorhersagen von Newtons Theorie standen. Weil sich innerhalb Albert Einsteins spezieller Relativitätstheorie bis heute kein Widerspruch zur physikalischen Realität finden läßt (und diese Theorie darüber hinaus einfach im Sinne der ihr zugrundeliegenden Annahmen ist), wird die relativistische Mechanik zur Zeit als legitimer Nachfolger der Newtonschen Mechanik angesehen. Dies bedeutet nicht, daß deshalb die Newtonsche Mechanik völlig aufgegeben werden muß. Sie hat lediglich ihren fundamentalen Charakter verloren, weil ihr Gültigkeitsbereich nachweislich auf den Bereich kleiner Geschwindigkeiten im Vergleich zur Lichtgeschwindigkeit eingeschränkt ist.

Der Gültigkeitsbereich der Newtonschen Theorie wurde allerdings im ersten Jahrzehnt des 20. Jahrhunderts noch in anderer Hinsicht eingeschränkt, nämlich in Bezug auf die Größe der physikalischen Objekte, die sie beschreibt. In jener Zeit wurden Experimente durchgeführt, aus denen hervorging, daß sich mikroskopische Objekte wie Atome und Moleküle völlig anders verhalten als es die Newtonsche Mechanik vorhersagt. Die Theorie, die diesen neuartigen Phänomenen in besserer Weise Rechnung tragen konnte, war die im Folgejahrzehnt entwickelte nichtrelativistische Quantenmechanik. Von ihr war allerdings schon zum Zeitpunkt ihrer Entstehung abzusehen, daß sie ebenfalls

nur begrenzt gültig sein kann, eben weil sie die Prinzipien der Relativitätstheorie nicht berücksichtigt.

Heute, etwa ein Jahrhundert nach dem Aufkommen der nichtrelativistischen Quantentheorie, werden als „nicht bewiesenermaßen falsche" Theorien
zur Beschreibung mikroskopischer Naturerscheinungen sog. *Quantenfeldtheorien* angesehen. Sie zeichnen sich dadurch aus, daß sie

- lorentzkovariant formulierbar sind, also mit der speziellen Relativitätstheorie im Einklang stehen,

- Viel-Teilchentheorien mit unendlich vielen Freiheitsgraden sind und u.a.
  Teilchenerzeugungs- und -vernichtungsprozessen in qualitativ und quanti-
  tativ exzellenter Weise Rechnung tragen.

Der Weg zu diesen modernen Theorien verlief natürlich über einige Zwischen-
schritte. Man ging zunächst von der nichtrelativistischen Quantenmechanik
– mit der zugehörigen Ein-Teilchen-Wahrscheinlichkeitsinterpretation – aus
und versuchte, diese so zu erweitern, daß sie lorentzkovariant ist. Dies führte
als erstes zur *Klein-Gordon-Gleichung* als relativistische Beschreibung von
Spin-0-Teilchen. Mit dieser Gleichung war jedoch ein grundlegender Makel
verbunden. In ihr treten nämlich Lösungen mit negativer Energie auf. Abgesehen davon, daß sie sich a priori einer vernünftigen Interpretation zu entziehen scheinen, bedeutet ihre Existenz aus quantenmechanischer Sicht, daß
es z.B. keine stabilen Atome geben dürfte, da ein atomares Elektron durch
fortwährende Strahlungsübergänge auf immer tiefere Niveaus des nach unten unbeschränkten negativen Energiespektrums rutschen könnte. Ein weiteres Problem dieser Gleichung besteht in dem Fehlen einer positiv definiten
Wahrscheinlichkeitsdichte, welche für die gewohnte quantenmechanisch-statistische Deutung unerläßlich ist. Diese Schwierigkeiten waren der Grund
dafür, daß man lange Zeit nicht an einen physikalischen Sinn der Klein-
Gordon-Gleichung glaubte.

In dem Bestreben, an einer positiv definiten Wahrscheinlichkeitsdichte
festzuhalten, entwickelte Dirac stattdessen eine Gleichung zur Beschreibung
von Elektronen (allgemeiner: Spin-1/2-Teilchen), die allerdings auch Lösungen mit negativer Energie liefert. Hier war es jedoch aufgrund der guten
Übereinstimmung der Diracschen Vorhersagen mit experimentellen Befunden im niederenergetischen Bereich, wo die negativen Energielösungen vernachlässigt werden können (z.B. Energiespektrum des Wasserstoffatoms, gyromagnetisches Verhältnis des Elektrons), schwer möglich, den physikalischen
Sinn dieser Theorie völlig zu negieren.

Um die Elektronen innerhalb seiner Theorie vor einem Sturz in negative Energiezustände zu bewahren, führte Dirac einen Kunstgriff ein, die
sog. *Löchertheorie*. In ihr wird davon ausgegangen, daß das Vakuum aus
einem vollständig besetzten „See" von Elektronen mit negativer Energie besteht, der aufgrund des Paulischen Ausschließungsprinzips mit keinem weiteren Teilchen gefüllt werden kann. Diese neuartige Annahme ermöglicht

darüber hinaus eine (zumindest qualitativ akzeptable) Erklärung für Teilchenzahl ändernde Prozesse. So kann z.b. ein Elektron mit negativer Energie Strahlung absorbieren und in einen beobachtbaren Elektronzustand mit positiver Energie angeregt werden. Zusätzlich hinterläßt dieses Elektron ein Loch im See der negativen Energien, zeigt also die Abwesenheit eines Elektrons mit negativer Energie an, das von einem Beobachter relativ zum Vakuum als Anwesenheit eines Teilchens mit entgegengesetzter Ladung und entgegengesetzter (also positiver) Energie gedeutet wird. Dieser Prozeß der *Paarerzeugung* impliziert offensichtlich, daß es neben dem Elektron ein weiteres Teilchen geben muß, welches sich lediglich im Vorzeichen der Ladung vom Elektron unterscheidet (*Antiteilchen*). Dieses Teilchen, das sog. *Positron*, wurde kurze Zeit später tatsächlich gefunden und lieferte eine eindrucksvolle Bestätigung der Diracschen Idee. Heute weiß man, daß zu jedem Teilchen ein Antiteilchen mit umgekehrten (nicht unbedingt elektrischen) Ladungsquantenzahlen existiert.

In der Klein-Gordon-Theorie konnte schließlich das Problem des Fehlens einer positiv definiten Wahrscheinlichkeitsdichte umgangen werden, indem die Größen ρ und j als Ladungsdichte und Ladungsstromdichte uminterpretiert wurden (*Ladungsinterpretation*). Der Sturz von positiven Energiezuständen auf negative Niveaus ließ sich allerdings in diesem Fall nicht durch eine löchertheoretische Vorstellung beseitigen, da das Paulische Ausschließungsprinzip hier nicht greift und es deshalb keinen vollständig besetzten See von Spin-0-Teilchen mit negativer Energie geben kann.

Die Klein-Gordon- und Dirac-Theorie liefern experimentell verifizierbare Aussagen, solange man sich auf niederenergetische Phänomene beschränkt, bei denen Teilchenerzeugungs- und -vernichtungsprozesse keine Rolle spielen. Sobald man allerdings auch hochenergetische Prozesse einzubeziehen versucht, treten in beiden Theorien unweigerlich Mängel und Widersprüche zutage. Den erfolgreichsten, weil bisher in keinem Widerspruch zu experimentellen Erfahrungen stehenden Ausweg bietet aus heutiger Sicht, wie bereits erwähnt, der Übergang zu quantisierten Feldern, also zu Quantenfeldtheorien.

Dieses Buch greift einen Ausschnitt des soeben beschriebenen Erkenntnisprozesses heraus und beschäftigt sich mit den Theorien von Klein, Gordon und Dirac zur relativistischen Beschreibung von massiven, elektromagnetisch wechselwirkenden Spin-0- bzw. Spin-1/2-Teilchen, und zwar unter weitestgehender Ausklammerung quantenfeldtheoretischer Aspekte (relativistische Quantenmechanik „im engeren Sinne"). Hierbei steht vor allem die Beantwortung folgender Fragen im Vordergrund:

- Inwieweit lassen sich die Konzepte der nichtrelativistischen Quantenmechanik auf relativistische Quantentheorien übertragen?

- Wo liegen die Grenzen einer relativistischen Ein-Teilchen-Wahrscheinlichkeitsinterpretation?

- Welche Gemeinsamkeiten und Unterschiede bestehen zwischen der Klein-Gordon- und Dirac-Theorie?

- Wie lassen sich relativistische Streuprozesse, insbesondere solche mit Beteiligung von Paarerzeugungs- und -vernichtungseffekten, im Rahmen der Klein-Gordon- bzw. Dirac-Theorie beschreiben, ohne den Formalismus der Quantenfeldtheorie zu bemühen, und wo liegen hier die Grenzen?

Im Gegensatz zu manchen anderen Lehrbüchern, in denen die „reinen Theorien" von Klein, Gordon und Dirac zusammen mit deren Ein-Teilcheninterpretation zugunsten einer möglichst frühen Einführung der Feldquantisierung relativ schnell abgehandelt werden, betont das vorliegende Buch gerade diesen Standpunkt, um so ein tieferes Verständnis der damit verbundenen Probleme zu vermitteln und letztlich die Notwendigkeit von Quantenfeldtheorien zu motivieren.

Dieses Lehrbuch wendet sich somit an alle Studierenden der Physik, die an einer übersichtlich geordneten Darstellung der relativistischen Quantenmechanik „im engeren Sinne" und deren Abgrenzung zur weiterführenden Quantenfeldtheorie interessiert sind. Seinen Anspruch in Bezug auf Verständlichkeit und physikalische Einordnung priorisierend, bewegt sich dieses Buch mathematisch auf mittlerem Niveau und kann von jedem gelesen werden, der die theoretischen Kursvorlesungen zu den Gebieten der klassischen Mechanik, klassischen Elektrodynamik und nichtrelativistischen Quantenmechanik absolviert hat.

Das Buch ist in drei Kapitel plus Anhang aufgeteilt. Das erste Kapitel beschäftigt sich mit der Darlegung der Klein-Gordon-Theorie zur relativistischen Beschreibung von Spin-0-Teilchen. Der Schwerpunkt liegt dabei, wie bereits erwähnt, auf den Möglichkeiten und Grenzen der Ein-Teilcheninterpretation dieser Theorie im Sinne der gewohnten nichtrelativistischen Quantenmechanik. Darüber hinaus werden umfassende Symmetriebetrachtungen der Klein-Gordon-Theorie angestellt, ihre nichtrelativistische Näherung systematisch in Potenzen von v/c entwickelt und schließlich einige einfache Ein-Teilchensysteme diskutiert.

Im zweiten Kapitel behandeln wir die Dirac-Theorie zur relativistischen Beschreibung von Spin-1/2-Teilchen, wobei auch hier wieder großer Wert auf ihre Ein-Teilcheninterpretation gelegt wird. Beide Theorien, die ja aus bestimmten Erweiterungen der nichtrelativistischen Quantenmechanik hervorgehen, erlauben prinzipiell einen sehr direkten Eins-zu-Eins-Vergleich ihrer Eigenschaften. Dem wird in besonderer Weise dadurch Rechnung getragen, daß die einzelnen Abschnitte dieses Kapitels strukturell gleich aufgebaut sind wie diejenigen des ersten Kapitels – natürlich nur bis auf Dirac-spezifische Themen, wie z.B. die Löchertheorie oder den Spin, die an geeigneten Stellen gesondert betrachtet werden.

Das dritte Kapitel enthält die Beschreibung relativistischer Streuprozesse im Rahmen der Dirac- und, weiter hinten, der Klein-Gordon-Theorie. In Anlehnung an die nichtrelativistische Quantenmechanik werden relativistische Propagatorverfahren entwickelt und mit den bekannten Konzepten der Streuamplitude und des Wirkungsquerschnittes in Zusammenhang gebracht. Auf diese Weise entsteht ein Streuformalismus, mit dessen Hilfe sich sowohl Ein-Teilchenstreuungen in Anwesenheit eines elektromagnetischen Hintergrundfeldes als auch – mit entsprechenden Erweiterungen – Zwei-Teilchenstreuungen approximativ berechnen lassen. Anhand konkreter Betrachtungen von Streuprozessen in den niedrigsten Ordnungen werden die *Feynman-Regeln* entwickelt, die alle erforderlichen Rechnungen auf eine gemeinsame Grundlage stellen und graphisch formalisieren. Dabei muß betont werden, daß sich diese Regeln in ihrer Allgemeinheit nicht zwingend aus dem verwendeten Streuformalismus ergeben, sondern in höheren Ordnungen auch rein quantenfeldtheoretische Aspekte beinhalten. Genau an dieser Stelle geht dieses Buch also erstmalig über die relativistische Quantenmechanik „im engeren Sinne" hinaus! Die anschließende Diskussion der quantenfeldtheoretischen Korrekturen (allerdings ohne ihre tiefere Begründung) und deren exzellente Übereinstimmung mit experimentellen Befunden mag in diesem Buch als der vielleicht größte Motivator zur Beschäftigung mit Quantenfeldtheorien selbst, als theoretischem Fundament der Feynman-Regeln, dienen.

Wichtige Gleichungen und Zusammenhänge werden in Form von Definitions- und Satzkästen zusammengefaßt, um so dem Leser ein strukturiertes Lernen und schnelles Nachschlagen zu ermöglichen. Desweiteren befinden sich nach jedem Abschnitt eine Kurzzusammenfassung sowie einige Aufgaben (mit Lösungen), mit deren Hilfe das Verständnis des behandelten Stoffes überprüft werden kann. Der Anhang enthält eine kurze Zusammenstellung wichtiger Formeln und Konzepte.

Abschließend sei der Hoffnung Ausdruck verliehen, daß dieses Buch dazu beitragen möge, die Lücke zwischen der nichtrelativistischen Quantenmechanik und modernen Quantenfeldtheorien zu schließen und die Notwendigkeit quantisierter Felder durch Darlegung der relativistischen Quantenmechanik „im engeren Sinne" physikalisch verständlich zu motivieren.

Köln im Februar 2005   *Armin Wachter*

Inhaltsverzeichnis

Aufgabenverzeichnis

Relativistische Streutheorie

1. Relativistische Beschreibung von Spin-0-Teilchen

In diesem Kapitel beschäftigen wir uns mit der relativistischen Beschreibung von Spin-0-Teilchen im vorwortlich beschriebenen „engeren Sinne", d.h. auf der Grundlage einer adäquaten Erweiterung der nichtrelativistischen Quantenmechanik. Hierbei wollen wir soweit wie möglich an der Ein-Teilchen-Wahrscheinlichkeitsinterpretation der nichtrelativistischen Theorie festhalten. Bevor wir mit unserem Programm beginnen, bietet es sich an, die dieser Interpretation zugrundeliegenden Prinzipien wie folgt zusammenzufassen:

Satz 1.1: Prinzipien der nichtrelativistischen Quantenmechanik

1) Der quantenmechanische Zustand eines physikalischen Systems wird durch einen Zustandsvektor $|\psi(t)\rangle$ in einem komplexen unitären Hilbert-Raum $\mathcal{H}$ beschrieben. Auf diesem Raum ist ein positiv definites Skalarprodukt $\langle\psi|\varphi\rangle$ mit folgenden Eigenschaften definiert:

- $\langle\psi|\psi\rangle \geq 0$

- $\langle\psi|\varphi\rangle = \langle\varphi|\psi\rangle^{*}$

- $\langle\psi|\left(\lambda_1|\varphi_1\rangle + \lambda_2|\varphi_2\rangle\right) = \lambda_1\langle\psi|\varphi_1\rangle + \lambda_2\langle\psi|\varphi_2\rangle$
  $\left(\langle\psi_1|\lambda_1 + \langle\psi_2|\lambda_2\right)|\varphi\rangle = \lambda_1^{*}\langle\psi_1|\varphi\rangle + \lambda_2^{*}\langle\psi_2|\varphi\rangle$,
  mit $|\psi_{1,2}\rangle, |\varphi_{1,2}\rangle \in \mathcal{H}$, $\lambda_{1,2} \in \mathbf{C}$.

2) Physikalische Observable sind Größen, die experimentell gemessen werden können. Sie werden i.d.R. durch hermitesche Operatoren – mit reellen Eigenwerten und einer vollständigen, orthogonalen Eigenbasis – beschrieben. Den unabhängigen klassischen Größen Ort x_i und Impuls p_i entsprechen die Operatoren $\hat{x}_i$ und $\hat{p}_i$, für die folgende Kommutatorrelationen gelten:

$$[\hat{x}_i, \hat{x}_j] = [\hat{p}_i, \hat{p}_j] = 0 \ , \ [\hat{x}_i, \hat{p}_j] = \mathrm{i}\hbar\delta_{ij} \ , \ i,j = 1,2,3 \ .$$

Die zu den klassischen dynamischen Variablen $\Omega(x_i, p_i)$ korrespondierenden hermiteschen Operatoren ergeben sich aus der Zuordnung

$$\hat{\Omega} = \Omega(x_i \rightarrow \hat{x}_i, p_i \rightarrow \hat{p}_i) \ .$$

$\triangleright$

Es gibt jedoch auch Observable ohne klassisches Analogon wie z.B. den Spin.

3) Jeder Zustandsvektor $|\psi\rangle$ läßt sich nach der orthonormierten Eigenbasis $\{|\omega_i\rangle\}$ einer Observablen $\hat{\Omega}$ entwickeln:

$$|\psi\rangle = \sum_i |\omega_i\rangle \langle\omega_i|\psi\rangle \ , \ \hat{\Omega}|\omega_i\rangle = \omega_i|\omega_i\rangle \ , \ \langle\omega_i|\omega_j\rangle = \delta_{ij} \ .$$

Eine Messung der zum Operator $\hat{\Omega}$ korrespondierenden dynamischen Variable ergibt einen seiner Eigenwerte ω_i mit der Wahrscheinlichkeit

$$W(\omega_i) = \frac{|\langle\omega_i|\psi\rangle|^2}{\langle\psi|\psi\rangle} \ .$$

Der statistische Mittelwert (Erwartungswert) der Observablen $\hat{\Omega}$, der sich aus einer großen Anzahl von gleichartigen Messungen identischer Systeme ergibt, lautet bei Normierung von $|\psi\rangle$ auf $\langle\psi|\psi\rangle = 1$

$$\langle\hat{\Omega}\rangle = \langle\psi|\hat{\Omega}\psi\rangle = \langle\psi|\hat{\Omega}|\psi\rangle \ .$$

4) Der Zustandsvektor $|\psi(t)\rangle$ genügt der Schrödinger-Gleichung

$$i\hbar\frac{d\,|\psi(t)\rangle}{dt} = \hat{H}\,|\psi(t)\rangle \ .$$

Hierbei ist $\hat{H}$ der hermitesche Operator der Gesamtenergie (Hamilton-Operator). Im einfachsten Fall ergibt er sich aus der Hamilton-Funktion des korrespondierenden klassischen Systems:

$$\hat{H} = H(x_i \to \hat{x}_i, p_i \to \hat{p}_i) \ .$$

Aus der Hermitezität von $\hat{H}$ folgt der Erhaltungssatz $d\langle\psi|\psi\rangle/dt = 0$.

Diese, im Schrödinger-Bild formulierten quantenmechanischen Grundsätze lassen sich durch die Wahl einer bestimmten Darstellung (einer bestimmten Basis) weiter konkretisieren. In der Ortsdarstellung, die wir im weiteren Verlauf fast ausschließlich betrachten werden, wird der abstrakte Zustandsvektor $|\psi(t)\rangle$ durch eine Wellenfunktion $\psi(\boldsymbol{x}, t)$ repräsentiert, welche alle raumzeitlichen und sonstigen Informationen des zu beschreibenden physikalischen Systems enthält. Die Größe $|\psi(\boldsymbol{x}, t)|^2$ wird als Wahrscheinlichkeitsmaß dafür interpretiert, das physikalische System am Raumzeitpunkt $(\boldsymbol{x}, t)$ vorzufinden. Orts- und Impulsoperator sind in dieser Darstellung gegeben durch

$$\hat{x}_i = x_i \ , \ \hat{p}_i = -i\hbar\frac{\partial}{\partial x_i} \ .$$

Die entsprechenden Ausdrücke für das Skalarprodukt und den Erwartungswert einer Observablen $\hat{\Omega}$ lauten

$$\langle \psi | \varphi \rangle = \int d^3x \psi^\dagger \varphi \; , \; \langle \psi | \hat{\Omega} | \psi \rangle = \int d^3x \psi^\dagger \hat{\Omega} \psi \; .$$

Hieraus und aus dem o.g. vierten Grundsatz folgt die für die statistische Ein-Teilcheninterpretation notwendige Erhaltung der Gesamtwahrscheinlichkeit

$$\frac{d}{dt} \int d^3x |\psi(\boldsymbol{x}, t)|^2 = 0 \; .$$

Angesichts dieser Prinzipien – insbesondere der letzten Beziehung, welche die Erhaltung der Teilchenzahl bzw. die Erhaltung des einen betrachteten Teilchens zum Ausdruck bringt – lassen sich bereits schon jetzt einige grundsätzliche Aussagen darüber treffen, inwieweit eine relativistische Erweiterung des Ein-Teilchenkonzeptes überhaupt möglich ist.

- Wegen der Möglichkeit der Teilchenerzeugung bei Wechselwirkungsenergien, die mindestens gleich der Ruheenergie des betrachteten Teilchens sind, ist der Gültigkeitsbereich der zu entwickelnden Ein-Teilchentheorie auf Teilchenenergien E, Teilchenimpulse $\boldsymbol{p}$ und elektromagnetische Wechselwirkungspotentiale A^μ beschränkt, für die gilt

$$|E - m_0 c^2| < m_0 c^2 \; , \; |\boldsymbol{p}|, \left| \frac{e}{c} A^\mu \right| < m_0 c \; , \; \Delta E \ll m_0 c^2 \; , \; \Delta p \ll m_0 c \; ,$$

wobei m_0 die Ruhemasse des Teilchens bezeichnet. Dies ist gerade der Bereich der *nichtrelativistischen Näherung*.

- Aufgrund dieser Einschränkungen und der Heisenbergschen Unschärferelation folgt

$$\Delta x \geq \frac{\hbar}{\Delta p} \gg \frac{\hbar}{m_0 c} \; .$$

Dies bedeutet, daß ein relativistisches Teilchen nicht genauer lokalisiert sein darf als auf ein Gebiet, dessen lineare Ausdehnung groß ist im Vergleich zur *Compton-Wellenlänge* $\lambda_c = \hbar/(m_0 c)$ des Teilchens.

Diese Punkte werden wir bei der nun folgenden Diskussion der Klein-Gordon-Theorie (wie auch bei der Behandlung der Dirac-Theorie im nächsten Kapitel) besonders berücksichtigen und weiter konkretisieren.

Im ersten Abschnitt dieses Kapitels werden die Grundzüge der Klein-Gordon-Theorie zur relativistischen Beschreibung von Spin-0-Teilchen entwickelt. Hierbei werden wir u.a. mit negativen Energiezuständen konfrontiert, die sich mit Hilfe der Transformation der *Ladungskonjugation* mit *Antiteilchen* in Verbindung bringen lassen. Der zweite Abschnitt beschäftigt sich mit den Symmetrieeigenschaften der Klein-Gordon-Theorie. Neben den kontinuierlichen Symmetrietransformationen sind hier insbesondere auch die diskreten Symmetrien von Interesse, weil sie uns zu einem tieferen Verständnis der negativen Energielösungen führen werden. Im dritten Abschnitt erweitern und vervollständigen wir das Ein-Teilchenbild der Klein-Gordon-Theorie. Durch Einführung eines *verallgemeinerten Skalarproduktes* modifizieren wir den nichtrelativistisch-quantenmechanischen Rahmen dergestalt, daß eine konsistente Ein-Teilcheninterpretation möglich wird. Wir diskutieren ferner den Gültigkeitsbereich des Klein-Gordonschen Ein-Teilchenbildes und zeigen einige Interpretationsschwierigkeiten auf, die sich außerhalb dieses Bereiches ergeben. Der vierte Abschnitt behandelt die nichtrelativistische Näherung der Klein-Gordon-Theorie. Es wird zunächst der nichtrelativistische Grenzfall diskutiert, der erwartungsgemäß zu den Gesetzmäßigkeiten der nichtrelativistischen Quantenmechanik führt. Im Anschluß werden (höhere) relativistische Korrekturen einbezogen, indem die Klein-Gordon-Gleichung mittels des *Fouldy-Wouthuysen-Verfahrens* in Potenzen von v/c entwickelt wird. Dieses Kapitel endet mit dem fünften Abschnitt, wo wir einige einfache Klein-Gordonsche Ein-Teilchensysteme betrachten, und zwar auch vor dem Hintergrund einer konsistenten Ein-Teilcheninterpretation.

Anmerkung. Um Mißverständnisse zu vermeiden, weisen wir darauf hin, daß im weiteren Verlauf die Begriffe „Wellenfunktion", „Lösung" und „Zustand" synonym verwendet werden. Sie alle beziehen sich auf die Lösungsfunktionen der Klein-Gordonschen Wellengleichung. Die in der Natur realisierten und beobachtbaren Zustände nennen wir dagegen „(Anti-)Teilchen". Das Kennzeichen „ ˆ " für quantenmechanische Operatoren wird nachfolgend unterdrückt.

1.1 Klein-Gordon-Gleichung

Wir beginnen unsere Diskussion der Klein-Gordon-Theorie mit dem Aufstellen der Klein-Gordon-Gleichung in kanonischer Form. Hierbei stoßen wir sofort auf zwei neuartige Phänomene, die sich im Rahmen der gewohnten quantenmechanischen Betrachtungsweise einer vernünftigen Interpretation zu entziehen scheinen, nämlich die Existenz von negativen Energielösungen und das Fehlen einer positiv definiten Wahrscheinlichkeitsdichte. Anschließend überführen wir die kanonische Gleichung in Hamiltonsche bzw. Schrödingersche Form, die sich für viele Folgebetrachtungen als sehr nützlich erweisen wird. Zum Schluß kommen wir auf die o.g. zwei Phänomene zurück und entwickeln hierfür mit Hilfe der Transformation der Ladungskonjugation eine physikalisch akzeptable Deutung.

1.1.1 Kanonische und lorentzkovariante Formulierung der Klein-Gordon-Gleichung

In der nichtrelativistischen Quantenmechanik ist der Ausgangspunkt die Energie-Impuls-Beziehung

$$E = \frac{\boldsymbol{p}^2}{2m} \ ,$$

welche durch die Korrespondenzregel

$$E \longrightarrow i\hbar \frac{\partial}{\partial t} \ , \ \boldsymbol{p} \longrightarrow -i\hbar \boldsymbol{\nabla} \Longleftrightarrow p^\mu \longrightarrow i\hbar \partial^\mu \quad \text{(Viererimpuls)}$$

auf die Schrödinger-Gleichung für freie Teilchen,

$$i\hbar \frac{\partial \psi(\boldsymbol{x},t)}{\partial t} = -\frac{\hbar^2}{2m} \boldsymbol{\nabla}^2 \psi(\boldsymbol{x},t) \ ,$$

führt. Diese Gleichung ist aufgrund der unterschiedlichen Ordnungen der zeitlichen und räumlichen Ableitungen nicht lorentzkovariant (siehe Fußnote 1 auf Seite 372 im Anhang A.1). Das heißt sie ändert ihre Struktur beim Übergang von einem Inertialsystem zu einem anderen und steht somit im Widerspruch zum Relativitätsprinzip. Um zu einer relativistisch-quantenmechanischen Wellengleichung zu gelangen, bietet es sich daher an, von der entsprechenden relativistischen Energie-Impuls-Beziehung

$$E = \sqrt{c^2 \boldsymbol{p}^2 + m_0^2 c^4} \tag{1.1}$$

für freie Teilchen auszugehen, wobei m_0 die Ruhemasse des betrachteten Teilchens bezeichnet. Dies führt mit obiger Ersetzung zu der Gleichung

$$i\hbar \frac{\partial \phi(x)}{\partial t} = \left(-c^2 \hbar^2 \boldsymbol{\nabla}^2 + m_0^2 c^4\right)^{1/2} \phi(x) \ , \ x = (x^\mu) \ .$$

Diese Beziehung weist jedoch zwei schwerwiegende Mängel auf. Einerseits ist wegen des unsymmetrischen Auftretens der Raum- und Zeitableitungen die relativistische Forminvarianz mit ihren Konsequenzen schwer zu überblicken. Andererseits ist der Operator auf der rechten Seite eine Quadratwurzel, deren Entwicklung zu einer hochgradig nichtlokalen Theorie führt.

Freie Klein-Gordon-Gleichung. Beide Schwierigkeiten können umgangen werden, indem man die quadratische Form von (1.1) zugrunde legt, also

$$E^2 = c^2 \boldsymbol{p}^2 + m_0^2 c^4 \Longleftrightarrow p_0^2 - \boldsymbol{p}^2 = p_\mu p^\mu = m_0^2 c^2 \ .$$

In diesem Fall erhält man mit obiger Korrespondenzregel die *freie Klein-Gordon-Gleichung in kanonischer Form*,

$$-\hbar^2 \frac{\partial^2 \phi(x)}{\partial t^2} = \left(-c^2 \hbar^2 \boldsymbol{\nabla}^2 + m_0^2 c^4\right) \phi(x) \ , \ x = (x^\mu) \ , \tag{1.2}$$

die sich sofort in manifest lorentzkovarianter Form schreiben läßt,

$$\left(p_\mu p^\mu - m_0^2 c^2\right) \phi(x) = 0 \ , \tag{1.3}$$

so daß hierin z.B. das Transformationsverhalten der Wellenfunktion ϕ bei einem Wechsel des Bezugssystems leicht abzusehen ist. Diese Gleichung wurde von Erwin Schrödinger selbst im Jahre 1926 als relativistische Verallgemeinerung der Schrödinger-Gleichung vorgeschlagen und in der Folgezeit von Oskar Benjamin Klein und Walter Gordon im Detail studiert.

Als erstes ist festzustellen, daß die Klein-Gordon-Gleichung im Gegensatz zur Schrödinger-Gleichung eine partielle Differentialgleichung zweiter Ordnung in der Zeit ist, d.h. zur eindeutigen Spezifikation eines Klein-Gordon-Zustandes benötigt man die Anfangswerte $\phi(x)$ und $\partial \phi(x)/\partial t$. Desweiteren ist zu erkennen, daß die Klein-Gordon-Gleichung zur Beschreibung von Spin-0-Teilchen (spinlose *Bosonen*) geeignet erscheint, weil ϕ eine skalare Funktion ist und keine inneren Freiheitsgrade besitzt, bzw. weil der in (1.3) stehende Operator nur auf die äußeren Freiheitsgrade (Raumzeitkoordinaten) von ϕ wirkt.

Die freien Lösungen von (1.2) bzw. (1.3) mit definiertem Impuls lassen sich leicht finden und lauten

$$\phi_{\boldsymbol{p}}^{(1)}(x) = e^{-i(cp_0 t - \boldsymbol{px})/\hbar} \; , \; p_0 = +\sqrt{\boldsymbol{p}^2 + m_0^2 c^2} > 0$$

$$\phi_{\boldsymbol{p}}^{(2)}(x) = e^{+i(cp_0 t - \boldsymbol{px})/\hbar}$$

bzw.

$$\phi_{\boldsymbol{p}}^{(r)}(x) = e^{-i\epsilon_r p_\mu x^\mu/\hbar} \; , \; \epsilon_r = \begin{cases} +1 \text{ für } r = 1 \\ -1 \text{ für } r = 2 \; , \end{cases}$$

wobei wir hier und im weiteren Verlauf mit p_0 stets die positive Wurzel bezeichnen. Offensichtlich besitzt die Klein-Gordon-Gleichung neben Lösungen mit positiven Energieeigenwerten $E = +cp_0$ auch solche mit negativen Energieeigenwerten $E = -cp_0$, die durch das „verbotene" Energieintervall $]-m_0 c^2 : m_0 c^2[$ voneinander getrennt sind.[1] Während sich für die positiven Lösungen die Interpretation als Teilchenwellenfunktion anbietet, ist die physikalische Bedeutung der negativen Lösungen a priori unklar, was die Klein-Gordon-Theorie als relativistische Verallgemeinerung der Schrödinger-Theorie zunächst unattraktiv erscheinen läßt. Wie wir im weiteren Verlauf jedoch sehen werden, können die negativen Lösungen mit *Antiteilchen* in Verbindung gebracht werden, die in der Natur auch beobachtet werden, so daß sich hier in der Tat eine fruchtbare Erweiterung der nichtrelativistischen Theorie andeutet. Hiermit hängt übrigens auch zusammen, daß wir $\phi_{\boldsymbol{p}}^{(2)}(x)$ als negative Lösung mit Impulsindex $\boldsymbol{p}$ betrachten, obwohl sie den Impulseigenwert $-\boldsymbol{p}$ besitzt.

Wir greifen das Interpretationsproblem der negativen Energien später wieder auf und untersuchen im folgenden zunächst weitere Eigenschaften der Klein-Gordon-Gleichung.

Wechselwirkung mit elektromagnetischen Feldern, Eichinvarianz. Die Wechselwirkung eines relativistischen Spin-0-Teilchens mit einem elektromagnetischen Feld läßt sich wie in der Schrödingerschen Theorie durch folgende Operatorersetzung, der sog. *minimalen Kopplung*, in der freien Klein-Gordon-Gleichung berücksichtigen:

$$i\hbar \frac{\partial}{\partial t} \longrightarrow i\hbar \frac{\partial}{\partial t} - eA^0 \; , \; \frac{\hbar}{i}\boldsymbol{\nabla} \longrightarrow \frac{\hbar}{i}\boldsymbol{\nabla} - \frac{e}{c}\boldsymbol{A} \Longleftrightarrow p^\mu \longrightarrow p^\mu - \frac{e}{c}A^\mu \; ,$$

---

[1] Im weiteren Verlauf werden die Lösungen, deren Energieeigenwerte sich oberhalb des verbotenen Intervalls befinden (nach unten beschränkt sind), *positive Lösungen* und entsprechend diejenigen Lösungen, deren Energieeigenwerte sich unterhalb des verbotenen Intervalls befinden (nach oben beschränkt sind), *negative Lösungen* genannt.

wobei $(A^\mu) = \begin{pmatrix} A^0 \\ \boldsymbol{A} \end{pmatrix}$ das elektromagnetische Viererpotential und e die elektrische Ladung des betrachteten Teilchens bezeichnen. Hiermit gehen (1.2) und (1.3) schließlich über in[2]

$$\left[\left(i\hbar \frac{\partial}{\partial t} - eA^0 \right)^2 - c^2 \left(\frac{\hbar}{i} \boldsymbol{\nabla} - \frac{e}{c} \boldsymbol{A} \right)^2 - m_0^2 c^4 \right] \phi = 0 \tag{1.4}$$

bzw.

$$\left[\left(p_\mu - \frac{e}{c} A_\mu \right) \left(p^\mu - \frac{e}{c} A^\mu \right) - m_0^2 c^2 \right] \phi = 0 \ . \tag{1.5}$$

Bekanntlich sind die Maxwellschen Gleichungen invariant unter lokalen Eichtransformationen der Art

$$A^0 \longrightarrow A'^0 = A^0 - \frac{1}{c} \frac{\partial \chi}{\partial t} \ , \ \boldsymbol{A} \longrightarrow \boldsymbol{A}' = \boldsymbol{A} + \boldsymbol{\nabla} \chi$$

bzw.

$$A^\mu \longrightarrow A'^\mu = A^\mu - \partial^\mu \chi \ , \tag{1.6}$$

wobei $\chi = \chi(x)$ eine beliebige reelle skalare Funktion der Raumzeitkoordinaten bezeichnet. Diese lokale Eichinvarianz läßt sich wie in der nichtrelativistischen Theorie auf die Klein-Gordon-Gleichung (1.4) bzw. (1.5) übertragen, indem die Wellenfunktion ϕ durch Multiplikation einer Phase geeignet mittransformiert wird:

$$\phi(x) \longrightarrow \phi'(x) = e^{i\Lambda(x)} \phi(x) \ . \tag{1.7}$$

Um die Funktion Λ zu finden, drücken wir (1.5) durch die gestrichenen Größen aus und rechnen wie folgt:

$$\begin{aligned}
0 &= \left[\left(p_\mu - \frac{e}{c} A'_\mu - \frac{e}{c} \partial_\mu \chi \right) \left(p^\mu - \frac{e}{c} A'^\mu - \frac{e}{c} \partial^\mu \chi \right) - m_0^2 c^2 \right] \phi' e^{-i\Lambda} \\
&= \left[\left(p_\mu - \frac{e}{c} A'_\mu - \frac{e}{c} \partial_\mu \chi \right) e^{-i\Lambda} \left(p^\mu - \frac{e}{c} A'^\mu - \frac{e}{c} \partial^\mu \chi + \hbar \partial^\mu \Lambda \right) \right. \\
&\quad \left. - m_0^2 c^2 e^{-i\Lambda} \right] \phi' \\
&= e^{-i\Lambda} \left[\left(p_\mu - \frac{e}{c} A'_\mu - \frac{e}{c} \partial_\mu \chi + \hbar \partial_\mu \Lambda \right) \left(p^\mu - \frac{e}{c} A'^\mu - \frac{e}{c} \partial^\mu \chi + \hbar \partial^\mu \Lambda \right) \right. \\
&\quad \left. - m_0^2 c^2 \right] \phi' \ . \tag{1.8}
\end{aligned}$$

Mit der Wahl

$$\Lambda(x) = \frac{e}{\hbar c} \chi(x) \tag{1.9}$$

---

[2] Die minimale Kopplung ist allenfalls für punktförmige, strukturlose Spin-0-Teilchen korrekt, die bisher in der Natur allerdings nicht beobachtet wurden. Prinzipiell sind daher zusätzliche (phänomenologisch motivierte) Terme der Form $\lambda F_{\mu\nu} F^{\mu\nu} \phi$ mit $F^{\mu\nu} = \partial^\mu A^\nu - \partial^\nu A^\mu$ in (1.5) in Betracht zu ziehen.

geht (1.8) über in die zur Klein-Gordon-Gleichung (1.5) formgleiche Gleichung

$$\left[\left(p_\mu - \frac{e}{c}A'_\mu\right)\left(p^\mu - \frac{e}{c}A'^\mu\right) - m_0^2 c^2\right]\phi' = 0 \ .$$

Da physikalische Observable durch Bilinearformen der Art $\langle\phi|\dots|\phi\rangle$ repräsentiert werden, spielt ein gemeinsamer gleicher Phasenfaktor in ϕ keine Rolle. Die Klein-Gordon-Gleichung mit minimaler Kopplung ist deshalb unter lokalen Eichtransformationen des elektromagnetischen Feldes invariant.[3]

Kontinuitätsgleichung. Multipliziert man (1.4) bzw. (1.5) von links mit ϕ^* und subtrahiert davon im Anschluß das komplex Konjugierte, dann ergibt sich eine Kontinuitätsgleichung der Form

$$\frac{\partial\rho(x)}{\partial t} + \boldsymbol{\nabla}\boldsymbol{j}(x) = 0 \ , \tag{1.10}$$

mit

$$\rho(x) = \frac{i\hbar}{2m_0 c^2}\left[\phi^*\frac{\partial\phi}{\partial t} - \left(\frac{\partial\phi^*}{\partial t}\right)\phi\right] - \frac{e}{m_0 c^2}A^0\phi^*\phi$$

$$\boldsymbol{j}(x) = -\frac{i\hbar}{2m_0}[\phi^*\boldsymbol{\nabla}\phi - (\boldsymbol{\nabla}\phi^*)\phi] - \frac{e}{m_0 c}\boldsymbol{A}\phi^*\phi \ .$$

Oder in lorentzkovarianter Darstellung:

$$\partial_\mu j^\mu(x) = 0 \ , \ j^\mu = \frac{i\hbar}{2m_0}(\phi^*\partial^\mu\phi - \phi\partial^\mu\phi^*) - \frac{e}{m_0 c}A^\mu\phi^*\phi \ , \ (j^\mu) = \begin{pmatrix} c\rho \\ \boldsymbol{j} \end{pmatrix} \ .$$

Hierbei wurde ein Overall-Faktor in ρ und $\boldsymbol{j}$ aus Analogiegründen zur nichtrelativistischen Quantenmechanik eingefügt. Wie üblich folgt aus (1.10) durch Integration über den gesamten Raum der Erhaltungssatz

$$Q = \int \mathrm{d}^3 x \rho(x) = \text{const} \ .$$

Offensichtlich ist $\rho(x)$ nicht positiv definit, weil ϕ und $\partial\phi/\partial t$ zu einem gegebenen Zeitpunkt t willkürliche Werte annehmen können, so daß ρ und $\boldsymbol{j}$ als Wahrscheinlichkeitsgrößen nicht interpretiert werden können. Diese Schwierigkeit führte zusammen mit der Existenz von negativen Lösungen dazu, daß man die Klein-Gordon-Gleichung zunächst verwarf und stattdessen nach einer relativistischen Wellengleichung von erster Ordnung in der Zeit und mit positiv definiter Wahrscheinlichkeitsdichte suchte, die durch Dirac dann auch gefunden wurde. Wir wir in Kapitel 2 sehen werden, liefert allerdings auch die Dirac-Gleichung Lösungen mit negativen Energieeigenwerten.

---

[3] Bemerkenswerterweise ist die Transformation (1.7) zusammen mit (1.9) gleich derjenigen, die auch in der nichtrelativistischen Theorie zur Eichinvarianz der Schrödinger-Gleichung führt.

Wir fassen unsere bisherigen Ergebnisse wie folgt zusammen:

**Satz 1.2: Klein-Gordon-Gleichung
in kanonischer und lorentzkovarianter Form**

Die relativistische Verallgemeinerung der Schrödinger-Gleichung für Spin-0-Teilchen ist die Klein-Gordon-Gleichung. Sie lautet für ein minimal angekoppeltes elektromagnetisches Feld

$$\left[\left(i\hbar \frac{\partial}{\partial t} - eA^0 \right)^2 - c^2 \left(\frac{\hbar}{i}\boldsymbol{\nabla} - \frac{e}{c}\boldsymbol{A} \right)^2 - m_0^2 c^4 \right] \phi(x) = 0 \tag{1.11}$$

bzw. in manifest lorentzkovarianter Notation

$$\left[\left(p_\mu - \frac{e}{c}A_\mu \right) \left(p^\mu - \frac{e}{c}A^\mu \right) - m_0^2 c^2 \right] \phi(x) = 0 \ , \tag{1.12}$$

wobei m_0 die Ruhemasse und e die elektrische Ladung des Teilchens bezeichnen. Diese Gleichungen sind invariant unter lokalen Eichtransformationen des elektromagnetischen Feldes. Aus der Klein-Gordon-Gleichung folgt die Kontinuitätsgleichung

$$\partial_\mu j^\mu = 0 \ , \ (j^\mu) = \begin{pmatrix} c\rho \\ \boldsymbol{j} \end{pmatrix} \ ,$$

mit

$$\left. \begin{aligned} \rho(x) &= \frac{i\hbar}{2m_0 c^2} \left[\phi^* \frac{\partial \phi}{\partial t} - \left(\frac{\partial \phi^*}{\partial t} \right) \phi \right] - \frac{e}{m_0 c^2} A^0 \phi^* \phi \\ \boldsymbol{j}(x) &= -\frac{i\hbar}{2m_0} \left[\phi^* \boldsymbol{\nabla}\phi - (\boldsymbol{\nabla}\phi^*)\phi \right] - \frac{e}{m_0 c} \boldsymbol{A}\phi^* \phi \ , \end{aligned} \right\} \tag{1.13}$$

sowie der Erhaltungssatz

$$Q = \int d^3 x \rho(x) = \text{const} \ .$$

Die Lösungen der freien Klein-Gordon-Gleichung ($A^\mu = 0$) lauten

$$\phi_{\boldsymbol{p}}^{(r)}(x) = \frac{1}{(2\pi\hbar)^{3/2}} \sqrt{\frac{m_0 c}{p_0}} e^{-i\epsilon_r p_\mu x^\mu / \hbar} \ , \ p_0 = +\sqrt{\boldsymbol{p}^2 + m_0^2 c^2} \ ,$$

mit dem Impulseigenwert $+\boldsymbol{p}$ (für $r = 1$) bzw. $-\boldsymbol{p}$ (für $r = 2$). Sie sind bzgl. der sich aus ρ ergebenden Normierung (für freie Teilchen) in folgender Weise normiert:

$$\frac{i\hbar}{2m_0 c^2} \int d^3 x \left[\phi_{\boldsymbol{p}}^{(r)*} \frac{\partial \phi_{\boldsymbol{p}'}^{(r')}}{\partial t} - \left(\frac{\partial \phi_{\boldsymbol{p}}^{(r)*}}{\partial t} \right) \phi_{\boldsymbol{p}'}^{(r')} \right] = \epsilon_r \delta_{rr'} \delta(\boldsymbol{p} - \boldsymbol{p}') \ .$$

1.1.2 Hamiltonsche Formulierung der Klein-Gordon-Gleichung

Für unsere weitere Diskussion ist es nützlich, die Klein-Gordon-Gleichung aus Satz 1.2, die ja eine Differentialgleichung zweiter Ordnung in der Zeit ist, in ein System von gekoppelten Differentialgleichungen von erster Ordnung in der Zeit zu überführen. Dies hat den Vorteil, daß sie eine Schrödinger-artige Form erhält, in der sich analog zur nichtrelativistischen Theorie ein Hamilton-Operator identifizieren läßt. Zu diesem Zweck gehen wir von der Klein-Gordon-Gleichung (1.11) aus und schreiben sie durch Einführung von

$$\phi = \varphi + \chi \ , \ \left(i\hbar \frac{\partial}{\partial t} - eA^0 \right) \phi = m_0 c^2 (\varphi - \chi) \tag{1.14}$$

$$\Longrightarrow \begin{cases} \varphi = \dfrac{1}{2m_0 c^2} \left(m_0 c^2 + i\hbar \dfrac{\partial}{\partial t} - eA^0 \right) \phi \\[3mm] \chi = \dfrac{1}{2m_0 c^2} \left(m_0 c^2 - i\hbar \dfrac{\partial}{\partial t} + eA^0 \right) \phi \end{cases} \tag{1.15}$$

um zu

$$\left(i\hbar \frac{\partial}{\partial t} - eA^0 \right) (\varphi + \chi) = m_0 c^2 (\varphi - \chi)$$

$$\left(i\hbar \frac{\partial}{\partial t} - eA^0 \right) (\varphi - \chi) = \left[\frac{1}{m_0} \left(\boldsymbol{p} - \frac{e}{c} \boldsymbol{A} \right)^2 + m_0 c^2 \right] (\varphi + \chi) \ .$$

Addition und Subtraktion dieser beiden Gleichungen führt auf das zu (1.11) äquivalente gekoppelte Differentialgleichungssystem von erster zeitlicher Ordnung,

$$i\hbar \frac{\partial \varphi}{\partial t} = \frac{1}{2m_0} \left(\boldsymbol{p} - \frac{e}{c} \boldsymbol{A} \right)^2 (\varphi + \chi) + (m_0 c^2 + eA^0) \varphi$$

$$i\hbar \frac{\partial \chi}{\partial t} = -\frac{1}{2m_0} \left(\boldsymbol{p} - \frac{e}{c} \boldsymbol{A} \right)^2 (\varphi + \chi) - (m_0 c^2 - eA^0) \chi \ .$$

Durch die Zusammenfassung

$$\psi = \begin{pmatrix} \varphi \\ \chi \end{pmatrix}$$

ergibt sich schließlich die *Klein-Gordon-Gleichung in Hamiltonscher Form*

$$i\hbar \frac{\partial \psi}{\partial t} = H\psi \ , \ H = \frac{\tau_3 + i\tau_2}{2m_0} \left(\boldsymbol{p} - \frac{e}{c} \boldsymbol{A} \right)^2 + \tau_3 m_0 c^2 + eA^0 \ .$$

Hierbei bezeichnen

$$\tau_1 = \begin{pmatrix} 0 & 1 \\ 1 & 0 \end{pmatrix} \ , \ \tau_2 = \begin{pmatrix} 0 & -i \\ i & 0 \end{pmatrix} \ , \ \tau_3 = \begin{pmatrix} 1 & 0 \\ 0 & -1 \end{pmatrix}$$

die *Pauli-Matrizen*, die folgender Algebra gehorchen:

$$\tau_i \tau_j = i\epsilon_{ijk} \tau_k + \delta_{ij} \ , \ [\tau_i, \tau_j] = 2i\epsilon_{ijk} \tau_k \ , \ \{\tau_i, \tau_j\} = 2\delta_{ij} \ .$$

Für die Lösungen der freien Klein-Gordon-Gleichung

$$\mathrm{i}\hbar\frac{\partial\psi}{\partial t} = H^{(0)}\psi \ , \ H^{(0)} = \frac{(\tau_3 + \mathrm{i}\tau_2)\boldsymbol{p}^2}{2m_0} + \tau_3 m_0 c^2 \tag{1.16}$$

folgt (siehe Aufgabe 1)

$$\psi_{\boldsymbol{p}}^{(1)}(x) = \begin{pmatrix} m_0 c + p_0 \\ m_0 c - p_0 \end{pmatrix} \mathrm{e}^{-\mathrm{i}p_\mu x^\mu/\hbar}$$

$$\psi_{\boldsymbol{p}}^{(2)}(x) = \begin{pmatrix} m_0 c - p_0 \\ m_0 c + p_0 \end{pmatrix} \mathrm{e}^{+\mathrm{i}p_\mu x^\mu/\hbar} \ .$$

Zur Berechnung von ρ und $\boldsymbol{j}$ in der Hamiltonschen Formulierung setzen wir (1.14) und (1.15) in (1.13) ein und erhalten

$$\rho(x) = \psi^\dagger(x)\tau_3\psi(x) = \varphi^*\varphi - \chi^*\chi$$

$$\boldsymbol{j}(x) = -\frac{\mathrm{i}\hbar}{2m_0}\left[\psi^\dagger\tau_3(\tau_3 + \mathrm{i}\tau_2)\boldsymbol{\nabla}\psi - (\boldsymbol{\nabla}\psi^\dagger)\tau_3(\tau_3 + \mathrm{i}\tau_2)\psi\right]$$

$$\qquad -\frac{e}{m_0 c}\boldsymbol{A}\psi^\dagger\tau_3(\tau_3 + \mathrm{i}\tau_2)\psi \ .$$

Insgesamt folgt der zu Satz 1.2 äquivalente

**Satz 1.3: Klein-Gordon-Gleichung
in Hamiltonscher Formulierung**

Durch die Ersetzungen

$$\phi = \varphi + \chi \ , \ \left(\mathrm{i}\hbar\frac{\partial}{\partial t} - eA^0\right)\phi = m_0 c^2(\varphi - \chi) \ , \ \psi = \begin{pmatrix} \varphi \\ \chi \end{pmatrix}$$

folgt aus (1.11) die Klein-Gordon-Gleichung in Hamiltonscher Form,

$$\mathrm{i}\hbar\frac{\partial\psi}{\partial t} = H\psi \ , \ H = \frac{\tau_3 + \mathrm{i}\tau_2}{2m_0}\left(\boldsymbol{p} - \frac{e}{c}\boldsymbol{A}\right)^2 + \tau_3 m_0 c^2 + eA^0 \ , \tag{1.17}$$

wobei τ_i die Pauli-Matrizen bezeichnen. Die zugehörigen Ausdrücke für ρ und $\boldsymbol{j}$ lauten

$$\rho(x) = \psi^\dagger(x)\tau_3\psi(x) = \varphi^*\varphi - \chi^*\chi$$

$$\boldsymbol{j}(x) = -\frac{\mathrm{i}\hbar}{2m_0}\left[\psi^\dagger\tau_3(\tau_3 + \mathrm{i}\tau_2)\boldsymbol{\nabla}\psi - (\boldsymbol{\nabla}\psi^\dagger)\tau_3(\tau_3 + \mathrm{i}\tau_2)\psi\right]$$

$$\qquad -\frac{e}{m_0 c}\boldsymbol{A}\psi^\dagger\tau_3(\tau_3 + \mathrm{i}\tau_2)\psi$$

$$Q = \int \mathrm{d}^3 x\rho(x) = \int \mathrm{d}^3 x\psi^\dagger(x)\tau_3\psi(x) = \text{const} \ .$$

Die Lösungen der freien Klein-Gordon-Gleichung sind in der Hamiltonschen Formulierung gegeben durch

$\triangleright$

$$\left.\begin{aligned}
\psi_{\boldsymbol{p}}^{(r)}(x) &= \frac{1}{(2\pi\hbar)^{3/2}}\Psi^{(r)}(\boldsymbol{p})\mathrm{e}^{-\mathrm{i}\epsilon_r p_\mu x^\mu/\hbar} \\
\Psi^{(r)}(\boldsymbol{p}) &= \frac{1}{2\sqrt{m_0 c p_0}}\begin{pmatrix} m_0 c + \epsilon_r p_0 \\ m_0 c - \epsilon_r p_0 \end{pmatrix},
\end{aligned}\right\} \tag{1.18}$$

mit dem Impulseigenwert $+\boldsymbol{p}$ (für $r = 1$) bzw. $-\boldsymbol{p}$ (für $r = 2$). Sie sind bzgl. der sich aus ρ ergebenden Normierung (für freie Teilchen) in folgender Weise normiert:

$$\int \mathrm{d}^3 x\, \psi_{\boldsymbol{p}}^{(r)\dagger}(x)\tau_3\psi_{\boldsymbol{p'}}^{(r')}(x) = \epsilon_r \delta_{rr'}\delta(\boldsymbol{p} - \boldsymbol{p'})$$

$$\Psi^{(r)\dagger}(\boldsymbol{p})\tau_3\Psi^{(r')}(\boldsymbol{p}) = \epsilon_r\delta_{rr'} \;,\;\; \Psi^{(r)}(\boldsymbol{p}) = \Psi^{(r)}(-\boldsymbol{p}) \;. \tag{1.19}$$

Zum tieferen Verständnis dieses Satzes beachte man, daß der Hamilton-Operator H in (1.17) nicht hermitesch ist, weil $\mathrm{i}\tau_2$ nicht hermitesch ist. Hieraus wird sofort klar, warum sich keine positiv definite Wahrscheinlich-keitsdichte mit zugehöriger erhaltener Gesamtwahrscheinlichkeit finden läßt, denn unter Benutzung des in der nichtrelativistischen Theorie verwendeten Skalarproduktes

$$\langle\psi|\phi\rangle = \int \mathrm{d}^3 x\,\psi^\dagger\phi \;,\; \langle\psi|\,\mathcal{O}\,|\phi\rangle = \int \mathrm{d}^3 x\,\psi^\dagger\mathcal{O}\phi \tag{1.20}$$

und der Adjunktionsbeziehung

$$\langle\psi|\,\mathcal{O}\,|\phi\rangle = \langle\phi|\,\mathcal{O}^\dagger\,|\psi\rangle^* \qquad (\mathcal{O} \text{ linearer Operator}) \tag{1.21}$$

haben wir

$$\mathrm{i}\hbar\frac{\partial\psi}{\partial t} = H\psi \Longrightarrow \mathrm{i}\hbar\psi^\dagger\frac{\partial\psi}{\partial t} = \psi^\dagger H\psi \;,\; -\mathrm{i}\hbar\frac{\partial\psi^\dagger}{\partial t}\psi = (H\psi)^\dagger\psi = (\psi^\dagger H\psi)^*$$

$$\Longrightarrow \mathrm{i}\hbar\frac{\partial}{\partial t}\langle\psi|\psi\rangle = \langle\psi|\,H\,|\psi\rangle - \langle\psi|\,H\,|\psi\rangle^* = \langle\psi|\,H - H^\dagger\,|\psi\rangle \neq 0 \;.$$

Desweiteren ist die Nichthermitezität von H verantwortlich dafür, daß seine Eigenzustände i.a. nicht orthogonal im Sinne von (1.20) sind.

Eine weitere wichtige Konsequenz aus der Nichthermitezität von H ist, daß $\mathrm{e}^{\mathrm{i}H}$ kein unitärer Operator ist. Unter anderem deswegen erscheint die Verwendung des Skalarproduktes (1.20) in der Klein-Gordon-Theorie unge-eignet, weil es in verschiedenen Bildern (z.B. Schrödinger-Bild, in dem wir uns momentan befinden, oder Heisenberg-Bild) zu unterschiedlichen Ergeb-nissen führt. Mit diesem Problem werden wir uns in Unterabschn. 1.3.1 näher beschäftigen.

1.1.3 Interpretation der negativen Lösungen, Antiteilchen

Bis hierher haben wir die Klein-Gordon-Gleichung in kanonischer, lorentz-kovarianter und Hamiltonscher Form niedergeschrieben und einige ihrer for-

malen Eigenschaften kennengelernt. Wir wenden uns jetzt den bisher ver-
nachlässigten negativen Klein-Gordon-Lösungen zu mit dem Ziel, für diese
und für die Größen Q, ρ und $\boldsymbol{j}$ eine physikalisch sinnvolle Interpretation zu
finden.

Ladungskonjugation C. Betrachten wir hierzu noch einmal die kanonische
Klein-Gordon-Gleichung

$$\left[\left(i\hbar\frac{\partial}{\partial t} - eA^0\right)^2 - c^2\left(\boldsymbol{p} - \frac{e}{c}\boldsymbol{A}\right)^2 - m_0^2 c^4\right]\phi^{(-)}(x) = 0 ,\qquad(1.22)$$

wobei $\phi^{(-)}$ eine Lösung mit negativer Energie bezeichne. Nun transformieren
wir diese Gleichung, indem wir von ihr das komplex Konjugierte nehmen und
erhalten die mathematisch äquivalente Beziehung

$$\left[\left(i\hbar\frac{\partial}{\partial t} + eA^0\right)^2 - c^2\left(\boldsymbol{p} + \frac{e}{c}\boldsymbol{A}\right)^2 - m_0^2 c^4\right]\phi_C^{(-)}(x) = 0 ,\qquad(1.23)$$

mit

$$\phi_C^{(-)}(x) = \phi^{(-)*}(x) .$$

Die sich hieraus ergebenden Konsequenzen werden noch deutlicher, indem
man von der Eigenwertgleichung eines negativen Energieeigenzustandes $\Psi^{(-)}$
in Hamiltonscher Formulierung ausgeht,

$$\left[\frac{\tau_3 + i\tau_2}{2m_0}\left(\boldsymbol{p} - \frac{e}{c}\boldsymbol{A}\right)^2 + \tau_3 m_0 c^2 + eA^0\right]\Psi^{(-)}(\boldsymbol{x}) = -|E|\Psi^{(-)}(\boldsymbol{x}) ,\quad(1.24)$$

und an ihr die komplexe Konjugation ausführt. Dies ergibt

$$\left[\frac{\tau_3 + i\tau_2}{2m_0}\left(\boldsymbol{p} + \frac{e}{c}\boldsymbol{A}\right)^2 + \tau_3 m_0 c^2 - eA^0\right]\Psi_C^{(-)}(\boldsymbol{x}) = +|E|\Psi_C^{(-)}(\boldsymbol{x}) ,\quad(1.25)$$

mit

$$\Psi_C^{(-)}(x) = \tau_1\Psi^{(-)*}(x) .$$

Insgesamt folgt: Beschreibt $\phi^{(-)}$ bzw. $\psi^{(-)}$ einen negativen Klein-Gordon-
Zustand der Ladung $+e$ im Potential A^μ, dann beschreibt
$\phi_C^{(-)} = \phi^{(-)*}$ bzw. $\psi_C^{(-)} = \tau_1\psi^{(-)*}$ einen positiven Klein-Gordon-Zustand der
Ladung $-e$ im selben Potential A^μ. Dementsprechend nennt man die obi-
ge Transformation *Ladungskonjugation*. Sie ist offensichtlich eine reziproke
Operation, weil ihre zweifache Ausführung wieder auf die Ausgangsgleichung
führt. Darüber hinaus ist sie antilinear[4], weil sich das relative Vorzeichen
zwischen den Ableitungs- und Potentialtermen beim Übergang von (1.22)
nach (1.23) umdreht. Anhand der Ladungskonjugation eröffnet sich somit

---

[4] Ein Operator $\mathcal{O}$ heißt antilinear, falls $\mathcal{O}(\alpha_1\psi_1 + \alpha_2\psi_2) = \alpha_1^*\mathcal{O}\psi_1 + \alpha_2^*\mathcal{O}\psi_2$.

ein Weg zur physikalischen Interpretation der negativen Klein-Gordon-Lösungen, daß nämlich deren Ladungskonjugierte die quantenmechanischen Wellenfunktionen von Antiteilchen der Ladung $-e$ sind. Bezogen auf die freien Klein-Gordon-Lösungen bedeutet die Ladungskonjugation

$$\phi_{\boldsymbol{p},C}^{(1,2)}(x) = \phi_{\boldsymbol{p}}^{(2,1)}(x) \ , \ \ \psi_{\boldsymbol{p},C}^{(1,2)}(x) = \psi_{\boldsymbol{p}}^{(2,1)}(x) \ .$$

Das heißt hier sind sowohl die ursprünglichen als auch die ladungskonjugierten Wellenfunktionen Lösungen derselben Gleichung, was natürlich daran liegt, daß im freien Fall die Unterscheidung zwischen Zuständen verschiedener Ladung nicht möglich ist.

Ladungsdichte, Ladungsstromdichte. Wir sind nun in der Lage, den Größen Q, ρ und $\boldsymbol{j}$ eine physikalisch sinnvolle Interpretation zuzuführen. Wie wir weiter oben gesehen haben, kommt die Größe

$$\rho = \psi^\dagger \tau_3 \psi = \varphi^* \varphi - \chi^* \chi \ , \ \int \mathrm{d}^3 x \rho(x) = Q = \mathrm{const}$$

i.a. als Wahrscheinlichkeitsdichte nicht in Betracht, weil sie nicht positiv definit ist. Beschränkt man sich jedoch auf den (später genauer zu definierenden) Gültigkeitsbereich der Ein-Teilcheninterpretation, also im wesentlichen auf die am Anfang dieses Kapitels erwähnte nichtrelativistische Näherung, so ist ρ für positive Klein-Gordon-Lösungen positiv definit, $|\varphi| \gg |\chi|$, und für negative Lösungen negativ definit, $|\varphi| \ll |\chi|$ (siehe Unterabschn. 1.4.1). Da aufgrund des oben Gesagten positive Lösungen zu Teilchen der Ladung $+e$ und die Ladungskonjugierten der negativen Lösungen zu Antiteilchen der Ladung $-e$ gehören, bietet es sich an, die durch $\psi^{(\pm)}$ gebildeten Ausdrücke $\rho^{(\pm)}$ als *elektrische Ladungsdichte* und dementsprechend $\boldsymbol{j}^{(\pm)}$ als *elektrische Ladungsstromdichte* von Teilchen bzw. Antiteilchen zu interpretieren. Demzufolge ist $Q^{(\pm)} = \pm 1$ die (erhaltene) Gesamtladung des betrachteten Teilchens bzw. Antiteilchens (*Ladungsinterpretation*).[5]

Zusammenfassend halten wir fest:

Satz 1.4: Ladungskonjugation C und Ladungsinterpretation in der Klein-Gordon-Theorie

- Die Ladungskonjugation C der Klein-Gordon-Theorie ist definiert durch die Transformation

  $$\phi(x) \longrightarrow \phi_C(x) = \phi^*(x) \quad \text{(kanonische Darstellung)}$$

  $$\psi(x) \longrightarrow \psi_C(x) = \tau_1 \psi^*(x) \quad \text{(Hamiltonsche Darstellung)}.$$

$\triangleright$

---

[5] Diese Interpretation läßt sich auch außerhalb des Gültigkeitsbereiches des Ein-Teilchenbildes aufrechterhalten. In diesem Fall bedeutet Q die erhaltene Gesamtladung aller betrachteten Teilchen und Antiteilchen, so daß die Ladungsdichte ρ an verschiedenen Raumzeitpunkten unterschiedliches Vorzeichen annehmen kann.

Sie macht aus einer positiven [negativen] Klein-Gordon-Lösung der Ladung $+e$ $[-e]$ eine negative [positive] Klein-Gordon-Lösung der Ladung $-e$ $[+e]$.

- Eine positive Klein-Gordon-Lösung $\phi^{(+)}$ bzw. $\psi^{(+)}$ repräsentiert ein physikalisches Spin-0-Teilchen der Ladung $+e$ im Potential A^μ, während die Ladungskonjugierte der negativen Lösung $\phi_C^{(-)}$ bzw. $\psi_C^{(-)}$ (und nicht die negative Lösung selbst) das physikalische Antiteilchen mit entgegengesetzter Ladung $-e$ im selben Potential A^μ beschreibt.

- Die durch $\phi^{(+)}$ bzw. $\psi^{(+)}$ $[\phi^{(-)}$ bzw. $\psi^{(-)}]$ gebildeten Größen Q, ρ und j können als elektrische Ladung, Ladungsdichte und Ladungsstromdichte des physikalischen Teilchens [Antiteilchens] interpretiert werden (Ladungsinterpretation).

Während also die Wellenfunktion eines Antiteilchens durch die ladungskonjugierte negative Lösung beschrieben wird, erhält man seine Ladungsgrößen Q, ρ und j durch Verwendung der negativen Lösungen selbst. Im übernächsten Abschnitt werden wir dieses Prinzip auf die Definition von bildunabhängigen Skalarprodukten und Erwartungswerten erweitern.

Jetzt wird übrigens auch verständlich, warum wir der negativen freien Klein-Gordon-Lösung $\phi_p^{(2)}$ $[\psi_p^{(2)}]$ den Index p gegeben haben, obwohl sie den Impulseigenwert $-p$ besitzt. Weil sie nämlich auf das zugehörige physikalische Antiteilchen (mit entgegengesetztem Impuls- und Energieeigenwert) bezogen sein soll.

Daß die in Satz 1.4 getroffenen Feststellungen in der Natur auch tatsächlich ihren Niederschlag finden, wird einerseits durch die experimentelle Tatsache untermauert, daß bisher zu jedem bekannten Spin-0-Teilchen das entsprechende Antiteilchen gefunden wurde. Andererseits sprechen hierfür die experimentell verifizierbaren Aussagen der Streutheorie, wie wir in Kapitel 3 sehen werden.

Insgesamt sehen wir, daß die relativistische Verallgemeinerung der Schrödingerschen Theorie zur Klein-Gordon-Theorie zu einem neuen Freiheitsgrad, nämlich der elektrischen Ladung, führt, wogegen die nichtrelativistische Theorie lediglich Zustände mit festem Ladungsvorzeichen beschreibt.[6] In diesem Zusammenhang ist auch die Feststellung wichtig, daß wir bei unseren Betrachtungen von vornherein mit der Klein-Gordon-Gleichung für Zustände mit der Ladung $-e$ hätten beginnen können, weil an keiner Stelle das Ladungsvorzeichen eine ausschlaggebende Rolle gespielt hat. Demzufolge würden Teilchen die Ladung $-e$ tragen und durch positive Lösungen beschrieben und Antiteilchen die Ladung $+e$ tragen und durch ladungskonjugierte negative Lösungen beschrieben.

---

[6] Dies ist übrigens ein Charakteristikum aller relativistisch-quantenmechanischen Erweiterungen.

Interpretation der negativen Lösungen selbst. Nachdem wir also den ladungskonjugierten negativen Klein-Gordon-Lösungen eine physikalisch sinnvolle Interpretation geben konnten, bleiben dennoch zwei gravierende Punkte offen, nämlich in Bezug auf

• die physikalischen Implikationen, die mit der bloßen Existenz von negativen Lösungen verbunden sind, und

• die physikalische Interpretation der negativen Lösungen selbst.

Die Existenz der Lösungen mit negativer Energie führt im Rahmen unserer bisherigen Überlegungen zu Schwierigkeiten und zu physikalischem Unsinn. Man denke hierbei z.B. an ein pionisches Atom, bestehend aus einem positiv geladenen Atomkern und einem umkreisenden negativ geladenen Pion (Spin-0-Teilchen). Das zugehörige Energiespektrum läßt sich z.B. durch Verwendung des Coulomb-Potentials in der Klein-Gordon-Gleichung berechnen (siehe Unterabschn. 1.5.4) und ist in Abb. 1.1 qualitativ wiedergegeben.

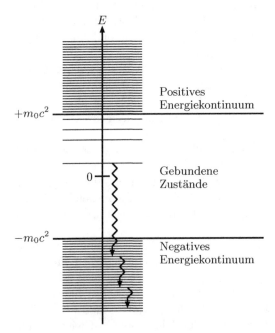

Abb. 1.1. Qualitatives Energiespektrum eines pionischen Atoms. Aufgrund der Existenz von negativen Energiezuständen könnte das Pion durch laufende Strahlungsübergänge energetisch immer tiefer fallen.

Die gebundenen Zustände direkt unterhalb des positiven Energiekontinuums mit $E < m_0 c^2$ stimmen i.a. sehr gut mit dem Experiment überein. Es besteht daher kein Zweifel, daß es sich hierbei um die Bindungszustände des

Pionatoms handelt. Andererseits bedeutet die Existenz des negativen Energiekontinuums, daß z.B. ein im Grundzustand befindliches Pion durch fortgesetzte Strahlungsübergänge immer tiefer rutschen könnte. Das Atom wäre demnach instabil, und es gäbe aufgrund der laufenden Emission von Licht eine *Strahlungskatastrophe*.[7] Nun ist klar, daß nichts dergleichen beobachtet wird; unsere Welt könnte gar nicht existieren, wenn es diesen Zerfall gäbe.

Wie wir weiter hinten sehen werden, besteht genau dasselbe Problem auch in der Dirac-Theorie zur Beschreibung von Spin-1/2-Teilchen. Dort führte Dirac zur Verhinderung der Strahlungskatastrophe einen Kunstgriff ein, der unter dem Namen *Löchertheorie* bekannt ist. Der hier interessante Aspekt dieses Modells ist, daß das Vakuum als ein „See" betrachtet wird, der mit Spin-1/2-Teilchen negativer Energie vollständig besetzt ist und aufgrund des Paulischen Ausschließungsprinzips mit keinem weiteren Teilchen gefüllt werden kann. Abgesehen davon, daß hierdurch nun die Strahlungskatastrophe unterbunden ist, erhalten die negativen Zustände eine unmittelbare physikalische Bedeutung, die physikalische Konsequenzen nach sich zieht wie z.B. die Erzeugung und Vernichtung von Teilchen-Antiteilchen-Paaren oder die *Vakuumpolarisation*.

Nun ist klar, daß die Löchertheorie auf den vorliegenden Spin-0-Fall nicht übertragbar ist, da hier das Pauli-Prinzip nicht greift. Aber selbst wenn die Löchertheorie auch hier „irgendwie" angewandt werden könnte, so ist zu berücksichtigen, daß sie in jedem Fall eine Abkehr vom Ein-Teilchenkonzept hin zu einer Viel-Teilchentheorie mit unendlich vielen Freiheitsgraden bedeutet. Im Rahmen der von uns angestrebten Ein-Teilcheninterpretation bleibt uns deshalb nichts anderes übrig, als das Ausbleiben der Strahlungskatastrophe im Klein-Gordon- und Dirac-Fall zu postulieren. Dies bedeutet auch, daß wir die physikalische Interpretation der negativen Lösungen selbst offen lassen müssen.

Resümee. Alles in allem ist festzustellen, daß wir mit Hilfe der Ladungskonjugation und der Ladungsinterpretation den positiven und ladungskonjugierten negativen Klein-Gordon-Lösungen sowie Q, ρ und j eine physikalisch sinnvolle Deutung als Teilchen, Antiteilchen, Ladung, Ladungsdichte und Ladungsstromdichte geben konnten. Im Hinblick auf eine konsistente Ein-Teilcheninterpretation im gewohnten nichtrelativistisch-quantenmechanischen Sinne sind allerdings drei Punkte noch ungeklärt:

[1] Die Ein-Teilcheninterpretation verlangt, daß sich die positiven und negativen Lösungen vollständig entkoppeln lassen, d.h., daß sich jeder geladene Klein-Gordon-Zustand durch eine Überlagerung von rein positiven oder rein negativen Lösungen darstellen läßt. Im allgemeinen setzt sich

---

[7] Streng genommen ist das Pionatom aufgrund anderer Effekte nicht wirklich stabil. Jedoch spielen sich diese Effekte sehr viel langsamer ab, als die durch die Strahlungsübergänge in negative Energieniveaus prognostizierte Lebensdauer des Atoms.

ein Klein-Gordon-Zustand jedoch aus dem vollständigen System von positiven und negativen Lösungen zusammen. Es ist also zu klären, unter welchen Voraussetzungen bzw. innerhalb welcher Grenzen eine vollständige Entkopplung von positiven und negativen Lösungen möglich ist. Eine derartige Aufspaltung führt gleichzeitig zu einer positiv bzw. negativ definiten Ladungsdichte, so daß eine quantenmechanisch-statistische Interpretation möglich wird.

[2] Die vollständige Entkopplung von positiven und negativen Lösungen bedeutet auch, daß nicht alle relativistischen Operatoren im Sinne des Ein-Teilchenkonzeptes anwendbar sind, da sie i.a. positive und negative Zustände mischen. Es erhebt sich deshalb die Frage, was sinnvolle *Ein-Teilchenoperatoren* sind und wie sich diese konstruieren lassen.

[3] Um quantenmechanische Wahrscheinlichkeitsaussagen über den Zustand von Spin-0-Teilchen machen zu können, benötigen wir eine physikalisch sinnvolle Definition von Skalarprodukten und Erwartungswerten, die überdies vom verwendeten Bild (Schrödinger-, Heisenberg-, Dirac-Bild etc.) unabhängig ist (siehe die Bemerkungen nach Satz 1.3).

Wie wir im weiteren Verlauf sehen werden, können diese (und andere) Punkte in zufriedenstellender Weise geklärt werden, so daß sich schließlich ein einigermaßen widerspruchsfreies Ein-Teilchenbild der Klein-Gordon-Theorie innerhalb definierter Grenzen ergibt.

Zum Schluß dieses Abschnittes sei noch auf folgenden wichtigen Punkt hingewiesen: Die Ladung, durch die sich ein Boson von seinem Antiboson unterscheidet, muß nicht unbedingt elektrischer Natur sein. Während sich z.B. das Pion π^- und Antipion π^+ in der Tat nur im elektrischen Ladungsvorzeichen unterscheiden, treten in der Natur auch Bosonen wie etwa das Kaon K_0 und Antikaon $\bar{K}_0$ auf, die beide elektrisch neutral sind aber unterschiedliche Vorzeichen der sog. *Strangeness-Ladung* besitzen. Ein Boson kann auch überhaupt keine Ladung tragen. Für die zugehörige Wellenfunktion muß dann offensichtlich gelten:

$$\phi = \phi_C[\psi = \psi_C] \Longrightarrow Q = 0 \; , \; \rho = 0 \; , \; \boldsymbol{j} = 0 \; .$$

In einer konsistenten Ein-Teilcheninterpretation ist allerdings die Betrachtung derartiger neutraler Teilchen problematisch, weil hierbei eine vollständige Entkopplung von positiven und negativen Lösungen nicht möglich ist (siehe [1]).

Zusammenfassung

- Die **Klein-Gordon-Theorie** ist die relativistische Verallgemeinerung der nichtrelativistischen Quantenmechanik zur Beschreibung von Spin-0-Teilchen. Ausgehend von der **kanonischen** bzw. **lorentzkovarianten**

▷

Darstellung läßt sich diese Theorie durch entsprechende Ersetzungen in **Hamiltonsche Form** überführen.

- Die Klein-Gordon-Theorie unterscheidet sich in zwei wesentlichen Punkten von der nichtrelativistischen Theorie: Zum einen führt die Klein-Gordon-Gleichung auf Lösungen mit positiver und negativer Energie. Zum anderen ist j^0 aufgrund der Nichthermitezität des Klein-Gordonschen Hamilton-Operators nicht positiv definit und kann deshalb nicht als Wahrscheinlichkeitsdichte interpretiert werden.

- Mit Hilfe der **Ladungskonjugation** und der **Ladungsinterpretation** lassen sich diese beiden Phänomene in physikalisch sinnvoller Weise deuten: **Teilchen** der Ladung $+e$ werden durch positive Klein-Gordon-Lösungen und **Antiteilchen** der Ladung $-e$ durch die **Ladungskonjugierten** der negativen Lösungen beschrieben. j^0 ist die elektrische **Ladungsdichte** des betrachteten Teilchens und $\boldsymbol{j}$ die zugehörige **Ladungsstromdichte**.

- Im Rahmen des Ein-Teilchenkonzeptes lassen sich die mit den negativen Lösungen verbundenen Probleme (Interpretation, **Strahlungskatastrophe**) nicht lösen.

- Im Hinblick auf eine möglichst konsistente Ein-Teilchen-Wahrscheinlichkeitsinterpretation der Klein-Gordon-Theorie bleibt zu klären, inwiefern eine vollständige Entkopplung von positiven und negativen Lösungen möglich ist und wie sich ein physikalisch sinnvolles sowie bildunabhängiges Skalarprodukt definieren läßt.

Aufgaben

1. Lösungen der freien Klein-Gordon-Gleichung. Zeigen Sie, daß die Lösungen der freien Klein-Gordon-Gleichung (1.16) mit scharfem Impuls durch (1.18) gegeben sind.

Lösung. Zur Lösung von (1.16) machen wir den Ansatz

$$\psi(x) = \begin{pmatrix} \varphi_0 \\ \chi_0 \end{pmatrix} e^{i(\boldsymbol{px}-Et)/\hbar} \,,$$

der auf das Gleichungssystem

$$\left.\begin{aligned}
\left(E - \frac{\boldsymbol{p}^2}{2m_0} - m_0c^2\right)\varphi_0 - \frac{\boldsymbol{p}^2}{2m_0}\chi_0 &= 0 \\
\frac{\boldsymbol{p}^2}{2m_0}\varphi_0 + \left(E + \frac{\boldsymbol{p}^2}{2m_0} + m_0c^2\right)\chi_0 &= 0
\end{aligned}\right\} \tag{1.26}$$

führt. Notwendige Voraussetzung für die Existenz nichttrivialer Lösungen ist das Verschwinden der Koeffizientendeterminante,

$$
\begin{vmatrix}
E - \dfrac{\boldsymbol{p}^2}{2m_0} - m_0 c^2 & -\dfrac{\boldsymbol{p}^2}{2m_0} \\[2ex]
\dfrac{\boldsymbol{p}^2}{2m_0} & E + \dfrac{\boldsymbol{p}^2}{2m_0} + m_0 c^2
\end{vmatrix} = 0
$$

$$
\Longleftrightarrow E^2 - \left(\frac{\boldsymbol{p}^2}{2m_0} + m_0 c^2 \right)^2 + \left(\frac{\boldsymbol{p}^2}{2m_0} \right)^2 = 0 \;,
$$

woraus sich erwartungsgemäß wieder die relativistische Energie-Impuls-Beziehung

$$
E^2 = \boldsymbol{p}^2 c^2 + m_0^2 c^4 \Longrightarrow
\begin{cases}
E^{(+)} = +c\sqrt{\boldsymbol{p}^2 + m_0^2 c^2} = +cp_0 \\[2ex]
E^{(-)} = -c\sqrt{\boldsymbol{p}^2 + m_0^2 c^2} = -cp_0
\end{cases}
$$

für freie Teilchen ergibt. Die zu $E^{(+)}$ und $E^{(-)}$ gehörenden (unnormierten) Lösungen berechnen sich schließlich aus (1.26) zu

$$
E^{(+)} : \psi^{(+)}(x) = \begin{pmatrix} m_0 c + p_0 \\ m_0 c - p_0 \end{pmatrix} e^{-i(cp_0 - \boldsymbol{p}\boldsymbol{x})\hbar} \sim \psi_{\boldsymbol{p}}^{(1)}(x)
$$

$$
E^{(-)} : \psi^{(-)}(x) = \begin{pmatrix} m_0 c - p_0 \\ m_0 c + p_0 \end{pmatrix} e^{+i(cp_0 + \boldsymbol{p}\boldsymbol{x})/\hbar} \sim \psi_{-\boldsymbol{p}}^{(2)}(x) \;.
$$

2. Lagrange-Dichte und Energie-Impuls-Tensor des freien Klein-Gordon-Feldes. Bestimmen Sie die Lagrange-Dichte des freien Klein-Gordon-Feldes in der Hamiltonschen Formulierung. Zeigen Sie anschließend unter Verwendung des Energie-Impuls-Tensors, daß die Energie durch den Ausdruck

$$
E = \int \mathrm{d}^3 x\, \psi^\dagger \tau_3 H^{(0)} \psi \;, \quad H^{(0)} = \frac{\boldsymbol{p}^2}{2m_0}(\tau_3 + \mathrm{i}\tau_2) + \tau_3 m_0 c^2
$$

gegeben ist.

Lösung. In der Hamiltonschen Formulierung lautet die Bewegungsgleichung für das freie Klein-Gordon-Feld

$$
\mathrm{i}\hbar \frac{\partial \psi}{\partial t} = H^{(0)} \psi \;. \tag{1.27}
$$

ψ ist ein zweikomponentiges komplexes Feld und läßt sich durch die beiden reellen Felder $\psi_{1,2}$ in der Weise

$$
\psi = \psi_1 + \mathrm{i}\psi_2
$$

ausdrücken. Die Lagrange-Dichte ist deshalb als Funktion dieser beiden Felder und deren Ableitungen darstellbar. Äquivalent hierzu läßt sich die Lagrange-Dichte aber z.B. auch als Funktion von ψ und $\bar{\psi} = \psi^\dagger \tau_3$ und deren

Ableitungen formulieren. Wir wollen nun zeigen, daß sie im letzteren Fall gegeben ist durch

$$\mathcal{L} = \mathrm{i}\hbar\bar{\psi}\frac{\partial\psi}{\partial t} - \frac{\hbar^2}{2m_0}(\boldsymbol{\nabla}\bar{\psi})(\tau_3 + \mathrm{i}\tau_2)\boldsymbol{\nabla}\psi - m_0c^2\bar{\psi}\tau_3\psi \ .$$

Hierzu variieren wir nach bekannter Methode das Wirkungsfunktional

$$I = \int \mathrm{d}^4x\mathcal{L} \ . \tag{1.28}$$

Die Variation nach den Komponenten von $\bar{\psi}$ führt gerade auf (1.27), denn wir haben ($\alpha = 1, 2$)

$$\frac{\partial I}{\partial \bar{\psi}_\alpha} = 0 \implies \frac{\partial\mathcal{L}}{\partial\bar{\psi}_\alpha} - \partial_\mu\frac{\partial\mathcal{L}}{\partial(\partial_\mu\bar{\psi}_\alpha)} = 0 \quad \text{(Lagrange-Gleichungen)}$$

$$\iff \frac{\partial\mathcal{L}}{\partial\bar{\psi}_\alpha} - \frac{\partial}{\partial t}\frac{\partial\mathcal{L}}{\partial(\partial\bar{\psi}_\alpha/\partial t)} - \boldsymbol{\nabla}\frac{\partial\mathcal{L}}{\partial(\boldsymbol{\nabla}\bar{\psi}_\alpha)} = 0$$

$$\frac{\partial\mathcal{L}}{\partial\bar{\psi}_\alpha} = -m_0c^2[\tau_3\psi]_\alpha + \mathrm{i}\hbar\frac{\partial\psi_\alpha}{\partial t} \ , \quad \frac{\partial\mathcal{L}}{\partial(\partial\bar{\psi}_\alpha/\partial t)} = 0$$

$$\boldsymbol{\nabla}\frac{\partial\mathcal{L}}{\partial(\boldsymbol{\nabla}\bar{\psi}_\alpha)} = -\frac{\hbar^2\boldsymbol{\nabla}^2}{2m_0}[(\tau_3 + \mathrm{i}\tau_2)\psi]_\alpha$$

und deshalb

$$\mathrm{i}\hbar\frac{\partial\psi_\alpha}{\partial t} = -\frac{\hbar^2\boldsymbol{\nabla}^2}{2m_0}[(\tau_3 + \mathrm{i}\tau_2)\psi]_\alpha + m_0c^2[\tau_3\psi]_\alpha \quad \begin{pmatrix} \text{freie} \\ \text{Klein-Gordon-} \\ \text{Gleichung} \end{pmatrix}. \tag{1.29}$$

Durch Variation von (1.28) nach den Komponenten von ψ erhält man die entsprechende Bewegungsgleichung für $\bar{\psi}$:

$$\frac{\partial I}{\partial \psi_\alpha} = 0 \implies \frac{\partial\mathcal{L}}{\partial\psi_\alpha} - \partial_\mu\frac{\partial\mathcal{L}}{\partial(\partial_\mu\psi_\alpha)} = 0 \quad \text{(Lagrange-Gleichungen)}$$

$$\iff \frac{\partial\mathcal{L}}{\partial\psi_\alpha} - \frac{\partial}{\partial t}\frac{\partial\mathcal{L}}{\partial(\partial\psi_\alpha/\partial t)} - \boldsymbol{\nabla}\frac{\partial\mathcal{L}}{\partial(\boldsymbol{\nabla}\psi_\alpha)} = 0$$

$$\frac{\partial\mathcal{L}}{\partial\psi_\alpha} = -m_0c^2[\bar{\psi}\tau_3]_\alpha \ , \quad \frac{\partial\mathcal{L}}{\partial(\partial\psi_\alpha/\partial t)} = \mathrm{i}\hbar\bar{\psi}_\alpha$$

$$\boldsymbol{\nabla}\frac{\partial\mathcal{L}}{\partial(\boldsymbol{\nabla}\psi_\alpha)} = -\frac{\hbar^2\boldsymbol{\nabla}^2}{2m_0}[\bar{\psi}(\tau_3 + \mathrm{i}\tau_2)]_\alpha$$

$$\implies -\mathrm{i}\hbar\frac{\partial\bar{\psi}_\alpha}{\partial t} = -\frac{\hbar^2\boldsymbol{\nabla}^2}{2m_0}[\bar{\psi}(\tau_3 + \mathrm{i}\tau_2)]_\alpha + m_0c^2[\bar{\psi}\tau_3]_\alpha \quad \begin{pmatrix} \text{freie} \\ \text{adjungierte} \\ \text{Klein-Gordon-} \\ \text{Gleichung} \end{pmatrix}.$$

Als nächstes berechnen wir aus dem Energie-Impuls-Tensor

$$T^{\mu\nu} = \frac{\partial\mathcal{L}}{\partial(\partial_\mu\psi_\alpha)}\partial^\nu\psi_\alpha + \frac{\partial\mathcal{L}}{\partial(\partial_\mu\bar{\psi}_\alpha)}\partial^\nu\bar{\psi}_\alpha - g^{\mu\nu}\mathcal{L}$$

die Energiedichte T^{00}:

$$T^{00} = \frac{\partial\mathcal{L}}{\partial(\partial\psi_\alpha/\partial t)}\frac{\partial\psi_\alpha}{\partial t} + \frac{\partial\mathcal{L}}{\partial(\partial\bar{\psi}_\alpha/\partial t)}\frac{\partial\bar{\psi}_\alpha}{\partial t} - \mathcal{L}$$

$$= \frac{\hbar^2}{2m_0}(\boldsymbol{\nabla}\bar{\psi})(\tau_3 + \mathrm{i}\tau_2)\boldsymbol{\nabla}\psi + m_0c^2\bar{\psi}\tau_3\psi \ .$$

Dies führt schließlich zu der Energie

$$E = \int \mathrm{d}^3x T^{00}$$

$$= \int \mathrm{d}^3x \left[\frac{\hbar^2}{2m_0}(\boldsymbol{\nabla}\bar{\psi})(\tau_3 + \mathrm{i}\tau_2)\boldsymbol{\nabla}\psi + m_0c^2\bar{\psi}\tau_3\psi\right]$$

$$\text{(partielle Integration)}$$

$$= \int \mathrm{d}^3x\bar{\psi}\left[-\frac{\hbar^2\boldsymbol{\nabla}^2}{2m_0}(\tau_3 + \mathrm{i}\tau_2) + m_0c^2\tau_3\right]\psi$$

$$= \int \mathrm{d}^3x\bar{\psi}H^{(0)}\psi = \int \mathrm{d}^3x\psi^\dagger\tau_3 H^{(0)}\psi \ ,$$

welche sowohl für positive als auch für negative freie Klein-Gordon-Felder positiv ist. Die Interpretation dieses Sachverhaltes wird in Unterabschn. 1.3.1 deutlich, wo wir ein mit dem Ein-Teilchenkonzept verträgliches *verallgemeinertes Skalarprodukt* für Spin-0-Teilchen und -Antiteilchen entwickeln werden.

Man beachte: Hätten wir die Lagrange-Dichte $\mathcal{L}$ mit $\psi^\dagger$ anstatt mit $\bar{\psi}$ formuliert, so wären wir bei der Variation von $\mathcal{L}$ nach $\psi_\alpha^\dagger$ auf dieselbe Bewegungsgleichung (1.29) gestoßen. Wir fordern jedoch, daß die Wirkung I reell sein soll, was im Falle von $\bar{\psi}$ auf die Bedingung

$$I = \int \mathrm{d}^3x\mathrm{d}t \left[\mathrm{i}\hbar\bar{\psi}\frac{\partial\psi}{\partial t} - \frac{\hbar^2}{2m_0}(\boldsymbol{\nabla}\bar{\psi})(\tau_3 + \mathrm{i}\tau_2)\boldsymbol{\nabla}\psi - m_0c^2\bar{\psi}\tau_3\psi\right]$$

$$\text{(partielle Integration)}$$

$$= \int \mathrm{d}^3x\mathrm{d}t\bar{\psi}\left[\mathrm{i}\hbar\frac{\partial}{\partial t} + \frac{\hbar^2\boldsymbol{\nabla}^2}{2m_0}(\tau_3 + \mathrm{i}\tau_2) - m_0c^2\tau_3\right]\psi$$

$$= \int \mathrm{d}^3x\mathrm{d}t\psi^\dagger\tau_3\left[\mathrm{i}\hbar\frac{\partial}{\partial t} - H^{(0)}\right]\psi = \mathrm{Re}(I)$$

führt. Wie sich leicht zeigen läßt, ist dies tatsächlich der Fall, weil sowohl $\mathrm{i}\hbar\tau_3\partial/\partial t$ als auch $\tau_3 H^{(0)}$ hermitesch sind. Das Integral I wäre dagegen nicht reell, wenn in $\mathcal{L}$ anstelle von $\bar{\psi}$ das Feld $\psi^\dagger$ stünde.

1.2 Symmetrietransformationen

In diesem Abschnitt stellen wir unsere Bemühungen um eine physikalisch konsistente Ein-Teilcheninterpretation der Klein-Gordon-Theorie zunächst ein wenig zurück und beschäftigen uns stattdessen mit weiteren formalen Eigenschaften der Klein-Gordon-Gleichung, nämlich ihren Symmetrieeigenschaften. Zu diesem Zweck präzisieren wir zuerst die Begriffe „Transformation" und „Symmetrietransformation". Im Anschluß behandeln wir die kontinuierlichen und diskreten Symmetrien der Klein-Gordon-Gleichung. Hierbei werden uns Letztere in Kombination mit der Ladungskonjugation C aus Unterabschn. 1.1.3 zu einem tieferen Verständnis der negativen Lösungen führen, und zwar gerade auch im Hinblick auf die angestrebte Ein-Teilcheninterpretation.

1.2.1 Aktive und passive Transformationen

Prinzipiell hat man zwischen zwei Klassen von Transformationen zu unterscheiden. Die eine Klasse besteht aus den *aktiven Transformationen*, die sich dadurch auszeichnen, daß bei ihnen der physikalische Zustand transformiert wird, wobei der ursprüngliche und transformierte Zustand von ein und demselben Bezugssystem betrachtet werden. Ein Beispiel hierfür sind die Eichtransformationen des elektromagnetischen Feldes [siehe (1.6) und (1.7)], die wir bereits als Symmetrietransformation der Klein-Gordon-Theorie identifiziert haben, weil sie die Form der Klein-Gordon-Gleichung nicht ändern.

Die zweite Klasse sind die *passiven Transformationen*. Hierbei wird nicht der physikalische Zustand selbst, sondern das Bezugssystem (bzw. das Basissystem) transformiert, so daß sich lediglich die Perspektive ändert, von der aus derselbe Zustand betrachtet wird. Weil mit derartigen Transformationen immer auch ein Wechsel der Raumzeitkoordinaten verbunden ist, nennt man sie auch *Koordinatentransformationen*. Da wir in diesem Buch relativistische Theorien betrachten, sind die uns interessierenden Koordinatentransformationen natürlich gerade die Lorentz-Transformationen.

Nun ist klar, daß man jeder passiven Transformation eine aktive Transformation zuordnen kann, die zu denselben Konsequenzen in Bezug auf die Erscheinungsform bzw. Beschreibung des physikalischen Zustandes führt. Mit anderen Worten: Das Erscheinungsbild eines physikalischen Zustandes ist unabhängig davon, ob das Bezugssystem des Betrachters oder stattdessen der physikalische Zustand im „gegenläufigen Sinne" transformiert wird.

Um den allgemeinen Zusammenhang zwischen einer passiven und der zugehörigen aktiven Transformation zu verdeutlichen, betrachten wir einen Beobachter, der mit seinem Referenzsystem fest verbunden ist und auf einen Raumpunkt schaut, dessen Lage er mit dem Koordinatenvektor $\boldsymbol{x}$ beschreibt. Das Erscheinungsbild irgend eines physikalischen Zustandes (z.B. Spin-0-Teilchen oder elektromagnetisches Feld), den er dort sieht, nennt er $z(\boldsymbol{x})$. Stellen wir uns nun zunächst vor, daß eine Transformation des Referenzsystems (z.B. Verschiebung oder Drehung) durchgeführt und dem Beobachter das zugehörige Transformationsgesetz mitgeteilt wird.[8] Der Beobachter berechnet daraus den Koordinatenvektor $\boldsymbol{x}'$ seines ursprünglichen Beobachtungspunktes im transformierten System, schaut aus der neuen Perspektive auf den ursprünglichen Zustand und bezeichnet dessen Erscheinung mit $z'(\boldsymbol{x}')$. Dieser

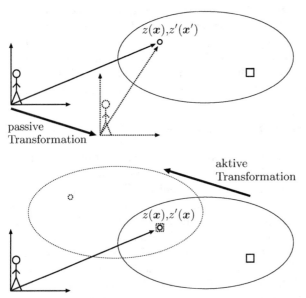

Abb. 1.2. Passive und aktive Transformation. *Oberes Bild:* Vom passiven Standpunkt aus wird das Referenzsystem nach unten rechts verschoben. *Unteres Bild:* Beim aktiven Standpunkt wird der physikalische Zustand in die entgegengesetzte Richtung verschoben.

Vorgang ist offensichtlich gleichbedeutend mit der passiven Transformation (siehe Abb. 1.2 oben)

$$z(\boldsymbol{x}) \longrightarrow z'(\boldsymbol{x}') .$$

Jetzt nehmen wir stattdessen an, daß der Beobachter während der Transformation die Augen schließt und den Bezugssystemwechsel nicht bemerkt. Sobald er wieder aufblickt, sieht er eine von $z(\boldsymbol{x})$ verschiedene Erscheinung, die er mit $z'(\boldsymbol{x})$ bezeichnet, weil er der Meinung ist, immer noch in dieselbe Richtung und auf denselben Punkt zu schauen. Nun hat aus Sicht des Beobachters offensichtlich die aktive Transformation

$$z(\boldsymbol{x}) \longrightarrow z'(\boldsymbol{x})$$

---

[8] Ohne Beschränkung der Allgemeinheit wird für dieses Beispiel vereinfachend angenommen, daß der betrachtete Zustand zeitunabhängig und die Transformation rein räumlich ist.

stattgefunden, und er hat den Eindruck, daß der physikalische Zustand transformiert wurde. (siehe Abb. 1.2 unten).

Ist das Transformationsgesetz für eine passive Transformation z.B. in der Form

$$z'(x') = f_K([z(x)]) \ , \ x' = K(x) \ , \ x = K^{-1}(x') \tag{1.30}$$

bekannt, dann folgt für die entsprechende aktive Transformation

$$z'(x) = z'\left[K^{-1}(x')\right] = f_K\left(z\left[K^{-1}(x)\right]\right) \ . \tag{1.31}$$

Wir sehen also, daß die Zuordnung passive Transformation $\longrightarrow$ aktive Transformation im Prinzip immer möglich ist. Die Umkehrung gilt dagegen i.a. nicht. Das heißt es gibt aktive Transformationen, die sich nicht (oder nur zum Teil) mit passiven Transformationen in Zusammenhang bringen lassen. Dies wird z.B. anhand der Ladungskonjugationstransformation (siehe Satz 1.4) sofort deutlich.

Vor diesem Hintergrund läßt sich jetzt der Begriff „Symmetrietransformation" wie folgt genauer fassen: *Eine Symmetrietransformation führt zu formal identischen Bewegungsgleichungen und damit zu physikalisch äquivalenten Situationen, und zwar beim Übergang vom ursprünglichen zum transformierten Bezugssystem im passiven Fall oder beim Übergang vom ursprünglichen zum transformierten physikalischen Zustand im aktiven Fall.*

Diese Zwischenbemerkungen in Erinnerung behaltend wenden wir uns nun den Symmetrieoperationen der Klein-Gordon-Theorie zu.

1.2.2 Lorentz-Transformationen

Die grundlegende Motivation zum Aufstellen der Klein-Gordon-Gleichung war, daß sie den Prinzipien der speziellen Relativitätstheorie genügen soll. Dies impliziert die Forminvarianz der Klein-Gordon-Gleichung (1.12) unter Lorentz-Transformationen (siehe Anhang A.1), und zwar streng genommen nur unter den eigentlichen Transformationen. Nun läßt sich leicht zeigen, daß die Klein-Gordon-Gleichung sogar unter allgemeinen Lorentz-Transformationen der Art

$$x^\mu \longrightarrow x'^\mu = \Lambda^\mu{}_\nu x^\nu + a^\mu \tag{1.32}$$

forminvariant ist. Denn einerseits folgt aufgrund des skalaren Charakters der Klein-Gordonschen Wellenfunktion, daß diese unter (1.32) höchstens um eine Phase geändert wird, d.h. also im passiven Fall

$$\phi(x) \longrightarrow \phi'(x') = \lambda\phi(x) \ , \ |\lambda| = 1 \ .$$

Auf der anderen Seite ist der auf ϕ wirkende Operator in (1.12) wegen

$$p^\mu \longrightarrow p'^\mu = \Lambda^\mu{}_\nu p^\nu \ , \ A^\mu(x) \longrightarrow A'^\mu(x') = \Lambda^\mu{}_\nu A^\nu(x)$$

ein Lorentz-Skalar. Hieraus folgt sofort die Forminvarianz der Klein-Gordon-Gleichung unter der vollen Poincaré-Gruppe. Beschränkt man sich auf eigentliche Lorentz-Transformationen, also Boosts und Drehungen, dann hängt $\Lambda^\mu{}_\nu$

von kontinuierlichen Parametern ab, deren mögliche Werte auch die identische Transformation beinhalten. In diesem Fall muß deshalb die Phase $\lambda = 1$ sein.[9]

1.2.3 Diskrete Transformationen

Paritätstransformation P. Als Beispiel für uneigentliche (diskrete) lorentzartige Symmetrietransformationen betrachten wir die orthochrone Transformation der *Raumspiegelung*, die auch *Paritätstransformation* genannt wird und definiert ist durch

$$(\Lambda^{\mu}{}_{\nu}) = \begin{pmatrix} 1 & 0 & 0 & 0 \\ 0 & -1 & 0 & 0 \\ 0 & 0 & -1 & 0 \\ 0 & 0 & 0 & -1 \end{pmatrix} \, , \ \Lambda^{0}{}_{0} > 0 \, , \ \det(\Lambda^{\mu}{}_{\nu}) = -1 \, .$$

Sie dreht das Vorzeichen der räumlichen Koordinaten um und läßt die zeitliche Komponente unverändert. Offensichtlich muß hierbei $\lambda^2 = 1$ gelten, da die zweifache Anwendung der Raumspiegelung gerade die identische Transformation ist ($\Lambda^2 = 1$). Wir haben also im passiven Fall

$$\left. \begin{aligned} \boldsymbol{x} &\longrightarrow \boldsymbol{x}' = -\boldsymbol{x} \, , \ t \longrightarrow t' = t \\ \phi(\boldsymbol{x},t) &\longrightarrow \phi_P(\boldsymbol{x}',t') = \lambda_P \phi(\boldsymbol{x},t) \, , \ \lambda_P = \pm 1 \\ A^0(\boldsymbol{x},t) &\longrightarrow A^0_P(\boldsymbol{x}',t') = A^0(\boldsymbol{x},t) \\ \boldsymbol{A}(\boldsymbol{x},t) &\longrightarrow \boldsymbol{A}_P(\boldsymbol{x}',t') = -\boldsymbol{A}(\boldsymbol{x},t) \end{aligned} \right\} \begin{aligned} &\text{passive} \\ &\text{Raumspie-} \\ &\text{gelung } P, \end{aligned}$$

wobei P für Paritätstransformation steht. Das heißt entweder verhält sich ϕ unter Raumspiegelung wie ein *Skalar* $(+)$ oder wie ein *Pseudoskalar* $(-)$. Die zugehörige aktive Transformation ergibt sich unter Berücksichtigung des allgemeinen Schemas von (1.30) und (1.31) zu

$$\left. \begin{aligned} \phi(\boldsymbol{x},t) &\longrightarrow \phi_P(\boldsymbol{x},t) = \lambda_P \phi(-\boldsymbol{x},t) \\ A^0(\boldsymbol{x},t) &\longrightarrow A^0_P(\boldsymbol{x},t) = A^0(-\boldsymbol{x},t) \\ \boldsymbol{A}(\boldsymbol{x},t) &\longrightarrow \boldsymbol{A}_P(\boldsymbol{x},t) = -\boldsymbol{A}(-\boldsymbol{x},t) \end{aligned} \right\} \begin{aligned} &\text{aktive} \\ &\text{Raumspie-} \\ &\text{gelung } P. \end{aligned} \qquad (1.33)$$

Die Invarianz der Klein-Gordon-Gleichung unter dieser Transformation bedeutet physikalisch, daß ein in einem planaren Spiegel betrachteter und im Einklang mit der Klein-Gordon-Theorie stehender physikalischer Prozeß

---

[9] Wellenfunktionen, die sich unter Raumdrehungen nicht ändern, beschreiben per definitionem Teilchen mit Spin 0. Wir haben hier somit ein gruppen- bzw. transformationstheoretisches Argument dafür vorliegen, daß die Klein-Gordon-Gleichung Spin-0-Teilchen beschreibt. In Unterabschn. 2.2.2 werden wir ein transformationstheoretisches Argument dafür liefern, daß die Dirac-Gleichung Spin-1/2-Teilchen beschreibt.

ebenfalls einen realisierbaren, durch die Klein-Gordon-Gleichung beschreibbaren Prozeß darstellt.[10] Wendet man die aktive Raumspiegelung auf die freien Klein-Gordon-Zustände $\phi_{\boldsymbol{p}}^{(1,2)}(\boldsymbol{x},t)$ an, so ergibt sich

$$\phi_{\boldsymbol{p}}^{(1,2)}(\boldsymbol{x},t) \longrightarrow \lambda_P \phi_{\boldsymbol{p}}^{(1,2)}(-\boldsymbol{x},t) = \lambda_P \phi_{-\boldsymbol{p}}^{(1,2)}(\boldsymbol{x},t) \ .$$

Auf Teilchenebene bedeutet dies im Einklang mit unserer Erwartung: Die Raumspiegelung dreht den Impuls eines Spin-0-Teilchens um.

Zeitumkehrtransformation T. Neben lorentzartigen existieren auch nichtlorentzartige diskrete Symmetrieoperationen wie z.B. die *Zeitumkehrtransformation*. Der physikalische Gehalt der Zeitumkehrinvarianz der Klein-Gordon-Gleichung läßt sich am einfachsten anhand eines Films erklären. Nimmt man einen mit der Klein-Gordon-Theorie im Einklang stehenden physikalischen Prozeß mit einer Filmkamera auf, dann bedeutet Zeitumkehrinvarianz, daß der rückwärts abgespielte Film ebenfalls eine Folge physikalisch realisierbarer Ereignisse beschreibt.

Bei der Zeitumkehrtransformation, die man besser „Bewegungsumkehrtransformation" nennen sollte, werden neben der Zeitrichtung alle Bewegungsrichtungen und somit alle räumlichen Komponenten des Viererimpulses umgedreht. Seine nullte Komponente bleibt dagegen wegen $p_0 = p_0(\boldsymbol{p}^2)$ unverändert. Dasselbe gilt für das Viererpotential, da $\boldsymbol{A}$ durch bewegte Ströme und A^0 durch Ladungen erzeugt werden. Vom passiven Standpunkt aus betrachtet bedeutet die Zeitumkehr[11] (angedeutet durch das Symbol T) also

$$\left.\begin{aligned} \boldsymbol{x} &\longrightarrow \boldsymbol{x}' = \boldsymbol{x} \ , \ t \longrightarrow t' = -t \\ A^0(\boldsymbol{x},t) &\longrightarrow A_T^0(\boldsymbol{x}',t') = A^0(\boldsymbol{x},t) \\ \boldsymbol{A}(\boldsymbol{x},t) &\longrightarrow \boldsymbol{A}_T(\boldsymbol{x}',t') = -\boldsymbol{A}(\boldsymbol{x},t) \end{aligned}\right\} \begin{aligned} &\text{passive} \\ &\text{Zeitum-} \\ &\text{kehr } T \end{aligned} \qquad (1.34)$$

und

$$i\hbar\partial^0 \longrightarrow i\hbar\partial'^0 = -i\hbar\partial^0 \ , \ i\hbar\partial^i \longrightarrow i\hbar\partial'^i = i\hbar\partial^i \ .$$

Um zu sehen, wie sich die Wellenfunktion ϕ unter der Zeitumkehr transformiert, starten wir von der Klein-Gordon-Gleichung im transformierten (gestrichenen) System,

---

[10] Diese Analogie ist noch nicht vollständig, da ein Spiegel lediglich die zu seiner Ebene senkrecht stehende Komponente umdreht. Erst nach einer zusätzlichen Drehung um π um diese Senkrechte gelangt man zur Paritätstransformation. Die Drehung ist aber eine eigentliche Lorentz-Transformation und wurde soeben diskutiert.

[11] Wir betonen noch einmal, daß es sich bei der Zeitumkehr um eine nichtlorentzartige Transformation handelt. Deshalb ist es streng genommen auch nicht gerechtfertigt, in diesem Zusammenhang von einer „passiven Transformation" zu sprechen. Die Zeitumkehr ist nicht zu verwechseln mit der nichtorthochronen Lorentz-Transformation der *Zeitspiegelung*, auf die wir in Aufgabe 3 noch zu sprechen kommen werden.

$$\left[\left(i\hbar\partial'_\mu - \frac{e}{c}A_{T,\mu}\right)\left(i\hbar\partial'^\mu - \frac{e}{c}A_T^\mu\right) - m_0^2 c^2\right]\phi_T(x') = 0 \; , \qquad (1.35)$$

und drücken die Ableitungs- und Potentialterme durch die ursprünglichen Größen aus:

$$0 = \left[\left(-i\hbar\partial_0 - \frac{e}{c}A_0\right)\left(-i\hbar\partial^0 - \frac{e}{c}A^0\right) + \left(i\hbar\partial_i + \frac{e}{c}A_i\right)\left(i\hbar\partial^i + \frac{e}{c}A^i\right)\right.$$
$$\left. - m_0^2 c^2\right]\phi_T(x') \; .$$

Wie leicht zu erkennen ist, führt diese Beziehung auf die zu (1.35) formgleiche Klein-Gordon-Gleichung im ungestrichenen System, falls ϕ in der Weise

$$\phi(\boldsymbol{x},t) \longrightarrow \phi_T(\boldsymbol{x}',t') = \lambda_T \phi^*(\boldsymbol{x},t) \; , \; |\lambda_T| = 1 \left.\begin{array}{l} \\ \end{array}\right\} \begin{array}{l}\text{passive}\\ \text{Zeitum-}\\ \text{kehr } T\end{array} \qquad (1.36)$$

transformiert wird. Die hierin enthaltene Bedingung für λ_T reflektiert die Tatsache, daß die zweimalige Anwendung der Zeitumkehr wieder zum Ausgangszustand führt. Die aktive Zeitumkehrtransformation ergibt sich aus (1.34) und (1.36) zu

$$\left.\begin{array}{l}\phi(\boldsymbol{x},t) \longrightarrow \phi_T(\boldsymbol{x},t) = \lambda_T\phi^*(\boldsymbol{x},-t)\\[4pt] A^0(\boldsymbol{x},t) \longrightarrow A_T^0(\boldsymbol{x},t) = A^0(\boldsymbol{x},-t)\\[4pt] \boldsymbol{A}(\boldsymbol{x},t) \longrightarrow \boldsymbol{A}_T(\boldsymbol{x},t) = -\boldsymbol{A}(\boldsymbol{x},-t)\end{array}\right\}\begin{array}{l}\text{aktive}\\ \text{Zeitum-}\\ \text{kehr } T.\end{array} \qquad (1.37)$$

Angewandt auf die freien Klein-Gordon-Lösungen liefert die aktive Zeitumkehr

$$\phi_{\boldsymbol{p}}^{(1,2)}(\boldsymbol{x},t) \longrightarrow \lambda_T\phi_{\boldsymbol{p}}^{(1,2)*}(\boldsymbol{x},-t) = \lambda_T\phi_{-\boldsymbol{p}}^{(1,2)}(\boldsymbol{x},t) \; .$$

Genau wie die Paritätstransformation dreht auch die Zeitumkehr den Impuls eines Spin-0-Teilchens herum.

PCT-Transformation (keine Symmetrietransformation). Wir kommen nun auf einen zentralen Punkt zu sprechen, der insbesondere für den weiteren Aufbau der Ein-Teilcheninterpretation im nächsten Abschnitt und die relativistische Streutheorie in Kapitel 3 von entscheidender Bedeutung ist. Aufgrund der in Unterabschn. 1.1.3 diskutierten Ladungskonjugation erhält man die Wellenfunktion eines physikalischen Spin-0-Antiteilchens der Ladung $-e$, indem man von der negativen Klein-Gordon-Lösung $\phi^{(-)}$ mit der Ladung $+e$ ausgeht und von ihr die Ladungskonjugierte $\phi_C^{(-)}$ nimmt. Da die soeben besprochenen Transformationen der Raumspiegelung P und der Zeitumkehr T Symmetrietransformationen sind, können wir sie ebenso gut auch bei der Konstruktion von Antiteilchenwellenfunktionen mitverwenden. Kombinieren wir also die drei Transformationen P, T und C und wenden sie auf die negative Lösung $\phi^{(-)}$ an, so folgt aufgrund von Satz 1.4, (1.33) und (1.37) im aktiven Fall (ohne Berücksichtigung etwaiger Phasen)

$$\phi^{(-)}(x) \longrightarrow \phi_{PCT}^{(-)}(x) = \phi^{(-)}(-x) \; .$$

Weil es sich bei $\phi_{PCT}^{(-)}$ aufgrund der C-Operation um die Wellenfunktion eines Antiteilchens handeln muß, ergibt sich hieraus folgende wichtige Aussage, die unter dem Namen *Feynman-Stückelberg-Interpretation* bekannt ist:

> **Satz 1.5: Feynman-Stückelberg-Interpretation**
> **in der Klein-Gordon-Theorie**
>
> Aufgrund der *PCT*-Transformation kann die Wellenfunktion eines physikalischen Spin-0-Antiteilchens der Ladung $-e$ aufgefaßt werden als eine negative Klein-Gordon-Lösung der Ladung $+e$, die sich rückwärts in Raum und Zeit bewegt.

Wir können die Richtigkeit dieser Interpretation leicht nachprüfen, indem wir wieder die Eigenwertgleichung eines negativen Klein-Gordon-Zustandes der Ladung $+e$ in Hamiltonscher Formulierung bemühen,

$$\left[\frac{\tau_3 + \mathrm{i}\tau_2}{2m_0} \left(\frac{\hbar}{\mathrm{i}} \boldsymbol{\nabla}_{\boldsymbol{x}} - \frac{e}{c} \boldsymbol{A}(x) \right)^2 + \tau_3 m_0 c^2 + eA^0(x) \right] \Psi^{(-)}(x)$$
$$= -|E|\Psi^{(-)}(x) ,$$

und an ihr die passive *PCT*-Transformation ausführen. Dies führt unter Berücksichtigung von

$$x'^\mu = -x^\mu , \quad \boldsymbol{\nabla}_{\boldsymbol{x}'} = -\boldsymbol{\nabla}_{\boldsymbol{x}} , \quad \Psi_{PCT}(x') = \tau_1 \Psi(x) , \quad A_{PCT}^\mu(x') = A^\mu(x)$$

zu

$$\left[\frac{\tau_3 + \mathrm{i}\tau_2}{2m_0} \left(\frac{\hbar}{\mathrm{i}} \boldsymbol{\nabla}_{\boldsymbol{x}'} + \frac{e}{c} \boldsymbol{A}_{PCT}(x') \right)^2 + \tau_3 m_0 c^2 - eA_{PCT}^0(x') \right] \Psi_{PCT}^{(-)}(x')$$
$$= +|E|\Psi_{PCT}^{(-)}(x') ,$$

also zur Eigenwertgleichung für einen positiven Klein-Gordon-Zustand der Ladung $-e$ mit umgekehrter Ausbreitungsrichtung in Raum und Zeit.

Die Feynman-Stückelberg-Interpretation beinhaltet zwei wichtige Konsequenzen. Zum einen deutet sich hierdurch die Möglichkeit an, Antiteilchen und insbesondere deren wahrscheinlichste Quantenzustände durch negative Lösungen selbst (und nicht allein durch deren Ladungskonjugierte) zu beschreiben. Genau diesen Umstand werden wir im nächsten Abschnitt bei der Definition von physikalisch sinnvollen Erwartungswerten im Sinne der Ein-Teilcheninterpretation heranziehen. Eine andere Konsequenz obiger Interpretation ist, daß ihre Anwendung enorme Vorteile bei der Beschreibung relativistischer Streuprozesse (Kapitel 3) liefert und in der Tat auf experimentell verifizierbare Resultate führt.

Erweiterte Ladungskonjugation $\mathcal{C}$. Die Ladungskonjugation C ist zwar eine mathematische Äquivalenzoperation aber keine Symmetrietransformation, weil sie das formale Aussehen der Klein-Gordon-Gleichung ändert [vgl. (1.22) mit (1.23) und (1.24) mit (1.25)]. Wir können sie jedoch zu einer nichtlorentzartigen Symmetrietransformation erweitern, indem wir zusätzlich das

Vorzeichen der elektromagnetischen Potentiale ändern. Das heißt also insgesamt

$$
\left.
\begin{aligned}
\phi(\boldsymbol{x}, t) &\longrightarrow \phi_{\mathcal{C}}(\boldsymbol{x}, t) = \lambda_{\mathcal{C}} \phi^{*}(\boldsymbol{x}, t) \ , \ |\lambda_{\mathcal{C}}| = 1 \\
A^{0}(\boldsymbol{x}, t) &\longrightarrow A_{\mathcal{C}}^{0}(\boldsymbol{x}, t) = -A^{0}(\boldsymbol{x}, t) \\
\boldsymbol{A}(\boldsymbol{x}, t) &\longrightarrow \boldsymbol{A}_{\mathcal{C}}(\boldsymbol{x}, t) = -\boldsymbol{A}(\boldsymbol{x}, t)
\end{aligned}
\right\}
\begin{aligned}
&\text{aktive} \\
&\text{Ladungs-} \\
&\text{konju-} \\
&\text{gation } \mathcal{C}.
\end{aligned}
\qquad (1.38)
$$

Diese erweiterte Transformation bezeichnen wir ebenfalls als *Ladungskonjugation* und führen zur ihrer Unterscheidung von der ursprünglichen *C*-Transformation das neue Symbol $\mathcal{C}$ ein. Auch hier trägt die Einschränkung von $\lambda_{\mathcal{C}}$ dem Umstand Rechnung, daß die zweifache Ausführung der Ladungskonjugation $\mathcal{C}$ wieder den Ausgangszustand ergibt.

Auf Ebene der Wellenfunktionen betrachtet, besteht die Wirkung von $\mathcal{C}$ z.B. darin, daß sie die Klein-Gordon-Gleichung für eine positive Lösung $\phi^{(+)}$ der Ladung $+e$ im Potential $+A^{\mu}$,

$$
\left[\left(\mathrm{i}\hbar \frac{\partial}{\partial t} - eA^{0} \right)^{2} - c^{2} \left(\boldsymbol{p} - \frac{e}{c} \boldsymbol{A} \right)^{2} - m_{0}^{2} c^{4} \right] \phi^{(+)}(x) = 0 \ ,
$$

in die Klein-Gordon-Gleichung für eine negative Lösung $\phi_{\mathcal{C}}^{(+)} = \phi^{(+)*}$ mit derselben Ladung $+e$ im Potential $A_{\mathcal{C}}^{\mu} = -A^{\mu}$ transformiert, also in

$$
\left[\left(\mathrm{i}\hbar \frac{\partial}{\partial t} - eA_{\mathcal{C}}^{0} \right)^{2} - c^{2} \left(\boldsymbol{p} - \frac{e}{c} \boldsymbol{A}_{\mathcal{C}} \right)^{2} - m_{0}^{2} c^{4} \right] \phi_{\mathcal{C}}^{(+)}(x) = 0 \ .
$$

Letztere können wir aber aufgrund der ursprünglichen *C*-Transformation gleichsetzen mit der Klein-Gordon-Gleichung für eine positive Lösung $\phi_{CC}^{(+)}$ mit der Ladung $-e$ und ansonsten – im Vergleich zur ursprünglichen Lösung $\phi^{(+)}$ – gleichen Quantenzahlen im Potential $-A^{\mu}$.

Auf physikalischer Teilchenebene bedeutet die Ladungskonjugation $\mathcal{C}$ deshalb die Umwandlung eines Bosons in ein Antiboson mit umgekehrter Ladung und ansonsten identischen Quantenzahlen. Somit läßt sich der physikalische Gehalt der Symmetrietransformation $\mathcal{C}$ durch die auf klassischem Level leicht einsichtige Tatsache beschreiben, daß die Dynamik eines Bosons der Ladung $+e$ im Potential $+A^{\mu}$ dieselbe ist wie die des zugehörigen Antibosons der Ladung $-e$ im Potential $-A^{\mu}$.

Weitere Symmetriebetrachtungen. Wir haben nun alle grundlegenden Symmetrietransformationen der Klein-Gordon-Gleichung besprochen. Sie alle bedeuten, daß die jeweilige Ausgangssituation und die zugehörige transformierte Situation physikalisch äquivalent sind. Beliebige Kombinationen von Symmetrietransformationen führen deshalb auch immer wieder auf physikalisch äquivalente Konstellationen. Dies gilt natürlich nur unter der Voraussetzung, daß die zugrundeliegende Theorie tatsächlich eine richtige Beschreibung der betrachteten Physik darstellt.

Wie zahlreiche Experimente gezeigt haben, sind die diskreten Symmetrien P, C und T bei elektromagnetischen (und auch bei starken) Wechselwirkungsphänomenen in der Natur tatsächlich realisiert, was uns ein zusätzliches Vertrauen in die Richtigkeit der bisher entwickelten Klein-Gordon-Theorie zur Beschreibung von Spin-0-Teilchen gibt. Dies trifft allerdings nicht mehr auf physikalische Prozesse zu, an denen die schwache Wechselwirkung beteiligt ist; dort sind alle drei Symmetrien einzeln verletzt. Innerhalb moderner Quantenfeldtheorien (mit beliebiger Wechselwirkung) kann jedoch aufgrund der Lorentz-Invarianz und des üblichen Zusammenhangs zwischen Spin und Statistik das sog. *PCT-Theorem* abgeleitet werden, nach welchem die Dreierkombination von P, C und T in jedem Fall eine Symmetrietransformation ist (siehe Aufgabe 3). Dieses *PCT*-Theorem impliziert u.a., daß Teilchen und Antiteilchen dieselbe Masse und Lebensdauer haben.

Zusammenfassung

- Transformationen lassen sich in **aktive** und **passive Transformationen** unterteilen. Bei aktiven Transformationen wird der physikalische Zustand, bei passiven Transformationen das zugrundeliegende Bezugssystem transformiert.

- **Symmetrietransformationen** führen auf formal identische Bewegungsgleichungen und somit auf physikalisch äquivalente Situationen.

- Die Klein-Gordon-Theorie ist invariant unter der vollen Poincaré-Gruppe. Diskrete Symmetrietransformationen der Theorie sind die uneigentliche Lorentz-Transformation der **Raumspiegelung** P sowie die nichtlorentzartigen Transformationen der **Zeitumkehr** T und der erweiterten **Ladungskonjugation** C.

- Die Wellenfunktion eines Spin-0-Antiteilchens der Ladung $-e$ kann aufgefaßt werden als eine negative Klein-Gordon-Lösung der Ladung $+e$, die sich rückwärts in Raum und Zeit bewegt (**Feynman-Stückelberg-Interpretation**).

Aufgaben

3. Lorentzartigkeit der *PCT*-Symmetrietransformation (I). Zeigen Sie, daß es sich bei der *PCT*-Transformation[12] um eine lorentzartige Symmetrieoperation handelt, indem Sie die uneigentliche und nichtorthochrone Lorentz-Transformation der *Zeitspiegelung* genauer betrachten. Letztere wird auch *Racah-Zeitspiegelung* genannt und ist definiert durch

---

[12] Nicht zu verwechseln mit der *PCT*-Transformation.

$$(\Lambda^\mu{}_\nu) = \begin{pmatrix} -1 & 0 & 0 & 0 \\ 0 & 1 & 0 & 0 \\ 0 & 0 & 1 & 0 \\ 0 & 0 & 0 & 1 \end{pmatrix} \ , \ \Lambda^0{}_0 < 0 \ , \ \det(\Lambda^\mu{}_\nu) = -1 \ .$$

Lösung. Für die passiven und aktiven Transformationsgesetze der Racah-Zeitspiegelung (angedeutet durch das Symbol R) erhält man

$$\left.\begin{aligned} \boldsymbol{x} &\longrightarrow \boldsymbol{x}' = \boldsymbol{x} \ , \ t \longrightarrow t' = -t \\[4pt] \phi(\boldsymbol{x},t) &\longrightarrow \phi_R(\boldsymbol{x}',t') = \lambda_R \phi(\boldsymbol{x},t) \ , \ \lambda_R = \pm 1 \\[4pt] A^0(\boldsymbol{x},t) &\longrightarrow A_R^0(\boldsymbol{x}',t') = -A^0(\boldsymbol{x},t) \\[4pt] \boldsymbol{A}(\boldsymbol{x},t) &\longrightarrow \boldsymbol{A}_R(\boldsymbol{x}',t') = \boldsymbol{A}(\boldsymbol{x},t) \end{aligned}\right\} \begin{aligned} &\text{passive} \\ &\text{Zeitspie-} \\ &\text{gelung } R \end{aligned}$$

und

$$\left.\begin{aligned} \phi(\boldsymbol{x},t) &\longrightarrow \phi_R(\boldsymbol{x},t) = \lambda_R \phi(\boldsymbol{x},-t) \\[4pt] A^0(\boldsymbol{x},t) &\longrightarrow A_R^0(\boldsymbol{x},t) = -A^0(\boldsymbol{x},-t) \\[4pt] \boldsymbol{A}(\boldsymbol{x},t) &\longrightarrow \boldsymbol{A}_R(\boldsymbol{x},t) = \boldsymbol{A}(\boldsymbol{x},-t) \end{aligned}\right\} \begin{aligned} &\text{aktive} \\ &\text{Zeitspie-} \\ &\text{gelung } R. \end{aligned}$$

Vergleicht man die letzten Beziehungen mit (1.37) und (1.38), also mit den aktiven Transformationsgesetzen der Zeitumkehr T und der Ladungskonjugation $\mathcal{C}$, so wird offensichtlich, daß die Kombination von $\mathcal{C}$ und T mit der Racah-Zeitspiegelung identisch ist:

$$\mathcal{C}T = R \Longrightarrow P\mathcal{C}T = PR \ .$$

Weil P und R lorentzartig sind, folgt schließlich, daß auch die $P\mathcal{C}T$-Transformation lorentzartig ist.

1.3 Ein-Teilcheninterpretation der Klein-Gordon-Theorie

Aufgrund der bisherigen Resultate, vor allem aus den Unterabschnitten 1.1.3 und 1.2.3, sind wir nun in der Lage, die Ein-Teilcheninterpretation der Klein-Gordon-Theorie weiter zu entwickeln und zu vervollständigen. Die wesentlichen Punkte, die es in diesem Zusammenhang noch zu klären gilt, wurden bereits in Unterabschn. 1.1.3 genannt, nämlich

[1] unter welchen Voraussetzungen eine Entkopplung der Klein-Gordon-Theorie in zwei Ein-Teilchentheorien möglich ist,

[2] welche Operatoren im Sinne des Ein-Teilchenkonzeptes in Frage kommen und wie sich diese konstruieren lassen,

[3] wie sich physikalisch sinnvolle und darüber hinaus bild- und darstellungsunabhängige Ein-Teilchenerwartungswerte definieren lassen.

Wir beginnen unsere Diskussion, indem wir uns zunächst auf den Punkt [3] konzentrieren und ein *verallgemeinertes Skalarprodukt* definieren, das den Erkenntnissen des Satzes 1.5 Rechnung trägt. Diese Definition erfordert gleichzeitig auch eine Verallgemeinerung der Begriffe „Hermitezität" und „Unitarität", um die Bildunabhängigkeit des verallgemeinerten Skalarproduktes zu gewährleisten. Auf diesen Formalismus aufbauend wenden wir uns danach der Frage [2] zu. Den Abschluß bildet eine gründliche Diskussion von Punkt [1], in der wir den Gültigkeitsbereich des Ein-Teilchenkonzeptes abstecken und jenseitige Widersprüchlichkeiten aufzeigen.

Aufgrund der Übersichtlichkeit, der einfacheren Darstellung und gerade auch der näheren Verwandtschaft zur nichtrelativistischen Quantenmechanik werden wir in den folgenden Betrachtungen die Hamiltonsche Formulierung der Klein-Gordon-Theorie bevorzugt verwenden.

1.3.1 Verallgemeinertes Skalarprodukt

Wie wir in Unterabschn. 1.1.3 festgestellt haben, gilt in der nichtrelativistischen Näherung für positive Klein-Gordon-Lösungen $|\varphi| \gg |\chi|$ (und für negative Lösungen $|\varphi| \ll |\chi|$; siehe Unterabschn. 1.4.1). Zumindest in diesem, uns vornehmlich interessierenden und später genauer zu definierenden Gültigkeitsbereich des Ein-Teilchenkonzeptes, können wir daher für positive Lösungen die positiv definite Ladungsdichte auch als eine Wahrscheinlichkeitsdichte auffassen:

$$\rho = \psi^\dagger \tau_3 \psi \overset{|\varphi| \gg |\chi|}{\approx} \psi^\dagger \psi \,, \quad \int \mathrm{d}^3 x \rho(x) = +1 \,.$$

Hieraus folgt desweiteren, daß der wahrscheinlichste Quantenzustand eines Spin-0-(Anti-)Teilchens bzgl. einer Observablen $\mathcal{O}$ durch den aus der nichtrelativistischen Theorie gewohnten Erwartungswert beschrieben werden kann. Für Teilchen der Ladung $+e$ hat man

$$\left.\begin{aligned}
\langle \psi^{(+)}| \mathcal{O} |\psi^{(+)} \rangle &= \int \mathrm{d}^3 x \psi^{(+)\dagger}(x) \mathcal{O} \psi^{(+)}(x) \\
\langle \psi^{(+)}| \psi^{(+)} \rangle &= +1 \,.
\end{aligned}\right\} \tag{1.39}$$

Im Falle von Antiteilchen der Ladung $-e$ folgt aufgrund der Ladungskonjugation C und von Satz 1.5

$$\begin{aligned}
\langle \psi_C^{(-)}| \mathcal{O} |\psi_C^{(-)} \rangle &= \int \mathrm{d}^3 x \psi_C^{(-)\dagger}(x) \mathcal{O} \psi_C^{(-)}(x) \,, \left\langle \psi_C^{(-)}\middle| \psi_C^{(-)} \right\rangle = +1 \\
&= \int \mathrm{d}^3 x \psi^{(-)\dagger}(-x) \mathcal{O} \psi^{(-)}(-x) \\
&= -\int \mathrm{d}^3 x \psi^{(-)\dagger}(x) \mathcal{O} \psi^{(-)}(x) \\
&= -\left\langle \psi^{(-)}\middle| \mathcal{O} \middle| \psi^{(-)} \right\rangle \,, \left\langle \psi^{(-)}\middle| \psi^{(-)} \right\rangle = -1 \,. \quad (1.40)
\end{aligned}$$

Hierbei reflektiert die dritte Beziehung die Tatsache, daß sich bei Umkehrung aller Raum- und Zeitrichtungen (*PCT*-Transformation) die Eigenwerte von Wellenfunktionen und somit auch deren Erwartungswerte umdrehen. Wir können nun (1.39) und (1.40) in bequemer Weise zusammenfassen und erhalten schließlich den *verallgemeinerten Erwartungswert*

$$\langle \psi | \, \mathcal{O} \, | \psi \rangle_V = \int d^3x \psi(x) \tau_3 \mathcal{O} \psi(x) \; , \tag{1.41}$$

wobei positive Lösungen $\psi^{(+)}$ mit $\left\langle \psi^{(+)} \middle| \psi^{(+)} \right\rangle_V = Q^{(+)} = +1$ für Teilchen der Ladung $+e$ und negative Lösungen $\psi^{(-)}$ mit $\left\langle \psi^{(-)} \middle| \psi^{(-)} \right\rangle_V = Q^{(-)} = -1$ für Antiteilchen der Ladung $-e$ einzusetzen sind.

Dieses Resultat erklärt und verallgemeinert offensichtlich den dritten Punkt aus Satz 1.4, daß sich nämlich die Quantenzustände von Antiteilchen durch negative Klein-Gordon-Lösungen selbst und nicht allein durch deren Ladungskonjugierte bestimmen lassen. Insofern gelangen wir auf diese Weise zu einer wünschenswerten Symmetrie in der Beschreibung von Teilchen und Antiteilchen, die uns – unter Vorbehalt – dazu berechtigt, die negativen Lösungen $\psi^{(-)}$ selbst als Antiteilchenwellenfunktionen zu betrachten.[13]

Insgesamt führt (1.41) auf eine neuartige Definition des Skalarproduktes, das sich wie in der Schrödingerschen Theorie an die Form von ρ anlehnt und für den Spezialfall freier Teilchen bereits in den Sätzen 1.2 und 1.3 vorweggenommen wurde (vgl. Aufgabe 2).

Definition: Verallgemeinertes Skalarprodukt

Das *verallgemeinerte Skalarprodukt (V-Skalarprodukt)* der Klein-Gordon-Theorie ist definiert durch

$$\langle \psi | \phi \rangle_V = \int d^3x \psi^\dagger(x) \tau_3 \phi(x) \; .$$

Zwei Zustände ψ und ϕ heißen *verallgemeinert-orthogonal* (*V-orthogonal*), falls gilt: $\langle \psi | \phi \rangle_V = 0$. Der Ausdruck

$$\langle \mathcal{O} \rangle_V = \langle \psi | \, \mathcal{O} \, | \psi \rangle_V = \int d^3x \psi^{(\pm)\dagger}(x) \tau_3 \mathcal{O} \psi(x) \; , \quad Q = \langle \psi | \psi \rangle_V = \pm 1$$

ist der *verallgemeinerte Erwartungswert (V-Erwartungswert)* der Observablen $\mathcal{O}$ und gibt den statistischen Mittelwert vieler gleichartiger Messungen ▷

---

[13] Allerdings folgt hieraus eine andere Asymmetrie. Während nämlich bei positiven Eigenlösungen eines Operators der Eigenwert mit dem Erwartungswert übereinstimmt, sind diese Größen bei negativen Eigenlösungen genau entgegengesetzt. Bei Verwendung von (1.41) läßt sich deshalb der in Satz 1.1 zitierte dritte Grundsatz nicht aufrechterhalten. Man kann diesen Schwachpunkt dadurch umgehen, daß man weiterhin am nichtrelativistischen Erwartungswert sowohl für positive als auch für negative Lösungen festhält aber dafür physikalische Observable in geeigneter Weise umdefiniert. Wir werden auf diese Möglichkeit im weiteren Verlauf nicht weiter eingehen.

von $\mathcal{O}$ an identischen Spin-0-[Anti-]Teilchensystemen der Ladung $+e$ [$-e$] wieder. Für Teilchen sind positive Klein-Gordon-Lösungen $\psi^{(+)}$ mit $Q^{(+)} = +1$ und für Antiteilchen negative Lösungen $\psi^{(-)}$ mit $Q^{(-)} = -1$ einzusetzen.

Wie sich leicht zeigen läßt, besitzt $\langle \psi | \phi \rangle_V$ mit Ausnahme der positiven Definitheit dieselben Eigenschaften wie $\langle \psi | \phi \rangle$, also

- $\langle \psi | \phi + \chi \rangle_V = \langle \psi | \phi \rangle_V + \langle \psi | \chi \rangle_V$

- $\langle \psi | a\phi \rangle_V = a \langle \psi | \phi \rangle_V$

- $\langle \psi | \phi \rangle_V = \langle \phi | \psi \rangle_V^*$.

Durch Rückführung von $\langle \psi | \mathcal{O} | \phi \rangle_V$ auf $\langle \psi | \mathcal{O} | \phi \rangle$ ergibt sich die zu (1.21) korrespondierende Adjunktionsbeziehung

$$\langle \psi | \mathcal{O} | \phi \rangle_V = \langle \psi | \tau_3 \mathcal{O} | \phi \rangle = \left\langle \phi | \mathcal{O}^\dagger \tau_3 | \psi \right\rangle^* = \left\langle \phi | \tau_3 \mathcal{O}^\dagger \tau_3 | \psi \right\rangle_V^* .$$

Hieraus folgt sofort, daß ein Operator $\mathcal{O}$ mit der Eigenschaft $\mathcal{O} = \tau_3 \mathcal{O}^\dagger \tau_3$ reelle V-Erwartungswerte besitzt. In Aufgabe 4 wird gezeigt, daß ein solcher Operator weiterhin folgende Eigenschaften besitzt:

- Die Eigenwerte zu geladenen Eigenzuständen ψ (mit $\langle \psi | \psi \rangle_V \neq 0$) sind reell.

- Geladene Eigenzustände zu verschiedenen Eigenwerten sind V-orthogonal.

In Anlehnung an die in der nichtrelativistischen Theorie bedeutsamen hermiteschen Operatoren bietet sich daher folgende Definition an:

Definition: Verallgemeinert-hermitescher Operator

Ein linearer Operator $\mathcal{O}$ heißt *verallgemeinert-hermitesch (V-hermitesch)*, wenn gilt

$$\mathcal{O} = \tau_3 \mathcal{O}^\dagger \tau_3 \iff \tau_3 \mathcal{O} = (\tau_3 \mathcal{O})^\dagger ,$$

d.h. also wenn $\tau_3 \mathcal{O}$ ein hermitescher Operator ist. Ein solcher Operator besitzt reelle V-Erwartungswerte.
Hinsichtlich der Ein-Teilcheninterpretation kommen als physikalisch sinnvolle kinematische Größen nur solche V-hermiteschen Operatoren in Frage, deren Eigenzustände ein vollständiges System bilden, d.h. nach denen jeder Klein-Gordon-Zustand mit endlicher V-Norm entwickelt werden kann (*Ein-Teilchenoperatoren*).

Offensichtlich folgt hieraus ganz allgemein (und nicht nur für den freien Fall), daß geladene Eigenzustände von H und $\boldsymbol{p}$ V-orthogonal sind, weil H und $\boldsymbol{p}$ V-hermitesche Operatoren sind.

Neben den V-hermiteschen Operatoren führt das V-Skalarprodukt noch auf eine andere wichtige Klasse von Operatoren, nämlich den Transformationsoperatoren, unter denen das V-Skalarprodukt invariant ist. Hierzu betrachten wir den Operator U sowie die Transformationen

$$\psi' = U\psi , \ \phi' = U\phi$$

und fordern:

$$\langle \psi' | \phi' \rangle_V = \langle \psi' | \tau_3 | \phi' \rangle = \langle \psi | U^\dagger \tau_3 U | \phi \rangle = \langle \psi | \tau_3 U^\dagger \tau_3 U | \phi \rangle_V \stackrel{!}{=} \langle \psi | \phi \rangle_V .$$

Wir definieren deshalb:

Definition: Verallgemeinert-unitärer Operator

Ein linearer Transformationsoperator U heißt *verallgemeinert-unitär (V-unitär)*, wenn gilt:

$$\tau_3 U^\dagger \tau_3 = U^{-1} .$$

Ein solcher Operator läßt das V-Skalarprodukt invariant.

Außer der Invarianz des V-Skalarproduktes besitzen V-unitäre Operatoren die folgenden, zu unitären Operatoren analogen Eigenschaften (siehe Aufgabe 4):

- Das Produkt zweier V-unitärer Operatoren ist ebenfalls ein V-unitärer Operator.

- Beschreibt U die infinitesimale V-unitäre Transformation $U = 1 + i\epsilon\mathcal{O}$, mit $|\epsilon| \ll 1$, dann ist $\mathcal{O}$ V-hermitesch.

- Ist $\mathcal{O}$ V-hermitesch, so ist $e^{i\mathcal{O}}$ V-unitär.

Aufgrund der letzten Eigenschaft folgt insbesondere, daß e^{iH} ein V-unitärer Operator ist, weil H V-hermitesch ist. Durch die Einführung des V-Skalarproduktes ist somit gleichzeitig auch seine Bildunabhängigkeit gewährleistet; man kann wie gewohnt durch Anwendung von e^{iH} (genauer: $e^{iHt/\hbar}$) zwischen verschiedenen Bildern (Schrödinger-Bild, Heisenberg-Bild etc.) wählen, die alle äquivalente Beschreibungen der Klein-Gordon-Theorie hinsichtlich der diskutierten Verallgemeinerungen liefern.

1.3.2 Ein-Teilchenoperatoren und Feshbach-Villars-Darstellung

Nachdem wir das Problem [3] durch die Definition des V-Skalarproduktes gelöst haben, wollen wir uns jetzt der verallgemeinerten Fassung des Ehrenfestschen Theorems zuwenden und in diesem Zusammenhang insbesondere die Frage erörtern, welche V-hermiteschen Operatoren physikalisch sinnvolle Ein-Teilchenoperatoren im Sinne der Definition auf Seite 35 darstellen bzw. wie diese zu konstruieren sind (Punkt [2]).

Verallgemeinertes Ehrenfestsches Theorem. Ausgangspunkt unserer Betrachtungen ist die aus der nichtrelativistischen Quantenmechanik bekannte und natürlich auch im relativistischen Fall gültige Heisenberg-Gleichung

$$i\hbar \frac{d\mathcal{O}_H}{dt} = [\mathcal{O}_H, H_H] + i\hbar \frac{\partial \mathcal{O}_H}{\partial t} ,$$

welche die zur Hamiltonschen Klein-Gordon-Gleichung korrespondierende Operatorgleichung im Heisenberg-Bild beschreibt. Die Zustände und Operatoren im Schrödinger-Bild (ohne Index) und Heisenberg-Bild (mit Index H) sind hierbei verknüpft über die darstellungsunabhängigen Beziehungen

$$|\psi_H\rangle = e^{-i\hbar H(t-t_0)} |\psi(t)\rangle = |\psi(t_0)\rangle \ , \ \mathcal{O}_H = e^{-i\hbar H(t-t_0)} \mathcal{O} e^{i\hbar H(t-t_0)} .$$

Durch Linksmultiplikation der Heisenberg-Gleichung mit τ_3 folgt unter Berücksichtigung von $d|\psi_H\rangle /dt = 0$ die (bild- und darstellungsunabhängige) *Heisenberg-Gleichung der V-Erwartungswerte*

$$\frac{d \langle \mathcal{O} \rangle_V}{dt} = \frac{1}{i\hbar} \langle [\mathcal{O}, H] \rangle_V + \left\langle \frac{\partial \mathcal{O}}{\partial t} \right\rangle_V$$

sowie – für explizit zeitunabhängige Operatoren ($\partial \mathcal{O}/\partial t = 0$) – das *verallgemeinerte Ehrenfestsche Theorem*

$$\frac{d \langle \mathcal{O} \rangle_V}{dt} = \frac{1}{i\hbar} \langle [\mathcal{O}, H] \rangle_V \ , \tag{1.42}$$

die beide in der nichtrelativistischen Theorie ohne den Index V ebenfalls gelten. Dort beinhaltet das Ehrenfestsche Theorem auch die formale Übereinstimmung mit den Hamiltonschen Gleichungen der klassischen Mechanik, wobei die in den klassischen Gleichungen auftretenden Größen durch ihre Mittelwerte zu ersetzen sind. Beispiele hierfür sind mit $H = \boldsymbol{p}^2/2m_0 + V(\boldsymbol{x})$

$$\frac{d \langle \boldsymbol{p} \rangle}{dt} = \frac{1}{i\hbar} \langle [\boldsymbol{p}, H] \rangle = - \langle \boldsymbol{\nabla} V \rangle \longleftrightarrow \frac{d\boldsymbol{p}}{dt} = - \frac{\partial H}{\partial \boldsymbol{x}} = -\boldsymbol{\nabla} V$$

$$\frac{d \langle \boldsymbol{x} \rangle}{dt} = \frac{1}{i\hbar} \langle [\boldsymbol{x}, H] \rangle = \left\langle \frac{\boldsymbol{p}}{m_0} \right\rangle \longleftrightarrow \frac{d\boldsymbol{x}}{dt} = \frac{\partial H}{\partial \boldsymbol{p}} = \frac{\boldsymbol{p}}{m_0} .$$

Dieses Korrespondenzprinzip gilt in der relativistischen Klein-Gordon-Theorie i.a. nicht mehr, denn für den freien Fall ergibt sich z.B. die Operatorgleichung

$$\frac{d \langle \boldsymbol{x} \rangle_V}{dt} = \frac{1}{i\hbar} \left\langle [\boldsymbol{x}, H^{(0)}] \right\rangle_V = \left\langle \frac{(\tau_3 + i\tau_2)\boldsymbol{p}}{m_0} \right\rangle_V \ , \ H^{(0)} \text{ aus } (1.16) \ ,$$

während die klassische Beziehung durch

$$\frac{d\boldsymbol{x}}{dt} = \frac{\boldsymbol{p}}{m} = \frac{c\boldsymbol{p}}{p_0} \ , \ m = m_0/\sqrt{1 - v^2/c^2} \tag{1.43}$$

gegeben ist. Wie man sieht, stimmen die rechten Seiten dieser beiden Gleichungen nicht überein. Ein weiterer wichtiger Unterschied zur nichtrelativistischen Theorie besteht darin, daß der „Geschwindigkeitsoperator"

$$v = \frac{(\tau_3 + \mathrm{i}\tau_2)\boldsymbol{p}}{m_0} \qquad (1.44)$$

zwar V-hermitesch aber keine Observable bzw. kein Ein-Teilchenoperator im Sinne der Definition auf Seite 35 ist, weil die Eigenwerte der Matrix $\tau_3 + \mathrm{i}\tau_2$ Null sind. Hinzu kommt, daß v aufgrund von $[v, H^{(0)}] \neq 0$ für freie Teilchen nicht konstant ist, entgegen unserer Erwartung. Dies alles führt offensichtlich zu dem Schluß, daß in der Klein-Gordon-Theorie nicht alle, auf vernünftigem Wege (via verallgemeinertem Ehrenfestschen Theorem) konstruierten Operatoren physikalisch sinnvoll sind.

Die Ursache dieses Phänomens liegt am Festhalten des Ein-Teilchenkonzeptes bzw. daran, daß nach der Definition von Ein-Teilchenoperatoren nur gerade Operatoren zugelassen werden, die positive und negative Zustände nicht mischen, weil allenfalls diese ein vollständiges Basissystem besitzen.[14] Da man jeden Operator $\mathcal{O}$ in der Weise

$$\mathcal{O} = [\mathcal{O}] + \{\mathcal{O}\} \ , \ [\mathcal{O}] = \text{gerade} \ , \ \{\mathcal{O}\} = \text{ungerade}$$

in einen geraden und ungeraden Operator aufteilen kann, läßt sich von ihm der gerade Anteil, also der gesuchte Ein-Teilchenoperator, abspalten.

Offenbar sind der freie Hamilton-Operator $H^{(0)}$ und der Impulsoperator $\boldsymbol{p}$ Ein-Teilchenoperatoren, weil sie die positiven und negativen Zustände (1.18) als (gemeinsame) Eigenbasis besitzen. Dagegen ist der Ortsoperator $\boldsymbol{x}$ kein gerader Operator, weil $[\boldsymbol{x}, H^{(0)}]$ nicht gerade ist. Der volle Hamilton-Operator H aus (1.17) ist, wie im nächsten Abschnitt diskutiert wird, ebenfalls kein gerader Operator.

Feshbach-Villars-Darstellung. Die allgemeine Untersuchung gerader und ungerader Operatoren vereinfacht sich beträchtlich in einer speziellen Darstellung (in einem speziellen Basissystem), in welchem die positiven und negativen Zustände von der Form

$$\psi^{(+)} \sim \begin{pmatrix} 1 \\ 0 \end{pmatrix} \ , \ \psi^{(-)} \sim \begin{pmatrix} 0 \\ 1 \end{pmatrix}$$

sind. Hierin ist nämlich der gerade Operator $[\mathcal{O}]$ eines Operators $\mathcal{O}$ dessen diagonaler Anteil, also

$$\mathcal{O} = \begin{pmatrix} \mathcal{O}_{11} & \mathcal{O}_{12} \\ \mathcal{O}_{21} & \mathcal{O}_{22} \end{pmatrix} \ , \ [\mathcal{O}] = \begin{pmatrix} \mathcal{O}_{11} & 0 \\ 0 & \mathcal{O}_{22} \end{pmatrix} \ , \ \{\mathcal{O}\} = \begin{pmatrix} 0 & \mathcal{O}_{12} \\ \mathcal{O}_{21} & 0 \end{pmatrix} \ .$$

Der Übergang zu einer solchen Darstellung ist gleichbedeutend mit der Diagonalisierung des Hamilton-Operators und ist im allgemeinen Fall nur näherungsweise möglich (siehe nächster Abschnitt). Im freien Fall läßt sich die Diagonalisierung jedoch exakt durchführen und führt auf die sog. *Feshbach-Villars-Darstellung (FV-Darstellung)*. Man gelangt von der Schrödingerschen

---

[14] Ein Operator $\mathcal{O}$ heißt gerade, falls $\mathcal{O}\psi^{(\pm)} = \psi'^{(\pm)}$, wobei $\psi^{(\pm)}$ und $\psi'^{(\pm)}$ beliebige positive (+) bzw. negative (−) Zustände bezeichnen. Gilt dagegen $\mathcal{O}\psi^{(\pm)} = \psi'^{(\mp)}$ so wird $\mathcal{O}$ ungerade genannt.

Impulsdarstellung (in der $\boldsymbol{p}$ und p_0 C-Zahlen sind) zur zugehörigen Feshbach-Villars-Darstellung, gekennzeichnet mit dem Symbol „$\sim$", mit Hilfe des V-unitären Transformationsoperators

$$U = \frac{(m_0 c + p_0) - \tau_1(m_0 c - p_0)}{2\sqrt{m_0 c p_0}} \; , \; U^{-1} = \frac{(m_0 c + p_0) + \tau_1(m_0 c - p_0)}{2\sqrt{m_0 c p_0}} \; ,$$

denn es gilt

$$\tilde{\Psi}^{(1)} = U\Psi^{(1)}(\boldsymbol{p}) = \begin{pmatrix} 1 \\ 0 \end{pmatrix} \; , \; \tilde{\Psi}^{(2)} = U\Psi^{(2)}(\boldsymbol{p}) = \begin{pmatrix} 0 \\ 1 \end{pmatrix}$$

und (siehe Aufgabe 5)

$$\tilde{H}^{(0)} = U H^{(0)} U^{-1} = c p_0 \tau_3 \; , \; \tilde{H}^{(0)} \tilde{\Psi}^{(1,2)} = \pm c p_0 \tilde{\Psi}^{(1,2)} \qquad (1.45)$$

sowie

$$\tilde{\boldsymbol{p}} = U\boldsymbol{p} U^{-1} = U U^{-1} \boldsymbol{p} = \boldsymbol{p} \; .$$

Anhand der letzten Beziehungen erkennt man noch einmal explizit, daß es sich bei $H^{(0)}$ und $\boldsymbol{p}$ um gerade Operatoren handelt, also $H^{(0)} = [H^{(0)}]$, $\boldsymbol{p} = [\boldsymbol{p}]$. Darüber hinaus ist $\tilde{H}^{(0)}$ – im Gegensatz zu $H^{(0)}$ – hermitesch.

Ein-Teilchenoperatoren für Ort und Geschwindigkeit. Mit Hilfe der Feshbach-Villars-Darstellung bzw. des Transformationsoperators U können wir nun z.B. den geraden Anteil des Ortsoperators $\boldsymbol{x}$, also den *Ein-Teilchenortsoperator*, sowie aus dem Operator (1.44) den *Ein-Teilchengeschwindigkeitsoperator* im freien Fall bestimmen. Hierzu ist es nützlich, zunächst zwischen folgenden Darstellungen (im Schrödinger-Bild) explizit zu unterscheiden:

- Ortsdarstellung: Dies ist die Darstellung, in welcher der Ortsoperator $\boldsymbol{x}$ durch die C-Zahl $\boldsymbol{x}$, der Impulsoperator $\boldsymbol{p}$ durch $-i\hbar\boldsymbol{\nabla}$ und der Hamilton-Operator $H^{(0)}$ durch (1.16) gegeben sind. In dieser Darstellung haben wir bisher die meiste Zeit gerechnet.

- Impulsdarstellung: Hierin sind $\boldsymbol{x}$ durch $i\hbar\boldsymbol{\nabla}_p$ und $\boldsymbol{p}$ durch die C-Zahl $\boldsymbol{p}$ gegeben.

- FV-Impulsdarstellung: Sie ergibt sich durch Diagonalisierung von $H^{(0)}$ der Impulsdarstellung, so wie in (1.45) geschehen.[15]

Wir betrachten nun den Ortsoperator in der Impulsdarstellung,

$$\boldsymbol{x} = i\hbar\boldsymbol{\nabla}_p \; .$$

Dieser rechnet sich in der FV-Impulsdarstellung um zu (siehe Aufgabe 5)

---

[15] Wir haben es hier mit zwei verschiedenen Kategorien von Darstellungen zu tun, die miteinander kombiniert werden. In der einen Kategorie sind $\boldsymbol{x}$ oder $\boldsymbol{p}$ diagonal (Orts- bzw. Impulsdarstellung). In der anderen Kategorie ist $H^{(0)}$ diagonal und resultiert im wesentlichen aus einer Drehung im τ-Raum (Feshbach-Villars-Darstellung).

$$\tilde{\boldsymbol{x}} = \mathrm{i}\hbar U \boldsymbol{\nabla}_{\boldsymbol{p}} U^{-1} = \mathrm{i}\hbar \boldsymbol{\nabla}_{\boldsymbol{p}} - \mathrm{i}\hbar \frac{\tau_1 \boldsymbol{p}}{2p_0^2} \ . \tag{1.46}$$

Da τ_1 nichtdiagonal ist, folgt in dieser Darstellung für den Ein-Teilchenortsoperator

$$[\tilde{\boldsymbol{x}}] = \mathrm{i}\hbar \boldsymbol{\nabla}_{\boldsymbol{p}} \ . \tag{1.47}$$

Er ist der zum Impulsoperator kanonisch konjugierte Operator, denn es gilt die aus der nichtrelativistischen Theorie bekannte Beziehung

$$[[\tilde{\boldsymbol{x}}]_i, [\tilde{\boldsymbol{p}}]_j] = \mathrm{i}\hbar \left[\frac{\partial}{\partial p_i}, p_j \right] = \mathrm{i}\hbar \delta_{ij} \ .$$

Durch Umkehrung der Transformation U erhält man aus (1.47) den Ein-Teilchenortsoperator in der Impulsdarstellung (siehe Aufgabe 5),

$$[\boldsymbol{x}] = \mathrm{i}\hbar U^{-1} \boldsymbol{\nabla}_{\boldsymbol{p}} U = \mathrm{i}\hbar \boldsymbol{\nabla}_{\boldsymbol{p}} + \mathrm{i}\hbar \frac{\tau_1 \boldsymbol{p}}{2p_0^2} \ , \quad \boldsymbol{p} = \mathbb{C}\text{-Zahl} \ , \tag{1.48}$$

und hieraus schließlich den Ein-Teilchenortsoperator in der Ortsdarstellung,

$$[\boldsymbol{x}] = \boldsymbol{x} + \mathrm{i}\hbar \frac{\tau_1 \boldsymbol{p}}{2p_0^2} \ , \quad \boldsymbol{p} = -\mathrm{i}\hbar \boldsymbol{\nabla} \ .$$

Zur Bestimmung des Ein-Teilchengeschwindigkeitsoperators $[\tilde{\boldsymbol{v}}]$ in der FV-Impulsdarstellung benutzen wir das verallgemeinerte Ehrenfestsche Theorem (1.42), mit $[\tilde{\boldsymbol{x}}]$ aus (1.47) und $[\tilde{H}^{(0)}] = \tilde{H}^{(0)} = cp_0\tau_3$, und finden

$$\langle [\tilde{\boldsymbol{v}}] \rangle_{\mathrm{V}} = \frac{\mathrm{d} \langle [\tilde{\boldsymbol{x}}] \rangle_{\mathrm{V}}}{\mathrm{d}t} = \frac{1}{\mathrm{i}\hbar} \left\langle \left[[\tilde{\boldsymbol{x}}], \tilde{H}^{(0)} \right] \right\rangle_{\mathrm{V}} = \left\langle \tau_3 \frac{c\boldsymbol{p}}{p_0} \right\rangle_{\mathrm{V}}$$

$$\Longrightarrow [\tilde{\boldsymbol{v}}] = \frac{c\boldsymbol{p}\tau_3}{p_0} \ , \quad \boldsymbol{p} = \mathbb{C}\text{-Zahl} \ .$$

Für positive Zustände gilt also in der FV-Impulsdarstellung dieselbe Beziehung zwischen Ein-Teilchengeschwindigkeit und Impuls wie in der klassischen Relativitätsmechanik (1.43). Für negative Zustände gilt dies nur dem Betrage nach. Aus der letzten Gleichung errechnet sich der Ein-Teilchengeschwindigkeitsoperator in der Impulsdarstellung zu (siehe Aufgabe 5)

$$[\boldsymbol{v}] = U^{-1} \frac{c\boldsymbol{p}\tau_3}{p_0} U = \frac{(\tau_3 + \mathrm{i}\tau_2)\boldsymbol{p}}{2m_0} + \frac{(\tau_3 - \mathrm{i}\tau_2)m_0c^2\boldsymbol{p}}{2p_0^2} \ , \quad \boldsymbol{p} = \mathbb{C}\text{-Zahl} \ . \tag{1.49}$$

In der Ortsdarstellung ergibt sich hieraus schließlich der Operator

$$[\boldsymbol{v}] = \frac{(\tau_3 + \mathrm{i}\tau_2)\boldsymbol{p}}{2m_0} + \frac{(\tau_3 - \mathrm{i}\tau_2)m_0c^2\boldsymbol{p}}{2p_0^2} \ , \quad \boldsymbol{p} = -\mathrm{i}\hbar \boldsymbol{\nabla} \ .$$

Er besitzt zusammen mit $H^{(0)}$ und $\boldsymbol{p}$ eine gemeinsame Eigenbasis, nämlich gerade die positiven und negativen Klein-Gordon-Lösungen $\psi_{\boldsymbol{p}}^{(r)}$ aus (1.18) mit den Energieeigenwerten $\epsilon_r c p_0$, den Impulseigenwerten $\epsilon_r \boldsymbol{p}$ und dem Ein-Teilchengeschwindigkeitseigenwert $c\boldsymbol{p}/p_0$.

Satz 1.6: Ein-Teilchenoperatoren und FV-Darstellung in der Klein-Gordon-Theorie

Im Sinne der Ein-Teilcheninterpretation der Klein-Gordon-Theorie sind zur Beschreibung physikalischer Größen nur gerade V-hermitesche Operatoren sinnvoll, die positive und negative Zustände nicht mischen (vgl. Definition auf Seite 35). Im freien Fall läßt sich der zugehörige Hamilton-Operator $H^{(0)}$ durch Anwendung der V-unitären Feshbach-Villars-Transformation

$$U = \frac{(m_0 c + p_0) - \tau_1 (m_0 c - p_0)}{2\sqrt{m_0 c p_0}}$$

diagonalisieren und führt auf die Feshbach-Villars-Darstellung. In ihr läßt sich der gerade Anteil eines Operators besonders leicht bestimmen, weil er dort durch seinen diagonalen Anteil gegeben ist.

Im Gegensatz zu $H^{(0)}$ und $\boldsymbol{p}$ sind der Ortsoperator $\boldsymbol{x}$ und der Geschwindigkeitsoperator $\boldsymbol{v}$ keine geraden Operatoren. Durch Transformation in die Feshbach-Villars-Darstellung, Separation der diagonalen Anteile und anschließender Rücktransformation erhält man für den Ein-Teilchenortsoperator $[\boldsymbol{x}]$ und den Ein-Teilchengeschwindigkeitsoperator $[\boldsymbol{v}]$ in der üblichen Orts- bzw. Impulsdarstellung

$$[\boldsymbol{x}] = \boldsymbol{x} + \mathrm{i}\hbar \frac{\tau_1 \boldsymbol{p}}{2p_0^2} \; , \; [\boldsymbol{v}] = \frac{(\tau_3 + \mathrm{i}\tau_2)\boldsymbol{p}}{2m_0} + \frac{(\tau_3 - \mathrm{i}\tau_2)m_0 c^2 \boldsymbol{p}}{2p_0^2} \; .$$

In diesem Zusammenhang ist folgendes zu beachten: Obwohl der Operator $[\boldsymbol{v}]$ hinsichtlich der Ein-Teilcheninterpretation akzeptabel erscheint, ist mit ihm dennoch ein Problem verbunden, denn es gilt in der Ortsdarstellung

$$[\boldsymbol{p}]\psi_{\boldsymbol{p}}^{(1,2)}(x) = \pm \boldsymbol{p}\psi_{\boldsymbol{p}}^{(1,2)}(x) \; , \; [\boldsymbol{v}]\psi_{\boldsymbol{p}}^{(1,2)}(x) = +\frac{c\boldsymbol{p}}{p_0}\psi_{\boldsymbol{p}}^{(1,2)}(x) \; .$$

Das heißt für negative Lösungen $\psi_{\boldsymbol{p}}^{(2)}$ ist der Eigenwert (bzw. V-Erwartungswert) von $[\boldsymbol{v}]$ dem Eigenwert (bzw. V-Erwartungswert) von $[\boldsymbol{p}]$ entgegengerichtet. Der Grund für dieses offensichtlich unphysikalische Verhalten hängt damit zusammen, daß sich nach Satz 1.5 die negativen Lösungen rückwärts in der Zeit ausbreiten.

Verschmierung der Ortswellenfunktion. Wir kommen nun noch auf eine wichtige Konsequenz zu sprechen, die sich aus der Verschiedenheit des gewöhnlichen Ortsoperators $\boldsymbol{x}$ und des Ein-Teilchenortsoperators $[\boldsymbol{x}]$ bzw. aus der Nichtvertauschbarkeit von $\boldsymbol{x}$ und der Feshbach-Villars-Transformation U ergibt. Die gemeinsamen Eigenzustände des *Ladungsoperators* τ_3 und des Ein-Teilchenortsoperators $[\tilde{\boldsymbol{x}}]$ sind in der FV-Impulsdarstellung gegeben durch

$$\tilde{\phi}_{\boldsymbol{x}'}^{(1)}(\boldsymbol{p}) = \frac{1}{(2\pi\hbar)^{3/2}} \begin{pmatrix} 1 \\ 0 \end{pmatrix} e^{-\mathrm{i}\boldsymbol{p}\boldsymbol{x}'} \; , \; \tilde{\phi}_{\boldsymbol{x}'}^{(2)}(\boldsymbol{p}) = \frac{1}{(2\pi\hbar)^{3/2}} \begin{pmatrix} 0 \\ 1 \end{pmatrix} e^{-\mathrm{i}\boldsymbol{p}\boldsymbol{x}'},$$

mit

$$[\tilde{\boldsymbol{x}}]\tilde{\phi}_{\boldsymbol{x}'}^{(r)}(\boldsymbol{p}) = \mathrm{i}\hbar\boldsymbol{\nabla}_{\boldsymbol{p}}\tilde{\phi}_{\boldsymbol{x}'}^{(r)}(\boldsymbol{p}) = \boldsymbol{x}'\tilde{\phi}_{\boldsymbol{x}'}^{(r)}(\boldsymbol{p}) \ , \quad \tau_3\tilde{\phi}_{\boldsymbol{x}'}^{(r)}(\boldsymbol{p}) = \epsilon_r\tilde{\phi}_{\boldsymbol{x}'}^{(r)}(\boldsymbol{p}) \ .$$

Hieraus folgt für die entsprechenden Eigenzustände des Ein-Teilchenortsoperators $[\boldsymbol{x}]$ in der Impulsdarstellung

$$\phi_{\boldsymbol{x}'}^{(r)}(\boldsymbol{p}) = U^{-1}\tilde{\phi}_{\boldsymbol{x}'}^{(r)}(\boldsymbol{p}) = \frac{1}{(2\pi\hbar)^{3/2}}\frac{1}{2\sqrt{m_0cp_0}}\begin{pmatrix} m_0c + \epsilon_r p_0 \\ m_0c - \epsilon_r p_0 \end{pmatrix}\mathrm{e}^{-\mathrm{i}\boldsymbol{p}\boldsymbol{x}'/\hbar} \ .$$

Wie aus der nichtrelativistischen Quantenmechanik bekannt ist, vollzieht sich der Übergang von der Impuls- zur Ortsdarstellung vermöge

$$\psi_{\boldsymbol{x}'}^{(r)}(\boldsymbol{x}) = \frac{1}{(2\pi\hbar)^{3/2}}\int \mathrm{d}^3p\,\mathrm{e}^{\mathrm{i}\boldsymbol{p}\boldsymbol{x}/\hbar}\phi_{\boldsymbol{x}'}^{(r)}(\boldsymbol{p}) \ .$$

Nach einer länglichen Rechnung, die wir hier nicht vorführen wollen, erhält man hierfür schließlich

$$\psi_{\boldsymbol{x}'}^{(1)}(\boldsymbol{x}) \overset{z\gg 1}{\sim} \begin{pmatrix} z^{-7/4} + z^{-9/4} \\ z^{-7/4} - z^{-9/4} \end{pmatrix}\mathrm{e}^{-z} \ , \quad \psi_{\boldsymbol{x}'}^{(2)}(\boldsymbol{x}) \overset{z\gg 1}{\sim} \begin{pmatrix} z^{-7/4} - z^{-9/4} \\ z^{-7/4} + z^{-9/4} \end{pmatrix}\mathrm{e}^{-z} \ ,$$

mit $z = m_0 c|\boldsymbol{x}-\boldsymbol{x}'|/\hbar$. Die Eigenfunktionen des Ein-Teilchenortsoperators $[\boldsymbol{x}]$ in der Ortsdarstellung sind also keine $\delta(\boldsymbol{x}-\boldsymbol{x}')$-Funktionen, sondern eine Art verschmierte δ-Funktion. Die Verschmierung erfolgt dabei über ein Gebiet der Ordnung

$$z \sim 1 \Longrightarrow |\boldsymbol{x} - \boldsymbol{x}'| \sim \frac{\hbar}{m_0 c} \ .$$

Aufgrund dieser Überlegungen läßt sich feststellen: Die Feshbach-Villars-Transformation U ist wegen $[\boldsymbol{x}, U] \neq 0$ eine nichtlokale Transformation. Die transformierte Wellenfunktion $\tilde{\psi}(x)$ geht aus der ursprünglichen Wellenfunktion $\psi(x)$ durch Mittelung des Ortsargumentes $\boldsymbol{x}$ über einen Bereich hervor, dessen lineare Ausdehnung gleich der Compton-Wellenlänge des Teilchens ist. Wie in der Einleitung zu diesem Kapitel bereits festgestellt wurde, sind nur solche Klein-Gordonschen Wellenpakete im Sinne der Ein-Teilcheninterpretation physikalisch sinnvoll, deren Ausdehnung groß ist im Vergleich zur zugehörigen Compton-Wellenlänge, so daß die Mittelungseffekte bei den nichtlokalen Darstellungswechseln im wesentlichen vernachlässigt werden können.

1.3.3 Gültigkeitsbereich des Ein-Teilchenkonzeptes

In den vorangegangenen Unterabschnitten haben wir mit Hilfe der Hamiltonschen Form der Klein-Gordon-Gleichung und insbesondere durch Einführung des V-Skalarproduktes einen Formalismus entwickelt, der sich in vielerlei Hinsicht an die nichtrelativistische Quantentheorie anlehnt. In ihm lassen sich die positiven und (ladungskonjugierten) negativen Klein-Gordon-Lösungen als zwei verschiedene Ein-Teilchensysteme mit entgegengesetztem Ladungsvorzeichen und positivem V-Energieerwartungswert interpretieren. Um dieses

Ein-Teilchenkonzept zu vervollständigen, müssen wir nun noch die Voraussetzungen seiner physikalischen Konsistenz und somit den einzigen offenen Punkt [1] klären.

Zunächst ist aufgrund der einleitenden Bemerkungen zu diesem Kapitel klar, daß sich die Ein-Teilcheninterpretation der Klein-Gordon-Theorie allenfalls auf solche physikalische Situationen anwenden läßt, bei denen Teilchenzahl ändernde Prozesse (Teilchenerzeugung und -vernichtung) keine Rolle spielen. Dies ist aus Energiebilanzgründen nur für Teilchenenergien, Teilchenimpulse und elektromagnetische Potentiale mit

$$|E - m_0 c^2| < m_0 c^2 \ , \ |\boldsymbol{p}|, \left|\frac{e}{c} A^\mu\right| < m_0 c \ , \ \Delta p \ll m_0 c$$

der Fall, woraus sich aufgrund der Heisenbergschen Unschärferelation eine notwendige Ortsunschärfe von

$$\Delta x \gg \lambda_c = \frac{\hbar}{m_0 c} \tag{1.50}$$

für das Wellenpaket des betrachteten Teilchens ergibt. Wir wollen nun untersuchen, welche zusätzlichen Einschränkungen sich aus der Forderung der Entkopplung der Klein-Gordon-Theorie in zwei Ein-Teilchentheorien mit jeweils rein positiven bzw. rein negativen Lösungen ergeben (Punkt [1]), die ja notwendig ist, weil

- sich nur so geladene Teilchen und Antiteilchen sinnvoll beschreiben lassen,

- nur so die Ladungsdichte entweder positiv oder negativ definit ist und eine quantenmechanisch-statistische Deutung von V-Erwartungswerten möglich wird.

Zu diesem Zweck betrachten wir ein freies Klein-Gordonsches Wellenpaket der Ladung $+e$, welches zum Zeitpunkt $t = 0$ in der Weise

$$\psi(\boldsymbol{x}, t = 0) = (\pi \Delta^2)^{-3/4} e^{-\boldsymbol{x}^2/(2\Delta^2)} \begin{pmatrix} 1 \\ 0 \end{pmatrix} \ , \ Q = \langle \psi | \psi \rangle_V = +1$$

um den Ursprung verteilt sei, und fragen uns, unter welchen Umständen in ihm die Anwesenheit von negativen Anteilen mit merklicher Amplitude zu erwarten ist. Hierzu zerlegen wir das Wellenpaket in seine Fourier-Komponenten,[16]

$$\psi(\boldsymbol{x}, t = 0) = \left(\frac{\Delta^2}{\pi \hbar^2}\right)^{3/4} \int \frac{d^3 p'}{(2\pi\hbar)^{3/2}} e^{-\boldsymbol{p}'^2 \Delta^2/(2\hbar^2)} e^{i\boldsymbol{p}'\boldsymbol{x}/\hbar} \begin{pmatrix} 1 \\ 0 \end{pmatrix} \ , \quad (1.51)$$

und vergleichen diesen Ausdruck mit der allgemeinen Lösung für $t = 0$,

$$\psi(\boldsymbol{x}, t = 0) = \int d^3 p' \sum_{r=1}^{2} a^{(r)}(\boldsymbol{p}') \psi_{\boldsymbol{p}'}^{(r)}(\boldsymbol{x}, t = 0) \ .$$

---

[16] Um Mißverständnisse zu vermeiden, bezeichnen wir den Fourier-Impuls mit $\boldsymbol{p}'$. Der Gruppenimpuls des Wellenpaketes ist $\boldsymbol{p} = \boldsymbol{0}$.

Dies liefert

$$\left(\frac{\Delta^2}{\pi\hbar^2}\right)^{3/4} e^{-\boldsymbol{p}'^2\Delta^2/(2\hbar^2)} \begin{pmatrix} 1 \\ 0 \end{pmatrix} = a^{(1)}(\boldsymbol{p}')\Psi^{(1)}(\boldsymbol{p}') + a^{(2)}(-\boldsymbol{p}')\Psi^{(2)}(-\boldsymbol{p}') \ .$$

Linksmultiplikation dieser Gleichung mit $\Psi^{(r)\dagger}(\boldsymbol{p}')\tau_3$ ergibt schließlich unter Ausnutzung von (1.19) für die Entwicklungskoeffizienten $a^{(r)}(\boldsymbol{p}')$

$$a^{(1)}(\boldsymbol{p}') = \left(\frac{\Delta^2}{\pi\hbar^2}\right)^{3/4} \frac{m_0 c + p_0'}{2\sqrt{m_0 c p_0'}} e^{-\boldsymbol{p}'^2\Delta^2/(2\hbar^2)}$$

$$a^{(2)}(-\boldsymbol{p}') = \left(\frac{\Delta^2}{\pi\hbar^2}\right)^{3/4} \frac{m_0 c - p_0'}{2\sqrt{m_0 c p_0'}} e^{-\boldsymbol{p}'^2\Delta^2/(2\hbar^2)} \ .$$

Wir sehen also, daß die Amplituden $a^{(2)}(\boldsymbol{p}')$ der negativen Lösungen $\psi_{\boldsymbol{p}'}^{(2)}(\boldsymbol{x})$ im Wellenpaket ungleich Null sind, worin sich die Tatsache widerspiegelt, daß nur die positiven und negativen Lösungen zusammen ein vollständiges System bilden. Das Verhältnis der Amplituden zu positiven und negativen Lösungen ist

$$\frac{a^{(2)}(-\boldsymbol{p}')}{a^{(1)}(\boldsymbol{p}')} = \frac{m_0 c - p_0'}{m_0 c + p_0'} = \frac{m_0 c - \sqrt{m_0^2 c^2 + \boldsymbol{p}'^2}}{m_0 c + \sqrt{m_0^2 c^2 + \boldsymbol{p}'^2}} \ .$$

Hieraus folgt, daß die Amplituden der negativen Lösungen für Fourier-Impulse $|\boldsymbol{p}'| \gtrsim m_0 c$ signifikant zum Wellenpaket beitragen. Auf der anderen Seite zeigt die Fourier-Transformation (1.51), daß im Wellenpaket vorwiegend Impulse mit $|\boldsymbol{p}'| \lesssim \hbar/\Delta$ enthalten sind. Hieraus folgern wir, daß ein Wellenpaket in einem Raumgebiet lokalisiert sein muß, das mit der Compton-Wellenlänge des Spin-0-Teilchens vergleichbar ist, also $\Delta \lesssim \hbar/m_0 c$, damit die negativen Lösungen signifikant beitragen. Anders herum formuliert: Die Forderung der vollständigen Entkopplung der Klein-Gordon-Theorie in zwei Ein-Teilchentheorien führt wieder auf die Einschränkung (1.50), also auf Klein-Gordonsche Wellenpakete, deren Ausdehnung groß ist im Vergleich zur zugehörigen Compton-Wellenlänge.

Der Deutlichkeit halber fassen wir die Grenzen der Ein-Teilcheninterpretation der Klein-Gordon-Theorie noch einmal wie folgt zusammen:

Satz 1.7: Gültigkeitsbereich des Ein-Teilchenkonzeptes

Eine konsistente Ein-Teilcheninterpretation der Klein-Gordon-Theorie ist nur in jenen Fällen möglich, bei denen

- die Teilchenenergie, der Teilchenimpuls und die beteiligten elektromagnetischen Potentiale der Bedingung

$$|E - m_0 c^2| < m_0 c^2 \ , \ |\boldsymbol{p}|, \left|\frac{e}{c}A^\mu\right| < m_0 c \ , \ \Delta E \ll m_0 c^2 \ , \ \Delta p \ll m_0 c$$

genügen,

- das Wellenpaket des betrachteten Teilchens eine räumliche Ausdehnung Δ besitzt, die groß ist im Vergleich zur zugehörigen Compton-Wellenlänge:

$$\Delta \gg \lambda_{\mathrm{c}} = \frac{\hbar}{m_0 c} .$$

Die zweite Bedingung folgt einerseits aus der ersten Bedingung in Kombination mit der Heisenbergschen Unschärferelation und andererseits aus der Forderung, daß sich geladene Spin-0-Teilchen bzw. -Antiteilchen durch rein positive bzw. negative Klein-Gordon-Lösungen darstellen lassen.

Unter diesen Voraussetzungen entkoppelt die Klein-Gordon-Theorie in zwei Ein-Teilchentheorien mit jeweils positiv bzw. negativ definiter Ladungsdichte, bei denen die statistische Ein-Teilcheninterpretation gewährleistet ist. Außerhalb dieser Grenzen führt das Ein-Teilchenkonzept zu Widersprüchen, die sich nur im Rahmen einer quantenfeldtheoretischen Betrachtung zufriedenstellend auflösen lassen.

Derartige Widersprüche manifestieren sich z.B. in der *Zitterbewegung*, auf die wir in Aufgabe 7 eingehen werden, sowie im *Kleinschen Paradoxon*, das wir zum Schluß dieses Unterabschnittes nun besprechen wollen.

1.3.4 Klein-Paradoxon

Wir betrachten ein eindimensionales Spin-0-Teilchen, das an einer Potentialstufe der Form

$$eA^0(z) = V(z) = \left\{ \begin{array}{ll} 0 & \text{für } z < 0 \text{ (Bereich I)} \\ V_0 & \text{für } z > 0 \text{ (Bereich II)} \end{array} \right\} , \ V_0 > 0 , \ \boldsymbol{A} = \boldsymbol{0}$$

von links kommend gestreut wird (siehe Abb. 1.3). Die zugehörige kanonische Klein-Gordon-Gleichung lautet

$$\left(i\hbar \frac{\partial}{\partial t} - V(z) \right)^2 \phi(z,t) + \left(c^2\hbar^2 \frac{\mathrm{d}^2}{\mathrm{d}z^2} - m_0^2 c^4 \right) \phi(z,t) = 0$$

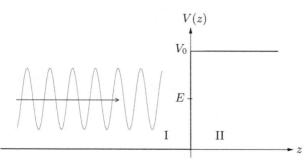

Abb. 1.3. Eindimensionale Potentialstufe.

und läßt sich durch Separation des zeitabhängigen Anteils,

$$\phi(z,t) = \Phi(z)e^{-iEt/\hbar} \; ,$$

in die stationäre Gleichung

$$\frac{\mathrm{d}^2\Phi(z)}{\mathrm{d}z^2} = \frac{1}{c^2\hbar^2}\left\{m_0^2c^4 - [E - V(z)]^2\right\}\Phi(z) \tag{1.52}$$

überführen. Für die allgemeine Lösung dieser Gleichung in den Bereichen I ($z < 0$) und II ($z > 0$) setzen wir

$$\Phi_{\mathrm{I}}(z) = \Phi_{\mathrm{ein}}(z) + \Phi_{\mathrm{ref}}(z) \; , \; \Phi_{\mathrm{II}}(z) = \Phi_{\mathrm{trans}}(z) \; ,$$

mit

$$\Phi_{\mathrm{ein}}(z) = Ae^{ik_1 z} \; , \; \Phi_{\mathrm{ref}}(z) = Be^{-ik_1 z} \; , \; \Phi_{\mathrm{trans}}(z) = Ce^{ik_2 z}$$

$$k_1 = \sqrt{\frac{E^2 - m_0^2c^4}{c^2\hbar^2}} \; , \; k_2 = \sqrt{\frac{(E - V_0)^2 - m_0^2c^4}{c^2\hbar^2}} \; ,$$

wobei Φ_{ein}, Φ_{ref}, Φ_{trans} den einfallenden, reflektierten bzw. transmittierten Anteil bezeichnen. Die Integrationskonstanten A, B und C ergeben sich aus den Stetigkeitsbedingungen von $\Phi(z)$ und $\Phi'(z)$ an der Stelle $z = 0$ zu[17]

$$B = \frac{1 - r}{1 + r}A \; , \; C = \frac{2A}{1 + r} \; , \; r = \frac{k_2}{k_1} \; .$$

Je nach Wahl von V_0 bzw. E unterscheiden wir zunächst drei Fälle:

1. Fall: $E > V_0 + m_0c^2$. In diesem Fall ist die Wellenzahl k_2 reell, d.h. die transmittierte Welle im Bereich II oszilliert, und wir haben $r > 0$. Für die Stromdichten des einfallenden, reflektierten und transmittierten Anteils in z-Richtung erhält man

$$T = \frac{j_{\mathrm{trans}}}{j_{\mathrm{ein}}} = \frac{4r}{(1 + r)^2} \; , \; R = -\frac{j_{\mathrm{ref}}}{j_{\mathrm{ein}}} = \frac{(1 - r)^2}{(1 + r)^2} = 1 - T \; .$$

Das heißt für jeden Wert $r > 0$ gilt für die Reflexions- und Transmissionskoeffizienten $0 < R, T < 1$ wie man es intuitiv auch erwartet.

2. Fall: $V_0 - m_0c^2 < E < V_0 + m_0c^2$, $E > m_0c^2$. Hierbei ist k_2 imaginär und die transmittierte Welle exponentiell gedämpft.

---

[17] Die Stetigkeit von $\Phi(z)$ bei $z = 0$ folgt aus der Ladungsstromerhaltung. Darüber hinaus gilt für Potentiale $V(z)$ mit einer endlichen Sprungstelle bei $z = 0$

$$\Phi'(+\delta) - \Phi'(-\delta) = \int\limits_{-\delta}^{+\delta} \mathrm{d}z \frac{\mathrm{d}}{\mathrm{d}z}\Phi'(z) \sim \int\limits_{-\delta}^{+\delta} \mathrm{d}z \left[m_0^2c^4 - (E - V(z))^2\right]\Phi(z) \xrightarrow{\delta\to 0} 0 \; .$$

3. Fall: $m_0c^2 < E < V_0 - m_0c^2 \Longrightarrow V_0 > 2m_0c^2$. Wie im ersten Fall ist k_2 reell, und es ergibt sich im Bereich II wieder eine oszillierende transmittierte Welle.

Offensichtlich verhalten sich die Klein-Gordon-Lösungen in den ersten beiden Fällen ähnlich wie in der nichtrelativistischen Quantenmechanik und lassen sich als Streuung eines Teilchens der Ladung $+e$ an der (aus dessen Sicht) repulsiven Potentialbarriere interpretieren. Der dritte Fall steht jedoch im krassen Widerspruch zu unserer Erwartung hinsichtlich der Ein-Teilcheninterpretation, nach der die Potentialstufe bei $E < V_0$ für ein quantenmechanisches Teilchen undurchdringbar sein sollte. Ein weiterer Widerspruch – teilweise zweiter und gesamter dritter Fall – manifestiert sich in den unterschiedlichen Vorzeichen der Ladungsdichten der einfallenden und transmittierten Wellen für $E - V_0 < 0$,

$$\rho_{\text{ein}}(z) = \frac{E}{m_0c^2}|\Phi_{\text{ein}}(z)|^2 > 0 \qquad , z < 0$$

$$\rho_{\text{trans}}(z) = \frac{E - V_0}{m_0c^2}|\Phi_{\text{trans}}(z)|^2 < 0 \quad , z > 0 .$$

Demnach handelt es sich beim transmittierten Anteil also um eine negative Klein-Gordon-Lösung, deren Energie $E - V_0$ relativ zum Potential V_0 in der Tat kleiner Null ist (siehe Abb. 1.4).

Der Ursprung dieser paradoxen Sachverhalte liegt darin begründet, daß das Heraufsetzen von V_0 auf einen Wert um E einem Herabsetzen der Eindringtiefe im Bereich II auf $1/k_2 \approx \hbar/m_0c$ entspricht, also auf die Compton-Wellenlänge des einfallenden Teilchens. Wählt man anstelle der sprunghaft ansteigenden Potentialstufe ein Potential, dessen Anstieg kleiner als m_0c^2 pro Compton-Wellenlänge ist, so läßt sich zeigen, daß die Paradoxien die Tendenz haben, zu verschwinden. Mit anderen Worten: Die geschilderten Widersprüchlichkeiten werden durch eine zu starke Lokalisierung des Teilchens verursacht (siehe Satz 1.7).

Interessant ist, daß sich zumindest für den dritten Fall durchaus eine physikalisch sinnvolle (aber allenfalls qualitativ akzeptable) Interpretation in Form der *Paarerzeugung* finden läßt, sobald man die Ebene der Ein-Teilcheninterpretation verläßt. Hierbei ist zunächst zu berücksichtigen, daß die negative Wellenfunktion Φ_{trans} mit dem Impulseigenwert $+\hbar k_2$ und der Energie $E - V_0 < -m_0c^2$ einem Antiteilchen der Ladung $-e$ entspricht, das mit dem Impuls $-\hbar k_2$ von rechts kommend auf die Potentialstufe zuläuft. Da wir aber bei der Streuung von einer von links nach rechts gerichteten Einlaufbewegung ausgegangen sind, macht ein von rechts kommendes Antiteilchen offensichtlich keinen Sinn. Nun haben wir jedoch die Freiheit, das Vorzeichen von k_2 frei zu wählen. Ersetzen wir also k_2 durch $-k_2$, so entspricht Φ_{trans} einem nach rechts, mit dem Impuls $+\hbar|k_2|$ auslaufenden Antiteilchen der Ladung $-e$. Desweiteren ist dann

$$r < 0 \Longrightarrow R > 1 , T < 0 .$$

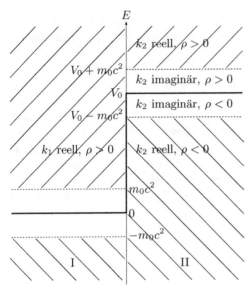

Abb. 1.4. Energieintervalle der eindimensionalen Potentialstufe. Im Bereich I liegen die positiven Lösungen im Intervall $E > m_0 c^2$ und die negativen Lösungen im Intervall $E < -m_0 c^2$. Im Bereich II liegen die positiven Lösungen (mit Energie $E - V_0$ relativ zum Potential V_0) im Intervall $E > V_0 + m_0 c^2$ und die negativen Lösungen im Intervall $E < V_0 - m_0 c^2$. Dazwischen liegen die Lösungen der „verbotenen" Energieintervalle.

Diese Beziehungen lassen sich schließlich als Teilchen-Antiteilchen-Erzeugung folgendermaßen deuten: Alle von links einlaufenden Teilchen werden an der Potentialstufe total reflektiert. Darüber hinaus werden dort Teilchen-Antiteilchen-Paare erzeugt, von denen die Teilchen nach links ($R > 1$) und die Antiteilchen nach rechts ($T < 0$) wegfliegen.

Betrachten wir der Vollständigkeit halber noch die beiden verbleibenden Energieintervalle:

4. Fall: $-m_0 c^2 < E < m_0 c^2$. In diesem Fall existiert keine Lösung unseres Problems, sofern wir an einer von links nach rechts gerichteten Einlaufbewegung festhalten.

5. Fall: $E < -m_0 c^2$. Hier ist k_2 reell, und wir haben im Bereich II wieder eine oszillierende Welle. Aufgrund des soeben Gesagten bietet sich innerhalb des Ein-Teilchenbildes die Sichtweise eines von links einlaufenden Antiteilchens der Ladung $-e$ an, welches an der (aus dessen Sicht) attraktiven Potentialbarriere gestreut wird, wenn wir k_1 und k_2 in der Weise $k_1 = -|k_1|$ und $k_2 = -|k_2|$ wählen. In diesem Fall drehen die Ladungsstromdichten j_ein, j_ref und j_trans im Vergleich zum 1. Fall ihre Vorzeichen um, und es gilt wieder $r > 0 \implies 0 < R, T < 1$.

Zusammenfassung

- Mit Hilfe des **V-Skalarproduktes** bzw. des **V-Erwartungswertes** lassen sich statistische Meßmittelwerte von Spin-0-[Anti-]Teilchensystemen in symmetrischer Weise durch Verwendung positiver [negativer] Klein-Gordon-Lösungen beschreiben.

- Das V-Skalarprodukt führt auf die Definition von **V-hermiteschen** und **V-unitären Operatoren**, welche den hermiteschen bzw. unitären Operatoren der nichtrelativistischen Quantenmechanik entsprechen.

- Aufgrund der V-Hermitezität des Klein-Gordonschen Hamilton-Operators ist die Bildunabhängigkeit des V-Skalarproduktes gewährleistet.

- Im Sinne der Ein-Teilcheninterpretation kommen höchstens solche V-hermiteschen Operatoren als Observable in Frage, die **gerade Operatoren** sind, die also positive und negative Klein-Gordon-Lösungen nicht mischen (**Ein-Teilchenoperatoren**). Der gerade Anteil eines Operators läßt sich am einfachsten in einer Darstellung bestimmen, wo der Hamilton-Operator diagonal ist. Im freien Fall ist dies die **Feshbach-Villars-Darstellung**.

- Die **Feshbach-Villars-Transformation** ist eine nichtlokale Transformation. Bei ihr wird das Ortsargument x einer Wellenfunktion $\psi(x)$ über einen Bereich gemittelt bzw. verschmiert, dessen Ausdehnung gleich der Compton-Wellenlänge des betrachteten Teilchens ist.

- Der Gültigkeitsbereich der Ein-Teilchen-Wahrscheinlichkeitsinterpretation beschränkt sich einerseits auf kleine Energien, bei denen Teilchenerzeugungsprozesse vernachlässigt werden können, und andererseits auf Klein-Gordonsche Wellenpakete, deren Ausdehnung groß ist im Vergleich zur zugehörigen Compton-Wellenlänge.

- Das **Kleinsche Paradoxon** ist ein einfaches Beispiel für Interpretationsschwierigkeiten des Ein-Teilchenkonzeptes, die sich aus einer zu starken Lokalisierung von Klein-Gordonschen Wellenpaketen ergeben. Jenseits der Ein-Teilcheninterpretation läßt sich dieses Phänomen als **Paarerzeugung** qualitativ deuten.

Aufgaben

4. Eigenschaften V-hermitescher und V-unitärer Operatoren. Verifizieren sie folgende Eigenschaften V-hermitescher bzw. V-unitärer Operatoren:

a) Die Eigenwerte eines V-hermiteschen Operators zu geladenen Eigenzuständen sind reell.

b) Geladene Eigenzustände zu verschiedenen Eigenwerten eines V-hermiteschen Operators sind V-orthogonal.

c) Das Produkt zweier V-unitärer Operatoren ist ebenfalls ein V-unitärer Operator.

d) Beschreibt U die infinitesimale V-unitäre Transformation $U = 1 + i\epsilon\mathcal{O}$, $|\epsilon| \ll 1$, dann ist $\mathcal{O}$ V-hermitesch.

e) Ist $\mathcal{O}$ V-hermitesch, so ist $e^{i\mathcal{O}}$ V-unitär.

Lösung.

Zu a) Sei $\mathcal{O}$ ein V-hermitescher Operator und

$$\mathcal{O}\,|\psi\rangle = a\,|\psi\rangle \ , \ \langle\psi|\,\psi\rangle_\mathrm{V} \neq 0 \ .$$

Dann folgt

$$a\,\langle\psi|\,\psi\rangle_\mathrm{V} = \langle\psi|\,\mathcal{O}\,|\psi\rangle_\mathrm{V} = \langle\psi|\,\mathcal{O}\,|\psi\rangle_\mathrm{V}^* = a^*\,\langle\psi|\,\psi\rangle_\mathrm{V}^* \Longrightarrow a = a^* \ .$$

Zu b) Sei mindestens $|\phi\rangle$ geladen und

$$\mathcal{O}\,|\psi\rangle = a\,|\psi\rangle \ , \ \mathcal{O}\,|\phi\rangle = b\,|\phi\rangle \ , \ a \neq b \ , \ b = b^* \ .$$

Dann folgt

$$\langle\phi|\,\mathcal{O}\,|\psi\rangle_\mathrm{V} = a\,\langle\phi|\,\psi\rangle_\mathrm{V} \tag{1.53}$$

und

$$\begin{aligned}
\langle\psi|\,\mathcal{O}\,|\phi\rangle_\mathrm{V} = b\,\langle\psi|\,\phi\rangle_\mathrm{V} &\Longrightarrow \langle\phi|\,\mathcal{O}\,|\psi\rangle_\mathrm{V}^* = b\,\langle\phi|\,\psi\rangle_\mathrm{V}^* \\
&\Longrightarrow \langle\phi|\,\mathcal{O}\,|\psi\rangle_\mathrm{V} = b\,\langle\phi|\,\psi\rangle_\mathrm{V} \ .
\end{aligned} \tag{1.54}$$

Die Differenz von (1.53) und (1.54) führt auf

$$0 = (a - b)\,\langle\phi|\,\psi\rangle_\mathrm{V} \Longrightarrow \langle\phi|\,\psi\rangle_\mathrm{V} = 0 \ .$$

Zu c) Sei

$$\tau_3 U^\dagger \tau_3 = U^{-1} \ , \ \tau_3 V^\dagger \tau_3 = V^{-1} \ .$$

Dann folgt

$$\tau_3 [UV]^\dagger \tau_3 UV = \tau_3 V^\dagger U^\dagger \tau_3 UV = \tau_3 V^\dagger \tau_3 \tau_3 U^\dagger \tau_3 UV = V^{-1} U^{-1} UV = 1$$

$$\Longrightarrow \tau_3 [UV]^\dagger \tau_3 = [UV]^{-1} \ .$$

Zu d) Es gilt

$$1 = \tau_3 (1 - i\epsilon\mathcal{O}^\dagger)\tau_3(1 + i\epsilon\mathcal{O}) = 1 - i\epsilon\tau_3\mathcal{O}^\dagger\tau_3 + i\epsilon\mathcal{O} + \mathcal{O}\left(\epsilon^2\right)$$

$$\Longrightarrow \tau_3\mathcal{O}^\dagger\tau_3 = \mathcal{O} \ .$$

Zu e) Wegen

$$\tau_3 \left(\mathcal{O}^\dagger\right)^n \tau_3 = \tau_3\mathcal{O}^\dagger\mathcal{O}^\dagger \dots \mathcal{O}^\dagger\tau_3 = \tau_3\mathcal{O}^\dagger\tau_3\tau_3\mathcal{O}^\dagger\tau_3 \dots \tau_3\mathcal{O}^\dagger\tau_3 = \mathcal{O}^n$$

folgt

$$\tau_3 \left(\mathrm{e}^{\mathrm{i}\mathcal{O}}\right)^\dagger \tau_3 = \tau_3\mathrm{e}^{-\mathrm{i}\mathcal{O}^\dagger}\tau_3 = \sum_n \frac{(-\mathrm{i})^n}{n!}\tau_3\left(\mathcal{O}^\dagger\right)^n\tau_3 = \sum_n \frac{(-\mathrm{i})^n}{n!}\mathcal{O}^n$$

$$= \mathrm{e}^{-\mathrm{i}\mathcal{O}} = \left(\mathrm{e}^{\mathrm{i}\mathcal{O}}\right)^{-1} .$$

5. Feshbach-Villars-Transformation (I). Zeigen Sie die Beziehungen (1.45), (1.46), (1.48), (1.49).

Lösung.

Zu (1.45) und (1.49). Unter Berücksichtigung der Relationen

$$(1 \pm \tau_1)(\tau_3 \pm \mathrm{i}\tau_2) = 0 \ , \ (1 \pm \tau_1)(\tau_3 \mp \mathrm{i}\tau_2) = 2(\tau_3 \mp \mathrm{i}\tau_2)$$

und

$$U^2 = \frac{(1 + \tau_1)p_0}{2m_0c} + \frac{(1 - \tau_1)m_0c}{2p_0}$$

$$H^{(0)} = \frac{(\tau_3 + \mathrm{i}\tau_2)p_0^2}{2m_0} + \frac{(\tau_3 - \mathrm{i}\tau_2)m_0c^2}{2}$$

folgt für $\tilde{H}^{(0)}$ in der FV-Impuls- bzw. Ortsdarstellung

$$\tilde{H}^{(0)} = UH^{(0)}U^{-1} = U^2H^{(0)} = \frac{(\tau_3 + \mathrm{i}\tau_2)cp_0}{2} + \frac{(\tau_3 - \mathrm{i}\tau_2)cp_0}{2} = cp_0\tau_3$$

und für den Ein-Teilchengeschwindigkeitsoperator $[\boldsymbol{v}]$ in der Impuls- bzw. Ortsdarstellung

$$[\boldsymbol{v}] = U^{-1}\frac{c\boldsymbol{p}\tau_3}{p_0}U = \frac{c\boldsymbol{p}\tau_3}{p_0}U^2 = \frac{(\tau_3 + \mathrm{i}\tau_2)\boldsymbol{p}}{2m_0} + \frac{(\tau_3 - \mathrm{i}\tau_2)m_0c^2\boldsymbol{p}}{2p_0^2} .$$

Auf den letzten Zusammenhang stößt man natürlich auch mit Hilfe des verallgemeinerten Ehrenfestschen Theorems

$$[\boldsymbol{v}] = \left[\boldsymbol{\nabla}_{\boldsymbol{p}} + \frac{\tau_1\boldsymbol{p}}{2p_0^2}, H^{(0)}\right] ,$$

wobei der links im Kommutator stehende Ausdruck der Ein-Teilchenortsoperator in der Impulsdarstellung ist.

Zu (1.46) und (1.48). Es gilt für den Ortsoperator in der FV-Impulsdarstellung

$$\tilde{\boldsymbol{x}} = \mathrm{i}\hbar U\boldsymbol{\nabla}_{\boldsymbol{p}}U^{-1} = \mathrm{i}\hbar\boldsymbol{\nabla}_{\boldsymbol{p}} + \mathrm{i}\hbar U\left(\boldsymbol{\nabla}_{\boldsymbol{p}}U^{-1}\right)$$

und für den Ein-Teilchenortsoperator in der Impulsdarstellung

$$[\boldsymbol{x}] = \mathrm{i}\hbar U^{-1}\boldsymbol{\nabla}_{\boldsymbol{p}}U = \mathrm{i}\hbar\boldsymbol{\nabla}_{\boldsymbol{p}} + \mathrm{i}\hbar U^{-1}\left(\boldsymbol{\nabla}_{\boldsymbol{p}}U\right) .$$

Desweiteren ist

$$\boldsymbol{\nabla}_{\boldsymbol{p}}p_0 = \boldsymbol{\nabla}_{\boldsymbol{p}}\sqrt{\boldsymbol{p}^2 + m_0^2 c^2} = \frac{\boldsymbol{p}}{\sqrt{\boldsymbol{p}^2 + m_0^2 c^2}} = \frac{\boldsymbol{p}}{p_0}$$

$$\boldsymbol{\nabla}_{\boldsymbol{p}}\frac{p_0}{2\sqrt{m_0 c p_0}} = \frac{1}{2\sqrt{m_0 c}}\boldsymbol{\nabla}_{\boldsymbol{p}}\sqrt{p_0} = \frac{1}{4\sqrt{m_0 c p_0}}\boldsymbol{\nabla}_{\boldsymbol{p}}p_0 = \frac{\boldsymbol{p}p_0}{4\sqrt{m_0 c p_0^5}}$$

$$\boldsymbol{\nabla}_{\boldsymbol{p}}\frac{m_0 c}{2\sqrt{m_0 c p_0}} = \frac{m_0 c}{2\sqrt{m_0 c}}\boldsymbol{\nabla}_{\boldsymbol{p}}\frac{1}{\sqrt{p_0}} = -\frac{m_0 c}{4\sqrt{m_0 c p_0^3}}\boldsymbol{\nabla}_{\boldsymbol{p}}p_0 = -\frac{m_0 c\boldsymbol{p}}{4\sqrt{m_0 c p_0^5}} \; .$$

Hieraus folgt

$$\left(\boldsymbol{\nabla}_{\boldsymbol{p}}U^{-1}\right) = \frac{(p_0 - m_0 c) - \tau_1(p_0 + m_0 c)}{4\sqrt{m_0 c p_0^5}}\boldsymbol{p}$$

$$\left(\boldsymbol{\nabla}_{\boldsymbol{p}}U\right) = \frac{(p_0 - m_0 c) + \tau_1(p_0 + m_0 c)}{4\sqrt{m_0 c p_0^5}}\boldsymbol{p}$$

und deshalb

$$U\left(\boldsymbol{\nabla}_{\boldsymbol{p}}U^{-1}\right) = -\frac{\tau_1\boldsymbol{p}}{2p_0^2} \; , \; U^{-1}\left(\boldsymbol{\nabla}_{\boldsymbol{p}}U\right) = +\frac{\tau_1\boldsymbol{p}}{2p_0^2} \; .$$

6. Konstruktion von Ein-Teilchenoperatoren mittels Vorzeichen-operator (I). Konstruieren Sie die zu $\boldsymbol{x}$ und $\boldsymbol{v}$ gehörenden Ein-Teilchenoperatoren $[\boldsymbol{x}]$ und $[\boldsymbol{v}]$ durch Verwendung des V-hermiteschen *Vorzeichenoperators*

$$\Lambda = \frac{H^{(0)}}{\sqrt{H^{(0)2}}} = \frac{\dfrac{\boldsymbol{p}^2}{2m_0}(\tau_3 + \mathrm{i}\tau_2) + m_0 c^2\tau_3}{c p_0} \; .$$

Lösung. Der Operator Λ besitzt offensichtlich die Eigenfunktionen $\psi_{\boldsymbol{p}}^{(1,2)}(x)$ mit den Eigenwerten (Energievorzeichen) ± 1. Diese Eigenschaft können wir zur Bildung von Ein-Teilchenoperatoren in folgender Weise nutzen: Bezeichnen $[\mathcal{O}]$ und $\{\mathcal{O}\}$ die geraden bzw. ungeraden Anteile des Operators

$$\mathcal{O} = [\mathcal{O}] + \{\mathcal{O}\} \; ,$$

dann gilt für beliebige, aus rein positiven bzw. negativen freien Klein-Gordon-Lösungen $\psi_{\boldsymbol{p}}^{(1,2)}(x)$ gebildete Wellenpakete $\psi^{(\pm)}(x)$

$$\mathcal{O}\psi^{(+)} = [\mathcal{O}]\psi^{(+)} + \{\mathcal{O}\}\psi^{(+)}$$

$$\mathcal{O}\psi^{(-)} = [\mathcal{O}]\psi^{(-)} + \{\mathcal{O}\}\psi^{(-)}$$

$$\Lambda\mathcal{O}\Lambda\psi^{(+)} = \Lambda\mathcal{O}\psi^{(+)} = [\mathcal{O}]\psi^{(+)} - \{\mathcal{O}\}\psi^{(+)}$$

$$\Lambda\mathcal{O}\Lambda\psi^{(-)} = -\Lambda\mathcal{O}\psi^{(-)} = [\mathcal{O}]\psi^{(-)} - \{\mathcal{O}\}\psi^{(-)} \; .$$

Hieraus folgt durch Addition der ersten und dritten bzw. Subtraktion der zweiten und vierten Beziehung

$$[\mathcal{O}] = \frac{1}{2}(\mathcal{O} + \Lambda\mathcal{O}\Lambda) \; , \; \{\mathcal{O}\} = \frac{1}{2}(\mathcal{O} - \Lambda\mathcal{O}\Lambda) \; .$$

Handelt es sich bei $\mathcal{O}$ um einen V-hermiteschen Operator, so sind $[\mathcal{O}]$, $\{\mathcal{O}\}$ und $\Lambda\mathcal{O}\Lambda$ natürlich ebenfalls V-hermitesch:

$$(\tau_3\Lambda\mathcal{O}\Lambda)^\dagger = \Lambda^\dagger\mathcal{O}^\dagger\Lambda^\dagger\tau_3 = \Lambda^\dagger\mathcal{O}^\dagger(\tau_3\Lambda)^\dagger = \Lambda^\dagger\mathcal{O}^\dagger\tau_3\Lambda = \Lambda^\dagger(\tau_3\mathcal{O})^\dagger\Lambda$$
$$= \Lambda^\dagger\tau_3\mathcal{O}\Lambda = (\tau_3\Lambda)^\dagger\mathcal{O}\Lambda = \tau_3\Lambda\mathcal{O}\Lambda \; .$$

Zur Bestimmung des Ein-Teilchenortsoperators wechseln wir in die Impulsdarstellung ($\boldsymbol{x} = \mathrm{i}\hbar\boldsymbol{\nabla}_{\boldsymbol{p}}$, $\boldsymbol{p} = $ C-Zahl) und rechnen

$$(\boldsymbol{\nabla}_{\boldsymbol{p}}\Lambda) = \frac{\boldsymbol{p}(\tau_3 + \mathrm{i}\tau_2)}{m_0 c p_0} - \frac{\boldsymbol{p}H^{(0)}}{c p_0^3} \; , \; \Lambda(\boldsymbol{\nabla}_{\boldsymbol{p}}\Lambda) = \frac{\boldsymbol{p}\tau_3(\tau_3 + \mathrm{i}\tau_2)}{p_0^2} - \frac{\boldsymbol{p}}{p_0^2} = \frac{\tau_1\boldsymbol{p}}{p_0^2}$$

$$\Longrightarrow \Lambda\boldsymbol{x}\Lambda = \mathrm{i}\hbar\boldsymbol{\nabla}_{\boldsymbol{p}} + \mathrm{i}\hbar\Lambda(\boldsymbol{\nabla}_{\boldsymbol{p}}\Lambda) = \mathrm{i}\hbar\boldsymbol{\nabla}_{\boldsymbol{p}} + \frac{\mathrm{i}\hbar\tau_1\boldsymbol{p}}{p_0^2} \; .$$

Hieraus ergibt sich schließlich in der Impuls- bzw. Ortsdarstellung

$$[\boldsymbol{x}] = \frac{1}{2}(\boldsymbol{x} + \Lambda\boldsymbol{x}\Lambda) = \boldsymbol{x} + \frac{\mathrm{i}\hbar\tau_1\boldsymbol{p}}{2p_0^2} \; ,$$

in Übereinstimmung mit Satz 1.6. Eine ähnliche Rechnung liefert für den Ein-Teilchengeschwindigkeitsoperator

$$\boldsymbol{v}\Lambda = \frac{\boldsymbol{p}(\tau_3 + \mathrm{i}\tau_2)\tau_3}{p_0^2} \; , \; \Lambda\boldsymbol{v}\Lambda = \frac{(\tau_3 - \mathrm{i}\tau_2)m_0 c^2\boldsymbol{p}}{p_0^2}$$

$$\Longrightarrow [\boldsymbol{v}] = \frac{1}{2}(\boldsymbol{v} + \Lambda\boldsymbol{v}\Lambda) = \frac{(\tau_3 + \mathrm{i}\tau_2)\boldsymbol{p}}{2m_0} + \frac{(\tau_3 - \mathrm{i}\tau_2)m_0 c^2\boldsymbol{p}}{2p_0^2} \; ,$$

wiederum in Übereinstimmung mit Satz 1.6.

7. Zitterbewegung (I). Zeigen Sie, daß der mittlere Strom $\langle\boldsymbol{j}\rangle$ eines beliebigen freien Klein-Gordonschen Wellenpaketes genau dann eine zeitlich oszillierende Bewegung enthält, wenn es sowohl positive als auch negative Komponenten besitzt. Interpretieren Sie diesen Sachverhalt.

Lösung. Zur Berechnung des mittleren Stromes wählen wir die kanonische Formulierung, setzen das Wellenpaket in der Form

$$\phi(x) = \phi^{(+)}(x) + \phi^{(-)}(x) \; , \; \phi^{(\pm)}(x) = \int \mathrm{d}^3 p\, a^{(1,2)}(\boldsymbol{p})\phi_{\boldsymbol{p}}^{(1,2)}(x)$$

an und rechnen unter Ausnutzung der Adjunktionsbeziehung $\langle\phi|\,\boldsymbol{A}\,|\psi\rangle = \langle\psi|\,\boldsymbol{A}^\dagger\,|\phi\rangle^*$ wie folgt:

$$\langle\boldsymbol{j}\rangle = \frac{1}{2m_0}\left[\langle\phi|\,\boldsymbol{p}\,|\phi\rangle - \langle\phi^*|\,\boldsymbol{p}\,|\phi^*\rangle\right]$$

$$= \frac{1}{2m_0}\left[\langle\phi|\,\boldsymbol{p}\,|\phi\rangle + \langle\phi|\,\boldsymbol{p}\,|\phi\rangle^*\right]$$

$$= \frac{1}{m_0}\langle\phi|\,\boldsymbol{p}\,|\phi\rangle$$

$$= \frac{1}{m_0} \left\langle \phi^{(+)} + \phi^{(-)} \middle| \boldsymbol{p} \middle| \phi^{(+)} + \phi^{(-)} \right\rangle$$

$$= \frac{1}{m_0} \left[\left\langle \phi^{(+)} \middle| \boldsymbol{p} \middle| \phi^{(+)} \right\rangle + \left\langle \phi^{(-)} \middle| \boldsymbol{p} \middle| \phi^{(-)} \right\rangle \right.$$
$$\left. + \left\langle \phi^{(+)} \middle| \boldsymbol{p} \middle| \phi^{(-)} \right\rangle + \left\langle \phi^{(-)} \middle| \boldsymbol{p} \middle| \phi^{(+)} \right\rangle \right]$$

$$= \frac{1}{m_0} \left[\left\langle \phi^{(+)} \middle| \boldsymbol{p} \middle| \phi^{(+)} \right\rangle + \left\langle \phi^{(-)} \middle| \boldsymbol{p} \middle| \phi^{(-)} \right\rangle \right]$$
$$+ \frac{2}{m_0} \mathrm{Re} \left[\left\langle \phi^{(+)} \middle| \boldsymbol{p} \middle| \phi^{(-)} \right\rangle \right]$$

$$= \underbrace{\int \mathrm{d}^3 p \frac{c\boldsymbol{p}}{p_0} \left| a^{(1)}(\boldsymbol{p}) \right|^2}_{\langle \boldsymbol{j} \rangle^{(+)}} \underbrace{- \int \mathrm{d}^3 p \frac{c\boldsymbol{p}}{p_0} \left| \left| a^{(2)}(\boldsymbol{p}) \right| \right|^2}_{\langle \boldsymbol{j} \rangle^{(-)}}$$

$$+ 2\mathrm{Re} \left(\int \mathrm{d}^3 p \frac{c\boldsymbol{p}}{p_0} e^{2\mathrm{i}p_0 x^0/\hbar} a^{(1)*}(\boldsymbol{p}) a^{(2)}(-\boldsymbol{p}) \right) \; .$$

Wie man sieht, treten im mittleren Strom des allgemeinen Wellenpaketes – neben den zeitunabhängigen mittleren Strömen der positiven und negativen Anteile – gemischte Terme auf, die zeitlich sehr schnell oszillieren. Die Frequenz dieser sog. *Zitterbewegung* ist von der Größenordnung $2m_0 c^2/\hbar$. Möchte man dieses Phänomen im erzwungenen Ein-Teilchenbild deuten, so folgt offenbar, daß das durch ϕ beschriebene „Teilchen" eine periodische Oszillationsbewegung um seine mittlere (klassische) Trajektorie ausführt. Dieses Beispiel zeigt noch einmal deutlich, daß die Beschreibung neutraler Spin-0-Teilchen durch reelle Klein-Gordonsche Wellenpakete

$$\phi^{(0)}(x) = \phi^{(+)}(x) + \phi^{(-)}(x) \; , \; \phi^{(-)*} = \phi^{(+)}$$

hinsichtlich der Ein-Teilcheninterpretation problematisch ist, weil sie unweigerlich eine Zitterbewegung zur Folge hat.

1.4 Nichtrelativistische Näherung der Klein-Gordon-Theorie

Eine notwendige Voraussetzung für die Korrektheit der Klein-Gordon-Theorie ist, daß sie im nichtrelativistischen Grenzfall in die entsprechenden Gesetze der nichtrelativistischen Quantenmechanik übergeht. Mit dieser Grenzwertbildung beschäftigt sich dieser Abschnitt. Als erstes diskutieren wir den Grenzfall in führender Ordnung von v/c, was uns zur bekannten nichtrelativistischen Schrödinger-Gleichung für Spin-0-Teilchen führen wird. Im Anschluß beziehen wir relativistische Korrekturen höherer Ordnung ein. Dabei verwenden wir das Verfahren der *Fouldy-Wouthuysen-Transformation*, durch welches sich der Klein-Gordonsche Hamilton-Operator zwar nicht exakt aber (im Prinzip) bis zu jeder gewünschten endlichen Ordnung in v/c diagonalisieren läßt.

1.4.1 Nichtrelativistischer Grenzfall

Bei der Behandlung des nichtrelativistischen Grenzfalls der Klein-Gordon-Theorie erweisen sich die Substitutionen (1.15) als äußerst zweckmäßig. In diesem Limes gilt nämlich für eine positive Klein-Gordon-Lösung[18]

$$\varphi = \left[1 + \mathcal{O}\left(\frac{v^2}{c^2}\right)\right]\phi^{(+)} \;, \quad \chi = \mathcal{O}\left(\frac{v^2}{c^2}\right)\phi^{(+)} \;.$$

Andererseits folgt für eine negative Lösung

$$\varphi = \mathcal{O}\left(\frac{v^2}{c^2}\right)\phi^{(-)} \;, \quad \chi = \left[1 + \mathcal{O}\left(\frac{v^2}{c^2}\right)\right]\phi^{(-)} \;.$$

Das heißt für positive Lösungen ist die untere Komponente von ψ gegenüber der oberen um den Faktor v^2/c^2 unterdrückt, während es sich bei den negativen Lösungen umgekehrt verhält. Hieraus folgt, daß für positive Lösungen der Term $(\boldsymbol{p} - e\boldsymbol{A}/c)^2 \chi/2m_0$ im oberen Teil der Klein-Gordon-Gleichung (1.17) bis zur Ordnung $\mathcal{O}\left(v^2/c^2\right)$ vernachlässigt werden kann. Somit ergibt sich für positive Lösungen die Gleichung

$$\left.\begin{array}{l} \psi = \begin{pmatrix} 1 \\ \mathcal{O}\left(v^2/c^2\right) \end{pmatrix}\varphi \\[2mm] \mathrm{i}\hbar\dfrac{\partial\varphi}{\partial t} = \left[\dfrac{1}{2m_0}\left(\boldsymbol{p} - \dfrac{e}{c}\boldsymbol{A}\right)^2 + m_0 c^2 + eA^0 + \mathcal{O}\left(\dfrac{v^4}{c^4}\right)\right]\varphi \;, \end{array}\right\} \quad (1.55)$$

die bis auf den Ruheenergieterm $m_0 c^2$ mit der bekannten nichtrelativistischen Schrödinger-Gleichung für spinlose Teilchen in einem elektromagnetischen Feld übereinstimmt. Im Falle negativer Lösungen erhält man aufgrund derselben Argumentation aus (1.17) die Gleichung

$$\left.\begin{array}{l} \psi = \begin{pmatrix} \mathcal{O}\left(v^2/c^2\right) \\ 1 \end{pmatrix}\chi \\[2mm] \mathrm{i}\hbar\dfrac{\partial\chi}{\partial t} = \left[-\dfrac{1}{2m_0}\left(\boldsymbol{p} - \dfrac{e}{c}\boldsymbol{A}\right)^2 - m_0 c^2 + eA^0 + \mathcal{O}\left(\dfrac{v^4}{c^4}\right)\right]\chi \;. \end{array}\right\} \quad (1.56)$$

---

[18] Da man im nichtrelativistischen Grenzfall davon ausgehen kann, daß die Felder eA^0 und $e\boldsymbol{A}/c$ größenordnungsmäßig höchstens im Bereich der Teilchenenergie bzw. des Teilchenimpulses liegen, also $|eA^0| \approx m_0 v^2/2 \ll m_0 c^2$ und $|e\boldsymbol{A}/c| \approx m_0 v \ll m_0 c$, gelten die Relationen

$$(\boldsymbol{p} - e\boldsymbol{A}/c)^2 \phi^{(\pm)}/2m_0 = m_0 c^2 \mathcal{O}\left(v^2/c^2\right)\phi^{(\pm)}$$

und

$$(\mathrm{i}\hbar\partial/\partial t - eA^0)\phi^{(+)} = m_0 c^2 \left[+1 + \mathcal{O}\left(v^2/c^2\right)\right]\phi^{(+)} \text{ für positive Zustände}$$

$$(\mathrm{i}\hbar\partial/\partial t - eA^0)\phi^{(-)} = m_0 c^2 \left[-1 + \mathcal{O}\left(v^2/c^2\right)\right]\phi^{(-)} \text{ für negative Zustände.}$$

Kombination der beiden Gleichungen (1.55) und (1.56) ergibt schließlich die bis zur Ordnung $\mathcal{O}\left(v^2/c^2\right)$ korrekte Hamiltonsche Klein-Gordon-Gleichung

$$\left.\begin{aligned}
i\hbar\frac{\partial\psi}{\partial t} &= H^{\mathrm{nr}}\psi \\
H^{\mathrm{nr}} &= \tau_3\left[m_0 c^2 + \frac{1}{2m_0}\left(\boldsymbol{p} - \frac{e}{c}\boldsymbol{A}\right)^2\right] + eA^0 + \mathcal{O}\left(\frac{v^4}{c^4}\right) ,
\end{aligned}\right\} \tag{1.57}$$

mit dem diagonalen, V-hermiteschen und hermiteschen Hamilton-Operator H^{nr}. Linksmultiplikation von (1.57) mit $\psi^\dagger\tau_3$ und anschließender Subtraktion der adjungierten Gleichung liefert die Kontinuitätsgleichung

$$\frac{\partial\rho(x)}{\partial t} + \boldsymbol{\nabla}\boldsymbol{j}(x) = 0 ,$$

mit der bis zur Ordnung $\mathcal{O}\left(v^2/c^2\right)$ positiv bzw. negativ definiten Ladungsdichte

$$\rho = \psi^\dagger\tau_3\psi \approx \begin{cases} \varphi^*\varphi \geq 0 \text{ für positive Zustände} \\ -\chi^*\chi \leq 0 \text{ für negative Zustände} \end{cases}$$

und der Ladungsstromdichte

$$\boldsymbol{j} = \frac{\hbar}{2im}\left[\psi^\dagger\boldsymbol{\nabla}\psi - (\boldsymbol{\nabla}\psi^\dagger)\psi - \frac{2ie}{\hbar c}\boldsymbol{A}\psi^\dagger\psi\right] ,$$

wobei der letzte Ausdruck formal identisch mit der Wahrscheinlichkeitsstromdichte aus der nichtrelativistischen Quantenmechanik ist.[19]

1.4.2 Relativistische Korrekturen

In der nichtrelativistischen Klein-Gordon-Gleichung (1.57) sind die positiven und negativen Lösungen vollständig entkoppelt, was sich in der diagonalen Gestalt des Hamilton-Operators H^{nr} widerspiegelt. Man kann sich bei ihr auf die obere oder untere Komponente beschränken und erhält so eine Theorie für ein Teilchen oder ein Antiteilchen, welche sich im Sinne unseres verallgemeinerten quantenmechanischen Formalismus interpretieren läßt.

Nun wissen wir aus Unterabschn. 1.3.2, daß sich die Hamiltonsche Klein-Gordon-Gleichung im freien Fall durch den Übergang zur Feshbach-Villars-Darstellung exakt diagonalisieren läßt. Es erhebt sich deshalb die Frage, ob

---

[19] Man beachte: Weil H^{nr} in (1.57) hermitesch ist, könnte man eine positiv definite Wahrscheinlichkeitsdichte $\rho = \psi^\dagger\psi$ für Teilchen und Antiteilchen (mit zugehöriger erhaltener Gesamtwahrscheinlichkeit) definieren, die über $\partial\rho/\partial t + \boldsymbol{\nabla}\boldsymbol{j} = 0$ mit einer entsprechenden Wahrscheinlichkeitsstromdichte $\boldsymbol{j}$ verbunden ist. Dieser Zusammenhang würde jedoch ausschließlich in der hier vorliegenden Darstellung gelten und bei einer V-unitären Transformation auf eine andere Darstellung verloren gehen, weil dann der Hamilton-Operator zwar immer noch V-hermitesch aber nicht mehr hermitesch wäre. Dieselbe Überlegung gilt bei der Diagonalisierung der freien kanonischen Klein-Gordon-Gleichung (Unterabschn. 1.3.2) sowie der allgemeinen Gleichung (nächster Unterabschnitt).

es auch ein Verfahren zur exakten Diagonalisierung der allgemeinen Klein-Gordon-Gleichung gibt, in der positive und negative Lösungen in allen Ordnungen von v/c explizit entkoppelt sind. Wie sich herausstellt, ist dies nicht möglich (siehe Aufgabe 8), was letztlich mit einem quantenfeldtheoretischen Effekt, der sog. *Vakuumpolarisation*[20], zusammenhängt.

Allerdings ist es mit Hilfe der im folgenden zu besprechenden *Fouldy-Wouthuysen-Transformation* immer möglich, den Klein-Gordonschen Hamilton-Operator bis zu jeder gewünschten (endlichen) Ordnung von v/c zu diagonalisieren. Bei diesem Verfahren werden ψ und die Operatoren dergestalt sukzessive transformiert (in eine andere Darstellung überführt), daß der Hamilton-Operator in der neuen Darstellung in der jeweiligen Ordnung von v/c ein gerader (diagonaler) Operator ist. Durch Vernachlässigung des ungeraden (antidiagonalen) Anteils ergeben sich dann wieder zwei explizit entkoppelte Ein-Teilchentheorien für Teilchen und Antiteilchen, die bis zur betrachteten Ordnung so wie im vorigen Unterabschnitt interpretiert werden können. Diese Methode stellt somit eine Verallgemeinerung der in Unterabschn. 1.3.2 diskutierten Feshbach-Villars-Transformation des freien Falles dar.

Zur näheren Erläuterung der Fouldy-Wouthuysen-Transformation betrachten wir die Klein-Gordon-Gleichung (1.17) in der Form[21]

$$m_0 c^2 K \psi = 0 \ , \ \ K = \tau_3 + \epsilon + \omega \ ,$$

wobei

$$\epsilon = -\frac{1}{m_0 c^2} \left(\mathrm{i}\hbar \frac{\partial}{\partial t} - eA^0 \right) + \frac{\tau_3}{2 m_0^2 c^2} \left(\boldsymbol{p} - \frac{e}{c} \boldsymbol{A} \right)^2 = \mathcal{O}\left(1\right) + \mathcal{O}\left(\frac{v^2}{c^2}\right) \ \ (1.58)$$

bzw.

$$\tau_3 + \epsilon = \mathcal{O}\left(\frac{v^2}{c^2}\right)$$

ein gerader (diagonaler) Operator und

$$\omega = \frac{\mathrm{i}\tau_2}{2 m_0^2 c^2} \left(\boldsymbol{p} - \frac{e}{c} \boldsymbol{A} \right)^2 = \mathcal{O}\left(\frac{v^2}{c^2}\right) \tag{1.59}$$

ein ungerader (antidiagonaler) Operator ist. Gehen wir nun mittels der Transformation

$$U = \mathrm{e}^{\mathrm{i}S}$$

---

[20] Unter Vakuumpolarisation versteht man die Erzeugung von geladenen Teilchen-Antiteilchen-Paaren in starken elektromagnetischen Feldern, also z.B. in unmittelbarer Umgebung der Feldquellen. Diese *virtuellen Teilchen* wechselwirken zusätzlich zum externen Feld mit dem betrachteten Teilchen und führen so zu einer Polarisation des Vakuums (siehe Abschn. 3.4).

[21] Wir führen hier dimensionslose Operatoren ein, um Ordnungsbetrachtungen in v/c zu erleichtern.

zu einer neuen Darstellung über, dann folgt für die Klein-Gordon-Gleichung in dieser Darstellung

$$m_0 c^2 K' \psi' = 0 \ , \ \psi' = U\psi \ , \ K' = UKU^{-1} \ .$$

Das Foully-Wouthuysen-Verfahren zeichnet sich nun dadurch aus, daß die Transformation U bzw. S so gewählt wird, daß sich K' wieder in der Weise

$$K' = \tau_3 + \epsilon' + \omega' \ , \ \tau_3 + \epsilon' = \mathcal{O}\left(\frac{v^2}{c^2}\right) \ , \ \omega' = \mathcal{O}\left(\frac{v^4}{c^4}\right) \ \text{(oder höher)}$$

in einen geraden und einen ungeraden Operator aufspalten läßt, wobei ω' um (mindestens) einen Faktor v^2/c^2 gegenüber ω unterdrückt und somit um (mindestens) zwei Ordnungen höher ist als $\tau_3 + \epsilon'$ bzw. $\tau_3 + \epsilon$. Ausgehend von dieser Darstellung können wir nun wieder eine Transformation U' suchen, so daß in der entsprechend neuen Darstellung gilt:

$$m_0 c^2 K'' \psi'' = 0 \ , \ \psi'' = U'\psi' \ , \ K'' = U'K'U'^{-1} = \tau_3 + \epsilon'' + \omega'' \ ,$$

mit

$$\tau_3 + \epsilon'' = \mathcal{O}\left(\frac{v^2}{c^2}\right) \ , \ \omega'' = \mathcal{O}\left(\frac{v^6}{c^6}\right) \ \text{(oder höher)} \ .$$

Dieses Verfahren läßt sich beliebig fortsetzen, so daß man die Ordnung des ungeraden Operators beliebig hochtreiben kann. Ist die gewünschte Ordnung des ungeraden Operators erreicht, dann liefert der gerade Operator die relativistischen Korrekturen zu den beiden Ein-Teilchentheorien bis zu einem Fehler dieser Ordnung.[22]

Wir konkretisieren nun unsere Betrachtungen und zeigen, wie man, ausgehend von

$$K = \tau_3 + \epsilon + \omega \ , \ \epsilon \ \text{aus (1.58)} \ , \ \omega \ \text{aus (1.59)} \ ,$$

den diagonalen Klein-Gordonschen Hamilton-Operator, korrekt bis zur Ordnung $\mathcal{O}\left(v^4/c^4\right)$, erhält. Hierfür benötigen wir die *Baker-Hausdorff-Entwicklung*[23]

---

[22] Weil jede Potenz in v/c einem Faktor $v/c \sim p/m_0 c$ entspricht, läßt sich die Fouldy-Wouthuysen-Entwicklung auch als eine Reihenentwicklung in Potenzen von $1/m_0$ auffassen.

[23] Dies läßt sich leicht verifizieren, indem man die Operatorfunktion

$$F(\lambda) = e^{i\lambda S} K e^{-i\lambda S} = \sum_{n=0}^{\infty} \frac{\lambda^n}{n!} \left.\frac{d^n F}{d\lambda^n}\right|_{\lambda=0}$$

betrachtet, mit

$$\frac{d^n F}{d\lambda^n} = i^n e^{i\lambda S} [S, [S, \cdots, [S, K]] \cdots] e^{-i\lambda S} \ .$$

$$K' = e^{iS} K e^{-iS}$$

$$= K + i[S,K] + \frac{i^2}{2!}[S,[S,K]] + \frac{i^3}{3!}[S,[S,[S,K]]] + \dots . \tag{1.60}$$

Da der transformierte Operator K' den ursprünglichen Operator K selbst enthält, müssen wir S so wählen, daß ω in K' gerade herausfällt. Wie wir sofort sehen werden, wird dies durch die Wahl

$$U = e^{iS} , \quad S = -\frac{i\tau_3 \omega}{2} \tag{1.61}$$

gewährleistet. Jetzt rechnen wir unter Berücksichtigung von $\tau_3\omega = -\omega\tau_3$ und $\tau_3\epsilon = \epsilon\tau_3$ wie folgt:

$$\left. \begin{aligned}
i[S,K] &= \frac{1}{2}\left[\tau_3\omega, \tau_3 + \epsilon + \omega\right] = -\omega + \tau_3\omega^2 + \frac{\tau_3}{2}[\omega,\epsilon] \\
\frac{i^2}{2}[S,[S,K]] &= \frac{1}{4}\left[\tau_3\omega, -\omega + \tau_3\omega^2 + \frac{\tau_3}{2}[\omega,\epsilon]\right] \\
&= -\frac{\tau_3\omega^2}{2} - \frac{\omega^3}{2} - \frac{1}{8}[\omega,[\omega,\epsilon]] \\
\frac{i^3}{6}[S,[S,[S,K]]] &= \frac{1}{6}\left[\tau_3\omega, -\frac{\tau_3\omega^2}{2} - \frac{\omega^3}{2} - \frac{1}{8}[\omega,[\omega,\epsilon]]\right] \\
&= \frac{\omega^3}{6} - \frac{\tau_3\omega^4}{6} + \frac{\tau_3}{48}[\omega,[\omega,[\omega,\epsilon]]] .
\end{aligned} \right\} \tag{1.62}$$

Einsetzen in (1.60) liefert

$$K' = \tau_3 + \epsilon' + \omega' ,$$

mit[24]

$$\underset{\downarrow}{\mathcal{O}\left(\frac{v^2}{c^2}\right)} \quad \underset{\downarrow}{\mathcal{O}\left(\frac{v^4}{c^4}\right)} \quad \underset{\downarrow}{\mathcal{O}\left(\frac{v^8}{c^8}\right)} \quad \underset{\downarrow}{\mathcal{O}\left(\frac{v^6}{c^6}\right)}$$

$$\tau_3 + \epsilon' = \tau_3 + \epsilon + \frac{\tau_3\omega^2}{2} - \frac{\tau_3\omega^4}{8} - \frac{1}{8}[\omega,[\omega,\epsilon]] + \dots = \mathcal{O}\left(\frac{v^2}{c^2}\right)$$

und

$$\omega' = -\frac{\omega^3}{3} + \frac{\tau_3}{2}[\omega,\epsilon] + \frac{\tau_3}{48}[\omega,[\omega,[\omega,\epsilon]]] + \dots = \mathcal{O}\left(\frac{v^4}{c^4}\right) .$$

Wie gewünscht ist ω aufgrund der ersten Zeile von (1.62) aus K' herausgefallen, und ω' ist nun um zwei Ordnungen erhöht.[25] Es ist klar, daß alle weiteren Transformationen von der gleichen Struktur sind. Wenden wir auf K' die Transformation

---

[24] Sofern der Operator ϵ in Kommutatoren der Form $[\dots,[\omega,\epsilon]\dots]$ auftritt, gilt $\epsilon = \mathcal{O}\left(v^2/c^2\right)$.

[25] Man beachte: Aus den letzten Gleichungen ergibt sich der bis zur Ordnung $\mathcal{O}\left(v^2/c^2\right)$ korrekte gerade Operator $K' = \tau_3 + \epsilon$ sowie die Gleichung $m_0 c^2(\tau_3 + \epsilon)\psi' = 0$, in Übereinstimmung mit (1.57).

$$U' = \mathrm{e}^{\mathrm{i}S'} \ , \ S' = -\frac{\mathrm{i}\tau_3\omega'}{2}$$

an, dann ergibt sich für K''

$$K'' = \tau_3 + \epsilon'' + \omega'' \ , \tag{1.63}$$

mit

$$
\begin{array}{cccc}
\mathcal{O}\left(\frac{v^2}{c^2}\right) & \mathcal{O}\left(\frac{v^8}{c^8}\right) & \mathcal{O}\left(\frac{v^{16}}{c^{16}}\right) & \mathcal{O}\left(\frac{v^{10}}{c^{10}}\right) \\
\downarrow & \downarrow & \downarrow & \downarrow
\end{array}
$$

$$\tau_3 + \epsilon'' = \tau_3 + \epsilon' + \frac{\tau_3\omega'^2}{2} - \frac{\tau_3\omega'^4}{8} - \frac{1}{8}[\omega',[\omega',\epsilon']] + \ldots = \mathcal{O}\left(\frac{v^2}{c^2}\right)$$

und

$$\omega'' = -\frac{\omega'^3}{3} + \frac{\tau_3}{2}[\omega',\epsilon'] + \frac{\tau_3}{48}[\omega',[\omega',[\omega',\epsilon']]] + \ldots = \mathcal{O}\left(\frac{v^6}{c^6}\right) \ .$$

Vernachlässigen wir jetzt alle Terme der Ordnung $\mathcal{O}\left(v^6/c^6\right)$ (und höher), dann ist K'' ein gerader Operator. Er ist gegeben durch

$$
\begin{aligned}
K'' &= \tau_3 + \epsilon' = \tau_3 + \epsilon + \frac{\tau_3\omega^2}{2} \\
&= \tau_3\left[1 + \frac{1}{2m_0^2c^2}\left(\boldsymbol{p} - \frac{e}{c}\boldsymbol{A}\right)^2 - \frac{1}{8m_0^4c^4}\left(\boldsymbol{p} - \frac{e}{c}\boldsymbol{A}\right)^4\right] \\
&\quad - \frac{1}{m_0c^2}\left(\mathrm{i}\hbar\frac{\partial}{\partial t} - eA^0\right) \ .
\end{aligned}
$$

Man erhält hieraus die Hamiltonsche Klein-Gordon-Gleichung

$$\mathrm{i}\hbar\frac{\partial\psi''}{\partial t} = H''\psi'' \ ,$$

mit dem diagonalen, V-hermiteschen und hermiteschen Hamilton-Operator

$$H'' = \tau_3\left[m_0c^2 + \frac{1}{2m_0}\left(\boldsymbol{p} - \frac{e}{c}\boldsymbol{A}\right)^2 - \frac{1}{8m_0^3c^2}\left(\boldsymbol{p} - \frac{e}{c}\boldsymbol{A}\right)^4\right] + eA^0$$

und der Wellenfunktion

$$\psi''(x) = \mathrm{e}^{-\mathrm{i}\tau_3\omega'/2}\mathrm{e}^{-\mathrm{i}\tau_3\omega/2}\psi(x) \ .$$

Wie gewünscht haben wir zwei explizit entkoppelte $\mathcal{O}\left(v^4/c^4\right)$-Ein-Teilchen-theorien für Teilchen und Antiteilchen vorliegen, wobei die relativistischen Korrekturen bis zu dieser Ordnung ausschließlich aus der Entwicklung der relativistischen kinetischen Energie

$$\sqrt{c^2\left(\boldsymbol{p} - \frac{e}{c}\boldsymbol{A}\right)^2 + m_0^2c^4}$$

resultieren. Wie in Aufgabe 9 gezeigt wird, kommen elektrische Wechselwirkungskorrekturen erst bei einer Genauigkeit von $\mathcal{O}\left(v^6/c^6\right)$ ins Spiel.

Man beachte, daß die Fouldy-Wouthuysen-Transformation U in (1.61) und alle nachfolgenden Transformationen U', ... V-unitäre Operatoren sind, weil S, S', ... V-hermitesch sind. Hieraus folgt die Invarianz von V-Erwartungswerten für Operatoren, die sich wie $U[\cdot]U^{-1}$ transformieren, so daß es in der Tat gerechtfertigt ist, von „Fouldy-Wouthuysen-Darstellungen" zu sprechen. Für den Hamilton-Operator gibt es allerdings eine wichtige Einschränkung. Der Übergang

$$K\psi = 0 \longrightarrow K'\psi' = 0 \ , \ K' = UKU^{-1} \ , \ \psi' = U\psi$$

impliziert nämlich für die Klein-Gordon-Gleichung die Transformation

$$\mathrm{i}\hbar\frac{\partial\psi}{\partial t} = H\psi \longrightarrow \mathrm{i}\hbar\frac{\partial\psi'}{\partial t} = H'\psi' \ , \ H' = U\left(H - \mathrm{i}\hbar\frac{\partial}{\partial t}\right)U^{-1} \ .$$

Dies bedeutet, daß die V-Erwartungswerte des ursprünglichen und transformierten Hamilton-Operators nur für den Fall $\partial A/\partial t = \mathbf{0}$ übereinstimmen.

Satz 1.8: Fouldy-Wouthuysen-Transformation in der Klein-Gordon-Theorie

Die Fouldy-Wouthuysen-Transformation liefert ein systematisches Verfahren zur Diagonalisierung des Klein-Gordonschen Hamilton-Operators bis zu jeder beliebigen (endlichen) Ordnung in v/c. Schreibt man die Klein-Gordon-Gleichung (1.17) in der Form

$$m_0 c^2 K^{(0)}\psi^{(0)} = 0 \ , \ K^{(0)} = \tau_3 + \epsilon^{(0)} + \omega^{(0)} \ ,$$

wobei die dimensionslosen Operatoren $\epsilon^{(0)}$, $\tau_3 + \epsilon^{(0)} = \mathcal{O}\left(v^2/c^2\right)$ und $\omega^{(0)} = \mathcal{O}\left(v^2/c^2\right)$ gerade bzw. ungerade sind, dann gelangt man durch Iteration der Beziehungen

$$K^{(n)} = \tau_3 + \epsilon^{(n)} + \omega^{(n)} = U^{(n-1)}K^{(n-1)}U^{(n-1)^{-1}}$$

$$\psi^{(n)}(x) = U^{(n-1)}\psi^{(n-1)}(x)$$

$$U^{(n)} = \exp\left(-\frac{\mathrm{i}\tau_3\omega^{(n)}}{2}\right) \quad \text{(V-unitär)}$$

jeweils zu anderen Darstellungen der Klein-Gordon-Theorie, in denen gilt:

$$\tau_3 + \epsilon^{(n)} = \mathcal{O}\left(\frac{v^2}{c^2}\right) \ , \ \omega^{(n)} = \mathcal{O}\left(\frac{v^{2n+2}}{c^{2n+2}}\right) \ .$$

Bei Vernachlässigung des ungeraden Operators liefert der gerade Anteil von $K^{(n)}$ zwei explizit entkoppelte Ein-Teilchentheorien für Teilchen und Antiteilchen, korrekt bis zur Ordnung $\mathcal{O}\left(v^{2n}/c^{2n}\right)$, die im Sinne unseres verallgemeinerten quantenmechanischen Formalismus gedeutet werden können.

Die zu den jeweiligen Fouldy-Wouthuysen-Darstellungen gehörenden Ein-Teilchenoperatoren lassen sich genau wie bei der Feshbach-Villars-Darstellung konstruieren, indem man die ursprünglichen (relativistischen) Operatoren entsprechend mittransformiert und anschließend den geraden (diagonalen) Anteil separiert. Hierbei gilt insbesondere für den Ein-Teilchenortsoperator dasselbe wie bei der Feshbach-Villars-Transformation. Das heißt auch die Fouldy-Wouthuysen-Transformation ist aufgrund von $[\boldsymbol{x}, U] \neq 0$ eine nichtlokale Transformation und führt zu einer Verschmierung der Ortswellenfunktion bzw. des Ortsargumentes von der Größenordnung der Compton-Wellenlänge des betrachteten Teilchens (siehe Aufgabe 9).

Zum Schluß dieses Abschnittes sei noch einmal betont, daß die Fouldy-Wouthuysen-Methode nur in jenen Fällen Sinn macht, bei denen einerseits die Ein-Teilcheninterpretation im Sinne von Satz 1.7 anwendbar ist und andererseits die Fouldy-Wouthuysen-Entwicklung konvergiert. Sie ist insbesondere nicht auf physikalische Probleme mit starken oder schnell veränderlichen Feldern anwendbar, bei denen Teilchenerzeugungs- und Teilchenvernichtungsprozesse berücksichtigt werden müssen.

Zusammenfassung

- Die nichtrelativistische Näherung der Klein-Gordon-Theorie führt in niedrigster Ordnung (**nichtrelativistischer Grenzfall**) auf einen diagonalen, V-hermiteschen und hermiteschen Hamilton-Operator. Hieraus folgen zwei explizit entkoppelte Ein-Teilchentheorien für Teilchen und Antiteilchen, von denen die erste mit den Gesetzmäßigkeiten der nichtrelativistischen Schrödinger-Theorie übereinstimmt.

- Im Gegensatz zum feldfreien Fall läßt sich der Klein-Gordonsche Hamilton-Operator im allgemeinen Fall nicht exakt sondern nur approximativ diagonalisieren. Das hierzu verwendete Verfahren ist die **Fouldy-Wouthuysen-Methode**, bei der der Hamilton-Operator sukzessive in immer höheren Ordnungen von v/c diagonalisiert wird. Durch Vernachlässigung des ungeraden Anteils erhält man jeweils einen diagonalen, V-hermiteschen und hermiteschen Hamilton-Operator, korrekt bis zur betrachteten Ordnung in v/c, aus dem sich wiederum zwei explizit entkoppelte Ein-Teilchentheorien für Teilchen und Antiteilchen ableiten lassen.

- Die **Fouldy-Wouthuysen-Transformation** ist wie die Feshbach-Villars-Transformation eine nichtlokale Transformation und führt zu einer Verschmierung des Ortsargumentes in der Größenordnung der Compton-Wellenlänge des betrachteten Teilchens.

- Die Fouldy-Wouthuysen-Methode ist nur in jenen Fällen sinnvoll, bei denen einerseits die v/c-Entwicklung konvergiert und andererseits die Ein-Teilcheninterpretation anwendbar ist.

Aufgaben

8. Diagonalisierbarkeit der Hamiltonschen Klein-Gordon-Gleichung.

a) Zeigen Sie, daß die beiden Komponenten φ und χ von ψ nur im freien Fall jeweils der kanonischen Klein-Gordon-Gleichung genügen.

b) Berechnen Sie den Kommutator

$$\left[\left(\boldsymbol{p} - \frac{e}{c}\boldsymbol{A}\right)^2, \mathrm{i}\hbar\frac{\partial}{\partial t} - eA^0\right].$$

Lösung.

Zu a) Ausgangspunkt ist die Hamiltonsche Klein-Gordon-Gleichung (1.17) in der Form

$$\left[\left(\mathrm{i}\hbar\frac{\partial}{\partial t} - eA^0\right) - \frac{\tau_3 + \mathrm{i}\tau_2}{2m_0}\left(\boldsymbol{p} - \frac{e}{c}\boldsymbol{A}\right)^2 - \tau_3 m_0 c^2\right]\psi = 0.$$

Multipliziert man diese Gleichung von links mit

$$\left[\left(\mathrm{i}\hbar\frac{\partial}{\partial t} - eA^0\right) + \frac{\tau_3 + \mathrm{i}\tau_2}{2m_0}\left(\boldsymbol{p} - \frac{e}{c}\boldsymbol{A}\right)^2 + \tau_3 m_0 c^2\right],$$

so ergibt sich

$$
\begin{aligned}
0 = \Bigg[&\left(\mathrm{i}\hbar\frac{\partial}{\partial t} - eA^0\right)^2 - \frac{\tau_3 + \mathrm{i}\tau_2}{2m_0}\left(\mathrm{i}\hbar\frac{\partial}{\partial t} - eA^0\right)\left(\boldsymbol{p} - \frac{e}{c}\boldsymbol{A}\right)^2 \\
&- \tau_3 m_0 c^2\left(\mathrm{i}\hbar\frac{\partial}{\partial t} - eA^0\right) + \frac{\tau_3 + \mathrm{i}\tau_2}{2m_0}\left(\boldsymbol{p} - \frac{e}{c}\boldsymbol{A}\right)^2\left(\mathrm{i}\hbar\frac{\partial}{\partial t} - eA^0\right) \\
&- \frac{\tau_3 c^2}{2}(\tau_3 - \mathrm{i}\tau_2)\left(\boldsymbol{p} - \frac{e}{c}\boldsymbol{A}\right)^2 + \tau_3 m_0 c^2\left(\mathrm{i}\hbar\frac{\partial}{\partial t} - eA^0\right) \\
&- \frac{\tau_3 c^2}{2}(\tau_3 + \mathrm{i}\tau_2)\left(\boldsymbol{p} - \frac{e}{c}\boldsymbol{A}\right)^2 - m_0^2 c^4\Bigg]\psi \\
= \Bigg[&\left(\mathrm{i}\hbar\frac{\partial}{\partial t} - eA^0\right)^2 - c^2\left(\boldsymbol{p} - \frac{e}{c}\boldsymbol{A}\right)^2 - m_0^2 c^4\Bigg]\psi \\
&+ \frac{\tau_3 + \mathrm{i}\tau_2}{2m_0}\left[\left(\boldsymbol{p} - \frac{e}{c}\boldsymbol{A}\right)^2, \left(\mathrm{i}\hbar\frac{\partial}{\partial t} - eA^0\right)\right]\psi.
\end{aligned}
$$

Hieraus folgt offensichtlich, daß nur im freien Fall jede Komponente von ψ die kanonische Klein-Gordon-Gleichung erfüllt, weil nur dann der Kommutatorterm exakt verschwindet. Anders ausgedrückt: Nur im freien Fall läßt sich die Hamiltonsche Klein-Gordon-Gleichung exakt diagonalisieren. Im Falle schwacher und schwach veränderlicher Felder ist der Kommutatorterm klein gegenüber den übrigen Termen. Unter diesen Umständen wird die kanonische Gleichung zumindest näherungsweise durch φ und χ gelöst, so daß eine approximative Diagonalisierung der Hamiltonschen Gleichung möglich erscheint.

Zu b) Unter Berücksichtigung von

$$\left(\boldsymbol{p} - \frac{e}{c}\boldsymbol{A}\right)^2 = \boldsymbol{p}^2 - \frac{e}{c}(\boldsymbol{pA}) - \frac{2e}{c}\boldsymbol{Ap} + \frac{e^2}{c^2}\boldsymbol{A}^2$$

ergibt sich

$$\left[\left(\boldsymbol{p} - \frac{e}{c}\boldsymbol{A}\right)^2, i\hbar\frac{\partial}{\partial t} - eA^0\right] = -e[\boldsymbol{p}^2, A^0] - \frac{ie\hbar}{c}\left[(\boldsymbol{pA}), \frac{\partial}{\partial t}\right]$$

$$-\frac{2ie\hbar}{c}\left[\boldsymbol{Ap}, \frac{\partial}{\partial t}\right] + \frac{e^2}{c}[\boldsymbol{Ap}, A^0]$$

$$+\frac{ie^2\hbar}{c^2}\left[\boldsymbol{A}^2, \frac{\partial}{\partial t}\right] \ .$$

Die Einzelkommutatoren berechnen sich zu

$$[\boldsymbol{p}^2, A^0] = (\boldsymbol{p}^2 A^0) + 2(\boldsymbol{p}A^0)\boldsymbol{p} \ , \quad \left[(\boldsymbol{pA}), \frac{\partial}{\partial t}\right] = -\left(\boldsymbol{p}\frac{\partial\boldsymbol{A}}{\partial t}\right)$$

$$\left[\boldsymbol{Ap}, \frac{\partial}{\partial t}\right] = -\frac{\partial\boldsymbol{A}}{\partial t}\boldsymbol{p} \ , \quad [\boldsymbol{Ap}, A^0] = \boldsymbol{A}(\boldsymbol{p}A^0) \ , \quad \left[\boldsymbol{A}^2, \frac{\partial}{\partial t}\right] = -2\boldsymbol{A}\frac{\partial\boldsymbol{A}}{\partial t} \ .$$

Insgesamt folgt deshalb

$$\left[\left(\boldsymbol{p} - \frac{e}{c}\boldsymbol{A}\right)^2, i\hbar\frac{\partial}{\partial t} - eA^0\right] = -2e\left[(\boldsymbol{p}A^0) - \frac{i\hbar}{c}\frac{\partial\boldsymbol{A}}{\partial t}\right]\left(\boldsymbol{p} - \frac{e}{c}\boldsymbol{A}\right)$$

$$-e\left\{\boldsymbol{p}\left[(\boldsymbol{p}A^0) - \frac{i\hbar}{c}\frac{\partial\boldsymbol{A}}{\partial t}\right]\right\}$$

$$= -2ie\hbar\boldsymbol{E}\left(\boldsymbol{p} - \frac{e}{c}\boldsymbol{A}\right) - ie\hbar(\boldsymbol{pE}) \ , \qquad (1.64)$$

mit dem elektrischen Feld $\boldsymbol{E} = -(\boldsymbol{\nabla}A^0) - e\partial\boldsymbol{A}/c\partial t$.

9. Diagonale Hamiltonsche Klein-Gordon-Gleichung bis $\mathcal{O}\left(v^6/c^6\right)$.
Diagonalisieren Sie die Hamiltonsche Klein-Gordon-Gleichung (1.17) bis zur
Ordnung $\mathcal{O}\left(v^6/c^6\right)$.

Lösung. Wendet man auf K'' aus (1.63) die Fouldy-Wouthuysen-Transformation

$$U'' = e^{iS''} \ , \quad S'' = -\frac{i\tau_3\omega''}{2}$$

an, so erhält man für K''' den Ausdruck

$$K''' = \tau_3 + \epsilon''' + \omega''' \ ,$$

mit

$$
\begin{array}{cccc}
\mathcal{O}\left(\frac{v^2}{c^2}\right) & \mathcal{O}\left(\frac{v^{12}}{c^{12}}\right) & \mathcal{O}\left(\frac{v^{24}}{c^{24}}\right) & \mathcal{O}\left(\frac{v^{14}}{c^{14}}\right) \\
\downarrow & \downarrow & \downarrow & \downarrow
\end{array}
$$

$$\tau_3 + \epsilon''' = \tau_3 + \epsilon'' + \frac{\tau_3\omega''^2}{2} - \frac{\tau_3\omega''^4}{8} - \frac{1}{8}[\omega'', [\omega'', \epsilon'']] + \ldots = \mathcal{O}\left(\frac{v^2}{c^2}\right)$$

und

$$\omega''' = -\frac{\omega''^3}{3} + \frac{\tau_3}{2}[\omega'', \epsilon''] + \frac{\tau_3}{48}[\omega'', [\omega'', [\omega'', \epsilon'']]] + \ldots = \mathcal{O}\left(\frac{v^8}{c^8}\right).$$

Vernachlässigung aller Terme der Ordnung $\mathcal{O}\left(v^8/c^8\right)$ (und höher) führt auf den geraden Operator

$$K''' = \tau_3 + \epsilon'' = \tau_3 + \epsilon' = \tau_3 + \epsilon + \frac{\tau_3\omega^2}{2} - \frac{1}{8}[\omega, [\omega, \epsilon]].$$

Unter Berücksichtigung von (1.64) vereinfacht sich der letzte Term zu

$$[\omega, \epsilon] = \frac{i\tau_2}{2m_0^3c^4}\left[\left(\boldsymbol{p} - \frac{e}{c}\boldsymbol{A}\right)^2, i\hbar\frac{\partial}{\partial t} - eA^0\right] + \frac{i}{4m_0^4c^4}\left(\boldsymbol{p} - \frac{e}{c}\boldsymbol{A}\right)^4[\tau_2, \tau_3]$$

$$= \frac{e\hbar\tau_2}{m_0^3c^4}\boldsymbol{E}\left(\boldsymbol{p} - \frac{e}{c}\boldsymbol{A}\right) + \frac{e\hbar\tau_2}{2m_0^3c^4}(\boldsymbol{pE}) - \frac{\tau_1}{2m_0^4c^4}\left(\boldsymbol{p} - \frac{e}{c}\boldsymbol{A}\right)^4$$

$$\Longrightarrow [\omega, [\omega, \epsilon]] = \frac{ie\hbar}{2m_0^5c^6}\left[\left(\boldsymbol{p} - \frac{e}{c}\boldsymbol{A}\right)^2, \boldsymbol{E}\left(\boldsymbol{p} - \frac{e}{c}\boldsymbol{A}\right)\right]$$

$$+ \frac{ie\hbar}{4m_0^5c^6}\left[\left(\boldsymbol{p} - \frac{e}{c}\boldsymbol{A}\right)^2, (\boldsymbol{pE})\right] - \frac{\tau_3}{2m_0^6c^6}\left(\boldsymbol{p} - \frac{e}{c}\boldsymbol{A}\right)^6.$$

Insgesamt folgt die bis zur Ordnung $\mathcal{O}\left(v^6/c^6\right)$ korrekte Hamiltonsche Klein-Gordon-Gleichung

$$i\hbar\frac{\partial\psi'''}{\partial t} = H'''\psi''',$$

mit dem diagonalen, V-hermiteschen und hermiteschen Hamilton-Operator

$$H''' = \tau_3\left[m_0c^2\right.$$

$$+ \frac{1}{2m_0}\left(\boldsymbol{p} - \frac{e}{c}\boldsymbol{A}\right)^2 - \frac{1}{8m_0^3c^2}\left(\boldsymbol{p} - \frac{e}{c}\boldsymbol{A}\right)^4 + \frac{1}{16m_0^5c^4}\left(\boldsymbol{p} - \frac{e}{c}\boldsymbol{A}\right)^6\right]$$

$$+ eA^0 - \frac{ie\hbar}{16m_0^4c^5}\left[\left(\boldsymbol{p} - \frac{e}{c}\boldsymbol{A}\right)^2, \boldsymbol{E}\left(\boldsymbol{p} - \frac{e}{c}\boldsymbol{A}\right)\right]$$

$$- \frac{ie\hbar}{32m_0^4c^5}\left[\left(\boldsymbol{p} - \frac{e}{c}\boldsymbol{A}\right)^2, (\boldsymbol{pE})\right] \tag{1.65}$$

und der Wellenfunktion

$$\psi'''(x) = e^{-i\tau_3\omega''/2}e^{-i\tau_3\omega'/2}e^{-i\tau_3\omega/2}\psi(x).$$

Das Auftreten der relativistischen Korrekturen in (1.65) läßt sich aufgrund der Nichtlokalität der Fouldy-Wouthuysen-Transformation und der daraus resultierenden Verschmierung des Ortsargumentes $\boldsymbol{x}$ verstehen: Das effektive Potential, das auf eine Wellenfunktion in einer bestimmten Fouldy-Wouthuysen-Darstellung an der Stelle $\boldsymbol{x}$ wirkt, setzt sich zusammen aus den Beiträgen des ursprünglichen Potentials, gemittelt über eine Umgebung von $\boldsymbol{x}$. Das gesamte Potential hat deshalb die Form einer Multipolentwicklung des ursprünglichen Potentials.

1.5 Einfache Ein-Teilchensysteme

Dieser letzte Abschnitt des Kapitels „Relativistische Beschreibung von Spin-0-Teilchen" behandelt einige einfache Klein-Gordonsche Ein-Teilchensysteme, wobei ausschließlich die kanonische Darstellung verwendet wird. Als Erweiterung unserer Betrachtungen zum Kleinschen Paradoxon in Unterabschn. 1.3.4 beschäftigen wir uns zunächst mit dem eindimensionalen Potentialkasten und diskutieren die verschiedenen Lösungstypen u.a. unter dem Aspekt ihrer Ein-Teilcheninterpretation. Im Anschluß wenden wir uns dem Problem zentralsymmetrischer Potentiale zu, welches sich analog zum nichtrelativistischen Fall durch Separation des winkelabhängigen Anteils auf eine radiale Gleichung zurückführen läßt. Anwendungsbeispiele dieser *radialen Klein-Gordon-Gleichung* sind das freie Teilchen, der kugelsymmetrische Potentialtopf und das Coulomb-Potential zur naiven Beschreibung pionischer Atome, die wir ebenfalls besprechen. Zum Schluß modifizieren wir das Coulomb-Potential durch einen oszillatorartigen Potentialterm, um die endliche Ausdehnung von Atomkernen zu berücksichtigen. Hierbei wird uns die prinzipielle Begrenztheit des Ein-Teilchenkonzeptes noch einmal deutlich vor Augen geführt werden.

1.5.1 Kastenpotential

Wir beginnen unsere Untersuchungen einfacher Ein-Teilchensysteme mit der Betrachtung eines Spin-0-Teilchens, welches in einem eindimensionalen Potentialkasten der Form

$$eA^{(0)}(z) = V(z) = \left\{ \begin{array}{ll} 0 & \text{für } -a < z < a \text{ (Bereich II)} \\ V_0 & \text{sonst} \qquad \text{(Bereich I,III)} \end{array} \right\}, \quad V_0 > 0 \quad (1.66)$$

gebunden ist bzw. an ihm von links kommend gestreut wird. Zur Lösung der zugehörigen Klein-Gordon-Gleichung separieren wir genau wie bei der Potentialstufe in Unterabschn. 1.3.4 zunächst den zeitabhängigen Anteil:

$$\phi(z,t) = \Phi(z)\mathrm{e}^{-\mathrm{i}Et/\hbar} \ .$$

Somit gelangen wir wieder zur stationären Gleichung (1.52) mit $V(z)$ aus (1.66). Bevor wir diese Gleichung angehen, können wir uns analog zur Diskussion des Kleinschen Paradoxons zunächst einen qualitativen Überblick der möglichen Konstellationen verschaffen (siehe Abb. 1.5).

1. Fall: $E > V_0 + m_0c^2$. Bei diesen Energien erwarten wir in allen drei Bereichen I ($z < -a$), II ($-a < z < a$) und III ($z > a$) oszillierende Klein-Gordon-Lösungen mit positiver Ladungsdichte, die sich als normale Streuung eines Teilchens der Ladung $+e$ an der (aus dessen Sicht) attraktiven Potentialbarriere interpretieren lassen, weil sich an den Bereichsgrenzen ausschließlich „erlaubte" positive Energiebereiche berühren.

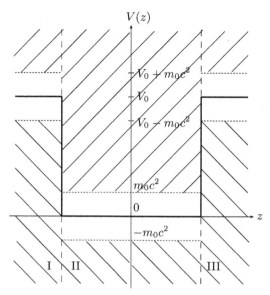

Abb. 1.5. Energieintervalle des eindimensionalen Potentialkastens.

2. Fall: $V_0 - m_0c^2 < E < V_0 + m_0c^2$, $E > m_0c^2$. In diesem Fall tauchen die Lösungen des „erlaubten" positiven Energiebereiches von II in die „verbotenen" positiven ($0 < E - V_0 < m_0c^2$) bzw. negativen ($-m_0c^2 < E - V_0 < 0$) Energiebänder von I und III ein. Die Lösungen werden deshalb in I und III mit positiver bzw. negativer Ladungsdichte exponentiell abfallen, während die Lösungen in II mit positiver Ladungsdichte oszillieren. Diese Situation entspricht somit einem gebundenen Teilchen der Ladung $+e$.

3. Fall: $m_0c^2 < E < V_0 - m_0c^2 \implies V_0 > 2m_0c^2$. Hierbei geht der „erlaubte" positive Energiebereich von II in die „erlaubten" negativen Energiebereiche von I und III über. Die Lösungen sollten deshalb überall oszillieren, und zwar mit positiver Ladungsdichte in II und negativer Ladungsdichte in I und III. Jenseits des Ein-Teilchenbildes läßt sich dies als Streuung eines Antiteilchens der Ladung $-e$ an der (aus dessen Sicht) repulsiven Potentialbarriere deuten, wobei im Bereich II *quasigebundene Teilchenresonanzen* auftreten.

4. Fall: $-m_0c^2 < E < m_0c^2$. Dieses Energieintervall umfaßt die „verbotenen" positiven ($0 < E < m_0c^2$) und negativen ($-m_0c^2 < E < 0$) Energiebänder in II, die in die „erlaubten" negativen Energiebereiche von I und III übergehen. Wir erwarten somit in II exponentiell abfallende Lösungen mit positiver bzw. negativer Ladungsdichte und in I und III oszillierende Lösungen mit negativer Ladungsdichte. Dieser Fall entspricht dem Durchtunneln eines Antiteilchens der Ladung $-e$ an der (aus dessen Sicht) repulsiven Potentialbarriere.

5. Fall: $E < -m_0c^2$. In diesem Fall sind ausschließlich „erlaubte" negative Energien beteiligt, was in allen drei Bereichen oszillierende Lösungen mit negativer Ladungsdichte zur Folge hat. Es handelt sich hierbei um die normale Streuung eines Antiteilchens der Ladung $-e$ an der (aus dessen Sicht) repulsiven Potentialbarriere.

Betrachten wir nun die einzelnen Fälle etwas genauer.

1., 3. und 5. Fall im Detail. In diesen drei Streufällen nehmen wir ein von links einlaufendes Teilchen bzw. Antiteilchen an und machen deshalb zur Lösung von (1.52) in den Bereichen I, II und III den Ansatz

$$\left. \begin{aligned} \Phi_\mathrm{I}(z) &= \Phi_\mathrm{ein}(z) + \Phi_\mathrm{ref}(z) \\ \Phi_\mathrm{ein}(z) &= Ae^{ik_1 z} \ , \ \Phi_\mathrm{ref}(z) = Be^{-ik_1 z} \\ \Phi_\mathrm{II}(z) &= Ce^{ik_2 z} + De^{-ik_2 z} \\ \Phi_\mathrm{III}(z) &= \Phi_\mathrm{trans}(z) = Ee^{ik_1 z} \ , \end{aligned} \right\} \tag{1.67}$$

mit

$$k_1 = \pm\sqrt{\frac{(E - V_0)^2 - m_0^2 c^4}{c^2 \hbar^2}} \ , \ k_2 = \pm\sqrt{\frac{E^2 - m_0^2 c^4}{c^2 \hbar^2}} \ ,$$

wobei $k_1 = +|k_1|, k_2 = +|k_2|$ im 1. Fall, $k_1 = -|k_1|, k_2 = +|k_2|$ im 3. Fall und $k_1 = -|k_1|, k_2 = -|k_2|$ im 5. Fall zu wählen ist. Die Stetigkeitsbedingungen von $\Phi(z)$ und $\Phi'(z)$ an den Bereichsgrenzen $z = \pm a$ ergeben folgende Bestimmungsgleichungen für die Integrationskonstanten A, B, C, D und E:

$$\left. \begin{aligned} Ae^{-ik_1 a} + Be^{ik_1 a} &= Ce^{-ik_1 a} + De^{ik_1 a} \\ k_1 \left(Ae^{-ik_1 a} - Be^{ik_1 a} \right) &= k_2 \left(Ce^{-ik_2 a} - De^{ik_2 a} \right) \\ Ce^{ik_2 a} + De^{-ik_2 a} &= Ee^{ik_1 a} \\ k_2 \left(Ce^{ik_2 a} - De^{-ik_2 a} \right) &= k_1 Ee^{ik_1 a} \ . \end{aligned} \right\} \tag{1.68}$$

Nach einigen Zwischenrechnungen erhält man hieraus für die Reflexions- und Transmissionskoeffizienten

$$\left. \begin{aligned} R &= -\frac{j_\mathrm{ref}}{j_\mathrm{ein}} = \frac{(k_1^2 - k_2^2)^2 \sin^2 2k_2 a}{4k_1^2 k_2^2 + (k_1^2 - k_2^2)^2 \sin^2 2k_2 a} \\ T &= \frac{j_\mathrm{trans}}{j_\mathrm{ein}} = \frac{4k_1^2 k_2^2}{4k_1^2 k_2^2 + (k_1^2 - k_2^2)^2 \sin^2 2k_2 a} = 1 - R \ . \end{aligned} \right\} \tag{1.69}$$

Wie man sieht, oszillieren beide Koeffizienten in Abhängigkeit von k_2 bzw. E zwischen Null und Eins. Ein interessanter Spezialfall ergibt sich für $\sin 2k_2 a = 0$, also für

$$E^2 = n^2 \frac{c^2 \hbar^2 \pi^2}{4a^2} + m_0^2 c^4 \ , \ n = 1, 2, \dots \ ,$$

wo der Reflexionskoeffizient exakt verschwindet.

4. Fall im Detail. In diesem Tunnelfall setzen wir ebenfalls ein von links einlaufendes Antiteilchen voraus und können deshalb für die zugehörige Klein-Gordon-Lösung den Ansatz (1.67) übernehmen, wobei k_1 und k_2 in der Weise

$$k_1 = -\sqrt{\frac{(E - V_0)^2 - m_0^2 c^4}{c^2 \hbar^2}} \ , \ k_2 = i\kappa_2 \ , \ \kappa_2 = \sqrt{\frac{m_0^2 c^4 - E^2}{c^2 \hbar^2}}$$

zu wählen sind. Für die Reflexions- und Transmissionskoeffizienten folgt aus (1.69) sofort ($k_2^2 = -\kappa_2^2$, $\sin^2 2k_2 a = -\sinh^2 2\kappa_2 a$)

$$R = \frac{(k_1^2 + \kappa_2^2)^2 \sinh^2 2\kappa_2 a}{4k_1^2 \kappa_2^2 + (k_1^2 + \kappa_2^2)^2 \sinh^2 2\kappa_2 a}$$

$$T = \frac{4k_1^2 \kappa_2^2}{4k_1^2 \kappa_2^2 + (k_1^2 + \kappa_2^2)^2 \sinh^2 2\kappa_2 a} = 1 - R \ .$$

Auch hier liegen beide Koeffizienten zwischen Null und Eins, wobei der Transmissionskoeffizient und damit die Durchdringungswahrscheinlichkeit der Potentialbarriere für ein Antiteilchen mit a exponentiell ab und mit $|E|$ exponentiell zunimmt.

2. Fall im Detail. Im Gegensatz zu den anderen Fällen erwarten wir hier gebundene Zustände. Unser Lösungsansatz von (1.52) in den Bereichen I, II und III lautet deshalb

$$\Phi_{\mathrm{I}}(z) = A e^{\kappa_1 z}$$
$$\Phi_{\mathrm{II}}(z) = B \cos k_2 z + C \sin k_2 z$$
$$\Phi_{\mathrm{III}}(z) = D e^{-\kappa_1 z}$$

$$\kappa_1 = \sqrt{\frac{m_0^2 c^4 - (E - V_0)^2}{c^2 \hbar^2}} \ , \ k_2 = \sqrt{\frac{E^2 - m_0^2 c^4}{c^2 \hbar^2}} \ ,$$

wobei Φ_{II} aus Bequemlichkeitsgründen in trigonometrischer Form niedergeschrieben wurde. Aus den Stetigkeitsbedingungen an den Bereichsgrenzen ergeben sich die Gleichungen

$$A e^{-\kappa_1 a} = B \cos k_2 a - C \sin k_2 a$$
$$\kappa_1 A e^{-\kappa_1 a} = k_2 B \sin k_2 a + k_2 C \cos k_2 a$$
$$D e^{-\kappa_1 a} = B \cos k_2 a + C \sin k_2 a$$
$$-\kappa_1 D e^{-\kappa_1 a} = -k_2 B \sin k_2 a + k_2 C \cos k_2 a \ .$$

Die Kombination der ersten beiden und der letzten beiden Gleichungen führt zu

$$\kappa_1 = k_2 \frac{B \sin k_2 a + C \cos k_2 a}{B \cos k_2 a - C \sin k_2 a} = k_2 \frac{B \sin k_2 a - C \cos k_2 a}{B \cos k_2 a + C \sin k_2 a} \ ,$$

woraus die Bedingung $BC = 0$ folgt. Dies bedeutet, daß wir zwei Fälle zu unterscheiden haben, aus denen sich unterschiedliche Quantisierungsbedingungen für die Energie E ergeben:[26]

2.a: $C = 0 \Longrightarrow A = D$.

$$\tan k_2 a = \frac{\kappa_1}{k_2} \ .$$

2.b: $B = 0 \Longrightarrow A = -D$.

$$-\cot k_2 a = \tan\left(k_2 a + \frac{\pi}{2}\right) = \frac{\kappa_1}{k_2} \ .$$

Durch (numerisches) Lösen dieser beiden Gleichungen ergeben sich schließlich die möglichen Energiewerte der gebundenen Zustände im Bereich II.

In Abb. 1.6 ist der Transmissionskoeffizient des 1., 3., 4. und 5. Falles in Abhängigkeit von der Energie $E/m_0 c^2$ dargestellt. Hierbei wurde ein Potentialkasten der Breite $a = 6\hbar/m_0 c$ und der Höhe $V_0 = 3 m_0 c^2$ gewählt (so daß die Bedingung $V_0 > 2 m_0 c^2$ für das Auftreten des 3. Falles erfüllt ist). Bei den

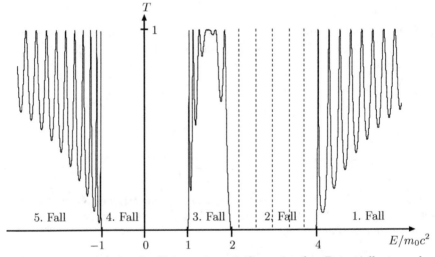

Abb. 1.6. Transmissionskoeffizient eines eindimensionalen Potentialkastens der Höhe $V_0 = 3 m_0 c^2$ und der Breite $a = 6\hbar/m_0 c$ in Abhängigkeit von E. Die gestrichelten Linien deuten die Energiewerte der gebundenen Zustände an.

---

[26] Man beachte: Die Klein-Gordon-Gleichung (1.52) ist aufgrund der symmetrischen Form des Potentials (1.66) paritätsinvariant, d.h. invariant gegenüber der Ersetzung $z \to -z$. Hieraus folgt, daß mit $\Phi(z)$ auch $\Phi(-z)$ eine Klein-Gordon-Lösung zur selben Energie E ist. Wegen der Linearität von (1.52) lassen sich deshalb diese beiden Lösungen zu neuen Lösungen

$$\Phi_\pm(z) = \Phi(z) \pm \Phi(-z) \ , \quad \Phi_\pm(z) = \pm\Phi_\pm(-z)$$

mit definiertem Paritätsverhalten kombinieren. Der Fall 2.a entspricht Lösungen mit positiver und der Fall 2.b Lösungen mit negativer Parität.

„echten" Streufällen (1. und 5. Fall) zeigt sich das typische oszillatorische Verhalten von T, wobei sich T in den energetischen Außenbezirken mit kleiner werdender Amplitude der Eins nähert. Weil der Transmissionskoeffizient im 4. Fall (Tunnelfall) exponentiell mit der Breite a abnimmt, ist er dort praktisch überall Null. Zwischen dem Tunnelfall und dem 2. Fall gebundener Zustände liegt der im Sinne des Ein-Teilchenbildes streng genommen nicht interpretierbare 3. Fall (Resonanzfall), bei dem T ebenfalls oszilliert. Hier trifft in der Nähe der Transmissionsmaxima ein einlaufendes Antiteilchen auf einen quasigebundenen Zustand, der sich als Teilchenresonanz bemerkbar macht, so daß das Antiteilchen die (aus dessen Sicht) repulsive Potentialbarriere fast ungehindert durchdringen kann.

1.5.2 Radiale Klein-Gordon-Gleichung

Hat man es in der Klein-Gordon-Gleichung (1.11) mit einem zentralsymmetrischen Potential $eA^0(x) = V(\boldsymbol{x}) = V(|\boldsymbol{x}|)$, $\boldsymbol{A} = \boldsymbol{0}$ zu tun, dann weist diese Gleichung eine Kugelsymmetrie auf. In diesem Fall bietet es sich wie in der nichtrelativistischen Quantenmechanik an, die Klein-Gordon-Gleichung in Kugelkoordinaten

$$x = r\cos\varphi\sin\theta \ , \ y = r\sin\varphi\sin\theta \ , \ z = r\cos\theta \ , \ r = |\boldsymbol{x}|$$

zu studieren, um den Winkel- und Radialanteil zu separieren. Ausgangspunkt hierzu ist die Klein-Gordon-Gleichung

$$\left(\mathrm{i}\hbar\frac{\partial}{\partial t} - V\right)^2 \phi(x) + \left(c^2\hbar^2\boldsymbol{\nabla}^2 - m_0^2 c^4\right)\phi(x) = 0 \ ,$$

die wir durch Separation des zeitabhängigen Anteils zunächst wieder in die zeitunabhängige Klein-Gordon-Gleichung

$$\left[(E - V)^2 + c^2\hbar^2\boldsymbol{\nabla}^2 - m_0^2 c^4\right]\Phi(\boldsymbol{x}) = 0 \ , \ \phi(x) = \Phi(\boldsymbol{x})\mathrm{e}^{-\mathrm{i}Et/\hbar} \qquad (1.70)$$

umschreiben. Als nächstes drücken wird den Impulsterm in der Weise

$$\hbar^2\boldsymbol{\nabla}^2 = -p_r^2 - \frac{\boldsymbol{L}^2}{r^2}$$

aus, wobei

$$p_r = -\mathrm{i}\hbar\left(\frac{\partial}{\partial r} + \frac{1}{r}\right) \ , \ p_r^2 = \frac{\partial^2}{\partial r^2} + \frac{2}{r}\frac{\partial}{\partial r}$$

den *Radialimpuls* und $\boldsymbol{L} = \boldsymbol{x} \times \boldsymbol{p}$ den Drehimpuls bezeichnet, dessen Eigenfunktionen gerade die Kugelflächenfunktionen $Y_{l,m}(\theta,\varphi)$ sind (siehe Anhang A.3):

$$\boldsymbol{L}^2 Y_{l,m} = \hbar^2 l(l+1)Y_{l,m} \ , \ l = 0, 1, 2, \ldots$$
$$L_z Y_{l,m} = \hbar m Y_{l,m} \ , \ m = -l, \ldots, l \ .$$

Hiermit geht (1.70) über in

$$\left[(E-V)^2 + c^2\hbar^2 \left(\frac{\partial^2}{\partial r^2} + \frac{2}{r}\frac{\partial}{\partial r} \right) - \frac{c^2 \boldsymbol{L}^2}{r^2} - m_0^2 c^4 \right] \Phi(\boldsymbol{x}) = 0 \ .$$

Durch den Ansatz

$$\Phi(\boldsymbol{x}) = g_l(r) Y_{l,m}(\theta, \varphi)$$

läßt sich nun der winkelabhängige Anteil abspalten, und man gelangt schließlich zum

---

Satz 1.9: Radiale Klein-Gordon-Gleichung für zentralsymmetrische Potentiale

Die Lösungen der zeitunabhängigen Klein-Gordon-Gleichung mit zentralsymmetrischem Potential,

$$\left\{ [E - V(r)]^2 + c^2\hbar^2 \boldsymbol{\nabla}^2 - m_0^2 c^4 \right\} \Phi(\boldsymbol{x}) = 0 \ ,$$

lassen sich in der sphärischen Darstellung schreiben als

$$\Phi_{l,m}(r, \theta, \varphi) = g_l(r) Y_{l,m}(\theta, \varphi) \ ,$$

wobei die Funktion g_l der *radialen Klein-Gordon-Gleichung*

$$\left[\frac{\mathrm{d}^2}{\mathrm{d}r^2} + \frac{2}{r}\frac{\mathrm{d}}{\mathrm{d}r} - \frac{l(l+1)}{r^2} + k^2 \right] g_l(r) = 0 \ , \quad k^2 = \frac{(E-V)^2 - m_0^2 c^4}{c^2 \hbar^2} \quad (1.71)$$

genügt, bzw. mit $g_l(r) = u_l(r)/r$:

$$\left[\frac{\mathrm{d}^2}{\mathrm{d}r^2} - \frac{l(l+1)}{r^2} + k^2 \right] u_l(r) = 0 \ . \tag{1.72}$$

Für diese Lösungen gelten weiterhin die Beziehungen

$$\boldsymbol{L}^2 \Phi_{l,m}(r, \theta, \varphi) = \hbar^2 l(l+1) \Phi_{l,m}(r, \theta, \varphi) \ , \quad l = 0, 1, 2, \ldots$$

$$L_z \Phi_{l,m}(r, \theta, \varphi) = \hbar m \Phi_{l,m}(r, \theta, \varphi) \ , \quad m = -l, \ldots, l$$

$$[\Phi_{l,m}]_P (r, \theta, \varphi) = (-1)^l \Phi_{l,m}(r, \theta, \varphi) \ .$$

Die letzte Gleichung folgt aus $Y_{l,m}(\pi-\theta, \varphi+\pi) = (-1)^l Y_{l,m}(\theta, \varphi)$ [P=aktive Paritätstransformation].

Man beachte, daß (1.71) und (1.72) formal identisch zu den entsprechenden radialen Gleichungen der Schrödingerschen Theorie mit $k^2 = 2m_0(E-V)/\hbar^2$ sind. Darüber hinaus sind wie in der nichtrelativistischen Theorie folgende Punkte zu berücksichtigen:

- Unter den Lösungen g_l bzw. u_l sind nur diejenigen physikalisch sinnvoll, die im Sinne des V-Skalarproduktes integrabel sind. In diese Integrabilitätsbedingung geht, anders als in der Schrödingerschen Theorie, die Form des betrachteten Potentials ein. Es müssen also die Integrale

$$\int_0^\infty \mathrm{d}r r^2 g_l^2(r) \ , \quad \int_0^\infty \mathrm{d}r r^2 g_l^2(r) V(r) \quad \text{bzw.} \quad \int_0^\infty \mathrm{d}r u_l^2(r) \ , \quad \int_0^\infty \mathrm{d}r u_l^2(r) V(r)$$

existieren.

- Divergiert das Potential im Ursprung langsamer als $1/r^2$: $\lim\limits_{r \to 0} r^2 V(r) = 0$, dann gilt in der Nähe des Ursprungs die Gleichung

$$\frac{\mathrm{d}^2 u_l}{\mathrm{d}r^2} - \frac{l(l+1)}{r^2} u_l = 0 \; ,$$

deren Lösungen $u_l(r) \sim r^{l+1}$ (reguläre Lösung) und $u_l(r) \sim r^{-l}$ sind.

- Geht das Potential für $r \to \infty$ schneller gegen Null als $1/r$: $\lim\limits_{r \to \infty} r V(r) = 0$, dann gilt für große r

$$\frac{\mathrm{d}^2 u}{\mathrm{d}r^2} + \frac{E^2 - m_0^2 c^4}{c^2 \hbar^2} u = 0 \; .$$

Die Lösungsfunktionen dieser Gleichung verhalten sich asymptotisch wie

$$|E| < m_0 c^2 : \; u(r) \sim \mathrm{e}^{-kr}, \mathrm{e}^{kr}$$

$$|E| > m_0 c^2 : \; u(r) \sim \mathrm{e}^{\mathrm{i}kr}, \mathrm{e}^{-\mathrm{i}kr} \; , \; k^2 = \left| \frac{E^2 - m_0^2 c^4}{c^2 \hbar^2} \right| \; .$$

1.5.3 Freies Teilchen und kugelsymmetrischer Potentialtopf

Als ein Anwendungsbeispiel zentralsymmetrischer Potentialprobleme betrachten wir zunächst den einfachsten Fall eines freien Spin-0-Teilchens ($V = 0$), dessen Diskussion wir völlig analog zum nichtrelativistischen Fall führen können. Durch die Substitutionen

$$\rho = kr \; , \; g_l(r) = \hat{g}_l(\rho) \; , \; k^2 = \frac{E^2 - m_0^2 c^4}{c^2 \hbar^2}$$

geht die radiale Klein-Gordon-Gleichung (1.71) über in die sphärische Besselsche Differentialgleichung (siehe Anhang A.2)

$$\left[\frac{\mathrm{d}^2}{\mathrm{d}\rho^2} + \frac{2}{\rho} \frac{\mathrm{d}}{\mathrm{d}\rho} + 1 - \frac{l(l+1)}{\rho^2} \right] \hat{g}_l(\rho) = 0 \; . \tag{1.73}$$

Ihre Lösungen sind die sphärischen Bessel-Funktionen, deren Form und asymptotisches Verhalten in folgender Weise gegeben sind:

$$j_l(\rho) = (-\rho)^l \left(\frac{1}{\rho} \frac{\mathrm{d}}{\mathrm{d}\rho} \right)^l \frac{\sin \rho}{\rho} \sim \begin{cases} \dfrac{\rho^l}{(2l+1)!!} & \text{für } \rho \to 0 \\[2mm] \dfrac{\sin(\rho - l\pi/2)}{\rho} & \text{für } \rho \to \infty \end{cases}$$

$$n_l(\rho) = (-\rho)^l \left(\frac{1}{\rho} \frac{\mathrm{d}}{\mathrm{d}\rho} \right)^l \frac{\cos \rho}{\rho} \sim \begin{cases} \dfrac{(2l-1)!!}{\rho^{l+1}} & \text{für } \rho \to 0 \\[2mm] \dfrac{\cos(\rho - l\pi/2)}{\rho} & \text{für } \rho \to \infty \; . \end{cases}$$

Von besonderem Interesse sind gewisse Kombinationen dieser Funktionen, die Hankel-Funktionen

$$h_l^{(+)}(\rho) = n_l(\rho) + \mathrm{i}j_l(\rho) \xrightarrow{\rho\to\infty} \frac{\mathrm{e}^{\mathrm{i}(\rho - l\pi/2)}}{\rho}$$

$$h_l^{(-)}(\rho) = n_l(\rho) - \mathrm{i}j_l(\rho) \xrightarrow{\rho\to\infty} \frac{\mathrm{e}^{-\mathrm{i}(\rho - l\pi/2)}}{\rho} \ .$$

Ihr asymptotisches Verhalten für $k^2 > 0$ entspricht aus- bzw. einlaufenden Kugelwellen. Je nach Größe von E sind nun zwei Fälle zu unterscheiden:

- $|E| < m_0 c^2$: Hier ist $\hat{g}_l(\rho) = h_l^{(+)}(\rho)$ die einzige beschränkte Lösung von (1.73). Sie weist allerdings im Ursprung einen Pol der Ordnung $l+1$ auf. Das Eigenwertproblem besitzt deshalb keine Lösung; es gibt erwartungsgemäß kein freies (Anti-)Teilchen mit einer Energie E im „verbotenen" Bereich $-m_0 c^2 < E < m_0 c^2$.

- $|E| > m_0 c^2$: Die Gleichung (1.73) besitzt genau eine überall beschränkte Lösung, nämlich $\hat{g}_l(\rho) = j_l(\rho)$. Die mögliche Lösung der radialen Klein-Gordon-Gleichung (1.71) lautet deshalb

$$g_l(r) = j_l(kr) \ .$$

Man beachte, daß bisher Gesagtes leicht auf den Fall übertragbar ist, bei dem ein Potential $V(r)$ vorliegt, das in Bereiche konstanter Potentialwerte V_i aufgeteilt werden kann. In diesem Fall ist für jeden Bereich E durch $E - V_i$ zu ersetzen.

Kugelsymmetrischer Potentialtopf. Unter Berücksichtigung der obigen Ergebnisse wenden wir uns als nächstes dem Problem eines Spin-0-Teilchens in einem kugelsymmetrischen Potentialtopf der Form

$$eA^0(r) = V(r) = \left\{ \begin{array}{ll} -V_0 & \text{für } r < a \text{ (Bereich I)} \\ 0 & \text{für } r > a \text{ (Bereich II)} \end{array} \right\} \ , \ V_0 > 0$$

zu. Hierzu besorgen wir uns zunächst die möglichen Lösungen von (1.71) in den Bereichen I und II. Im inneren Bereich I lautet die im Ursprung reguläre Lösung

- $|E + V_0| > m_0 c^2$: $g_l^{(\mathrm{I})}(r) = A_l j_l(k_1 r)$, $k_1 = \sqrt{\dfrac{(E + V_0)^2 - m_0^2 c^4}{c^2 \hbar^2}}$

bzw.

- $|E + V_0| < m_0 c^2$: $g_l^{(\mathrm{I})}(r) = A_l j_l(\mathrm{i}\kappa_1 r)$, $\kappa_1 = \sqrt{\dfrac{m_0^2 c^4 - (E + V_0)^2}{c^2 \hbar^2}}$.

Im äußeren Bereich II sind zwei Fälle zu unterscheiden:

- $|E| < m_0 c^2$ (gebundene Zustände): Hier ist

$$g_l^{(\mathrm{II})}(r) = B_l h_l^{(+)}(\mathrm{i}\kappa_2 r) \ , \ \kappa_2 = \sqrt{\frac{m_0^2 c^4 - E^2}{c^2 \hbar^2}}$$

die einzige im Unendlichen beschränkte Lösung. Die Stetigkeitsbedingungen am Punkt $r = a$,

$$g_l^{(I)}(a) = g_l^{(II)}(a) \ , \ \ \frac{d}{dr}g_l^{(I)}(r)\Big|_{r=a} = \frac{d}{dr}g_l^{(II)}(r)\Big|_{r=a} \ ,$$

legen das Verhältnis der Integrationskonstanten A_l und B_l fest. Beide Bedingungen können nur für diskrete Werte von E gleichzeitig erfüllt werden. Sie bestimmen die Energieniveaus der gebundenen Zustände. Handelt es sich um $l=0$-Zustände, so folgt hieraus und unter der zusätzlichen Annahme, daß $E + V_0 > m_0c^2$ (2. Fall, siehe unten), die Bedingung

$$\tan k_1 a = -\frac{k_1}{\kappa_2} \ . \tag{1.74}$$

- $|E| > m_0c^2$ (ungebundene Zustände): Die allgemeine Lösung ist eine Linearkombination der sphärischen Bessel-Funktionen, die wir so ansetzen können:

$$g_l^{(II)}(r) = B_l \left[j_l(k_2r)\cos\delta_l + n_l(k_2r)\sin\delta_l \right] \ , \ \ k_2 = \sqrt{\frac{E^2 - m_0^2c^4}{c^2\hbar^2}} \ .$$

Im Falle $l = 0$ ergibt sich aus den entsprechenden Stetigkeitsbedingungen für die Phase δ_0

$$\tan(k_2a + \delta_0) = \frac{k_2}{k_1}\tan k_1 a \ , \tag{1.75}$$

falls $|E + V_0| > m_0c^2$ (1., 3. und 5. Fall, siehe unten) bzw.

$$\tan(k_2a + \delta_0) = \frac{k_2}{\kappa_1}\tanh\kappa_1 a \ , \tag{1.76}$$

falls $|E + V_0| < m_0c^2$ (4. Fall, siehe unten).

Diese Lösungen lassen sich in Analogie zu Unterabschn. 1.5.1 wie folgt unterteilen und interpretieren (siehe Abb. 1.7):

1. Fall: $E > m_0c^2$. In beiden Bereichen I und II sind ausschließlich „erlaubte" positive Energien beteiligt, so daß es sich hierbei um die normale Streuung eines Teilchens der Ladung $+e$ an dem (aus dessen Sicht) attraktiven Potentialtopf handelt (vgl. 1. Fall aus Unterabschn. 1.5.1).

2. Fall: $-m_0c^2 < E < m_0c^2$, $E + V_0 > m_0c^2$. In diesem Energieintervall grenzen die „erlaubten" positiven Energien von I an die „verbotenen" positiven und negativen Energiebänder von II. Dieser Fall entspricht somit einem gebundenen Teilchen der Ladung $+e$ (vgl. 2. Fall aus Unterabschn. 1.5.1).

3. Fall: $-V_0 + m_0c^2 < E < -m_0c^2 \Longrightarrow V_0 > 2m_0c^2$. Hier berühren sich der „erlaubte" positive Energiebereich von I und der „erlaubte" negative Energiebereich von II, was jenseits des Ein-Teilchenbildes als Streuung eines Antiteilchens der Ladung $-e$ an dem (aus dessen Sicht) repulsiven Potentialtopf bei Anwesenheit von Teilchenresonanzen gedeutet werden kann (vgl. 3. Fall aus Unterabschn. 1.5.1).

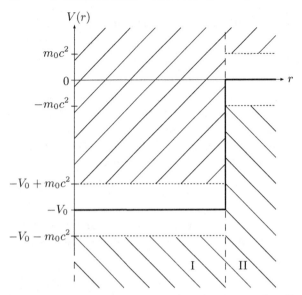

Abb. 1.7. Energieintervalle des kugelsymmetrischen Potentialtopfes.

4. Fall: $-V_0 - m_0c^2 < E < -V_0 + m_0c^2$. Hierbei grenzt der „erlaubte" negative Energiebereich von II an die „verbotenen" positiven und negativen Energiebereiche von I. Dies entspricht deshalb der normalen Streuung eines Antiteilchens der Ladung $-e$ an dem (aus dessen Sicht) repulsiven Potentialtopf, wobei die Eindringtiefe in den Bereich I exponentiell abnimmt (vgl. 4. Fall aus Unterabschn. 1.5.1).

5. Fall: $E < -V_0 - m_0c^2$. In diesem Fall sind in I und II ausschließlich „erlaubte" negative Energien beteiligt. Es handelt sich um die normale Streuung eines Antiteilchens der Ladung $-e$ an dem (aus dessen Sicht) repulsiven Potentialtopf. (vgl. 5. Fall aus Unterabschn. 1.5.1).

2. Fall im Detail. Betrachten wir nun den Bindungsfall etwas genauer. Hierzu setzen wir $V_0 = Ze^2/a$ und nehmen den Potentialtopf als ein naives Modell für die elektrostatische Bindung eines pionischen Atoms, bestehend aus einem Atomkern der Ladung $-Ze = +Z|e|$ und einem umkreisenden Pion der Ladung $+e = -|e|$. In Abb. 1.8 sind die entsprechenden, aus (1.74) folgenden Energien für 1s-Zustände in Abhängigkeit von der „Kernladungszahl" Z und dem „Kernradius" a aufgetragen. Wie zu erkennen ist, existiert zu jedem a-Wert ein Z-Intervall, in dem gebundene 1s-Zustände überhaupt nur möglich sind. An der unteren Z-Grenze tauchen die Lösungen vom oberen Energiekontinuum in den gebundenen Bereich ein und nähern sich mit größer werdendem Z dem unteren Energiekontinuum, wobei zu berücksichtigen ist, daß die Ein-Teilcheninterpretation unterhalb der Nullenergie aufgrund der hohen Bindungsenergie $|E_{\mathrm{B}}| = |E - m_\pi c^2| > m_\pi c^2$ immer mehr zusammenbricht.

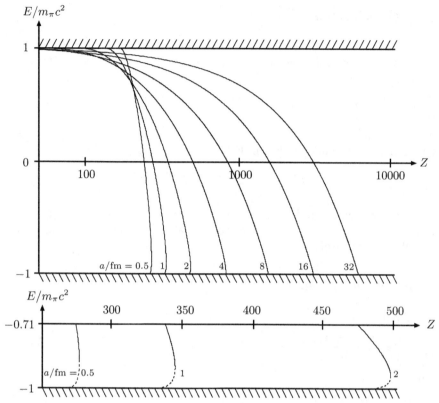

Abb. 1.8. *Oben:* Energiewerte pionischer $1s$-Zustände ($m_\pi c^2 = 139.577$ MeV, $\lambda_\pi = 1.414$ fm) in einem kugelsymmetrischen Potentialtopf der Breite a und der Tiefe $-V_0 = -Ze^2/a$ als Funktion von Z für verschiedene a in halblogarithmischer Darstellung. *Unten:* Vergrößerte nichtlogarithmische Darstellung im unteren Energiebereich.

Auffällig ist auch, daß die Energiekurven für kleine a-Werte (kleine Potentialreichweiten und große Potentialtiefen), also weit außerhalb des Gültigkeitsbereiches des Ein-Teilchenkonzeptes, im unteren Energiebereich eine starke Linkskrümmung aufweisen (zwei Lösungen zu gegebenem Z). Diese Linkskrümmung resultiert aus den Antiteilchenzuständen, die aus dem unteren Energiekontinuum in den gebundenen Bereich eintreten und sich an den Punkten unendlicher Steigung mit den vom oberen Energiekontinuum in den gebundenen Bereich eintretenden Teilchenzuständen treffen. Bemerkenswerterweise kann dieses Potential also Teilchen und Antiteilchen gleichzeitig binden (*Schiff-Snyder-Effekt*).

1.5.4 Coulomb-Potential

Wir verfeinern jetzt unsere Beschreibung pionischer Atome und diskutieren im folgenden das Problem eines Spin-0-Teilchens in einem Coulomb-Potential der Form

$$eA^0(r) = V(r) = -\frac{Ze^2}{r} = -\frac{Z\hbar c\alpha_e}{r} \ , \ \alpha_e = \frac{e^2}{\hbar c} = 1/137.03602 \ ,$$

wobei α_e die *Feinstrukturkonstante* bezeichnet. Die radiale Klein-Gordon-Gleichung (1.72) lautet in diesem Fall

$$\left[\frac{d^2}{dr^2} - \frac{l(l+1) - (Z\alpha_e)^2}{r^2} + \frac{2EZ\alpha_e}{\hbar cr} - \frac{m_0^2 c^4 - E^2}{\hbar^2 c^2} \right] u_l(r) = 0 \ . \qquad (1.77)$$

Da wir uns auf gebundene Zustände und somit auf das Energieintervall $-m_0 c^2 < E < m_0 c^2$ beschränken wollen, läßt sich diese Gleichung durch Einführung der Größen

$$\rho = \beta r \ , \ u_l(r) = \hat{u}_l(\rho) \ , \ \beta = 2\sqrt{\frac{m_0^2 c^4 - E^2}{\hbar^2 c^2}} \ , \ \lambda = \frac{2EZ\alpha_e}{\beta \hbar c}$$

umschreiben zu

$$\left[\frac{d^2}{d\rho^2} - \frac{l'(l'+1)}{\rho^2} + \frac{\lambda}{\rho} - \frac{1}{4} \right] \hat{u}_l(\rho) = 0 \ , \qquad (1.78)$$

mit

$$l'(l'+1) = l(l+1) - (Z\alpha_e)^2$$

$$\Longrightarrow l' = -\frac{1}{2} \pm \sqrt{\left(l + \frac{1}{2} \right)^2 - (Z\alpha_e)^2} \ . \qquad (1.79)$$

Offenbar ist die Gleichung (1.78) formgleich zur radialen Schrödinger-Gleichung des nichtrelativistischen Coulomb-Problems, so daß wir uns zu ihrer Lösung am Lösungsweg im nichtrelativistischen Fall orientieren können. Hierzu betrachten wir (1.78) zunächst in den asymptotischen Regionen $\rho \to 0, \infty$:

$\rho \to \mathbf{0}$: In diesem Fall reduziert sich (1.78) auf die Gleichung

$$\left[\frac{d^2}{d\rho^2} - \frac{l'(l'+1)}{\rho^2} \right] \hat{u}_l(\rho) = 0 \ , \qquad (1.80)$$

deren zwei Lösungen $\hat{u}_l(\rho) = \rho^{l'+1}, \rho^{-l'}$ sich aufgrund von (1.79) zu der einen Lösung $\hat{u}_l(\rho) = \rho^{l'+1}$ zusammenfassen lassen, wobei für l' noch das Vorzeichen in (1.79) zu klären ist. Folgendes ist nun zu berücksichtigen:

• Physikalische Lösungen unseres Problems existieren nur für

$$l + \frac{1}{2} > Z\alpha_e \ .$$

Andernfalls wäre nämlich $l' = -1/2 \pm i\sigma$, $\sigma = \sqrt{(Z\alpha_e)^2 - (l+1/2)^2}$ komplex, und man erhielte in der Nähe des Ursprungs Wellenfunktionen der Form $\hat{u}_l(\rho) \sim \rho^{1/2} \exp(\pm i\sigma \ln \rho)$, die für $\rho \to 0$ unendlich oft oszillieren und deshalb u.a. divergente Erwartungswerte der kinetischen Energie liefern.

• Die Integrabilität der Wellenfunktionen in der Nähe des Ursprungs impliziert aufgrund der $1/r$-Form des Coulomb-Potentials die Forderung

$$l' + 1 > 0 \ ,$$

welche durch das positive Vorzeichen in (1.79) in jedem Fall erfüllt wird. Ist Z bei gegebenem l hinreichend groß, so wird diese Forderung allerdings auch durch das negative Vorzeichen in (1.79) erfüllt. In diesem Fall lassen sich jedoch weitere Forderungen finden, die das negative Vorzeichen ausschließen, z.B. daß der Erwartungswert der kinetischen Energie existieren soll.

Insgesamt bleibt also

$$\hat{u}_l(\rho) = \rho^{l'+1} \ , \ l' = -\frac{1}{2} + s \ , \ s = \sqrt{\left(l + \frac{1}{2}\right)^2 - (Z\alpha_e)^2}$$

als physikalisch sinnvolle Lösung von (1.80) übrig.

$\rho \to \infty$: Hierbei geht (1.78) über in die Gleichung

$$\left(\frac{d^2}{d\rho^2} - \frac{1}{4}\right) \hat{u}(\rho) = 0 \ .$$

Ihre im Unendlichen beschränkte Lösung lautet

$$\hat{u}(\rho) = e^{-\rho/2} \ .$$

Aufgrund dieser Überlegungen bietet sich jetzt zur vollen Lösung von (1.78) insgesamt der Ansatz

$$\hat{u}_l(\rho) = \rho^{l'+1} e^{-\rho/2} f(\rho)$$

an, woraus sich die Differentialgleichung

$$\rho f''(\rho) + (2l' + 2 - \rho)f'(\rho) + (\lambda - l' - 1)f(\rho) = 0$$

ergibt. Der Potenzreihenansatz

$$f(\rho) = \sum_{k=0}^{\infty} a_k \rho^k$$

führt schließlich zu

$$\sum_{k=0}^{\infty} \left[(k+1)(k+2l'+2)a_{k+1} + (\lambda - l' - 1 - k)a_k\right] \rho^k = 0 \ ,$$

und man erhält folgende Rekursionsformel für die Entwicklungskoeffizienten a_i:

$$a_{k+1} = \frac{k + l' + 1 - \lambda}{(k+1)(k+2l'+2)} a_k \ .$$

Damit die Wellenfunktion u_l der Integrabilitätsbedingung entspricht, also im Unendlichen konvergiert, muß die Potenzreihe ab irgend einem $k = n'$ abbrechen, d.h.

$$\lambda = n' + l' + 1 \ , \ n' = 0, 1, 2, \dots \ .$$

Dies ist gerade die Quantisierungsbedingung für λ und damit für die Energieniveaus gebundener Spin-0-Zustände. Es folgt hieraus

$$\frac{E^2 (Z\alpha_e)^2}{m_0^2 c^4 - E^2} = \left[n' + \frac{1}{2} + \sqrt{\left(l + \frac{1}{2}\right)^2 - (Z\alpha_e)^2} \right]^2$$

$$\Longrightarrow E_{n',l} = \frac{m_0 c^2}{\sqrt{1 + \dfrac{(Z\alpha_e)^2}{\left(n' + \frac{1}{2} + \sqrt{\left(l + \frac{1}{2}\right)^2 - (Z\alpha_e)^2}\right)^2}}} \ .$$

Wie man erkennt, ist die weiter oben gestellte Forderung $l + 1/2 \geq Z\alpha_e$ auch für die Existenz reeller (und damit physikalischer) Energieeigenwerte notwendig. Diese Bedingung ist für $l=0$-Zustände am restriktivsten und bedeutet konkret: $l = 0 \Longrightarrow Z < 68.5$, $l = 1 \Longrightarrow Z < 205.5$ usw. Für größere Z-Werte existieren keine gebundenen Zustände. Zum Angleich an die nichtrelativistische spektroskopische Notation führen wir nun noch die Hauptquantenzahl

$$n = n' + l + 1$$

ein und erhalten schließlich (siehe Abb. 1.9)

$$E_{n,l} = \frac{m_0 c^2}{\sqrt{1 + \dfrac{(Z\alpha_e)^2}{\left(n - \left(l + \frac{1}{2}\right) + \sqrt{\left(l + \frac{1}{2}\right)^2 - (Z\alpha_e)^2}\right)^2}}} \ , \ \begin{array}{l} n = 1, 2, \dots \\ l = 0, 1, \dots, n-1 \end{array} \ . \tag{1.81}$$

Offensichtlich ist hier die in der nichtrelativistischen Theorie vorhandene Entartung bzgl. des Drehimpulses aufgehoben. Entwickelt man (1.81) nach Potenzen von $Z\alpha_e$, so ergibt sich

$$E_{n,l} = m_0 c^2 \left[1 - \frac{(Z\alpha_e)^2}{2n^2} - \frac{(Z\alpha_e)^4}{2n^4} \left(\frac{n}{l + \frac{1}{2}} - \frac{3}{4} \right) + \dots \right] \ . \tag{1.82}$$

Der erste Term ist die Ruheenergie, der zweite Term die Bindungsenergie des nichtrelativistischen Coulomb-Problems und der dritte Term eine relativistische Korrektur, in der sich die Aufhebung der Drehimpulsentartung manifestiert. Sie ist identisch mit der störungstheoretischen Korrektur, die sich durch Hinzunahme des Störoperators $H' = -(\boldsymbol{p}^2)^2/(8m_0^3 c^2)$ in die Schrödinger-Gleichung ergibt.

Zum tieferen Verständnis der soeben gewonnenen Ergebnisse sind folgende Punkte zu beachten:

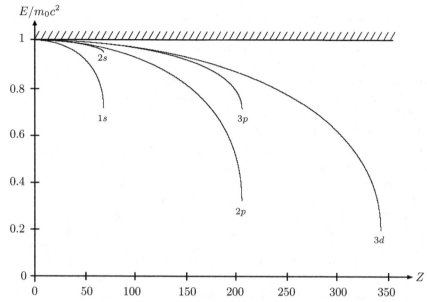

Abb. 1.9. Energiewerte gebundener Spin-0-Zustände in einem Coulomb-Potential der Form $V(r) = -Ze^2/r$ als Funktion von Z. Die Kurven enden jeweils bei bestimmten maximalen Z-Werten. Für noch größere Z ergeben sich komplexe (unphysikalische) Energien.

- In unseren Berechnungen haben wir einen unendlich schweren Atomkern vorausgesetzt. Da der Atomkern jedoch de facto nicht unendlich schwer ist, bewegen sich Atomkern und Pion um einen gemeinsamen Schwerpunkt, der nicht im Zentrum des Kerns liegt. In der nichtrelativistischen Quantenmechanik läßt sich die Schwerpunktsbewegung von der Relativbewegung analog zur Newtonschen Mechanik leicht separieren, wobei die Relativbewegung auf ein effektives Ein-Körperproblem mit der reduzierten Masse

$$\mu = \frac{m_0 M}{m_0 + M}$$

führt. In der relativistischen Quantentheorie ist diese Aufteilung jedoch problematisch, weil es einerseits keine befriedigende relativistische Zwei-Zentren-Gleichung gibt und andererseits das Schwerpunktsystem nicht mehr geometrisch sondern nur noch dynamisch definiert werden kann. Um die durch die gegenseitige Bewegung hervorgerufenen Rückstoßeffekte näherungsweise zu berücksichtigen, hält man üblicherweise an der ursprünglichen Ein-Zentrum-Gleichung fest und ordnet dem Pion wie im nichtrelativistischen Fall obige reduzierte Masse μ zu. Diese Korrektur ist z.B. beim Pionatom im Vergleich zum Wasserstoffatom nicht unerheblich, weil das Pion 273 mal schwerer ist als das Elektron ($m_\pi c^2 = 139.577$ MeV, $m_e c^2 = 0.511$ MeV).

- Die Berücksichtigung der Wechselwirkung zwischen Kern und Pion durch ein äußeres statisches Coulomb-Feld vernachlässigt die endliche Ausbreitungsgeschwindigkeit der Kraftwirkung zwischen den beiden Konstituenten. Besonders in den inneren Schalen des Pionatoms, wo die Geschwindigkeit des umkreisenden Pions mit der Lichtgeschwindigkeit vergleichbar ist, erwartet man deshalb große Auswirkungen dieser sog. *Retardierungseffekte*, so daß hier die *Äußere-Feld-Näherung* und die oben genannte *Reduzierte-Masse-Näherung* schlecht werden.

- Wie wir gesehen haben, existieren für $Z > 68.5$ keine $l=0$-Bindungszustände. Nun gibt es aber durchaus Kerne mit höherer Ladungszahl, so daß auch hierfür die Klein-Gordon-Gleichung eine annehmbare Beschreibung liefern sollte. Die Ursache dieser Diskrepanz liegt an der Vernachlässigung der endlichen Ausdehnung des Kerns. Vergleicht man z.B. den Bohrschen Radius eines Pions, $R_\pi = 1/(m_\pi c Z \alpha_e) \approx 200\ \text{fm}/Z$, mit dem Kernradius $R_\text{K} \approx 1.5 \cdot A^{1/3}$ fm (A = Nukleonenzahl), so erwartet man insbesondere für große Z einen beträchtlichen Überlapp der Pionwellenfunktionen mit dem Kern. Im nächsten Unterabschnitt werden wir die endliche Kernausdehnung durch ein modifiziertes Coulomb-Potential berücksichtigen und feststellen, daß in diesem Fall auch für große Z und kleine l gebundene Zustände existieren.

- Weil die Aufenthaltswahrscheinlichkeit eines Pions im Kernbereich beträchtlich ist, sind Korrekturen aufgrund der starken Wechselwirkung zwischen Pion und Kern einzubeziehen, die recht massiv sein können.

- Schließlich sind auch noch Vakuumpolarisationseffekte zu berücksichtigen, die zu einer Abschirmung der Kernladung in der Nähe des Kerns und somit zu einer weiteren Modifikation des Coulomb-Potentials führen.

1.5.5 Oszillator-Coulomb-Potential

Von den soeben genannten zu berücksichtigenden Einflüssen bei der Beschreibung pionischer Atome greifen wir in diesem Unterabschnitt die endliche Ausdehnung des Atomkerns heraus, indem wir ihn (in einer naiven Näherung) als homogen geladene Kugel betrachten. Das zugehörige Potential lautet (R = Kernradius)

$$
eA^0(r) = V(r) =
\begin{cases}
-\dfrac{Ze^2}{2R}\left(3 - \dfrac{r^2}{R^2}\right) & \text{für } r < R \text{ (Bereich I)} \\[2mm]
-\dfrac{Ze^2}{r} & \text{für } r > R \text{ (Bereich II)}
\end{cases}
$$

und setzt sich zusammen aus einem oszillatorartigen Potential im inneren Bereich I und dem im vorigen Unterabschnitt behandelten Coulomb-Potential im Außenbereich II. Die radiale Klein-Gordon-Gleichung im Bereich I ist gegeben durch

$$\left\{ \frac{\mathrm{d}^2}{\mathrm{d}r^2} - \frac{l(l+1)}{r^2} + \frac{\left[E + \frac{Ze^2}{2R}\left(3 - \frac{r^2}{R^2}\right)\right]^2 - m_0^2 c^4}{\hbar^2 c^2} \right\} u_l(r) = 0 \; .$$

Sie läßt sich durch Einführung der Größen

$$A = \frac{E}{\hbar c} \; , \; B = A^2 - \frac{m_0^2 c^2}{\hbar^2} \; , \; C = \frac{Z\alpha_e}{2R^3}$$

vereinfachend schreiben als

$$\left[\frac{\mathrm{d}^2}{\mathrm{d}r^2} - \frac{l(l+1)}{r^2} + B - 2ACr^2 + C^2 r^4 \right] u_l(r) = 0 \; .$$

Zur Lösung dieser Gleichung machen wir den Potenzreihenansatz

$$u_l^{(\mathrm{I})}(r) = r^{l+1} \sum_{k=0}^{\infty} c_k r^{2k} \; ,$$

der zu folgender Bestimmungsgleichung der Koeffizienten c_k führt:

$$0 = \sum_{k=0}^{\infty} c_k (2k + l + 1)(2k + l) r^{2k+l-1} - \sum_{k=0}^{\infty} l(l+1) c_k r^{2k+l-1}$$

$$+ B \sum_{k=0}^{\infty} c_k r^{2k+l+1} - 2AC \sum_{k=0}^{\infty} c_k r^{2k+l+3} + C^2 \sum_{k=0}^{\infty} c_k r^{2k+l+5} \; .$$

Durch Koeffizientenvergleich folgt hieraus schließlich

$$c_1 = -\frac{Bc_0}{2(2l+3)} \; , \; c_2 = -\frac{Bc_1 - 2ACc_0}{4(2l+5)}$$

$$c_k = -\frac{Bc_{k-1} - 2ACc_{k-2} + C^2 c_{k-3}}{2k(2l+2k+1)} \; , \; k \geq 3 \; .$$

Im Bereich II gilt die radiale Gleichung (1.77) bzw. (1.78), deren allgemeine Lösung gegeben ist durch

$$u_l^{(\mathrm{II})}(r) = \hat{u}_l^{(\mathrm{II})}(\rho) = \mathrm{e}^{-\rho/2} \sum_{k=0}^{\infty} a_k \rho^{1/2+s+k} + \mathrm{e}^{-\rho/2} \sum_{k=0}^{\infty} b_k \rho^{1/2-s+k} \; , \quad (1.83)$$

mit

$$a_{k+1} = \frac{k+1/2+s-\lambda}{(k+1)(k+1+2s)} a_k \; , \; b_{k+1} = \frac{k+1/2-s-\lambda}{(k+1)(k+1-2s)} b_k \quad (1.84)$$

und

$$\rho = \beta r \; , \; \beta = 2\sqrt{\frac{m_0^2 c^4 - E^2}{\hbar^2 c^2}} \; , \; \lambda = \frac{2EZ\alpha_e}{\beta\hbar c} \; , \; s = \sqrt{\left(l + \frac{1}{2}\right)^2 - (Z\alpha_e)^2} \; .$$

Somit besitzt unser Problem außer dem irrelevanten Koeffizienten c_0 drei zu bestimmende Größen, nämlich die Koeffizienten a_0 und b_0 sowie λ bzw. die

Energie E. Ihnen steht dieselbe Zahl an Bedingungen gegenüber, und zwar die beiden Stetigkeitsbedingungen an der Anschlußstelle $r = R$ sowie die Forderung nach dem korrekten asymptotischen Verhalten der Wellenfunktion für $r \to \infty$.

Durch Herausziehen von a_0 und b_0 aus den Summen in (1.84) läßt sich (1.83) umschreiben zu

$$u_l^{(II)}(r) = a_0 \Omega(s,\rho) + b_0 \Omega(-s,\rho) \ ,$$

mit

$$\Omega(s,\rho) = \mathrm{e}^{-\rho/2} \sum_{k=0}^{\infty} a_k' \rho^{1/2+s+k} \ , \ a_{k+1}' = \frac{k+1/2+s-\lambda}{(k+1)(k+1+2s)} a_k' \ , \ a_0' = 1.$$

Hierdurch können wir die beiden Stetigkeitsbedingungen durch das kompakte Gleichungssystem

$$u_l^{(I)}(R) = u_l^{(II)}(R) \qquad = a_0 \Omega(s,\beta R) \qquad +b_0 \Omega(-s,\beta R)$$

$$\left. \frac{\mathrm{d}u_l^{(I)}(r)}{\mathrm{d}r} \right|_{r=R} = \left. \frac{\mathrm{d}u_l^{(II)}(r)}{\mathrm{d}r} \right|_{r=R} = a_0 \left. \frac{\mathrm{d}\Omega(s,\rho)}{\mathrm{d}r} \right|_{r=R} +b_0 \left. \frac{\mathrm{d}\Omega(-s,\rho)}{\mathrm{d}r} \right|_{r=R}$$

ausdrücken, welches sich für gegebene Werte von m_0, Z, R, l und E eindeutig lösen läßt.[27] Die gesuchten Energieeigenwerte E bestimmen sich über den geforderten asymptotischen Verlauf der radialen Wellenfunktion im Unendlichen.[28] Je nach Zahl der Nullstellen lassen sich die gefundenen Energien bzw. Zustände nach der gewohnten spektroskopischen Notation klassifizieren (Eine Nullstelle $\Longrightarrow n = 1$; zwei Nullstellen $\Longrightarrow n = 2$ usw).

In Abb. 1.10 sind die Energieeigenwerte gebundener pionischer $1s$-, $2s$- und $2p$-Zustände in Abhängigkeit von der Kernladungszahl Z dargestellt, wobei ein Kernradius von $R = 10$ fm gewählt wurde. Wie man sieht, besteht zwischen den Zustandsenergien und der Kernladungszahl ein nahezu linearer Zusammenhang. Weiterhin ist zu erkennen, daß hier im Vergleich zum reinen Coulomb-Problem auch gebundene Zustände für große Z- und kleine l-Werte existieren (vgl. Abb. 1.9). Bei $Z \approx 760$ [935, 1025] erreicht der Energiewert für $1s$-[$2s$-, $2p$-] Pionen den Wert $E = 0$. Für größere Z wird er genau wie beim kugelsymmetrischen Potentialtopf (Abb. 1.8) sogar negativ. Bei $Z \approx 1450$ [1670, 1785] finden wir schließlich die Energie $E = -m_\pi c^2$.

Zum Schluß dieses Unterabschnittes wollen wir die Ergebnisse unseres letzten Beispiels heranziehen, um noch einmal die grundsätzlichen Interpretationsschwierigkeiten der Klein-Gordon-Theorie im Sinne des Ein-Teilchenbildes zu verdeutlichen. Zu diesem Zweck sind in Tab. 1.1 für zwei

---

[27] Man beachte: Für reelle s sind die beiden Größen a_0 und b_0 ebenfalls reell. Im Falle imaginärer s gilt $\Omega(-s,\rho) = \Omega^*(s,\rho)$. Deshalb ist hierbei $b_0 = a_0^*$ zu wählen, und es verbleiben wiederum zwei Größen, nämlich $\mathrm{Re}(a_0)$ und $\mathrm{Im}(a_0)$.

[28] Zu diesem Zweck hat man das Gleichungssystem unter Variation der Energie im Bereich $-m_0 c^2 < E < m_0 c^2$ zu lösen und anschließend jeweils den Verlauf der zugehörigen Wellenfunktion zu inspizieren.

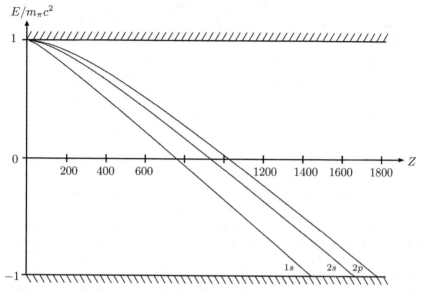

Abb. 1.10. Energiewerte gebundener $1s$-, $2s$- und $2p$-Pionzustände im Feld einer homogen geladenen Kugel (Oszillator-Coulomb-Potential) als Funktion von Z. Der Kugelradius (Kernradius) beträgt $R = 10$ fm.

verschiedene Kernladungszahlen Z der V-Erwartungswert des $1s$-Pionradius, $\langle r \rangle_{\mathrm{V}}$, das elektrostatische Oszillator-Coulomb-Potential V an der Stelle $\langle r \rangle_{\mathrm{V}}$, die Bindungsenergie $E_{\mathrm{B}} = E_{1s} - m_\pi c^2$ sowie die mittlere quadratische Abweichung $\Delta r = \sqrt{\langle r^2 \rangle_{\mathrm{V}} - \langle r \rangle_{\mathrm{V}}^2}$ angegeben. Vergleicht man diese Werte mit der Ruheenergie $m_\pi c^2 = 139.577$ MeV des Pions und seiner Compton-Wellenlänge $\lambda_\pi = 1.414$ fm, so folgt für den schwachen Bindungsfall

$$Z = 2: \quad |E_{\mathrm{B}}|, |V(\langle r \rangle_{\mathrm{V}})| \ll m_\pi c^2, \quad \Delta r \gg \lambda_\pi .$$

	$Z = 2$	$Z = 1450$
$\langle r \rangle_{\mathrm{V}}$	146.4 fm	3.7 fm
$V(\langle r \rangle_{\mathrm{V}})$	-0.02 MeV	-298.9 MeV
E_{B}	-0.05 MeV	-278.8 MeV
Δr	84.3 fm	1.6 fm

Tab. 1.1. Kennzahlen des gebundenen $1s$-Pionzustandes im Oszillator-Coulomb-Potential für den schwachen ($Z = 2$) und starken ($Z = 1450$) Bindungsfall.

Offensichtlich sind in diesem Fall die Voraussetzungen von Satz 1.7 erfüllt, so daß hier die Interpretation unserer Resultate im Sinne des Ein-Teilchen-konzeptes gerechtfertigt erscheint. Im starken Bindungsfall hat man dagegen

$$Z = 1450: \quad |E_B|, |V(\langle r \rangle_V)| \approx 2 m_\pi c^2 \ , \quad \Delta r \approx \lambda_\pi \ .$$

Diese Beziehungen verstoßen ganz klar gegen die Annahmen von Satz 1.7 und zeigen deshalb sehr deutlich die Unmöglichkeit der Ein-Teilcheninterpretation auf. Eine direkte Bestätigung dieser Feststellungen ergibt sich durch die Betrachtung der radialen Ladungsdichte des $1s$-Pionzustandes,

$$r^2 \rho(r) = \frac{E - V(r)}{m_\pi c^2} u_l^2(r) \ .$$

Im schwachen Bindungsfall ($Z = 2$) ist E positiv, und die radiale Ladungs-dichte ist, wie gewünscht, positiv definit. Demgegenüber besitzt die radiale Ladungsdichte im starken Bindungsfall ($Z = 1450$) aufgrund des zugehörigen negativen Energiewertes keinen einheitlichen Verlauf und geht ab $r \approx 15$ fm in negative Werte über, was mit dem Ein-Teilchenkonzept unvereinbar ist (siehe Abb. 1.11). Die physikalische Bedeutung dieses Vorzeichenwechsels in starken Feldern (wie auch beim Kastenpotential und Potentialtopf) läßt sich letztlich nur im Rahmen von Quantenfeldtheorien richtig verstehen, wo die Teilchenzahl variabel ist.

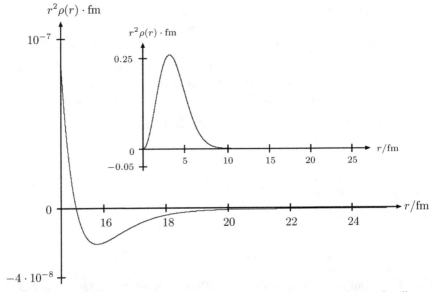

Abb. 1.11. V-normierte radiale Ladungsdichte des $1s$-Pionzustandes im Oszillator-Coulomb-Potential mit $Z = 1450$ und $R = 10$ fm. Die große Grafik zeigt einen ver-größerten Ausschnitt der kleinen Grafik. Bei $r \approx 15$ fm wechselt die Ladungsdichte ihr Vorzeichen.

Zusammenfassung

- Beim Studium des eindimensionalen Potentialkastens ergeben sich je nach Teilchenenergie verschiedene Klassen von Klein-Gordon-Lösungen, die sich im Rahmen des Ein-Teilchenkonzeptes mehr oder weniger konsistent als **Streuung** oder **Bindung** von Teilchen bzw. Antiteilchen interpretieren lassen.

- Bei zentralsymmetrischen Potentialen erhält man durch Separation des winkelabhängigen Anteils die **radiale Klein-Gordon-Gleichung**, welche formal identisch ist mit der nichtrelativistischen radialen Schrödinger-Gleichung.

- Für den freien Fall (und für den Fall konstanter Potentialabschnitte) geht diese über in die **sphärische Besselsche Differentialgleichung**, deren Lösungen die **sphärischen Bessel-Funktionen** sind.

- Pionische Atome lassen sich genau wie nichtrelativistische Elektronatome mit Hilfe des Coulomb-Potentials näherungsweise beschreiben. Hierbei ist die in der nichtrelativistischen Theorie vorhandene Drehimpulsentartung aufgehoben. Bei kleinen Drehimpulswerten l findet man Pionbindungszustände nur für entsprechend kleine Kernladungszahlen Z. Dies resultiert aus der Vernachlässigung der endlichen Atomkernausdehnung.

- Berücksichtigt man die endliche Ausdehnung des Kerns durch Verwendung eines Oszillator-Coulomb-Potentials, so ergeben sich auch für größere Z-Werte pionische Bindungszustände.

- Die grundsätzlichen Schwierigkeiten der Ein-Teilcheninterpretation der Klein-Gordon-Theorie in Anwesenheit starker Felder lassen sich z.B. anhand der Lösungen des Oszillator-Coulomb-Problems deutlich demonstrieren.

Aufgaben

10. Exponentialpotential. Berechnen Sie die $l=0$-Bindungszustände von Spin-0-Teilchen in einem Exponentialpotential der Form

$$eA^0(r) = V(r) = -Z\alpha e^{-r/a} \ , \ \alpha = m_0 c^2 \alpha_e \ ,$$

mit der Kernladungszahl Z, der Kopplungskonstanten α und der Abfallkonstanten a.

Lösung. Durch die Beschränkung auf s-Zustände und die damit einhergehende Vernachlässigung des Zentrifugalterms erhält die radiale Klein-Gordon-Gleichung (1.72) eine sehr einfache Struktur:

$$u''(r) + k^2 u(r) = 0 \ , \ k^2 = \frac{[E - V(r)]^2 - m_0^2 c^4}{\hbar^2 c^2} \ .$$

Zu ihrer Lösung machen wir den den Separations- und Substitutionsansatz

$$u(r) = e^{r/2a} \omega(t) \ , \ t = 2iZ\alpha \frac{a}{\hbar c} e^{-r/a} \ .$$

Hieraus folgt unter Berücksichtigung von

$$\frac{dt}{dr} = -\frac{2iZ\alpha}{\hbar c} e^{-r/a} \ , \ e^{-r/a} = -\frac{i\hbar ct}{2Z\alpha a} \ , \ e^{-2r/a} = -\frac{\hbar^2 c^2 t^2}{4Z^2\alpha^2 a^2}$$

und

$$k^2 = \frac{E^2 - m_0^2 c^4}{\hbar^2 c^2} - \frac{iEt}{\hbar ca} - \frac{t^2}{4a^2}$$

$$u'(r) = \frac{1}{2a} e^{r/2a} \omega(t) - \frac{2iZ\alpha}{\hbar c} e^{-r/2a} \omega'(t)$$

$$u''(r) = \frac{1}{4a^2} e^{r/2a} \omega(t) - \frac{4Z^2\alpha^2}{\hbar^2 c^2} e^{-3r/2a} \omega''(t)$$

die Differentialgleichung

$$\omega''(t) + \left(\frac{1/4 - p^2 a^2}{t^2} - \frac{iEa}{\hbar ct} - \frac{1}{4} \right) \omega(t) = 0 \ , \ p^2 = \frac{m_0^2 c^4 - E^2}{\hbar^2 c^2} \ , \quad (1.85)$$

welche formgleich ist zu (1.78), falls dort

$$\lambda = -\frac{iEa}{\hbar c} \ , \ l' = -\frac{1}{2} + pa$$

gewählt wird. Die für $r \to \infty$ (d.h. $t = 0$) reguläre Lösung von (1.85) lautet daher

$$\omega(t) = t^{1/2 + pa} e^{-t/2} \sum_{k=0}^{\infty} a_k t^k \ , \ a_{k+1} = \frac{k + 1/2 + pa - \lambda}{(k+1)(k + 2pa + 1)} a_k \ .$$

Die diskreten Energiewerte ergeben sich aus der Forderung, daß $u(r)$ am Ursprung $r = 0$ bzw. $\omega(t)$ an der Stelle $t_0 = t(r = 0)$ verschwindet:

$$\sum_{k=0}^{\infty} a_k t_0^k = 0 \ , \ t_0 = \frac{2iZ\alpha a}{\hbar c} \ .$$

Aus dieser impliziten Bestimmungsgleichung lassen sich nun die Energiewerte E für s-Zustände numerisch berechnen.

In Abb. 1.12 sind die Energiewerte pionischer $1s$-, $2s$- und $3s$-Zustände in Abhängigkeit von der Kernladungszahl Z dargestellt, wobei eine Abfallkonstante von $a = \lambda_\pi = 1.414$ fm gewählt wurde. Ähnlich wie beim kugelsymmetrischen Potentialtopf (Abb. 1.8) und beim Oszillator-Coulomb-Potential (Abb. 1.10) findet man auch hier für die einzelnen Zustände verschiedene Z-Intervalle, innerhalb derer die Energiewerte vom oberen Energiekontinuum kommend mit wachsendem Z kleiner werden und schließlich bei etwa

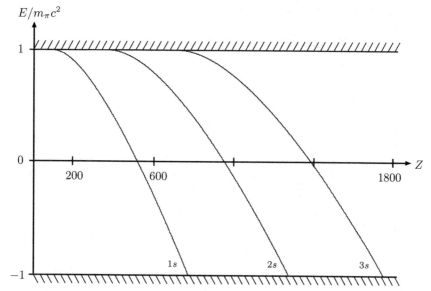

Abb. 1.12. Energiewerte gebundener 1s-, 2s- und 3s-Pionzustände in einem Exponentialpotential mit der Abfallkonstanten $a = \lambda_\pi$ als Funktion von Z.

$Z = 778$ (1s), $Z = 1278$ (2s) und $Z = 1754$ (3s) an das untere Energiekontinuum grenzen.

Erniedrigen wir nun die Abfallkonstante auf $a = 0.2 \cdot \lambda_\pi$, so bewirkt dies ein Ansteigen des unteren Grenzpunktes für den 1s-Zustand auf etwa $Z = 2158$, wie aus Abb. 1.13 zu erkennen ist. Zusätzlich finden wir hier genau wie beim kugelsymmetrischen Potentialtopf eine starke Linkskrümmung im unteren Energiebereich, die wiederum aus den vom unteren Energiekontinuum in den gebundenen Bereich eintretenden Zuständen resultiert. Die Existenz dieser Antiteilchenzustände hängt wieder mit der sehr kurzen Reichweite und der sehr großen Tiefe des Potentials zusammen.

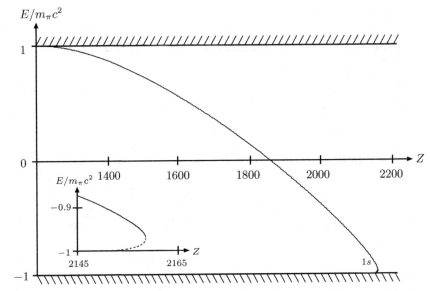

Abb. 1.13. Energiewerte gebundener $1s$-Pionzustände in einem Exponentialpotential mit der Abfallkonstanten $a = 0.2 \cdot \lambda_\pi$ als Funktion von Z. Die kleine Grafik zeigt einen vergrößerten Ausschnitt im unteren Energiebereich.

2. Relativistische Beschreibung von Spin-1/2-Teilchen

Im vorangegangenen Kapitel haben wir die Klein-Gordon-Theorie zur Beschreibung von Spin-0-Teilchen behandelt, und zwar vornehmlich unter dem Aspekt ihrer Interpretierbarkeit im Sinne des quantenmechanischen Ein-Teilchenkonzeptes. Dabei haben wir aus didaktischen Gründen die chronologische Entwicklung vernachlässigt, nach der eine sinnvolle Ein-Teilchenbeschreibung der Klein-Gordonschen Gleichungen eigentlich erst in Betracht gezogen wurde, nachdem Dirac eine relativistische Quantenmechanik für Elektronen (allgemeiner: Spin-1/2-Teilchen) entwickelt hatte.

In diesem Kapitel wenden wir uns nun der Diracschen Theorie zu, wobei wir auch hier das Hauptaugenmerk auf eine physikalisch konsistente Ein-Teilcheninterpretation und deren Grenzen legen wollen (relativistische Quantenmechanik im „engeren Sinne"). Dies bedeutet konkret, daß wir uns wieder von den Grundsätzen leiten lassen, die in der Einleitung zu Kapitel 1 angeführt wurden, nämlich

- die Prinzipien der nichtrelativistischen Quantenmechanik (Satz 1.1),

- die prinzipielle Beschränktheit der Ein-Teilcheninterpretation auf kleine Wechselwirkungsenergien im Vergleich zur Ruheenergie des betrachteten Teilchens sowie auf eine große Ortsunschärfe der Wellenfunktion im Vergleich zur Compton-Wellenlänge.

Um die Gemeinsamkeiten und Unterschiede der Klein-Gordon- und Dirac-Theorie möglichst transparent zu machen, sind die folgenden Abschnitte bis auf Dirac-spezifische Themen sehr ähnlich strukturiert wie diejenigen des ersten Kapitels.

Der erste Abschnitt beschäftigt sich mit den Grundlagen der Dirac-Theorie zur relativistischen Beschreibung von Spin-1/2-Teilchen, die, wie wir sehen werden, ähnliche Phänomene aufweist, wie die Klein-Gordon-Theorie. Im zweiten Abschnitt behandeln wir die kontinuierlichen und diskreten Symmetrien der Dirac-Theorie. Der dritte Abschnitt ist der Erweiterung, Vervollständigung und Abgrenzung der von uns angestrebten Ein-Teilcheninterpretation gewidmet. Die nichtrelativistische Näherung der Dirac-Theorie in verschiedenen Ordnungen von v/c ist Gegenstand des vierten Abschnittes, wobei wir auch hier wieder auf die Fouldy-Wouthuysen-Methode zur systematischen Diagonalisierung des Diracschen Hamilton-Operators zurückgreifen werden. Analog zum Klein-Gordon-Fall endet dieses Kapitel mit der genaueren Betrachtung einiger einfacher Diracscher Ein-Teilchensysteme im fünften Abschnitt.

2.1 Dirac-Gleichung

Wie wir in Unterabschn. 1.1.1 gesehen haben, führt die relativistische Energie-Impuls-Beziehung für freie Teilchen,

$$E^2 = \boldsymbol{p}^2 c^2 + m_0^2 c^4 \ , \tag{2.1}$$

durch die Operatorersetzung

$$E \longrightarrow i\hbar \frac{\partial}{\partial t} \ , \ \boldsymbol{p} \longrightarrow -i\hbar \boldsymbol{\nabla}$$

auf eine skalare Wellengleichung, nämlich die Klein-Gordon-Gleichung, welche eine positiv definite Wahrscheinlichkeitsdichte im Sinne der nichtrelativistischen Quantenmechanik nicht zuläßt, was formal am Auftreten der zweiten zeitlichen Ableitung in dieser Gleichung liegt. Darüber hinaus treten als Folge der quadratischen Energie-Impuls-Abhängigkeit Lösungen mit negativer Energie auf, die einer geeigneten Interpretation bedürfen.

In dem Bestreben, an einer positiv definiten Wahrscheinlichkeitsdichte festzuhalten, suchte Paul Dirac nach einer relativistischen Verallgemeinerung der Schrödinger-Gleichung, die von erster Ordnung in der Zeit ist. Diese Gleichung wurde von ihm im Jahre 1928 tatsächlich gefunden und beschreibt, anders als die Klein-Gordon-Gleichung, Spin-1/2-Teilchen. Allerdings treten auch hier, wie übrigens in jeder relativistischen Wellengleichung, Lösungen mit negativer Energie auf, deren physikalische Bedeutung a priori unklar ist.

In diesem Abschnitt leiten wir die Dirac-Gleichung und weitere grundlegende Beziehungen der Dirac-Theorie in kanonischer und lorentzkovarianter Formulierung her. Dabei wird sich herausstellen, daß die Lösungen der Dirac-Gleichung einen inneren Freiheitsgrad besitzen, der als quantenmechanischer Spin mit der Quantenzahl $s = 1/2$ zu interpretieren ist. Wir diskutieren ferner formale Eigenschaften des hiermit verbundenen Spinoperators und erweitern ihn zu einem lorentzkovarianten Operator, um ihn anschließend zur Konstruktion von Projektionsoperatoren mitzuverwenden. Zum Schluß wenden wir uns den negativen Dirac-Lösungen und ihrer Interpretation zu, wobei auch hier die Ladungskonjugationstransformation und desweiteren die *Löchertheorie* eine wichtige Rolle spielen werden.

2.1.1 Kanonische Formulierung der Dirac-Gleichung

Ausgangspunkt der Diracschen Überlegungen war eine relativistische Verallgemeinerung der Schrödinger-Gleichung für freie Teilchen in der Form

$$i\hbar\frac{\partial\psi(x)}{\partial t} = H^{(0)}\psi(x) \ , \ x = (x^\mu) \ , \ H^{(0)} \text{ hermitesch} \ , \tag{2.2}$$

von der er zunächst drei Dinge forderte:

- Gleichung (2.2) muß lorentzkovariant sein. Da in ihr die zeitliche Ableitung nur in erster Ordnung auftritt, heißt dies, daß auch die räumlichen Ableitungen nur in erster Ordnung auftreten dürfen.

- Gleichung (2.2) muß die relativistische Energie-Impuls-Beziehung (2.1) in Operatorform liefern.

- Die Größe $\rho = \psi^*\psi$ muß die Zeitkomponente eines erhaltenen Vierervektors j^μ bilden (d.h. es muß eine lorentzkovariante Kontinuitätsgleichung geben), damit ihr Integral über den gesamten Raum invariant ist.

Aufgrund der ersten beiden Forderungen bietet sich folgender Ansatz für den Hamilton-Operator in (2.2) an:

$$H^{(0)} = c\boldsymbol{\alpha}\boldsymbol{p} + \beta m_0 c^2 \ , \ \boldsymbol{p} = -i\hbar\boldsymbol{\nabla} \ , \ m_0 = \text{Ruhemasse} \ , \tag{2.3}$$

mit der Nebenbedingung

$$H^{(0)2} = c^2\boldsymbol{p}^2 + m_0^2 c^4 \tag{2.4}$$

bzw.

$$-\hbar^2\frac{\partial^2\psi(x)}{\partial t^2} = (c^2\boldsymbol{p}^2 + m_0^2 c^4)\psi(x) \quad \text{(Klein-Gordon-Gleichung)} \ .$$

Offensichtlich folgt aus der Bedingung (2.4), daß α_i und β keine gewöhnlichen Zahlen sein können, weil dort Mischterme in $\boldsymbol{\alpha}\boldsymbol{p}$ und β nicht auftreten. Um herauszufinden, welche algebraische Struktur α_i und β besitzen, schreiben wir (2.2) und (2.3) in der Form

$$i\hbar\frac{\partial\psi}{\partial t} = \left(\frac{\hbar c}{i}\sum_i \alpha_i\partial_i + \beta m_0 c^2\right)\psi \tag{2.5}$$

und iterieren diese Beziehung:

$$-\hbar^2\frac{\partial^2\psi}{\partial t^2} = i\hbar\frac{\partial}{\partial t}\left(\frac{\hbar c}{i}\sum_i \alpha_i\partial_i\psi + \beta m_0 c^2\psi\right)$$

$$= \frac{\hbar c}{i}\sum_j \alpha_j\partial_j\left(\frac{\hbar c}{i}\sum_i \alpha_i\partial_i\psi + \beta m_0 c^2\psi\right)$$

$$+ \beta m_0 c^2\left(\frac{\hbar c}{i}\sum_i \alpha_i\partial_i\psi + \beta m_0 c^2\psi\right)$$

$$= -\hbar^2 c^2\sum_{i,j}\frac{\alpha_i\alpha_j + \alpha_j\alpha_i}{2}\partial_i\partial_j\psi$$

$$+ \frac{\hbar m c^2}{i}\sum_i (\alpha_i\beta + \beta\alpha_i)\,\partial_i\psi + \beta^2 m_0^2 c^4\psi \ .$$

Hieraus läßt sich erkennen, daß die Nebenbedingung (2.4) nur dann erfüllt werden kann, wenn α_i und β Matrizen sind, die der Algebra

$$\{\alpha_i, \alpha_j\} = 2\delta_{ij} \ , \ \{\alpha_i, \beta\} = 0 \ , \ \alpha_i^2 = \beta^2 = 1 \tag{2.6}$$

gehorchen. Darüber hinaus müssen diese Matrizen hermitesch sein, damit der Hamilton-Operator selbst hermitesch ist:

$$\alpha_i = \alpha_i^\dagger \ , \ \beta = \beta^\dagger \ .$$

Aus der letzten Gleichung von (2.6) folgt desweiteren, daß die Eigenwerte der Matrizen auf die Werte ± 1 beschränkt sind, während aus den Antikommutatoren, zusammen mit der zyklischen Vertauschbarkeit der Spur, $\mathrm{tr}(ab) = \mathrm{tr}(ba)$, hervorgeht, daß die Spur der Matrizen verschwindet. Denn es gilt z.B.

$$\mathrm{tr}(\alpha_i) = +\mathrm{tr}(\beta^2 \alpha_i) = +\mathrm{tr}(\beta \alpha_i \beta) = -\mathrm{tr}(\alpha_i) = 0 \ .$$

Da nun aber die Spur gerade die Summe der Eigenwerte ist, muß die Anzahl der positiven und negativen Eigenwerte gleich sein, woraus folgt, daß die Matrizen von geradzahliger Dimension sind. Die kleinste geradzahlige Dimension $N = 2$ ist hierbei ausgeschlossen, da man in ihr nur drei miteinander antikommutierende Matrizen unterbringen kann, nämlich die Pauli-Matrizen. Die kleinste Dimension, in der die Forderung (2.6) für α_i und β erfüllt werden kann, ist $N = 4$, die uns im weiteren Verlauf ausschließlich interessieren wird.

Eine der gebräuchlichsten expliziten Darstellungen der Algebra (2.6) ist die *Dirac-Darstellung*

$$\alpha_i = \begin{pmatrix} 0 & \sigma_i \\ \sigma_i & 0 \end{pmatrix} \ , \ \beta = \begin{pmatrix} 1 & 0 \\ 0 & -1 \end{pmatrix} \ ,$$

wobei σ_i die aus Unterabschn. 1.1.2 bekannten Pauli-Matrizen bezeichnen, für die wir im Kontext der Dirac-Gleichung durchweg das Symbol σ anstelle von τ verwenden. Eine andere nützliche Darstellung ist die *Weyl-Darstellung*. Sie ist definiert durch

$$\alpha_i = \begin{pmatrix} \sigma_i & 0 \\ 0 & -\sigma_i \end{pmatrix} \ , \ \beta = \begin{pmatrix} 0 & -1 \\ -1 & 0 \end{pmatrix} \ .$$

Wegen $N = 4$ wird nun (2.2) bzw. (2.5) zu einer vierdimensionalen Matrixgleichung

$$i\hbar \frac{\partial \psi_i(x)}{\partial t} = \sum_{j=1}^{4} \left[c(\boldsymbol{\alpha p})_{ij} + \beta_{ij} m_0 c^2 \right] \psi_j(x) \ , \ i = 1, 2, 3, 4 \tag{2.7}$$

und die Wellenfunktion ψ zu einem vierdimensionalen Spaltenvektor

$$\psi(x) = \begin{pmatrix} \psi_1(x) \\ \psi_2(x) \\ \psi_3(x) \\ \psi_4(x) \end{pmatrix} \ ,$$

den man üblicherweise mit *Bispinor* bezeichnet. Gleichung (2.7) ist die sog. *freie Dirac-Gleichung in kanonischer* oder auch *Hamiltonscher Form* , für die wir im weiteren Verlauf meistens die verkürzende vektorielle Notation

$$i\hbar\frac{\partial\psi}{\partial t} = H^{(0)}\psi \ , \ H^{(0)} = c\boldsymbol{\alpha}\boldsymbol{p} + \beta m_0 c^2 \tag{2.8}$$

beibehalten werden. Bevor wir diese Gleichung näher studieren, ist zunächst festzustellen, daß sie, wie gewünscht, eine partielle Differentialgleichung von erster Ordnung in Raum und Zeit ist. Darüber hinaus ist der in ihr auftretende Hamilton-Operator hermitesch, so daß wir die berechtigte Hoffnung haben, eine positiv definite Wahrscheinlichkeitsdichte mit zugehöriger erhaltener Gesamtwahrscheinlichkeit zu finden. Ob allerdings die Dirac-Gleichung lorentzkovariant und somit auch der Rest der drei Forderungen von Seite 93 erfüllt ist, ist aufgrund der vorliegenden Form nicht offensichtlich und muß noch gezeigt werden.

Lösungen der freien Dirac-Gleichung. Die Lösungen der freien Dirac-Gleichung (2.8) mit definiertem Impuls lassen sich ähnlich leicht finden wie diejenigen der freien Klein-Gordon-Gleichung und lauten in der Dirac-Darstellung (siehe Aufgabe 11)

$$\left.\begin{array}{l} \psi_{\boldsymbol{p}}^{(1,2)}(x) = \begin{pmatrix} \chi^{(1,2)} \\ \dfrac{\boldsymbol{\sigma}\boldsymbol{p}\chi^{(1,2)}}{p_0 + m_0 c} \end{pmatrix} \mathrm{e}^{-\mathrm{i}(cp_0-\boldsymbol{p}\boldsymbol{x})\hbar} \\[3em] \psi_{\boldsymbol{p}}^{(3,4)}(x) = \begin{pmatrix} \dfrac{\boldsymbol{\sigma}\boldsymbol{p}\chi^{(3,4)}}{p_0 + m_0 c} \\ \chi^{(3,4)} \end{pmatrix} \mathrm{e}^{+\mathrm{i}(cp_0-\boldsymbol{p}\boldsymbol{x})/\hbar} \ , \end{array}\right\} \tag{2.9}$$

mit

$$p_0 = +\sqrt{\boldsymbol{p}^2 + m_0^2 c^2} > 0 \ ,$$

wobei $\chi^{(1,2)}$ und $\chi^{(3,4)}$ jeweils zwei linear unabhängige zweikomponentige konstante Spinoren bezeichnen. Genau wie bei der Klein-Gordon-Gleichung ist man hier offensichtlich wieder mit zwei Sorten von Lösungen konfrontiert, die einen mit positiver Energie $E = +cp_0$, für die sich wieder die Interpretation als Teilchenwellenfunktion anbietet, und die anderen mit negativer Energie $E = -cp_0$, zwischen denen das „verbotene" Energieintervall $]-m_0 c^2 : m_0 c^2[$ liegt (vgl. Unterabschn. 1.1.1). Nun ist klar, daß die bloße Existenz der negativen Dirac-Lösungen aus denselben Gründen wie bei der Klein-Gordon-Gleichung zunächst unverständlich erscheint, so daß wir uns um eine physikalisch sinnvolle Interpretation dieser Lösungen erst noch bemühen müssen. Wie in Unterabschn. 2.1.6 genauer ausgeführt wird (und der Leser vielleicht schon vermutet), besteht auch hier zwischen den negativen Lösungen und den Antiteilchen ein Zusammenhang, wodurch sich wieder ihre verkehrte Zuordnung von Impulseigenwert und -index erklärt.

Offenbar sind die positiven und negativen Dirac-Lösungen in (2.9) aufgrund der Freiheiten bei der Wahl der Spinoren $\chi^{(1,2)}$ bzw. $\chi^{(3,4)}$ noch nicht eindeutig spezifiziert, so daß wir neben dem Hamilton-Operator $H^{(0)}$ und dem Impulsoperator $\boldsymbol{p}$ einen weiteren Operator erwarten, der nur auf die inneren Freiheitsgrade von Diracschen Wellenfunktionen wirkt und zusammen mit $H^{(0)}$ und $\boldsymbol{p}$ einen vollständigen Satz kommutierender Observabler bildet. In Unterabschn. 2.1.4 werden wir sehen, daß dieser Operator mit dem Spin zusammenhängt, dessen Quantenzahl auf den Wert 1/2 festgelegt ist. Wir folgern hieraus, daß die Dirac-Gleichung zur Beschreibung von Spin-1/2-Teilchen (Spin-1/2-*Fermionen*) geeignet erscheint.

Wechselwirkung mit elektromagnetischen Feldern, Eichinvarianz. Wie in allen quantenmechanischen Theorien wird auch in der Dirac-Theorie die Wechselwirkung eines relativistischen Spin-1/2-Teilchens mit einem elektromagnetischen Feld durch die Operatorersetzung (minimale Kopplung)

$$\mathrm{i}\hbar\frac{\partial}{\partial t} \longrightarrow \mathrm{i}\hbar\frac{\partial}{\partial t} - eA^0 \ , \ \boldsymbol{p} \longrightarrow \boldsymbol{p} - \frac{e}{c}\boldsymbol{A}$$

in der freien Dirac-Gleichung (2.8) berücksichtigt.[1] Dies führt zu der Gleichung

$$\mathrm{i}\hbar\frac{\partial\psi(x)}{\partial t} = H\psi \ , \ H = c\boldsymbol{\alpha}\left(\boldsymbol{p} - \frac{e}{c}\boldsymbol{A}\right) + eA^0 + \beta m_0 c^2 \ , \tag{2.10}$$

mit dem hermiteschen Hamilton-Operator H und der elektrischen Teilchenladung e. Man überzeugt sich durch eine zum Klein-Gordon-Fall analoge Rechnung leicht davon, daß diese Gleichung unter den lokalen Eichtransformationen

$$A^0 \longrightarrow A'^0 = A^0 - \frac{1}{c}\frac{\partial\chi}{\partial t} \ , \ \boldsymbol{A} \longrightarrow \boldsymbol{A}' = \boldsymbol{A} + \boldsymbol{\nabla}\chi$$

des elektromagnetischen Feldes invariant ist, wenn gleichzeitig die Wellenfunktion ψ mit einer entsprechenden Phase multipliziert wird:

$$\psi \longrightarrow \psi' = \psi\mathrm{e}^{\mathrm{i}\Lambda(x)} \ , \ \Lambda(x) = \frac{e}{\hbar c}\chi(x) \ .$$

Kontinuitätsgleichung. Aufgrund der Hermitezität des Hamilton-Operators in (2.10) erwarten wir, daß die Dirac-Gleichung im Gegensatz zur Klein-Gordon-Gleichung die Definition einer positiv definiten Wahrscheinlichkeitsdichte im Sinne der nichtrelativistischen Quantenmechanik erlaubt. Hierzu rechnen wir wie folgt: Linksmultiplikation der Gleichung (2.10) mit $\psi^\dagger = (\psi_1^*, \psi_2^*, \psi_3^*, \psi_4^*)$ liefert

$$\mathrm{i}\hbar\psi^\dagger\frac{\partial\psi}{\partial t} = \frac{\hbar c}{\mathrm{i}}\psi^\dagger\boldsymbol{\alpha}\boldsymbol{\nabla}\psi - e\psi^\dagger\boldsymbol{\alpha}\boldsymbol{A}\psi + eA^0\psi^\dagger\psi + m_0 c^2\psi^\dagger\beta\psi \ . \tag{2.11}$$

---

[1] Diese Ersetzung ist nur für punktförmige, strukturlose Teilchen korrekt. Siehe Aufgabe 15 und 27.

Adjunktion von (2.10) (unter Berücksichtigung von $\boldsymbol{\alpha} = \boldsymbol{\alpha}^\dagger$, $\beta = \beta^\dagger$) und anschließender Multiplikation von rechts mit ψ ergibt

$$-\mathrm{i}\hbar\frac{\partial\psi^\dagger}{\partial t}\psi = -\frac{\hbar c}{\mathrm{i}}(\boldsymbol{\nabla}\psi^\dagger)\boldsymbol{\alpha}\psi - e\psi^\dagger\boldsymbol{\alpha}\boldsymbol{A}\psi + eA^0\psi^\dagger\psi + m_0c^2\psi^\dagger\beta\psi \; . \quad (2.12)$$

Subtraktion der letzten beiden Gleichungen führt zu einer Kontinuitätsgleichung der Form

$$\frac{\partial\rho(x)}{\partial t} + \boldsymbol{\nabla}\boldsymbol{j}(x) = 0 \; , \; \text{mit} \quad \rho = \psi^\dagger\psi \; , \; \boldsymbol{j} = \psi^\dagger c\boldsymbol{\alpha}\psi \; . \quad (2.13)$$

Wendet man hierauf den Gaußschen Satz an, so ergibt sich schließlich

$$\frac{\partial}{\partial t}\int \mathrm{d}^3x\rho = -\int \mathrm{d}^3x\boldsymbol{\nabla}\boldsymbol{j} = -\oint \mathrm{d}\boldsymbol{F}\boldsymbol{j} = 0 \; .$$

Dies rechtfertigt zusammen mit

$$\psi^\dagger\psi = \sum_i \psi_i^*\psi_i = \sum_i |\psi_i|^2 \geq 0$$

in der Tat die Interpretation von ρ als positiv definite Wahrscheinlichkeitsdichte und dementsprechend $\boldsymbol{j}$ als Wahrscheinlichkeitsstromdichte. Weiterhin folgt, daß wir das in der nichtrelativistischen Quantenmechanik verwendete Skalarprodukt (in der Ortsdarstellung)

$$\langle\psi|\phi\rangle = \int \mathrm{d}^3x\psi^\dagger(x)\phi(x)$$

samt allen Konsequenzen übernehmen können. Zu diesen Konsequenzen gehören neben den unter 1) in Satz 1.1 genannten Punkten insbesondere

- die Orthogonalität von Eigenzuständen hermitescher Operatoren mit verschiedenen Eigenwerten,

- die Bild- und Darstellungsunabhängigkeit des Skalarproduktes unter unitären Transformationen.

Im Gegensatz zum nichthermiteschen Klein-Gordon-Fall brauchen wir im hermiteschen Dirac-Fall also keine Modifikation der in der nichtrelativistischen Theorie gebräuchlichen Begriffe „Skalarprodukt", „Hermitezität" und „Unitarität" aus physikalischen und/oder darstellungstheoretischen Gründen vorzunehmen. Inwiefern sich der nichtrelativistische Erwartungswert samt seiner physikalischen Interpretation [siehe 3) in Satz 1.1] auf den Dirac-Fall übertragen läßt, werden wir in Unterabschn. 2.1.6 im Rahmen einer genaueren Diskussion von Teilchen und Antiteilchen sehen.

Satz 2.1: Dirac-Gleichung in kanonischer Form

Die relativistische Verallgemeinerung der Schrödinger-Gleichung für Spin-1/2-Teilchen ist die Dirac-Gleichung. Sie lautet für ein minimal angekoppeltes elektromagnetisches Feld in kanonischer Form

$$\mathrm{i}\hbar\frac{\partial\psi(x)}{\partial t} = H\psi(x) \;,\; H = c\boldsymbol{\alpha}\left(\boldsymbol{p} - \frac{e}{c}\boldsymbol{A}\right) + eA^0 + \beta m_0 c^2 \;, \tag{2.14}$$

wobei m_0 die Ruhemasse und e die elektrische Ladung des Teilchens bezeichnen. ψ ist ein vierdimensionaler Spaltenvektor (Bispinor), und α_i, β sind vierdimensionale hermitesche Matrizen, die der Algebra

$$\{\alpha_j, \alpha_k\} = 2\delta_{jk} \;,\; \{\alpha_j, \beta\} = 0 \;,\; \alpha_j^2 = \beta^2 = 1$$

genügen und in der Dirac-Darstellung gegeben sind durch

$$\alpha_i = \begin{pmatrix} 0 & \sigma_i \\ \sigma_i & 0 \end{pmatrix} \;,\; \beta = \begin{pmatrix} 1 & 0 \\ 0 & -1 \end{pmatrix} \;.$$

Die Dirac-Gleichung ist invariant unter lokalen Eichtransformationen des elektromagnetischen Feldes. Sie erlaubt die Definition einer positiv definiten Wahrscheinlichkeitsdichte

$$\rho(x) = \psi^\dagger(x)\psi(x) \;,\; \int \mathrm{d}^3x\rho(x) = \text{const}$$

sowie einer Wahrscheinlichkeitsstromdichte

$$\boldsymbol{j}(x) = \psi^\dagger(x)c\boldsymbol{\alpha}\psi(x) \;,$$

die über die Kontinuitätsgleichung

$$\frac{\partial\rho}{\partial t} + \boldsymbol{\nabla}\boldsymbol{j} = 0$$

miteinander verbunden sind. Das Skalarprodukt ist genau wie in der Schrödingerschen Theorie und anders als in der Klein-Gordon-Theorie definiert durch (vgl. Definition des V-Skalarproduktes, Unterabschn. 1.3.1)

$$\langle\psi|\phi\rangle = \int \mathrm{d}^3x\psi^\dagger(x)\phi(x) \;.$$

Die Lösungen der freien Dirac-Gleichung lauten in der Dirac-Darstellung

$$\psi_{\boldsymbol{p}}^{(r)}(x) = \frac{1}{(2\pi\hbar)^{3/2}}\sqrt{\frac{m_0 c}{p_0}}\mathrm{e}^{-\mathrm{i}\epsilon_r p_\mu x^\mu/\hbar}\omega^{(r)}(\boldsymbol{p}) \;,\; \epsilon_r = \begin{cases} +1 & \text{für } r = 1,2 \\ -1 & \text{für } r = 3,4 \end{cases}$$

$$p_0 = +\sqrt{\boldsymbol{p}^2 + m_0^2 c^2} \;,$$

mit

$\triangleright$

$$\omega^{(1,2)}(\boldsymbol{p}) = \sqrt{\frac{p_0 + m_0 c}{2 m_0 c}} \begin{pmatrix} \chi^{(1,2)} \\ \dfrac{\boldsymbol{\sigma}\boldsymbol{p}}{p_0 + m_0 c}\chi^{(1,2)} \end{pmatrix} , \quad \chi^{(i)\dagger}\chi^{(j)} = \delta_{ij}$$

$$\omega^{(3,4)}(\boldsymbol{p}) = \sqrt{\frac{p_0 + m_0 c}{2 m_0 c}} \begin{pmatrix} \dfrac{\boldsymbol{\sigma}\boldsymbol{p}}{p_0 + m_0 c}\chi^{(3,4)} \\ \chi^{(3,4)} \end{pmatrix} , \quad \chi^{(i)\dagger}\chi^{(j)} = \delta_{ij}$$

(Impulseigenwert $+\boldsymbol{p}$ für $r = 1, 2$ und $-\boldsymbol{p}$ für $r = 3, 4$) und sind in der Weise

$$\left\langle \psi_{\boldsymbol{p}}^{(r)} \middle| \psi_{\boldsymbol{p}'}^{(r')} \right\rangle = \delta_{rr'}\delta(\boldsymbol{p} - \boldsymbol{p}') , \quad \omega^{(r)\dagger}(\epsilon_r \boldsymbol{p})\omega^{(r')}(\epsilon_{r'}\boldsymbol{p}) = \frac{p_0}{m_0 c}\delta_{rr'} \quad (2.15)$$

normiert. Aufgrund der Freiheit in der Wahl der $\chi^{(r)}$ sind diese Lösungen noch nicht eindeutig spezifiziert.

Neben (2.15) existieren noch folgende nützliche Vollständigkeits- und Orthogonalitätsrelationen, die allesamt in Aufgabe 18 (Abschn. 2.2) bewiesen werden:

$$\left. \begin{aligned} \bar{\omega}^{(r)}(\boldsymbol{p})\omega^{(r')}(\boldsymbol{p}) &= \epsilon_r \delta_{rr'} \\ \sum_{r=1}^{4} \epsilon_r \omega_\alpha^{(r)}(\boldsymbol{p})\bar{\omega}_\beta^{(r)}(\boldsymbol{p}) &= \delta_{\alpha\beta} \\ \sum_{r=1}^{4} \omega_\alpha^{(r)}(\epsilon_r \boldsymbol{p})\omega_\beta^{(r)\dagger}(\epsilon_r \boldsymbol{p}) &= \frac{p_0}{m_0 c}\delta_{\alpha\beta} . \end{aligned} \right\} \qquad (2.16)$$

Hierbei bezeichnet

$$\bar{\psi} = \psi^\dagger \beta \qquad (2.17)$$

den zu ψ *dirac-adjungierten* oder einfach *adjungierten Bispinor*.

2.1.2 Dirac-Gleichung in lorentzkovarianter Form

Nachdem wir eine relativistische Verallgemeinerung der Schrödinger-Gleichung von erster Ordnung in Raum und Zeit und mit einer positiv definiten Wahrscheinlichkeitsdichte gefunden haben, müssen wir in Bezug auf die Diracschen Forderungen von Seite 93 noch zeigen, daß sie dem Relativitätsprinzip entsprechend in allen Inertialsystemen das gleiche Aussehen hat. Hierzu ist es aus Gründen der Symmetrie zwischen $ct = x^0$ und x^i zweckmäßig, die γ-*Matrizen* einzuführen,

$$\gamma^0 = \beta , \quad \gamma^i = \beta\alpha_i ,$$

welche aufgrund von (2.6) der *Clifford-Algebra*

$$\{\gamma^\mu, \gamma^\nu\} = 2g^{\mu\nu} , \quad (\gamma^\mu)^2 = g^{\mu\mu} \qquad (2.18)$$

genügen. Weiterhin gelten aufgrund der Hermitezitätseigenschaften von α_i und β die Relationen

$$\gamma^{\mu\dagger} = g^{\mu\mu}\gamma^{\mu} \Longleftrightarrow \gamma^{\mu\dagger} = \gamma^0\gamma^{\mu}\gamma^0 \ . \tag{2.19}$$

Mit diesen Matrizen und unter Verwendung der Vierernotation für den Impuls und das elektromagnetische Feld,

$$(p^{\mu}) = i\hbar(\partial^{\mu}) = i\hbar \begin{pmatrix} \partial/(c\partial t) \\ -\boldsymbol{\nabla} \end{pmatrix} \ , \ (A^{\mu}) = \begin{pmatrix} A^0 \\ \boldsymbol{A} \end{pmatrix} \ ,$$

läßt sich die kanonische Dirac-Gleichung (2.14) umformulieren zu

$$\left[\gamma^{\mu} \left(p_{\mu} - \frac{e}{c} A_{\mu}(x) \right) - m_0 c \right] \psi(x) = 0 \ , \tag{2.20}$$

natürlich mit denselben freien Lösungen aus Satz 2.1. In der Dirac-Darstellung sind die γ-Matrizen gegeben durch

$$\gamma^0 = \begin{pmatrix} 1 & 0 \\ 0 & -1 \end{pmatrix} \ , \ \gamma^i = \begin{pmatrix} 0 & \sigma_i \\ -\sigma_i & 0 \end{pmatrix} \ ,$$

und in der Weyl-Darstellung lauten sie

$$\gamma^0 = \begin{pmatrix} 0 & -1 \\ -1 & 0 \end{pmatrix} \ , \ \gamma^i = \begin{pmatrix} 0 & \sigma_i \\ -\sigma_i & 0 \end{pmatrix} \ .$$

Für die Lorentz-Kovarianz (Forminvarianz) der Dirac-Gleichung ist nun folgendes zu zeigen: Es muß eine explizite Vorschrift geben, die es einem Beobachter im Inertialsystem K' erlaubt, bei gegebenem $\psi(x)$ eines Beobachters im Inertialsystem K sein $\psi'(x')$ zu berechnen, was ihm denselben physikalischen Zustand beschreibt (passive Transformation, siehe Unterabschn. 1.2.1). Darüber hinaus muß $\psi'(x')$ Lösung der gestrichenen Dirac-Gleichung

$$\left[\gamma'^{\mu} \left(p'_{\mu} - \frac{e}{c} A'_{\mu}(x') \right) - m_0 c \right] \psi'(x') = 0$$

sein, wobei die gestrichenen Matrizen natürlich ebenfalls den Relationen (2.18) und (2.19) zu genügen haben. Nun kann man zeigen, daß zwei Sätze von 4×4-Matrizen, die (2.18) erfüllen, sich lediglich durch eine unitäre Transformation unterscheiden:

$$\gamma'^{\mu} = U^{\dagger}\gamma^{\mu}U \ , \ U^{\dagger} = U^{-1} \ .$$

Das heißt man hat im gestrichenen System lediglich eine andere Darstellung der γ-Matrizen. Wir nehmen deshalb ohne Beschränkung der Allgemeinheit an, daß die γ-Matrizen im ungestrichenen und gestrichenen System das gleiche Aussehen haben, und können somit für die Dirac-Gleichung im gestrichenen System schreiben:

$$\left[\gamma^{\mu} \left(p'_{\mu} - \frac{e}{c} A'_{\mu}(x') \right) - m_0 c \right] \psi'(x') = 0 \ . \tag{2.21}$$

Die *Bispinortransformation* $D(\Lambda)$, welche $\psi(x)$ in $\psi'(x')$ überführt, muß linear sein, da auch die Lorentz-Transformation Λ der Koordinaten linear ist. Das heißt[2]

$$\psi'(x') = \psi'(\Lambda x) = D(\Lambda)\psi(x) = D(\Lambda)\psi(\Lambda^{-1}x')$$

bzw.

$$\psi(x) = D^{-1}(\Lambda)\psi'(x') = D^{-1}(\Lambda)\psi'(\Lambda x)$$

oder

$$\psi(x) = D(\Lambda^{-1})\psi'(x') \ .$$

Die letzten beiden Beziehungen berechtigen uns zu der Gleichsetzung

$$D^{-1}(\Lambda) = D(\Lambda^{-1}) \ .$$

Um nun zu einer Bestimmungsgleichung für D zu kommen, drücken wir die gestrichenen Größen in (2.21) durch die ungestrichenen aus:

$$\left[\gamma^\mu \left(p_\nu - \frac{e}{c}A_\nu(x)\right)[\Lambda^{-1}]^\nu{}_\mu - m_0c\right]D(\Lambda)\psi(x) = 0 \ .$$

Linksmultiplikation dieser Gleichung mit $D^{-1}(\Lambda)$ liefert

$$\left[D^{-1}(\Lambda)\gamma^\mu \left(p_\nu - \frac{e}{c}A_\nu(x)\right)[\Lambda^{-1}]^\nu{}_\mu D(\Lambda) - m_0c\right]\psi(x) = 0 \ .$$

Hieraus erkennt man, daß die Dirac-Gleichung genau dann lorentzkovariant ist, wenn es für jede Lorentz-Transformation Λ eine Matrix $D(\Lambda)$ gibt, für die gilt:[3]

$$D^{-1}(\Lambda)\gamma^\mu[\Lambda^{-1}]^\nu{}_\mu D(\Lambda) = \gamma^\nu \Longleftrightarrow D^{-1}(\Lambda)\gamma^\mu D(\Lambda) = \Lambda^\mu{}_\nu\gamma^\nu \ . \qquad (2.22)$$

Vorausgreifend sei hier erwähnt, daß die Matrix $D(\Lambda)$ i.a. nicht unitär ist. In Aufgabe 12 wird gezeigt, daß ganz allgemein die Beziehung

$$D^\dagger(\Lambda) = b\gamma^0 D^{-1}(\Lambda)\gamma^0 \ , \ b = \frac{\Lambda^0{}_0}{|\Lambda^0{}_0|} = \pm 1 \qquad (2.23)$$

gilt, wobei $\det(D) = 1$ vorausgesetzt wird.

---

[2] Von den Transformationen $x^\mu \to x'^\mu = \Lambda^\mu{}_\nu x^\nu + a^\mu$ der vollen Poincaré-Gruppe betrachten wir im folgenden nur die homogenen Lorentz-Transformationen ($a^\mu = 0$), weil die Invarianz der Dirac-Gleichung gegenüber Raumzeit-Translationen offensichtlich ist:

$$x^\mu \to x'^\mu = x^\mu + a^\mu \Longrightarrow A'^\mu(x') = A^\mu(x) \ , \ p'^\mu = p^\mu \Longrightarrow \psi'(x') = \psi(x) \ .$$

[3] Man beachte: Da wir im ungestrichenen und gestrichenen System dieselben γ-Matrizen voraussetzen, ist es nicht gerechtfertigt, γ^μ als Vierervektor zu betrachten, wie es durch die μ-Indizierung suggeriert wird. Im nächsten Unterabschnitt werden wir jedoch sehen, daß die durch die γ-Matrizen gebildeten Bilinearformen der Art $\bar\psi \cdots \psi$ sich bzgl. Lorentz-Transformationen so verhalten, als sei γ^μ ein Vierervektor.

Bis hierher haben wir mit (2.22) eine Bestimmungsgleichung für die Bispinortransformation $D(\varLambda)$ gefunden. Sie stellt gewissermaßen ein notwendiges Kriterium für die Lorentz-Kovarianz der Dirac-Gleichung dar. Um unsere diesbezügliche Beweisführung zu vervollständigen, müssen wir natürlich noch zeigen, daß die Bispinortransformationen auch tatsächlich existieren, z.B. indem wir sie explizit konstruieren. Hiermit werden wir uns in Abschn. 2.2 intensiv beschäftigen. Um jedoch den Argumentationsfluß der jetzigen Ausführungen nicht zu unterbrechen, sei bereits an dieser Stelle festgestellt, daß es in der Tat möglich ist, nicht nur für eigentliche Lorentz-Transformationen die zugehörige Bispinortransformation niederzuschreiben (was ausreichend wäre), sondern für alle Transformationen der Poincaré-Gruppe.

Adjungierter Bispinor, adjungierte Dirac-Gleichung. In (2.17) haben wir bereits den adjungierten Bispinor

$$\bar{\psi} = \psi^\dagger \beta = \psi^\dagger \gamma^0$$

eingeführt, dessen explizite Form in der Dirac- und Weyl-Darstellung gegeben ist durch

$$\bar{\psi} = (\psi_1^*, \psi_2^*, -\psi_3^*, -\psi_4^*) \quad \text{bzw.} \quad \bar{\psi} = (-\psi_3^*, -\psi_4^*, -\psi_1^*, -\psi_2^*) \ .$$

Der Vorteil seiner Verwendung liegt u.a. in der Tatsache, daß er sich unter Lorentz-Transformationen invers zu ψ verhält, denn unter Berücksichtigung von (2.23) findet man

$$\begin{aligned}
\bar{\psi}'(x') &= \psi'^\dagger(x')\gamma^0 = [D\psi(x)]^\dagger \gamma^0 = \psi^\dagger(x)D^\dagger\gamma^0 = b\psi^\dagger(x)\gamma^0 D^{-1} \\
&= b\bar{\psi}(x)D^{-1} \ .
\end{aligned} \tag{2.24}$$

Hieraus folgt, daß man durch Kombination von $\bar{\psi}$ und ψ sog. *kovariante Bilinearformen* bilden kann, die ein definiertes Transformationsverhalten unter Lorentz-Transformationen besitzen (siehe weiter unten sowie Unterabschn. 2.1.3).

Unter Verwendung der Beziehung

$$(i\hbar\gamma^\mu\partial_\mu\psi)^\dagger = \left(i\hbar\gamma^\mu\frac{\partial\psi}{\partial x^\mu}\right)^\dagger = -i\hbar\frac{\partial\psi^\dagger}{\partial x^\mu}\gamma^{\mu\dagger} = -i\hbar\partial_\mu\psi^\dagger\gamma^{\mu\dagger}$$

erhält man die zur Dirac-Gleichung (2.20) hermitesch konjugierte Gleichung

$$\left(-i\hbar\partial_\mu - \frac{e}{c}A_\mu\right)\psi^\dagger\gamma^{\mu\dagger} - m_0c\psi^\dagger = 0 \ .$$

Durch Rechtsmultiplikation dieser Beziehung mit γ^0 und Ausnutzen von (2.19) folgt schließlich die *adjungierte Dirac-Gleichung*

$$\left(-p_\mu - \frac{e}{c}A_\mu\right)\bar{\psi}\gamma^\mu - m_0c\bar{\psi} = 0 \ .$$

Sie ist zur Dirac-Gleichung äquivalent.

Lorentz-Kovarianz der Kontinuitätsgleichung. Mit Hilfe des adjungierten Bispinors ist es nun leicht zu zeigen, daß die Größe

$$j^\mu = c\psi^\dagger \gamma^0 \gamma^\mu \psi = c\bar{\psi}\gamma^\mu \psi \ , \ (j^\mu) = \begin{pmatrix} c\rho \\ \boldsymbol{j} \end{pmatrix}$$

ein kontravarianter Vierervektor unter orthochronen Lorentz-Transformationen ist und somit die Kontinuitätsgleichung in der manifest invarianten Weise

$$\partial_\mu j^\mu = 0$$

geschrieben werden kann. Unter Berücksichtigung von (2.22) und (2.24) mit $b = +1$ folgt nämlich

$$\begin{aligned} j'^\mu(x') &= c\bar{\psi}'(x')\gamma^\mu \psi'(x') = c\bar{\psi}(x)D^{-1}(\Lambda)\gamma^\mu D(\Lambda)\psi(x) \\ &= c\bar{\psi}(x)\Lambda^\mu{}_\nu \gamma^\nu \psi(x) = \Lambda^\mu{}_\nu j^\mu(x) \ . \end{aligned}$$

Satz 2.2: Dirac-Gleichung in lorentzkovarianter Form

Unter Verwendung der γ-Matrizen

$$\gamma^0 = \beta \ , \ \gamma^j = \beta\alpha_j \ ,$$

lautet die Dirac-Gleichung für ein minimal angekoppeltes elektromagnetisches Feld

$$\left[\gamma^\mu \left(p_\mu - \frac{e}{c}A_\mu(x) \right) - m_0 c \right] \psi(x) = 0 \ . \tag{2.25}$$

Sie ist in dieser Form lorentzkovariant, falls man zu jeder Lorentz-Transformation

$$\Lambda: \quad x^\mu \longrightarrow x'^\mu = \Lambda^\mu{}_\nu x^\nu$$

eine Bispinortransformation

$$D(\Lambda): \quad \psi(x) \longrightarrow \psi'(x') = D(\Lambda)\psi(x)$$

finden kann, für die gilt:

$$D^{-1}(\Lambda)\gamma^\mu D(\Lambda) = \Lambda^\mu{}_\nu \gamma^\nu \ . \tag{2.26}$$

Unter dieser Voraussetzung transformiert sich die Viererstromdichte

$$j^\mu = c\psi^\dagger \gamma^0 \gamma^\mu \psi = c\bar{\psi}\gamma^\mu \psi$$

unter orthochronen Lorentz-Transformationen wie ein kontravarianter Vierervektor, und es gilt die lorentzkovariante Kontinuitätsgleichung

$$\partial_\mu j^\mu = 0 \ .$$

Der adjungierte Bispinor

$$\bar{\psi} = \psi^\dagger \gamma^0$$

▷

genügt der zur Dirac-Gleichung äquivalenten adjungierten Dirac-Gleichung

$$\left(-p_\mu - \frac{e}{c}A_\mu\right)\bar{\psi}\gamma^\mu - m_0 c\bar{\psi} = 0 \ .$$

Unter Verwendung von

$$D^\dagger(\Lambda) = b\gamma^0 D^{-1}(\Lambda)\gamma^0 \ , \ b = \frac{\Lambda^0{}_0}{|\Lambda^0{}_0|} = \pm 1 \ , \ \det(D) = 1$$

ergibt sich für das Transformationsverhalten des adjungierten Bispinors

$$\bar{\psi}(x) \longrightarrow \bar{\psi}'(x') = b\bar{\psi}(x)D^{-1}(\Lambda) \ .$$

2.1.3 Eigenschaften der γ-Matrizen und kovariante Bilinearformen

Bevor wir die Dirac-Gleichung hinsichtlich ihrer Lösungen weiter diskutieren, fügen wir in diesem Unterabschnitt einige Zwischenbetrachtungen über formale Eigenschaften der γ-Matrizen und deren Verwendung bei der Bildung von *kovarianten Bilinearformen* ein.

Vollständiges Basissystem. Offenbar sind die vier Matrizen γ^μ zwar linear unabhängig, bilden aber keine vollständige Basis im 16-dimensionalen Raum der 4×4-Matrizen. Durch einfache Matrixmultiplikationen der γ^μ ist es jedoch möglich, 16 linear unabhängige Basiselemente dieses Raumes zu finden. Diese sind in Tab. 2.1 aufgeführt.

Bezeichnung	Anzahl	Explizite Form $\left(\Gamma^{(n)}\right)^2 = +1$	$\left(\Gamma^{(n)}\right)^2 = -1$
$\Gamma^{(S)}$: 1	1	1	
$\Gamma^{(V)}$: γ^μ	4	γ^0	$\gamma^1, \gamma^2, \gamma^3$
$\Gamma^{(T)}$: $\gamma^\mu\gamma^\nu, \mu < \nu$	6	$\gamma^0\gamma^1, \gamma^0\gamma^2, \gamma^0\gamma^3$	$\gamma^1\gamma^2, \gamma^1\gamma^3, \gamma^2\gamma^3$
$\Gamma^{(A)}$: $\gamma^\mu\gamma^5$	4	$i\gamma^0\gamma^2\gamma^3, i\gamma^0\gamma^3\gamma^1, i\gamma^0\gamma^1\gamma^2$	$i\gamma^1\gamma^2\gamma^3$
$\Gamma^{(P)}$: γ^5	1	$i\gamma^0\gamma^1\gamma^2\gamma^3$	

Tab. 2.1. Basiselemente des 4×4-Matrizenraums.

Wie bei den γ-Matrizen selbst ist das Quadrat der in den fünf Typen $\Gamma^{(n)}$ zusammengefaßten Matrizen +1 oder −1. Die hochgestellten Indizes stehen für Skalar (S), Vektor (V), Tensor (T), Pseudoskalar (P) und Pseudo- bzw. Axialvektor (A) und hängen mit dem jeweiligen Transformationsverhalten der zugehörigen Matrizen bei Kombination mit $\bar{\psi}$ und ψ unter Lorentz-Transformationen zusammen (siehe weiter unten). Als einzige dieser Matrizen vertauscht die Einheitsmatrix mit allen Matrizen. Jede andere Matrix vertauscht genau mit 8 der 16 Matrizen und antivertauscht mit den übrigen 8. Man überzeugt sich leicht davon, daß jedes Produkt von mehr als vier γ-Matrizen solche mit gleichem Index enthalten muß, so daß sich das Produkt über die Antivertauschungsrelation (2.18) auf eines der 16 angegebenen Elemente zurückführen läßt.

Daß die aufgeführten Matrizen tatsächlich eine vollständige Basis im Raum der 4×4-Matrizen bilden, läßt sich durch folgende Argumentation beweisen:

- Zu jeder Matrix $\Gamma^{(n)} \neq \Gamma^{(S)}$ existiert eine Matrix $\Gamma^{(m)}$, so daß

$$\Gamma^{(n)}\Gamma^{(m)} = -\Gamma^{(m)}\Gamma^{(n)} .$$

Hieraus folgt, daß die Spur von $\Gamma^{(n)}$ verschwindet,

$$\pm\mathrm{tr}\left[\Gamma^{(n)}\right] = \mathrm{tr}\left[\Gamma^{(n)}\left(\Gamma^{(m)}\right)^2\right] = -\mathrm{tr}\left[\Gamma^{(m)}\Gamma^{(n)}\Gamma^{(m)}\right]$$
$$= -\mathrm{tr}\left[\Gamma^{(n)}\left(\Gamma^{(m)}\right)^2\right] = 0 , \tag{2.27}$$

wobei in der vorletzten Beziehung die zyklische Vertauschbarkeit der Spur ausgenutzt wurde.

- Zu jedem $\Gamma^{(a)}$ und $\Gamma^{(b)} \neq \Gamma^{(a)}$ existiert ein $\Gamma^{(n)} \neq \Gamma^{(S)}$, so daß

$$\Gamma^{(a)}\Gamma^{(b)} = \Gamma^{(n)} . \tag{2.28}$$

- Wir nehmen nun an, es existieren Zahlen a_n, so daß gilt:

$$\sum_n a_n\Gamma^{(n)} = 0 . \tag{2.29}$$

Multiplikation dieser Gleichung mit $\Gamma^{(m)}$ und anschließender Spurbildung liefert

$$\sum_n a_n\mathrm{tr}\left[\Gamma^{(n)}\Gamma^{(m)}\right] = 0 .$$

Im Falle $\Gamma^{(m)} \neq \Gamma^{(S)}$ folgt wegen (2.27) und (2.28) $a_m = 0$. Ist andererseits $\Gamma^{(m)} = \Gamma^{(S)}$, so findet man $a_S = 0$. Insgesamt verschwinden also in (2.29) alle Koeffizienten, was die lineare Unabhängigkeit der $\Gamma^{(n)}$ beweist.

Inverse Matrizen. Genau wie bei Vierervektoren (allgemeiner: Lorentz-Tensoren) definiert man die zu γ^μ gehörende Matrix γ_μ durch das Hinunterziehen des Index mittels

$$\gamma_\mu = g_{\mu\nu}\gamma^\nu .$$

Nun gilt aufgrund von (2.18) (ohne Summation über μ)

$$\gamma^\mu\gamma_\mu = \gamma^\mu g_{\mu\nu}\gamma^\nu = \left(\gamma^\mu\right)^2 g_{\mu\mu} = g^{\mu\mu}g_{\mu\mu} = 1 .$$

Das heißt γ_μ ist die inverse Matrix zu γ^μ. Man erhält deshalb die zu $\Gamma^{(n)}$ gehörende inverse Matrix, indem man die Reihenfolge der darin enthaltenen Matrizen γ^μ umdreht, diese durch γ_μ ersetzt und voranstehende i durch $-$i ersetzt. So lautet z.B. die zu $i\gamma^1\gamma^2\gamma^3$ inverse Matrix $-i\gamma_3\gamma_2\gamma_1$.

Kovariante Bilinearformen. Wie weiter oben bereits festgestellt wurde, lassen sich mit Hilfe der in Tab. 2.1 stehenden γ-Matrixkombinationen $\Gamma^{(n)}$ kovariante Bilinearformen bilden, die ein definiertes Transformationsverhalten unter Lorentz-Transformationen besitzen. Wir wollen nun diese Bilinearformen näher spezifizieren und ihr zugehöriges Transformationsverhalten bestimmen, wobei wir uns auf orthochrone Transformationen ($b = +1$) beschränken und von den Beziehungen

$$\psi \longrightarrow \psi' = D\psi \ , \ \bar{\psi} \longrightarrow \bar{\psi}' = \bar{\psi}D^{-1} \ , \ D^{-1}\gamma^\mu D = \Lambda^\mu{}_\nu \gamma^\nu$$

Gebrauch machen.

- *Skalare Bilinearform, $\Gamma^{(S)}$.* Diese Bilinearform ist gegeben durch $\bar{\psi}1\psi = \bar{\psi}\psi$ und transformiert sich offensichtlich wie ein Lorentz-Skalar:

$$\bar{\psi}\psi \longrightarrow \bar{\psi}D^{-1}D\psi = \bar{\psi}\psi \ .$$

- *Vektorielle Bilinearform, $\Gamma^{(V)}$.* Sie wird gebildet durch $\bar{\psi}\gamma^\mu\psi$ und ist gerade der Viererstrom, von dem wir bereits wissen, daß er sich wie ein kontravarianter Vektor transformiert:

$$\bar{\psi}\gamma^\mu\psi \longrightarrow \bar{\psi}D^{-1}\gamma^\mu D\psi = \bar{\psi}\Lambda^\mu{}_\nu\gamma^\nu\psi = \Lambda^\mu{}_\nu\bar{\psi}\gamma^\nu\psi \ .$$

- *Tensorielle Bilinearform, $\Gamma^{(T)}$.* Diese Größe lautet $\bar{\psi}\gamma^\mu\gamma^\nu\psi$. Ihr Transformationsverhalten berechnet sich zu

$$\begin{aligned}\bar{\psi}\gamma^\mu\gamma^\nu\psi \longrightarrow \ &\bar{\psi}D^{-1}\gamma^\mu\gamma^\nu D\psi = \bar{\psi}D^{-1}\gamma^\mu DD^{-1}\gamma^\nu D\psi \\ &= \Lambda^\mu{}_\alpha\Lambda^\nu{}_\beta\bar{\psi}\gamma^\alpha\gamma^\beta\psi \ .\end{aligned}$$

Das heißt $\bar{\psi}\gamma^\mu\gamma^\nu\psi$ transformiert sich wie ein kontravarianter Tensor 2. Stufe.

- *Pseudoskalare Bilinearform, $\Gamma^{(P)}$.* Für den hierdurch gebildeten Ausdruck $\bar{\psi}\gamma^5\psi$ liefert die Rechnung

$$\begin{aligned}\bar{\psi}\gamma^5\psi = i\bar{\psi}\gamma^0\gamma^1\gamma^2\gamma^3\psi \longrightarrow \ &i\bar{\psi}D^{-1}\gamma^0 DD^{-1}\gamma^1 DD^{-1}\gamma^2 DD^{-1}\gamma^3 D\psi \\ &= i\Lambda^0{}_\alpha\Lambda^1{}_\beta\Lambda^2{}_\delta\Lambda^3{}_\rho\bar{\psi}\gamma^\alpha\gamma^\beta\gamma^\delta\gamma^\rho\psi \ . \quad (2.30)\end{aligned}$$

Zur weiteren Auswertung ist zu beachten, daß die Summen über Terme mit mindestens zwei gleichen Indizes nichts beitragen, denn es gilt z.B.

$$\Lambda^2{}_\mu\Lambda^3{}_\mu\gamma^\mu\gamma^\mu = \Lambda^2{}_\mu g^{\mu\nu}\Lambda^3{}_\nu \ ,$$

und dieser Term verschwindet aufgrund von (A.2) und (A.3) im Anhang. Desweiteren folgt aufgrund der Antivertauschbarkeit der γ-Matrizen

$$\Lambda^0{}_\alpha \Lambda^1{}_\beta \Lambda^2{}_\delta \Lambda^3{}_\rho \gamma^\alpha \gamma^\beta \gamma^\delta \gamma^\rho = \epsilon^{\alpha\beta\delta\rho} \Lambda^0{}_\alpha \Lambda^1{}_\beta \Lambda^2{}_\delta \Lambda^3{}_\rho \gamma^0 \gamma^1 \gamma^2 \gamma^3$$
$$= \det(\Lambda) \gamma^0 \gamma^1 \gamma^2 \gamma^3 .$$

Insgesamt können wir deshalb für (2.30) schreiben:

$$\bar{\psi} \gamma^5 \psi \longrightarrow \det(\Lambda) \bar{\psi} \gamma^5 \psi .$$

Folglich ist $\bar{\psi} \gamma^5 \psi$ ein Pseudoskalar, dessen Transformationsverhalten sich von dem des Skalars durch den zusätzlichen Faktor $\det(\Lambda)$ unterscheidet.

- *Pseudo- bzw. axialvektorielle Bilinearform, $\Gamma^{(A)}$.* Die letzte Bilinearform lautet $\bar{\psi} \gamma^\mu \gamma^5 \psi$. Hier führt die Rechnung unter Berücksichtigung der Anmerkungen zur pseudoskalaren Bilinearform zu folgendem Transformationsgesetz:

$$\bar{\psi} \gamma^\mu \gamma^5 \psi \longrightarrow \mathrm{i} \Lambda^\mu{}_\nu \Lambda^0{}_\alpha \Lambda^1{}_\beta \Lambda^2{}_\delta \Lambda^3{}_\rho \bar{\psi} \gamma^\mu \gamma^\alpha \gamma^\beta \gamma^\delta \gamma^\rho \psi$$
$$= \mathrm{i} \Lambda^\mu{}_\nu \epsilon^{\alpha\beta\delta\rho} \bar{\psi} \gamma^\mu \gamma^0 \gamma^1 \gamma^2 \gamma^3 \psi$$
$$= \det(\Lambda) \Lambda^\mu{}_\nu \bar{\psi} \gamma^\nu \gamma^5 \psi .$$

Das heißt $\bar{\psi} \gamma^\mu \gamma^5 \psi$ ist ein kontravarianter Pseudovektor. Er transformiert sich wie ein Vektor, bis auf den zusätzlichen Faktor $\det(\Lambda)$.

2.1.4 Spinoperator

In Unterabschn. 2.1.1 haben wir festgestellt, daß es neben $H^{(0)}$ und $\boldsymbol{p}$ einen weiteren, nur auf die inneren Freiheitsgrade Diracscher Wellenfunktionen wirkenden Operator geben muß, der mit $H^{(0)}$ und $\boldsymbol{p}$ vertauscht. Um diesen Operator zu finden, betrachten wir zunächst einmal den freien Hamilton-Operator für ruhende freie Teilchen in der Dirac- oder Weyl-Darstellung,

$$\mathcal{H}^{(0)} = \beta m_0 c^2 ,$$

und stellen fest, daß der Operator

$$\boldsymbol{S} = \frac{h}{2} \hat{\boldsymbol{\sigma}} , \ \hat{\boldsymbol{\sigma}} = \begin{pmatrix} \boldsymbol{\sigma} & 0 \\ 0 & \boldsymbol{\sigma} \end{pmatrix} \tag{2.31}$$

mit $\mathcal{H}^{(0)}$ kommutiert. Da $\boldsymbol{S}$ einerseits formale Ähnlichkeit mit dem Spinoperator der nichtrelativistischen Quantenmechanik besitzt und andererseits den typischen Vertauschungsrelationen

$$[S_i, S_j] = \mathrm{i} \hbar \epsilon_{ijk} S_k , \ i, j, k = 1, 2, 3$$

für quantenmechanische Drehimpulse genügt, liegt es nahe, ihn als Spinoperator der Dirac-Theorie zu identifizieren. Seine Quantenzahl s ergibt sich aus der Zuordnung

$$\boldsymbol{S}^2 = \frac{\hbar^2}{4} \hat{\boldsymbol{\sigma}}^2 = \frac{3}{4} \hbar^2 = \hbar^2 s(s+1) \Longrightarrow s = \frac{1}{2} ,$$

was ein Indiz dafür ist, daß die Dirac-Lösungen Spin-1/2-Teilchen beschreiben.[4] Weiterhin folgt aus den bekannten Regeln der Drehimpulsalgebra, daß die Projektion des Spins auf eine beliebige Raumrichtung,

$$S_{\boldsymbol{n}^{(0)}} = \boldsymbol{n}^{(0)} \boldsymbol{S} \; , \; |\boldsymbol{n}^{(0)}| = 1 \; ,$$

die Eigenwerte bzw. Quantenzahlen

$$\hbar m_{\boldsymbol{n}^{(0)}} \; , \; m_{\boldsymbol{n}^{(0)}} = \pm 1/2$$

besitzt. Der von uns gesuchte Operator lautet also $S_{\boldsymbol{n}^{(0)}}$. Er bildet zusammen mit $\mathcal{H}^{(0)}$, $\boldsymbol{p}$ (und $\boldsymbol{S}^2$) einen vollständigen Satz kommutierender Observabler. Dementsprechend lassen sich die Diracschen Lösungen aus Satz 2.1 im Ruhefall durch Angabe ihrer Eigenwerte von Energie, Impuls und der Projektion des Spins auf eine beliebige Raumrichtung eindeutig spezifizieren. Ist der Spin in bzw. gegen die z-Richtung orientiert ($m_z = \pm 1/2$), dann sind die zugehörigen Spinoren z.B. in folgender Weise zu wählen:

$$\chi^{(1,3)} \sim \begin{pmatrix} 1 \\ 0 \end{pmatrix} \Longrightarrow S_z \omega^{(1,3)}(\boldsymbol{0}) = +\frac{\hbar}{2}\omega^{(1,3)}(\boldsymbol{0})$$

$$\chi^{(2,4)} \sim \begin{pmatrix} 0 \\ 1 \end{pmatrix} \Longrightarrow S_z \omega^{(2,4)}(\boldsymbol{0}) = -\frac{\hbar}{2}\omega^{(2,4)}(\boldsymbol{0}) \; ,$$

mit

$$S_z = S_{\boldsymbol{n}^{(0)}} \; , \; \boldsymbol{n}^{(0)} = \begin{pmatrix} 0 \\ 0 \\ 1 \end{pmatrix} \; .$$

Kommen wir jetzt zum allgemeineren Fall eines bewegten freien Teilchens mit dem zugehörigen Hamilton-Operator $H^{(0)}$ aus (2.8). Anders als in der nichtrelativistischen Theorie kommutiert der Spinoperator $\boldsymbol{S}$ bzw. $S_{\boldsymbol{n}^{(0)}}$ mit $H^{(0)}$ i.a. nicht. Wir können ihn aber durch eine einfache Überlegung zu einem lorentzkovarianten Operator erweitern, der in jedem Fall mit $H^{(0)}$ und $\boldsymbol{p}$ vertauscht. Hierzu stellen wir unter Berücksichtigung von Unterabschn. 2.1.2 zunächst folgendes fest: Bezeichnet $\Lambda_{\boldsymbol{v}}$ die eigentliche Lorentz-Transformation, die vom Ruhesystem eines Spin-1/2-Teilchens auf ein hierzu mit der Geschwindigkeit $\boldsymbol{v}$ bewegtes Bezugssystem transformiert, dann gilt

$$\omega^{(r)}(-\boldsymbol{p}) = D(\Lambda_{\boldsymbol{v}})\omega^{(r)}(\boldsymbol{0}) \Longleftrightarrow \omega^{(r)}(\boldsymbol{p}) = D(\Lambda_{-\boldsymbol{v}})\omega^{(r)}(\boldsymbol{0})$$
$$\Longleftrightarrow \omega^{(r)}(\boldsymbol{0}) = D^{-1}(\Lambda_{-\boldsymbol{v}})\omega^{(r)}(\boldsymbol{p})$$
$$\Longleftrightarrow \omega^{(r)}(\boldsymbol{0}) = D(\Lambda_{-\boldsymbol{v}}^{-1})\omega^{(r)}(\boldsymbol{p})$$
$$\Longleftrightarrow \omega^{(r)}(\boldsymbol{0}) = D(\Lambda_{\boldsymbol{v}})\omega^{(r)}(\boldsymbol{p}) \; ,$$

wobei $D(\Lambda_{\boldsymbol{v}})$ die zu $\Lambda_{\boldsymbol{v}} = \Lambda_{-\boldsymbol{v}}^{-1}$ gehörende Bispinortransformation, $\omega^{(r)}(\boldsymbol{0})$ die Bispinoren für ruhende Teilchen und $\omega^{(r)}(\boldsymbol{p})$ die Bispinoren für freie Teilchen mit dem Impuls $\boldsymbol{p}$ bezeichnen. Nehmen wir nun an, die Spinoren $\chi^{(r)}$

---

[4] Ein formaleres transformationstheoretisches Argument folgt in Unterabschn. 2.2.2.

seien dergestalt gewählt, daß die Bispinoren $\omega^{(r)}(\mathbf{0})$ des Ruhesystems Eigenzustände von $S_{\boldsymbol{n}^{(0)}}$ sind, also

$$S_{\boldsymbol{n}^{(0)}}\omega^{(r)}(\mathbf{0}) = \hbar m_{\boldsymbol{n}^{(0)}}\omega^{(r)}(\mathbf{0}) \ , \ m_{\boldsymbol{n}^{(0)}} = \pm\frac{1}{2} \ ,$$

dann folgt

$$S_{\boldsymbol{n}^{(0)}}D(\Lambda_{\boldsymbol{v}})\omega^{(r)}(\boldsymbol{p}) = \hbar m_{\boldsymbol{n}^{(0)}}D(\Lambda_{\boldsymbol{v}})\omega^{(r)}(\boldsymbol{p})$$

$$\Longleftrightarrow D^{-1}(\Lambda_{\boldsymbol{v}})S_{\boldsymbol{n}^{(0)}}D(\Lambda_{\boldsymbol{v}})\omega^{(r)}(\boldsymbol{p}) = \hbar m_{\boldsymbol{n}^{(0)}}\omega^{(r)}(\boldsymbol{p}) \ .$$

Mit anderen Worten: Sind $\omega^{(r)}(\mathbf{0})$ Eigenzustände von $S_{\boldsymbol{n}^{(0)}}$, dann sind $\omega^{(r)}(\boldsymbol{p})$ Eigenzustände des *lorentzkovarianten Spinoperators*

$$S(n,p) = D^{-1}(\Lambda_{\boldsymbol{v}})S_{\boldsymbol{n}^{(0)}}D(\Lambda_{\boldsymbol{v}}) \ , \tag{2.32}$$

und zwar mit denselben Eigenwerten. Hieraus ergeben sich notwendigerweise die gewünschten Vertauschungsrelationen

$$\Big[S(n,p), H^{(0)}\Big] = [S(n,p), \boldsymbol{p}] = 0 \ .$$

Die Schreibweise $S(n,p)$ wird klar, sobald wir (2.32) etwas umformulieren und die darin enthaltene Bispinortransformation D eliminieren. Zu diesem Zweck bringen wir $S_{\boldsymbol{n}^{(0)}}$ zunächst in die Form

$$S_{\boldsymbol{n}^{(0)}} = \frac{\hbar}{2m_0 c}\gamma^5\gamma^\mu n_\mu^{(0)}\gamma^\nu p_\nu^{(0)} \ ,$$

wobei

$$\left(n^{(0)\mu}\right) = \begin{pmatrix} 0 \\ \boldsymbol{n}^{(0)} \end{pmatrix} \ , \ \left(p^{(0)\mu}\right) = \begin{pmatrix} m_0 c \\ \mathbf{0} \end{pmatrix}$$

die zu einem Vierervektor erweiterte Spinprojektionsrichtung bzw. den Viererimpuls im Ruhesystem bezeichnen. Unter Verwendung von (2.26) geht dann (2.32) über in

$$\begin{aligned} S(n,p) &= D^{-1}(\Lambda_{-\boldsymbol{v}}^{-1})S_{\boldsymbol{n}^{(0)}}D(\Lambda_{-\boldsymbol{v}}^{-1}) \\ &= \frac{\hbar}{2m_0 c}\gamma^5 D^{-1}(\Lambda_{-\boldsymbol{v}}^{-1})\gamma^\mu D(\Lambda_{-\boldsymbol{v}}^{-1})n_\mu^{(0)}D^{-1}(\Lambda_{-\boldsymbol{v}}^{-1})\gamma^\nu D(\Lambda_{-\boldsymbol{v}}^{-1})p_\nu^{(0)} \\ &= \frac{\hbar}{2m_0 c}\gamma^5[\Lambda_{-\boldsymbol{v}}^{-1}]^\mu{}_\alpha\gamma^\alpha n_\mu^{(0)}[\Lambda_{-\boldsymbol{v}}^{-1}]^\nu{}_\beta\gamma^\beta p_\nu^{(0)} \\ &= \frac{\hbar}{2m_0 c}\gamma^5\gamma^\alpha n_\mu^{(0)}[\Lambda_{-\boldsymbol{v}}^{-1}]^\mu{}_\alpha\gamma^\beta p_\nu^{(0)}[\Lambda_{-\boldsymbol{v}}^{-1}]^\nu{}_\beta \\ &= \frac{\hbar}{2m_0 c}\gamma^5\gamma^\alpha n_\alpha\gamma^\beta p_\beta \ , \tag{2.33} \end{aligned}$$

mit

$$n^\mu = [\Lambda_{-\boldsymbol{v}}]^\mu{}_\nu n^{(0)\nu} \ , \ p^\mu = [\Lambda_{-\boldsymbol{v}}]^\mu{}_\nu p^{(0)\nu} \ ,$$

wobei in der zweiten Zeile von (2.33) die für eigentliche Lorentz-Transformationen gültige Beziehung $[D, \gamma^5] = 0$ benutzt wurde.[5] Insgesamt können wir
somit festhalten:

**Satz 2.3: Lorentzkovarianter Spinoperator
und Viererpolarisation**

Der lorentzkovariante Spinoperator (genauer: die lorentzkovariante Projektion des Spins) der Dirac-Theorie lautet darstellungsunabhängig

$$S(n,p) = \frac{\hbar}{2m_0 c}\gamma^5\gamma^\mu n_\mu \gamma^\nu p_\nu \ , \ \left[S(n,p), H^{(0)}\right] = [S(n,p), \boldsymbol{p}] = 0 \ .$$

Hierbei bezeichnen $n = (n^\mu)$ die *Viererpolarisation* und $p = (p^\mu)$ den Viererimpuls, die aus den entsprechenden Ausdrücken des Ruhesystems in folgender Weise hervorgehen:

$$p^\mu = [\Lambda_{-\boldsymbol{v}}]^\mu{}_\nu p^{(0)\nu} \ , \ (p^{(0)\mu}) = \begin{pmatrix} m_0 c \\ \boldsymbol{0} \end{pmatrix}$$

$$n^\mu = [\Lambda_{-\boldsymbol{v}}]^\mu{}_\nu n^{(0)\nu} \ , \ (n^{(0)\mu}) = \begin{pmatrix} 0 \\ \boldsymbol{n}^{(0)} \end{pmatrix} \ .$$

Sind die freien Bispinoren $\omega^{(r)}(\boldsymbol{0})$ Eigenzustände von $S(n^{(0)}, p^{(0)}) = S_{\boldsymbol{n}^{(0)}}$,
dann sind $\omega^{(r)}(\boldsymbol{p}) = D(\Lambda_{-\boldsymbol{v}})\omega^{(r)}(\boldsymbol{0})$ Eigenzustände von $S(n,p)$ mit denselben Eigenwerten.

Ein besonderer Spezialfall des lorentzkovarianten Spinoperators ist der sog.
Helizitätsoperator. Er ist definiert durch die Projektion des Spins $\boldsymbol{S}$ auf die
Impulsrichtung, also $\boldsymbol{n}^{(0)} = \boldsymbol{p}/|\boldsymbol{p}|$. Für ihn ergibt sich unter Berücksichtigung
von[6] $[S_{\boldsymbol{p}}, D(\Lambda_{\boldsymbol{v}})] = 0$ aus (2.32)

$$S(p,p) = S_{\boldsymbol{p}} = \frac{\boldsymbol{p}\boldsymbol{S}}{|\boldsymbol{p}|} = \frac{\hbar}{2|\boldsymbol{p}|}\gamma^5\gamma^0\gamma\boldsymbol{p} \ ,$$

wobei der rechte Ausdruck unabhängig von der gewählten Darstellung ist.
Die zugehörige Quantenzahl $m_{\boldsymbol{p}}$ wird *Helizität* genannt.

2.1.5 Projektionsoperatoren

Für praktische Berechnungen ist es oftmals bequem, Operatoren zu besitzen,
die aus einer allgemeinen Lösung der freien Dirac-Gleichung mit Impulsindex $\boldsymbol{p}$ diejenigen Bispinoren mit gegebenem Energievorzeichen und gegebener
Spinorientierung herausprojizieren.

Energieprojektionsoperatoren. Die Projektoren auf Lösungen mit definierter Energie ergeben sich unmittelbar aus der freien Dirac-Gleichung im
Impulsraum,

---

[5] $\{\gamma^5, \gamma^\mu\} = 0 \Longrightarrow [\gamma^5, \sigma_{\mu\nu}] = 0$; siehe Satz 2.6 in Unterabschn. 2.2.1.
[6] Siehe (2.60) in Unterabschn. 2.2.1.

$$\gamma^\mu p_\mu \omega^{(1,2)}(\boldsymbol{p}) = m_0 c \omega^{(1,2)}(\boldsymbol{p}) \ , \ \gamma^\mu p_\mu \omega^{(3,4)}(\boldsymbol{p}) = -m_0 c \omega^{(3,4)}(\boldsymbol{p}) \ . \quad (2.34)$$

Definiert man aufgrund dessen die Operatoren

$$\Lambda_+(p) = \frac{\gamma^\mu p_\mu + m_0 c}{2m_0 c} \ , \ \Lambda_-(p) = \frac{-\gamma^\mu p_\mu + m_0 c}{2m_0 c} \ ,$$

dann gilt offensichtlich

$$\Lambda_+(p)\omega^{(1,2)}(\boldsymbol{p}) = \omega^{(1,2)}(\boldsymbol{p}) \ \ , \ \ \Lambda_+(p)\omega^{(3,4)}(\boldsymbol{p}) = 0$$

$$\Lambda_-(p)\omega^{(1,2)}(\boldsymbol{p}) = 0 \qquad\quad , \ \ \Lambda_-(p)\omega^{(3,4)}(\boldsymbol{p}) = \omega^{(3,4)}(\boldsymbol{p}) \ .$$

Somit projiziert $\Lambda_+(p)$ auf positive und $\Lambda_-(p)$ auf negative Lösungen bei beliebiger Spinorientierung. Für dieses vollständige und lorentzkovariante Projektionssystem gelten die für Projektionsoperatoren charakteristischen Gleichungen

$$\Lambda_\pm^2(p) = \Lambda_\pm(p) \ , \ \Lambda_\pm(p)\Lambda_\mp(p) = 0 \ , \ \Lambda_+(p) + \Lambda_-(p) = 1 \ . \quad (2.35)$$

Spinprojektionsoperatoren. Um zu analogen Ausdrücken für den Spin zu gelangen, nehmen wir an, die $\chi^{(r)}$ seien so gewählt, daß gilt:

$$S(n,p)\omega^{(1,3)}(\boldsymbol{p}) = +\frac{\hbar}{2}\omega^{(1,3)}(\boldsymbol{p}) \quad \left(\begin{array}{l}\text{Spin in Richtung } \boldsymbol{n}^{(0)} \\ \text{im Ruhesystem}\end{array}\right) \left.\begin{array}{l} \\ \\ \\ \\ \end{array}\right\} \quad (2.36)$$

$$S(n,p)\omega^{(2,4)}(\boldsymbol{p}) = -\frac{\hbar}{2}\omega^{(2,4)}(\boldsymbol{p}) \quad \left(\begin{array}{l}\text{Spin in Richtung } -\boldsymbol{n}^{(0)} \\ \text{im Ruhesystem}\end{array}\right)$$

und berechnen dann unter Berücksichtigung von Satz 2.3 und (2.34):

$$S(n,p)\omega^{(1,2)}(\boldsymbol{p}) = \frac{\hbar}{2m_0 c}\gamma^5 \gamma^\mu n_\mu \gamma^\nu p_\nu \omega^{(1,2)}(\boldsymbol{p})$$

$$= \frac{\hbar}{2}\gamma^5 \gamma^\mu n_\mu \omega^{(1,2)}(\boldsymbol{p})$$

$$= \pm\frac{\hbar}{2}\omega^{(1,2)}(\boldsymbol{p})$$

$$\Longrightarrow \gamma^5 \gamma^\mu n_\mu \omega^{(1,2)}(\boldsymbol{p}) = \pm\omega^{(1,2)}(\boldsymbol{p})$$

$$S(n,p)\omega^{(3,4)}(\boldsymbol{p}) = \frac{\hbar}{2m_0 c}\gamma^5 \gamma^\mu n_\mu \gamma^\nu p_\nu \omega^{(3,4)}(\boldsymbol{p})$$

$$= -\frac{\hbar}{2}\gamma^5 \gamma^\mu n_\mu \omega^{(3,4)}(\boldsymbol{p})$$

$$= \pm\frac{\hbar}{2}\omega^{(3,4)}(\boldsymbol{p})$$

$$\Longrightarrow \gamma^5 \gamma^\mu n_\mu \omega^{(3,4)}(\boldsymbol{p}) = \mp\omega^{(3,4)}(\boldsymbol{p}) \ .$$

Hieraus ergeben sich die ebenfalls lorentzkovarianten Spinprojektoren

$$\Sigma(n) = \frac{1}{2}(1 + \gamma^5 \gamma^\mu n_\mu) \ , \ \Sigma(-n) = \frac{1}{2}(1 - \gamma^5 \gamma^\mu n_\mu) \ ,$$

die in folgender Weise auf die $\omega^{(r)}(\boldsymbol{p})$ wirken:

$$\left.\begin{aligned} \Sigma(n)\omega^{(1,4)}(\boldsymbol{p}) = \omega^{(1,4)}(\boldsymbol{p}) \quad , \quad \Sigma(n)\omega^{(2,3)}(\boldsymbol{p}) = 0 \\ \Sigma(-n)\omega^{(1,4)}(\boldsymbol{p}) = 0 \qquad , \quad \Sigma(-n)\omega^{(2,3)}(\boldsymbol{p}) = \omega^{(2,3)}(\boldsymbol{p}) \ . \end{aligned}\right\} \quad (2.37)$$

Das heißt $\Sigma(n)$ $[\Sigma(-n)]$ projiziert auf Bispinoren mit positiver [negativer] Energie, deren Spin im Ruhesystem in Richtung $+\boldsymbol{n}^{(0)}$ zeigt, und auf Bispinoren mit negativer [positiver] Energie, deren Spin im Ruhesystem in Richtung $-\boldsymbol{n}^{(0)}$ zeigt. Man überzeugt sich leicht davon, daß die $\Sigma(\pm n)$ ebenfalls ein vollständiges Projektionssystem bilden und den zu (2.35) korrespondierenden charakteristischen Gleichungen genügen. Da beide Projektionsarten für Energie und Spin die $\omega^{(r)}(\boldsymbol{p})$ als gemeinsames System von Eigenvektoren besitzen, gilt desweiteren $[\Lambda_\pm(p), \Sigma(\pm n)] = 0$. Wir können deshalb sofort die vier weitere Projektionsoperatoren

$$\begin{aligned} P_1(\boldsymbol{p}) &= \Lambda_+(p)\Sigma(n) \\ P_2(\boldsymbol{p}) &= \Lambda_+(p)\Sigma(-n) \\ P_3(\boldsymbol{p}) &= \Lambda_-(p)\Sigma(-n) \\ P_4(\boldsymbol{p}) &= \Lambda_-(p)\Sigma(n) \end{aligned}$$

angeben, die in der Weise

$$P_r(\boldsymbol{p})\omega^{(r')}(\boldsymbol{p}) = \delta_{rr'}\omega^{(r)}(\boldsymbol{p})$$

wirken.

Offensichtlich ist die Wirkungsweise des Spinprojektors für negative Energiezustände in (2.37) genau umgekehrt zu dem, was man aufgrund von (2.36) erwarten würde. Eine ähnliche Situation hat man in Satz 2.1, wo die Lösungen mit negativer Energie und Impulsindex $\boldsymbol{p}$ Eigenfunktionen des Impulsoperators mit dem Eigenwert $-\boldsymbol{p}$ sind. Die physikalische Begründung für diese augenscheinlich verkehrten Zuordnungen hängt mit der Interpretation der negativen Lösungen zusammen, mit der wir uns im nächsten Unterabschnitt beschäftigen werden.

Satz 2.4: Projektionsoperatoren für Energie und Spin

Führt man für $\omega^{(r)}(\boldsymbol{p})$ mit der Nebenbedingung (2.36) die allgemein übliche Notation

$$\omega^{(1)}(\boldsymbol{p}) = u(p,n) \quad , \quad \omega^{(2)}(\boldsymbol{p}) = u(p,-n)$$

$$\omega^{(3)}(\boldsymbol{p}) = v(p,-n) \quad , \quad \omega^{(4)}(\boldsymbol{p}) = v(p,n)$$

ein, dann lassen sich die freien Diracschen Eigenlösungen [zu $H^{(0)}$, $\boldsymbol{p}$ und $S(n,p)$] durch Angabe ihres Energievorzeichens ϵ, ihres Viererimpulsindex $p = (p^\mu)$ und ihres Viererpolarisationsindex $n = (n^\mu)$ in der Weise

$\triangleright$

$$\psi_{\epsilon,p,n}(x) = \frac{1}{(2\pi\hbar)^{3/2}}\sqrt{\frac{m_0 c}{p_0}}e^{-i\epsilon p_\mu x^\mu \hbar} \times \left\{\begin{array}{l} u(p,n) \text{ für } \epsilon = +1 \\ v(p,n) \text{ für } \epsilon = -1 \end{array}\right\}$$

spezifizieren (vgl. Satz 2.1). Bei den negativen Lösungen sind hier die Viererimpuls- und Viererpolarisationsindizes den zugehörigen Eigenwerten entgegengesetzt.

Die lorentzkovarianten Energie- und Spinprojektoren lauten

$$\Lambda_\pm(p) = \frac{\pm\gamma^\mu p_\mu + m_0 c}{2m_0 c} \ , \ \Sigma(n) = \frac{1}{2}(1 + \gamma^5\gamma^\mu n_\mu) \ .$$

Sie wirken in folgender Weise auf die Bispinoren u, v:

$$\Lambda_+(p)\left\{\begin{array}{l} u(p,\pm n) \\ v(p,\pm n) \end{array}\right\} = \left\{\begin{array}{l} u(p,\pm n) \\ 0 \end{array}\right\}$$

$$\Lambda_-(p)\left\{\begin{array}{l} u(p,\pm n) \\ v(p,\pm n) \end{array}\right\} = \left\{\begin{array}{l} 0 \\ v(p,\pm n) \end{array}\right\}$$

$$\Sigma(+n)\left\{\begin{array}{l} u,v(p,+n) \\ u,v(p,-n) \end{array}\right\} = \left\{\begin{array}{l} u,v(p,+n) \\ 0 \end{array}\right\}$$

$$\Sigma(-n)\left\{\begin{array}{l} u,v(p,+n) \\ u,v(p,-n) \end{array}\right\} = \left\{\begin{array}{l} 0 \\ u,v(p,-n) \end{array}\right\}$$

Das heißt, aus einer allgemeinen freien Dirac-Lösung mit Viererimpulsindex p projiziert

- $\Lambda_\pm(p)$ diejenigen Anteile mit Energievorzeichen $\epsilon = \pm$

- $\Sigma(\pm n)$ diejenigen Anteile mit Viererpolarisationsindex $\pm n$

heraus.

2.1.6 Interpretation der negativen Lösungen, Antiteilchen und Löchertheorie

Ähnlich wie im Klein-Gordon-Fall haben wir auch bei der Dirac-Gleichung bisher die negativen Lösungen und ihre Interpretation vernachlässigt, was wir nun nachholen werden. Die Probleme, die durch ihre bloße Existenz hervorgerufen werden, sind dieselben, die bei der Diskussion der negativen Klein-Gordon-Lösungen in Unterabschn. 1.1.3 angesprochen wurden.

Ladungskonjugation C. In jenem Unterabschnitt haben wir gesehen, daß ein Zusammenhang zwischen einer negativen Klein-Gordon-Lösung $\phi^{(-)}$ der Ladung $+e$ und ihrer Ladungskonjugierten $\phi_C^{(-)}$ der Ladung $-e$ besteht, wobei letztere als Antiteilchenwellenfunktionen mit positiver Energie identifiziert wurde. Es liegt deshalb die Vermutung nahe, daß auch im vorliegenden

Fall ein ähnlicher Zusammenhang hergestellt werden kann. Dies bedeutet konkret, daß aus der Dirac-Gleichung

$$\left[\gamma^\mu \left(i\hbar\partial_\mu - \frac{e}{c}A^\mu(x) \right) - m_0 c \right] \psi^{(-)}(x) = 0 \tag{2.38}$$

für eine negative Lösung $\psi^{(-)}$ der Ladung $+e$ im Potential A^μ die Dirac-Gleichung

$$\left[\gamma^\mu \left(i\hbar\partial_\mu + \frac{e}{c}A^\mu(x) \right) - m_0 c \right] \psi_C^{(-)}(x) = 0 \tag{2.39}$$

für eine positive Lösung $\psi_C^{(-)}$ der Ladung $-e$ im selben Potential A^μ ableitbar sein sollte. Wie beim Klein-Gordon-Fall ist dies offensichtlich nur dann möglich, wenn die zugehörige Transformation von $\psi^{(-)}$ antilinear ist, weil sich beim Übergang von (2.38) nach (2.39) das relative Vorzeichen zwischen den Ableitungs- und Potentialtermen ändert. Es bietet sich daher folgender (reziproker) Ansatz an:

$$\psi_C^{(-)}(x) = C\psi^{(-)*}(x) \ , \ C^2 = 1 \ , \ C \text{ linear.}$$

Setzt man diesen Ausdruck in (2.39) ein, multipliziert von links mit C^{-1} und nimmt anschließend das komplex Konjugierte, dann gelangt man schließlich zu (2.38), falls C der Bedingung

$$C^{-1}\gamma^\mu C = -\gamma^{*\mu} \tag{2.40}$$

genügt. Die Lösung dieser Gleichung läßt sich leicht angeben und lautet in der Dirac- oder Weyl-Darstellung

$$C = i\gamma^2 \ .$$

Daß es sich bei $\psi_C^{(-)}$ tatsächlich um eine Lösung mit positiver Energie handelt, läßt sich am einfachsten erkennen, indem man wieder von der Eigenwertgleichung eines negativen Energiezustandes $\Psi^{(-)}$ ausgeht [vgl. (1.24), (1.25)]:

$$\left[c\boldsymbol{\alpha} \left(\boldsymbol{p} - \frac{e}{c}\boldsymbol{A} \right) + eA^0 + \beta m_0 c^2 \right] \Psi^{(-)}(\boldsymbol{x}) = -|E|\Psi^{(-)}(\boldsymbol{x}) \ .$$

Komplexe Konjugation und anschließende Linksmultiplikation mit $i\gamma^2 = i\beta\alpha_2$ ergibt unter Ausnutzung von (2.6) und $\alpha_{1,3} = \alpha_{1,3}^*$, $\alpha_2 = -\alpha_2^*$ die Eigenwertgleichung

$$\left[c\boldsymbol{\alpha} \left(\boldsymbol{p} + \frac{e}{c}\boldsymbol{A} \right) - eA^0 + \beta m_0 c^2 \right] \Psi_C^{(-)}(\boldsymbol{x}) = +|E|\Psi_C^{(-)}(\boldsymbol{x}) \ ,$$

mit

$$\Psi_C^{(-)}(\boldsymbol{x}) = i\gamma^2\Psi^{(-)*}(\boldsymbol{x}) \ .$$

Insgesamt können wir somit in Anlehnung an Satz 1.4 festhalten:

Satz 2.5: Ladungskonjugation C in der Dirac-Theorie

- Die Ladungskonjugation C der Dirac-Theorie ist in der Dirac- und Weyl-Darstellung definiert durch die Transformation

$$\psi(x) \longrightarrow \psi_C(x) = i\gamma^2 \psi^*(x) \; .$$

  Sie macht aus einer positiven [negativen] Dirac-Lösung der Ladung $+e$ [$-e$] eine negative [positive] Dirac-Lösung der Ladung $-e$ [$+e$].

- Eine positive Dirac-Lösung $\psi^{(+)}$ repräsentiert ein physikalisches Spin-1/2-Teilchen der Ladung $+e$ im Potential A^μ, während die Ladungs-konjugierte der negativen Lösung $\psi_C^{(-)}$ (und nicht die negative Lösung selbst) das physikalische Antiteilchen mit entgegengesetzter Ladung $-e$ im selben Potential A^μ beschreibt.

Bezüglich der ersten beiden Punkte in den Sätzen 1.4 und 2.5 sind die Verhältnisse im Klein-Gordon- und Dirac-Fall also völlig identisch. Insbesondere führt auch die Dirac-Theorie als relativistische Erweiterung der Schrödinger-Theorie zu einem neuen Ladungsfreiheitsgrad und somit zur Vorhersage von Antiteilchen, die bisher für jedes bekannte Spin-1/2-Teilchen experimentell bestätigt wurde. Der dritte Punkt aus Satz 1.4 (Ladungsinterpretation) findet im obigen Satz allerdings keine Entsprechung, weil hier die Größen Q, ρ und $\boldsymbol{j}$ als Wahrscheinlichkeitsgrößen zu interpretieren sind (siehe Satz 2.1).

Aufgrund von Satz 2.5 und der Bemerkungen vor Satz 2.1 können wir nun den quantenmechanischen Erwartungswert einer Observablen für Teilchen und Antiteilchen in der Dirac-Theorie angeben (vgl. Definition des V-Erwartungswertes in der Klein-Gordon-Theorie, Unterabschn. 1.3.1):

Definition: Erwartungswert in der Dirac-Theorie

Der Erwartungswert der Observablen $\mathcal{O}$ ist in der Dirac-Theorie definiert durch

$$\langle \mathcal{O} \rangle = \langle \psi | \mathcal{O} | \psi \rangle = \int d^3x \psi^\dagger(x) \mathcal{O} \psi(x) \; , \; \langle \psi | \psi \rangle = +1 \tag{2.41}$$

und gibt den statistischen Mittelwert vieler gleichartiger Messungen von $\mathcal{O}$ an identischen Spin-1/2-[Anti-]Teilchensystemen der Ladung $+e$ [$-e$] wieder. Für Teilchen sind positive Dirac-Lösungen $\psi^{(+)}$ und für Antiteilchen ladungskonjugierte negative Lösungen $\psi_C^{(-)}$ einzusetzen.

Bevor wir uns der Interpretation der negativen Lösungen selbst zuwenden, gehen wir noch etwas detaillierter auf die Ladungskonjugation C ein. Betrachten wir hierzu den Erwartungswert eines Operators $\mathcal{O}$ im Zustand ψ_C und rechnen in der Dirac- oder Weyl-Darstellung

$$\langle \mathcal{O} \rangle_C = \langle \psi_C | \mathcal{O} | \psi_C \rangle = \int d^3x \psi_C^\dagger \mathcal{O} \psi_C = \int d^3x (i\gamma^2 \psi^*)^\dagger \mathcal{O} i\gamma^2 \psi^*$$

$$= \int \mathrm{d}^3x \psi^{*\dagger} \gamma^{2\dagger} \mathcal{O} \gamma^2 \psi^* = \int \mathrm{d}^3x \psi^{*\dagger} \gamma^0 \gamma^2 \gamma^0 \mathcal{O} \gamma^2 \psi^*$$

$$= - \int \mathrm{d}^3x \psi^{*\dagger} \gamma^2 \gamma^0 \gamma^0 \mathcal{O} \gamma^2 \psi^* = - \int \mathrm{d}^3x \psi^{*\dagger} \gamma^2 \mathcal{O} \gamma^2 \psi^*$$

$$= - \left(\int \mathrm{d}^3x \psi^\dagger \gamma^2 \mathcal{O}^* \gamma^2 \psi \right)^* = - \langle \psi | \gamma^2 \mathcal{O}^* \gamma^2 | \psi \rangle^* \ . \qquad (2.42)$$

Mit Hilfe dieser Beziehung lassen sich leicht folgende Relationen herleiten (siehe Aufgabe 14):

$$\left.\begin{aligned}
\langle \beta \rangle_C &= - \langle \beta \rangle \\
\langle \boldsymbol{x} \rangle_C &= \langle \boldsymbol{x} \rangle \\
\langle \boldsymbol{\alpha} \rangle_C &= \langle \boldsymbol{\alpha} \rangle \\
\langle \boldsymbol{p} \rangle_C &= - \langle \boldsymbol{p} \rangle \\
\langle \boldsymbol{S} \rangle_C &= - \langle \boldsymbol{S} \rangle \\
\langle \boldsymbol{L} \rangle_C &= - \langle \boldsymbol{L} \rangle \ , \ L = \boldsymbol{x} \times \boldsymbol{p} \\
\langle \boldsymbol{J} \rangle_C &= - \langle \boldsymbol{J} \rangle \ , \ J = \boldsymbol{L} + \boldsymbol{S}
\end{aligned}\right\} \qquad (2.43)$$

$$\langle H(-e) \rangle_C = - \langle H(e) \rangle \ , \ H(e) = c\boldsymbol{\alpha} \left(\boldsymbol{p} - \frac{e}{c} \boldsymbol{A} \right) + eA^0 + \beta m_0 c^2 \ . \quad (2.44)$$

Darüber hinaus gilt

$$\rho_C = \psi_C^\dagger \psi_C = \psi^\dagger \psi = \rho \ , \ \boldsymbol{j}_C = \psi_C^\dagger c\boldsymbol{\alpha} \psi_C = \psi^\dagger c\boldsymbol{\alpha} \psi = \boldsymbol{j} \ . \qquad (2.45)$$

Demnach besitzen ψ_C und ψ in allen Raumzeitpunkten dieselbe Wahrscheinlichkeitsdichte und Wahrscheinlichkeitsstromdichte, so daß die elektrischen Ladungs- und Stromdichten von ψ_C und ψ entgegengesetzt sind. Aus (2.44) wird noch einmal deutlich, daß die Lösungen der Dirac-Gleichung mit negativer Energie den ladungskonjugierten Lösungen mit positiver Energie entsprechen (und umgekehrt). Zusammengenommen drücken (2.43) und (2.44) schließlich das wichtige Resultat aus, daß die Ladungskonjugation C die Ladung, die Energie, den Impuls und den Spin eines Dirac-Zustandes umdreht.

Angewandt auf freie Dirac-Lösungen liefert die Ladungskonjugation bis auf einen konstanten Phasenfaktor (siehe Aufgabe 13)

$$\psi_{\epsilon,p,n}(x) \longleftrightarrow \psi_{-\epsilon,p,n}(x) \ . \qquad (2.46)$$

Dies zeigt, daß $u(p,n)$ und $v(p,n)$ zueinander ladungskonjugierte Bispinoren sind und daß der ursprüngliche und der ladungskonjugierte Zustand durch dieselben Viererimpuls- und Viererpolarisationsindizes beschrieben werden. Dies ist natürlich auf die verkehrte Zuordnung der Eigenwerte und Indizes von Impuls und Spin bei den negativen Lösungen zurückzuführen, die wir analog zum Klein-Gordon-Fall eingeführt haben, weil sich die negativen Lösungen auf Antiteilchen beziehen sollen, welche ihrerseits durch die Ladungskonjugierten der negativen Lösungen beschrieben werden.[7]

Interpretation der negativen Lösungen selbst, Löchertheorie. Genau wie im Klein-Gordon-Fall bereitet uns die bloße Existenz von negativen Dirac-Lösungen Schwierigkeiten, und zwar sowohl hinsichtlich ihrer physikalischen Konsequenzen als auch in Bezug auf ihre Interpretation (vgl. die Diskussion in Unterabschn. 1.1.3). Vor allem sind wir auch hier mit dem Problem konfrontiert, daß die Theorie den Übergang von positiven Energiezuständen in immer tiefere negative Energieniveaus zu erlauben scheint (siehe Abb. 1.1), obwohl derartige Übergänge in der Natur offensichtlich nicht auftreten (Stabilität von Materie). Nun haben wir in Unterabschn. 1.1.3 bereits festgestellt, daß wir das Ausbleiben dieser Strahlungskatastrophe postulieren müssen, sofern wir uns auf die Ein-Teilchensichtweise beschränken. Jenseits des Ein-Teilchenbildes bietet sich in der Dirac-Theorie allerdings eine Erklärung an, die von Dirac selber vorgeschlagen wurde und unter dem Namen *Löchertheorie* bekannt ist.

Innerhalb dieser Theorie wird das aufgrund der negativen Dirac-Lösungen existierende Dilemma dadurch gelöst, daß im Einklang mit dem Paulischen Ausschließungsprinzip die negativen Energieniveaus mit Elektronen (allgemeiner: Spin-1/2-Teilchen) gefüllt werden. Der Vakuumzustand ist dann derjenige, wo alle negativen Energieniveaus durch Elektronen besetzt sind und alle positiven Energieniveaus leer. Offensichtlich wird somit nun die Strahlungskatastrophe unterbunden, da das Pauli-Prinzip Übergänge reeller Elektronen (mit positiver Energie) in den vollständig besetzten *See der negativen Energien* verbietet (siehe Abb. 2.1 links).

Diese neuartige Annahme eines gefüllten Sees von Elektronen mit negativer Energie hat viele Konsequenzen. So kann z.B. ein Elektron negativer Energie durch Absorption von Strahlung in einen Zustand positiver Energie angehoben werden. Wenn dies passiert, beobachtet man ein Elektron der Ladung $+e$ und Energie $+E$. Zusätzlich entsteht ein Loch im See der negativen Energien. Dieses Loch zeigt die Abwesenheit eines Elektrons der Ladung $+e$ und der Energie $-E$ an und wird von einem Beobachter relativ zum Vakuum als Anwesenheit eines Teilchens der Ladung $-e$ und Energie $+E$ (Antiteilchen) wahrgenommen (Abb. 2.1 rechts). Somit liefert die Löchertheorie auch eine Erklärung für die Erzeugung von Teilchen-Antiteilchen-Paaren (*Paarerzeugung*). Diese Sichtweise impliziert offenbar, daß es einen eindeutigen Zusammenhang zwischen negativen Dirac-Lösungen der Ladung $+e$ und positiven Lösungen der Ladung $-e$ geben muß, der, wie wir bereits wissen, gerade durch die Ladungskonjugation C vermittelt wird. Im Löcherbild wird demnach ein besetzter Elektronzustand negativer Energie durch $\psi^{(-)}$ beschrieben, während seine Abwesenheit, also das zugehörige Loch, durch $\psi_C^{(-)}$

---

[7] Wie beim Klein-Gordon-Fall beachte man auch hier, daß im freien Fall eine Unterscheidung geladener Teilchen nicht möglich ist, so daß der ursprüngliche und der ladungskonjugierte Zustand Lösung derselben Dirac-Gleichung sind.

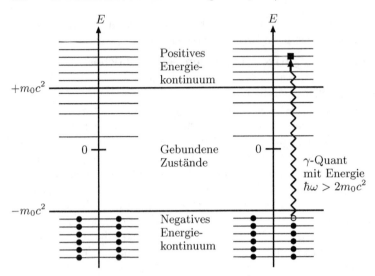

Abb. 2.1. *Links:* In der Löchertheorie ist das Vakuum dadurch definiert, daß alle negativen Energieniveaus mit je zwei Elektronen (Spin up und Spin down) besetzt sind (●) und alle positiven Energieniveaus leer. *Rechts:* Beim Prozeß der Paarerzeugung absorbiert ein Elektron negativer Energie Strahlung mit einer Energie von $\hbar\omega > 2m_0c^2$ und wird dadurch in einen positiven Elektronzustand angehoben (■). Hierdurch entsteht ein Loch im See der negativen Energien (○), welches sich als zusätzliches Antiteilchen (Positron) bemerkbar macht.

beschrieben wird, wobei letztere die Wellenfunktion des Antielektrons, des sog. *Positrons* ist. Diese Interpretation wird noch einmal besonders deutlich, indem man die zur Paarerzeugung gehörende Ladungs-, Energie- und Impulsbilanz hinschreibt:

$$Q_{\text{Photon}} = 0 = Q_{\text{Elektron pos. Energie}} - Q_{\text{Elektron neg. Energie}}$$

$$= Q_{\text{Elektron}} \qquad\qquad + Q_{\text{Positron}}$$

$$E_{\text{Photon}} = \hbar\omega = E_{\text{Elektron pos. Energie}} - E_{\text{Elektron neg. Energie}}$$

$$= E_{\text{Elektron}} \qquad\qquad + E_{\text{Positron}}$$

$$\boldsymbol{p}_{\text{Photon}} = \hbar\boldsymbol{k} = \boldsymbol{p}_{\text{Elektron pos. Energie}} - \boldsymbol{p}_{\text{Elektron neg. Energie}}$$

$$= \boldsymbol{p}_{\text{Elektron}} \qquad\qquad + \boldsymbol{p}_{\text{Positron}} \cdot$$

Der zur Paarerzeugung gegenteilige Effekt, die Teilchen-Antiteilchen-Vernichtung (*Paarvernichtung*), läßt sich ebenfalls im Rahmen der Löchertheorie beschreiben. Hierbei fällt ein Elektron unter Aussendung von Licht in ein Elektronloch im See der negativen Energien und vernichtet somit das mit diesem Loch assoziierte Positron.

Wie im Klein-Gordon-Fall beachte man auch hier, daß bei der Diskussion der Dirac-Theorie das Ladungsvorzeichen nirgendwo eine entscheidende Rolle spielt, so daß wir von vornherein die Positronen mit der Ladung $-e$ als Teilchen (beschrieben durch positive Dirac-Lösungen) hätten auffassen können und die Elektronen mit der Ladung $+e$ als Antiteilchen (beschrieben durch ladungskonjugierte negative Lösungen). Demzufolge würde der Dirac-See aus Positronen negativer Energie bestehen, deren Löcher gerade die Elektronen sind.

Weitere Konsequenzen der Löchertheorie. Sobald man die Aussagen der Löchertheorie als Viel-Teilchentheorie zu präzisieren versucht, treten unweigerlich Mängel und Widersprüche auf, die sich letztlich nur im Rahmen quantenfeldtheoretischer Betrachtungen lösen lassen. Trotzdem kommt der Löchertheorie eine große Bedeutung zu, weil sie zum ersten mal ein (naives) Modell für das Vakuum lieferte, welches sich eben nicht durch die Abwesenheit von Allem auszeichnet, sondern eine innere Struktur besitzt, die modifizierbar ist. So können z.B. äußere elektromagnetische Felder die Wellenfunktionen der Elektronen im See der negativen Energien deformieren und dadurch gegenüber dem feldfreien Fall eine meßbare Vakuumpolarisation (Verschiebungsladung des Vakuums) hervorrufen. Diese Deformation bedeutet für ein reelles Elektron, welches die Elektronen im Dirac-See elektrostatisch abstößt, daß seine elektrische Ladung gegenüber seiner „nackten Ladung" abgeschwächt erscheint, und zwar umso mehr, je weiter man sich von ihm entfernt – ein Effekt, der z.B. im Energiespektrum des Wasserstoffatoms tatsächlich beobachtet wird.

Eine weitere Konsequenz der Löchertheorie in der hier vorliegenden Form ist, daß das Vakuum offensichtlich eine unendlich hohe Ladung und unendlich hohe Energie besitzt, die beide durch geeignete Festlegung des Ladungs- und Energienullpunktes zu Null *renormiert* werden müssen. Dieses Verfahren ist zwar wenig befriedigend (ästhetisch), aber möglich. Die gravierendsten Schwachstellen der Löchertheorie aber sind zum einen, daß sie eine Asymmetrie in der Beschreibung von Teilchen und Antiteilchen enthält. Zum anderen läßt sie die Frage unbeantwortet, welche Rolle die gegenseitige Wechselwirkung der besetzten Zustände im See der negativen Energien spielt.

Abschließend stellen wir folgendes fest: Die Löchertheorie wurde von Dirac u.a. deshalb eingeführt, um eine Interpretation der negativen Dirac-Lösungen und eine plausible Erklärung für das Ausbleiben der Strahlungskatastrophe zu liefern. Diese Theorie führt aber unweigerlich über das Ein-Teilchenkonzept hinaus, weil sie unendlich viele Teilchen mit beiderlei Ladungsvorzeichen gleichzeitig beschreibt. Wir wir schon festgestellt haben, müssen wir uns letztlich damit abfinden, daß das Problem der negativen Energien im Dirac- und Klein-Gordon-Fall innerhalb einer dezidierten Ein-Teilcheninterpretation nicht gelöst werden kann.

Resümee. Wie bei der Diskussion der Klein-Gordon-Theorie am Ende von Unterabschn. 1.1.3 wollen wir auch hier eine Zwischenbilanz ziehen, indem wir die geklärten und noch offenen Punkte im Hinblick auf die von uns angestrebte Ein-Teilcheninterpretation zusammentragen.

Bezüglich der Interpretation der Dirac- und Klein-Gordon-Lösungen sind die Verhältnisse völlig identisch: Positive Lösungen beschreiben Teilchen der Ladung $+e$, und ladungskonjugierte negative Lösungen beschreiben Antiteilchen der Ladung $-e$. Was die Größen ρ und j angeht, so kommen diese im Klein-Gordon-Fall aufgrund der Nichthermitezität des Hamilton-Operators als Wahrscheinlichkeitsgrößen nicht in Betracht. Stattdessen können sie als Ladungsgrößen interpretiert werden, wobei für Teilchen positive Klein-Gordon-Lösungen und für Antiteilchen negative Lösungen einzusetzen sind. Demgegenüber ist im vorliegenden Dirac-Fall der Hamilton-Operator hermitesch, so daß ρ wie in der nichtrelativistischen Theorie als Wahrscheinlichkeitsdichte und dementsprechend j als Wahrscheinlichkeitsstromdichte interpretiert werden können. Für Teilchen sind hierbei positive Dirac-Lösungen einzusetzen und für Antiteilchen ladungskonjugierte negative Lösungen oder – wegen $\rho_C = \rho$, $j_C = j$ – die negativen Lösungen selbst.

Zur Vervollständigung und inneren Konsistenz der Ein-Teilcheninterpretation der Dirac-Theorie sind folgende Punkte noch zu klären, die wir im übernächsten Abschnitt angehen werden (vgl. die Punkte [1], [2] und [3] in Unterabschn. 1.1.3):

[1] Notwendige Voraussetzung für die Ein-Teilcheninterpretation ist, daß die positiven und negativen Lösungen vollständig entkoppelt sind, weil sich nur so Teilchen bzw. Antiteilchen sinnvoll beschreiben lassen. Genau wie im Klein-Gordon-Fall bilden jedoch erst die positiven und negativen Dirac-Lösungen zusammengenommen ein vollständiges Funktionensystem, so daß wir uns auch hier die Frage stellen müssen, inwiefern eine vollständige Entkopplung möglich ist.

[2] Zur vollständigen Entkopplung gehört auch, daß wir uns wie im Klein-Gordon-Fall um physikalisch sinnvolle Ein-Teilchenoperatoren bemühen müssen, die positive und negative Lösungen nicht mischen.

Einen zu [3] aus Unterabschn. 1.1.3 analogen Punkt brauchen wir hier nicht anzuführen, da wir mit (2.41) bereits eine physikalisch sinnvolle und unter unitären Transformationen invariante (bildunabhängige) Definition von quantenmechanisch-statistischen Erwartungswerten gefunden haben.

Analog zu den Schlußbemerkungen am Ende von Unterabschn. 1.1.3 geben wir auch hier zu bedenken, daß es neben der elektrischen Ladung auch andere Ladungsarten gibt, durch die sich gewisse Fermionen von ihren Antifermionen unterscheiden. Man denke z.B. an die Quarks, die neben ihrer elektrischen Ladung zusätzlich eine komplizierte *Farbladung* tragen.

Zusammenfassung

- Die **Dirac-Gleichung** ist ein vierdimensionales gekoppeltes System von Differentialgleichungen erster Ordnung in Raum und Zeit und stellt die relativistische Verallgemeinerung der Schrödinger-Gleichung für Spin-1/2-Teilchen dar.

- Die Dirac-Theorie unterscheidet sich in einem wesentlichen Punkt von der nichtrelativistischen Theorie: In ihr treten Lösungen (**Bispinoren**) zu positiver und negativer Energie auf.

- Die Hermitezität des Diracschen Hamilton-Operators erlaubt die Definition einer zur nichtrelativistischen Theorie formal identischen positiv definiten Wahrscheinlichkeitsdichte und einer Wahrscheinlichkeitsstromdichte. Es können deshalb das Skalarprodukt und der Erwartungswert aus der nichtrelativistischen Theorie samt zugehörigen Konsequenzen bzgl. hermitescher und unitärer Operatoren übernommen werden.

- Durch Kombination der 16 Basiselemente des Raumes der γ-Matrizen mit $\bar{\psi}$ und ψ lassen sich **kovariante Bilinearformen** bilden, die unter orthochronen Lorentz-Transformationen ein definiertes Transformationsverhalten besitzen.

- Freie ebene Diracsche Wellenfunktionen sind als Eigenlösungen des Hamilton- und Impulsoperators noch nicht eindeutig spezifiziert. Sie besitzen zusätzlich einen inneren Freiheitgrad, der auf einen Spinoperator mit der Quantenzahl $s = 1/2$ führt.

- Aufgrund der **Ladungskonjugation** lassen sich die Diracschen Lösungen folgendermaßen interpretieren: **Teilchen** der Ladung $+e$ werden durch positive Dirac-Lösungen und **Antiteilchen** der Ladung $-e$ durch die **Ladungskonjugierten** der negativen Lösungen beschrieben.

- Im Rahmen des Ein-Teilchenkonzeptes lassen sich die mit den negativen Lösungen verbundenen Probleme (Interpretation, Strahlungskatastrophe) nicht lösen. Jenseits des Ein-Teilchenbildes liefert die **Löchertheorie** hierfür eine qualitativ akzeptable Erklärung. Demnach besitzt das Vakuum eine modifizierbare innere Struktur mit physikalischen Konsequenzen (**Paarerzeugung** und **-vernichtung**, **Vakuumpolarisation**).

- Im Hinblick auf eine möglichst konsistente Ein-Teilchen-Wahrscheinlichkeitsinterpretation der Dirac-Theorie bleibt zu klären, inwiefern eine vollständige Entkopplung von positiven und negativen Lösungen möglich ist.

Aufgaben

11. Lösungen der freien Dirac-Gleichung. Zeigen Sie, daß die Lösungen der freien Dirac-Gleichung (2.8) mit scharfem Impuls in der Dirac-Darstellung durch (2.9) gegeben sind.

Lösung. Zur Lösung dieses Problems können wir sehr ähnlich vorgehen wie in Aufgabe 1. Unser Ansatz lautet

$$\psi(x) = \begin{pmatrix} \varphi_0 \\ \chi_0 \end{pmatrix} e^{i(\boldsymbol{px} - Et)/\hbar} \ ,$$

wobei φ_0 und χ_0 jeweils zweikomponentige konstante Spinoren sind. Dies führt durch Einsetzen in (2.8) auf das Gleichungssystem

$$\left. \begin{array}{l} (E - m_0 c^2)\varphi_0 - c\boldsymbol{\sigma p}\chi_0 = 0 \\[2mm] -c\boldsymbol{\sigma p}\varphi_0 + (E + m_0 c^2)\chi_0 = 0 \ , \end{array} \right\} \tag{2.47}$$

welches nur dann nichttriviale Lösungen besitzt, wenn die Koeffizientendeterminante verschwindet:

$$\begin{vmatrix} E - m_0 c^2 & -c\boldsymbol{\sigma p} \\ -c\boldsymbol{\sigma p} & E + m_0 c^2 \end{vmatrix} = E^2 - m_0^2 c^2 c^4 - c^2(\boldsymbol{\sigma p})(\boldsymbol{\sigma p}) = 0 \ .$$

Hieraus erhalten wir unter Berücksichtigung der Identität

$$(\boldsymbol{\sigma A})(\boldsymbol{\sigma B}) = \boldsymbol{AB} + i\boldsymbol{\sigma}(\boldsymbol{A} \times \boldsymbol{B})$$

die relativistische Energie-Impuls-Beziehung

$$E^2 - m_0^2 c^4 - c^2 \boldsymbol{p}^2 = 0 \Longrightarrow \begin{cases} E^{(+)} = +c\sqrt{\boldsymbol{p}^2 + m_0^2 c^2} = +cp_0 \\[2mm] E^{(-)} = -c\sqrt{\boldsymbol{p}^2 + m_0^2 c^2} = -cp_0 \end{cases}$$

für freie Teilchen, wie es aufgrund der Konstruktion der Dirac-Gleichung zu erwarten war. Die Lösungen unseres Problems ergeben sich nun durch Einsetzen von $E^{(+)}$ und $E^{(-)}$ in (2.47) und lassen sich schließlich in der (unnormierten) Form

$$E^{(+)} : \psi^{(+)}(x) = \begin{pmatrix} \chi^{(1,2)} \\ \dfrac{\boldsymbol{\sigma p}\chi^{(1,2)}}{p_0 + m_0 c} \end{pmatrix} e^{-i(cp_0 - \boldsymbol{px})\hbar} \sim \psi_{\boldsymbol{p}}^{(1,2)}(x)$$

$$E^{(-)} : \psi^{(-)}(x) = \begin{pmatrix} \dfrac{-\boldsymbol{\sigma p}\chi^{(3,4)}}{p_0 + m_0 c} \\ \chi^{(3,4)} \end{pmatrix} e^{+i(cp_0 + \boldsymbol{px})/\hbar} \sim \psi_{-\boldsymbol{p}}^{(3,4)}(x)$$

darstellen, wobei $\chi^{(1,2)}$ und $\chi^{(3,4)}$ jeweils zwei linear unabhängige Spinoren bezeichnen.

12. Nichtunitarität von Bispinortransformationen (I). Verifizieren Sie (2.23).

Lösung. Es gelten die Beziehungen [siehe (2.19) und (2.22)]

$$\Lambda^\mu{}_\nu \gamma^\nu = D^{-1} \gamma^\mu D \Longleftrightarrow \Lambda^\mu{}_\nu \gamma^{\nu\dagger} = D^\dagger \gamma^{\mu\dagger} D^{\dagger-1} \tag{2.48}$$

und

$$\gamma^{\mu\dagger} = \gamma^0 \gamma^\mu \gamma^0 \ . \tag{2.49}$$

Aus der zweiten Gleichung von (2.48) und aus (2.49) folgt

$$\Lambda^\mu{}_\nu \gamma^0 \gamma^\nu \gamma^0 = D^\dagger \gamma^0 \gamma^\mu \gamma^0 D^{\dagger-1}$$

$$\Longrightarrow \gamma^0 \Lambda^\mu{}_\nu \gamma^0 \gamma^\nu \gamma^0 \gamma^0 = \gamma^0 D^\dagger \gamma^0 \gamma^\mu \gamma^0 D^{\dagger-1} \gamma^0 = \gamma^0 D^\dagger \gamma^0 \gamma^\mu \left(\gamma^0 D^\dagger \gamma^0 \right)^{-1} \ .$$

Andererseits läßt sich die erste Beziehung von (2.48) umschreiben zu

$$\Lambda^\mu{}_\nu \gamma^\nu = \Lambda^\mu{}_\nu \gamma^0 \gamma^{\nu\dagger} \gamma^0 = \gamma^0 \Lambda^\mu{}_\nu \gamma^0 \gamma^\nu \gamma^0 \gamma^0 = D^{-1} \gamma^\mu D \ .$$

Vergleich der letzten beiden Gleichungen führt auf

$$D^{-1} \gamma^\mu D = \gamma^0 D^\dagger \gamma^0 \gamma^\mu \left(\gamma^0 D^\dagger \gamma^0 \right)^{-1}$$

bzw.

$$\gamma^\mu = D \gamma^0 D^\dagger \gamma^0 \gamma^\mu \left(\gamma^0 D^\dagger \gamma^0 \right)^{-1} D^{-1} = D \gamma^0 D^\dagger \gamma^0 \gamma^\mu \left(D \gamma^0 D^\dagger \gamma^0 \right)^{-1} \ .$$

Also kommutiert $D\gamma^0 D^\dagger \gamma^0$ mit allen γ^μ und ist deshalb proportional zur Einheitsmatrix:

$$D\gamma^0 D^\dagger \gamma^0 = b \Longrightarrow D\gamma^0 D^\dagger = b\gamma^0. \tag{2.50}$$

Hieraus folgt die gesuchte Beziehung

$$D^\dagger = b \left(D\gamma^0 \right)^{-1} \gamma^0 = b\gamma^0 D^{-1} \gamma^0$$

und auch

$$\left(D\gamma^0 D^\dagger \right)^\dagger = D\gamma^0 D^\dagger = b^* \gamma^0 \Longrightarrow b = b^* \ .$$

Zur Bestimmung der reellen Konstante b berücksichtigen wir zunächst, daß $\det(D) = 1$ vorausgesetzt wird. Durch Berechnung der Determinante von (2.50) ergibt sich deshalb

$$b^4 = 1 \Longrightarrow b = \pm 1 \ .$$

Als nächstes betrachten wir die Gleichung

$$D^\dagger D = b\gamma^0 D^{-1} \gamma^0 D = b\gamma^0 \Lambda^0{}_\nu \gamma^\nu = b\Lambda^0{}_0 + b \sum_{k=1}^{3} \Lambda^0{}_k \underbrace{\gamma^0 \gamma^k}_{\alpha_k} \ , \tag{2.51}$$

anhand derer sich nun wie folgt argumentieren läßt: $\det(D^\dagger D)$ ist gleich dem Produkt aller Eigenwerte, welche deshalb alle von Null verschieden sein müssen. Darüber hinaus ist der Operator $D^\dagger D$ hermitesch, so daß für seine reellen Eigenwerte a gilt:

$$D^\dagger D\psi_a = a\psi_a \Longrightarrow a\psi_a^\dagger\psi_a = \psi_a^\dagger D^\dagger D\psi_a = (D\psi_a)^\dagger D\psi_a > 0 \Longrightarrow a > 0 \ .$$

Da die Spur von $D^\dagger D$ gleich der Summe aller Eigenwerte ist, folgt aus (2.51) und unter Berücksichtigung von $\mathrm{tr}(\alpha_k) = 0$

$$0 < \mathrm{tr}(D^\dagger D) = 4b\Lambda^0{}_0 \ .$$

Insgesamt haben wir deshalb

$$b = \frac{\Lambda^0{}_0}{|\Lambda^0{}_0|} = \begin{cases} +1 \ \text{für orthochrone Lorentz-Transformationen, die den} \\ \qquad \text{Zeitsinn nicht ändern} \\ \\ -1 \ \text{für nichtorthochrone Lorentz-Transformationen, die} \\ \qquad \text{den Zeitsinn ändern.} \end{cases}$$

13. Ladungskonjugation freier Dirac-Zustände. Verifizieren Sie (2.46).

Lösung. Ausgangspunkt ist eine ebene freie Diracsche Wellenfunktion $\psi_{\epsilon,p,n}$ mit Energievorzeichen ϵ, Viererimpulsindex p und Viererpolarisation n, welche somit die Projektionsrelation

$$\psi_{\epsilon,p,n}(x) = \left(\frac{\epsilon\gamma^\mu p_\mu + m_0 c}{2m_0 c}\right)\left(\frac{1 + \gamma^5\gamma^\mu n_\mu}{2}\right)\psi_{\epsilon,p,n}(x)$$

erfüllt. Unter Berücksichtigung von (2.40), $\{C, \gamma^5\} = 0$, $\gamma^5 = \gamma^{5*}$ und der Tatsache, daß $p_\mu = p_\mu^*$ im ersten Klammerterm eine reelle Zahl (und kein Operator) ist, folgt für die ladungskonjugierte Welle

$$\begin{aligned}
[\psi_{\epsilon,p,n}]_C(x) &= C\left(\frac{\epsilon\gamma^{\mu *} p_\mu + m_0 c}{2m_0 c}\right)\left(\frac{1 + \gamma^5\gamma^{\mu *} n_\mu}{2}\right)\psi_{\epsilon,p,n}^*(x) \\
&= C\left(\frac{\epsilon\gamma^{\mu *} p_\mu + m_0 c}{2m_0 c}\right)C^{-1}C\left(\frac{1 + \gamma^5\gamma^{\mu *} n_\mu}{2}\right)C^{-1}C\psi_{\epsilon,p,n}^*(x) \\
&= \left(\frac{-\epsilon\gamma^\mu p_\mu + m_0 c}{2m_0 c}\right)\left(\frac{1 + \gamma^5\gamma^\mu n_\mu}{2}\right)C\psi_{\epsilon,p,n}^*(x) \\
&= \left(\frac{-\epsilon\gamma^\mu p_\mu + m_0 c}{2m_0 c}\right)\left(\frac{1 + \gamma^5\gamma^\mu n_\mu}{2}\right)[\psi_{\epsilon,p,n}]_C(x) \\
&= \psi_{-\epsilon,p,n}(x) \ .
\end{aligned}$$

14. Erwartungswerte ladungskonjugierter Dirac-Zustände. Zeigen Sie die Beziehungen (2.43), (2.44) und (2.45).

Lösung. Wir führen den Beweis mit Hilfe von (2.42) und der Adjunktionsbeziehung $\langle\psi|\,\mathcal{O}\,|\psi\rangle^* = \langle\psi|\,\mathcal{O}^\dagger\,|\psi\rangle$ in der Dirac- oder Weyl-Darstellung.

Zu zeigen: $\langle\beta\rangle_C = -\langle\beta\rangle$, mit $\beta = \gamma^0$.

$$\begin{aligned}
\langle\beta\rangle_C &= -\langle\psi|\,\gamma^2\gamma^0\gamma^2\,|\psi\rangle^* = \langle\psi|\,\gamma^2\gamma^2\gamma^0\,|\psi\rangle^* = -\langle\psi|\,\gamma^0\,|\psi\rangle^* \\
&= -\langle\psi|\,\gamma^0\,|\psi\rangle = -\langle\beta\rangle \ .
\end{aligned}$$

Zu zeigen: $\langle \boldsymbol{x} \rangle_C = \langle \boldsymbol{x} \rangle$.

$$\langle \boldsymbol{x} \rangle_C = -\left(\int \mathrm{d}^3 x \, \psi^\dagger \gamma^2 \boldsymbol{x} \gamma^2 \psi \right)^* = \left(\int \mathrm{d}^3 x \, \psi^\dagger \boldsymbol{x} \psi \right)^* = \langle \psi | \, \boldsymbol{x} \, | \psi \rangle^*$$
$$= \langle \psi | \, \boldsymbol{x} \, | \psi \rangle = \langle \boldsymbol{x} \rangle \ .$$

Zu zeigen: $\langle \boldsymbol{\alpha} \rangle_C = \langle \boldsymbol{\alpha} \rangle$, mit $\alpha_i = \gamma^0 \gamma^i$.

$$\gamma^2 \alpha_i^* \gamma^2 = \gamma^2 \gamma^0 \gamma^{i*} \gamma^2$$
$$= \left\{ \begin{array}{l} \gamma^2 \gamma^0 \gamma^i \gamma^2 = \gamma^2 \gamma^2 \gamma^0 \gamma^i = -\gamma^0 \gamma^i \ \text{für } i = 1,3 \\ -\gamma^2 \gamma^0 \gamma^2 \gamma^2 = \gamma^2 \gamma^0 = -\gamma^0 \gamma^2 \ \text{für } i = 2 \end{array} \right\} = -\alpha_i$$
$$\Longrightarrow \langle \alpha_i \rangle_C = -\left\langle \psi | \, \gamma^2 \alpha_i^* \gamma^2 \, | \psi \right\rangle^* = \langle \psi | \, \alpha_i \, | \psi \rangle^* = \langle \psi | \, \alpha_i \, | \psi \rangle = \langle \alpha_i \rangle \ .$$

Zu zeigen: $\langle \boldsymbol{p} \rangle_C = -\langle \boldsymbol{p} \rangle$, mit $\boldsymbol{p} = -\mathrm{i}\hbar \boldsymbol{\nabla}$.

$$\langle \boldsymbol{p} \rangle_C = -\left[\int \mathrm{d}^3 x \, \psi^\dagger \gamma^2 (\mathrm{i}\hbar \boldsymbol{\nabla}) \gamma^2 \psi \right]^* = -\left[\int \mathrm{d}^3 x \, \psi^\dagger (-\mathrm{i}\hbar \boldsymbol{\nabla}) \psi \right]^*$$
$$= -\langle \psi | \, \boldsymbol{p} \, | \psi \rangle^* = -\langle \psi | \, \boldsymbol{p} \, | \psi \rangle = -\langle \boldsymbol{p} \rangle \ .$$

Zu zeigen: $\langle \boldsymbol{S} \rangle_C = -\langle \boldsymbol{S} \rangle$, mit $\boldsymbol{S} = \dfrac{\hbar}{2} \begin{pmatrix} \boldsymbol{\sigma} & 0 \\ 0 & \boldsymbol{\sigma} \end{pmatrix}$.

$$\gamma^2 S_i^* \gamma^2 = \frac{\hbar}{2} \begin{pmatrix} 0 & \sigma_2 \\ -\sigma_2 & 0 \end{pmatrix} \begin{pmatrix} \sigma_i^* & 0 \\ 0 & \sigma_i^* \end{pmatrix} \begin{pmatrix} 0 & \sigma_2 \\ -\sigma_2 & 0 \end{pmatrix}$$
$$= -\frac{\hbar}{2} \begin{pmatrix} \sigma_2 \sigma_i^* \sigma_2 & 0 \\ 0 & \sigma_2 \sigma_i^* \sigma_2 \end{pmatrix} = \frac{\hbar}{2} \begin{pmatrix} \sigma_i^{*T} & 0 \\ 0 & \sigma_i^{*T} \end{pmatrix} = S_i^\dagger$$
$$\Longrightarrow \langle S_i \rangle_C = -\left\langle \psi | \, S_i^\dagger \, | \psi \right\rangle^* = -\langle \psi | \, S_i \, | \psi \rangle = -\langle S_i \rangle \ .$$

Zu zeigen: $\langle \boldsymbol{L} \rangle_C = -\langle \boldsymbol{L} \rangle$, mit $\boldsymbol{L} = \boldsymbol{x} \times (-\mathrm{i}\hbar \boldsymbol{\nabla})$.

$$\langle \boldsymbol{L} \rangle_C = -\left[\int \mathrm{d}^3 x \, \psi^\dagger \gamma^2 \boldsymbol{x} \times (\mathrm{i}\hbar \boldsymbol{\nabla}) \gamma^2 \psi \right]^* = -\left[\int \mathrm{d}^3 x \, \psi^\dagger \boldsymbol{x} \times (-\mathrm{i}\hbar \boldsymbol{\nabla}) \psi \right]^*$$
$$= -\langle \psi | \, \boldsymbol{L} \, | \psi \rangle^* = -\langle \psi | \, \boldsymbol{L} \, | \psi \rangle = -\langle \boldsymbol{L} \rangle \ .$$

Zu zeigen: $\langle \boldsymbol{J} \rangle_C = -\langle \boldsymbol{J} \rangle$, mit $\boldsymbol{J} = \boldsymbol{L} + \boldsymbol{S}$.

$$\langle \boldsymbol{J} \rangle_C = \langle \boldsymbol{L} \rangle_C + \langle \boldsymbol{S} \rangle_C = -[\langle \boldsymbol{L} \rangle + \langle \boldsymbol{S} \rangle] = -\langle \boldsymbol{J} \rangle \ .$$

Zu zeigen: $\langle H(-e) \rangle_C = \langle H(e) \rangle$, mit $H(e) = c\boldsymbol{\alpha} \left(\boldsymbol{p} - \dfrac{e}{c} \boldsymbol{A} \right) + eA^0 + \beta m_0 c^2$. Es gilt

$$\gamma^2 \boldsymbol{\alpha}^* \gamma^2 = -\boldsymbol{\alpha} \Longrightarrow \langle \boldsymbol{\alpha} \boldsymbol{p} \rangle_C = -\langle \boldsymbol{\alpha} \boldsymbol{p} \rangle \ , \ \langle \boldsymbol{\alpha} \boldsymbol{A} \rangle_C = \langle \boldsymbol{\alpha} \boldsymbol{A} \rangle$$

und

$$\langle A^0 \rangle_C = \langle A^0 \rangle \ , \ \langle \beta \rangle_C = -\langle \beta \rangle \ .$$

$$\begin{aligned}
\Longrightarrow \langle H(-e) \rangle_C &= c \left(\langle \boldsymbol{\alpha p} \rangle_C + \frac{e}{c} \langle \boldsymbol{\alpha A} \rangle_C \right) - e \langle A^0 \rangle_C + m_0 c^2 \langle \beta \rangle_C \\
&= - \left[c \left(\langle \boldsymbol{\alpha p} \rangle - \frac{e}{c} \langle \boldsymbol{\alpha A} \rangle \right) + e \langle A^0 \rangle + m_0 c^2 \langle \beta \rangle \right] \\
&= - \langle H(e) \rangle \ .
\end{aligned}$$

Zu zeigen: $\rho_C = \rho$, mit $\rho = \psi^\dagger \psi$.

$$\begin{aligned}
\rho_C &= \psi_C^\dagger \psi_C = \left(\mathrm{i}\gamma^2 \psi^* \right)^\dagger \mathrm{i}\gamma^2 \psi^* = \psi^T \gamma^{2\dagger} \gamma^2 \psi^* = -\psi^T \gamma^2 \gamma^2 \psi^* \\
&= \psi^T \psi^* = \left(\psi^\dagger \psi \right)^* = \psi^\dagger \psi = \rho \ .
\end{aligned}$$

Zu zeigen: $\boldsymbol{j}_C = \boldsymbol{j}$, mit $\boldsymbol{j} = \psi^\dagger c\boldsymbol{\alpha}\psi$.

$$\begin{aligned}
\boldsymbol{j}_C &= \psi_C^\dagger c\boldsymbol{\alpha}\psi_C = c \left(\mathrm{i}\gamma^2 \psi^* \right)^\dagger \boldsymbol{\alpha} \mathrm{i}\gamma^2 \psi^* = c\psi^T \gamma^{2\dagger} \boldsymbol{\alpha} \gamma^2 \psi^* \\
&= -c\psi^T \gamma^2 \boldsymbol{\alpha} \gamma^2 \psi^* = c\psi^T \boldsymbol{\alpha}^* \psi^* = \left(\psi^\dagger c\boldsymbol{\alpha}\psi \right)^* = \psi^\dagger c\boldsymbol{\alpha}\psi = \boldsymbol{j} \ .
\end{aligned}$$

15. Dirac-Gleichung für strukturierte Teilchen. Die Dirac-Gleichung für die Wechselwirkung eines strukturbehafteten Teilchens (z.B. Proton oder Neutron) mit einem äußeren elektromagnetischen Feld weist einen zusätzlichen Term auf, der die Wechselwirkung des anomalen magnetischen Moments des Teilchens mit dem äußeren Feld beschreibt:

$$\left[\gamma^\mu \left(p_\mu - \frac{e}{c} A_\mu \right) - \frac{\hbar\delta}{4m_0 c} \sigma^{\mu\nu} F_{\mu\nu} - m_0 c \right] \psi(x) = 0 \ ,$$

mit

$$\sigma^{\mu\nu} = \frac{\mathrm{i}}{2} [\gamma^\mu, \gamma^\nu] \ , \ F_{\mu\nu} = \partial_\mu A_\nu - \partial_\nu A_\mu \ .$$

a) Man zeige, daß bei Anwesenheit dieses eich- und lorentzinvarianten Zusatzterms der Diracsche Hamilton-Operator hermitesch ist und die Wahrscheinlichkeit erhalten bleibt.

b) Wie lautet $\sigma^{\mu\nu} F_{\mu\nu}$ in Termen der elektromagnetischen Felder $\boldsymbol{E}$ und $\boldsymbol{B}$ in der Dirac-Darstellung?

Lösung.

Zu a) Zunächst ist festzustellen, daß nicht der Klammerterm obiger Gleichung hermitesch sein muß, sondern der Diracsche Hamilton-Operator, den man durch Umschreiben der Gleichung auf kanonische Form erhält:

$$\mathrm{i}\hbar \frac{\partial\psi}{\partial t} = \left[c\boldsymbol{\alpha} \left(\boldsymbol{p} - \frac{e}{c} \boldsymbol{A} \right) + eA^0 + \frac{\hbar\delta}{4m_0 c} \gamma^0 \sigma^{\mu\nu} F_{\mu\nu} + m_0 c^2 \gamma^0 \right] \psi \ . \quad (2.52)$$

Hieraus folgt die Hermitezitätsbedingung

$$\gamma^0 \sigma^{\mu\nu} F_{\mu\nu} = \left(\gamma^0 \sigma^{\mu\nu} F_{\mu\nu} \right)^\dagger \qquad (2.53)$$

bzw. (weil $F_{\mu\nu}$ ein reelles Tensorfeld ist)

$$\sigma^{\mu\nu\dagger} = \gamma^0 \sigma^{\mu\nu} \gamma^0 \ .$$

Diese Bedingung kann unter Berücksichtigung von (2.19) sofort verifiziert werden:

$$
\begin{aligned}
(\sigma^{\mu\nu})^\dagger &= -\frac{\mathrm{i}}{2}[\gamma^{\nu\dagger}, \gamma^{\mu\dagger}] = -\frac{\mathrm{i}}{2}[\gamma^0\gamma^\nu\gamma^0, \gamma^0\gamma^\mu\gamma^0] = \frac{\mathrm{i}}{2}\gamma^0[\gamma^\mu, \gamma^\nu]\gamma^0 \\
&= \gamma^0 \sigma^{\mu\nu} \gamma^0 \ .
\end{aligned}
$$

Zum Nachweis der Wahrscheinlichkeitserhaltung führen wir die gleiche, zu (2.11) und (2.12) führende Argumentation auf der Grundlage der modifizierten Dirac-Gleichung (2.52) durch. Unter Beachtung von (2.53) ergibt sich, daß auf den rechten Seiten beider Gleichungen (2.11) und (2.12) derselbe Zusatzterm

$$\frac{\hbar\delta}{4m_0 c}\psi^\dagger \gamma^0 \sigma^{\mu\nu} F_{\mu\nu}\psi$$

auftritt. Subtraktion beider Gleichungen führt wieder zur Kontinuitätsgleichung (2.13) mit derselben Wahrscheinlichkeitsdichte und Wahrscheinlichkeitsstromdichte.

Zu b) Der Term $\sigma^{\mu\nu}F_{\mu\nu}$ läßt sich unter Ausnutzung der Antisymmetrie von $\sigma^{\mu\nu}$ und $F_{\mu\nu}$ sowie der expliziten Gestalt von $F_{\mu\nu}$,

$$
(F_{\mu\nu}) = \begin{pmatrix} 0 & E_1 & E_2 & E_3 \\ -E_1 & 0 & -B_3 & B_2 \\ -E_2 & B_3 & 0 & -B_1 \\ -E_3 & -B_2 & B_1 & 0 \end{pmatrix} \ , \quad F_{\mu\nu} = g_{\mu\alpha}g_{\nu\beta}F^{\alpha\beta} \ ,
$$

umschreiben zu

$$\sigma^{\mu\nu}F_{\mu\nu} = 2\sum_{\mu<\nu}\sigma^{\mu\nu}F_{\mu\nu} = 2\sum_i \sigma^{0i}E_i + 2(-\sigma^{12}B_3 + \sigma^{13}B_2 - \sigma^{23}B_1) \ .$$

Weiterhin gilt in der Dirac- und Weyl-Darstellung

$$\sigma^{0i} = \mathrm{i}\alpha_i \ , \quad \sigma^{ij} = \epsilon_{ijk}\hat{\sigma}_k \ , \quad \hat{\sigma}_k = \begin{pmatrix} \sigma_k & 0 \\ 0 & \sigma_k \end{pmatrix} \ ,$$

so daß folgt:

$$\sigma^{\mu\nu}F_{\mu\nu} = 2(\mathrm{i}\boldsymbol{\alpha}\boldsymbol{E} - \hat{\boldsymbol{\sigma}}\boldsymbol{B}) \ . \tag{2.54}$$

Wie im nächsten Abschnitt gezeigt wird, hängt die Matrix $\sigma^{\mu\nu}$ mit den Bispinortransformationen für eigentliche Lorentz-Transformationen zusammen.

16. Quadratische Form der Dirac-Gleichung. Man zeige, daß sich die Dirac-Gleichung (2.25) in folgende darstellungsunabhängige quadratische Form bringen läßt:

$$\left[\left(p^\mu - \frac{e}{c}A^\mu\right)\left(p_\mu - \frac{e}{c}A_\mu\right) - \frac{\hbar e}{2c}\sigma^{\mu\nu}F_{\mu\nu} - m_0^2 c^2\right]\psi = 0 \ . \tag{2.55}$$

Lösung. Linksmultiplikation von (2.25) mit

$$\gamma^\nu \left(p_\nu - \frac{e}{c}A_\nu\right) + m_0 c$$

ergibt unter Berücksichtigung der Antivertauschungsrelation $\{\gamma^\mu, \gamma^\nu\} = 2g^{\mu\nu}$

$$
\begin{aligned}
0 &= \left[\gamma^\nu\left(p_\nu - \frac{e}{c}A_\nu\right) + m_0 c\right]\left[\gamma^\mu\left(p_\mu - \frac{e}{c}A_\mu\right) - m_0 c\right]\psi \\
&= \left[\gamma^\nu\gamma^\mu\left(p_\nu p_\mu + \frac{e^2}{c^2}A_\nu A_\mu\right) - \frac{e}{c}\gamma^\nu\gamma^\mu(A_\nu p_\mu + p_\nu A_\mu) - m_0^2 c^2\right]\psi \\
&= \left[\frac{1}{2}\{\gamma^\nu, \gamma^\mu\}\left(p_\nu p_\mu + \frac{e^2}{c^2}A_\nu A_\mu\right)\right. \\
&\qquad \left. - \frac{e}{2c}(\gamma^\nu\gamma^\mu - \gamma^\mu\gamma^\nu + \{\gamma^\nu,\gamma^\mu\})(A_\nu p_\mu + p_\nu A_\mu) - m_0^2 c^2\right]\psi \\
&= \left[p^\mu p_\mu + \frac{e^2}{c^2}A^\mu A_\mu - \frac{e}{c}(A^\mu p_\mu + p^\mu A_\mu)\right. \\
&\qquad \left. - \frac{e}{2c}(\gamma^\nu\gamma^\mu - \gamma^\mu\gamma^\nu)(A_\nu p_\mu + p_\nu A_\mu) - m_0^2 c^2\right]\psi \\
&= \left[\left(p^\mu - \frac{e}{c}A^\mu\right)\left(p_\mu - \frac{e}{c}A_\mu\right) - \frac{e}{2c}[\gamma^\nu, \gamma^\mu](p_\nu A_\mu) - m_0^2 c^2\right]\psi \ .
\end{aligned}
$$

Hierbei wirkt im vorletzten Term $(p_\nu A_\mu)$ der Operator p_ν nur auf A_μ und nicht auf ψ. Unter Berücksichtigung von $p_\mu = i\hbar\partial_\mu$ und (alle Ableitungen wirken ebenfalls nur auf A_μ)

$$
\begin{aligned}
\sigma^{\mu\nu}F_{\mu\nu} &= \frac{i}{2}[\gamma^\mu, \gamma^\nu](\partial_\mu A_\nu - \partial_\nu A_\mu) = i(\gamma^\mu\gamma^\nu\partial_\mu A_\nu - \gamma^\nu\gamma^\mu\partial_\mu A_\nu) \\
&= i[\gamma^\mu, \gamma^\nu]\partial_\mu A_\nu
\end{aligned}
$$

folgt (2.55).

17. Lagrange-Dichte und Energie-Impuls-Tensor des freien Dirac-Feldes. Bestimmen Sie analog zu Aufgabe 2 die Lagrange-Dichte des freien Dirac-Feldes. Zeigen Sie anschließend unter Verwendung des Energie-Impuls-Tensors, daß die Energie durch den Ausdruck

$$E = \int \mathrm{d}^3 x \psi^\dagger H^{(0)}\psi \ , \quad H^{(0)} = c\boldsymbol{\alpha}\boldsymbol{p} + \beta m_0 c^2$$

gegeben ist. Interpretieren Sie dieses Ergebnis.

Lösung. Die Lagrange-Dichte des freien Dirac-Feldes lautet

$$\mathcal{L} = \bar{\psi}(i\hbar c\gamma^\mu\partial_\mu - m_0 c^2)\psi \ ,$$

denn die Variation des zugehörigen Wirkungsfunktionals $I = \int \mathrm{d}^4 x \mathcal{L}$ nach den Komponenten von $\bar{\psi}$ bzw. ψ führt auf

$$\frac{\partial I}{\partial\bar{\psi}} = 0 \implies \frac{\partial\mathcal{L}}{\partial\bar{\psi}} - \partial_\mu \frac{\partial\mathcal{L}}{\partial(\partial_\mu\bar{\psi})} = 0 \quad \text{(Lagrange-Gleichung)}$$

$$\frac{\partial \mathcal{L}}{\partial \bar{\psi}} = (i\hbar c\gamma^{\mu}\partial_{\mu} - m_0 c^2)\psi \; , \; \frac{\partial \mathcal{L}}{\partial(\partial_{\mu}\bar{\psi})} = 0$$

$$\Longrightarrow (i\hbar c\gamma^{\mu}\partial_{\mu} - m_0 c^2)\psi = 0 \quad \text{(freie Dirac-Gleichung)}$$

bzw.

$$\frac{\partial I}{\partial \psi} = 0 \Longrightarrow \frac{\partial \mathcal{L}}{\partial \psi} - \partial_{\mu}\frac{\partial \mathcal{L}}{\partial(\partial_{\mu}\psi)} = 0 \quad \text{(Lagrange-Gleichung)}$$

$$\frac{\partial \mathcal{L}}{\partial \psi} = -m_0 c^2 \bar{\psi} \; , \; \frac{\partial \mathcal{L}}{\partial(\partial_{\mu}\psi)} = i\hbar c\bar{\psi}\gamma^{\mu}$$

$$\Longrightarrow i\hbar c\partial_{\mu}\bar{\psi}\gamma^{\mu} + m_0 c^2 \bar{\psi} = 0 \quad \text{(freie adjungierte Dirac-Gleichung)} \; .$$

Die Energiedichte T^{00} ergibt sich aus dem Energie-Impuls-Tensor

$$T^{\mu\nu} = \frac{\partial \mathcal{L}}{\partial(\partial_{\mu}\psi)}\partial^{\nu}\psi + \frac{\partial \mathcal{L}}{\partial(\partial_{\mu}\bar{\psi})}\partial^{\nu}\bar{\psi} - g^{\mu\nu}\mathcal{L}$$

zu

$$\begin{aligned}
T^{00} &= \frac{\partial \mathcal{L}}{\partial(\partial_0\psi)}\partial_0\psi + \frac{\partial \mathcal{L}}{\partial(\partial_0\bar{\psi})}\partial_0\bar{\psi} - \mathcal{L} \\
&= i\hbar c\bar{\psi}\gamma^0\partial_0\psi - \bar{\psi}(i\hbar c\gamma^{\mu}\partial_{\mu} - m_0 c^2)\psi \\
&= -i\hbar c\bar{\psi}\gamma^i\partial_i\psi + m_0 c^2\bar{\psi}\psi \\
&= \psi^{\dagger}(c\boldsymbol{\alpha}\boldsymbol{p} + \beta m_0 c^2)\psi = \psi^{\dagger}H^{(0)}\psi \; .
\end{aligned}$$

Hieraus folgt schließlich für die Energie

$$E = \int \mathrm{d}^3 x T^{00} = \int \mathrm{d}^3 x \psi^{\dagger}H^{(0)}\psi = \left\langle \psi \left| H^{(0)} \right| \psi \right\rangle \; .$$

Vergleicht man dieses Ergebnis mit dem entsprechenden Resultat des Klein-Gordon-Falles in Aufgabe 2, so findet man, daß in beiden Fällen die Feldenergie mit dem zugehörigen (V-)Energieerwartungswert für positive und negative Lösungen übereinstimmt.

Wie wir gesehen haben, gehen im Klein-Gordon-Fall zur Beschreibung von Spin-0-Antiteilchen negative Lösungen und nicht deren Ladungskonjugierten in die V-Erwartungswerte ein (Definition des V-Skalarproduktes, Unterabschn. 1.3.1), woraus wir geschlossen hatten, daß es in Bezug auf V-Erwartungswerte gerechtfertigt ist, die negativen Lösungen selbst als Antiteilchenwellenfunktionen zu betrachten. Genau dies wird durch die Betrachtung der Feldenergie auch unterstützt, welche für beide Lösungstypen positive (physikalische) Werte annimmt. Im vorliegenden Dirac-Fall ist dies anders: Hier ergeben sich für positive Lösungen positive (physikalische) Werte der Feldenergie bzw. des Energieerwartungswertes und für negative Lösungen negative (unphysikalische) Werte, woraus folgt, daß die negativen Dirac-Lösungen nicht die Wellenfunktionen von Spin-1/2-Antiteilchen sein können. In der Tat hatten wir ja bereits festgestellt, daß zu ihrer Beschreibung die Ladungskonjugierten der negativen Lösungen in die entsprechenden Erwartungswerte einzusetzen sind (Definition auf Seite 115).

2.2 Symmetrietransformationen

Analog zu den Symmetriebetrachtungen der Klein-Gordon-Theorie in Abschn. 1.2 wenden wir uns in diesem Abschnitt den Symmetrieeigenschaften der Dirac-Gleichung zu, wobei wir auch hier auf die dort diskutierte Unterscheidung von aktiven und passiven Transformationen zurückgreifen werden. Unsere Aufgabe besteht darin, die zu den homogenen (also eigentlichen und uneigentlichen) Lorentz-Transformationen Λ gehörenden Bispinortransformationen $D(\Lambda)$ explizit zu konstruieren und so den Beweis der Kovarianz der Dirac-Gleichung unter der vollen Poincaré-Gruppe zu vervollständigen.[8] Die grundlegenden Voraussetzungen, die es hierbei zu erfüllen gilt, wurden in Unterabschn. 2.1.2 ja bereits dargelegt. Darüber hinaus liefern wir im Zusammenhang mit räumlichen Drehungen ein transformationstheoretisches Argument für den in Unterabschn. 2.1.4 eingeführten Diracschen Spinoperator. Schließlich betrachten wir auch noch nichtlorentzartige diskrete Symmetrieoperationen, mittels derer sich u.a. wieder die für die Streutheorie so wichtige Feynman-Stückelberg-Interpretation ergeben wird.

2.2.1 Eigentliche Lorentz-Transformationen

Eigentliche Lorentz-Transformationen (mit $\Lambda^0{}_0 > 0$, det $\Lambda = +1$) zeichnen sich dadurch aus, daß sie durch eine Folge infinitesimaler Transformationen aufgebaut werden können, weshalb man sie auch *kontinuierlich* nennt. Betrachten wir deshalb zunächst eine infinitesimale eigentliche Lorentz-Transformation, für die wir ganz allgemein folgende Form ansetzen können:

$$\Lambda^\mu{}_\nu = g^\mu{}_\nu + \Delta\omega^\mu{}_\nu \ , \ \Delta_{\mu\nu} = -\Delta_{\nu\mu} \ . \tag{2.56}$$

Die letzte Beziehung folgt dabei aus (A.2) im Anhang, denn es gilt bis zur linearen Ordnung in $\Delta\omega$

$$\Lambda^\mu{}_\alpha g_{\mu\nu} \Lambda^\nu{}_\beta = g_{\alpha\beta}$$

$$\Longleftrightarrow (g^\mu{}_\alpha + \Delta\omega^\mu{}_\alpha)g_{\mu\nu}(g^\nu{}_\beta + \Delta\omega^\nu{}_\beta) = g_{\alpha\beta}$$

$$\Longleftrightarrow g^\mu{}_\alpha g_{\mu\nu} g^\nu{}_\beta + \Delta\omega^\mu{}_\alpha g_{\mu\nu} g^\nu{}_\beta + g^\mu{}_\alpha g_{\mu\nu} \Delta\omega^\nu{}_\beta = g_{\alpha\beta}$$

$$\Longleftrightarrow g_{\alpha\beta} + \Delta\omega^\mu{}_\alpha g_{\mu\beta} + g_{\alpha\nu} \Delta\omega^\nu{}_\beta = g_{\alpha\beta}$$

$$\Longleftrightarrow g_{\beta\mu}\Delta\omega^\mu{}_\alpha + g_{\alpha\nu}\Delta\omega^\nu{}_\beta = 0$$

$$\Longleftrightarrow \Delta\omega_{\beta\alpha} = -\Delta\omega_{\alpha\beta} \ .$$

Da mit Λ auch die zugehörige Bispinortransformation $D(\Lambda)$ nur infinitesimal von der Einheitstransformation abweichen wird, machen wir für sie den Ansatz

---

[8] Die Poincaré-Gruppe enthält gegenüber den homogenen Lorentz-Transformationen zusätzlich Raumzeit-Translationen, für die der Beweis leicht zu führen ist. Siehe Fußnote 2 auf Seite 101.

$$D = 1 - \frac{i}{4}\sigma_{\mu\nu}\Delta\omega^{\mu\nu} \ , \quad D^{-1} = 1 + \frac{i}{4}\sigma_{\mu\nu}\Delta\omega^{\mu\nu} \ , \quad \sigma_{\mu\nu} = -\sigma_{\nu\mu} \ . \tag{2.57}$$

Setzen wir nun (2.56) und (2.57) in die für lorentzartige Bispinortransformationen geltende Definitionsgleichung (2.26) aus Satz 2.2 ein, so ergibt sich in linearer Ordnung von $\Delta\omega$

$$\Delta\omega^{\mu}{}_{\nu}\gamma^{\nu} = -\frac{i}{4}\Delta\omega^{\alpha\beta}[\gamma^{\mu}, \sigma_{\alpha\beta}] \ .$$

Hieraus folgt unter Berücksichtigung der Antisymmetrie von $\Delta\omega^{\mu}{}_{\nu}$,

$$\Delta\omega^{\mu}{}_{\nu} = \frac{1}{2}\Delta\omega^{\alpha\beta}(g^{\mu}{}_{\alpha}g_{\nu\beta} - g^{\mu}{}_{\beta}g_{\nu\alpha}) \ ,$$

die Gleichung

$$2i(g^{\mu}{}_{\alpha}\gamma_{\beta} - g^{\mu}{}_{\beta}\gamma_{\alpha}) = [\gamma^{\mu}, \sigma_{\alpha\beta}] \ . \tag{2.58}$$

Somit reduziert sich die Konstruktion von Bispinortransformationen für eigentliche Lorentz-Transformationen darauf, eine antisymmetrische Matrix $\sigma_{\alpha\beta}$ zu finden, die (2.58) genügt. Man überzeugt sich leicht davon, daß diese Matrix durch

$$\sigma_{\alpha\beta} = \frac{i}{2}[\gamma_{\alpha}, \gamma_{\beta}]$$

gegeben ist (vgl. Aufgabe 15 und 16), denn aufgrund von (2.18) gilt

$$\begin{aligned}
\frac{i}{2}[\gamma^{\mu}, [\gamma_{\alpha}, \gamma_{\beta}]] &= \frac{i}{2}\left([\gamma^{\mu}, \gamma_{\alpha}\gamma_{\beta}] - [\gamma^{\mu}, \gamma_{\beta}\gamma_{\alpha}]\right) \\
&= \frac{i}{2}\left([\gamma^{\mu}, \gamma_{\alpha}\gamma_{\beta}] - 2[\gamma^{\mu}, g_{\alpha\beta}] + [\gamma^{\mu}, \gamma_{\alpha}\gamma_{\beta}]\right) \\
&= i[\gamma^{\mu}, \gamma_{\alpha}\gamma_{\beta}] \\
&= i\left(\gamma^{\mu}\gamma_{\alpha}\gamma_{\beta} - 2g^{\mu}{}_{\beta}\gamma_{\alpha} + \gamma_{\alpha}\gamma^{\mu}\gamma_{\beta}\right) \\
&= i\left(\gamma^{\mu}\gamma_{\alpha}\gamma_{\beta} - 2g^{\mu}{}_{\beta}\gamma_{\alpha} + 2g^{\mu}{}_{\alpha}\gamma_{\beta} - \gamma^{\mu}\gamma_{\alpha}\gamma_{\beta}\right) \\
&= 2i\left(g^{\mu}{}_{\alpha}\gamma_{\beta} - g^{\mu}{}_{\beta}\gamma_{\alpha}\right) \ .
\end{aligned}$$

Wir sind nun in der Lage, endliche Bispinortransformationen durch wiederholte Anwendung infinitesimaler Transformationen vermöge

$$D(\Lambda) = \lim_{N\to\infty}\left(1 - \frac{i}{4}\sigma_{\mu\nu}\Delta\omega^{\mu\nu}\right)^{N} = \exp\left(-\frac{i}{4}\sigma_{\mu\nu}\Delta^{\mu\nu}\right)$$

zu konstruieren. Hierbei ist es vorteilhaft, für die infinitesimale Größe $\Delta\omega^{\mu}{}_{\nu}$ zu schreiben:

$$\Delta\omega^{\mu}{}_{\nu} = \Delta\omega(I_n)^{\mu}{}_{\nu} \ , \quad \lim_{N\to\infty}N\Delta\omega = \omega \ ,$$

wobei $\Delta\omega$ der infinitesimale „Drehwinkel" um eine Achse in n-Richtung, ω der zugehörige endliche Drehwinkel und I_n die 4×4-Koeffizientenmatrix (in Raum und Zeit) für die „Einheits-Lorentz-Drehung" um diese Achse bedeuten. Somit folgt schließlich der

---

**Satz 2.6: Bispinortransformationen
für eigentliche Lorentz-Transformationen**

Zu der eigentlichen Lorentz-Transformation

$$\Lambda: \quad x^\mu \longrightarrow x'^\mu = \Lambda^\mu{}_\nu x^\nu$$

um die Drehachse n mit dem Drehwinkel ω gehört die passive Bispinor-transformation

$$D(\Lambda): \quad \psi(x) \longrightarrow \psi'(x') = D(\Lambda)\psi(x) ,$$

mit

$$D(\Lambda) = \exp\left(-\frac{i}{4}\omega\sigma_{\mu\nu}(I_n)^{\mu\nu}\right) , \quad \sigma_{\mu\nu} = \frac{i}{2}[\gamma_\mu,\gamma_\nu] ,$$

wobei I_n die Einheits-Lorentz-Drehung um die Achse n bezeichnet.

Mit diesem Satz ist der Beweis der Forminvarianz der Dirac-Gleichung unter eigentlichen Lorentz-Transformationen abgeschlossen. Den Beweis für uneigentliche Lorentz-Transformationen sowie für weitere, nichtlorentzartige Transformationen werden wir im übernächsten Unterabschnitt führen.

Lorentz-Boosts. Als erstes konkretes Anwendungsbeispiel von Satz 2.6 berechnen wir die Bispinortransformation für einen Lorentz-Boost, der den Übergang zu einem Inertialsystem beschreibt, welches sich mit der Geschwindigkeit v relativ zum ursprünglichen Referenzsystem bewegt. Hierzu bestimmen wir zunächst die zugehörigen infinitesimalen Lorentz-Boosts entlang der drei Raumachsen,

$$(\Lambda^{(1)\mu}{}_\nu) = \begin{pmatrix} \cosh\Delta\omega_1 & \sinh\Delta\omega_1 & 0 & 0 \\ \sinh\Delta\omega_1 & \cosh\Delta\omega_1 & 0 & 0 \\ 0 & 0 & 1 & 0 \\ 0 & 0 & 0 & 1 \end{pmatrix}$$

$$\stackrel{\Delta\omega_1 \ll 1}{=} (g^\mu{}_\nu) + \Delta\omega_1 \begin{pmatrix} 0 & 1 & 0 & 0 \\ 1 & 0 & 0 & 0 \\ 0 & 0 & 0 & 0 \\ 0 & 0 & 0 & 0 \end{pmatrix}$$

$$(\Lambda^{(2)\mu}{}_\nu) = \begin{pmatrix} \cosh\Delta\omega_2 & 0 & \sinh\Delta\omega_2 & 0 \\ 0 & 1 & 0 & 0 \\ \sinh\Delta\omega_2 & 0 & \cosh\Delta\omega_2 & 0 \\ 0 & 0 & 0 & 1 \end{pmatrix}$$

$$\stackrel{\Delta\omega_2 \ll 1}{=} (g^\mu{}_\nu) + \Delta\omega_2 \begin{pmatrix} 0 & 0 & 1 & 0 \\ 0 & 0 & 0 & 0 \\ 1 & 0 & 0 & 0 \\ 0 & 0 & 0 & 0 \end{pmatrix}$$

$$(\Lambda^{(3)\mu}{}_\nu) \;=\; \begin{pmatrix} \cosh\Delta\omega_3 & 0 & 0 & \sinh\Delta\omega_3 \\ 0 & 1 & 0 & 0 \\ 0 & 0 & 1 & 0 \\ \sinh\Delta\omega_3 & 0 & 0 & \cosh\Delta\omega_3 \end{pmatrix}$$

$$\overset{\Delta\omega_3\ll 1}{=}\; (g^\mu{}_\nu) + \Delta\omega_3 \begin{pmatrix} 0 & 0 & 0 & 1 \\ 0 & 0 & 0 & 0 \\ 0 & 0 & 0 & 0 \\ 1 & 0 & 0 & 0 \end{pmatrix} ,$$

und konstruieren daraus den infinitesimalen Lorentz-Boost in Richtung von

$$\boldsymbol{v} = v \begin{pmatrix} \cos\theta_1 \\ \cos\theta_2 \\ \cos\theta_3 \end{pmatrix} :$$

$$\Lambda^\mu{}_\nu \overset{\Delta\omega\ll 1}{=} g^\mu{}_\nu + \Delta\omega I^\mu{}_\nu , \; (I^\mu{}_\nu) = \begin{pmatrix} 0 & \cos\theta_1 & \cos\theta_2 & \cos\theta_3 \\ \cos\theta_1 & 0 & 0 & 0 \\ \cos\theta_2 & 0 & 0 & 0 \\ \cos\theta_3 & 0 & 0 & 0 \end{pmatrix} .$$

Für die zum endlichen Lorentz-Boost gehörende Bispinortransformation ergibt sich nach Satz 2.6

$$\sigma_{\mu\nu} I^{\mu\nu} = \sigma_{\mu\nu} g^{\nu\rho} I^\mu{}_\rho = -2 \sum_i \sigma_{0i} \cos\theta_i = 2\mathrm{i}\frac{\boldsymbol{\alpha v}}{v}$$

$$\Longrightarrow D(\Lambda_{\boldsymbol{v}}) = \exp\left(\frac{\omega}{2}\frac{\boldsymbol{\alpha v}}{v}\right) .$$

Dieses Exponential läßt sich mit Hilfe der darstellungsunabhängigen Beziehungen

$$(\boldsymbol{\alpha v}) = v^{2n} , \; (\boldsymbol{\alpha v})^{2n+1} = v^{2n}\boldsymbol{\alpha v}$$

folgendermaßen ausführen:

$$\exp\left(\frac{\omega}{2v}\boldsymbol{\alpha v}\right) = \sum_{n=0}^\infty \frac{1}{n!}\left(\frac{\omega}{2v}\right)^n (\boldsymbol{\alpha v})^n$$

$$= \sum_{n=0}^\infty \frac{1}{(2n)!}\left(\frac{\omega}{2v}\right)^{2n} (\boldsymbol{\alpha v})^{2n}$$

$$+ \sum_{n=0}^\infty \frac{1}{(2n+1)!}\left(\frac{\omega}{2v}\right)^{2n+1} (\boldsymbol{\alpha v})^{2n+1}$$

$$= \sum_{n=0}^\infty \frac{1}{(2n)!}\left(\frac{\omega}{2}\right)^{2n} + \frac{\boldsymbol{\alpha v}}{v} \sum_{n=0}^\infty \frac{1}{(2n+1)!}\left(\frac{\omega}{2}\right)^{2n+1}$$

$$= \cosh\left(\frac{\omega}{2}\right) + \frac{\boldsymbol{\alpha v}}{v}\sinh\left(\frac{\omega}{2}\right) .$$

Unter Berücksichtigung von

$$\cosh\omega = \frac{1}{\sqrt{1-\beta^2}} \ , \ \beta = \frac{v}{c}$$

und

$$\cosh\left(\frac{\omega}{2}\right) = \sqrt{\frac{1}{2}(\cosh\omega + 1)} \ , \ \sinh\left(\frac{\omega}{2}\right) = -\sqrt{\cosh^2\left(\frac{\omega}{2}\right) - 1}$$

erhält man schließlich als Resultat

$$D(\Lambda_v) = \sqrt{\frac{1}{2}\left(\frac{1}{\sqrt{1-\beta^2}} + 1\right)} - \frac{\boldsymbol{\alpha v}}{v}\sqrt{\frac{1}{2}\left(\frac{1}{\sqrt{1-\beta^2}} - 1\right)} \ . \tag{2.59}$$

Ist das ursprüngliche Referenzsystem gleich dem Ruhesystem des betrachteten Teilchens, dann besitzt das Teilchen im lorentztransformierten System den Impuls $\boldsymbol{p} \sim -\boldsymbol{v}$. In diesem Fall können wir (2.59) unter Ausnutzung von $\sqrt{1-\beta^2} = m_0 c/p_0$, $p_0 > 0$ umschreiben zu[9]

$$D(\boldsymbol{p}) = \frac{p_0 + m_0 c + \boldsymbol{\alpha p}}{\sqrt{2m_0 c(p_0 + m_0 c)}} \ . \tag{2.60}$$

Im Gegenzug transformiert natürlich $D(-\boldsymbol{p})$ auf das Ruhesystem eines Teilchens, welches im ursprünglichen System den Impuls $\boldsymbol{p}$ besaß.

Räumliche Drehungen. Betrachten wir als nächstes die räumliche Lorentz-Drehung um eine Einheitsachse $\boldsymbol{u}$, $|\boldsymbol{u}| = 1$ mit den Winkel φ und berechnen die zugehörige Bispinortransformation. Hierzu kann man ganz analog zum Boost-Fall vorgehen, indem man zuerst wieder die mathematisch positiven infinitesimalen Drehungen um die drei kartesischen Achsen berechnet, woraus sich insgesamt die infinitesimale Drehung

$$\Lambda^\mu_{\ \nu} \overset{\Delta\varphi \ll 1}{=} g^\mu_{\ \nu} + \Delta\varphi I^\mu_{\ \nu} \ , \ (I^\mu_{\ \nu}) = \begin{pmatrix} 0 & 0 & 0 & 0 \\ 0 & 0 & u_3 & -u_2 \\ 0 & -u_3 & 0 & u_1 \\ 0 & u_2 & -u_1 & 0 \end{pmatrix} \tag{2.61}$$

ergibt. Für die zur endlichen Lorentz-Drehung gehörende Bispinortransformation folgt in der Dirac- und Weyl-Darstellung (nicht jedoch in jeder Darstellung!)

$$\sigma_{\mu\nu}I^{\mu\nu} = \sigma_{\mu\nu}I^\mu_{\ \rho}g^{\rho\nu} = -2(\sigma_{12}u_3 + \sigma_{31}u_2 + \sigma_{23}u_1)$$

$$= -2\boldsymbol{u}\hat{\boldsymbol{\sigma}} \ , \ \hat{\boldsymbol{\sigma}} = \begin{pmatrix} \boldsymbol{\sigma} & 0 \\ 0 & \boldsymbol{\sigma} \end{pmatrix}$$

$$\Longrightarrow D(\Lambda_\varphi) = \exp\left(\frac{\mathrm{i}}{2}\varphi\boldsymbol{u}\hat{\boldsymbol{\sigma}}\right) \ . \tag{2.62}$$

---

[9] Man vergegenwärtige sich den Unterschied der Notationen in (2.59) und (2.60): $D(\Lambda_v)$ und $D(\boldsymbol{p})$ transformieren das ursprüngliche Bezugssystem in gegenläufige Richtungen.

Indem wir berücksichtigen, daß

$$(u\hat{\sigma})^{2n} = 1 \ , \ (u\hat{\sigma})^{2n+1} = u\hat{\sigma} \ ,$$

können wir die Exponentiation in (2.62) in ähnlicher Weise wie beim Boost-Fall ausführen und erhalten

$$\exp\left(\frac{i}{2}\varphi u\hat{\sigma}\right) = \sum_{n=0}^{\infty} \frac{i^n}{n!}\left(\frac{\varphi}{2}\right)^n (u\hat{\sigma})^n$$

$$= \sum_{n=0}^{\infty} \frac{i^{2n}}{(2n)!}\left(\frac{\varphi}{2}\right)^{2n} + u\hat{\sigma}\sum_{n=0}^{\infty} \frac{i^{2n+1}}{(2n+1)!}\left(\frac{\varphi}{2}\right)^{2n+1}$$

$$= \sum_{n=0}^{\infty} \frac{(-1)^n}{(2n)!}\left(\frac{\varphi}{2}\right)^{2n} + iu\hat{\sigma}\sum_{n=0}^{\infty} \frac{(-1)^n}{(2n+1)!}\left(\frac{\varphi}{2}\right)^{2n+1}$$

$$\implies D(\Lambda_\varphi) = \cos\left(\frac{\varphi}{2}\right) + iu\hat{\sigma}\sin\left(\frac{\varphi}{2}\right) \ .$$

Man beachte, daß nach einer Drehung um 2π nicht wieder der Ausgangszustand erreicht ist. Vielmehr gilt

$$D(\Lambda_{2n\pi}) = (-1)^n \ ,$$

was ganz allgemein für halbzahlige Spins charakteristisch ist. Deshalb müssen physikalisch beobachtbare Größen in der Dirac-Theorie immer bilinear in den Feldern $\psi(x)$ sein bzw. eine gerade Potenz von ihnen enthalten; nur so gehen physikalische Beobachtungen bei Raumdrehungen um 2π in sich selbst über, wie es die Erfahrung lehrt.

2.2.2 Spin der Dirac-Lösungen

Aufgrund von (2.62) und des allgemeinen Zusammenhangs zwischen passiven und aktiven Transformationen sind wir nun im Stande, ein transformationstheoretisches Argument für den in Unterabschn. 2.1.4 eingeführten Diracschen Spinoperator (2.31) und somit auch für die Tatsache zu liefern, daß die Lösungen der Dirac-Gleichung Spin-1/2-Teilchen beschreiben. Hierzu stellen wir zunächst fest, daß sich jede aktive räumliche Drehung eines physikalischen Systems um eine Einheitsachse u und den Winkel $-\Delta\varphi$ mit Hilfe des Gesamtdrehimpulses $J = L + S$ in der Weise

$$\psi'(x) = \exp\left(\frac{i\Delta\varphi u J}{\hbar}\right)\psi(x) \stackrel{\Delta\varphi \ll 1}{=} \left(1 + \frac{i\Delta\varphi u J}{\hbar}\right)\psi(x) \qquad (2.63)$$

ausdrücken läßt, bzw. daß L, S und J durch diese Beziehung definiert sind. Auf der anderen Seite wissen wir, daß sich diese aktive Drehung auch aus der entsprechenden gegenläufigen passiven Drehung des Bezugssystems ableiten läßt [siehe (1.30) und (1.31) in Unterabschn. 1.2.1]:

$$\left.\begin{array}{l}\text{Passive Drehung}\\ \text{um } \boldsymbol{u} \text{ und } +\Delta\varphi\end{array}\right\} : \psi'(x') = D(\Lambda_{\Delta\varphi})\psi(x)$$

$$\Updownarrow$$

$$\left.\begin{array}{l}\text{Aktive Drehung}\\ \text{um } \boldsymbol{u} \text{ und } -\Delta\varphi\end{array}\right\} : \psi'(x) = D(\Lambda_{\Delta\varphi})\psi(\Lambda_{\Delta\varphi}^{-1}x) = D(\Lambda_{\Delta\varphi})\psi(\Lambda_{-\Delta\varphi}x) \ .$$

Beschränkt man sich auf infinitesimale Drehwinkel, so kann man die letzte Beziehung unter Berücksichtigung von (2.61) und (2.62) umschreiben zu

$$
\begin{aligned}
\psi'(x) \overset{\Delta\varphi \ll 1}{=}\ & \left(1 + \frac{\mathrm{i}\Delta\varphi \boldsymbol{u}\hat{\boldsymbol{\sigma}}}{2}\right) \psi[x^0, x^1 + \Delta\varphi(-u_3 x^2 + u_2 x^3), \\
& \qquad\qquad\qquad\qquad x^2 + \Delta\varphi(u_3 x^1 - u_1 x^3), \\
& \qquad\qquad\qquad\qquad x^3 + \Delta\varphi(-u_2 x^1 + u_1 x^2)] \\
=\ & \left(1 + \frac{\mathrm{i}\Delta\varphi \boldsymbol{u}\hat{\boldsymbol{\sigma}}}{2}\right) \left\{\psi(x) + \Delta\varphi\left[\frac{\partial\psi}{\partial x^1}(-u_3 x^2 + u_2 x^3)\right.\right. \\
& \qquad\qquad\qquad\qquad\qquad\quad + \frac{\partial\psi}{\partial x^2}(u_3 x^1 - u_1 x^3) \\
& \qquad\qquad\qquad\qquad\qquad\quad \left.\left. + \frac{\partial\psi}{\partial x^3}(-u_2 x^1 + u_1 x^2)\right]\right\} \\
=\ & \left(1 + \frac{\mathrm{i}\Delta\varphi \boldsymbol{u}\hat{\boldsymbol{\sigma}}}{2}\right)\left(1 + \frac{\mathrm{i}\Delta\varphi \boldsymbol{u}\boldsymbol{L}}{\hbar}\right)\psi(x) \\
=\ & \left[1 + \frac{\mathrm{i}\Delta\varphi \boldsymbol{u}}{\hbar}\left(\boldsymbol{L} + \frac{\hbar\hat{\boldsymbol{\sigma}}}{2}\right)\right]\psi(x) \ .
\end{aligned}
$$

Hieraus folgt durch Vergleich mit (2.63) schließlich der uns bereits bekannte Ausdruck für den Diracschen Spinoperator, nämlich

$$\boldsymbol{S} = \frac{\hbar}{2}\hat{\boldsymbol{\sigma}} \ .$$

2.2.3 Diskrete Transformationen

Wir kommen nun zum Fall der uneigentlichen Lorentz-Transformationen (mit det $\Lambda = -1$) sowie weiterer, nichtlorentzartiger Transformationen, die sich allesamt nicht durch wiederholte Anwendung infinitesimaler Operationen gewinnen lassen und deshalb *diskret* genannt werden. Hierbei gehen wir analog zur Diskussion im Klein-Gordon-Fall (Unterabschn. 1.2.3) vor. Die zugehörigen physikalischen Implikationen wurden dort ja bereits ausgiebig dargelegt, so daß wir uns hier aufgrund ihrer vollständigen Übertragbarkeit entsprechend kurz fassen können.

Paritätstransformation $\boldsymbol{P}$. Die uneigentliche orthochrone lorentzartige Paritätstransformation oder auch Raumspiegelung ist definiert durch

$$(\Lambda^\nu{}_\mu) = \begin{pmatrix} 1 & 0 & 0 & 0 \\ 0 & -1 & 0 & 0 \\ 0 & 0 & -1 & 0 \\ 0 & 0 & 0 & -1 \end{pmatrix} = g^{\mu\nu} \ , \ \det(\Lambda) = -1 \ , \ \Lambda^0{}_0 > 0 \ .$$

Um zu zeigen, daß die Dirac-Gleichung hierunter forminvariant ist, müssen wir eine Bispinortransformation $D(\Lambda)$ finden, die der Definitionsgleichung (2.26) für lorentzartige Bispinortransformationen genügt. Führt man für $D(\Lambda)$ die Bezeichnung P ein, so bedeutet dies konkret

$$P^{-1}\gamma^\mu P = \Lambda^\mu{}_\nu \gamma^\nu = g^{\mu\mu}\gamma^\mu \quad \text{(keine Summation über } \mu) \ . \tag{2.64}$$

Darüber hinaus fordern wir in Analogie zur räumlichen Drehung um den Winkel 4π, daß vier Raumspiegelungen einen Bispinor auf sich selbst zurücktransformieren, also

$$P^4 = 1 \ . \tag{2.65}$$

Man überzeugt sich leicht davon, daß dies durch die darstellungsunabhängige Wahl $P = \lambda_P \gamma^0$ mit $\lambda_P^4 = 1$ erfüllt wird. Somit haben wir im passiven Fall

$$\left.\begin{array}{l} \boldsymbol{x} \longrightarrow \boldsymbol{x}' = -\boldsymbol{x} \ , \ t \longrightarrow t' = t \\[4pt] \psi(\boldsymbol{x},t) \longrightarrow \psi_P(\boldsymbol{x}',t') = P\psi(\boldsymbol{x},t) \ , \ P = \lambda_P \gamma^0 \ , \ \lambda_P^4 = 1 \\[4pt] A^0(\boldsymbol{x},t) \longrightarrow A_P^0(\boldsymbol{x}',t') = A^0(\boldsymbol{x},t) \\[4pt] \boldsymbol{A}(\boldsymbol{x},t) \longrightarrow \boldsymbol{A}_P(\boldsymbol{x}',t') = -\boldsymbol{A}(\boldsymbol{x},t) \end{array}\right\} \begin{array}{l} \text{passive} \\ \text{Raumspie-} \\ \text{gelung } P \end{array}$$

und im aktiven Fall

$$\left.\begin{array}{l} \psi(\boldsymbol{x},t) \longrightarrow \psi_P(\boldsymbol{x},t) = P\psi(-\boldsymbol{x},t) \\[4pt] A^0(\boldsymbol{x},t) \longrightarrow A_P^0(\boldsymbol{x},t) = A^0(-\boldsymbol{x},t) \\[4pt] \boldsymbol{A}(\boldsymbol{x},t) \longrightarrow \boldsymbol{A}_P(\boldsymbol{x},t) = -\boldsymbol{A}(-\boldsymbol{x},t) \end{array}\right\} \begin{array}{l} \text{aktive} \\ \text{Raumspie-} \\ \text{gelung } P. \end{array} \tag{2.66}$$

Wendet man die aktive Raumspiegelung auf eine freie ebene Dirac-Lösung an, so ergibt sich (siehe Aufgabe 20)

$$\left\{\begin{array}{c} \psi_{\epsilon,p,n}(x) \\[4pt] p = \begin{pmatrix} p_0 \\ \boldsymbol{p} \end{pmatrix}, n = \begin{pmatrix} n_0 \\ \boldsymbol{n} \end{pmatrix} \end{array}\right\} \longrightarrow \left\{\begin{array}{c} \psi_{\epsilon,p',n'}(x) \\[4pt] p' = \begin{pmatrix} p_0 \\ -\boldsymbol{p} \end{pmatrix}, n = \begin{pmatrix} -n_0 \\ \boldsymbol{n} \end{pmatrix} \end{array}\right\} . \tag{2.67}$$

Es entsteht also eine freie Lösung mit umgekehrtem räumlichen Impulsindex, während der räumliche Spinindex erhalten bleibt. Da sich ϵ nicht ändert, überträgt sich dieser Zusammenhang auch auf die Teilchenebene, d.h. die Raumspiegelung dreht den Impuls eines Spin-1/2-Teilchens um und läßt seine Spinorientierung unverändert.

Zeitumkehrtransformation T. Bei der Zeitumkehr- oder besser gesagt: Bewegungsumkehrtransformation handelt es sich um eine nichtlorentzartige Symmetrieoperation, welche vom passiven Standpunkt aus definiert ist durch

$$\left.\begin{array}{l} \boldsymbol{x} \longrightarrow \boldsymbol{x}' = \boldsymbol{x} \ , \ t \longrightarrow t' = -t \\[4pt] A^0(\boldsymbol{x},t) \longrightarrow A_T^0(\boldsymbol{x}',t') = A^0(\boldsymbol{x},t) \\[4pt] \boldsymbol{A}(\boldsymbol{x},t) \longrightarrow \boldsymbol{A}_T(\boldsymbol{x}',t') = -\boldsymbol{A}(\boldsymbol{x},t) \end{array}\right\} \begin{array}{l} \text{passive} \\ \text{Zeitum-} \\ \text{kehr } T, \end{array} \tag{2.68}$$

so daß

$$i\hbar\partial^0 \longrightarrow i\hbar\partial'^0 = -i\hbar\partial^0 \ , \ i\hbar\partial^i \longrightarrow i\hbar\partial'^i = i\hbar\partial^i \ .$$

Aufgrund der Nichtlorentzartigkeit dieser Operation ist klar, daß wir zur Konstruktion der zugehörigen Bispinortransformation nicht die Beziehung (2.26) heranziehen können. Wir gehen deshalb von der Dirac-Gleichung im transformierten (gestrichenen) System aus,

$$\left[\gamma^\mu\left(i\hbar\partial'_\mu - \frac{e}{c}A_{T,\mu}(x')\right) - m_0 c\right]\psi'(x') = 0 \ , \tag{2.69}$$

machen für ψ' den (antilinearen und reziproken) Ansatz

$$\psi'(x') = T\psi^*(x) \ , \ T^2 = 1 \ , \ T \text{ linear}$$

und drücken (2.69) durch die ursprünglichen Größen aus:

$$\left[\gamma^0\left(-i\hbar\partial_0 - \frac{e}{c}A_0(x)\right) + \gamma^i\left(i\hbar\partial_i + \frac{e}{c}A_i(x)\right) - m_0 c\right]T\psi^*(x) = 0 \ . \tag{2.70}$$

Fordert man nun, daß gilt:

$$T^{-1}\gamma^\mu T = g^{\mu\mu}\gamma^{\mu*} \quad \text{(keine Summation über } \mu) \ , \tag{2.71}$$

dann erhält man durch Linksmultiplikation von (2.70) mit T^{-1} und anschließender komplexer Konjugation die zu (2.69) formgleiche Gleichung

$$\left[\gamma^0\left(i\hbar\partial_0 - \frac{e}{c}A_0(x)\right) + \gamma^i\left(i\hbar\partial_i - \frac{e}{c}A_i(x)\right) - m_0 c\right]\psi(x) = 0$$

im ursprünglichen System. Die Lösung von (2.71) ist nicht schwer zu finden und lautet in der Dirac- oder Weyl-Darstellung $T = i\lambda_T\gamma^1\gamma^3$. Als Ergänzung von (2.68) können wir deshalb schreiben:

$$\psi(\boldsymbol{x},t) \longrightarrow \psi_T(\boldsymbol{x}',t') = T\psi^*(\boldsymbol{x},t) \ , \ \left.\begin{array}{c} T = i\lambda_T\gamma^1\gamma^3 \\ |\lambda_T| = 1 \end{array}\right\} \begin{array}{l} \text{passive} \\ \text{Zeitum-} \\ \text{kehr } T. \end{array}$$

Für die aktive Zeitumkehrtransformation ergibt sich demzufolge

$$\left.\begin{array}{c} \psi(\boldsymbol{x},t) \longrightarrow \psi_T(\boldsymbol{x},t) = T\psi^*(\boldsymbol{x},-t) \\ A^0(\boldsymbol{x},t) \longrightarrow A_T^0(\boldsymbol{x},t) = A^0(\boldsymbol{x},-t) \\ \boldsymbol{A}(\boldsymbol{x},t) \longrightarrow \boldsymbol{A}_T(\boldsymbol{x},t) = -\boldsymbol{A}(\boldsymbol{x},-t) \end{array}\right\} \begin{array}{l} \text{aktive} \\ \text{Zeitum-} \\ \text{kehr } T. \end{array} \tag{2.72}$$

Angewandt auf eine freie ebene Dirac-Lösung liefert die aktive Zeitumkehr (siehe Aufgabe 20)

$$\left\{\begin{array}{c} \psi_{\epsilon,p,n}(x) \\ p = \begin{pmatrix} p_0 \\ \boldsymbol{p} \end{pmatrix}, n = \begin{pmatrix} n_0 \\ \boldsymbol{n} \end{pmatrix} \end{array}\right\} \longrightarrow \left\{\begin{array}{c} \psi_{\epsilon,p',n'}(x) \\ p' = \begin{pmatrix} p_0 \\ -\boldsymbol{p} \end{pmatrix}, n = \begin{pmatrix} n_0 \\ -\boldsymbol{n} \end{pmatrix} \end{array}\right\} \ . \tag{2.73}$$

Auf Ebene der Wellenfunktionen werden hier die räumlichen Impuls- und Spinindizes umgedreht. Auf Teilchenebene bedeutet dies aufgrund des unveränderten ϵ: Die Zeitumkehr dreht den Impuls und den Spin eines Spin-1/2-Teilchens um.

***PCT*-Transformation (keine Symmetrietransformation).** In völliger
Analogie zum Klein-Gordon-Fall können wir anstelle der Ladungskonjugation
C aus Unterabschn. 2.1.6 genauso gut auch die drei Transformationen C, P
und T in Kombination auf negative Dirac-Lösungen $\psi^{(-)}$ anwenden, um auf
diese Weise Wellenfunktionen für Antiteilchen zu generieren. Unter Berücksichtigung von Satz 2.5, (2.66) und (2.72) ergibt sich somit im aktiven Fall in
der Dirac- oder Weyl-Darstellung (ohne Berücksichtigung etwaiger Phasen)

$$\psi^{(-)}(x) \longrightarrow \psi_{PCT}^{(-)}(x) = i\gamma^5\psi^{(-)}(-x) \ .$$

Dies führt uns genau wie im Klein-Gordon-Fall zur Feynman-Stückelberg-
Interpretation, auf die wir insbesondere bei der Beschreibung von Streuprozessen in Kapitel 3 Bezug nehmen werden (vgl. Satz 1.5).

**Satz 2.7: Feynman-Stückelberg-Interpretation
in der Dirac-Theorie**

Aufgrund der *PCT*-Transformation kann die Wellenfunktion eines physikalischen Spin-1/2-Antiteilchens der Ladung $-e$ aufgefaßt werden als eine
negative Dirac-Lösung der Ladung $+e$, die sich rückwärts in Raum und
Zeit bewegt.

Analog zum Klein-Gordon-Fall läßt sich diese Interpretation verifizieren, indem man an der Eigenwertgleichung eines negativen Dirac-Zustandes der
Ladung $+e$ die *PCT*-Transformation ausführt und dann feststellt, daß die
resultierende Gleichung der Eigenwertgleichung für einen positiven Dirac-
Zustand der Ladung $-e$ mit entgegengesetzter raumzeitlicher Ausbreitungsrichtung entspricht.

Erweiterte Ladungskonjugation $\mathcal{C}$. Wir können die mathematische Äquivalenzoperation C wieder zu einer Symmetrietransformation erweitern, indem
wir zusätzlich die elektromagnetischen Potentiale geeignet mittransformieren:

$$\left.\begin{aligned}
\psi(\boldsymbol{x},t) &\longrightarrow \psi_{\mathcal{C}}(\boldsymbol{x},t) = i\lambda_{\mathcal{C}}\gamma^2\psi^*(\boldsymbol{x},t) \ , \ |\lambda_{\mathcal{C}}| = 1 \\
A^0(\boldsymbol{x},t) &\longrightarrow A_{\mathcal{C}}^0(\boldsymbol{x},t) = -A^0(\boldsymbol{x},t) \\
\boldsymbol{A}(\boldsymbol{x},t) &\longrightarrow \boldsymbol{A}_{\mathcal{C}}(\boldsymbol{x},t) = -\boldsymbol{A}(\boldsymbol{x},t)
\end{aligned}\right\} \begin{aligned} &\text{aktive} \\ &\text{Ladungs-} \\ &\text{konju-} \\ &\text{gation } \mathcal{C}. \end{aligned} \quad (2.74)$$

Die Wirkung dieser erweiterten Ladungskonjugation $\mathcal{C}$ besteht auf Ebene der
Wellenfunktionen z.B. darin, daß die Dirac-Gleichung für eine positive Lösung
$\psi^{(+)}$ der Ladung $+e$ im Potential $+A^\mu$,

$$\left[\gamma^\mu\left(i\hbar\partial_\mu - \frac{e}{c}A^\mu(x)\right) - m_0 c\right]\psi^{(-)}(x) = 0 \ ,$$

in die Dirac-Gleichung für eine negative Lösung $\psi_{\mathcal{C}}^{(+)} = i\gamma^2\psi^{(+)*}$ mit derselben Ladung $+e$ im Potential $A_{\mathcal{C}}^\mu = -A^\mu$ transformiert wird, also in

$$\left[\gamma^\mu\left(i\hbar\partial_\mu + \frac{e}{c}A^\mu(x)\right) - m_0 c\right]\psi_{\mathcal{C}}^{(+)}(x) = 0 \ .$$

Die letzte Gleichung kann aber aufgrund der ursprünglichen C-Transformation interpretiert werden als Dirac-Gleichung für eine positive Lösung $\psi^{(+)}_{CC}$ mit der Ladung $-e$ im Potential $-A^\mu$ und ansonsten gleichen Quantenzahlen wie die ursprüngliche Lösung $\psi^{(+)}$.

Bezogen auf die Teilchenebene läßt sich dies analog zum Klein-Gordon-Fall so interpretieren: Die Ladungskonjugation C wandelt ein Fermion um in ein Antifermion mit umgekehrter Ladung und ansonsten identischen Quantenzahlen. Demnach verhält sich ein Fermion der Ladung $+e$ im Potential $+A^\mu$ genauso wie das zugehörige Antifermion der Ladung $-e$ im Potential $-A^\mu$, was offensichtlich mit unserer Erwartung übereinstimmt.

Weitere Symmetriebetrachtungen. Nachdem wir die wichtigsten Symmetrieeigenschaften der Dirac-Theorie besprochen haben, welche im Prinzip dieselben sind wie diejenigen der Klein-Gordon-Theorie, stellen wir als Ergänzung zu den Schlußbemerkungen von Abschn. 1.2 folgendes fest: Generell läßt sich sagen, daß die Betrachtung von Symmetrieprinzipien in Theorie und Praxis ein äußerst wichtiges Instrument zum Auffinden bzw. zur Überprüfung von theoretischen Beschreibungen mikroskopischer physikalischer Prozesse darstellt. So wissen wir z.B., daß alle drei diskreten Symmetrien C, P und T bei der elektromagnetischen Wechselwirkung, etwa bei der Elektron-Elektron-Streuung, erhalten sind, so daß im Diracschen Hamilton-Operator auch nur Terme auftreten dürfen, die diese Symmetrien nicht stören. Genau dies wird durch die minimale Kopplung (zur Beschreibung elementarer Teilchen) und durch gewisse Zusatzterme (zur Beschreibung nichtelementarer Teilchen mit anomalem magnetischen Moment, siehe Aufgabe 15) gewährleistet, wodurch wir zusätzliches Vertrauen in die Korrektheit der Dirac-Theorie gewinnen können.

Betrachten wir als ein weiteres Beispiel den schwachen Prozeß des β-Zerfalls (Neutronzerfalls),

$$\nu + n \rightarrow p + e\ ,$$

wobei n für Neutron, p für Proton, e für Elektron und ν für Neutrino steht. Hier nahm man zunächst an, daß sich die lorentzinvariante Amplitude dieses Prozesses als Produkt zweier schwacher Vektorströme in der Form

$$\left. \begin{aligned} M &\sim G j^{(\text{schwach}),\mu}_{(p,n)} \cdot j^{(\text{schwach})}_{(e,\nu),\mu} \quad (G{=}\text{Fermi-Konstante}) \\ j^{(\text{schwach}),\mu}_{(p,n)} &= \bar\psi_p \gamma^\mu \psi_n\ ,\ j^{(\text{schwach}),\mu}_{(e,\nu)} = \bar\psi_e \gamma^\mu \psi_\nu \end{aligned} \right\} \tag{2.75}$$

ausdrücken läßt, in völliger Analogie zum elektromagnetischen Prozeß der Elektron-Proton-Streuung, der in erster Ordnung Störungstheorie durch die lorentzinvariante Amplitude

$$M \sim \frac{e^2}{q^2} j^{(\text{em}),\mu}_{(p,p)} \cdot j^{(\text{em})}_{(e,e),\mu} \quad \left(\begin{aligned} &q{=}\text{Viererimpulsübertrag des virtuel-} \\ &\text{len Ein-Photonenaustausches} \end{aligned} \right)$$

mit den beiden elektromagnetischen Vektorströmen

$$j_{(p,p)}^{(em),\mu} = \bar{\psi}_p \gamma^\mu \psi_p \ , \ j_{(e,e)}^{(em),\mu} = \bar{\psi}_e \gamma^\mu \psi_e$$

beschrieben wird (siehe Unterabschn. 3.3.2).[10] Nun ist die Wahl des Vektoroperators γ^μ in den schwachen Strömen eine sehr spezielle, und es besteht a priori kein Grund, warum nicht auch eine andere der in Unterabschn. 2.1.3 diskutierten γ-Matrixkombinationen zur Bildung von kovarianten Bilinearformen (Strömen) in Frage kommen sollte. Die Amplitude in (2.75) ist zwar in der Lage, einige Eigenschaften von β-Zerfällen zu erklären, andere wiederum nicht. Es wurde deshalb eine Vielzahl von β-Zerfallsexperimenten unternommen, um die korrekte Form der schwachen Wechselwirkungsamplitude zu bestimmen. Der Höhepunkt dieser Bemühungen gelang Lee und Yang 1956 durch das Vorschlagen gewisser Experimente, anhand derer nachgewiesen werden konnte, daß die Parität bei schwachen Wechselwirkungsprozessen nicht erhalten ist. Dies drückt sich u.a. darin aus, daß grundsätzlich nur linkshändige Neutrinos (mit negativer Helizität) und rechtshändige Antineutrinos (mit positiver Helizität) auftreten aber keine rechtshändigen Neutrinos oder linkshändigen Antineutrinos. Hieraus folgt desweiteren, daß auch die $\mathcal{C}$-Invarianz verletzt sein muß, weil die $\mathcal{C}$-Transformation ein linkshändiges Neutrino in ein linkshändiges Antineutrino überführt, welches ja nie beobachtet wird. Aus all dem läßt sich der Schluß ziehen, daß Vektor- und Pseudovektorwechselwirkungen vorliegen (und keine skalaren, pseudoskalaren oder tensoriellen), die überdies in gewisser Kombination auftreten müssen, um ein Gemisch zu erhalten, das keine wohldefinierte Parität hat. Wie sich schließlich herausstellt, erweist sich die Amplitude

$$M \sim G[\bar{\psi}_p \gamma^\mu (1 - \lambda \gamma^5)\psi_n][\bar{\psi}_e \gamma_\mu (1 + \gamma^5)\psi_\nu] \ , \ \lambda \approx -1.25$$

für den obigen β-Zerfall als die richtige Wahl, wobei λ das Verhältnis der Vektor-Pseudovektor-Kopplung (oft auch Vektor-Axialvektor-Kopplung genannt) im hadronischen Strom angibt. Gerade in diesem Beispiel wird noch einmal deutlich, wie hilfreich Symmetriebetrachtungen zum Auffinden der korrekten mathematischen Beschreibung physikalischer Prozesse sind.

Zusammenfassung

- Der Beweis der Lorentz-Kovarianz der Dirac-Theorie wird durch die explizite Konstruktion von Bispinortransformationen zu gegebenen Lorentz-Transformationen vervollständigt.

- Die Dirac-Theorie ist kovariant unter der vollen Poincaré-Gruppe. Diskrete Symmetrietransformationen der Theorie sind die uneigentliche Lorentz-Transformation der **Raumspiegelung** P sowie die nichtlorentzartigen Transformationen der **Zeitumkehr** T und der erweiterten **Ladungskonjugation** $\mathcal{C}$.

$\triangleright$

---

[10] Proton und Neutron werden hier näherungsweise als strukturlos (punktförmig) angenommen.

- Durch Ausnutzung der Beziehung zwischen passiven und aktiven Transformationen sowie der Definition des Gesamtdrehimpulses über die aktive Drehung erhält man ein transformationstheoretisches Argument für die Tatsache, daß Dirac-Lösungen Spin-1/2-Teilchen beschreiben.

- Die Wellenfunktion eines Spin-1/2-Antiteilchens der Ladung $-e$ kann aufgefaßt werden als eine negative Dirac-Lösung der Ladung $+e$, die sich rückwärts in Raum und Zeit bewegt (**Feynman-Stückelberg-Interpretation**).

Aufgaben

18. Vollständigkeits- und Orthogonalitätsrelationen freier Bispinoren. Man beweise die Vollständigkeits- und Orthogonalitätsrelationen (2.15) und (2.16) unter Verwendung der Bispinortransformation (2.60) für Lorentz-Boosts.

Lösung. Zum Beweis von (2.15) gehen wir zum Ruhesystem über und beachten, daß $D^\dagger(\boldsymbol{p}) = D(\boldsymbol{p})$:

$$
\begin{aligned}
\omega^{(r)\dagger}(\epsilon_r\boldsymbol{p})\omega^{(r')}(\epsilon_{r'}\boldsymbol{p}) &= \omega^{(r)\dagger}(\boldsymbol{0})D^\dagger(\epsilon_r\boldsymbol{p})D(\epsilon_{r'}\boldsymbol{p})\omega^{r'}(\boldsymbol{0}) \\
&= \omega^{(r)\dagger}(\boldsymbol{0})D(\epsilon_r\boldsymbol{p})D(\epsilon_{r'}\boldsymbol{p})\omega^{r'}(\boldsymbol{0}) \\
&= \omega^{(r)\dagger}(\boldsymbol{0})\frac{(p_0+m_0c)^2 + \epsilon_r\epsilon_{r'}\boldsymbol{p}^2}{2m_0c(p_0+m_0c)}\omega^{(r')}(\boldsymbol{0}) \\
&\quad +\omega^{(r)\dagger}(\boldsymbol{0})\frac{(p_0+m_0c)(\epsilon_r+\epsilon_{r'})\boldsymbol{\alpha p}}{2m_0c(p_0+m_0c)}\omega^{(r')}(\boldsymbol{0}) .
\end{aligned}
$$

Da $\omega^{(r)\dagger}(\boldsymbol{0})\boldsymbol{\alpha p}\omega^{(r')}(\boldsymbol{0})$ nur für $\epsilon_r \neq \epsilon_{r'}$ ungleich Null ist, liefert der zweite Term keinen Beitrag. Somit ergibt sich

$$
\omega^{(r)\dagger}(\epsilon_r\boldsymbol{p})\omega^{(r')}(\epsilon_{r'}\boldsymbol{p}) = \frac{(p_0+m_0c)^2 + \boldsymbol{p}^2}{2m_0c(p_0+m_0c)}\delta_{rr'} = \frac{p_0}{m_0c}\delta_{rr'} .
$$

Bei der ersten Gleichung von (2.16) reicht es, diese im Ruhesystem zu verifizieren, da die linke Seite ein Lorentz-Skalar ist.

Die zweite Beziehung läßt sich ebenfalls bequem zeigen, indem auf das Ruhesystem transformiert wird, wo sie sicherlich gültig ist:

$$
\begin{aligned}
\sum_r \epsilon_r\omega_\alpha^{(r)}(\boldsymbol{p})\bar{\omega}_\beta^{(r)}(\boldsymbol{p}) &= \sum_{r,\alpha',\beta'} \epsilon_r D_{\alpha\alpha'}(\boldsymbol{p})\omega_{\alpha'}^{(r)}(\boldsymbol{0})\bar{\omega}_{\beta'}^{(r)}(\boldsymbol{0})D_{\beta'\beta}^{-1}(\boldsymbol{p}) \\
&= \sum_{\alpha\alpha'} \delta_{\alpha'\beta'}D_{\alpha\alpha'}(\boldsymbol{p})D_{\beta'\beta}^{-1}(\boldsymbol{p}) = \delta_{\alpha\beta} .
\end{aligned}
$$

Für die dritte Beziehung folgt in ähnlicher Weise

$$\sum_r \omega_\alpha^{(r)}(\epsilon_r \boldsymbol{p}) \omega_\beta^{(r)\dagger}(\epsilon_r \boldsymbol{p}) = \sum_{r,\alpha',\beta'} D_{\alpha\alpha'}(\epsilon_r \boldsymbol{p}) \omega_{\alpha'}^{(r)}(\mathbf{0}) \omega_{\beta'}^{(r)\dagger}(\mathbf{0}) D_{\beta'\beta}^\dagger(\epsilon_r \boldsymbol{p})$$

$$= \sum_{r,\alpha',\beta'} \delta_{\alpha'\beta'} \delta_{\alpha'r} D_{\alpha,\alpha'}(\epsilon_r \boldsymbol{p}) D_{\beta'\beta}^\dagger(\epsilon_r \boldsymbol{p})$$

$$= \sum_r D_{\alpha r}(\epsilon_r \boldsymbol{p}) D_{r\beta}(\epsilon_r \boldsymbol{p})$$

$$= \frac{p_0}{m_0 c} \sum_r U_{\alpha r}^\dagger U_{r\beta} = \frac{p_0}{m_0 c} \delta_{\alpha\beta} ,$$

mit

$$U = \frac{p_0 + m_0 c + \beta \boldsymbol{\alpha} \boldsymbol{p}}{\sqrt{2 p_0 (p_0 + m_0 c)}} , \quad U^\dagger = U^{-1} = \frac{p_0 + m_0 c - \beta \boldsymbol{\alpha} \boldsymbol{p}}{\sqrt{2 p_0 (p_0 + m_0 c)}} .$$

19. Nichtunitarität von Bispinortransformationen (II). Zeigen Sie die Gültigkeit von (2.23) für eigentliche Lorentz-Transformation, also

$$D^\dagger(\Lambda) = \gamma^0 D^{-1}(\Lambda) \gamma^0 ,$$

indem Sie die explizite Form von $D(\Lambda)$ verwenden.

Lösung. Der einfachste Lösungsweg besteht darin, von der infinitesimalen Darstellung für $D(\Lambda)$ auszugehen:

$$D = 1 - \frac{\mathrm{i}}{4} \sigma_{\mu\mu} \Delta \omega^{\mu\nu} , \quad \sigma_{\mu\nu} = \frac{\mathrm{i}}{2} [\gamma_\mu, \gamma_\nu] .$$

Unter Berücksichtigung von

$$\sigma^{\mu\nu\dagger} = \gamma^0 \sigma^{\mu\nu} \gamma^0$$

folgt nämlich für die zugehörige adjungierte Transformation sofort

$$D^\dagger = 1 + \frac{\mathrm{i}}{4} \sigma_{\mu\nu}^\dagger \Delta \omega^{\mu\nu} = 1 + \frac{\mathrm{i}}{4} \gamma^0 \sigma_{\mu\nu} \gamma^0 \Delta \omega^{\mu\nu} = \gamma^0 \left(1 + \frac{\mathrm{i}}{4} \sigma_{\mu\nu} \Delta \omega^{\mu\nu} \right) \gamma^0$$

$$= \gamma^0 D^{-1} \gamma^0 .$$

20. Freie Dirac-Zustände unter Raumspiegelung und Zeitumkehr. Verifizieren Sie die Beziehungen (2.67) und (2.73).

Lösung. Für eine ebene freie Diracsche Wellenfunktion mit Energievorzeichen ϵ, Viererimpulsindex p und Viererpolarisationsindex n,

$$\psi_{\epsilon,p,n}(x) = \left(\frac{\epsilon \gamma^\mu p_\mu + m_0 c}{2 m_0 c} \right) \left(\frac{1 + \gamma^5 \gamma^\mu n_\mu}{2} \right) \psi_{\epsilon,p,n}(x) ,$$

ergibt sich zum einen unter Berücksichtigung von (2.64) und $\{P, \gamma^5\} = 0$

$$[\psi_{\epsilon,p,n}]_P(\boldsymbol{x},t) = P \left(\frac{\epsilon \gamma^\mu p_\mu + m_0 c}{2 m_0 c} \right) P^{-1} P \left(\frac{1 + \gamma^5 \gamma^\mu n_\mu}{2} \right) P^{-1}$$
$$\times P \psi_{\epsilon,p,n}(-\boldsymbol{x},t)$$

$$= \left(\frac{\epsilon g^{\mu\mu} \gamma^\mu p_\mu + m_0 c}{2m_0 c} \right) \left(\frac{1 - \gamma^5 g^{\mu\mu} \gamma^\mu n_\mu}{2} \right) P\psi_{\epsilon,p,n}(-\boldsymbol{x}, t)$$

$$= \left(\frac{\epsilon \gamma^\mu p'_\mu + m_0 c}{2m_0 c} \right) \left(\frac{1 + \gamma^5 \gamma^\mu n'_\mu}{2} \right) [\psi_{\epsilon,p,n}]_P (\boldsymbol{x}, t) \ ,$$

mit

$$p'^\mu = g^{\mu\mu} p^\mu \ , \ n'^\mu = -g^{\mu\mu} n^\mu \ .$$

Zum anderen folgt unter Verwendung von (2.71) und $[T, \gamma^5] = 0$

$$[\psi_{\epsilon,p,n}]_T (\boldsymbol{x}, t) = T \left(\frac{\epsilon \gamma^{*\mu} p_\mu + m_0 c}{2m_0 c} \right) T^{-1} T \left(\frac{1 + \gamma^5 \gamma^{*\mu} n_\mu}{2} \right) T^{-1}$$

$$\times T\psi^*_{\epsilon,p,n}(\boldsymbol{x}, -t)$$

$$= \left(\frac{\epsilon g^{\mu\mu} \gamma^\mu p_\mu + m_0 c}{2m_0 c} \right) \left(\frac{1 + \gamma^5 g^{\mu\mu} \gamma^\mu n_\mu}{2} \right) T\psi^*_{\epsilon,p,n}(\boldsymbol{x}, -t)$$

$$= \left(\frac{\epsilon \gamma^\mu p'_\mu + m_0 c}{2m_0 c} \right) \left(\frac{1 + \gamma^5 \gamma^\mu n'_\mu}{2} \right) [\psi_{\epsilon,p,n}]_T (\boldsymbol{x}, t) \ ,$$

mit

$$p'^\mu = g^{\mu\mu} p^\mu \ , \ n'^\mu = g^{\mu\mu} n^\mu \ .$$

21. Erwartungswerte zeitumgekehrter Dirac-Zustände. Zeigen Sie folgende Relationen zwischen zeitumgekehrten Dirac-Zuständen:

$$j_T^\mu(x') = j_\mu(x) \ , \ \langle \boldsymbol{x} \rangle_T = \langle \boldsymbol{x} \rangle \ , \ \langle \boldsymbol{p} \rangle_T = - \langle \boldsymbol{p} \rangle \ .$$

Lösung. Zunächst läßt sich aufgrund der Eigenschaften der γ-Matrizen feststellen, daß in der Dirac- und Weyl-Darstellung

$$T = \mathrm{i}\gamma^1 \gamma^3 = T^\dagger = T^{-1} \ , \ \psi_T(t') = T\psi^*(t) \ , \ \psi_T^\dagger(t') = \psi^T(t)T^{-1} \ ,$$

wobei hier und im folgenden das Ortsargument unterdrückt ist. Hieraus folgt unter Berücksichtigung von $[T, \gamma^0] = 0$ und $T^{-1}\gamma^\mu T = \gamma_\mu^*$ für die Stromdichte

$$j_T^\mu(t') = \bar{\psi}_T(t')\gamma^\mu \psi_T(t') = \psi^T(t)T^{-1}\gamma^0 \gamma^\mu T\psi^*(t)$$

$$= \psi^T(t)\gamma^0 T^{-1}\gamma^\mu T\psi^*(t) = \psi^T(t)\gamma^0 \gamma_\mu^* \psi^*(t)$$

$$= \psi_\alpha(t)[\gamma^0 \gamma_\mu^*]_{\alpha\beta} \psi_\beta^*(t) = \psi_\beta^*(t)[\gamma^0 \gamma_\mu^*]_{\beta\alpha}^T \psi_\alpha(t) = \psi^*(t)\gamma_\mu^\dagger \gamma^0 \psi(t)$$

$$= \psi^*(t)\gamma^0 \gamma_\mu \gamma^0 \gamma^0 \psi(t) = \bar{\psi}(t)\gamma_\mu \psi(t) = j_\mu(t) \ .$$

Für den Ortserwartungswert erhält man ($[T, \boldsymbol{x}] = 0$)

$$\langle \boldsymbol{x} \rangle_T = \int \mathrm{d}^3 x \psi_T^\dagger(t')\boldsymbol{x}\psi_T(t') = \int \mathrm{d}^3 x \psi^T(t)T^{-1}\boldsymbol{x}T\psi^*(t)$$

$$= \int \mathrm{d}^3 x \underbrace{\psi^T(t)\boldsymbol{x}\psi^*(t)}_{\text{reell}} = \int \mathrm{d}^3 x \psi^\dagger \boldsymbol{x}\psi(t) = \langle \boldsymbol{x} \rangle$$

und für den Impulserwartungswert ($[T, \boldsymbol{p}] = 0$)

$$\langle \boldsymbol{p} \rangle_T = \int \mathrm{d}^3 x \psi^T(t) T^{-1} \boldsymbol{p} T \psi^*(t) = \int \mathrm{d}^3 x \psi^T(t) \boldsymbol{p} \psi^*(t)$$

$$= -\mathrm{i}\hbar \int \mathrm{d}^3 x [\boldsymbol{\nabla} \psi^\dagger(t)] \psi(t)$$

$$= -\mathrm{i}\hbar \int \mathrm{d}^3 x \boldsymbol{\nabla} [\psi^\dagger(t) \psi(t)] + \mathrm{i}\hbar \int \mathrm{d}^3 x \psi^\dagger(t) \boldsymbol{\nabla} \psi(t)$$

$$= \underbrace{-\mathrm{i}\hbar \int_{\partial V} \mathrm{d}\boldsymbol{F} \psi^\dagger(t) \psi(t)}_{0} - \int \mathrm{d}^3 x \psi^\dagger(t) \boldsymbol{p} \psi(t) = -\langle \boldsymbol{p} \rangle \ .$$

22. Lorentzartigkeit der PCT-Symmetrietransformation (II). Zeigen Sie in Analogie zu Aufgabe 3 die Lorentzartigkeit der PCT-Transformation im Dirac-Fall, indem sie wieder die uneigentliche und nichtorthochrone Lorentz-Transformation der Racah-Zeitspiegelung betrachten.

Lösung. Zur Bestimmung der zur Racah-Zeitspiegelung gehörenden Bispinortransformation R können wir die Definitionsgleichung (2.26) heranziehen, d.h.

$$R^{-1} \gamma^\mu R = \Lambda^\mu{}_\nu \gamma^\nu \ , \ (\Lambda^\mu{}_\nu) = \begin{pmatrix} -1 & 0 & 0 & 0 \\ 0 & 1 & 0 & 0 \\ 0 & 0 & 1 & 0 \\ 0 & 0 & 0 & 1 \end{pmatrix} \ .$$

Wie sich leicht nachprüfen läßt, lautet ihre Lösung

$$R = \gamma^1 \gamma^2 \gamma^3 \Longrightarrow R^{-1} = -\gamma^3 \gamma^2 \gamma^1 = -\gamma^0 R^\dagger \gamma^0 \ .$$

Für die passiven und aktiven Transformationsgesetze der Racah-Zeitspiegelung erhält man somit

$$\left. \begin{array}{l} \boldsymbol{x} \longrightarrow \boldsymbol{x}' = \boldsymbol{x} \ , \ t \longrightarrow t' = -t \\[4pt] \psi(\boldsymbol{x}, t) \longrightarrow \psi_R(\boldsymbol{x}', t') = R\psi(\boldsymbol{x}, t) \ , \ \begin{array}{l} R = \lambda_R \gamma^1 \gamma^2 \gamma^3 \\ \lambda_R = \pm 1 \end{array} \\[4pt] A^0(\boldsymbol{x}, t) \longrightarrow A_R^0(\boldsymbol{x}', t') = -A^0(\boldsymbol{x}, t) \\[4pt] \boldsymbol{A}(\boldsymbol{x}, t) \longrightarrow \boldsymbol{A}_R(\boldsymbol{x}', t') = \boldsymbol{A}(\boldsymbol{x}, t) \end{array} \right\} \begin{array}{l} \text{passive} \\ \text{Zeitspie-} \\ \text{gelung } R \end{array}$$

und

$$\left. \begin{array}{l} \psi(\boldsymbol{x}, t) \longrightarrow \psi_R(\boldsymbol{x}, t) = R\psi(\boldsymbol{x}, -t) \\[4pt] A^0(\boldsymbol{x}, t) \longrightarrow A_R^0(\boldsymbol{x}, t) = -A^0(\boldsymbol{x}, -t) \\[4pt] \boldsymbol{A}(\boldsymbol{x}, t) \longrightarrow \boldsymbol{A}_R \boldsymbol{x}, t) = \boldsymbol{A}(\boldsymbol{x}, -t) \end{array} \right\} \begin{array}{l} \text{aktive} \\ \text{Zeitspie-} \\ \text{gelung } R. \end{array}$$

Genau wie in Aufgabe 3 liefert der Vergleich der letzten Beziehungen mit den aktiven Transformationsgesetzen der Zeitumkehr T und der Ladungskonjugation $\mathcal{C}$, also (2.72) und (2.74), daß die Racah-Zeitspiegelung gleich der Kombination von $\mathcal{C}$ und T ist:

$$CT = R \implies PCT = PR \ .$$

Hieraus folgt wieder, daß es sich bei der PCT-Transformation um eine lorentzartige Transformation handelt.

Man beachte, daß sich der adjungierte Bispinor $\bar{\psi}$ unter der Racah-Zeitspiegelung wie

$$\bar{\psi} \longrightarrow \bar{\psi}_R = \psi^\dagger R^\dagger \gamma^0 = -\psi^\dagger \gamma^0 R^{-1} \gamma^0 \gamma^0 = -\bar{\psi} R^{-1}$$

transformiert, in Übereinstimmung mit dem allgemeinen Ergebnis (2.24) für nichtorthochrone Lorentz-Transformationen ($b = -1$). Die Stromdichte transformiert sich deshalb wie ein Pseudovektor:

$$j_R^\mu = \bar{\psi}_R \gamma^\mu \psi_R = -\Lambda^\mu{}_\nu \bar{\psi} \gamma^\nu \psi \ .$$

Da sich jedoch A^μ wie ein Vierervektor transformiert, ist die Feldgleichung für das *Strahlungsfeld*, $\partial_\nu \partial^\nu A^\mu = 4\pi e j^\mu$, nicht invariant unter der Racah-Zeitspiegelung (siehe Unterabschn. 3.3.2).

2.3 Ein-Teilcheninterpretation der Dirac-Theorie

Wie beim Klein-Gordon-Fall in Abschn. 1.3 greifen wir in diesem Abschnitt die Ein-Teilcheninterpretation der Dirac-Theorie wieder auf und beschäftigen uns mit der Klärung der bislang unbeantworteten Fragen aus Unterabschn. 2.1.6, nämlich

[1] welche Voraussetzungen zur vollständigen Entkopplung der Dirac-Theorie in zwei Ein-Teilchentheorien gegeben sein müssen und

[2] wie sich physikalisch sinnvolle Ein-Teilchenoperatoren konstruieren lassen, also Operatoren, die positive und negative Lösungen nicht mischen.

Hierbei behandeln wir zunächst den zweiten und danach den ersten Punkt. Zum Schluß diskutieren wir das Kleinsche Paradoxon, um einige Widersprüchlichkeiten – im Prinzip dieselben wie im Klein-Gordon-Fall – deutlich werden zu lassen, die sich außerhalb des Gültigkeitsbereiches des Ein-Teilchenkonzeptes ergeben.

2.3.1 Ein-Teilchenoperatoren und Feshbach-Villars-Darstellung

Aufgrund der Ausführungen von Unterabschn. 1.3.2 steht zu vermuten, daß auch im Dirac-Fall nicht jeder relativistische Operator im Sinne des Ein-Teilchenbildes physikalisch sinnvoll ist. Um dies zu sehen, greifen wir auf das Ehrenfestsche Theorem (1.42) zurück, diesmal natürlich ohne den Index V,

$$\frac{\partial \mathcal{O}}{\partial t} = 0 \implies \frac{d \langle \mathcal{O} \rangle}{dt} = \frac{1}{i\hbar} \langle [\mathcal{O}, H] \rangle \ , \tag{2.76}$$

woraus sich im freien Fall [$H = H^{(0)}$ aus (2.8)] der „Geschwindigkeitsoperator"

$$\langle \boldsymbol{v} \rangle = \frac{\langle \mathrm{d}\boldsymbol{x} \rangle}{\mathrm{d}t} = \frac{1}{\mathrm{i}\hbar} \left\langle [\boldsymbol{x}, H^{(0)}] \right\rangle = \langle c\boldsymbol{\alpha} \rangle \Longrightarrow \boldsymbol{v} = c\boldsymbol{\alpha}$$

ergibt. Offensichtlich besitzt dieser Operator keine formale Ähnlichkeit mit der entsprechenden klassischen Beziehung $\boldsymbol{v} = c\boldsymbol{p}/p_0$, so wie man es aufgrund des Korrespondenzprinzips erwartet. Darüber hinaus gilt $[\boldsymbol{\alpha}, H^{(0)}] \neq 0$, so daß $\boldsymbol{v}$ für freie Teilchen entgegen unserer Erwartung nicht konstant ist. Schließlich sind die Komponenten v_i aufgrund von $[\alpha_i, \alpha_{j \neq i}] \neq 0$ nicht gleichzeitig meßbar, was ebenfalls unphysikalisch erscheint.

Der Grund für diese unbefriedigenden Befunde hängt ähnlich wie im Klein-Gordon-Fall damit zusammen, daß $\boldsymbol{\alpha}$ positive Dirac-Lösungen auf negative abbildet und umgekehrt, daß also $\boldsymbol{\alpha}$ ein ungerader Operator ist.[11] Nun ist aber klar, daß im Sinne des Ein-Teilchenkonzeptes ganz allgemein nur gerade Operatoren, d.h. Ein-Teilchenoperatoren zugelassen werden dürfen, die positive und negative Zustände nicht mischen. Dies bedeutet, daß man vom betreffenden relativistischen Operator

$$\mathcal{O} = [\mathcal{O}] + \{\mathcal{O}\} \; , \; [\mathcal{O}] = \text{gerade} \; , \; \{\mathcal{O}\} = \text{ungerade}$$

seinen geraden Anteil $[\mathcal{O}]$ zu isolieren hat.

Feshbach-Villars-Darstellung. Zur expliziten Konstruktion von Ein-Teilchenoperatoren können wir vollständig auf die entsprechende Diskussion aus Unterabschn. 1.3.2 zurückgreifen, indem wir zunächst den Diracschen Hamilton-Operator im Raum der α-Matrizen diagonalisieren, also zu einer Darstellung übergehen, in welcher $[\mathcal{O}]$ der diagonale Anteil von $\mathcal{O}$ ist. Wie im Klein-Gordon-Fall gilt auch hier, daß die exakte Diagonalisierung nur im freien Fall möglich ist. Die zugehörige Darstellung bezeichnet man, wie gehabt, mit Feshbach-Villars-Darstellung. Um zu ihr zu gelangen, benötigt man eine geeignete unitäre Transformation, die wir uns durch folgende Überlegung leicht beschaffen können: Die Eigenbasis des freien Diracschen Hamilton-Operators lautet in der Schrödingerschen Impulsdarstellung $\{\omega^{(r)}(\epsilon_r \boldsymbol{p})\}$ (siehe Satz 2.1) mit den Energieeigenwerten $\epsilon_r c p_0$. Sie bildet aufgrund von (2.15) ein Orthogonalsystem. Die Inverse der unitären Transformation U, die zwischen der zuletzt genannten und der kanonischen Basis vermittelt, ist deshalb gegeben durch

$$U^{-1} = \sqrt{\frac{m_0 c}{p_0}} \left[\omega^{(1)}(\boldsymbol{p}), \omega^{(2)}(\boldsymbol{p}), \omega^{(3)}(-\boldsymbol{p}), \omega^{(4)}(-\boldsymbol{p}) \right]$$

$$= \frac{p_0 + m_0 c - \beta \boldsymbol{\alpha} \boldsymbol{p}}{\sqrt{2 p_0 (p_0 + m_0 c)}} \; .$$

---

[11] Ein gerader Operator $\mathcal{O}$ ist durch die Beziehung $\mathcal{O}\psi^{(\pm)} = \psi'^{(\pm)}$ definiert, wobei $\psi^{(\pm)}$ und $\psi'^{(\pm)}$ beliebige positive (+) bzw. negative (−) Dirac-Lösungen bezeichnen. Dagegen heißt $\mathcal{O}$ ungerade falls $\mathcal{O}\psi^{(\pm)} = \psi'^{(\mp)}$.

Hieraus folgt

$$U = U^{-1\dagger} = \frac{p_0 + m_0 c + \beta \boldsymbol{\alpha p}}{\sqrt{2p_0(p_0 + m_0 c)}} \ .$$

Mit Hilfe von U können wir jetzt den Übergang von der Schrödingerschen Impulsdarstellung zur zugehörigen Feshbach-Villars-Darstellung vollziehen und finden, wie gewünscht,

$$\tilde{\omega}^{(1)} = U\omega^{(1)}(\boldsymbol{p}) = \begin{pmatrix} 1 \\ 0 \\ 0 \\ 0 \end{pmatrix} \ , \quad \tilde{\omega}^{(2)} = U\omega^{(2)}(\boldsymbol{p}) = \begin{pmatrix} 0 \\ 1 \\ 0 \\ 0 \end{pmatrix}$$

$$\tilde{\omega}^{(3)} = U\omega^{(3)}(-\boldsymbol{p}) = \begin{pmatrix} 0 \\ 0 \\ 1 \\ 0 \end{pmatrix} \ , \quad \tilde{\omega}^{(4)} = U\omega^{(4)}(-\boldsymbol{p}) = \begin{pmatrix} 0 \\ 0 \\ 0 \\ 1 \end{pmatrix}$$

und (siehe Aufgabe 23)

$$\tilde{H}^{(0)} = UH^{(0)}U^{-1} = cp_0\beta \ , \quad \tilde{H}^{(0)}\tilde{\omega}^{(r)} = \epsilon_r cp_0\tilde{\omega}^{(r)} \tag{2.77}$$

sowie

$$\tilde{\boldsymbol{p}} = U\boldsymbol{p}U^{-1} = UU^{-1}\boldsymbol{p} = \boldsymbol{p} \ .$$

Wie im Klein-Gordon-Fall sind offensichtlich auch hier $H^{(0)}$ und $\boldsymbol{p}$ gerade Operatoren: $H^{(0)} = [H^{(0)}]$, $\boldsymbol{p} = [\boldsymbol{p}]$.

Ein-Teilchenoperatoren für Ort und Geschwindigkeit. Wir bestimmen nun den Ein-Teilchenortsoperator $[\boldsymbol{x}]$ und den Ein-Teilchengeschwindigkeitsoperator $[\boldsymbol{v}]$ nach dem bekannten Transformations- und Separationsschema

Ortsdarstellung → Impulsdarstellung → FV-Impulsdarstellung →
→ Isolation des diag. Anteils → Impulsdarstellung → Ortsdarstellung,

wobei die zugehörigen Einzelrechnungen in Aufgabe 23 vorgeführt werden.

Ortsoperator in der Ortsdarstellung:

$$\boldsymbol{x} = \mathbb{C}\text{-Zahl} \qquad (\boldsymbol{p} = -i\hbar\boldsymbol{\nabla}) \ .$$

Ortsoperator in der Impulsdarstellung:

$$\boldsymbol{x} = i\hbar\boldsymbol{\nabla}_{\boldsymbol{p}} \qquad (\boldsymbol{p} = \mathbb{C}\text{-Zahl}) \ .$$

Ortsoperator in der FV-Impulsdarstellung:

$$\tilde{\boldsymbol{x}} = U\boldsymbol{x}U^\dagger = i\hbar\boldsymbol{\nabla}_{\boldsymbol{p}} + i\hbar\left(\frac{i\hat{\boldsymbol{\sigma}} \times \boldsymbol{p}}{2p_0(p_0 + m_0 c)} + \frac{\beta(\boldsymbol{\alpha p})\boldsymbol{p}}{2p_0^2(p_0 + m_0 c)} - \frac{\beta\boldsymbol{\alpha}}{2p_0} \right). \tag{2.78}$$

Ein-Teilchenortsoperator in der FV-Impulsdarstellung:

$$[\tilde{\boldsymbol{x}}] = \mathrm{i}\hbar\boldsymbol{\nabla_p} + \mathrm{i}\hbar\frac{\mathrm{i}\hat{\boldsymbol{\sigma}}\times\boldsymbol{p}}{2p_0(p_0+m_0c)} \quad , \quad [[\tilde{\boldsymbol{x}}]_i,[\tilde{\boldsymbol{p}}]_j] = \mathrm{i}\hbar\left[\frac{\partial}{\partial p_i},p_j\right] = \mathrm{i}\hbar\delta_{ij} \, . \quad (2.79)$$

Ein-Teilchenortsoperator in der Impulsdarstellung:

$$[\boldsymbol{x}] = U^\dagger[\tilde{\boldsymbol{x}}]U = \mathrm{i}\hbar\boldsymbol{\nabla_p} + \mathrm{i}\hbar\left(\frac{\mathrm{i}\hat{\boldsymbol{\sigma}}\times\boldsymbol{p}}{2p_0^2} + \frac{m_0c\beta\boldsymbol{\alpha}}{2p_0^2}\right) \, . \quad (2.80)$$

Ein-Teilchenortsoperator in der Ortsdarstellung:

$$[\boldsymbol{x}] = \boldsymbol{x} + \mathrm{i}\hbar\left(\frac{\mathrm{i}\hat{\boldsymbol{\sigma}}\times\boldsymbol{p}}{2p_0^2} + \frac{m_0c\beta\boldsymbol{\alpha}}{2p_0^2}\right) \, . \quad (2.81)$$

Geschwindigkeitsoperator in der Orts- bzw. Impulsdarstellung:

$$\boldsymbol{v} = c\boldsymbol{\alpha} \, .$$

Geschwindigkeitsoperator in der FV-Impulsdarstellung:

$$\tilde{\boldsymbol{v}} = U\boldsymbol{v}U^\dagger = c\boldsymbol{\alpha} + \frac{c\beta\boldsymbol{p}}{p_0} - \frac{c\boldsymbol{p}(\boldsymbol{\alpha p})}{p_0(p_0+m_0c)} \, . \quad (2.82)$$

Ein-Teilchengeschwindigkeitsoperator in der FV-Impulsdarstellung:

$$[\tilde{\boldsymbol{v}}] = \frac{c\beta\boldsymbol{p}}{p_0} \, ,$$

oder über das Ehrenfestsche Theorem (2.76):

$$\langle[\tilde{\boldsymbol{v}}]\rangle = \frac{1}{\mathrm{i}\hbar}\left\langle\left[[\tilde{\boldsymbol{x}}],\tilde{H}^{(0)}\right]\right\rangle = \left\langle\frac{c\beta\boldsymbol{p}}{p_0}\right\rangle \Longrightarrow [\tilde{\boldsymbol{v}}] = \frac{c\beta\boldsymbol{p}}{p_0} \, ,$$

mit $[\tilde{\boldsymbol{x}}]$ aus (2.79) und $\tilde{H}^{(0)} = [\tilde{H}^{(0)}] = cp_0\beta$.

Ein-Teilchengeschwindigkeitsoperator in der Impuls- bzw. Ortsdarstellung:

$$[\boldsymbol{v}] = U^\dagger[\tilde{\boldsymbol{v}}]U = \frac{m_0c^2\beta\boldsymbol{p}}{p_0^2} + \frac{c\boldsymbol{p}(\boldsymbol{\alpha p})}{p_0^2} \, . \quad (2.83)$$

Zum richtigen Verständnis dieser Ausdrücke sind analog zum Klein-Gordon-Fall folgende Dinge zu berücksichtigen:

- Die Feshbach-Villars-Transformation U ist eine nichtlokale Transformation, bei der die transformierte Wellenfunktion $\tilde{\psi}(x)$ aus der ursprünglichen Wellenfunktion $\psi(x)$ durch Verschmierung des Ortsargumentes $\boldsymbol{x}$ von der Größenordnung der Compton-Wellenlänge des betrachteten Teilchens hervorgeht. Dies läßt sich z.B. anhand der Eigenfunktionen des Ein-Teilchenortsoperators $[\boldsymbol{x}]$ aus (2.81) zeigen, welche keine reinen δ-Funktionen mehr sind, sondern eine Ausdehnung im Bereich $\sim \hbar/m_0c$ besitzen.

- Im Sinne des Ein-Teilchenkonzeptes erscheint nun der Ein-Teilchengeschwindigkeitsoperator als „wahrer Geschwindigkeitsoperator" akzeptabel. Für positive Dirac-Lösungen gilt in der FV-Impulsdarstellung dieselbe Beziehung zwischen $[\tilde{\boldsymbol{v}}]$ und $[\tilde{\boldsymbol{p}}]$ wie in der relativistischen Mechanik, für negative Lösungen gilt dies nur dem Betrage nach.

- Der Ein-Teilchengeschwindigkeitsoperator besitzt zusammen mit $H^{(0)}$ und $\boldsymbol{p}$ eine gemeinsame Eigenbasis, die in der Ortsdarstellung gegeben ist durch $\psi_{\boldsymbol{p}}^{(r)}(x)$, mit den Energieeigenwerten $\epsilon_r c p_0$, den Impulseigenwerten $\epsilon_r \boldsymbol{p}$ und dem Ein-Teilchengeschwindigkeitseigenwert $c\boldsymbol{p}/p_0$. Demnach ist bei negativen Eigenlösungen der Eigenwert (bzw. Erwartungswert) von $\boldsymbol{v}$ dem Eigenwert (bzw. Erwartungswert) von $\boldsymbol{p}$ entgegengesetzt. Dieses vermeintlich widersprüchliche Verhalten hängt wieder mit der rückwärtigen Ausbreitung der negativen Lösungen in der Zeit zusammen (Siehe Satz 2.7).

Satz 2.8: Ein-Teilchenoperatoren und FV-Darstellung in der Dirac-Theorie

Im Sinne der Ein-Teilcheninterpretation der Dirac-Theorie sind zur Beschreibung physikalischer Größen nur gerade hermitesche Operatoren sinnvoll, die positive und negative Dirac-Zustände nicht mischen. Im Falle freier Spin-1/2-Teilchen läßt sich der zugehörige Hamilton-Operator $H^{(0)}$ durch Anwendung der unitären Feshbach-Villars-Transformation

$$U = \frac{p_0 + m_0 c + \beta \boldsymbol{\alpha} \boldsymbol{p}}{\sqrt{2p_0(p_0 + m_0 c)}}$$

diagonalisieren und führt auf die Feshbach-Villars-Darstellung. In ihr läßt sich der gerade Anteil eines Operators besonders leicht bestimmen, weil er dort durch seinen geraden Anteil gegeben ist.

Im Gegensatz zu $H^{(0)}$ und $\boldsymbol{p}$ sind der Ortsoperator $\boldsymbol{x}$ und der Geschwindigkeitsoperator $\boldsymbol{v}$ keine geraden Operatoren. Durch Transformation in die Feshbach-Villars-Darstellung, Separation der diagonalen Anteile und anschließender Rücktransformation erhält man für den Ein-Teilchenortsoperator $[\boldsymbol{x}]$ und den Ein-Teilchengeschwindigkeitsoperator $[\boldsymbol{v}]$ in der üblichen Orts- bzw. Impulsdarstellung

$$[\boldsymbol{x}] = \boldsymbol{x} + i\hbar \left(\frac{i\hat{\boldsymbol{\sigma}} \times \boldsymbol{p}}{2p_0^2} + \frac{m_0 c \beta \boldsymbol{\alpha}}{2p_0^2} \right) \;,\; [\boldsymbol{v}] = \frac{m_0 c^2 \beta \boldsymbol{p}}{p_0^2} + \frac{c\boldsymbol{p}(\boldsymbol{\alpha}\boldsymbol{p})}{p_0^2} \;.$$

2.3.2 Gültigkeitsbereich des Ein-Teilchenkonzeptes

Bis hierher sind wir in unseren Bemühungen um eine konsistente Ein-Teilcheninterpretation der Dirac-Theorie schon recht weit gekommen, indem wir die positiven und (ladungskonjugierten) negativen Dirac-Lösungen einer physikalisch sinnvollen Interpretation zugeführt und in einen formalen Rahmen gestellt haben, der sich hinsichtlich Erwartungswerte sogar noch stärker an den nichtrelativistisch-quantenmechanischen Formalismus orientiert, als im Klein-Gordon-Fall. Allerdings ist noch der Punkt [1] zu klären, also unter welchen Voraussetzungen eine vollständige Entkopplung der Dirac-Theorie möglich und damit eine im Sinne des Ein-Teilchenkonzeptes sinnvolle Trennung von Teilchen und Antiteilchen gewährleistet ist.

In Bezug hierauf gelten zunächst einmal wieder die allgemeinen Plausibilitätsargumente der Einleitung zu Kapitel 1, daß also die beteiligten Energien beim betrachteten physikalischen Vorgang hinreichend klein sein müssen, so daß Teilchenzahl ändernde Prozesse vernachlässigt werden können. Um nun zu sehen, welche zusätzlichen Einschränkungen die Forderung einer vollständigen Entkopplung der Dirac-Theorie in zwei Ein-Teilchentheorien mit jeweils rein positiven bzw. rein negativen Lösungen liefert, gehen wir analog zum Klein-Gordon-Fall in Unterabschn. 1.3.3 vor, indem wir uns wieder konkret fragen, unter welchen Umständen ein Diracsches Wellenpaket (fast) ausschließlich positive oder negative Lösungen enthält.

Nun ist klar, daß ein freies Wellenpaket, welches ursprünglich nur aus positiven Lösungen gebildet wurde, bei Abwesenheit äußerer Kräfte auch keine Komponenten mit negativer Energie im Laufe der Zeit entwickeln wird. Andererseits schließt ein Wellenpaket, welches anfänglich in einem begrenzten Raumgebiet lokalisiert war, i.a. Lösungen beider Energievorzeichen ein, wobei das Verhältnis von positiven zu negativen Lösungsanteilen vermutlich von der anfänglichen Lokalisiertheit des Wellenpaketes abhängen wird. Betrachten wir hierzu ein ruhendes Spin-1/2-Teilchen, dessen Wellenpaket zum Zeitpunkt $t = 0$ in folgender Weise um den Ursprung gaußisch verteilt sei:

$$\psi(\boldsymbol{x}, t = 0) = (\pi\Delta^2)^{-3/4} e^{-\boldsymbol{x}^2/(2\Delta^2)} \omega^{(1)}(\boldsymbol{0}) \ , \ \langle\psi|\psi\rangle = 1 \ .$$

Eine Fourier-Zerlegung diesen Ausdrucks ergibt

$$\psi(\boldsymbol{x}, t = 0) = \left(\frac{\Delta^2}{\pi\hbar^2}\right)^{3/4} \int \frac{\mathrm{d}^3 p}{(2\pi\hbar^2)^{3/2}} e^{-\boldsymbol{p}^2\Delta^2/(2\hbar^2)} e^{\mathrm{i}\boldsymbol{p}\boldsymbol{x}/\hbar} \omega^{(1)}(\boldsymbol{0}) \ . \quad (2.84)$$

Vergleicht man dies mit der allgemeinen Lösung für $t = 0$,

$$\psi(\boldsymbol{x}, t = 0) = \int \mathrm{d}^3 p \sum_{r=1}^{4} a^{(r)}(\boldsymbol{p}) \psi_{\boldsymbol{p}}^{(r)}(\boldsymbol{x}, t = 0) \ ,$$

so folgt

$$\sqrt{\frac{m_0 c}{p_0}} \sum_{r=1}^{4} a^{(r)}(\epsilon_r \boldsymbol{p}) \omega^{(r)}(\epsilon_r \boldsymbol{p}) = \left(\frac{\Delta^2}{\pi\hbar^2}\right)^{3/4} e^{-\boldsymbol{p}^2\Delta^2/(2\hbar^2)} \omega^{(1)}(\boldsymbol{0}) \ .$$

Mit Hilfe von (2.15) erhält man hieraus

$$a^{(r)}(\epsilon_r \boldsymbol{p}) = \sqrt{\frac{m_0 c}{p_0}} \left(\frac{\Delta^2}{\pi\hbar^2}\right)^{3/4} e^{-\boldsymbol{p}^2\Delta^2/(2\hbar^2)} \omega^{(r)\dagger}(\epsilon_r \boldsymbol{p}) \omega^{(1)}(\boldsymbol{0})$$

und weiterhin

$$\left|\frac{a^{(3,4)}(-\boldsymbol{p})}{a^{(1,2)}(\boldsymbol{p})}\right| = \left|\frac{\omega^{(3,4)\dagger}(-\boldsymbol{p})\omega^{(1)}(\boldsymbol{0})}{\omega^{(1,2)\dagger}(\boldsymbol{p})\omega^{(1)}(\boldsymbol{0})}\right| = \frac{|\boldsymbol{p}|}{p_0 + m_0 c} \ .$$

Ähnlich wie im Klein-Gordon-Fall finden wir auch hier, daß die negativen Lösungen für Fourier-Impulse $|\boldsymbol{p}| \gtrsim m_0 c$ merklich in das Wellenpaket eingehen. Sie werden aufgrund von (2.84) nur dann unterdrückt, falls

$$\Delta \gg \frac{\hbar}{|\boldsymbol{p}|} \Longrightarrow \Delta \gg \frac{\hbar}{m_0 c} = \lambda_c \ .$$

Wir sehen also, daß die Forderung der vollständigen Entkopplung der Dirac-Theorie wieder auf die bekannte Einschränkung führt, nämlich auf Wellenpakete mit einer Ausdehnung, die groß ist im Vergleich zur zugehörigen Compton-Wellenlänge.

Insgesamt läßt sich feststellen, daß die Aussagen bzgl. des Gültigkeitsbereiches des Ein-Teilchenkonzeptes innerhalb der Klein-Gordon- und Dirac-Theorie (bis auf die Notwendigkeit einer positiv bzw. negativ definiten Ladungsdichte im Klein-Gordon-Fall) identisch sind, so daß wir an dieser Stelle auf das Anführen eines zu Satz 1.7 korrespondierenden Satzes für den Dirac-Fall verzichten.

2.3.3 Klein-Paradoxon

Wie im Klein-Gordon-Fall dient auch im vorliegenden Dirac-Fall das Kleinsche Paradoxon als ein Paradebeispiel zum Aufzeigen von Interpretationsschwierigkeiten des Ein-Teilchenkonzeptes jenseits seiner Gültigkeitsgrenzen, worauf wir nun zum Schluß dieses Abschnittes näher eingehen wollen. Hierzu betrachten wir analog zur Diskussion in Unterabschn. 1.3.4 ein eindimensionales Elektron (allgemeiner: Spin-1/2-Teilchen), das entlang der z-Achse an einer Potentialstufe der Form

$$eA^0(z) = V(z) = \left\{ \begin{array}{l} 0 \ \text{für} \ z < 0 \ (\text{Bereich I}) \\ V_0 \ \text{für} \ z > 0 \ (\text{Bereich II}) \end{array} \right\} \ , \ V_0 > 0 \ , \ \boldsymbol{A} = \boldsymbol{0}$$

von links kommend gestreut wird (siehe Abb. 1.3). Die stationären Energielösungen im Gebiet I ($z < 0$) setzen sich aus freien einfallenden und reflektierten Wellen zusammen, für die wir ansetzen (siehe Satz 2.1):

$$\psi_I(z,t) = e^{-iEt/\hbar}\Psi(z) \ , \ \Psi(z) = \Psi_{\text{ein}}(z) + \Psi_{\text{ref}}(z)$$

$$\Psi_{\text{ein}}(z) = A e^{ik_1 z} \begin{pmatrix} 1 \\ 0 \\ \frac{c\hbar k_1}{E+m_0 c^2} \\ 0 \end{pmatrix} \ , \ k_1 = \sqrt{\frac{E^2 - m_0^2 c^4}{c^2 \hbar^2}} \ \begin{pmatrix} \text{Ruhespin} \\ \text{in } z\text{-Richtung} \end{pmatrix}$$

$$\Psi_{\text{ref}}(z) = B e^{-ik_1 z} \begin{pmatrix} 1 \\ 0 \\ \frac{-c\hbar k_1}{E+m_0 c^2} \\ 0 \end{pmatrix} + C e^{-ik_1 z} \begin{pmatrix} 0 \\ 1 \\ 0 \\ \frac{-c\hbar k_1}{E+m_0 c^2} \end{pmatrix} \ ,$$

wobei die zeitunabhängigen Ausdrücke der freien zeitunabhängigen Dirac-Gleichung

$$H\Psi = E\Psi \ , \ H = -\mathrm{i}\hbar c\alpha_3 \frac{\mathrm{d}}{\mathrm{d}z} + V(z) + \beta m_0 c^2 \qquad (2.85)$$

mit $V(z) = 0$ genügen. In diesem Ansatz wurde für Ψ_{ref} ein eventuell beitragender Term mit entgegengesetztem Spin berücksichtigt.

Für die transmittierte Welle benötigen wir die Lösungen von (2.85) bei Anwesenheit eines konstanten Potentials $V(z) = V_0$. Diese unterscheiden sich von den freien Lösungen lediglich durch die Substitution $E \to E - V_0$, so daß wir im Gebiet II ($z > 0$) schreiben können:

$$\psi_{\mathrm{II}}(z,t) = \mathrm{e}^{-\mathrm{i}Et/\hbar}\Psi_{\mathrm{trans}}(z)$$

$$\Psi_{\mathrm{trans}}(z) = D\mathrm{e}^{\mathrm{i}k_2 z}\begin{pmatrix} 1 \\ 0 \\ \frac{c\hbar k_2}{E-V_0+m_0c^2} \\ 0 \end{pmatrix} + E\mathrm{e}^{\mathrm{i}k_2 z}\begin{pmatrix} 0 \\ 1 \\ 0 \\ \frac{-c\hbar k_2}{E-V_0+m_0c^2} \end{pmatrix},$$

mit

$$k_2 = \sqrt{\frac{(E-V_0)^2 - m_0^2 c^4}{c^2\hbar^2}} \ .$$

Die Amplituden ergeben sich aus der Stetigkeitsbedingung der Lösungen bei $z = 0$ aufgrund der Stromerhaltung. Man erhält für sie

$$C = E = 0 \ ,$$

d.h. es findet keine Spinumklappung auf Ebene der Wellenfunktionen statt, und

$$B = \frac{(1-r)A}{1+r} \ , \ D = \frac{2A}{1+r} \ , \ r = \frac{k_2(E+m_0c^2)}{k_1(E-V_0+m_0c^2)} \ .$$

Je nach Wahl von V_0 bzw. E betrachten wir wieder folgende Fälle (vgl. die Fälle aus Unterabschn. 1.3.4 sowie Abb. 1.4):

1. Fall: $E > V_0 + m_0c^2$. Die Wellenzahl k_2 ist reell, d.h. die transmittierte Welle im Bereich II oszilliert, und es gilt $r > 0$. Desweiteren haben wir für die Stromdichten der einfallenden, reflektierten und transmittierten Anteile in z-Richtung

$$T = \frac{j_{\mathrm{trans}}}{j_{\mathrm{ein}}} = \frac{4r}{(1+r)^2} \ , \ R = -\frac{j_{\mathrm{ref}}}{j_{\mathrm{ein}}} = \frac{(1-r)^2}{(1+r)^2} = 1 - T$$

und somit entsprechend unserer Erwartung $r > 0 \implies 0 < R, T < 1$.

2. Fall: $V_0 - m_0c^2 < E < V_0 + m_0c^2 \ , \ E > m_0c^2$. Die transmittierte Welle ist exponentiell gedämpft, weil k_2 imaginär ist.

3. Fall: $m_0c^2 < E < V_0 - m_0c^2 \implies V_0 > 2m_0c^2$. Nun ist k_2 wie im 1. Fall reell. Andererseits ist $r < 0$, d.h. wir erhalten einen negativen Transmissionsstrom sowie einen Reflexionsstrom, der den einfallenden Strom dem Betrag nach sogar übersteigt.

Ähnlich wie im Klein-Gordon-Fall lassen sich die ersten beiden Fälle im Rahmen des Ein-Teilchenbildes als Streuung eines Teilchens der Ladung $+e$ an der (aus dessen Sicht) repulsiven Potentialbarriere problemlos interpretieren. Der 3. Fall erscheint uns dagegen aufgrund der oszillierenden Transmissionswelle wieder unverständlich, weil die Potentialstufe in dem betrachteten Energieintervall undurchdringbar sein sollte. Ursache hierfür ist im wesentlichen wieder eine zu starke Lokalisierung des betrachteten Teilchens, weil eine Potentialstufe der Höhe $V_0 \approx E$ die Eindringtiefe im Bereich II auf ein Gebiet der Größenordnung $1/k_2 \approx \hbar/m_0 c$ begrenzt.

Der 3. Fall birgt aber auch außerhalb der strengen Ein-Teilchensichtweise Paradoxien in sich. Hierzu stellen wir zunächst fest, daß die transmittierte Wellenfunktion eine negative Energie relativ zum Potential V_0 besitzt. Es ist deshalb genau wie im Klein-Gordon-Fall vernünftig, k_2 durch $-k_2$ zu ersetzen, so daß ψ_{trans} einem nach rechts mit dem Impuls $+\hbar|k_2|$ laufenden Antiteilchen der Ladung $-e$ entspricht, welches seinerseits durch $i\gamma^2\psi_{\text{trans}}^*$ beschrieben wird. Hieraus ergeben sich folgende Konsequenzen: Für die Reflexions- und Transmissionskoeffizienten gilt nun $0 < R, T < 1$. Das heißt die im Klein-Gordon-Fall entwickelte Vorstellung der Paarproduktion an der Grenzfläche $z = 0$, bei der die Teilchen nach links und die Antiteilchen nach rechts wegfliegen, läßt sich hier nicht aufrechterhalten. Vielmehr wird ein Teil der von links kommenden Teilchen in nach rechts weiterfliegende Antiteilchen umgewandelt. Diese Teilchenumwandlung bedeutet offensichtlich eine Verletzung der Ladungserhaltung, während die Gesamtladung im Klein-Gordon-Fall explizit erhalten ist. Desweiteren impliziert die Umwandlung eine Umklappung des Spins auf Teilchenebene. Aufgrund dieser Sachverhalte spricht man innerhalb der Dirac-Theorie manchmal auch vom „Kleinschen Superparadoxon".

Analog zu Unterabschn 1.3.4 geben wir auch hier noch die beiden übrigen Energieintervalle samt zugehöriger Interpretation an:

4. Fall: $-m_0 c^2 < E < m_0 c^2$. Hier existiert für eine von links nach rechts gerichtete Einlaufbewegung keine Lösung.

5. Fall: $E < -m_0 c^2$. Wählt man $k_1 = -|k_1|$ und $k_2 = -|k_2|$, so läßt sich dieser Fall im Rahmen des Ein-Teilchenbildes wieder deuten als die Streuung eines von links kommenden Antiteilchens der Ladung $-e$ an der (aus dessen Sicht) attraktiven Potentialbarriere, mit $r > 0 \implies 0 < R, T < 1$.

Zusammenfassung

- Im Sinne der Ein-Teilcheninterpretation kommen höchstens solche hermiteschen Operatoren als Observable in Frage, die **gerade Operatoren** sind, die also positive und negative Dirac-Lösungen nicht mischen (**Ein-Teilchenoperatoren**). Der gerade Anteil eines Operators läßt sich am einfachsten in einer Darstellung bestimmen, in der der Hamilton-Opera-

▷

tor diagonal ist. Im freien Fall ist dies die **Feshbach-Villars-Darstellung**.

- Die **Feshbach-Villars-Transformation** ist eine nichtlokale Transformation. Bei ihr wird das Ortsargument x einer Wellenfunktion $\psi(x)$ über einen Bereich gemittelt bzw. verschmiert, dessen Ausdehnung gleich der Compton-Wellenlänge des betrachteten Teilchens ist.

- Der Gültigkeitsbereich der Ein-Teilchen-Wahrscheinlichkeitsinterpretation beschränkt sich einerseits auf kleine Energien, bei denen Teilchenerzeugungsprozesse vernachlässigt werden können, und andererseits auf Diracsche Wellenpakete, deren Ausdehnung groß ist im Vergleich zur zugehörigen Compton-Wellenlänge.

- Das **Kleinsche Paradoxon** ist ein einfaches Beispiel für Interpretationsschwierigkeiten des Ein-Teilchenkonzeptes, die sich aus einer zu starken Lokalisierung von Diracschen Wellenpaketen ergeben. Auch außerhalb des Ein-Teilchenbildes findet man Widersprüchlichkeiten wie die Nichterhaltung der Gesamtladung und die Umklappung des Teilchenspins.

Aufgaben

23. Feshbach-Villars-Transformation (II). Verifizieren Sie die Beziehungen (2.77), (2.78), (2.80), (2.82), (2.83).

Lösung. Für die nachfolgenden Berechnungen wird benötigt:

$$(\boldsymbol{\alpha}\boldsymbol{p})\boldsymbol{\alpha} = \mathrm{i}\hat{\boldsymbol{\sigma}} \times \boldsymbol{p} + \boldsymbol{p} \ , \ \{\boldsymbol{\alpha}, \boldsymbol{\alpha}\boldsymbol{p}\} = 2\boldsymbol{p} \ , \ (\boldsymbol{\alpha}\boldsymbol{p})(\boldsymbol{\alpha}\boldsymbol{p}) = \boldsymbol{p}^2$$

$$(\boldsymbol{\alpha}\boldsymbol{p})\boldsymbol{\alpha}(\boldsymbol{\alpha}\boldsymbol{p}) = 2\boldsymbol{p}(\boldsymbol{\alpha}\boldsymbol{p}) - \boldsymbol{\alpha}\boldsymbol{p}^2$$

$$[\hat{\boldsymbol{\sigma}}, \beta] = 0 \ , \ [\hat{\sigma}_i, \alpha_j] = 2\mathrm{i}\epsilon_{ijk}\alpha_k \ , \ [\hat{\boldsymbol{\sigma}} \times \boldsymbol{p}, \boldsymbol{\alpha}\boldsymbol{p}] = 2\mathrm{i}[\boldsymbol{\alpha}\boldsymbol{p}^2 - (\boldsymbol{\alpha}\boldsymbol{p})\boldsymbol{p}]$$

$$(\boldsymbol{\alpha}\boldsymbol{p})\hat{\boldsymbol{\sigma}} \times \boldsymbol{p}(\boldsymbol{\alpha}\boldsymbol{p}) = -\boldsymbol{p}^2\hat{\boldsymbol{\sigma}} \times \boldsymbol{p} \ .$$

Zu (2.77).

$$\begin{aligned}
\tilde{H}^{(0)} &= U H^{(0)} U^\dagger \\
&= \frac{(p_0 + m_0 c + \beta\boldsymbol{\alpha}\boldsymbol{p})(c\boldsymbol{\alpha}\boldsymbol{p} + \beta m_0 c^2)(p_0 + m_0 c - \beta\boldsymbol{\alpha}\boldsymbol{p})}{2p_0(p_0 + m_0 c)} \\
&= \frac{[cp_0\boldsymbol{\alpha}\boldsymbol{p} + \beta(p_0 m_0 c^2 + m_0^2 c^3 + c\boldsymbol{p}^2)](p_0 + m_0 c - \beta\boldsymbol{\alpha}\boldsymbol{p})}{2p_0(p_0 + m_0 c)} \\
&= \frac{[c\boldsymbol{\alpha}\boldsymbol{p} + c\beta(p_0 + m_0 c)](p_0 + m_0 c - \beta\boldsymbol{\alpha}\boldsymbol{p})}{2(p_0 + m_0 c)} \\
&= c\beta\frac{(p_0 + m_0 c)^2 + \boldsymbol{p}^2}{2(p_0 + m_0 c)} = cp_0\beta = \beta\left(m_0^2 c^4 + c^2\boldsymbol{p}^2\right)^{1/2} \ .
\end{aligned}$$

Zu (2.78).

$$(\boldsymbol{\nabla}_p U^\dagger) = \boldsymbol{\nabla}_p \frac{p_0 + m_0 c - \beta\boldsymbol{\alpha}\boldsymbol{p}}{\sqrt{2p_0(p_0 + m_0 c)}}$$

$$= \frac{\boldsymbol{p}/p_0 - \beta\boldsymbol{\alpha}}{\sqrt{2p_0(p_0 + m_0 c)}} - U^\dagger \frac{(2p_0 + m_0 c)\boldsymbol{p}}{2p_0^2(p_0 + m_0 c)}$$

$$U(\boldsymbol{\nabla}_p U^\dagger) = \frac{(p_0 + m_0 c + \beta\boldsymbol{\alpha}\boldsymbol{p})(\boldsymbol{p}/p_0 - \beta\boldsymbol{\alpha})}{2p_0(p_0 + m_0 c)} - \frac{(2p_0 + m_0 c)\boldsymbol{p}}{2p_0^2(p_0 + m_0 c)}$$

$$= \frac{(\boldsymbol{\alpha}\boldsymbol{p})\boldsymbol{\alpha}}{2p_0(p_0 + m_0 c)} + \frac{\beta(\boldsymbol{\alpha}\boldsymbol{p})\boldsymbol{p}}{2p_0^2(p_0 + m_0 c)} - \frac{\beta\boldsymbol{\alpha}}{2p_0} - \frac{\boldsymbol{p}}{2p_0(p_0 + m_0 c)}$$

$$= \frac{i\hat{\boldsymbol{\sigma}} \times \boldsymbol{p}}{2p_0(p_0 + m_0 c)} + \frac{\beta(\boldsymbol{\alpha}\boldsymbol{p})\boldsymbol{p}}{2p_0^2(p_0 + m_0 c)} - \frac{\beta\boldsymbol{\alpha}}{2p_0}$$

$$\Longrightarrow \tilde{\boldsymbol{x}} = U\boldsymbol{x}U^\dagger = i\hbar\boldsymbol{\nabla}_p + i\hbar U(\boldsymbol{\nabla}_p U^\dagger)$$

$$= i\hbar\boldsymbol{\nabla}_p + i\hbar \left(\frac{i\hat{\boldsymbol{\sigma}} \times \boldsymbol{p}}{2p_0(p_0 + m_0 c)} + \frac{\beta(\boldsymbol{\alpha}\boldsymbol{p})\boldsymbol{p}}{2p_0^2(p_0 + m_0 c)} - \frac{\beta\boldsymbol{\alpha}}{2p_0} \right) \ .$$

Zu (2.80).

$$[\boldsymbol{x}] = U^\dagger[\tilde{\boldsymbol{x}}]U = U^\dagger \boldsymbol{x} U + i\hbar U^\dagger \frac{i\hat{\boldsymbol{\sigma}} \times \boldsymbol{p}}{2p_0(p_0 + m_0 c)} U$$

$$U^\dagger \boldsymbol{x} U = i\hbar\boldsymbol{\nabla}_p + i\hbar \left(\frac{i\hat{\boldsymbol{\sigma}} \times \boldsymbol{p}}{2p_0(p_0 + m_0 c)} - \frac{\beta(\boldsymbol{\alpha}\boldsymbol{p})\boldsymbol{p}}{2p_0^2(p_0 + m_0 c)} + \frac{\beta\boldsymbol{\alpha}}{2p_0} \right)$$

$$U^\dagger \frac{i\hat{\boldsymbol{\sigma}} \times \boldsymbol{p}}{2p_0(p_0 + m_0 c)} U = \frac{(p_0 + m_0 c - \beta\boldsymbol{\alpha}\boldsymbol{p}) i\hat{\boldsymbol{\sigma}} \times \boldsymbol{p}(p_0 + m_0 c + \beta\boldsymbol{\alpha}\boldsymbol{p})}{4p_0^2(p_0 + m_0 c)^2}$$

$$= i\frac{(p_0 + m_0 c)^2 \hat{\boldsymbol{\sigma}} \times \boldsymbol{p} + (p_0 + m_0 c)\beta[\hat{\boldsymbol{\sigma}} \times \boldsymbol{p}, \boldsymbol{\alpha}\boldsymbol{p}]}{4p_0^2(p_0 + m_0 c)^2}$$

$$+ i\frac{(\boldsymbol{\alpha}\boldsymbol{p})\hat{\boldsymbol{\sigma}} \times \boldsymbol{p}(\boldsymbol{\alpha}\boldsymbol{p})}{4p_0^2(p_0 + m_0 c)^2}$$

$$= \frac{im_0 c\hat{\boldsymbol{\sigma}} \times \boldsymbol{p}}{2p_0^2(p_0 + m_0 c)} - \frac{\boldsymbol{p}^2\beta\boldsymbol{\alpha}}{2p_0^2(p_0 + m_0 c)} + \frac{\beta(\boldsymbol{\alpha}\boldsymbol{p})\boldsymbol{p}}{2p_0^2(p_0 + m_0 c)}$$

$$\Longrightarrow [\boldsymbol{x}] = i\hbar\boldsymbol{\nabla}_p + i\hbar \left(\frac{i\hat{\boldsymbol{\sigma}} \times \boldsymbol{p}}{2p_0^2} + \frac{m_0 c\beta\boldsymbol{\alpha}}{2p_0^2} \right) \ .$$

Zu (2.82).

$$\tilde{\boldsymbol{v}} = U\boldsymbol{v}U^\dagger = \frac{(p_0 + m_0 c + \beta\boldsymbol{\alpha}\boldsymbol{p})c\boldsymbol{\alpha}(p_0 + m_0 c - \beta\boldsymbol{\alpha}\boldsymbol{p})}{2p_0(p_0 + m_0 c)}$$

$$= \frac{c\boldsymbol{\alpha}(p_0 + m_0 c)^2 - c(\boldsymbol{\alpha}\boldsymbol{p})\boldsymbol{\alpha}(\boldsymbol{\alpha}\boldsymbol{p}) + c\beta\{\boldsymbol{\alpha}, \boldsymbol{\alpha}\boldsymbol{p}\}(p_0 + m_0 c)}{2p_0(p_0 + m_0 c)}$$

$$= c\boldsymbol{\alpha} + \frac{c\beta\boldsymbol{p}}{p_0} - \frac{c\boldsymbol{p}(\boldsymbol{\alpha}\boldsymbol{p})}{p_0(p_0 + m_0 c)} \ .$$

Zu (2.83).

$$[\boldsymbol{v}] = U^\dagger[\tilde{v}]U = \frac{(p_0 + m_0c - \beta\boldsymbol{\alpha p})c\beta\boldsymbol{p}(p_0 + m_0c + \beta\boldsymbol{\alpha p})}{2p_0^2(p_0 + m_0c)}$$

$$= \frac{m_0c^2\beta\boldsymbol{p}}{p_0^2} + \frac{c\boldsymbol{p}(\boldsymbol{\alpha p})}{p_0^2} \ .$$

24. Konstruktion von Ein-Teilchenoperatoren mittels Vorzeichen-operator (II).

Diracsche Ein-Teilchenoperatoren lassen sich mit etwas we-niger Aufwand konstruieren, als über den Umweg der Feshbach-Villars-Darstellung, indem man nämlich berücksichtigt, daß der hermitesche Vor-zeichenoperator

$$\Lambda = \frac{H^{(0)}}{\sqrt{H^{(0)2}}} = \frac{\boldsymbol{\alpha p} + m_0c\beta}{p_0}$$

die Eigenfunktionen $\psi_{\boldsymbol{p}}^{(r)}(x)$ mit den Eigenwerten (Energievorzeichen) ϵ_r be-sitzt (vgl. Aufgabe 6). Konstruieren Sie die zu $\boldsymbol{x}$ und $\boldsymbol{v}$ gehörenden Ein-Teilchenoperatoren $[\boldsymbol{x}]$ und $[\boldsymbol{v}]$ unter Ausnutzung dieser Eigenschaft.

Lösung. Aufgrund derselben Argumentation wie in Aufgabe 6 sind der ge-rade Anteil $[\mathcal{O}]$ und der ungerade Anteil $\{\mathcal{O}\}$ eines Operators $\mathcal{O}$ gegeben durch

$$[\mathcal{O}] = \frac{1}{2}(\mathcal{O} + \Lambda\mathcal{O}\Lambda) \ , \quad \{\mathcal{O}\} = \frac{1}{2}(\mathcal{O} - \Lambda\mathcal{O}\Lambda) \ ,$$

wobei $\Lambda\mathcal{O}\Lambda$ und somit auch $[\mathcal{O}]$ und $\{\mathcal{O}\}$ hermitesch sind, falls $\mathcal{O}$ selbst hermitesch ist. Nun rechnen wir in der Impulsdarstellung ($\boldsymbol{x} = \mathrm{i}\hbar\boldsymbol{\nabla}_{\boldsymbol{p}}$, $\boldsymbol{p} = \mathbb{C}$-Zahl) wie folgt:

$$(\boldsymbol{\nabla}_{\boldsymbol{p}}\Lambda) = \boldsymbol{\nabla}_{\boldsymbol{p}}\frac{\boldsymbol{\alpha p} + m_0c\beta}{p_0} = \frac{\boldsymbol{\alpha}}{p_0} - \Lambda\frac{\boldsymbol{p}}{p_0^2}$$

$$\Lambda(\boldsymbol{\nabla}_{\boldsymbol{p}}\Lambda) = \frac{(\boldsymbol{\alpha p} + m_0c\beta)\boldsymbol{\alpha}}{p_0^2} - \frac{\boldsymbol{p}}{p_0^2} = \frac{\mathrm{i}\hat{\boldsymbol{\sigma}} \times \boldsymbol{p}}{p_0^2} + \frac{m_0c\beta\boldsymbol{\alpha}}{p_0^2}$$

$$\Longrightarrow \Lambda\boldsymbol{x}\Lambda = \mathrm{i}\hbar\boldsymbol{\nabla}_{\boldsymbol{p}} + \mathrm{i}\hbar\Lambda(\boldsymbol{\nabla}_{\boldsymbol{p}}\Lambda) = \mathrm{i}\hbar\boldsymbol{\nabla}_{\boldsymbol{p}} + \frac{\mathrm{i}\hat{\boldsymbol{\sigma}} \times \boldsymbol{p}}{p_0^2} + \frac{m_0c\beta\boldsymbol{\alpha}}{p_0^2} \ .$$

Hieraus folgt für den Ein-Teilchenortsoperator in der Impuls- bzw. Ortsdar-stellung (vgl. Satz 2.8)

$$[\boldsymbol{x}] = \frac{1}{2}(\boldsymbol{x} + \Lambda\boldsymbol{x}\Lambda) = \boldsymbol{x} + \mathrm{i}\hbar\left(\frac{\mathrm{i}\hat{\boldsymbol{\sigma}} \times \boldsymbol{p}}{2p_0^2} + \frac{m_0c\beta\boldsymbol{\alpha}}{2p_0^2}\right) \ .$$

Durch eine ähnliche Rechnung erhalten wir für den Ein-Teilchengeschwindig-keitsoperator (vgl. Satz 2.8)

$$\Lambda v \Lambda = \frac{(\boldsymbol{\alpha p} + m_0 c\beta)c\boldsymbol{\alpha}(\boldsymbol{\alpha p} + m_0 c\beta)}{p_0^2}$$

$$= \frac{c(\boldsymbol{\alpha p})\boldsymbol{\alpha}(\boldsymbol{\alpha p}) + m_0 c^2 \beta\{\boldsymbol{\alpha}, \boldsymbol{\alpha p}\} - m_0^2 c^3 \boldsymbol{\alpha}}{p_0^2}$$

$$= \frac{2m_0 c^2 \beta \boldsymbol{p}}{p_0^2} + \frac{2cp(\boldsymbol{\alpha p})}{p_0^2} - c\boldsymbol{\alpha}$$

$$\Longrightarrow [\boldsymbol{v}] = \frac{1}{2}(\boldsymbol{v} + \Lambda v \Lambda) = \frac{m_0 c^2 \beta \boldsymbol{p}}{p_0^2} + \frac{cp(\boldsymbol{\alpha p})}{p_0^2} .$$

25. Gordon-Zerlegung. Man beweise, daß für zwei beliebige Lösungen ψ_1 und ψ_2 der freien Dirac-Gleichung gilt:

$$\bar{\psi}_2 \gamma^\mu \psi_1 = \frac{1}{2m_0 c} \left[\bar{\psi}_2 p^\mu \psi_1 - (p^\mu \bar{\psi}_2)\psi_1 \right] - \frac{i}{2m_0 c} p_\nu (\bar{\psi}_2 \sigma^{\mu\nu} \psi_1) . \qquad (2.86)$$

Lösung. Zunächst stellen wir fest, daß für zwei beliebige Vierervektoren a^μ und b^μ gilt:

$$\gamma^\mu a_\mu \gamma^\nu b_\nu = a_\mu b_\nu \left[\frac{1}{2}(\gamma^\mu \gamma^\nu + \gamma^\nu \gamma^\mu) + \frac{1}{2}(\gamma^\mu \gamma^\nu - \gamma^\nu \gamma^\mu) \right]$$

$$= a_\mu b_\nu \left(\frac{1}{2}\{\gamma^\mu, \gamma^\nu\} + \frac{1}{2}[\gamma^\mu, \gamma^\nu] \right)$$

$$= a^\mu b_\mu - i a_\mu b_\nu \sigma^{\mu\nu} .$$

Hiermit erhält man unter Verwendung der freien Dirac-Gleichung und ihrer Adjungierten ($\overleftarrow{p}_\mu$ wirkt nach links)

$$0 = \bar{\psi}_2(-\gamma^\mu \overleftarrow{p}_\mu - m_0 c)\gamma^\nu a_\nu \psi_1 + \bar{\psi}_2 \gamma^\nu a_\nu (\gamma^\mu p_\mu - m_0 c)\psi_1$$

und weiterhin

$$2m_0 c \bar{\psi}_2 \gamma^\nu a_\nu \psi_1 = -\bar{\psi}_2 \gamma^\mu \overleftarrow{p}_\mu \gamma^\nu a_\nu \psi_1 + \bar{\psi}_2 \gamma^\nu a_\nu \gamma^\mu p_\mu \psi_1$$

$$= -\bar{\psi}_2 \left(\overleftarrow{p}^\mu a_\mu + i \overleftarrow{p}_\nu a_\mu \sigma^{\mu\nu} \right) \psi_1 + \bar{\psi}_2 \left(p^\mu a_\mu - i p_\nu a_\mu \sigma^{\mu\nu} \right) .$$

Für $a_\mu = \delta_{\mu\rho}$ folgt schließlich die Behauptung (2.86). Die physikalische Bedeutung der Gordon-Zerlegung besteht darin, daß sie die Diracsche Wahrscheinlichkeitsstromdichte $j^\mu = c\bar{\psi}\gamma^\mu\psi$ in eine *Konvektionsstromdichte*

$$j^\mu_K = \frac{1}{2m_0} \left[\bar{\psi} p^\mu \psi - (p^\mu \bar{\psi})\psi \right] \qquad (2.87)$$

(ähnlich der nichtrelativistischen Wahrscheinlichkeitsstromdichte oder der Klein-Gordonschen Ladungsstromdichte) und eine *Spinstromdichte*

$$j^\mu_S = -\frac{i}{2m_0} p_\nu (\bar{\psi} \sigma^{\mu\nu} \psi) \qquad (2.88)$$

aufteilt.

26. Zitterbewegung (II). Berechnen Sie in Analogie zu Aufgabe 7 den mittleren Strom eines beliebigen freien Diracschen Wellenpaketes und zeigen Sie, daß die Interferenzterme von positiven und negativen Lösungen eine zeitlich oszillierende Bewegung enthält.

Lösung. Zunächst setzen wir das Wellenpaket in der Form

$$\psi(x) = \psi^{(+)}(x) + \psi^{(-)}(x)$$

$$\psi^{(+)}(x) = \int d^3p \sum_{r=1}^{2} a^{(r)}(\boldsymbol{p})\psi_{\boldsymbol{p}}^{(r)}(x)$$

$$\psi^{(-)}(x) = \int d^3p \sum_{r=3}^{4} a^{(r)}(\boldsymbol{p})\psi_{\boldsymbol{p}}^{(r)}(x)$$

an. Zur Berechnung des mittleren räumlichen Konvektionsstroms (2.87) nutzen wir die Identität

$$(\boldsymbol{p}\bar{\psi})\psi = -(\boldsymbol{p}\psi)^\dagger \gamma^0 \psi = -\psi^T \gamma^{0,T}(\boldsymbol{p}\psi)^* = -(\psi^\dagger \gamma^0 \boldsymbol{p}\psi)^* = -(\bar{\psi}\boldsymbol{p}\psi)^* \ ,$$

woraus sich

$$\boldsymbol{j}_{\mathrm{K}} = \frac{1}{m_0}\mathrm{Re}\left(\bar{\psi}\boldsymbol{p}\psi\right)$$

ergibt. Weiterhin folgt unter Ausnutzung der Adjunktionsbeziehung $\langle \phi | \, \boldsymbol{A} \, | \psi \rangle = \langle \psi | \, \boldsymbol{A}^\dagger \, | \phi \rangle^*$

$$\begin{aligned}
\langle \boldsymbol{j} \rangle_{\mathrm{K}} &= \frac{1}{m_0} \langle \psi | \, \gamma^0 \boldsymbol{p} \, | \psi \rangle \\
&= \frac{1}{m_0} \left\langle \psi^{(+)} + \psi^{(-)} \left| \gamma^0 \boldsymbol{p} \right| \psi^{(+)} + \psi^{(-)} \right\rangle \\
&= \frac{1}{m_0} \left[\left\langle \psi^{(+)} \left| \gamma^0 \boldsymbol{p} \right| \psi^{(+)} \right\rangle + \left\langle \psi^{(-)} \left| \gamma^0 \boldsymbol{p} \right| \psi^{(-)} \right\rangle \right. \\
&\quad \left. + \left\langle \psi^{(+)} \left| \gamma^0 \boldsymbol{p} \right| \psi^{(-)} \right\rangle + \left\langle \psi^{(-)} \left| \gamma^0 \boldsymbol{p} \right| \psi^{(+)} \right\rangle \right] \\
&= \frac{1}{m_0} \left[\left\langle \psi^{(+)} \left| \gamma^0 \boldsymbol{p} \right| \psi^{(+)} \right\rangle + \left\langle \psi^{(-)} \left| \gamma^0 \boldsymbol{p} \right| \psi^{(-)} \right\rangle \right] \\
&\quad + \frac{2}{m_0}\mathrm{Re}\left(\left\langle \psi^{(+)} \left| \gamma^0 \boldsymbol{p} \right| \psi^{(-)} \right\rangle \right) \\
&= \underbrace{\int d^3p \frac{c\boldsymbol{p}}{p_0} \sum_{r=1}^{2} \left| a^{(r)}(\boldsymbol{p}) \right|^2}_{\langle \boldsymbol{j} \rangle_{\mathrm{K}}^{(+)}} + \underbrace{\int d^3p \frac{c\boldsymbol{p}}{p_0} \sum_{r=3}^{4} \left| a^{(r)}(\boldsymbol{p}) \right|^2}_{\langle \boldsymbol{j} \rangle_{\mathrm{K}}^{(-)}}
\end{aligned}$$

$$+2\mathrm{Re}\left[\int\!\!\int d^3p \frac{c\boldsymbol{p}}{p_0} \mathrm{e}^{2ip_0 x^0/\hbar} \right.$$

$$\times \sum_{\substack{r=1,2 \\ r'=3,4}} a^{(r)*}(\boldsymbol{p}) a^{(r')}(-\boldsymbol{p}) \bar{\omega}^{(r)}(\boldsymbol{p}) \omega^{(r')}(-\boldsymbol{p}) \Bigg] \; . \qquad (2.89)$$

Bei der Berechnung des mittleren räumlichen Spinstromes

$$\langle j^k \rangle_{\mathrm{S}} = -\frac{\mathrm{i}}{2m_0} \int \mathrm{d}^3 x p_\nu \left(\bar{\psi}^{(+)} + \bar{\psi}^{(-)} \right) \sigma^{k\nu} \left(\psi^{(+)} + \psi^{(-)} \right)$$

[siehe (2.88)] ist zu beachten, daß die Einzelterme $\int \mathrm{d}^3 x p_\nu \left(\bar{\psi}^{(\pm)} \sigma^{k\nu} \psi^{(\pm)} \right)$ auf Integrale der Form

$$\int \mathrm{d}^3 p \int \mathrm{d}^3 p' (p'_\nu - p_\nu) \delta(\boldsymbol{p}' - \boldsymbol{p}) \dots$$

führen und somit nichts beitragen. Dagegen liefern die Interferenzterme $\int \mathrm{d}^3 x p_\nu \left(\bar{\psi}^{(\pm)} \sigma^{k\nu} \psi^{(\mp)} \right)$ Integrale der Form

$$\int \mathrm{d}^3 p \int \mathrm{d}^3 p' (p'_\nu + p_\nu) \delta(\boldsymbol{p}' + \boldsymbol{p}) \dots \begin{cases} \neq 0 \ \text{für } \nu = 0 \\ = 0 \ \ \text{sonst} \, . \end{cases}$$

Insgesamt bleibt deshalb

$$\langle j^k \rangle_{\mathrm{S}} = -\frac{\mathrm{i}}{2m_0} \int \mathrm{d}^3 x \left[p_0 \left(\bar{\psi}^{(+)} \sigma^{k0} \psi^{(-)} \right) + p_0 \left(\bar{\psi}^{(-)} \sigma^{k0} \psi^{(+)} \right) \right]$$

übrig. Dieser Ausdruck läßt sich schließlich unter Berücksichtigung von

$$p_0 \left(\bar{\psi}^{(-)} \sigma^{k0} \psi^{(+)} \right) = p_0 \left(\psi^{(-)\dagger} \gamma^0 \sigma^{k0} \psi^{(+)} \right) = p_0 \left(\psi^{(+)T} \sigma^{k0,T} \gamma^{0,T} \psi^{(-)*} \right)$$

$$= p_0 \left(\psi^{(+)\dagger} \sigma^{k0\dagger} \gamma^0 \psi^{(-)} \right)^* = p_0 \left(\bar{\psi}^{(+)} \gamma^0 \sigma^{k0\dagger} \gamma^0 \psi^{(-)} \right)^*$$

$$= p_0 \left(\bar{\psi}^{(+)} \sigma^{k0} \psi^{(-)} \right)^* = - \left[p_0 \left(\bar{\psi}^{(+)} \sigma^{k0} \psi^{(-)} \right) \right]^*$$

weiter vereinfachen zu

$$\langle j^k \rangle_{\mathrm{S}} = \frac{1}{m_0} \mathrm{Im} \left[\int \mathrm{d}^3 x p_0 \left(\bar{\psi}^{(+)} \sigma^{k0} \psi^{(-)} \right) \right]$$

$$= 2 \mathrm{Im} \left[c \int \mathrm{d}^3 p \, \mathrm{e}^{2\mathrm{i} p_0 x^0 / \hbar} \right.$$

$$\left. \times \sum_{\substack{r=1,2 \\ r'=3,4}} a^{(r)*}(\boldsymbol{p}) a^{(r')}(-\boldsymbol{p}) \bar{\omega}^{(r)}(\boldsymbol{p}) \sigma^{k0} \omega^{(r')}(-\boldsymbol{p}) \right] \; . \qquad (2.90)$$

Anhand von (2.89) und (2.90) erkennt man, daß die Bewegung eines Diracschen Wellenpaketes genau dann eine zeitlich oszillierende Bewegung (Zitterbewegung) enthält, wenn es sowohl positive als auch negative Komponenten besitzt. Dieser Sachverhalt ist uns bereits aus der entsprechenden Rechnung im Klein-Gordon-Fall (Aufgabe 7) bekannt.

2.4 Nichtrelativistische Näherung der Dirac-Theorie

In unserer bisherigen Diskussion der Dirac-Theorie haben wir eine wichtige Frage noch nicht angesprochen, nämlich ob sich aus ihr die betreffenden Gleichungen der nichtrelativistischen Quantenmechanik ableiten lassen. Dies sollte natürlich der Fall sein, um die Dirac-Theorie als relativistische Erweiterung akzeptieren zu können. In diesem Abschnitt werden wir uns mit diesem Punkt beschäftigen, wobei wir völlig analog zur Diskussion im Klein-Gordon-Fall, Abschn. 1.4, vorgehen. Das heißt wir betrachten zunächst wieder den nichtrelativistischen Grenzfall in führender Ordnung von v/c, was uns auf die nichtrelativistische *Pauli-Gleichung* für Spin-1/2-Teilchen führen wird. Danach nehmen wir das Verfahren der Fouldy-Wouthuysen-Transformation zur Hilfe, um höhere relativistische Korrekturen einzubeziehen bzw. den Diracschen Hamilton-Operator in höheren Ordnungen von v/c zu diagonalisieren. Man beachte, daß sich sämtliche Betrachtungen dieses Abschnittes auf die Dirac-Darstellung beziehen.

2.4.1 Nichtrelativistischer Grenzfall

Ausgangspunkt unserer Betrachtungen ist die Dirac-Gleichung (2.14) in kanonischer Form,

$$i\hbar\frac{\partial\psi(x)}{\partial t} = \left[c\boldsymbol{\alpha}\left(\boldsymbol{p} - \frac{e}{c}\boldsymbol{A}\right) + eA^0 + \beta m_0 c^2\right]\psi(x) \ . \tag{2.91}$$

Um den nichtrelativistischen Grenzfall dieser Gleichung zu studieren, ist es vorteilhaft, sie durch Einführen der zweikomponentigen Spinoren

$$\psi_{\mathrm{u}} = \begin{pmatrix}\psi_1\\\psi_2\end{pmatrix} \ , \ \psi_{\mathrm{d}} = \begin{pmatrix}\psi_3\\\psi_4\end{pmatrix} \ , \ \psi = \begin{pmatrix}\psi_{\mathrm{u}}\\\psi_{\mathrm{d}}\end{pmatrix}$$

umzuschreiben in das äquivalente Gleichungssystem

$$\left.\begin{aligned}i\hbar\frac{\partial\psi_{\mathrm{u}}}{\partial t} &= c\boldsymbol{\sigma}\left(\boldsymbol{p} - \frac{e}{c}\boldsymbol{A}\right)\psi_{\mathrm{d}} + (eA^0 + m_0 c^2)\psi_{\mathrm{u}}\\ i\hbar\frac{\partial\psi_{\mathrm{d}}}{\partial t} &= c\boldsymbol{\sigma}\left(\boldsymbol{p} - \frac{e}{c}\boldsymbol{A}\right)\psi_{\mathrm{u}} + (eA^0 - m_0 c^2)\psi_{\mathrm{d}} \ ,\end{aligned}\right\} \tag{2.92}$$

wobei der Index u für „up" (obere beiden Komponenten) und d für „down" (untere beiden Komponenten) steht. Unter Berücksichtigung von

$$\left(i\hbar\frac{\partial}{\partial t} - eA^0\right)\psi_{\mathrm{u,d}}^{(\pm)} = m_0 c^2\left[\pm 1 + \mathcal{O}\left(\frac{v^2}{c^2}\right)\right]\psi_{\mathrm{u,d}}^{(\pm)}$$

folgt für positive Lösungen (+) aus der zweiten Gleichung von (2.92)

$$\psi_{\mathrm{d}}^{(+)} = \frac{\boldsymbol{\sigma}}{2m_0 c}\left(\boldsymbol{p} - \frac{e}{c}\boldsymbol{A}\right)\psi_{\mathrm{u}}^{(+)} + \mathcal{O}\left(\frac{v^2}{c^2}\right) \tag{2.93}$$

und für negative Lösungen (−) aus der ersten Gleichung

$$\psi_\mathrm{u}^{(-)} = -\frac{\boldsymbol{\sigma}}{2m_0 c}\left(\boldsymbol{p} - \frac{e}{c}\boldsymbol{A}\right)\psi_\mathrm{d}^{(-)} + \mathcal{O}\left(\frac{v^2}{c^2}\right) \ . \tag{2.94}$$

Dies bedeutet, daß im Falle positiver Lösungen ψ_d gegenüber ψ_u und im Falle negativer Lösungen ψ_u gegenüber ψ_d um den Faktor v/c unterdrückt ist. Setzt man nun (2.93) bzw. (2.94) in die jeweils verbleibende Gleichung von (2.92) ein, so ergibt sich für positive Lösungen

$$\psi = \begin{pmatrix} 1 \\ \mathcal{O}\left(v/c\right) \end{pmatrix}\psi_\mathrm{u}$$

$$\mathrm{i}\hbar\frac{\partial\psi_\mathrm{u}}{\partial t} = \left\{\frac{1}{2m_0}\left[\boldsymbol{\sigma}\left(\boldsymbol{p} - \frac{e}{c}\boldsymbol{A}\right)\right]^2 + m_0 c^2 + eA^0 + \mathcal{O}\left(\frac{v^3}{c^3}\right)\right\}\psi_\mathrm{u}$$

und für negative Lösungen

$$\psi = \begin{pmatrix} \mathcal{O}\left(v/c\right) \\ 1 \end{pmatrix}\psi_\mathrm{d}$$

$$\mathrm{i}\hbar\frac{\partial\psi_\mathrm{d}}{\partial t} = \left\{-\frac{1}{2m_0}\left[\boldsymbol{\sigma}\left(\boldsymbol{p} - \frac{e}{c}\boldsymbol{A}\right)\right]^2 - m_0 c^2 + eA^0 + \mathcal{O}\left(\frac{v^3}{c^3}\right)\right\}\psi_\mathrm{d} \ .$$

Diese Beziehungen lassen sich schließlich mit Hilfe der Identitäten

$$(\boldsymbol{\sigma}\boldsymbol{A})(\boldsymbol{\sigma}\boldsymbol{B}) = (\boldsymbol{A}\boldsymbol{B}) + \mathrm{i}\boldsymbol{\sigma}(\boldsymbol{A}\times\boldsymbol{B}) \ , \ \left(\boldsymbol{p} - \frac{e}{c}\boldsymbol{A}\right)\times\left(\boldsymbol{p} - \frac{e}{c}\boldsymbol{A}\right) = -\frac{e\hbar}{\mathrm{i}c}\boldsymbol{B}$$

zusammenfassen zu der bis zur Ordnung $\mathcal{O}\left(v^2/c^2\right)$ korrekten Dirac-Gleichung

$$\left.\begin{aligned} \mathrm{i}\hbar\frac{\partial\psi}{\partial t} &= H^\mathrm{nr}\psi \\ H^\mathrm{nr} &= \beta\left[m_0 c^2 + \frac{1}{2m_0}\left(\boldsymbol{p} - \frac{e}{c}\boldsymbol{A}\right)^2 - \frac{e\hbar}{2m_0 c}\hat{\boldsymbol{\sigma}}\boldsymbol{B}\right] + eA^0 \\ &+ \mathcal{O}\left(\frac{v^3}{c^3}\right) \ , \ \hat{\boldsymbol{\sigma}} = \begin{pmatrix} \boldsymbol{\sigma} & 0 \\ 0 & \boldsymbol{\sigma} \end{pmatrix} \ , \end{aligned}\right\} \tag{2.95}$$

mit dem diagonalen und hermiteschen Hamilton-Operator H^nr [vgl. die nicht-relativistische Klein-Gordon-Gleichung (1.57)]. Beschränkt man sich bei dieser Gleichung auf positive Lösungen, also auf die oberen beiden Komponenten, so stimmt sie bis auf die Ruheenergie $m_0 c^2$ mit der nichtrelativistischen *Pauli-Gleichung* für Spin-1/2-Teilchen in einem elektromagnetischen Feld überein. Besonders beachtenswert hierbei ist, daß die nichtrelativistische Grenzwertbildung der Dirac-Gleichung automatisch zu einem Wechselwirkungsterm $-\boldsymbol{M}\boldsymbol{B}$ zwischen dem magnetischen Moment (bzw. Spin) des betrachteten Teilchens und dem äußeren Magnetfeld führt, und zwar im Falle des elementaren Elektrons mit dem korrekten magnetischen Moment bzw. korrekten *gyromagnetischen Verhältnis*

$$\boldsymbol{M}^{(e)} = \frac{e\hbar}{2m_0 c}\boldsymbol{\sigma} = \frac{eg}{2m_0 c}\boldsymbol{S} \ , \ g = 2 \quad (Land\acute{e}\text{-}Faktor) \ ,$$

während jener Term in der Pauli-Gleichung ad hoc eingeführt werden muß. Historisch gesehen war gerade dieser Umstand ein wichtiger Impetus für das Vertrauen in die Dirac-Theorie.

Für nichtelementare Teilchen wie z.B. das Proton oder Neutron werden wir allerdings durch obige Grenzwertbildung auf die falschen Ergebnisse $M^{(p)} = -eS/(m_p c)$ (Proton) und $M^{(n)} = 0$ (Neutron) geführt. Hierfür reicht offensichtlich die minimale Kopplung zur Berücksichtigung äußerer elektromagnetischer Felder nicht aus. Man kann aber auch für solche Teilchen die entsprechenden nichtrelativistischen Gleichungen mit den korrekten magnetischen Momenten erhalten, indem man in (2.91) phänomenologisch motivierte Terme hinzufügt (siehe Aufgabe 15 und 27).

Der Vollständigkeit halber geben wir noch die zu (2.95) gehörenden, bis zur Ordnung $\mathcal{O}\left(v^2/c^2\right)$ korrekten Ausdrücke für die Wahrscheinlichkeitsdichte und Wahrscheinlichkeitsstromdichte an:

$$\rho = \psi^\dagger \psi \ , \ \boldsymbol{j} = \frac{\hbar}{2im}\left[\psi^\dagger \beta \boldsymbol{\nabla}\psi - (\boldsymbol{\nabla}\psi^\dagger)\beta\psi - \frac{2ie}{\hbar c}\boldsymbol{A}\psi^\dagger\beta\psi\right] \ .$$

Sie sind, wie gehabt, über die Kontinuitätsgleichung $\partial\rho/\partial t + \boldsymbol{\nabla}\boldsymbol{j} = 0$ miteinander verbunden und stimmen im Falle positiver Lösungen mit den entsprechenden Formeln der nichtrelativistischen Theorie überein.

2.4.2 Relativistische Korrekturen

Die im vorigen Unterabschnitt durchgeführte Rückführung der Dirac-Theorie auf die nichtrelativistische Pauli-Theorie ist korrekt bis zur Ordnung $\mathcal{O}\left(v^2/c^2\right)$; der beim Hamilton-Operator in (2.95) begangene Fehler ist von der Ordnung $\mathcal{O}\left(v^3/c^3\right)$. In diesem Grenzfall ist H^{nr} diagonal, und die positiven und negativen Lösungen sind vollständig voneinander entkoppelt. Um den Hamilton-Operator in höheren Ordnungen systematisch zu diagonalisieren, also höhere relativistische Korrekturen zu berücksichtigen, steht uns wie im Klein-Gordon-Fall die Fouldy-Wouthuysen-Methode zur Verfügung, die wir nun auf die allgemeine Dirac-Gleichung (2.91) anwenden wollen. Hierbei gelten im Prinzip dieselben Überlegungen wie in Unterabschn. 1.4.2, insbesondere, daß eine exakte Diagonalisierung der allgemeinen Dirac-Gleichung aufgrund von Vakuumpolarisationseffekten nicht möglich ist.

Wir beginnen unsere Diskussion, indem wir die Dirac-Gleichung (2.91) zur Erleichterung von Ordnungsbetrachtungen zunächst umschreiben zu

$$m_0 c^2 K \psi = 0 \ , \ K = \beta + \epsilon + \omega \ ,$$

mit

$$\epsilon = -\frac{1}{m_0 c^2}\left(i\hbar\frac{\partial}{\partial t} - eA^0\right) = \mathcal{O}\left(1\right) + \mathcal{O}\left(\frac{v^2}{c^2}\right) \ , \ \beta + \epsilon = \mathcal{O}\left(\frac{v^2}{c^2}\right)$$

und

$$\omega = \frac{c\boldsymbol{\alpha}}{m_0 c^2}\left(\boldsymbol{p} - \frac{e}{c}\boldsymbol{A}\right) = \mathcal{O}\left(\frac{v}{c}\right) .$$

Wie gehabt handelt es sich bei ϵ bzw. $\beta + \epsilon$ um einen geraden (diagonalen) Operator und bei ω um einen ungeraden (antidiagonalen) Operator. Unser Ziel ist, mit Hilfe geeigneter Foldy-Wouthuysen-Transformationen $U = \mathrm{e}^{\mathrm{i}S}$, $U' = \mathrm{e}^{\mathrm{i}S'}$,... zu neuen Darstellungen überzugehen, in denen ω von immer höherer Ordnung in v/c ist, so daß durch seine Vernachlässigung ein diagonaler K- bzw. Hamilton-Operator entsteht, korrekt bis zur jeweiligen Ordnung in v/c. Nach der ersten Transformation soll also gelten:

$$m_0 c^2 K'\psi' = 0 , \ \psi' = U\psi , \ K' = UKU^{-1}$$

$$K' = \beta + \epsilon' + \omega' , \ \beta + \epsilon' = \mathcal{O}\left(\frac{v^2}{c^2}\right) , \ \omega' = \mathcal{O}\left(\frac{v^3}{c^3}\right) \text{ (oder höher) },$$

nach der zweiten:

$$m_0 c^2 K''\psi'' = 0 , \ \psi'' = U'\psi , \ K'' = U'K'U'^{-1}$$

$$K'' = \beta + \epsilon'' + \omega'' , \ \beta + \epsilon'' = \mathcal{O}\left(\frac{v^2}{c^2}\right) , \ \omega'' = \mathcal{O}\left(\frac{v^5}{c^5}\right) \text{ (oder höher)}$$

und so fort. Nun bietet sich in Analogie zu (1.61) für die erste Transformation die Wahl

$$U = \mathrm{e}^{\mathrm{i}S} , \ S = -\frac{\mathrm{i}\beta\omega}{2} \tag{2.96}$$

an. Um hieraus das resultierende K' zu berechnen, können wir wieder von der Baker-Hausdorff-Entwicklung (1.60) sowie von den in (1.62) berechneten Einzeltermen mit der Ersetzung $\tau_3 \to \beta$ Gebrauch machen. Dies liefert

$$K' = \beta + \epsilon' + \omega' ,$$

mit

$$\epsilon' = \overset{\overset{\mathcal{O}\left(\frac{v^2}{c^2}\right)}{\downarrow}}{\epsilon} \ \overset{\overset{\mathcal{O}\left(\frac{v^2}{c^2}\right)}{\downarrow}}{+\frac{\beta\omega^2}{2}} \ \overset{\overset{\mathcal{O}\left(\frac{v^4}{c^4}\right)}{\downarrow}}{-\frac{\beta\omega^4}{8}} \ \overset{\overset{\mathcal{O}\left(\frac{v^4}{c^4}\right)}{\downarrow}}{-\frac{1}{8}[\omega,[\omega,\epsilon]]} + \ldots = \mathcal{O}\left(\frac{v^2}{c^2}\right)$$

und

$$\omega' = -\frac{\omega^3}{3} + \frac{\beta}{2}[\omega,\epsilon] + \frac{\beta}{48}[\omega,[\omega,[\omega,\epsilon]]] + \ldots = \mathcal{O}\left(\frac{v^3}{c^3}\right) .$$

Wie man sieht, ist ω' jetzt um zwei Ordnungen in v/c erhöht. Bis auf einen Fehler der Ordnung $\mathcal{O}\left(v^3/c^3\right)$ erhält man hieraus den geraden Operator $K' = \beta + \epsilon$, aus dem sich wieder die Pauli-Gleichung (2.95) ergibt.

Um den ungeraden Teil des K-Operators weiter zu unterdrücken, führen wir eine zweite Foldy-Wouthuysen-Transformation an K' durch, mit

$$U' = e^{iS'} \ , \ S' = -\frac{i\beta\omega'}{2} \ .$$

Hieraus folgt

$$K'' = \beta + \epsilon'' + \omega'' \ ,$$

mit

$$
\begin{array}{cccc}
\mathcal{O}\left(\frac{v^2}{c^2}\right) & \mathcal{O}\left(\frac{v^6}{c^6}\right) & \mathcal{O}\left(\frac{v^{12}}{c^{12}}\right) & \mathcal{O}\left(\frac{v^8}{c^8}\right) \\
\downarrow & \downarrow & \downarrow & \downarrow
\end{array}
$$

$$\epsilon'' = \quad \epsilon' \quad + \frac{\beta\omega'^2}{2} \quad - \frac{\beta\omega'^4}{8} \quad - \frac{1}{8}[\omega',[\omega',\epsilon']] + \ldots = \mathcal{O}\left(\frac{v^2}{c^2}\right)$$

und

$$\omega'' = -\frac{\omega'^3}{3} + \frac{\beta}{2}[\omega',\epsilon'] + \frac{\beta}{48}[\omega',[\omega',[\omega',\epsilon']]] + \ldots = \mathcal{O}\left(\frac{v^5}{c^5}\right) \ .$$

Durch Vernachlässigung aller Terme der Ordnung $\mathcal{O}\left(v^5/c^5\right)$ (und höher) erhalten wir hieraus den geraden Operator

$$K'' = \beta + \epsilon + \frac{\beta\omega^2}{2} - \frac{\beta\omega^4}{8} - \frac{1}{8}[\omega,[\omega,\epsilon]] + \mathcal{O}\left(\frac{v^5}{c^5}\right) \ , \tag{2.97}$$

der schließlich zu der bis zur Ordnung $\mathcal{O}\left(v^4/c^4\right)$ korrekten Dirac-Gleichung

$$i\hbar\frac{\partial\psi''}{\partial t} = H''\psi''$$

führt, mit dem diagonalen und hermiteschen Hamilton-Operator (siehe Aufgabe 28)

$$H'' = \beta\left[m_0 c^2 + \frac{1}{2m_0}\left(\boldsymbol{p} - \frac{e}{c}\boldsymbol{A}\right)^2 - \frac{e\hbar}{2m_0 c}\hat{\boldsymbol{\sigma}}\boldsymbol{B}\right] + eA^0$$
$$- \beta\left[\frac{1}{8m_0^3 c^2}\left(\boldsymbol{p} - \frac{e}{c}\boldsymbol{A}\right)^4 + \frac{e^2\hbar^2}{8m_0^3 c^4}\boldsymbol{B}^2\right.$$
$$\left. - \frac{e\hbar}{8m_0^3 c^3}\left\{\hat{\boldsymbol{\sigma}}\boldsymbol{B},\left(\boldsymbol{p} - \frac{e}{c}\boldsymbol{A}\right)^2\right\}\right]$$
$$- \frac{e\hbar^2}{8m_0^2 c^2}\boldsymbol{\nabla}\boldsymbol{E} - \frac{ie\hbar^2}{8m_0^2 c^2}\hat{\boldsymbol{\sigma}}(\boldsymbol{\nabla}\times\boldsymbol{E}) - \frac{e\hbar}{4m_0^2 c^2}\hat{\boldsymbol{\sigma}}(\boldsymbol{E}\times\boldsymbol{p})$$
$$+ \mathcal{O}\left(\frac{v^5}{c^5}\right) \tag{2.98}$$

und der Wellenfunktion

$$\psi''(x) = e^{-i\beta\omega'/2}e^{-i\beta\omega/2}\psi(x) \ .$$

Insgesamt sehen wir, daß sich die sukzessive Diagonalisierung des Diracschen Hamilton-Operators in immer höheren Ordnungen von v/c mittels der Fouldy-Wouthuysen-Methode sehr ähnlich durchführen läßt wie im Klein-Gordon-Fall in Unterabschn. 1.4.2. In Analogie zu den dortigen Feststellungen haben wir auch hier folgendes zu berücksichtigen:

- Alle Fouldy-Wouthuysen-Transformationen U, U', ... der Form (2.96) sind aufgrund der Hermitezität von S, S', ... unitäre Transformationen, so daß die Invarianz von Erwartungswerten für Operatoren gewährleistet ist, die sich wie $U[\cdot]U^{-1}$ transformieren.

- Für den Diracschen Hamilton-Operator selbst gilt dies nur unter der Voraussetzung $\partial \boldsymbol{A}/\partial t = \boldsymbol{0}$, weil der Übergang

$$K\psi = 0 \longrightarrow K'\psi' = 0 \ , \ K' = UKU^{-1} = UKU^\dagger \ , \ \psi' = U\psi$$

gleichbedeutend ist mit

$$\mathrm{i}\hbar\frac{\partial \psi}{\partial t} = H\psi \longrightarrow \mathrm{i}\hbar\frac{\partial \psi'}{\partial t} = H'\psi' \ , \ H' = U\left(H - \mathrm{i}\hbar\frac{\partial}{\partial t}\right)U^\dagger \ .$$

- Man erhält die zu den jeweiligen Fouldy-Wouthuysen-Darstellungen gehörenden Ein-Teilchenoperatoren durch entsprechendes Mittransformieren der ursprünglichen (relativistischen) Operatoren und anschließender Separation des diagonalen Anteils. Wie im Klein-Gordon-Fall gilt auch hier $[\boldsymbol{x}, U] \neq 0$, d.h. die Fouldy-Wouthuysen-Methode ist nichtlokal und verursacht eine Verschmierung der Ortswellenfunktion, von der sich zeigen läßt, daß sie im Bereich der Compton-Wellenlänge des betrachteten Teilchens liegt.

- Notwendige Voraussetzung für die Sinnhaftigkeit der Fouldy-Wouthuysen-Methode ist, daß sie sich auf physikalische Probleme innerhalb des Gültigkeitsbereiches des Ein-Teilchenbildes beschränkt und daß die Fouldy-Wouthuysen-Entwicklung konvergiert.

**Satz 2.9: Fouldy-Wouthuysen-Transformation
in der Dirac-Theorie**

Die Fouldy-Wouthuysen-Transformation liefert ein systematisches Verfahren zur Diagonalisierung des Diracschen Hamilton-Operators bis zu jeder beliebigen (endlichen) Ordnung in v/c. Schreibt man die Dirac-Gleichung (2.91) in der Form

$$m_0 c^2 K^{(0)} \psi^{(0)} = 0 \ , \ K^{(0)} = \beta + \epsilon^{(0)} + \omega^{(0)} \ ,$$

wobei die dimensionslosen Operatoren $\epsilon^{(0)}$, $\beta + \epsilon^{(0)} = \mathcal{O}\left(v^2/c^2\right)$ und $\omega^{(0)} = \mathcal{O}\left(v/c\right)$ gerade bzw. ungerade sind, dann gelangt man durch Iteration der Beziehungen

$$K^{(n)} = \beta + \epsilon^{(n)} + \omega^{(n)} = U^{(n-1)} K^{(n-1)} U^{(n-1)\dagger}$$

$$\psi^{(n)}(x) = U^{(n-1)} \psi^{(n-1)}(x)$$

$$U^{(n)} = \exp\left(-\frac{\mathrm{i}\beta\omega^{(n)}}{2}\right) \qquad \text{(unitär)}$$

jeweils zu anderen Darstellungen der Dirac-Theorie, in denen gilt:

$\triangleright$

$$\beta + \epsilon^{(n)} = \mathcal{O}\left(\frac{v^2}{c^2}\right) \ , \ \omega^{(n)} = \mathcal{O}\left(\frac{v^{2n+1}}{c^{2n+1}}\right) \ .$$

Bei Vernachlässigung des ungeraden Operators liefert der gerade Anteil von $K^{(n)}$ zwei explizit entkoppelte Ein-Teilchentheorien für Teilchen und Antiteilchen, korrekt bis zur Ordnung $\mathcal{O}\left(v^{2n-1}/c^{2n-1}\right)$.

Elektron im elektrostatischen Zentralpotential. Kommen wir zum Schluß dieses Abschnittes noch einmal auf (2.98) zurück. Wir können diese Gleichung in eine uns wohlvertraute Form bringen, indem wir sie für den Fall eines Elektrons in einem zentralsymmetrischen Potential

$$eA^0 = V(|\boldsymbol{x}|) = V(r) \ , \ \boldsymbol{A} = 0$$

betrachten. In diesem Fall haben wir

$$\boldsymbol{B} = 0 \ , \ \boldsymbol{E} = -\boldsymbol{\nabla}A^0 = -\frac{1}{e}\frac{\boldsymbol{x}}{r}\frac{\partial V}{\partial r} \ , \ \boldsymbol{\nabla} \times \boldsymbol{E} = 0 \ .$$

Durch Beschränkung auf die oberen beiden Komponenten folgt hieraus der Hamilton-Operator

$$H''_{\mathrm{u}} = m_0 c^2 + \frac{\boldsymbol{p}^2}{2m_0} + V(r) - \frac{\boldsymbol{p}^4}{8m_0^3 c^2} + \frac{\hbar^2}{8m_0^2 c^2}\boldsymbol{\nabla}^2 V + \frac{\hbar}{4m_0^2 c^2}\frac{1}{r}\frac{\partial V}{\partial r}\boldsymbol{\sigma}\boldsymbol{L} \ .$$

Der vierte Term auf der rechten Seite ist eine relativistische Korrektur der kinetischen Energie. Der fünfte Term ist eine relativistische Korrektur des Zentralpotentials und ist unter dem Namen *Darwin-Term* bekannt. Er kann der Zitterbewegung des Elektrons zugeschrieben werden. Der letzte Term enthält die Wechselwirkungsenergie zwischen dem Spin (bzw. magnetischen Moment) des Elektrons und seinem Bahndrehimpuls (Spin-Bahn-Kopplung), wobei zu beachten ist, daß hier der Effekt der *Thomas-Präzession* durch den Faktor 4 im Nenner korrekt berücksichtigt wird.[12] Im Falle eines Coulomb-Potentials $V(r) = -Ze^2/r$ lauten die letzten beiden Terme

$$\frac{\pi Ze^2 \hbar^2}{2m_0^2 c^2}\delta(r) \quad \text{und} \quad \frac{Ze^2 \hbar}{4m_0^2 c^2 r^3}\boldsymbol{\sigma}\boldsymbol{L} \ .$$

Der Darwin-Term beeinflußt in diesem Fall nur die s-Zustände.

Zusammenfassung

* Die nichtrelativistische Näherung der Dirac-Theorie führt in niedrigster Ordnung (**nichtrelativistischer Grenzfall**) auf einen diagonalen und

$\triangleright$

---

[12] In der nichtrelativistischen Quantenmechanik wird dieser Term in klassischer Betrachtungsweise damit begründet, daß im Ruhesystem des Elektrons das Kraftzentrum am Ort des Elektrons ein Magnetfeld produziert, welches mit dem Spin des Elektrons wechselwirkt. Da dort u.a. die nichtgeradlinige Bewegung des Elektrons vernachlässigt wird, kommt dieser Term um einen Faktor 2 zu groß heraus.

hermiteschen Hamilton-Operator. Hieraus folgen zwei explizit entkoppelte Ein-Teilchentheorien für Teilchen und Antiteilchen, von denen die erste identisch ist mit der nichtrelativistischen **Pauli-Gleichung** für Spin-1/2-Teilchen.

- Im Gegensatz zum feldfreien Fall läßt sich der Diracsche Hamilton-Operator im allgemeinen Fall nicht exakt sondern nur approximativ diagonalisieren. Hierzu läßt sich die **Fouldy-Wouthuysen-Methode** verwenden, bei der der Hamilton-Operator sukzessive in immer höheren Ordnungen von v/c diagonalisiert wird. Der gerade Anteil liefert jeweils einen diagonalen und hermiteschen Hamilton-Operator, korrekt bis zur betrachteten Ordnung in v/c, aus dem sich wiederum zwei explizit entkoppelte Ein-Teilchentheorien für Teilchen und Antiteilchen ableiten lassen.

- Die **Fouldy-Wouthuysen-Transformation** ist wie die Feshbach-Villars-Transformation eine nichtlokale Transformation und führt zu einer Verschmierung des Ortsargumentes in der Größenordnung der Compton-Wellenlänge des betrachteten Teilchens.

- Die Fouldy-Wouthuysen-Methode ist nur in jenen Fällen sinnvoll, bei denen einerseits die v/c-Entwicklung konvergiert und andererseits die Ein-Teilcheninterpretation anwendbar ist.

Aufgaben

27. Anomales magnetisches Moment strukturierter Teilchen. Es ist zu zeigen, daß man durch Hinzufügen des Terms

$$\frac{\hbar\delta\beta}{4m_0c}\sigma_{\mu\nu}F^{\mu\nu} \ , \ F^{\mu\nu} = \partial^\mu A^\nu - \partial^\nu A^\mu$$

in (2.91) im nichtrelativistischen Grenzfall eine Gleichung erhält, die ein Teilchen mit dem magnetischen Moment

$$M^{(i)} = \frac{\hbar(e_i + \delta)}{2m_ic}\sigma$$

beschreibt, wobei e_i die Ladung und m_i die Ruhemasse des Teilchens bezeichnen.

Lösung. Wiederholt man die auf (2.95) hinauslaufende Argumentation, ausgehend von der um obigen Term erweiterten Gleichung (2.91), dann ergibt sich die modifizierte Pauli-Gleichung

$$i\hbar\frac{\partial\psi}{\partial t} = \left\{\beta\left[m_ic^2 + \frac{1}{2m_i}\left(\boldsymbol{p} - \frac{e_i}{c}\boldsymbol{A}\right)^2 - \frac{e_i\hbar}{2m_ic}\hat{\boldsymbol{\sigma}}\boldsymbol{B} + \frac{\hbar\delta}{4m_ic}\sigma_{\mu\nu}F^{\mu\nu}\right]\right.$$
$$\left. + e_iA^0\right\}\psi .$$

$$(2.99)$$

Der vorletzte Term dieser Gleichung wurde bereits in Aufgabe 15 berechnet und lautet

$$\sigma_{\mu\nu}F^{\mu\nu} = 2(\mathrm{i}\boldsymbol{\alpha}\boldsymbol{E} - \hat{\boldsymbol{\sigma}}\boldsymbol{B}) .$$

Somit führen der dritt- und vorletzte Term in (2.99) zum o.a. magnetischen Moment (plus elektrische Terme, die um den Faktor v/c unterdrückt sind).

Experimente legen für das elementare Elektron sowie für das zusammengesetzte Proton und Neutron folgende Werte für δ fest (e =Elektronladung):

Elektron : $\delta = 0 \quad \Longrightarrow \boldsymbol{M}^{(e)} = \dfrac{e\hbar}{2m_ec}\boldsymbol{\sigma}$

Proton : $\delta \approx 3.79e \Longrightarrow \boldsymbol{M}^{(p)} \approx \dfrac{\hbar(-e + 3.79e)}{2m_pc}\boldsymbol{\sigma} = \dfrac{2.79e\hbar}{2m_pc}\boldsymbol{\sigma}$

Neutron : $\delta \approx -1.91e \Longrightarrow \boldsymbol{M}^{(n)} \approx \dfrac{\hbar(0 - 1.91e)}{2m_nc}\boldsymbol{\sigma} = \dfrac{-1.91e\hbar}{2m_nc}\boldsymbol{\sigma} .$

28. Fouldy-Wouthuysen-Transformation. Man zeige den Übergang von (2.97) nach (2.98).

Lösung.

$$\omega^2 = \frac{1}{m_0^2c^2}\left[\boldsymbol{\alpha}\left(\boldsymbol{p} - \frac{e}{c}\boldsymbol{A}\right)\right]\left[\boldsymbol{\alpha}\left(\boldsymbol{p} - \frac{e}{c}\boldsymbol{A}\right)\right]$$
$$= \frac{1}{m_0^2c^2}\sum_{i,j}\alpha_i\alpha_j\left(p_i - \frac{e}{c}A_i\right)\left(p_j - \frac{e}{c}A_j\right)$$
$$= \frac{\mathrm{i}}{m_0^2c^2}\sum_{i,j,k}\epsilon_{ijk}\hat{\sigma}_k\left(p_i - \frac{e}{c}A_i\right)\left(p_j - \frac{e}{c}A_j\right) + \frac{1}{m_0^2c^2}\left(\boldsymbol{p} - \frac{e}{c}\boldsymbol{A}\right)^2$$
$$= -\frac{\mathrm{i}e}{m_0c^3}\hat{\boldsymbol{\sigma}}(\boldsymbol{p}\times\boldsymbol{A}) + \frac{1}{m_0^2c^2}\left(\boldsymbol{p} - \frac{e}{c}\boldsymbol{A}\right)^2$$
$$= -\frac{e\hbar}{m_0^2c^3}\hat{\boldsymbol{\sigma}}\boldsymbol{B} + \frac{1}{m_0^2c^2}\left(\boldsymbol{p} - \frac{e}{c}\boldsymbol{A}\right)^2$$
$$[\omega,\epsilon] = -\frac{1}{m_0^2c^3}\left[\boldsymbol{\alpha}\left(\boldsymbol{p} - \frac{e}{c}\boldsymbol{A}\right), \mathrm{i}\hbar\frac{\partial}{\partial t} - eA^0\right]$$
$$= \frac{1}{m_0^2c^3}\left\{e[\boldsymbol{\alpha}\boldsymbol{p}, A^0] + \frac{\mathrm{i}e\hbar}{c}\left[\boldsymbol{A}, \frac{\partial}{\partial t}\right]\right\}$$
$$= -\frac{\mathrm{i}e\hbar}{m_0^2c^3}\boldsymbol{\alpha}\left(\boldsymbol{\nabla}A^0 + \frac{1}{c}\dot{\boldsymbol{A}}\right) = \frac{\mathrm{i}e\hbar}{m_0^2c^3}\boldsymbol{\alpha}\boldsymbol{E}$$

$$[\omega, [\omega, \epsilon]] = \frac{\mathrm{i}e\hbar}{m_0^3 c^4} \left[\boldsymbol{\alpha}\left(\boldsymbol{p} - \frac{e}{c}\boldsymbol{A}\right), \boldsymbol{\alpha}\boldsymbol{E}\right]$$

$$= \frac{\mathrm{i}e\hbar}{m_0^3 c^4} [\boldsymbol{\alpha}\boldsymbol{p}, \boldsymbol{\alpha}\boldsymbol{E}]$$

$$= \frac{\mathrm{i}e\hbar}{m_0^3 c^4} \sum_{i,j} \alpha_i \alpha_j (p_i E_j - E_i p_j)$$

$$= \frac{\mathrm{i}e\hbar}{m_0^3 c^4} \sum_{i,j} \{\alpha_i \alpha_j (p_i E_j) + [\alpha_i, \alpha_j] E_j p_i\}$$

$$= \frac{\mathrm{i}e\hbar}{m_0^3 c^4} \left\{\sum_{i,j,k} (\mathrm{i}\epsilon_{ijk}\hat{\sigma}_k + \delta_{ij})(p_i E_j) + \sum_{i,j} 2\mathrm{i}\epsilon_{ijk}\hat{\sigma}_k E_j p_i\right\}$$

$$= \frac{\mathrm{i}e\hbar^2}{m_0^3 c^4} \hat{\boldsymbol{\sigma}}(\boldsymbol{\nabla} \times \boldsymbol{E}) + \frac{e\hbar^2}{m_0^3 c^4}\boldsymbol{\nabla}\boldsymbol{E} + \frac{2e\hbar}{m_0^3 c^4}\hat{\boldsymbol{\sigma}}(\boldsymbol{E} \times \boldsymbol{p}) .$$

Hierbei wurden die Identitäten

$$\alpha_i \alpha_j = \mathrm{i}\epsilon_{ijk}\hat{\sigma}_k + \delta_{ij} \ , \ [\alpha_i, \alpha_j] = 2\mathrm{i}\epsilon_{ijk}\hat{\sigma}_k$$

benutzt.

2.5 Einfache Ein-Teilchensysteme

Um die Parallelität der Diskussionen im Klein-Gordon- und Dirac-Fall zu vervollständigen, wollen wir auch dieses Kapitel „Relativistische Beschreibung von Spin-1/2-Teilchen" mit einigen einfachen Beispielen zu Diracschen Ein-Teilchensystemen beenden. Hierbei gehen wir wieder sehr ähnlich wie im Klein-Gordon-Fall, Abschn. 1.5, vor, indem wir zuerst unsere Betrachtungen des Kleinschen Paradoxons aus Unterabschn. 2.3.3 auf den Fall des eindimensionalen Potentialkastens ausdehnen. Als nächstes beschäftigen wir uns mit dem Problem zentralsymmetrischer Potentiale, welches sich wie in der Klein-Gordon-Theorie durch Separation des winkelabhängigen Anteils in ein rein radiales Problem umformulieren läßt. Im konkreten diskutieren wir hierbei das freie Teilchen, den kugelsymmetrischen Potentialtopf und abschließend das Coulomb-Potential. Wie zuvor beziehen sich sämtliche Betrachtungen dieses Abschnittes auf die Dirac-Darstellung.

2.5.1 Kastenpotential

Zum Einstieg betrachten wir ein Spin-1/2-Teilchen in Anwesenheit eines eindimensionalen Potentialkastens der Form

$$eA^{(0)}(z) = V(z) = \left\{\begin{array}{ll} 0 & \text{für } -a < z < a \text{ (Bereich II)} \\ V_0 & \text{sonst} \quad\quad \text{(Bereich I,III)} \end{array}\right\}, \ V_0 > 0. (2.100)$$

In Bezug auf die qualitative Diskussion der möglichen Lösungen können wir die im Klein-Gordon-Fall getroffenen Feststellungen in Unterabschn. 1.5.1 samt Abb. 1.5 vollständig übernehmen. Zur genaueren Analyse separieren wir zunächst wieder den zeitabhängigen Anteil der Diracschen Wellenfunktionen vermöge

$$\psi(z,t) = \Psi(z)e^{-iEt/\hbar} \ ,$$

so daß $\Psi(z)$ der stationären Gleichung (2.85) mit $V(z)$ aus (2.100) genügt. Als nächstes konzentrieren wir uns auf die Streufälle (1., 3. und 5. Fall), behandeln im Anschluß den Tunnelfall (4. Fall) und danach den Bindungsfall (2. Fall).

1., 3. und 5. Fall im Detail. Bei diesen Streufällen gehen wir von einem (Anti-)Teilchen aus, das von links entlang der z-Achse auf den Potentialkasten zuläuft. Unser Ansatz zur Lösung von (2.85) in den Bereichen I ($z < -a$), II ($-a < z < a$) und III ($z > a$) lautet deshalb (Ruhespin in z-Richtung)

$$\Psi_{\mathrm{I}}(z) = \Psi_{\mathrm{ein}}(z) + \Psi_{\mathrm{ref}}(z)$$

$$\Psi_{\mathrm{ein}}(z) = Ae^{ik_1 z}\begin{pmatrix} 1 \\ 0 \\ \lambda_1 \\ 0 \end{pmatrix} \ , \ \Psi_{\mathrm{ref}}(z) = Be^{-ik_1 z}\begin{pmatrix} 1 \\ 0 \\ -\lambda_1 \\ 0 \end{pmatrix}$$

$$\Psi_{\mathrm{II}}(z) = Ce^{ik_2 z}\begin{pmatrix} 1 \\ 0 \\ \lambda_2 \\ 0 \end{pmatrix} + De^{-ik_2 z}\begin{pmatrix} 1 \\ 0 \\ -\lambda_2 \\ 0 \end{pmatrix}$$

$$\Psi_{\mathrm{III}}(z) = \Psi_{\mathrm{trans}}(z) = Ee^{ik_1 z}\begin{pmatrix} 1 \\ 0 \\ \lambda_1 \\ 0 \end{pmatrix} \ ,$$

mit

$$k_1 = \pm\sqrt{\frac{(E-V_0)^2 - m_0^2 c^4}{\hbar^2 c^2}} \quad , \quad k_2 = \pm\sqrt{\frac{E^2 - m_0^2 c^4}{\hbar^2 c^2}}$$

$$\lambda_1 = \frac{c\hbar k_1}{E - V_0 + m_0 c^2} \quad , \quad \lambda_2 = \frac{c\hbar k_2}{E + m_0 c^2} \ ,$$

wobei $k_1 = +|k_1|, k_2 = +|k_2|$ im 1. Fall, $k_1 = -|k_1|, k_2 = +|k_2|$ im 3. Fall und $k_1 = -|k_1|, k_2 = -|k_2|$ im 5. Fall gilt. In diesem Ansatz gehen unsere Erfahrungen aus Unterabschn. 2.3.3 ein, daß nämlich an den Bereichsgrenzen $z = \pm a$ auf Ebene der Wellenfunktionen keine Spinumklappung stattfindet. Die Stetigkeitsbedingungen $\Psi_{\mathrm{I}}(-a) = \Psi_{\mathrm{II}}(-a)$ und $\Psi_{\mathrm{II}}(a) = \Psi_{\mathrm{III}}(a)$ ergeben folgende Bestimmungsgleichungen für die Integrationskonstanten A bis E:

$$Ae^{-ik_1 a} + Be^{ik_1 a} = Ce^{-ik_1 a} + De^{ik_1 a}$$
$$\lambda_1\left(Ae^{-ik_1 a} - B^{ik_1 a}\right) = \lambda_2\left(Ce^{-ik_2 a} - De^{ik_2 a}\right)$$

$$Ce^{ik_2a} + De^{-ik_2a} = Ee^{ik_1a}$$
$$\lambda_2\left(Ce^{ik_2a} - De^{-ik_2a}\right) = \lambda_1 Ee^{ik_1a} \ .$$

Sie sind formal identisch zu den entsprechenden Bestimmungsgleichungen (1.68) im Klein-Gordon-Fall, wenn dort bei den Vorfaktoren die Ersetzung $k_i \to \lambda_i$ vorgenommen wird. Dieselbe Ersetzung in (1.69) führt deshalb sofort auf die Reflexions- und Transmissionskoeffizienten

$$\left.\begin{array}{l}
R = -\dfrac{j_{\text{ref}}}{j_{\text{ein}}} = \dfrac{(\lambda_1^2 - \lambda_2^2)^2 \sin^2 2k_2a}{4\lambda_1^2\lambda_2^2 + (\lambda_1^2 - \lambda_2^2)^2 \sin^2 2k_2a} \\[4mm]
T = \dfrac{j_{\text{trans}}}{j_{\text{ein}}} = \dfrac{4\lambda_1^2\lambda_2^2}{4\lambda_1^2\lambda_2^2 + (\lambda_1^2 - \lambda_2^2)^2 \sin^2 2k_2a} = 1 - R \ .
\end{array}\right\} \tag{2.101}$$

Wie im Klein-Gordon-Fall oszillieren beide Koeffizienten in Abhängigkeit von k_2 bzw. E zwischen Null und Eins, wobei für $\sin 2k_2a = 0$, also für

$$E^2 = n^2\frac{c^2\hbar^2\pi^2}{4a^2} + m_0^2c^4 \ , \ n = 1, 2, \dots \ ,$$

der Reflexionskoeffizient exakt verschwindet.

4. Fall im Detail. In diesem Tunnelfall können wir obigen Lösungsansatz übernehmen, wobei wir k_1, k_2, λ_1 und λ_2 in der Weise

$$k_1 = -\sqrt{\frac{(E - V_0)^2 - m_0^2c^4}{\hbar^2c^2}} \quad , \quad k_2 = i\kappa_2 \ , \ \kappa_2 = \sqrt{\frac{m_0^2c^4 - E^2}{\hbar^2c^2}}$$

$$\lambda_1 = \frac{c\hbar k_1}{E - V_0 + m_0c^2} \quad , \quad \lambda_2 = i\xi_2 \ , \ \xi_2 = \frac{c\hbar\kappa_2}{E + m_0c^2}$$

wählen. Aus (2.101) folgt somit für die Reflexions- und Transmissionskoeffizienten

$$R = \frac{(\kappa_1^2 + \xi_2^2)^2 \sinh^2 2\kappa_2a}{4\kappa_1^2\xi_2^2 + (\kappa_1^2 + \xi_2^2)^2 \sinh^2 2\kappa_2a}$$

$$T = \frac{4\kappa_1^2\xi_2^2}{4\kappa_1^2\xi_2^2 + (\kappa_1^2 + \xi_2^2)^2 \sinh^2 2\kappa_2a} = 1 - R \ .$$

Auch hier liegen beide Koeffizienten zwischen Null und Eins, allerdings mit einem in a exponentiell abnehmendem und in $|E|$ exponentiell zunehmendem Transmissionskoeffizienten.

2. Fall im Detail. Für den Bindungsfall machen wir in Analogie zum entsprechen Klein-Gordonschen 2. Fall den Ansatz

$$\Psi_I(z) = Ae^{\kappa_1 z}\begin{pmatrix} 1 \\ 0 \\ -i\xi_1 \\ 0 \end{pmatrix}$$

$$\Psi_{\mathrm{II}}(z) = \begin{pmatrix} B\cos k_2 z + C\sin k_2 z \\ 0 \\ \mathrm{i}\lambda_2(B\sin k_2 z - C\cos k_2 z) \\ 0 \end{pmatrix}$$

$$\Psi_{\mathrm{III}}(z) = D\mathrm{e}^{-\kappa_1 z} \begin{pmatrix} 1 \\ 0 \\ \mathrm{i}\xi_1 \\ 0 \end{pmatrix} \,,$$

mit

$$\kappa_1 = \sqrt{\frac{m_0^2 c^4 - (E - V_0)^2}{\hbar^2 c^2}} \quad , \quad k_2 = \sqrt{\frac{E^2 - m_0^2 c^4}{\hbar^2 c^2}}$$

$$\xi_1 = \frac{c\hbar\kappa_1}{E - V_0 + m_0 c^2} \quad , \quad \lambda_2 = \frac{c\hbar k_2}{E + m_0 c^2} \,.$$

Die Stetigkeitsbedingungen an den Bereichsgrenzen führen in diesem Fall zu den Gleichungen

$$A\mathrm{e}^{-\kappa_1 a} = B\cos k_2 a - C\sin k_2 a$$
$$\xi_1 A\mathrm{e}^{-\kappa_1 a} = \lambda_2 B\sin k_2 a + \lambda_2 C\cos k_2 a$$
$$D\mathrm{e}^{-\kappa_1 a} = B\cos k_2 a + C\sin k_2 a$$
$$\xi_1 D\mathrm{e}^{-\kappa_1 a} = \lambda_2 B\sin k_2 a - \lambda_2 C\cos k_2 a \,.$$

Kombiniert man die ersten beiden und die letzten beiden Gleichungen, so erhält man

$$\xi_1 = \lambda_2 \frac{B\sin k_2 a + C\cos k_2 a}{B\cos k_2 a - C\sin k_2 a} = \lambda_2 \frac{B\sin k_2 a - C\cos k_2 a}{B\cos k_2 a + C\sin k_2 a} \,,$$

woraus sich wieder die Bedingung $BC = 0$ ergibt. Wir haben also wieder folgende zwei Fälle zu unterscheiden, die verschiedene Quantisierungsbedingungen für die Energie E liefern:

2.a: $C = 0 \Longrightarrow A = D.$

$$\tan k_2 a = \frac{\xi_1}{\lambda_2} \,.$$

2.b: $B = 0 \Longrightarrow A = -D.$

$$-\cot k_2 a = \tan\left(k_2 a + \frac{\pi}{2}\right) = \frac{\xi_1}{\lambda_2} \,.$$

Analog zur Fußnote 26 auf Seite 70 weisen wir darauf hin, daß der Hamilton-Operator in (2.85) aufgrund der Form von $V(z)$ mit der Paritätstransformation aus Unterabschn. 2.2.3 vertauscht. Bis auf eine irrelevante Phase haben wir nämlich im aktiven Fall

$$[H(z)\Psi(z)]_P = \gamma^0 H(-z)\Psi(-z) = H(z)\gamma^0\Psi(-z) = H(z)\Psi_P(z) \,.$$

Neben der Wellenfunktion $\Psi(z)$ ist deshalb auch ihre Paritätstransformierte $\Psi_P(z)$ eine Lösung von (2.85), und zwar zum selben Energieeigenwert:

$$E\Psi(z) = H(z)\Psi(z) \Longrightarrow E\Psi_P(z) = [H(z)\Psi(z)]_P = H(z)\Psi_P(z) \ .$$

Beide Lösungen lassen sich aufgrund der Linearität der Dirac-Gleichung zu den neuen Lösungen

$$\Psi^{(\pm)}(z) = \Psi(z) \pm \Psi_P(z) \ , \ \Psi_P^{(\pm)}(z) = \pm\Psi^{(\pm)}(z)$$

mit definierter Parität kombinieren, von denen der Fall 2.a den geraden Lösungen $(+)$ und der Fall 2.b den ungeraden Lösungen $(-)$ entspricht.

2.5.2 Radiale Form der Dirac-Gleichung

Kommen wir nun zum Fall eines Spin-1/2-Teilchens in einem zentralsymmetrischen Potential der Form $eA^0(x) = V(\boldsymbol{x}) = V(|\boldsymbol{x}|)$, $\boldsymbol{A} = \boldsymbol{0}$. Hier bietet sich aufgrund der Rotationssymmetrie des zugehörigen Diracschen Hamilton-Operators wieder der Übergang zu Kugelkoordinaten an,

$$x = r\cos\varphi\sin\theta \ , \ y = r\sin\varphi\sin\theta \ , \ z = r\cos\theta \ ,$$

um auf diese Weise den Winkel- und Radialteil zu isolieren. Zu diesem Zweck starten wir mit der Dirac-Gleichung

$$\mathrm{i}\hbar\frac{\partial\psi(x)}{\partial t} = \left[c\boldsymbol{\alpha}\boldsymbol{p} + \beta m_0 c^2 + V(r)\right]\psi(x) \ , \ r = |\boldsymbol{x}|$$

und schreiben sie durch Separation der zeitabhängigen Phase zunächst um in die zeitunabhängige Gleichung

$$H\Psi(\boldsymbol{x}) = E\Psi(\boldsymbol{x}) \ , \ H = c\boldsymbol{\alpha}\boldsymbol{p} + \beta m_0 c^2 + V(r) \ , \ \Psi(\boldsymbol{x}) = \psi(x)\mathrm{e}^{-\mathrm{i}Et/\hbar}. \tag{2.102}$$

Um die radialen und winkelabhängigen Anteile im Impulsterm $\boldsymbol{\alpha}\boldsymbol{p}$ zu trennen, führen wir den *Radialimpuls*

$$p_r = -\mathrm{i}\hbar\frac{1}{r}\frac{\partial}{\partial r}r = -\mathrm{i}\hbar\left(\frac{\partial}{\partial r} + \frac{1}{r}\right)$$

und die *Radialgeschwindigkeit*

$$\alpha_r = \frac{\boldsymbol{\alpha}\boldsymbol{x}}{r}$$

ein. Hiermit und unter Berücksichtigung von

$$(\boldsymbol{\sigma}\boldsymbol{A})(\boldsymbol{\sigma}\boldsymbol{B}) = \boldsymbol{A}\boldsymbol{B} + \mathrm{i}\boldsymbol{\sigma}(\boldsymbol{A}\times\boldsymbol{B}) \ , \ \boldsymbol{x}\boldsymbol{\nabla} = r\partial/\partial r$$

folgt

$$(\boldsymbol{\alpha}\boldsymbol{x})(\boldsymbol{\alpha}\boldsymbol{p}) = \boldsymbol{x}\boldsymbol{p} + \mathrm{i}\hat{\boldsymbol{\sigma}}\boldsymbol{L} = rp_r + \mathrm{i}\left(\hbar + \frac{2\boldsymbol{S}\boldsymbol{L}}{\hbar}\right) \ . \tag{2.103}$$

Linksmultiplikation dieses Ausdrucks mit α_r/r liefert schließlich

$$\boldsymbol{\alpha p} = \alpha_r \left[p_r + \frac{\mathrm{i}}{r} \left(\hbar + \frac{\boldsymbol{J}^2 - \boldsymbol{S}^2 - \boldsymbol{L}^2}{\hbar} \right) \right] \; , \tag{2.104}$$

wobei $\boldsymbol{J} = \boldsymbol{L} + \boldsymbol{S}$ den Gesamtdrehimpuls des betrachteten Teilchens bezeichnet. Nun läßt sich leicht zeigen, daß die Operatoren $\{H, \boldsymbol{J}^2, J_z\}$ zusammen mit der Paritätstransformation P einen Satz kommutierender Observabler bilden. Wir werden deshalb die Lösungen von (2.102) so konstruieren, daß sie Eigenfunktionen dieser vier Operatoren sind. Beschränkt man sich zunächst auf nur zwei Lösungskomponenten, dann kann man auf die Resultate der nichtrelativistischen Quantenmechanik zurückgreifen und die Eigenfunktionen von $\boldsymbol{J}^2$ und J_z (und $\boldsymbol{L}^2$, $\boldsymbol{S}^2$) sofort angeben:

$$\mathcal{Y}_{J,M}^{(l)}(\theta, \varphi) = \sum_{m+m_s=M} \left\langle l, m_l; \frac{1}{2}, m_s \middle| J, M \right\rangle Y_{l,m}(\theta, \varphi) \chi(m_s) \; , \; l = J \mp \frac{1}{2} \; ,$$

mit

$$\boldsymbol{J}^2 \mathcal{Y}_{J,M}^{(l)} = \hbar^2 J(J+1) \mathcal{Y}_{J,M}^{(l)} \; , \; J_z \mathcal{Y}_{J,M}^{(l)} = \hbar M \mathcal{Y}_{J,M}^{(l)} \; , \; M = -J, \ldots, J \; .$$

Diese sog. *Spinorkugelflächenfunktionen* setzen sich zusammen aus den Kugelflächenfunktionen $Y_{l,m}(\theta, \varphi)$, mit

$$\boldsymbol{L}^2 Y_{l,m} = \hbar^2 l(l+1) Y_{l,m} \; , \; L_z Y_{l,m} = \hbar m Y_{l,m} \; , \; m = -l, \ldots, l$$

und den Spinoren $\chi(m_s)$, mit

$$\boldsymbol{S}^2 \chi(m_s) = \frac{3\hbar^2}{4} \chi(m_s) \; , \; S_z \chi(m_s) = \hbar m_s \chi(m_s) \; , \; \boldsymbol{S} = \frac{\hbar}{2} \boldsymbol{\sigma} \; , \; m_s = \pm \frac{1}{2} \; .$$

$\langle \ldots | \ldots \rangle$ bezeichnen die üblichen Clebsch-Gordan-Koeffizienten. Als nächstes müssen wir zwei Spinorkugelflächenfunktionen mit gleichem J und M so miteinander kombinieren, daß der resultierende Bispinor definierte Parität besitzt. Einerseits ergibt sich aus dem Raumspiegelungsverhalten der Kugelflächenfunktionen,

$$Y_{l,m}(\pi - \theta, \varphi + \pi) = (-1)^l Y_{l,m}(\theta, \varphi) \; ,$$

für die Spinorkugelflächenfunktionen ebenfalls

$$\mathcal{Y}_{J,M}^{(l)}(\pi - \theta, \varphi + \pi) = (-1)^l Y_{J,M}^{(l)}(\theta, \varphi) \; .$$

Andererseits liefert die Anwendung der aktiven Paritätstransformation auf einen Bispinor bis auf eine irrelevante Phase

$$\begin{pmatrix} \Psi_{\mathrm{u}}(\boldsymbol{x}) \\ \Psi_{\mathrm{d}}(\boldsymbol{x}) \end{pmatrix} \longrightarrow \begin{pmatrix} \Psi_{\mathrm{u}}(\boldsymbol{x}) \\ \Psi_{\mathrm{d}}(\boldsymbol{x}) \end{pmatrix}_P = \begin{pmatrix} \Psi_{\mathrm{u}}(-\boldsymbol{x}) \\ -\Psi_{\mathrm{d}}(-\boldsymbol{x}) \end{pmatrix} \; .$$

Hieraus folgt, daß wir im Diracschen Bispinor zwei $\mathcal{Y}_{J,M}^{(l)}$ kombinieren müssen, deren l-Wert sich um 1 unterscheidet, um Zustände mit definierter Parität zu erhalten. Bezieht man die Radialabhängigkeit mit ein, dann lassen sich die beiden möglichen Kombinationen schreiben als

$$\Psi_{J,M}^{(\omega)}(r,\theta,\varphi) = \frac{1}{r}\begin{pmatrix} F_{J+\omega/2}(r)\mathcal{Y}_{J,M}^{(J+\omega/2)}(\theta,\varphi) \\ iG_{J-\omega/2}(r)\mathcal{Y}_{J,M}^{(J-\omega/2)}(\theta,\varphi) \end{pmatrix} \; , \; \omega = \pm 1 \; ,$$

mit

$$\left[\Psi_{J,M}^{(\omega)}\right]_P (\theta,\varphi) = (-1)^{J+\omega/2}\Psi_{J,M}^{(\omega)}(\theta,\varphi) \; .$$

Hierbei sind $F_l(r)$ und $G_l(r)$ zwei noch zu spezifizierende, nur vom Radius r abhängige skalare Funktionen und ω die mit der Parität verbundene Quantenzahl. Aufgrund von

$$\boldsymbol{L}^2\Psi_{J,M}^{(\omega)} = \hbar^2 l(l+1)\Psi_{J,M}^{(\omega)} = \hbar^2\left[J(J+1) + \frac{1}{4} + \frac{\omega}{2}\beta(2J+1)\right]\Psi_{J,M}^{(\omega)}$$

können wir nun den Klammerterm in (2.104) umschreiben zu

$$\left(\hbar + \frac{\boldsymbol{J}^2 - \boldsymbol{S}^2 - \boldsymbol{L}^2}{\hbar}\right)\Psi_{J,M}^{(\omega)} = -\frac{\hbar\omega}{2}(2J+1)\beta\Psi_{J,M}^{(\omega)} \; ,$$

so daß insgesamt (2.102) übergeht in

$$\left[c\alpha_r\left(p_r - \frac{i\hbar\omega\left(J+\frac{1}{2}\right)}{r}\beta\right) + \beta m_0 c^2 + V(r)\right]\Psi_{J,M}^{(\omega)} = E\Psi_{J,M}^{(\omega)} \; .$$

Unter Verwendung der Identitäten (siehe Aufgabe 29)

$$\frac{\boldsymbol{\sigma x}}{r}\mathcal{Y}_{J,M}^{(J\pm\omega/2)} = -\mathcal{Y}_{J,M}^{(J\mp\omega/2)} \tag{2.105}$$

und

$$p_r\left(\frac{f(r)}{r}\right) = -i\hbar\frac{1}{r}\frac{df}{dr}$$

folgt schließlich der

Satz 2.10: Radiale Dirac-Gleichungen für zentralsymmetrische Potentiale

Die Lösungen der zeitunabhängigen Dirac-Gleichung mit zentralsymmetrischem Potential,

$$H\Psi(\boldsymbol{x}) = E\Psi(\boldsymbol{x}) \; , \; H = c\boldsymbol{\alpha p} + \beta m_0 c^2 + V(r) \; ,$$

lassen sich in der sphärischen Darstellung schreiben als

$$\Psi_{J,M}^{(\omega)}(r,\theta,\varphi) = \frac{1}{r}\begin{pmatrix} F_{J+\omega/2}(r)\mathcal{Y}_{J,M}^{(J+\omega/2)}(\theta,\varphi) \\ iG_{J-\omega/2}(r)\mathcal{Y}_{J,M}^{(J-\omega/2)}(\theta,\varphi) \end{pmatrix} \; ,$$

wobei die Funktionen F_l und G_l den *radialen Dirac-Gleichungen*

$\triangleright$

$$\left.\begin{array}{l}\left[-\dfrac{\mathrm{d}}{\mathrm{d}r}+\dfrac{\omega\left(J+\frac{1}{2}\right)}{r}\right]G_{J-\omega/2}(r)=\dfrac{E-m_0c^2-V}{c\hbar}F_{J+\omega/2}(r)\\[4mm]\left[\dfrac{\mathrm{d}}{\mathrm{d}r}+\dfrac{\omega\left(J+\frac{1}{2}\right)}{r}\right]F_{J+\omega/2}(r)=\dfrac{E+m_0c^2-V}{c\hbar}G_{J-\omega/2}(r)\end{array}\right\}\quad(2.106)$$

genügen. Für diese Lösungen gelten weiterhin die Beziehungen

$$\boldsymbol{J}^2\Psi_{J,M}^{(w)}(r,\theta,\varphi)=\hbar^2 J(J+1)\Psi_{J,M}^{(\omega)}(r,\theta,\varphi)\ ,\quad J=\frac{1}{2},\frac{3}{2},\dots$$

$$J_z\Psi_{J,M}^{(w)}(r,\theta,\varphi)=\hbar M\Psi_{J,M}^{(\omega)}(r,\theta,\varphi)\ ,\quad M=-J,\dots,J$$

$$\left[\Psi_{J,M}^{(\omega)}\right]_P(r,\theta,\varphi)=(-1)^{J+\omega/2}\Psi_{J,M}^{(\omega)}(r,\theta,\varphi)\ ,\quad \omega=\pm1\ .$$

2.5.3 Freies Teilchen und kugelsymmetrischer Potentialtopf

Das einfachste Anwendungsbeispiel von Satz 2.10 ist ein freies Spin-1/2-Teilchen ($V=0$). Löst man für diesen Fall die zweite radiale Gleichung nach G auf,

$$G_{J-\omega/2}(r)=\frac{c\hbar}{E+m_0c^2}\left[\frac{\mathrm{d}}{\mathrm{d}r}+\frac{\omega\left(J+\frac{1}{2}\right)}{r}\right]F_{J+\omega/2}(r)\ ,\qquad(2.107)$$

und setzt diese dann in die erste ein, so ergibt sich

$$\left[-\frac{\mathrm{d}^2}{\mathrm{d}r^2}+\frac{\left(J+\frac{1}{2}\right)\left(J+\frac{1}{2}+\omega\right)}{r^2}\right]F_{J+\omega/2}(r)=\frac{E^2-m_0^2c^4}{c^2\hbar^2}F_{J+\omega/2}(r)\ .$$

Unter Berücksichtigung von

$$l=J+\frac{\omega}{2}\Longrightarrow\left(J+\frac{1}{2}\right)\left(J+\frac{1}{2}+\omega\right)=l(l+1)$$

folgt schließlich

$$\left[\frac{\mathrm{d}^2}{\mathrm{d}r^2}-\frac{l(l+1)}{r^2}+k^2\right]F_l(r)=0\ ,\quad k^2=\frac{E^2-m_0^2c^4}{c^2\hbar^2}\ .\qquad(2.108)$$

Diese Gleichung ist offensichtlich formgleich zur radialen Klein-Gordon-Gleichung (1.72) aus Satz 1.9, so daß wir zu ihrer weiteren Auswertung auf die entsprechenden Ausführungen des Klein-Gordon-Falles zurückgreifen können. Durch die Substitutionen

$$\rho=kr\ ,\quad F_l(r)=\rho\hat{F}_l(\rho)\ ,\quad G_l(r)=\rho\hat{G}_l(\rho)$$

überführen wir (2.107) und (2.108) zunächst in das Gleichungssystem

$$\left.\begin{aligned}
\left[\frac{d^2}{d\rho^2} + \frac{2}{\rho}\frac{d}{d\rho} - \frac{l(l+1)}{\rho^2} + 1\right] \hat{F}_l(\rho) = 0 \\[2mm]
\hat{G}_{J-\omega/2}(\rho) = \frac{c\hbar k}{E + m_0 c^2}\left[\frac{d}{d\rho} + \frac{\omega\left(J + \frac{1}{2}\right)}{\rho}\right]\hat{F}_{J+\omega/2}(\rho) \, .
\end{aligned}\right\} \quad (2.109)$$

Die erste Gleichung ist die sphärische Besselsche Differentialgleichung, die in Unterabschn. 1.5.3 samt ihren Lösungen, den sphärischen Bessel-Funktionen j_l, n_l, $h_l^{(\pm)}$, bereits diskutiert wurde. Unter Verwendung der für $j_l, n_l, h_l^{(\pm)} = \hat{F}_l$ gültigen Rekursionsformeln

$$\hat{F}_{l-1}(\rho) = \frac{d}{d\rho}\hat{F}_l(\rho) + \frac{l+1}{\rho}\hat{F}_l(\rho) \, , \; \hat{F}_{l+1}(\rho) = -\frac{d}{d\rho}\hat{F}_l(\rho) + \frac{l}{\rho}\hat{F}_l(\rho)$$

folgt aus der zweiten Gleichung von (2.109) für die $\hat{G}_l$

$$\hat{G}_{J-\omega/2}(\rho) = \frac{c\hbar k\omega}{E + m_0 c^2}\hat{F}_{J-\omega/2}(\rho) \, .$$

In Bezug auf den physikalischen Gehalt dieser Lösungen haben wir wieder zwischen folgenden Fällen zu unterscheiden:

- $|E| < m_0 c^2$: In diesem Energiebereich gibt es keine im Unendlichen beschränkte und im Ursprung reguläre Lösung der sphärischen Bessel-schen Differentialgleichung. Wie im Klein-Gordon-Fall existiert auch hier kein freies (Anti-)Teilchen mit einer Energie E im „verbotenen" Bereich $-m_0 c^2 < E < m_0 c^2$.

- $|E| > m_0 c^2$: Hier existiert genau eine überall beschränkte Lösung der Bessel-Gleichung, nämlich $\hat{F}_l(\rho) = j_l(\rho)$. Nach Rückkehr zu den ursprünglichen Größen ergibt sich daher als physikalische Lösung von (2.106)

$$\left.\begin{aligned}
F_{J+\omega/2}(r) = A_{J+\omega/2}rj_{J+\omega/2}(kr) \, , \; k = \sqrt{\frac{E^2 - m_0^2 c^4}{c^2\hbar^2}} \\[2mm]
G_{J-\omega/2}(r) = A_{J+\omega/2}\frac{c\hbar k\omega}{E + m_0 c^2}rj_{J-\omega/2}(kr) \, ,
\end{aligned}\right\} \quad (2.110)$$

mit $A_{J+\omega/2}$ als zugehöriger Normierungskonstante. Insgesamt erhalten wir somit für jeden Energiewert $|E| > m_0 c^2$ eine freie Kugelwelle mit dem Drehimpuls J, M und der Parität $(-1)^{J+\omega/2}$.

Kugelsymmetrischer Potentialtopf. Wir können unsere Betrachtungen ganz einfach auf einen kugelsymmetrischen Potentialtopf der Form

$$eA^0(r) = V(r) = \left\{\begin{array}{ll} -V_0 & \text{für } r < a \text{ (Bereich I)} \\[2mm] 0 & \text{für } r > a \text{ (Bereich II)} \end{array}\right\} \, , \; V_0 > 0$$

ausdehnen (siehe Abb. 1.7). In Bezug auf die obere Radialfunktion F_l gelten hierbei dieselben Überlegungen wie im Klein-Gordon-Fall in Unterabschn. 1.5.3. Unter Verwendung der Abkürzungen $l = J + \omega/2$, $l' = J - \omega/2$ haben wir somit im Bereich I als reguläre Lösung von (2.106)

$$\bullet \; |E + V_0| > m_0 c^2: \quad \begin{cases} F_l^{(I)}(r) = A_l r j_l(k_1 r) \;, \quad k_1 = \sqrt{\dfrac{(E + V_0)^2 - m_0^2 c^4}{c^2 \hbar^2}} \\[4mm] G_{l'}^{(I)}(r) = A_l \dfrac{c \hbar k_1 \omega}{E + V_0 + m_0 c^2} r j_{l'}(k_1 r) \end{cases}$$

bzw.

$$\bullet \; |E + V_0| < m_0 c^2: \quad \begin{cases} F_l^{(I)}(r) = A_l r j_l(\mathrm{i}\kappa_1 r) \;, \quad \kappa_1 = \sqrt{\dfrac{m_0^2 c^4 - (E + V_0)^2}{c^2 \hbar^2}} \\[4mm] G_{l'}^{(I)}(r) = A_l \dfrac{\mathrm{i} c \hbar \kappa_1 \omega}{E + V_0 + m_0 c^2} r j_{l'}(\mathrm{i}\kappa_1 r) \;, \end{cases}$$

die man aus der freien Lösung (2.110) durch die Ersetzung $E \to E + V_0$ erhält. Im äußeren Bereich II haben wir wieder folgende zwei Fälle zu unterscheiden:

- $|E| < m_0 c^2$ (gebundene Zustände): In diesem Fall lautet die einzige im Unendlichen beschränkte Lösung von (2.106)

$$F_l^{(II)}(r) = B_l r h_l^{(+)}(\mathrm{i}\kappa_2 r) \;, \quad \kappa_2 = \sqrt{\dfrac{m_0^2 c^4 - E^2}{c^2 \hbar^2}}$$

$$G_{l'}^{(II)}(r) = B_l \dfrac{\mathrm{i} c \hbar \kappa_2 \omega}{E + m_0 c^2} r h_{l'}^{(+)}(\mathrm{i}\kappa_2 r) \;.$$

Die Stetigkeitsbedingungen an der Bereichsgrenze $r = a$,

$$\frac{F_l^{(I)}(a)}{a} = \frac{F_l^{(II)}(a)}{a} \;, \quad \frac{\mathrm{d}}{\mathrm{d}r} \frac{F_l^{(I)}(r)}{r} \bigg|_{r=a} = \frac{\mathrm{d}}{\mathrm{d}r} \frac{F_l^{(II)}(r)}{r} \bigg|_{r=a} \;,$$

sind nur für diskrete Energiewerte E gleichzeitig erfüllbar, aus denen sich die Energieniveaus der gebundenen Zustände ergeben. Für $l = 0$-Zustände (bezogen auf die F-Funktion, also $J = 1/2, \omega = -1$) und $E + V_0 > m_0 c^2$ ergibt sich die zum Klein-Gordon-Fall formgleiche Quantisierungsbedingung [siehe (1.74)]

$$\tan k_1 a = -\frac{k_1}{\kappa_2} \;.$$

- $|E| > m_0 c^2$ (ungebundene Zustände): Hier kommen im Bereich II Linearkombinationen der sphärischen Bessel-Funktionen in Betracht. Als Lösung von (2.106) schreiben wir daher

$$F_l^{(II)}(r) = B_l r [j_l(k_2 r) \cos \delta_l + n_l(k_2 r) \sin \delta_l] \;, \quad k_2 = \sqrt{\dfrac{E^2 - m_0^2 c^4}{c^2 \hbar^2}}$$

$$G_{l'}^{(II)}(r) = B_l \dfrac{c \hbar k_2 \omega}{E + m_0 c^2} r [j_{l'}(k_2 r) \cos \delta_l + n_{l'}(k_2 r) \sin \delta_l] \;.$$

Beschränkt man sich wieder auf $l=0$-Zustände (bezogen auf die F-Funktion), so folgen aus den entsprechenden Stetigkeitsbedingungen für die Phase δ_0 die ebenfalls zum Klein-Gordon-Fall formgleichen Beziehungen [vgl. (1.75), (1.76)]

$$\tan(k_2 a + \delta_0) = \frac{k_2}{k_1} \tan k_1 a \quad \text{für } |E + V_0| > m_0 c^2$$

bzw.

$$\tan(k_2 a + \delta_0) = \frac{k_2}{\kappa_1} \tanh \kappa_1 a \quad \text{für } |E + V_0| < m_0 c^2 \ .$$

Auf die weitere Unterteilung und Interpretation dieser Lösungen brauchen wir an dieser Stelle nicht weiter einzugehen, weil sie genau auf die 5 in Unterabschn. 1.5.3 diskutierten Fälle hinauslaufen.

2.5.4 Coulomb-Potential

Als letztes Beispiel zentralsymmetrischer Probleme wenden wir uns dem Problem eines gebundenen Spin-1/2-Teilchens in einem Coulomb-Potential der Form

$$e A^0(r) = V(r) = -\frac{Z e^2}{r} = -\frac{Z \hbar c \alpha_e}{r} \ , \quad \alpha_e = \frac{e^2}{\hbar c} = 1/137.03602$$

zu (*wasserstoffähnliches Atom*). Hierbei loten wir analog zum entsprechenden Klein-Gordon-Problem (Unterabschn. 1.5.4) zuerst die asymptotischen Regionen der radialen Dirac-Gleichungen für kleine und große Abstände aus, um hierüber einen geeigneten Potenzreihenansatz zur Lösung dieser Gleichungen zu finden.

$r \to \infty$: Im Limes großer r gehen die radialen Dirac-Gleichungen (2.106) über in

$$-\frac{\mathrm{d}G}{\mathrm{d}r} = \frac{E - m_0 c^2}{c\hbar} F \ , \quad \frac{\mathrm{d}F}{\mathrm{d}r} = \frac{E + m_0 c^2}{c\hbar} G \ ,$$

wobei hier und im folgenden die Indizes $J \pm \omega/2$ unterdrückt werden. Kombinationen dieser beiden Gleichungen liefert die Beziehung

$$\frac{\mathrm{d}^2 F}{\mathrm{d}r^2} = -\frac{E^2 - m_0^2 c^4}{c^2 \hbar^2} F \ ,$$

deren im Unendlichen abfallende (normierbare) Lösung gegeben ist durch

$$F(r \to \infty) \sim \mathrm{e}^{-kr} \ , \quad k = \sqrt{\frac{m_0^2 c^4 - E^2}{c^2 \hbar^2}} \ .$$

$r \to 0$: In diesem Fall ergeben sich aus (2.106) die Gleichungen

$$\left[-\frac{\mathrm{d}}{\mathrm{d}r} + \frac{\omega\left(J+\frac{1}{2}\right)}{r} \right] G = \frac{Z\alpha_e}{r} F$$

$$\left[\frac{\mathrm{d}}{\mathrm{d}r} + \frac{\omega\left(J+\frac{1}{2}\right)}{r} \right] F = \frac{Z\alpha_e}{r} G \ ,$$

die sich kombinieren lassen zu

$$\left\{ r\frac{\mathrm{d}^2}{\mathrm{d}r^2} + \frac{\mathrm{d}}{\mathrm{d}r} + \frac{1}{r}\left[(Z\alpha_e)^2 - \left(J+\frac{1}{2}\right)^2 \right] \right\} F = 0 \ .$$

Diese Gleichung besitzt die im Ursprung reguläre Lösung[13]

$$F(r \to 0) \sim r^s \ , \quad s = +\sqrt{\left(J+\frac{1}{2}\right)^2 - (Z\alpha_e)^2} \ .$$

Um die weiteren Rechnungen zu vereinfachen, führen wir an dieser Stelle die Substitutionen

$$\left. \begin{aligned} \rho = kr \ , \ F(r) = \hat{F}(\rho) \ , \ G(r) = \hat{G}(\rho) \ , \ k = \sqrt{\frac{m_0^2 c^4 - E^2}{c^2 \hbar^2}} \\ \tau = \omega\left(J+\frac{1}{2}\right) \ , \ \nu = \sqrt{\frac{m_0 c^2 - E}{m_0 c^2 + E}} \end{aligned} \right\} \quad (2.111)$$

durch, so daß die ursprünglichen radialen Gleichungen (2.106) übergehen in

$$\left(-\frac{\mathrm{d}}{\mathrm{d}\rho} + \frac{\tau}{\rho} \right) \hat{G} = \left(-\nu + \frac{Z\alpha_e}{\rho} \right) \hat{F}$$

$$\left(\frac{\mathrm{d}}{\mathrm{d}\rho} + \frac{\tau}{\rho} \right) \hat{F} = \left(\frac{1}{\nu} + \frac{Z\alpha_e}{\rho} \right) \hat{G} \ .$$

Zu ihrer Lösung bietet sich nun aufgrund obiger Betrachtungen der Ansatz

$$\left. \begin{aligned} \hat{F}(\rho) = \rho^s \mathrm{e}^{-\rho} \sum_i a_i \rho^i \ , \ s = \sqrt{\tau^2 - (Z\alpha_e)^2} \\ \hat{G}(\rho) = \rho^s \mathrm{e}^{-\rho} \sum_i b_i \rho^i \end{aligned} \right\} \quad (2.112)$$

an, der zu folgenden rekursiven Bestimmungsgleichungen für die Entwicklungskoeffizienten a_i und b_i führt:

$$(\tau - s)b_0 = Z\alpha_e a_0$$

$$(\tau + s)a_0 = Z\alpha_e b_0$$

$$b_{i-1} + (\tau - s - i)b_i = -\nu a_{i-1} + Z\alpha_e a_i \ , \ i \geq 1$$

$$-a_{i-1} + (\tau + s + i)a_i = \frac{b_{i-1}}{\nu} + Z\alpha_e b_i \ , \ i \geq 1 \ .$$

---

[13] Hierbei geht die Annahme ein, daß $Z\alpha_e < J + 1/2$. Dies ist glücklicherweise für $Z < 137$, also für alle in der Natur vorkommenden Kerne der Fall (andernfalls wäre die Diskussion der Regularitätsbedingungen im Ursprung aufwendiger).

Die ersten beiden dieser Gleichungen liefern wieder $s = \sqrt{\tau^2 - (Z\alpha_e)^2}$, die letzten beiden führen auf

$$b_i = \frac{Z\alpha_e - \nu(\tau + s + i)}{\tau - s - i - \nu Z\alpha_e} a_i$$

und

$$a_{i+1} \frac{(Z\alpha_e)^2 + (\tau + s + i + 1)(-\tau + s + i + 1)}{\tau - s - i - 1 - \nu Z\alpha_e}$$

$$= a_i \frac{Z\alpha_e \nu^2 + 2\nu(s + i) - Z\alpha_e}{\nu(\tau - s - i - \nu Z\alpha_e)} \ . \qquad (2.113)$$

Damit $\hat{F}(\rho)$ und $\hat{G}(\rho)$ im Unendlichen das gewünschte (abfallende) asymptotische Verhalten haben, müssen die Potenzreihen in (2.112) ab irgendeinem $i = n'$ abbrechen. Das heißt

$$Z\alpha_e - 2\nu(n' + s) - \nu^2 Z\alpha_e = 0 \ .$$

Hieraus folgen die Quantisierungsbedingung

$$\nu = -\frac{n' + s}{Z\alpha_e} + \sqrt{\left(\frac{n' + s}{Z\alpha_e}\right)^2 + 1}$$

und zusammen mit (2.111) die möglichen Energieniveaus des Wasserstoffatoms für gebundene Zustände,

$$E_{n',J} = \frac{m_0 c^2}{\sqrt{1 + \dfrac{(Z\alpha_e)^2}{\left(n' + \sqrt{\left(J + \frac{1}{2}\right)^2 - (Z\alpha_e)^2}\right)^2}}} \ .$$

Führt man jetzt noch die Hauptquantenzahl

$$n = n' + J + \frac{1}{2}$$

ein, so erhalten wir schließlich

$$E_{n,J} = \frac{m_0 c^2}{\sqrt{1 + \dfrac{(Z\alpha_e)^2}{\left(n - \left(J + \frac{1}{2}\right) + \sqrt{\left(J + \frac{1}{2}\right)^2 - (Z\alpha_e)^2}\right)^2}}} \ , \qquad (2.114)$$

wobei n und J die Werte

$$n = 1, 2, \ldots, \infty \ , \quad J = \frac{1}{2}, \frac{3}{2}, \ldots, n - \frac{1}{2}$$

annehmen können. Offensichtlich ist (2.114) mit der korrespondierenden Formel (1.81) des Klein-Gordon-Falles formal identisch, wenn dort l durch J ersetzt wird. Dementsprechend können wir die Entwicklung von (2.114) nach Potenzen von $Z\alpha_e$ sofort aus (1.82) ablesen und finden

$$E_{n,J} = m_0 c^2 \left[1 - \frac{(Z\alpha_e)^2}{2n^2} - \frac{(Z\alpha_e)^4}{2n^4} \left(\frac{n}{J + \frac{1}{2}} - \frac{3}{4} \right) + \dots \right] . \qquad (2.115)$$

Das erste Glied ist der Masseterm. Das zweite entspricht der von der nichtrelativistischen Theorie vorhergesagten Größe. Alle nachfolgenden Terme sind relativistische Korrekturen. Sie bewirken, daß die in der nichtrelativistischen Theorie vorhandene Entartung aller Niveaus mit gleichem n aufgehoben wird. Stattdessen haben wir eine Entartung von Niveaus mit gleichem n und J vorliegen. Bei festem n ist die Energie jedes Niveaus in Abhängigkeit von J leicht erhöht.

Zur einfacheren Unterscheidung der verschiedenen Lösungsfolgen übernimmt man üblicherweise die nichtrelativistische spektroskopische Notation nl_J, wobei sich der l-Wert konventionsgemäß auf die oberen beiden Komponenten des Diracschen Bispinors bezieht, also $l = J + \omega/2$. Tabelle 2.2 gibt einen Überblick der Elektronenenergien in wasserstoffähnlichen Atomen für den Grundzustand sowie für die ersten angeregten Zustände zusammen mit ihren spektroskopischen Bezeichnungen und den zugehörigen Quantenzahlen. Zu

n	J	ω	l	nl_J	$E_{nJ}/m_0 c^2$
1	1/2	-1	0	$1s_{1/2}$	$\sqrt{1 - (Z\alpha_e)^2}$
2	1/2	-1	0	$2s_{1/2}$	$\sqrt{\dfrac{1 + \sqrt{1 - (Z\alpha_e)^2}}{2}}$
2	1/2	$+1$	1	$2p_{1/2}$	`"`
2	3/2	-1	1	$2p_{3/2}$	$\dfrac{\sqrt{4 - (Z\alpha_e)^2}}{2}$
3	1/2	-1	0	$3s_{1/2}$	$\dfrac{2 + \sqrt{1 - (Z\alpha_e)^2}}{\sqrt{5 + 4\sqrt{1 - (Z\alpha_e)^2}}}$
3	1/2	$+1$	1	$3p_{1/2}$	`"`
3	3/2	-1	1	$3p_{3/2}$	$\dfrac{1 + \sqrt{4 - (Z\alpha_e)^2}}{\sqrt{5 + 2\sqrt{4 - (Z\alpha_e)^2}}}$
3	3/2	$+1$	2	$3d_{3/2}$	`"`
3	5/2	-1	2	$3d_{5/2}$	$\dfrac{\sqrt{9 - (Z\alpha_e)^2}}{3}$

Tab. 2.2. Energieniveaus wasserstoffähnlicher Atome.

jedem J gehören zwei Folgen von $2J + 1$ Lösungsfunktionen mit entgegengesetzter Parität, bis auf den Wert $J = n - 1/2$, zu dem eine einzige Serie von $2J + 1$ Lösungen mit der Parität $(-1)^{n-1}$ gehört. Letzteres hängt damit zusammen, daß die rechte Seite von (2.113) für $n' = 0$ und $\omega = +1$ (und nur für diese Kombination) singulär wird.

Bis 1947 stimmten die spektroskopischen Beobachtungen des Wasserstoffatoms (und wasserstoffähnlicher Atome, insbesondere He$^+$) mit obigen Ergebnissen sehr gut überein, nachdem sie durch die Wechselwirkungseffekte
zwischen Elektronspin und Kernspin (*Hyperfeinstrukturaufspaltung*) ergänzt
worden waren. Im Jahre 1947 beobachteten Lamb und Retherford jedoch im
Spektrum des Wasserstoffatoms eine kleine Verschiebung des $2s_{1/2}$-Niveaus
nach oben, die ungefähr ein Zehntel des Abstandes zwischen dem $2p_{3/2}$- und
dem $2p_{1/2}$-Niveau beträgt (siehe Abb. 2.2). Dieser unter dem Namen *Lamb-*

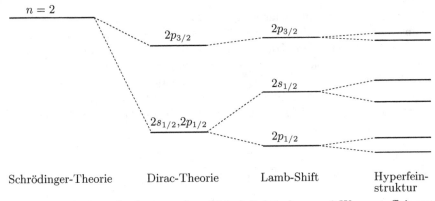

Abb. 2.2. Linienaufspaltungen des nichtrelativistischen $n{=}2$-Wasserstoffniveaus
unter Berücksichtigung relativistischer Effekte (Dirac-Theorie, Hauptanteil: Fein-
strukturaufspaltung), des Lamb-Shifts sowie der Hyperfeinstrukturaufspaltung.

Shift bekannte Effekt wird aus heutiger Sicht als Folge der Wechselwirkung
zwischen dem Elektron und den Fluktuationen des quantisierten Strahlungs-
feldes gesehen und kann nur im Rahmen einer quantisierten Feldtheorie, der
Quantenelektrodynamik, voll verstanden werden (siehe Abschn. 3.4, insbesondere Unterabschn. 3.4.4). Die Dirac-Theorie befaßt sich nur mit dem Haupt-
teil dieser Wechselwirkung, eben dem Coulomb-Potential, und der Lamb-Shift
repräsentiert die *Strahlungskorrekturen* in dieser Näherung.

Wir geben nun noch die Diracschen Wellenfunktionen für den Grundzustand des Wasserstoffatoms an. In diesem Fall ist

$$n = 1 \ , \ J = \frac{1}{2} \ , \ M = \pm\frac{1}{2} \ , \ \omega = -1$$

und

$$k = \frac{m_0 c Z \alpha_e}{\hbar} \ , \ s = \sqrt{1 - (Z\alpha_e)^2} \ , \ \nu = \frac{1 - s}{Z\alpha_e} \ ,$$

so daß

$$\Psi^{(\omega=-1)}_{J=1/2,M=+1/2}(r,\theta,\varphi) = N(2kr)^{s-1}e^{-kr} \begin{pmatrix} 1 \\ 0 \\ \frac{\mathrm{i}(1-s)}{Z\alpha_e}\cos\theta \\ \frac{\mathrm{i}(1-s)}{Z\alpha_e}\sin\theta e^{\mathrm{i}\varphi} \end{pmatrix}$$

$$\Psi^{(\omega=-1)}_{J=1/2,M=-1/2}(r,\theta,\varphi) = N(2kr)^{s-1}e^{-kr} \begin{pmatrix} 0 \\ 1 \\ \frac{\mathrm{i}(1-s)}{Z\alpha_e}\sin\theta e^{-\mathrm{i}\varphi} \\ -\frac{\mathrm{i}(1-s)}{Z\alpha_e}\cos\theta \end{pmatrix}$$

$$N = \frac{(2k)^{3/2}}{\sqrt{4\pi}}\sqrt{\frac{1+s}{2\Gamma(1+2s)}}\ ,$$

mit der Gamma-Funktion $\Gamma(x)$. Die Normierung N ist so gewählt, daß gilt:

$$\int \mathrm{d}^3x \Psi^{(\omega=-1)\dagger}_{J=1/2,M=\pm1/2}(r,\theta,\varphi)\Psi^{(\omega=-1)}_{J=1/2,M=\pm1/2}(r,\theta,\varphi) = 1\ .$$

Im nichtrelativistischen Grenzfall $s \to 1$ und $(s-1)/Z\alpha_e \to 0$ gehen die oberen beiden Komponenten jeweils über in die Schrödingerschen Wellenfunktionen, multipliziert mit dem Pauli-Spinor $\begin{pmatrix} 1 \\ 0 \end{pmatrix}$ bzw. $\begin{pmatrix} 0 \\ 1 \end{pmatrix}$. Im relativistischen Fall weisen die Diracschen Wellenfunktionen im Gegensatz zu den nichtrelativistischen Ausdrücken eine schwache aber quadratintegrable Singularität r^{s-1} auf. Man beachte auch, daß s für $Z\alpha_e > 1$ imaginär wird und die Lösungen anfangen zu oszillieren. Bei $Z\alpha_e = 1$ haben wir für die „Steigung" der Energie $E_{1,1/2}$

$$\left.\frac{\mathrm{d}E_{1,1/2}}{\mathrm{d}Z}\right|_{Z\alpha_e=1} = -\left.\frac{m_0c^2Z\alpha_e^2}{\sqrt{1-(Z\alpha_e)^2}}\right|_{Z\alpha_e=1} \longrightarrow -\infty\ .$$

Zum Schluß weisen wir darauf hin, daß die Dirac-Gleichung mit äußerem statischem Coulomb-Potential nur eine grobe Näherung zur Beschreibung der Bindungszustände wasserstoffähnlicher Atome darstellt. In Bezug auf die hiermit einhergehenden Vernachlässigungen gelten ähnliche Aussagen wie im Klein-Gordon-Fall, Unterabschn. 1.5.4.

Zusammenfassung

- Die Diskussion des eindimensionalen Potentialkastens führt je nach Teilchenenergie auf verschiedene Diracsche Lösungstypen, die sich im Rahmen des Ein-Teilchenbildes mehr oder weniger konsistent als **Streuung** oder **Bindung** von Teilchen bzw. Antiteilchen interpretieren lassen.

$\triangleright$

- Bei der Dirac-Gleichung mit zentralsymmetrischem Potential lassen sich Radial- und Winkelanteil voneinander separieren, wobei Letzterer durch die **Spinorkugelflächenfunktionen**, also den Eigenfunktionen von $\boldsymbol{J}^2$, J_z und der Paritätstransformation P, gelöst wird. Zur Lösung des Radialteils verbleiben zwei **radiale Dirac-Gleichungen**.

- Für den freien Fall (und den Fall konstanter Potentialabschnitte) ergibt sich aus den radialen Dirac-Gleichungen die **sphärische Besselsche Differentialgleichung**, deren Lösungen die **sphärischen Bessel-Funktionen** sind.

- Wasserstoffähnliche Atome lassen sich wie pionische Atome im Klein-Gordon-Fall mit Hilfe des Coulomb-Potentials näherungsweise beschreiben. Die Energien der gebundenen Elektronniveaus mit denselben Haupt- und Gesamtdrehimpulsquantenzahlen sind entartet.

Aufgaben

29. Eigenschaften der Spinorkugelflächenfunktionen. Man beweise die Identität [siehe (2.105)]

$$\frac{\boldsymbol{\sigma x}}{r}\mathcal{Y}_{J,M}^{(l=J\pm1/2)} = -\mathcal{Y}_{J,M}^{(l=J\mp1/2)} \; .$$

Hinweis: Man verwende, daß die $\mathcal{Y}_{J,M}^{(l)}$ Eigenfunktionen von $\boldsymbol{\sigma L}$ sind, und berechne den Kommutator $[\boldsymbol{\sigma x}/r, \boldsymbol{\sigma L}]$.

Lösung. Zur Berechnung der einen Hälfte des Kommutators nutzen wir (2.103), woraus folgt:

$$(\boldsymbol{\sigma x})(\boldsymbol{\sigma p}) = (\boldsymbol{xp}) + \mathrm{i}\boldsymbol{\sigma L} \; .$$

Multiplikation dieser Gleichung mit $(\boldsymbol{\sigma x})$ liefert

$$r^2(\boldsymbol{\sigma p}) = (\boldsymbol{\sigma x})(\boldsymbol{xp}) + \mathrm{i}(\boldsymbol{\sigma x})(\boldsymbol{\sigma L}) \; ,$$

und man erhält

$$\frac{\boldsymbol{\sigma x}}{r}\boldsymbol{\sigma L} = -\mathrm{i}r(\boldsymbol{\sigma p}) + \mathrm{i}\frac{(\boldsymbol{\sigma x})(\boldsymbol{xp})}{r} \; . \tag{2.116}$$

Die andere Hälfte des Kommutators lautet explizit angeschrieben

$$\boldsymbol{\sigma L}\frac{\boldsymbol{\sigma x}}{r} = -\mathrm{i}\hbar \sum_{i,j,k,l} \epsilon_{ijk}\sigma_i x_j \frac{\partial}{\partial x_k}\sigma_l \frac{x_l}{r}$$

$$= -\mathrm{i}\hbar \sum_{i,j,k,l} \sigma_i \sigma_l \epsilon_{ijk} x_j \left(\frac{\delta_{kl}}{r} - \frac{x_l x_k}{r^3} + \frac{x_l}{r}\frac{\partial}{\partial x_k} \right) \; .$$

Hierbei liefert der erste Term

$$-\mathrm{i}\hbar \sum_{i,j,k,l} \sigma_i\sigma_l\epsilon_{ijk}x_j\frac{\delta_{kl}}{r} = -2\hbar\frac{\boldsymbol{\sigma x}}{r} \ .$$

Der zweite Term trägt nichts bei, und der dritte Term berechnet sich zu

$$-\mathrm{i}\hbar \sum_{i,j,k,l} \sigma_i\sigma_l\epsilon_{ijk}\frac{x_jx_l}{r}\frac{\partial}{\partial x_k} = \frac{\hbar}{r}(\boldsymbol{x}\times\boldsymbol{\sigma})(\boldsymbol{x}\times\boldsymbol{\nabla})$$

$$= \frac{\mathrm{i}}{r}(\boldsymbol{x}\times\boldsymbol{\sigma})(\boldsymbol{x}\times\boldsymbol{p})$$

$$= \mathrm{i}r(\boldsymbol{\sigma p}) - \mathrm{i}\frac{(\boldsymbol{\sigma x})(\boldsymbol{x p})}{r} \ .$$

Somit haben wir

$$\boldsymbol{\sigma L}\frac{\boldsymbol{\sigma x}}{r} = -2\hbar\frac{\boldsymbol{\sigma x}}{r} + \mathrm{i}r(\boldsymbol{\sigma p}) - \mathrm{i}\frac{(\boldsymbol{\sigma x})(\boldsymbol{x p})}{r} \ ,$$

und es folgt schließlich zusammen mit (2.116)

$$\boldsymbol{\sigma L}\frac{\boldsymbol{\sigma x}}{r} = -\frac{\boldsymbol{\sigma x}}{r}\boldsymbol{\sigma L} - 2\hbar\frac{\boldsymbol{\sigma x}}{r} \ .$$

Nun machen wir von der Tatsache Gebrauch, daß die $\mathcal{Y}_{J,M}^{(l)}$ Eigenfunktionen von $\boldsymbol{\sigma L}$ sind, und schreiben

$$\boldsymbol{\sigma L} = \hbar\left[J(J+1) - l(l+1) - \frac{3}{4}\right]$$

$$\boldsymbol{\sigma L}\frac{\boldsymbol{\sigma x}}{r} = -\hbar\left[J(J+1) - l(l+1) + \frac{5}{4}\right]\frac{\boldsymbol{\sigma x}}{r} \ .$$

Dies liefert angewandt auf die $\mathcal{Y}_{J,M}^{(l=J\pm\omega/2)}$

$$\boldsymbol{\sigma L}\mathcal{Y}_{J,M}^{(l=J+\omega/2)} = -\hbar\left(\omega J + \frac{\omega}{2} + 1\right)\mathcal{Y}_{J,M}^{(l=J+\omega/2)}$$

$$\boldsymbol{\sigma L}\frac{\boldsymbol{\sigma x}}{r}\mathcal{Y}_{J,M}^{(l=J-\omega/2)} = -\hbar\left(\omega J + \frac{\omega}{2} + 1\right)\frac{\boldsymbol{\sigma x}}{r}\mathcal{Y}_{J,M}^{(l=J-\omega/2)} \ .$$

Offensichtlich ist die Funktion $\frac{\boldsymbol{\sigma x}}{r}\mathcal{Y}_{J,M}^{(l=J-\omega/2)}$ Eigenfunktion von $\boldsymbol{\sigma L}$ mit demselben Eigenwert wie $\mathcal{Y}_{J,M}^{(l=J+\omega/2)}$, d.h. es gilt

$$\frac{\boldsymbol{\sigma x}}{r}\mathcal{Y}_{J,M}^{(l=J-\omega/2)} = c_l\mathcal{Y}_{J,M}^{(l=J+\omega/2)} \ . \tag{2.117}$$

Aufgrund von $(\boldsymbol{\sigma x}/r)^2 = 1$ ergibt sich für die Proportionalitätskonstante c_l die Einschränkung $|c_l| = 1$. Betrachtet man ferner die Paritäten beider Seiten von (2.117) und berücksichtigt, daß $\boldsymbol{\sigma x}/r$ ein Pseudovektor ist (und sich unter Raumspiegelung nicht ändert), dann folgt schließlich $c_l = c = -1$.

3. Relativistische Streutheorie

Nachdem wir in den letzten beiden Kapiteln den Rahmen für die relativistisch-quantenmechanische Beschreibung von Spin-0- und Spin-1/2-Teilchen unter besonderer Berücksichtigung der Ein-Teilcheninterpretation abgesteckt haben, wollen wir uns in diesem Kapitel mit der Streuung derartiger Teilchen beschäftigen.

Das Studium von Streuprozessen stellt insbesondere bei der Erforschung mikroskopischer Wechselwirkungseffekte ein wichtiges Instrument dar, weil diese aufgrund ihrer Kleinheit bzw. ihrer örtlichen Begrenztheit den menschlichen Sinnen nicht direkt zugänglich sind und deshalb geeignet verstärkt werden müssen. In der Praxis sieht dies so aus, daß man z.B. einen kollimierten Teilchenstrahl auf ein fest installiertes Target richtet und die mit einem Detektor gemessene Winkelverteilung der Streuprodukte mit theoretischen Berechnungen vergleicht. Auf diese Weise entdeckte man im Laufe der Zeit eine große Anzahl neuer Teilchen, von denen viele nicht nur der elektromagnetischen Kraft unterliegen, sondern zwei weiteren, sehr kurzreichweitigen Kräften, nämlich der *starken* und der *schwachen Wechselwirkung*. Man vermutet heute, daß alle drei Wechselwirkungen durch *Quantenfeldtheorien* beschrieben werden, die elektromagnetische durch die *Quantenelektrodynamik*, die starke durch die *Quantenchromodynamik* und die schwache durch die *Quantenflavourdynamik*.

Von diesen drei elementaren Wechselwirkungsarten werden wir uns im folgenden wie auch schon in den beiden vorangegangenen Kapiteln auf die elektromagnetische Wechselwirkung beschränken. Da bei der theoretischen Beschreibung relativistischer Streuprozesse bei nicht zu niedrigen Energien unweigerlich auch Teilchenerzeugungs- und Vernichtungsprozesse zu berücksichtigen sind, steht zu vermuten, daß wir spätestens jetzt unseren in den letzten beiden Kapiteln entwickelten Formalismus mit Hauptfokus auf die Ein-Teilcheninterpretation aufgeben müssen und stattdessen die eben erwähnte Quantenelektrodynamik als Viel-Teilchentheorie (mit unendlich vielen Freiheitsgraden) zu betrachten haben. Wie jedoch Feynman und Stückelberg gezeigt haben, lassen sich relativistische Streuprozesse ähnlich wie Streuprozesse in der nichtrelativistischen Quantenmechanik mit Hilfe von Propagatorverfahren beschreiben, welche unmittelbar an den Wissensstand der letzten beiden Kapitel und insbesondere an die dortige Interpretation von Lösungen mit negativer Energie (Feynman-Stückelberg-Interpretation) anknüpfen. Abgesehen davon, daß Propagatorverfahren allein wegen unseres Anspruches, quantenfeldtheoretische Aspekte weitestgehend zu unterdrücken (relativistische Quantenmechanik „im engeren Sinne"), geeigneter erscheinen, bieten sie darüber hinaus auch folgende Vorteile:

- Im Gegensatz zur Quantenelektrodynamik liefern Propagatorverfahren einen weniger formal-deduktiven aber dafür intuitiv verständlicheren Zugang zur Beschreibung relativistischer Streuprozesse, den wir insbesondere für Nicht-Experten als den didaktisch sinnvolleren Weg ansehen.

- Über das Propagatorverfahren gelangt man recht schnell zu den mathematischen Techniken, die zur Berechnung konkreter Streuprozesse erforderlich sind.

Aus diesen Gründen werden wir in den nachfolgenden Abschnitten Propagatorverfahren in den Mittelpunkt stellen, wobei wir betonen, daß sich die tiefere Begründung der hierbei entwickelten Formalismen, insbesondere die in höheren Ordnungen auftretenden *Strahlungskorrekturen*, letztlich aus der Quantenelektrodynamik ergibt.

Der erste Abschnitt dieses Kapitels rekapituliert den Formalismus der nichtrelativistischen Streutheorie und motiviert die notwendigen mathematischen Konzepte *Propagator*, *Streumatrix* und *Wirkungsquerschnitt*. Im zweiten Abschnitt werden diese Konzepte auf den relativistischen Fall der Dirac-Theorie übertragen bzw. adäquat erweitert. Der dritte Abschnitt beschäftigt sich mit der konkreten Berechnung relativistischer Spin-1/2-Streuprozesse in den niedrigsten Ordnungen der Streutheorie sowie der Entwicklung der *Feynman-Regeln*. Mit ihrer Hilfe lassen sich im Prinzip beliebig komplizierte Streuprozesse mathematisch darlegen. Im vierten Abschnitt werden quantenfeldtheoretische Korrekturen höherer Ordnung behandelt. Wie sich herausstellt, treten dort gewisse, durch o.g. Strahlungskorrekturen hervorgerufene Divergenzen auf, die sich jedoch durch das Programm der *Renormierung* beseitigen lassen. Anschließend übertragen wir die erarbeiteten Formalismen auf die Streuung von Spin-0-Teilchen und erweitern die Feynman-Regeln dergestalt, daß sie auch den Spin-0-Fall umfassen.

Anmerkung. Wie zu erkennen ist, weichen wir in diesem Kapitel von der zuvor praktizierten Reihenfolge ab, indem wir die Streuung von Spin-0-Teilchen ein wenig verkürzt und erst zum Schluß behandeln. Dies hängt vor allem damit zusammen, daß alle bekannten Spin-0-Teilchen nicht elementar, sondern aus Quarks zusammengesetzt sind, die ihrerseits der starken und schwachen Wechselwirkung unterliegen, so daß i.d.R. elektromagnetische Effekte durch starke und schwache Wechselwirkungseffekte überlagert sind. Dagegen sind die im Rahmen der Streuung von Spin-1/2-Teilchen vornehmlich diskutierten Elektronen und Positronen in der Tat als elementar (strukturlos) anzusehen, so daß hierbei elektromagnetische Wechselwirkungen theoretisch und experimentell in reinster Form studiert werden können. Es ist genau dieser Bereich, in der sich die Vorhersagen der Quantenelektrodynamik als äußert präzise erwiesen haben und deshalb diese Theorie als eine der erfolgreichsten physikalischen Theorien überhaupt gilt.

3.1 Rückblick: Nichtrelativistische Streutheorie

In diesem Abschnitt rufen wir die nichtrelativistisch-quantenmechanische Behandlungsweise von Streuprozessen mit Hilfe des Propagatorverfahrens in Erinnerung und bereiten die damit zusammenhängenden Konzepte im Hinblick auf eine spätere relativistische Verallgemeinerung vor. Dabei stellen wir das Streuproblem zunächst ein wenig zurück und beschäftigen uns zuerst mit der Lösung der allgemeinen Schrödinger-Gleichung mit Hilfe des *Green-Funktionenkalküls*. Hieraus leiten wir den *retardierten* und *avancierten Propagator* ab, mit deren Hilfe sich die zeitlich vorwärts bzw. rückwärts gerichtete Ausbreitung von Schrödinger-Lösungen beschreiben und (zumindest approximativ) ausrechnen läßt. Nach einigen Zwischenbetrachtungen über Propagatoren wenden wir uns dann der eigentlichen Streuung von Teilchen zu und bringen die hiermit verbundenen *Streuamplituden* mittels der Propagatoren in eine berechenbare Form. Desweiteren leiten wir einen Zusammenhang zwischen den Streuamplituden und der in Experimenten eigentlich gemessenen Größe, dem *differentiellen Wirkungsquerschnitt*, her und wenden abschließend den erarbeiteten Formalismus auf das konkrete Problem der Coulomb-Streuung an.

3.1.1 Lösung der allgemeinen Schrödinger-Gleichung

Ausgangspunkt unserer Betrachtungen ist die zeitabhängige Schrödinger-Gleichung[1]

$$\left(i\hbar \frac{\partial}{\partial t'} - H' \right) \psi(\boldsymbol{x}', t') = 0 \ , \ H' = H'^{(0)} + V(\boldsymbol{x}', t') \ , \ H'^{(0)} = \frac{\boldsymbol{p}'^2}{2m_0} , \ (3.1)$$

für die wir einen allgemeinen Lösungsformalismus mit Hilfe des Green-Funktionenkalküls entwickeln wollen, der sich bei der späteren Behandlung von Streuproblemen als sehr nützlich und effektiv erweisen wird.

Zunächst läßt sich feststellen, daß (3.1) eine Differentialgleichung von erster Ordnung in der Zeit ist. Dies bedeutet, daß die zeitliche Entwicklung einer zu einem festen Zeitpunkt t bekannten Wellenfunktion $\psi(\boldsymbol{x}, t)$ für alle zukünftigen Zeiten $t' > t$ und auch für alle vergangenen Zeiten $t' < t$ eindeutig bestimmt ist. Desweiteren ist (3.1) linear, so daß zum einen Lösungen linear superponierbar sind und zum anderen die Beziehung zwischen Lösungen zu verschiedenen Zeiten linear sein muß. Insgesamt folgt hieraus, daß die Wellenfunktion ψ einer linearen homogenen Integralgleichung der Form

---

[1] Man beachte, daß wir die freien Orts- und Zeitargumente nachfolgend oftmals mit $\boldsymbol{x}'$ und t' (anstelle von $\boldsymbol{x}$ und t) bezeichnen.

$$\psi(\boldsymbol{x}', t') = \mathrm{i} \int \mathrm{d}^3 x\, G(\boldsymbol{x}', t', \boldsymbol{x}, t)\psi(\boldsymbol{x}, t)$$

bzw.

$$\psi(x') = \mathrm{i} \int \mathrm{d}^3 x\, G(x', x)\psi(x) \ , \quad x = (\boldsymbol{x}, t) \tag{3.2}$$

genügen muß, wobei sich die Integration über den gesamten Raum erstreckt. $G(x', x)$ bezeichnet die sog. *Green-Funktion*, in der die gesamte Information bezüglich der Entwicklung von $\psi(x)$ nach $\psi(x')$ in der Zeit von t nach t' enthalten ist. Nun wird in (3.2) offensichtlich nicht zwischen den beiden zeitlichen Ausbreitungsrichtungen $t' > t$ und $t' < t$ unterschieden. Hinsichtlich unseres eigentlichen Vorhabens, nämlich der Beschreibung quantenmechanischer Streuprozesse, ist eine derartige Unterscheidung jedoch wünschenswert. Dies können wir erreichen, indem wir (3.2) in folgender Weise den beiden zeitlichen Ausbreitungsrichtungen entsprechend aufspalten:[2]

$$\left\{ \begin{array}{c} \Theta(t' - t) \\ \Theta(t - t') \end{array} \right\} \psi(x') = \pm\mathrm{i} \int \mathrm{d}^3 x\, G^{(\pm)}(x', x)\psi(x) \ , \tag{3.3}$$

wobei die *Stufenfunktion* $\Theta(t)$ definiert ist durch

$$\Theta(t) = \left\{ \begin{array}{ll} 0 & \text{für } t < 0 \\ 1 & \text{für } t > 0 \ . \end{array} \right.$$

Wie in (3.3) leicht zu erkennen ist, gestatten nun die Green-Funktionen $G^{(\pm)}(x', x)$ eine Ausbreitung von $\psi(x)$ nach $\psi(x')$ ausschließlich in positive bzw. negative Zeitrichtung, wodurch zwischen $\psi(x)$ und $\psi(x')$ ein kausaler Zusammenhang begründet wird. Man nennt deshalb $G^{(+)}$ den *retardierten Propagator* und $G^{(-)}$ den *avancierten Propagator*.

Differentialgleichung für $G^{(\pm)}$. Um nun zu einer Bestimmungsgleichung für die Propagatoren $G^{(\pm)}$ zu gelangen, wenden wir den in (3.1) stehenden Operator auf die obere Gleichung von (3.3) an. Dies ergibt

$$\left(\mathrm{i}\hbar \frac{\partial}{\partial t'} - H' \right) \Theta(t' - t)\psi(x') = \mathrm{i}\hbar\delta(t' - t)\psi(x')$$

$$= \mathrm{i} \int \mathrm{d}^3 x \left(\mathrm{i}\hbar \frac{\partial}{\partial t'} - H' \right) G^{(+)}(x', x)\psi(x)$$

$$\Longrightarrow 0 = \int \mathrm{d}^3 x \left[\left(\mathrm{i}\hbar \frac{\partial}{\partial t'} - H' \right) G^{(+)}(x', x) - \hbar\delta(t' - t)\delta(\boldsymbol{x}' - \boldsymbol{x}) \right] \psi(x)$$

$$\Longrightarrow \left(\mathrm{i}\hbar \frac{\partial}{\partial t'} - H' \right) G^{(+)}(x', x) = \hbar\delta(x' - x) \ ,$$

mit

---

[2] Das positive Vorzeichen gilt für die obere Gleichung, das negative Vorzeichen für die untere.

$$\delta(x' - x) = \delta(t' - t)\delta(\boldsymbol{x}' - \boldsymbol{x}) \ .$$

Anwendung des Operators $(\mathrm{i}\hbar\partial/\partial t' - H')$ auf die untere Gleichung von (3.3) führt auf genau dieselbe Differentialgleichung für $G^{(-)}$, so daß wir schließlich den retardierten und avancierten Fall zusammenfassen können zu[3]

$$\left(\mathrm{i}\hbar\frac{\partial}{\partial t'} - H'\right) G^{(\pm)}(x', x) = \hbar\delta(x' - x) \ . \tag{3.4}$$

Diese Gleichung legt zusammen mit den Randbedingungen der zeitlichen Ausbreitungsrichtung,

$$G^{(+)}(x', x) = 0 \ \text{für} \ t' < t \qquad \text{und} \qquad G^{(-)}(x', x) = 0 \ \text{für} \ t' > t \ , \tag{3.5}$$

die Propagatoren $G^{(\pm)}$ eindeutig fest.

Integralgleichung für $G^{(\pm)}$ und ψ. Auf den ersten Blick scheint es, daß wir in Bezug auf das Lösen der Schrödinger-Gleichung (3.1) durch Einführung der Propagatoren $G^{(\pm)}$ nicht viel gewinnen würden, weil für die Propagatoren selbst eine Schrödinger-artige Differentialgleichung (3.4) [mit einer raumzeitlichen Punktquelle der „Einheitsstärke" $\hbar\delta(x' - x)$] zu lösen ist. Wie wir jedoch gleich sehen werden, liegt der Vorteil der Propagatoren darin begründet, daß sie zu Integralgleichungen führen, die sich im allgemeinen zwar auch nicht exakt aber immerhin approximativ lösen lassen.

Schreibt man die Differentialgleichung (3.4) in der Form

$$\left(\mathrm{i}\hbar\frac{\partial}{\partial t'} - H'^{(0)}\right) G^{(\pm)}(x', x) = \hbar\delta(x' - x) + V(x')G^{(\pm)}(x', x) \ , \tag{3.6}$$

so läßt sich leicht zeigen, daß sie ganz allgemein durch

$$\begin{aligned} G^{(\pm)}(x', x) &= G^{(0,\pm)}(x', x) \\ &+ \frac{1}{\hbar}\int \mathrm{d}^4x_1 G^{(0,\pm)}(x', x_1)V(x_1)G^{(\pm)}(x_1, x) \end{aligned} \tag{3.7}$$

gelöst wird, wobei $G^{(0,\pm)}$ der freie retardierte bzw. avancierte Propagator ist und dementsprechend der Differentialgleichung

$$\left(\mathrm{i}\hbar\frac{\partial}{\partial t'} - H'^{(0)}\right) G^{(0,\pm)}(x', x) = \hbar\delta(x' - x) \tag{3.8}$$

genügt. Denn Einsetzen von (3.7) in (3.6) liefert zusammen mit (3.8)

$$\begin{aligned} &\left(\mathrm{i}\hbar\frac{\partial}{\partial t'} - H'^{(0)}\right) G^{(\pm)}(x', x) \\ &= \hbar\delta(x' - x) \\ &+ \frac{1}{\hbar}\int \mathrm{d}^4x_1 \left(\mathrm{i}\hbar\frac{\partial}{\partial t'} - H'^{(0)}\right) G^{(0,\pm)}(x', x_1)V(x_1)G^{(\pm)}(x_1, x) \end{aligned}$$

---

[3] Aus diesem Grund wurde in (3.3) das relative Vorzeichen zwischen den beiden Gleichungen eingeführt.

$$= \hbar\delta(x' - x) + \int d^4x_1 \delta(x' - x_1)V(x_1)G^{(\pm)}(x_1, x)$$

$$= \hbar\delta(x' - x) + V(x')G^{(\pm)}(x', x) .$$

Kombiniert man nun (3.7) mit (3.3), so folgt für die Wellenfunktion ψ die Integralgleichung

$$\psi(x') = \pm i \lim_{t \to \mp\infty} \int d^3x\, G^{(\pm)}(x', x)\psi(x)$$

$$= \pm i \lim_{t \to \mp\infty} \left[\int d^3x\, G^{(0,\pm)}(x'x)\psi(x) \right.$$

$$\left. + \frac{1}{\hbar} \int d^3x \int d^4x_1 G^{(0,\pm)}(x', x_1)V(x_1)G^{(\pm)}(x_1, x)\psi(x) \right]$$

$$= \psi_{\text{frei}}(x') + \frac{1}{\hbar} \int d^4x_1 G^{(0,\pm)}(x', x_1)V(x_1)\psi(x_1) , \qquad (3.9)$$

wobei

$$\psi_{\text{frei}}(x') = \pm i \lim_{t \to \mp\infty} \int d^3x\, G^{(0,\pm)}(x', x)\psi(x)$$

die Lösung der freien Schrödinger-Gleichung ist. Sobald also die explizite Form der freien Propagatoren $G^{(0,\pm)}$ bekannt ist, lassen sich die vollen Propagatoren $G^{(\pm)}$ und damit auch ψ durch Iteration der Beziehung (3.7) bzw. (3.9) für alle Zeiten approximativ bestimmen.[4] Dabei überträgt sich das Kausalitätsprinzip (3.5) automatisch von $G^{(0,\pm)}$ nach $G^{(\pm)}$.

Satz 3.1: Lösung der allgemeinen Schrödinger-Gleichung im Propagatorformalismus

Die Lösung der allgemeinen Schrödinger-Gleichung

$$\left(i\hbar\frac{\partial}{\partial t'} - H' \right) \psi(x') = 0 , \quad H' = H'^{(0)} + V(x') , \quad H'^{(0)} = \frac{p'^2}{2m_0}$$

mit der Randbedingung $\psi(x)$ zum Zeitpunkt t lautet zu einer späteren bzw. früheren Zeit t'

$$\left\{ \begin{matrix} \Theta(t' - t) \\ \Theta(t - t') \end{matrix} \right\} \psi(x') = \pm i \int d^3x\, G^{(\pm)}(x', x)\psi(x) . \qquad (3.10)$$

$G^{(+)}$ und $G^{(-)}$ heißen retardierter bzw. avancierter Propagator und enthalten die gesamte von t ausgehende zeitlich vorwärts bzw. rückwärts gerichtete Dynamik des Problems. Für sie gelten die Differentialgleichungen

$$\left(i\hbar\frac{\partial}{\partial t'} - H' \right) G^{(\pm)}(x', x) = \hbar\delta(x' - x) \qquad (3.11)$$

▷

---

[4] Die Richtigkeit von (3.9) läßt sich durch direktes Einsetzen in die Schrödinger-Gleichung $\left(i\hbar\partial/\partial t' - H^{(0)} \right) \psi(x') = V(x')\psi(x')$ sofort überprüfen.

und die Integralgleichungen

$$G^{(\pm)}(x', x) = G^{(0,\pm)}(x', x)$$
$$+ \frac{1}{\hbar} \int d^4 x_1 G^{(0,\pm)}(x', x_1) V(x_1) G^{(\pm)}(x_1, x) , \qquad (3.12)$$

wobei $G^{(0,\pm)}$ den freien retardierten bzw. avancierten Propagator bezeichnen und durch die Fourier-Zerlegung

$$\left.\begin{array}{l} G^{(0,\pm)}(x', x) = G^{(0,\pm)}(x' - x) \\[2mm] = \int \frac{d^3 p}{(2\pi\hbar)^3} \int \frac{dE}{2\pi\hbar} e^{i\boldsymbol{p}(\boldsymbol{x}'-\boldsymbol{x})/\hbar} e^{-iE(t'-t)/\hbar} \tilde{G}^{(0,\pm)}(E, \boldsymbol{p}) \\[4mm] \tilde{G}^{(0,\pm)}(E, \boldsymbol{p}) = \dfrac{\hbar}{E - \frac{\boldsymbol{p}^2}{2m_0} \pm i\epsilon} \end{array}\right\} \quad (3.13)$$

gegeben sind (siehe Aufgabe 31). Für ψ selbst folgt die Integralgleichung

$$\psi(x') = \psi_{\text{frei}}(x') + \frac{1}{\hbar} \int d^4 x_1 G^{(0,\pm)}(x', x_1) V(x_1) \psi(x_1) . \qquad (3.14)$$

In Unterabschn. 3.1.2 wird gezeigt, daß neben (3.10) auch die Beziehungen

$$\left\{\begin{array}{l} \Theta(t - t') \\ \Theta(t' - t) \end{array}\right\} \psi^*(x') = \pm i \int d^3 x \psi^*(x) G^{(\pm)}(x, x') \qquad (3.15)$$

gelten, welche die zeitliche Rückwärts- bzw. Vorwärtsausbreitung der komplex konjugierten Wellenfunktion ψ^* beschreiben.

3.1.2 Propagatorzerlegung nach Schrödinger-Lösungen

Bevor wir Satz 3.1 mit quantenmechanischen Streuprozessen in Zusammenhang bringen, gehen wir noch etwas konkreter auf die Form der Propagatoren ein und zeigen anschließend die Gültigkeit von (3.15). Hierzu nehmen wir an, daß ein vollständiges System orthonormierter Lösungen $\{\psi_n\}$ der allgemeinen Schrödinger-Gleichung bekannt sei, d.h.

$$\left(i\hbar \frac{\partial}{\partial t'} - H'\right) \psi_n(x') = 0 , \quad \sum_n \psi_n(\boldsymbol{x}', t') \psi_n^*(\boldsymbol{x}, t') = \delta(\boldsymbol{x}' - \boldsymbol{x}) ,$$

wobei die Summe $\sum_n$ als verallgemeinerte Summe bzw. Integral über das Spektrum der Quantenzahlen n zu verstehen ist. Offensichtlich lösen dann

$$\left.\begin{array}{l} G^{(+)}(x', x) = -i\Theta(t' - t) \sum_n \psi_n(x') \psi_n^*(x) \\[3mm] G^{(-)}(x', x) = +i\Theta(t - t') \sum_n \psi_n(x') \psi_n^*(x) \end{array}\right\} \qquad (3.16)$$

die Differentialgleichung

$$\left(i\hbar\frac{\partial}{\partial t'} - H'\right) G^{(\pm)}(x',x) = \hbar\delta(x'-x) \, ,$$

denn es gilt

$$\left(i\hbar\frac{\partial}{\partial t'} - H'\right) G^{(\pm)}(x',x)$$

$$= \hbar\delta(t'-t)\sum_n \psi_n(x')\psi_n^*(x)$$

$$\mp i \left\{\begin{array}{c}\Theta(t'-t)\\\Theta(t-t')\end{array}\right\}\sum_n \left[\left(i\hbar\frac{\partial}{\partial t'} - H'\right)\psi_n(x')\right]\psi_n^*(x)$$

$$= \hbar\delta(t'-t)\delta(\boldsymbol{x}'-\boldsymbol{x}) = \hbar\delta(x'-x) \, .$$

Weil darüber hinaus die Ausdrücke in (3.16) auch das Kausalitätsprinzip explizit berücksichtigen, handelt es sich dabei in der Tat um den retardierten bzw. avancierten Propagator. Mit Hilfe von (3.16) und den bekannten Lösungen der freien Schrödinger-Gleichung,

$$\psi_{\boldsymbol{p}}(x) = \frac{1}{(2\pi\hbar)^{3/2}}e^{i\boldsymbol{px}/\hbar}e^{-iEt/\hbar} \, , \quad \int d^3x\psi_{\boldsymbol{p}'}^*(x)\psi_{\boldsymbol{p}}(x) = \delta(\boldsymbol{p}'-\boldsymbol{p}) \, ,$$

sind wir nun in der Lage, explizite Ausdrücke für die freien Propagatoren $G^{(0,\pm)}$ herzuleiten. Unter Ausnutzung von $E = \boldsymbol{p}^2/2m_0$ und der quadratischen Ergänzung ergibt sich

$$\sum_n \psi_n(x')\psi_n^*(x) = \int d^3p\,\psi_{\boldsymbol{p}}(x')\psi_{\boldsymbol{p}}^*(x)$$

$$= \frac{1}{(2\pi\hbar)^3}\int d^3p\,e^{-iE(t'-t)/\hbar}e^{i\boldsymbol{p}(\boldsymbol{x}'-\boldsymbol{x})/\hbar}$$

$$= \frac{1}{(2\pi\hbar)^3}\int d^3p\exp\left(-\frac{i\boldsymbol{p}^2(t'-t)}{2\hbar m_0} + \frac{i\boldsymbol{p}(\boldsymbol{x}'-\boldsymbol{x})}{\hbar}\right)$$

$$= \frac{1}{(2\pi\hbar)^3}\exp\left(\frac{im_0(\boldsymbol{x}'-\boldsymbol{x})^2}{2\hbar(t'-t)}\right)$$

$$\times\int d^3p\exp\left[-\frac{i(t'-t)}{2\hbar m_0}\left(\boldsymbol{p} - \frac{m_0(\boldsymbol{x}'-\boldsymbol{x})^2}{t'-t}\right)^2\right]$$

$$= \left(\frac{m_0}{2\pi i\hbar(t'-t)}\right)^{3/2}\exp\left(\frac{im_0(\boldsymbol{x}'-\boldsymbol{x})^2}{2\hbar(t'-t)}\right) \, .$$

Insgesamt folgt

$$\left.\begin{array}{l}G^{(0,+)}(x',x) = -i\Theta(t'-t)\\[2mm]\qquad\times\left(\dfrac{m_0}{2\pi i\hbar(t'-t)}\right)^{3/2}\exp\left(\dfrac{im_0(\boldsymbol{x}'-\boldsymbol{x})^2}{2\hbar(t'-t)}\right)\\[5mm]G^{(0,-)}(x',x) = +i\Theta(t-t')\\[2mm]\qquad\times\left(\dfrac{m_0}{2\pi i\hbar(t'-t)}\right)^{3/2}\exp\left(\dfrac{im_0(\boldsymbol{x}'-\boldsymbol{x})^2}{2\hbar(t'-t)}\right)\end{array}\right\} \quad (3.17)$$

und

$$G^{(0,\pm)}(x',x) = G^{(0,\pm)}(x'-x) \ .$$

Letzteres ist eine Folge der Homogenität von Raum und Zeit und gilt i.a. nur für die freien Propagatoren. Die Beziehungen (3.17) lassen sich auch auf anderem Wege herleiten, indem man nämlich direkt die Differentialgleichung (3.11) durch Übergang von der Zeit-Ort-Darstellung in die Energie-Impuls-Darstellung löst. Auf diesem Weg gelangt man zu einem komplexen Energie-integral für $G^{(0,\pm)}$ mit einer Singularität bei $E = \boldsymbol{p}^2/2m_0$, deren Verschie-bung in die untere bzw. obere komplexe Halbebene gleichbedeutend ist mit dem Einbau des zu $G^{(0,+)}$ bzw. $G^{(0,-)}$ gehörenden Kausalitätsprinzips [siehe (3.13)]. In Aufgabe 31 wird die zugehörige Rechnung vorgeführt, von deren Art wir im weiteren Verlauf noch einigen begegnen werden.

Zusammenhang zwischen zeitlich vorwärts und rückwärts gerich-teter Ausbreitung. Wir zeigen nun noch die Gültigkeit der am Ende von Satz 3.1 behaupteten Beziehung (3.15). Multipliziert man z.B. im retardierten Fall die erste Gleichung von (3.16) mit $\psi_m^*(x')$ und integriert anschließend über $\boldsymbol{x}'$, so erhält man unter Ausnutzung der Orthonormalität der ψ_n die Beziehung

$$\mathrm{i}\int \mathrm{d}^3x'\psi_m^*(x')G^{(+)}(x',x) = \Theta(t'-t)\sum_n \underbrace{\int \mathrm{d}^3x'\psi_m^*(x')\psi_n(x')}_{\delta_{mn}} \psi_n^*(x)$$

$$= \Theta(t'-t)\psi_m^*(x) \ .$$

Entsprechendes gilt für den avancierten Fall, so daß sich beide Fälle schließ-lich zu (3.15) zusammenfassen lassen. Dieselben Propagatoren $G^{(\pm)}$, welche die zeitlich vorwärts bzw. rückwärts gerichtete Ausbreitung einer Schrödin-gerschen Wellenfunktion ψ gemäß (3.10) beschreiben, bestimmen also auch die zeitliche Rückwärts- bzw. Vorwärtsausbreitung der komplex konjugierten Wellenfunktion ψ^*.

3.1.3 Streuformalismus

Wir sind nun bereit, den in den letzten beiden Unterabschnitten entwickelten Propagatorformalismus mit nichtrelativistisch-quantenmechanischen Streu-prozessen zu verknüpfen. Hierzu beschränken wir uns auf die Streuung von Teilchen an ein festes Streuzentrum.

Ein typisches Streuexperiment stellt sich in der in Abb. 3.1 skizzierten Weise dar: Ein homoenergetischer kolliminierter Teilchenstrahl wird auf ein fest installiertes Target gerichtet, und die hieran gestreuten Teilchen werden in einer großen Entfernung vom Target und in einem bestimmten Winkel θ relativ zum einfallenden Teilchenstrahl von einem Detektor registriert.[5] Das

---

[5] Bei rotationssymmetrischen Wechselwirkungspotentialen sind die Messungen un-abhängig vom Azimutwinkel φ.

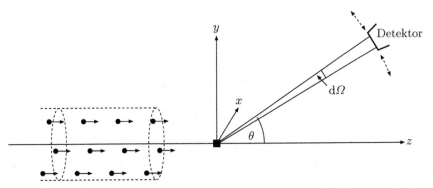

Abb. 3.1. Experimentelle Situation bei der Streuung von Teilchen an ein festes Streuzentrum.

heißt der Detektor zählt im wesentlichen alle gestreuten Teilchen mit einem Impuls in Richtung des Raumwinkelelementes $d\Omega$. Die Anordnung derartiger Experimente ist dabei so gewählt, daß folgende Voraussetzungen erfüllt sind:

1. Das Wechselwirkungspotential des Targets ist örtlich begrenzt:

$$\lim_{|\boldsymbol{x}|\to\infty} V(\boldsymbol{x},t) = 0 \ .$$

2. Der Teilchenstrahl wird in einer genügend großen Entfernung zum Target erzeugt, so daß die einfallenden Teilchen anfänglich als frei betrachtet werden können.

3. Der Detektor befindet sich in einer genügend großen Entfernung zum Target, so daß die registrierten gestreuten Teilchen ebenfalls freie Teilchen sind.

Hinsichtlich der quantenmechanischen Beschreibung dieses Streuvorganges müssen wir uns offenbar folgende Frage stellen: *Gegeben sei ein freies Wellenpaket mit einem mittleren Impuls $\boldsymbol{p}_i$ (i=incident), welches auf das Target zuläuft. Welche Form bildet dieses Wellenpaket „lange nach" der Streuung, wo es wieder als frei angesehen werden kann, bzw. mit welcher Wahrscheinlichkeit besitzt dieses Wellenpaket „lange nach" der Streuung den scharfen Impuls $\boldsymbol{p}_f$ (f=final)?* Sobald wir diese Frage beantwortet haben, können wir Summen über die Einzelwahrscheinlichkeiten für Streuimpulse $\boldsymbol{p}_f$ in Richtung $d\Omega$ bilden und diese mit den experimentell detektierten Teilchenzahlen in Beziehung setzen.

Nun ist es zur mathematischen Umsetzung dieses Programmes einfacher, die anfänglich erzeugten freien Teilchen, die auf das Target zulaufen, nicht durch lokalisierte Wellenpakete, sondern durch ebene Wellen zu beschreiben, was wir im folgenden auch tun wollen. Dies hat allerdings zur Konsequenz, daß der eigentliche Streuvorgang keine raumzeitliche Begrenzung mehr hat, weil einfallende und gestreute Wellen nun zeitlich koexistieren (siehe Abb.

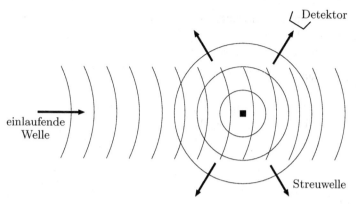

Abb. 3.2. Idealisierte Beschreibung eines quantenmechanischen Streuprozesses, bei dem einfallende Teilchen durch anfänglich freie ebene Wellen dargestellt werden. Aufgrund der unendlichen Ausdehnung der ebenen Wellen geht die raumzeitliche Begrenztheit der eigentlichen Streuung verloren.

3.2), so daß obige 2. und 3. Voraussetzung nicht länger erfüllt sind. Einen Ausweg bietet hier die sog. *Adiabatennäherung*, bei der angenommen wird, daß das Wechselwirkungspotential V in der Weise

$$\lim_{t \to \pm \infty} V(\boldsymbol{x}, t) \to 0$$

zeitlich lokalisiert ist, in der fernen Vergangenheit $t \to -\infty$ *adiabatisch eingeschaltet* und in der fernen Zukunft $t \to +\infty$ wieder *adiabatisch ausgeschaltet* wird.[6] Diese Näherung überträgt also gewissermaßen die für Wellenpakete automatisch geltende raumzeitliche Begrenztheit der Streuwechselwirkung auf eine rein zeitliche Begrenzung der Streuung von ebenen Wellen. Sie erlaubt uns, analog zur 2. und 3. Voraussetzung einfallende und gestreute Wellen in ferner Vergangenheit bzw. ferner Zukunft als frei zu betrachten und insbesondere

- im Limes $t \to -\infty$ die einfallende Wellenfunktion als ebene Welle mit Impuls $\boldsymbol{p}_i$ darzustellen sowie

- im Limes $t \to +\infty$ die Projektion der gestreuten Welle auf ebene Wellen mit Streuimpulsen $\boldsymbol{p}_f$ in Richtung dΩ zu studieren.

---

[6] Adiabatisch heißt in diesem Zusammenhang, daß die Lösungen der Schrödinger-Gleichung durch die stationären Eigenfunktionen des instantanen Hamilton-Operators genähert werden können, so daß eine bestimmte Eigenfunktion zu einer definierten Zeit kontinuierlich in die entsprechende Eigenfunktion zu einer späteren Zeit übergeht. Die Rechtfertigung der Adiabatennäherung wird in Berechnungen konkreter Streuprozesse offensichtlich, wo die Wellenfunktionen anfänglich auf ein endliches Volumen V normiert werden, so daß der eigentliche Streuvorgang innerhalb von $[-T/2 : T/2]$ zeitlich begrenzt ist. Man kann sich dann leicht vorstellen, daß das Potential im Intervall $[-\infty : -T/2]$ adiabatisch eingeschaltet und im Intervall $[T/2 : \infty]$ wieder adiabatisch ausgeschaltet wird; erst zum Schluß der Rechnungen wird der Grenzprozeß $V, T \to \infty$ durchgeführt.

Dabei sind selbstverständlich Interferenzeffekte zwischen einlaufender und gestreuter Welle auszuschließen.

Streuamplitude, Streumatrix. Seien jetzt also[7]

$$\Psi_i(x) = \frac{1}{(2\pi\hbar)^{3/2}} e^{i\boldsymbol{p}_i\boldsymbol{x}/\hbar} e^{-iE_i t/\hbar}$$

die einlaufende ebene Welle mit Impuls $\boldsymbol{p}_i$, ψ_i die sich hieraus während der Streuung zeitlich vorwärts entwickelnde Welle,

$$\lim_{t\to-\infty} \psi_i(x) = \Psi_i(x) \ ,$$

und

$$\Psi_f(x) = \frac{1}{(2\pi\hbar)^{3/2}} e^{i\boldsymbol{p}_f\boldsymbol{x}/\hbar} e^{-iE_f t/\hbar}$$

eine ebene Welle mit Impuls $\boldsymbol{p}_f$. Dann sind wir aufgrund des soeben Gesagten interessiert an der Projektion von ψ_i auf Ψ_f in ferner Zukunft, also an

$$S_{fi} = \lim_{t'\to+\infty} \int d^3x' \Psi_f^*(x')\psi_i(x') \ . \tag{3.18}$$

Diesen Ausdruck bezeichnet man als *Streuamplitude*, *Übergangsamplitude* oder auch *Wahrscheinlichkeitsamplitude* für den Übergang $\Psi_i \to \Psi_f$. Die Gesamtheit aller Streuamplituden sind die Elemente der *Heisenbergschen Streu-* oder *S-Matrix*. Zu weiterer Auswertung von (3.18) können wir nun von Satz 3.1 Gebrauch machen. Unter Berücksichtigung von [siehe (3.14)][8]

$$\psi_i(x') = \Psi_i(x') + \frac{1}{\hbar} \int d^4x_1 G^{(0,+)}(x' - x_1)V(x_1)\psi_i(x_1)$$

und

$$\Psi_f^*(x_1) = \lim_{t'\to+\infty} i \int d^3x' \Psi_f^*(x')G^{(0,+)}(x' - x_1)$$

$$\int d^3x' \Psi_f^*(x')\Psi_i(x') = \delta(\boldsymbol{p}_f - \boldsymbol{p}_i)$$

folgt aus (3.18) zunächst[9]

$$S_{fi} = \lim_{t'\to+\infty} \left[\int d^3x' \Psi_f^*(x')\Psi_i(x') \right.$$
$$\left. + \frac{1}{\hbar} \int d^4x_1 \int d^3x' \Psi_f^*(x')G^{(0,+)}(x' - x_1)V(x_1)\psi_i(x_1) \right]$$
$$= \delta(\boldsymbol{p}_f - \boldsymbol{p}_i) - \frac{i}{\hbar} \int d^4x_1 \Psi_f^*(x_1)V(x_1)\psi_i(x_1) \ .$$

---

[7] Hier und im folgenden werden die ebenen Lösungen der freien Schrödinger-Gleichung mit dem großen Symbol Ψ bezeichnet.

[8] Da wir den Streuprozeß in zeitlicher Vorwärtsrichtung betrachten, ist hier der retardierte Fall zu wählen.

[9] Bei konkreten Berechnungen von Streuamplituden werden wir Wellenfunktionen mit Normierung auf ein Kastenvolumen V anstelle der Kontinuumsnormierung verwenden. Es ist dann die Ersetzung $\delta(\boldsymbol{p}_f - \boldsymbol{p}_i) \to \delta_{fi}$ vorzunehmen.

Iteriert man jetzt ψ_i in der Weise

$$\psi_i(x_1) = \Psi_i(x_1)$$
$$+ \frac{1}{\hbar} \int d^4x_2 G^{(0,+)}(x_1 - x_2) V(x_2) \Psi(x_2)$$
$$+ \frac{1}{\hbar^2} \int d^4x_2 \int d^4x_3 G^{(0,+)}(x_1 - x_2) V(x_2)$$
$$\times G^{(0,+)}(x_2 - x_3) V(x_3) \Psi(x_2)$$
$$+ \dots$$

so gelangen wir schließlich zum

Satz 3.2: Streumatrix in der Schrödingerschen Theorie

Das Element S_{fi} der Streumatrix S ist definiert als die Wahrscheinlichkeitsamplitude für den Übergang $\Psi_i \to \Psi_f$ bei der quantenmechanischen Streuung eines Teilchens an ein Target, wobei Ψ_i den freien Anfangszustand lange vor der Streuung und Ψ_f den freien Endzustand lange nach der Streuung bezeichnet. Anders formuliert: S_{fi} ist die Projektion des sich aus Ψ_i während der Streuung entwickelnden Zustandes ψ_i auf Ψ_f:

$$S_{fi} = \lim_{t' \to +\infty} \int d^3x' \Psi_f^*(x') \psi_i(x') \ , \ \lim_{t \to -\infty} \psi_i(x) = \Psi_i(x) \ . \qquad (3.19)$$

Mit Hilfe des Propagatorformalismus läßt sich S_{fi} in folgender Weise entwickeln:

$$S_{fi} = \delta(\boldsymbol{p}_f - \boldsymbol{p}_i) - \frac{i}{\hbar} \int d^4x_1 \Psi_f^*(x_1) V(x_1) \psi_i(x_1)$$
$$= \delta(\boldsymbol{p}_f - \boldsymbol{p}_i)$$
$$- \frac{i}{\hbar} \int d^4x_1 \Psi_f^*(x_1) V(x_1) \Psi_i(x_1)$$
$$- \frac{i}{\hbar^2} \int d^4x_1 \int d^4x_2 \Psi_f^*(x_2) V(x_2) G^{(0,+)}(x_2 - x_1) V(x_1) \Psi_i(x_1)$$
$$- \frac{i}{\hbar^3} \int d^4x_1 \int d^4x_2 \int d^4x_3 \Psi_f^*(x_3) V(x_3) G^{(0,+)}(x_3 - x_2)$$
$$\times V(x_2) G^{(0,+)}(x_2 - x_1) V(x_1) \Psi_i(x_1)$$
$$- \dots \ . \qquad (3.20)$$

Hierbei ist V das Wechselwirkungspotential des Targets und $G^{(0,+)}$ der freie retardierte Propagator.

Aufgrund der Adiabatennäherung ist es gerechtfertigt, Ψ_i im Limes $t \to -\infty$ als ebene Welle zu betrachten und die Projektion von ψ_i im Limes $t \to +\infty$ auf ebenfalls ebene Wellen Ψ_f zu studieren.

Wie zu erkennen ist, fällt beim Übergang von (3.19) nach (3.20) die unbekannte Wellenfunktion ψ_i heraus. Stattdessen taucht nun der bekannte freie

Propagator $G^{(0,+)}$ in einer Reihe von *Vielfachstreuungen* auf, welche die gesamte Dynamik des Streuprozesses enthält. Zum genaueren Verständnis dieses Satzes sind weiterhin folgende Punkte zu berücksichtigen:

- Eine allgemeine Eigenschaft der Streumatrix S, die aus der Hermitezität des Schrödingerschen Hamilton-Operators folgt, ist ihre Unitarität (siehe Aufgabe 33), wodurch noch einmal die Erhaltung der Gesamtwahrscheinlichkeit zum Ausdruck gebracht wird. Darüber hinaus ist leicht einzusehen, daß die S-Matrix sämtliche Symmetrieeigenschaften besitzt, die auch dem Hamilton-Operator zugrunde liegen.

- Aus der Hermitezität des Hamilton-Operators folgt desweiteren, daß sich die S-Matrix auch in der zu (3.19) äquivalenten Weise

$$S_{fi} = \lim_{t \to -\infty} \int \mathrm{d}^3 x \psi_f^*(x)\Psi_i(x) \ , \quad \lim_{t' \to +\infty} \psi_f(x') = \Psi_f(x')$$

definieren läßt, wobei jetzt ψ_f diejenige Welle bezeichnet, die sich ausgehend von Ψ_f in ferner Zukunft rückwärts in der Zeit entwickelt und dabei an V gestreut wird. Unter Verwendung von

$$\psi_i(x') = \lim_{t \to -\infty} \mathrm{i} \int \mathrm{d}^3 x G^{(+)}(x', x)\Psi_i(x)$$

$$\psi_f^*(x') = \lim_{t' \to +\infty} \mathrm{i} \int \mathrm{d}^3 x' \Psi_f^*(x')G^{(+)}(x', x)$$

gilt nämlich

$$S_{fi} = \lim_{t \to -\infty} \int \mathrm{d}^3 x \psi_f^*(x)\Psi_i(x)$$

$$= \lim_{\substack{t \to -\infty \\ t' \to +\infty}} \mathrm{i} \int \mathrm{d}^3 x \int \mathrm{d}^3 x' \Psi_f^*(x')G^{(+)}(x', x)\Psi_i(x)$$

$$= \lim_{t' \to +\infty} \int \mathrm{d}^3 x' \Psi_f^*(x')\psi_i(x') \ .$$

Offenbar spielt es also keine Rolle, ob man den Anfangszustand Ψ_i zeitlich vorwärts oder den Endzustand Ψ_f zeitlich rückwärts propagieren läßt.

- Gleichung (3.20) stellt im wesentlichen eine Entwicklung in Potenzen des Wechselwirkungspotentials dar. In der Praxis werden für gewöhnlich nur die ersten Terme berechnet, wobei deren Genauigkeit (im Vergleich zum exakten Ergebnis) natürlich davon abhängt, wie schnell die Reihe konvergiert.

- Die einzelnen Terme in (3.20) lassen sich unter Berücksichtigung von

$$\Psi_i(x_1) = \lim_{t \to -\infty} \mathrm{i} \int \mathrm{d}^3 x G^{(0,+)}(x_1 - x)\Psi_i(x)$$

$$\Psi_f^*(x_n) = \lim_{t' \to +\infty} \mathrm{i} \int \mathrm{d}^3 x' \Psi_f^*(x')G^{(0,+)}(x' - x_n)$$

in der Weise interpretieren, daß das betrachtete Teilchen während seiner Entwicklung zwischen den Raumzeitpunkten $x = (\boldsymbol{x}, t)$ und $x' = (\boldsymbol{x}', t')$ an verschiedenen Zwischenstellen x_i mit der Wahrscheinlichkeitsamplitude $V(x_i)$ pro Einheits-Raumzeitvolumen in ein Teilchen gestreut wird, das sich mit der Wahrscheinlichkeitsamplitude $G^{(0,+)}(x_{i+1} - x_i)$ störungsfrei zum nächsten Wechselwirkungspunkt x_{i+1} fortbewegt. Dabei wird über alle möglichen intermediären Wechselwirkungspunkte integriert. Man kann auch sagen, das Potential $V(x_i)$ am *Vertex* x_i vernichtet das Teilchen, das sich zuvor frei nach x_i bewegte, und erzeugt ein Teilchen, das sich nach x_{i+1} frei weiterbewegt. Wichtig hierbei ist, daß die vorkommenden $G^{(0,+)}$ nur chronologische Streuungen (in zeitlicher Vorwärtsrichtung) gestatten, so daß keine Terme vorkommen können, die zu ∨- oder ∧-artigen Graphen führen (siehe Abb. 3.3). Dies ist, wie wir später sehen werden, in relativistischen Streutheorien anders.

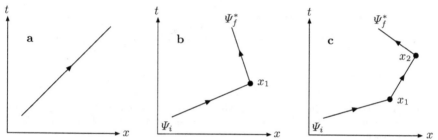

Abb. 3.3. Bildliche Darstellungen (*Feynman-Graphen*) der durch (3.20) gegebenen Reihenentwicklung. **a** repräsentiert den ersten δ-Term (nullte Ordnung), also die freie Propagation eines Teilchens. **b** stellt den zweiten Term dar (erste Ordnung). Dort erleidet das Teilchen an der Zwischenstelle $x_1 = (\boldsymbol{x}_1, t_1)$ eine Streuung am Potential V. **c** symbolisiert den dritten Term (zweite Ordnung), bei dem das Teilchen an zwei Zwischenstellen $x_1 = (\boldsymbol{x}_1, t_1)$ und $x_2 = (\boldsymbol{x}_2, t_2)$ gestreut wird. Prinzipiell sind nur Raumzeitpfade möglich, die sich bzgl. der Zeit monoton vorwärts entwickeln.

Totaler Wirkungsquerschnitt, differentieller Wirkungsquerschnitt. Nachdem wir einen tragfähigen Formalismus zur Beschreibung nichtrelativistisch-quantenmechanischer Übergänge durch die Streuamplituden S_{fi} gefunden haben, müssen wir diese nun noch mit den in Streuexperimenten detektierten Teilchenzahlen in Beziehung bringen. Zu diesem Zweck fragen wir zunächst nach der *Übergangsrate* R, also der Zahl der in irgendeine Richtung (außer der Einfallsrichtung) gestreuten Teilchen innerhalb der Zeit T:

$$R = \frac{\text{Zahl der gestreuten Teilchen}}{T} .$$

Kennt man die Zahl N der Teilchen, die pro Zeitintervall T durch die Querschnittsfläche A des einfallenden Teilchenstrahls treten, und den *totalen Wir-*

kungsquerschnitt σ des Targets, d.h. diejenige Fläche, die einfallende Teilchen senkrecht durchlaufen müssen, um überhaupt abgelenkt zu werden, so gilt für R offensichtlich

$$R = \frac{N}{T}\frac{\sigma}{A} = \rho v \sigma = |\boldsymbol{j}_i|\sigma \ , \ \ \rho = \frac{N}{vTA} \ , \tag{3.21}$$

wobei ρ die Teilchendichte, v die Teilchengeschwindigkeit und $|\boldsymbol{j}_i|$ die Teilchenstromdichte des einfallenden Teilchenstrahls bezeichnen (siehe Abb. 3.4).[10] Die Übergangsrate R läßt sich andererseits aber auch mit Hilfe der Streuam-

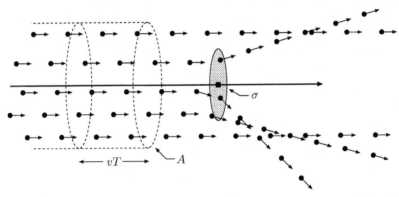

Abb. 3.4. Streuung eines Teilchenstrahls mit der Teilchenstromdichte $|\boldsymbol{j}_i| = \rho v$ und der Querschnittsfläche A an ein festes Streuzentrum mit dem totalen Wirkungsquerschnitt σ.

plitude S_{fi} ausdrücken, welche ja im Wellenbild die Wahrscheinlichkeit für den Übergang $\Psi_i \longrightarrow \Psi_f$ angibt und deshalb im experimentell relevanten Teilchenbild den statistischen Anteil der einfallenden Teilchen mit Impuls $\boldsymbol{p}_i$, die in Teilchenzustände mit Impuls $\boldsymbol{p}_f$ gestreut werden, so daß

$$R = \frac{N}{T}\sum_f |S_{fi}|^2 = \frac{N}{T}\int |S_{fi}|^2 \mathrm{d}N_f \ . \tag{3.22}$$

Hierbei bedeutet $\mathrm{d}N_f$ die Zustandsdichte bzw. die Zahl der möglichen Zustände im Impulsintervall $[\boldsymbol{p}_f : \boldsymbol{p}_f + \mathrm{d}^3 p_f]$. Kombinieren wir nun die beiden Gleichungen (3.21) und (3.22) so ergibt sich schließlich für den totalen Wirkungsquerschnitt

$$\sigma = \frac{N}{T|\boldsymbol{j}_i|}\int |S_{fi}|^2 \mathrm{d}N_f \ , \tag{3.23}$$

---

[10] Genau genommen handelt es sich hierbei um die Übergangsrate pro Targetteilchen. In realen Streuexperimenten besteht das Target nämlich aus vielen Teilchen, wobei deren gegenseitige Abstände als groß gegenüber σ angenommen werden können.

mit der erwarteten Dimension einer Fläche. Zur weiteren Auswertung dieses Ausdruckes ist jetzt zu berücksichtigen, daß wir den gesamten quantenmechanischen Streuprozeß aus Gründen der Einfachheit nicht durch lokalisierte Wellenpakete, sondern durch ebene Wellen beschreiben wollen. Dies bedeutet aber, daß in Folge der Normierung der ebenen Wellen auf den gesamten Raum die Zustandsdichte dN_f beliebig groß ist und die Teilchenzahl N in jedem betrachteten Volumen vTA beliebig klein. Wir können diese mathematisch schlecht definierten Unendlichkeiten jedoch umgehen, indem wir die ebenen Wellen anfänglich auf ein endliches Volumen V normieren und erst zum Schluß unserer Rechnungen den Grenzprozeß $V, T \rightarrow \infty$ durchführen. Zum einen folgt dann $N = 1$ (im Volumen V befindet sich genau ein Teilchen). Zum anderen wird die Zustandsdichte dN_f aufgrund der Forderung nach stehenden Wellen innerhalb des Volumens V (bzw. periodischen Randbedingungen an den Volumengrenzen) endlich, und wir können schreiben

$$V = \prod_k L_k \ , \ e^{ip_{f_k}L_k/\hbar} = 1 \Longrightarrow p_{f_k}L_k/\hbar = 2\pi n_k \Longrightarrow dn_k = \frac{L_k}{2\pi\hbar}dp_{f_k}$$

$$\Longrightarrow dN_f = \prod_k dn_k = \frac{Vd^3p_f}{(2\pi\hbar)^3} \ (Phasenraumfaktor) \ .$$

Unter Berücksichtigung von $d^3p_f = \boldsymbol{p}_f^2 d|\boldsymbol{p}_f|d\Omega$ (vgl. Abb. 3.1) geht somit (3.23) über in

$$\sigma = \frac{V}{(2\pi\hbar)^3 T|\boldsymbol{j}_i|} \int |S_{fi}|^2 d^3p_f = \frac{V}{(2\pi\hbar)^3 T|\boldsymbol{j}_i|} \int d|\boldsymbol{p}_f|\boldsymbol{p}_f^2 \int d\Omega |S_{fi}|^2 \ (3.24)$$

und kann in Bezug auf die experimentelle Situation interpretiert werden als

$$\sigma = \frac{\text{Zahl der gestreuten Teilchen}/T}{\text{Einlaufende Teilchenstromdichte}} \ .$$

Differenziert man (3.24) nach Ω und unterdrückt das verbleibende $\boldsymbol{p}_f$-Integralzeichen, so erhält man den dimensionslosen *differentiellen Wirkungsquerschnitt*

$$\frac{d\sigma}{d\Omega} = \frac{|S_{fi}|^2}{T|\boldsymbol{j}_i|} \frac{V\boldsymbol{p}_f^2 d|\boldsymbol{p}_f|}{(2\pi\hbar)^3} \ ,$$

mit der experimentellen Interpretation

$$\frac{d\sigma}{d\Omega} = \frac{\text{Zahl der nach } d\Omega \text{ gestreuten Teilchen}/T}{\text{Einlaufende Teilchenstromdichte} \cdot d\Omega} \ .$$

Dies ist aber genau die in Streuexperimenten gemessene Größe, sofern dort $d\Omega$ durch die kleine aber endliche Detektorfläche ersetzt wird.

Satz 3.3: Wirkungsquerschnitt

Der differentielle Wirkungsquerschnitt einer quantenmechanischen Streuung ist gegeben durch

$\triangleright$

$$d\sigma = \frac{|S_{fi}|^2}{T|\boldsymbol{j}_i|} \frac{V d^3 p_f}{(2\pi\hbar)^3} \left(\frac{\begin{array}{l}\text{Zahl der nach } [\boldsymbol{p}_f : \boldsymbol{p}_f + d^3 p_f] \\ \text{gestreuten Teilchen}\end{array}}{\text{Einlaufende Teilchenstromdichte}} \Bigg/ T \right)$$

bzw. ($\boldsymbol{p}_f$-Integralzeichen unterdrückt)

$$\frac{d\sigma}{d\Omega} = \frac{|S_{fi}|^2}{T|\boldsymbol{j}_i|} \frac{V \boldsymbol{p}_f^2 d|\boldsymbol{p}_f|}{(2\pi\hbar)^3} \left(\frac{\text{Zahl der nach } d\Omega \text{ gestreuten Teilchen}/T}{\text{Einlaufende Teilchenstromdichte} \cdot d\Omega} \right),$$

wobei S_{fi} die Streuamplitude für den Übergang $\Psi_i \to \Psi_f$, V das Normierungsvolumen von $\Psi_{i,f}$, $\boldsymbol{j}_i$ die Teilchenstromdichte von Ψ_i (in Richtung des Targets), T die Dauer des Streuvorgangs und $d\Omega$ das betrachtete Raumwinkelelement bedeuten. Bei konkreten Rechnungen fallen V und T im Limes $V, T \to \infty$ heraus.

Integration des letzten Ausdruckes über Ω liefert den totalen Wirkungsquerschnitt σ. Er ist im Teilchenbild gleich derjenigen effektiven Fläche des Targets, die einfallende Teilchen durchqueren müssen, um überhaupt gestreut zu werden.

Man beachte, daß dieser Satz sich nirgendwo auf spezifisch nichtrelativistische Zusammenhänge bezieht und deshalb auch in relativistischen Streutheorien seine Gültigkeit behält. Insgesamt ist festzustellen, daß wir mit den letzten drei Sätzen 3.1 bis 3.3 einen praktikablen Formalismus zur Beschreibung nichtrelativistisch-quantenmechanischer Streuprozesse gefunden haben, der insbesondere einen unmittelbaren Vergleich mit experimentellen Messungen gestattet. Im weiteren Verlauf wird unsere Aufgabe darin bestehen, diesen Formalismus auf relativistische Streuprozesse im Rahmen der Dirac- und Klein-Gordon-Theorie adäquat zu erweitern, um uns jeweils anschließend der Berechnung konkreter Streuprobleme zuwenden zu können.

3.1.4 Coulomb-Streuung

Zum Abschluß unseres Rückblickes auf die nichtrelativistische Streutheorie führen wir ihre Anwendung auf das konkrete Problem der Coulomb-Streuung (Rutherford-Streuung) mit einem Wechselwirkungspotential der Form

$$V(x) = \frac{\alpha}{|\boldsymbol{x}|} \ , \ \alpha = -Ze^2$$

vor, wobei wir von einem entlang der z-Achse ausgerichteten Teilchenstrahl ausgehen und uns auf die Berechnung der Streuamplitude und des differentiellen Wirkungsquerschnittes in führender Ordnung beschränken. Als erstes benötigen wir hierzu die ebenen Lösungen Ψ_i und Ψ_f der freien Schrödinger-Gleichung mit Normierung auf ein Volumen V:

$$\Psi_i(x) = \frac{1}{\sqrt{V}} e^{i\boldsymbol{p}_i \boldsymbol{x}/\hbar} e^{-iE_i t/\hbar} \ , \ \Psi_f(x) = \frac{1}{\sqrt{V}} e^{i\boldsymbol{p}_f \boldsymbol{x}/\hbar} e^{-iE_f t/\hbar} \ .$$

Damit können wir nach Satz 3.2 für die Streuamplitude schreiben ($f \neq i$):

$$S_{fi} = -\frac{i}{\hbar} \int d^4x \Psi_f^*(x) V(x) \Psi_i(x)$$

$$= -\frac{i}{\hbar V} \int\limits_{-T/2}^{T/2} dt e^{i(E_f - E_i)t/\hbar} \int\limits_V d^3x e^{-iqx/\hbar} \frac{\alpha}{|x|} \ , \ q = p_f - p_i \ ,$$

mit dem Impulsübertrag q, wobei sich die zeitliche Begrenzung der Streuung auf das Intervall $[-T/2 : T/2]$ durch die örtliche Begrenzung von $\Psi_{i,f}$ auf das Volumen V ergibt. Für die Zeit- und Raumintegrale folgt

$$\int\limits_{-T/2}^{T/2} dt e^{i(E_f - E_i)t/\hbar} \overset{T \to \infty}{=} 2\pi\hbar\delta(E_f - E_i) \tag{3.25}$$

$$\int\limits_V d^3x \frac{e^{-iqx/\hbar}}{|x|} = -\frac{\hbar^2}{q^2} \int\limits_V d^3x \frac{1}{|x|} \nabla^2 e^{-iqx/\hbar}$$

$$= -\frac{\hbar^2}{q^2} \int\limits_V d^3x \left(\nabla^2 \frac{1}{|x|}\right) e^{-iqx/\hbar}$$

$$= -\frac{\hbar^2}{q^2} \int\limits_V d^3x [-4\pi\delta(x)] e^{-iqx/\hbar} = \frac{4\pi\hbar^2}{q^2} \ , \tag{3.26}$$

so daß die Streuamplitude schließlich übergeht in

$$S_{fi} = -i\frac{4\pi\hbar\alpha[2\pi\hbar\delta(E_f - E_i)]}{V q^2} \ .$$

Zur Berechnung des differentiellen Wirkungsquerschnittes müssen wir uns als nächstes die Teilchenstromdichte von Ψ_i in z-Richtung besorgen:

$$|j_i| = \frac{\hbar}{2im_0} |\Psi_i^* \nabla \Psi_i - \Psi_i \nabla \Psi_i^*| = \frac{|p_i|}{m_0 V} \ .$$

Nach Satz 3.3 erhalten wir somit

$$\frac{d\sigma}{d\Omega} = \frac{2\alpha^2 m_0 [2\pi\hbar\delta(E_f - E_i)]^2 p_f^2 d|p_f|}{\pi\hbar T |p_i| q^4} \ , \tag{3.27}$$

wobei über alle Streuimpulse p_f zu integrieren ist. Offenbar enthält diese Formel den mathematisch schlecht definierten Ausdruck $\delta^2(E_f - E_i)$, was daran liegt, daß wir in (3.25) den Grenzprozeß $T \to \infty$ zu früh vorgenommen haben. In Aufgabe 34 wird gezeigt, daß es bei Betrachtung einer endlichen Streuzeit T gerechtfertigt ist, in (3.27) das Quadrat der δ-Funktion in der Weise

$$[2\pi\hbar\delta(E_f - E_i)]^2 \longrightarrow 2\pi T\hbar\delta(E_f - E_i) \tag{3.28}$$

zu ersetzen, so daß

$$\frac{\mathrm{d}\sigma}{\mathrm{d}\Omega} = \int\limits_0^\infty \mathrm{d}|\boldsymbol{p}_f| \frac{4\alpha^2 m_0 \delta(E_f - E_i)\boldsymbol{p}_f^2}{|\boldsymbol{p}_i|\boldsymbol{q}^4} \ .$$

Hierbei handelt es sich nun um eine wohldefinierte Gleichung, in der zum einen das Normierungsvolumen V und die Streuzeit T nicht mehr vorkommen und zum anderen die verbleibende δ-Funktion die Energieerhaltung des Streuprozesses explizit zum Ausdruck bringt. Mit Hilfe der Identitäten

$$E_{i,f} = \frac{\boldsymbol{p}_{i,f}^2}{2m_0} \ , \ \ \mathrm{d}|\boldsymbol{p}_f| = \frac{m_0 \mathrm{d}E_f}{|\boldsymbol{p}_f|} \ , \ \ \boldsymbol{p}_i\boldsymbol{p}_f|_{|\boldsymbol{p}_f|=|\boldsymbol{p}_i|} = \boldsymbol{p}_i^2 \cos\theta$$

$$\boldsymbol{q}^2_{|\boldsymbol{p}_f|=|\boldsymbol{p}_i|} = 4\boldsymbol{p}_i^2 \sin^2\frac{\theta}{2} = 8m_0 E_i \sin^2\frac{\theta}{2}$$

läßt sich $\mathrm{d}\sigma/\mathrm{d}\Omega$ schließlich weiter vereinfachen zur berühmten Rutherford-schen Streuformel

$$\frac{\mathrm{d}\sigma}{\mathrm{d}\Omega} = \left(\frac{\mathrm{d}\sigma}{\mathrm{d}\Omega}\right)_{\mathrm{Ruth}} = \int\limits_0^\infty \mathrm{d}E_f \frac{4\alpha^2 m_0^2 \delta(E_f - E_i)\boldsymbol{p}_f^2}{|\boldsymbol{p}_i||\boldsymbol{p}_f|\boldsymbol{q}^4}$$

$$= \frac{4\alpha^2 m_0^2}{\boldsymbol{q}^4}\Bigg|_{|\boldsymbol{p}_f|=|\boldsymbol{p}_i|} = \left(\frac{\alpha}{4E_i \sin^2\frac{\theta}{2}}\right)^2 \ . \tag{3.29}$$

Sie gilt übrigens exakt und nicht nur in der hier vorgeführten Näherung.

Zusammenfassung

- Die Lösung der allgemeinen Schrödinger-Gleichung läßt sich auf eine Integralgleichung für den **retardierten** und **avancierten Propagator** bzw. für die Wellenfunktion selbst zurückführen, die sich durch Iteration approximativ lösen läßt.

- Der retardierte Propagator beschreibt die zeitlich vorwärts gerichtete Ausbreitung einer zu einem festen Zeitpunkt bekannten Wellenfunktion und der avancierte Propagator ihre zeitlich rückwärts gerichtete Ausbreitung.

- Quantenmechanische Streuprozesse werden durch die **Streumatrix** beschrieben. Ihre Elemente, die **Streuamplituden**, können mit Hilfe des Propagatorformalismus in Potenzen des Wechselwirkungspotentials (Reihe von **Vielfachstreuungen**) entwickelt werden.

- Hierbei lassen sich aufgrund der **Adiabatennäherung** die einfallende Wellenfunktion im Limes $t \to -\infty$ als freie ebene Welle und die sich hieraus entwickelnde gestreute Welle im Limes $t \to +\infty$ ebenfalls als frei (aber i.a. nicht eben) betrachten.

$\triangleright$

- In Streuexperimenten richtet man für gewöhnlich einen kolliminierten Teilchenstrahl auf ein Target und mißt den **differentiellen Wirkungsquerschnitt**, also die Zahl der Teilchen, die in Richtung verschiedener Raumwinkelelemente gestreut werden. In die theoretische Beschreibung dieser Meßgröße gehen die Streuamplituden ein.

- Durch Integration des differentiellen Wirkungsquerschnittes über alle Raumwinkel erhält man den **totalen Wirkungsquerschnitt**. Er ist gleich derjenigen (fiktiven) Fläche des Targets, die einfallende Teilchen durchqueren müssen, um überhaupt abgelenkt zu werden.

Aufgaben

30. Integraldarstellung der Θ-Funktion. Zeigen Sie, daß sich die Stufenfunktion

$$\Theta(\tau) = \begin{cases} 1 \text{ für } \tau > 0 \\ 0 \text{ für } \tau < 0 \end{cases}$$

in der Weise

$$\Theta(\tau) = -\frac{1}{2\pi i} \lim_{\epsilon \to 0} \int_{-\infty}^{\infty} d\omega \frac{e^{-i\omega\tau}}{\omega + i\epsilon} \, , \; \epsilon > 0 \tag{3.30}$$

ausdrücken läßt.

Lösung. Die Berechnung des Integrals führen wir durch Integration in der komplexen ω-Ebene entlang eines geschlossenen Integrationsweges K aus, wobei dieser Weg in Abhängigkeit von τ geeignet zu wählen ist.

$\tau < 0$: In diesem Fall bietet sich für K der obere in Abb. 3.5 gezeigte Halbkreis H$(0, R, +)$ im Limes $R \to \infty$ an, weil dann die Integration entlang des Kreisbogens B$(0, R, +)$ verschwindet und lediglich die Integration entlang der reellen ω-Achse übrigbleibt. Dies läßt sich mit Hilfe der Parametrisierung

$$B(0, R, +): \; t \to \omega(t) = e^{iRt} \, , \; t \in [0 : \pi]$$

durch folgende Abschätzung leicht zeigen:

$$\left| \int_{B(0,R,+)} d\omega \frac{e^{-i\omega\tau}}{\omega} \right| = \left| \int_{0}^{\pi} dt \frac{e^{-i\tau R(\cos t + i \sin t)}}{Re^{it}} iRe^{it} \right|$$

$$= \left| i \int_{0}^{\pi} dt e^{-i\tau R \cos t} e^{\tau R \sin t} \right|$$

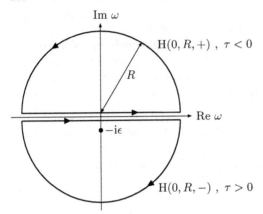

Abb. 3.5. Integrationswege in der komplexen ω-Ebene. Für $\tau < 0$ ist der obere geschlossene Halbkreis $H(0, R, +)$ mit positivem Umlaufsinn zu wählen und für $\tau > 0$ der untere geschlossene Halbkreis $H(0, R, -)$ mit negativem Umlaufsinn.

$$< \left| i \int_0^\pi dt e^{-|\tau| R \sin t} \right| \overset{R \to \infty}{\longrightarrow} 0 .$$

Da nun die einzige Singularität $\omega_s = -i\epsilon$ des Integranden außerhalb des von $H(0, R, +)$ eingeschlossenen Gebietes liegt, folgt nach dem Cauchyschen Integralsatz[11]

$$\Theta(\tau) = - \lim_{\substack{\epsilon \to 0 \\ R \to \infty}} \oint_{H(0,R,+)} d\omega \frac{e^{-i\omega\tau}}{\omega + i\epsilon} = - \lim_{\epsilon \to 0} \oint_{H(0,R,+)} d\omega \frac{e^{-i\omega\tau}}{\omega + i\epsilon} = 0 .$$

$\tau > 0$: Hier wählen wir für K den unteren in Abb. 3.5 dargestellten Halbkreis $H(0, R, -)$ im Limes $R \to \infty$, weil dann aufgrund derselben Argumentation wie eben die Integration entlang des Kreisbogens $B(0, R, -)$ nichts beiträgt. Somit folgt

$$\Theta(\tau) = -\frac{-1}{2\pi i} \lim_{\epsilon \to 0} \oint_{H(0,R,-)} d\omega \frac{e^{-i\omega\tau}}{\omega + i\epsilon} .$$

Das zusätzliche Minuszeichen auf der rechten Seite folgt aufgrund des mathematisch negativen Umlaufsinnes von $H(0, R, -)$. Zur weiteren Auswertung dieses Integrals ist zu beachten, daß sich nun die Singularität $\omega_s = -i\epsilon$ innerhalb des von $H(0, R, -)$ eingeschlossenen Gebietes befindet, so daß der Residuensatz zur Anwendung kommt:

---

[11] Man beachte: Im folgenden werden wir den Grenzwert $R \to \infty$ nicht weiter berücksichtigen. Denn solange der Integrand bis auf seine Singularitäten regulär ist, können wir den Integrationsweg auf eine beliebige Kontur zusammenziehen, welche die betreffenden Singularitäten einschließt.

$$f(\omega) = \frac{e^{-i\omega\tau}}{\omega + i\epsilon} \implies \oint_{H(0,R,-)} f(\omega)d\omega = 2\pi i \operatorname*{Res}_{\omega_s = -i\epsilon} f = 2\pi i e^{-\epsilon\tau} \ .$$

Wir haben deshalb

$$\Theta(\tau) = \frac{1}{2\pi i} \lim_{\epsilon \to 0} \oint_{H(0,R,-)} f(\omega)d\omega = 1 \ .$$

Insgesamt ist somit der Beweis der obigen Behauptung erbracht.

Mit Blick auf Aufgabe 31 sei noch erwähnt, daß sich durch komplexe Konjugation von (3.30) die Darstellung

$$\Theta(-\tau) = \frac{1}{2\pi i} \lim_{\epsilon \to 0} \int_{-\infty}^{\infty} d\omega \frac{e^{-i\omega\tau}}{\omega - i\epsilon} \ , \ \epsilon > 0 \tag{3.31}$$

für die Θ-Funktion ergibt, in der die Singularität nun oberhalb der reellen Achse liegt.

31. Fourier-Zerlegung von $G^{(0,\pm)}$. Zeigen Sie die Gültigkeit von (3.13).

Lösung. Ausgangspunkt ist die Differentialgleichung

$$\left(i\hbar \frac{\partial}{\partial t'} - H'^{(0)} \right) G^{(0,\pm)}(x' - x) = \hbar\delta(x' - x) \tag{3.32}$$

für den freien retardierten bzw. avancierten Propagator. Zu ihrer Lösung verwenden wir die vierdimensionale Fourier-Darstellung von $G^{(0,\pm)}(x' - x)$ und $\delta(x' - x)$,

$$G^{(0,\pm)}(x' - x) = \int \frac{d^3p}{(2\pi\hbar)^3} \int \frac{dE}{2\pi\hbar}$$
$$\times e^{ip(x'-x)/\hbar} e^{-iE(t'-t)/\hbar} \tilde{G}^{(0,\pm)}(p, E) \tag{3.33}$$
$$\delta(x' - x) = \int \frac{d^3p}{(2\pi\hbar)^3} \int \frac{dE}{2\pi\hbar} e^{ip(x'-x)/\hbar} e^{-iE(t'-t)/\hbar} \ ,$$

und bestimmen durch Einsetzen dieser Ausdrücke in (3.32) die entsprechende Gleichung für $\tilde{G}^{(0,\pm)}(p, E)$:

$$\int \frac{dp}{(2\pi\hbar)^3} \int \frac{dE}{2\pi\hbar} \left(E - \frac{p^2}{2m_0} \right) e^{ip(x'-x)/\hbar} e^{-iE(t'-t)/\hbar} \tilde{G}^{(0,\pm)}(p, E)$$

$$= \hbar \int \frac{d^3p}{(2\pi)\hbar^3} \int \frac{dE}{2\pi\hbar} e^{ip(x'-x)/\hbar} e^{-iE(t'-t)/\hbar} \ .$$

Die Lösung dieser Gleichung läßt sich sofort angeben. Für $E \neq p^2/2m_0$ lautet sie

$$\tilde{G}^{(0,\pm)}(p, E) = \frac{\hbar}{E - \frac{p^2}{2m_0}} \ .$$

Somit geht (3.33) über in

$$G^{(0,\pm)}(x'-x) = \int \frac{\mathrm{d}^3 p}{(2\pi\hbar)^3} \mathrm{e}^{\mathrm{i}\boldsymbol{p}(\boldsymbol{x}'-\boldsymbol{x})/\hbar} \int \frac{\mathrm{d}E}{2\pi} \frac{\mathrm{e}^{-\mathrm{i}E(t'-t)/\hbar}}{E - \frac{\boldsymbol{p}^2}{2m_0}} \ . \tag{3.34}$$

Als nächstes müssen wir die E- und $\boldsymbol{p}$-Integrationen unter Berücksichtigung der Singularität bei $E_\mathrm{s} = \boldsymbol{p}^2/2m_0$ ausführen. Betrachten wir hierzu als erstes die Integration über E, also

$$I = \int \frac{\mathrm{d}E}{2\pi} \frac{\mathrm{e}^{-\mathrm{i}E(t'-t)/\hbar}}{E - \frac{\boldsymbol{p}^2}{2m_0}} = \exp\left(-\frac{\mathrm{i}\boldsymbol{p}^2(t'-t)}{2\hbar m_0}\right) \int \frac{\mathrm{d}\omega}{2\pi} \frac{\mathrm{e}^{-\mathrm{i}\omega(t'-t)}}{\omega} \ , \tag{3.35}$$

wobei rechts die Variablensubstitution $\omega = (E - \boldsymbol{p}^2/2m_0)/\hbar$ vorgenommen wurde. Offenbar läßt sich das ω-Integral einfach auf die in Aufgabe 30 besprochenen Integrale (3.30) und (3.31) zurückführen, sofern die Singularität im Nenner durch Addition bzw. Subtraktion eines Imaginärteils iϵ verschoben wird. Entscheiden wir uns für die Addition, so folgt durch Vergleich mit (3.30)

$$\int \frac{\mathrm{d}\omega}{2\pi} \frac{\mathrm{e}^{-\mathrm{i}\omega(t'-t)}}{\omega} \longrightarrow \lim_{\epsilon \to 0} \int \frac{\mathrm{d}\omega}{2\pi} \frac{\mathrm{e}^{-\mathrm{i}\omega(t'-t)}}{\omega + \mathrm{i}\epsilon} = -\mathrm{i}\Theta(t'-t) \ . \tag{3.36}$$

Dies entspricht ganz klar einer zeitlich vorwärts gerichteten Bewegung (retardierter Fall). Wählen wir stattdessen in (3.35) die Subtraktion von iϵ, so folgt durch Vergleich mit (3.31)

$$\int \frac{\mathrm{d}\omega}{2\pi} \frac{\mathrm{e}^{-\mathrm{i}\omega(t'-t)}}{\omega} \longrightarrow \lim_{\epsilon \to 0} \int \frac{\mathrm{d}\omega}{2\pi} \frac{\mathrm{e}^{-\mathrm{i}\omega(t'-t)}}{\omega - \mathrm{i}\epsilon} = +\mathrm{i}\Theta(t-t') \ , \tag{3.37}$$

was eine zeitlich rückwärts gerichtete Bewegung zum Ausdruck bringt (avancierter Fall). Die korrekte Fourier-Zerlegung von $G^{(0,\pm)}$ lautet deshalb wie in (3.13) angegeben.

Durch Kombination von (3.34), (3.35) (3.36) und (3.37) erhält man im retardierten Fall die explizite Form

$$G^{(0,+)}(x'-x) = -\mathrm{i}\Theta(t'-t) \int \frac{\mathrm{d}^3 p}{(2\pi\hbar)^3} \exp\left(-\frac{\mathrm{i}\boldsymbol{p}^2(t'-t)}{2\hbar m_0} + \frac{\mathrm{i}\boldsymbol{p}(\boldsymbol{x}'-\boldsymbol{x})}{\hbar}\right)$$

und im avancierten Fall

$$G^{(0,-)}(x'-x) = +\mathrm{i}\Theta(t-t') \int \frac{\mathrm{d}^3 p}{(2\pi\hbar)^3} \exp\left(-\frac{\mathrm{i}\boldsymbol{p}^2(t'-t)}{2\hbar m_0} + \frac{\mathrm{i}\boldsymbol{p}(\boldsymbol{x}'-\boldsymbol{x})}{\hbar}\right) .$$

Diese Ergebnisse stimmen erwartungsgemäß mit den in Unterabschn. 3.1.2 auf anderem Wege hergeleiteten Gleichungen überein; die weitere Auswertung des $\boldsymbol{p}$-Integrals ist dieselbe wie dort.

32. Allgemeine Eigenschaften von $G^{(\pm)}$. Zeigen Sie die Gültigkeit der folgenden Beziehungen:

$$G^{(+)}(x',x) = G^{(-)*}(x,x') \tag{3.38}$$

$$G^{(+)}(x',x) = \mathrm{i}\int \mathrm{d}^3x_1 G^{(+)}(x',x_1)G^{(+)}(x_1,x) \quad \text{falls } t' > t_1 > t \tag{3.39}$$

$$G^{(-)}(x',x) = -\mathrm{i}\int \mathrm{d}^3x_1 G^{(-)}(x',x_1)G^{(-)}(x_1,x) \quad \text{falls } t' < t_1 < t \tag{3.40}$$

$$\delta(\boldsymbol{x}' - \boldsymbol{x}) = \int \mathrm{d}^3x_1 G^{(+)}(\boldsymbol{x}',t,\boldsymbol{x}_1,t_1)G^{(-)}(\boldsymbol{x}_1,t_1,\boldsymbol{x},t) \quad \text{falls } t > t_1 \tag{3.41}$$

$$\delta(\boldsymbol{x}' - \boldsymbol{x}) = \int \mathrm{d}^3x_1 G^{(-)}(\boldsymbol{x}',t,\boldsymbol{x}_1,t_1)G^{(+)}(\boldsymbol{x}_1,t_1,\boldsymbol{x},t) \quad \text{falls } t < t_1. \tag{3.42}$$

Lösung.

Zu (3.38). Durch komplexe Konjugation von (3.15) und anschließendem Vergleich mit (3.10) folgt sofort die Behauptung.

Zu (3.39) und (3.40). Zum Beweis von (3.39) starten wir von der Definitionsgleichung (3.10) für den retardierten Propagator,

$$\psi(x') = \mathrm{i}\int \mathrm{d}^3x G^{(+)}(x',x)\psi(x) \quad \text{falls } t' > t , \tag{3.43}$$

in der es uns natürlich freisteht, auch $\psi(x)$ als das Ergebnis einer Propagation von einer früheren Zeit t_1 nach t zu betrachten, d.h.

$$\psi(x') = -\int \mathrm{d}^3x \int \mathrm{d}^3x_1 G^{(+)}(x',x)G^{(+)}(x,x_1)\psi(x_1) \quad \text{falls } t' > t > t_1$$

bzw. nach dem Variablentausch $x \leftrightarrow x_1$

$$\psi(x') = -\int \mathrm{d}^3x \int \mathrm{d}^3x_1 G^{(+)}(x',x_1)G^{(+)}(x_1,x)\psi(x) \quad \text{falls } t' > t_1 > t .$$

Vergleich diese Beziehung mit (3.43) liefert schließlich (3.39). Der Beweis von (3.40) verläuft analog.

Zu (3.41) und (3.42). Zunächst stellen wir fest, daß sich ψ zur konstanten Zeit t darstellen läßt als

$$\psi(\boldsymbol{x}',t) = \int \mathrm{d}^3x \delta(\boldsymbol{x}' - \boldsymbol{x})\psi(\boldsymbol{x},t) . \tag{3.44}$$

Andererseits gilt

$$\psi(\boldsymbol{x}',t) = \mathrm{i}\int \mathrm{d}^3x_1 G^{(+)}(\boldsymbol{x}',t,\boldsymbol{x}_1,t_1)\psi(\boldsymbol{x}_1,t_1) \quad \text{falls } t > t_1$$

und

$$\psi(\boldsymbol{x}_1,t_1) = -\mathrm{i}\int \mathrm{d}^3x G^{(-)}(\boldsymbol{x}_1,t_1,\boldsymbol{x},t)\psi(\boldsymbol{x},t) \quad \text{falls } t > t_1$$

sowie deren Kombination

$$\psi(\boldsymbol{x}',t) = \int \mathrm{d}^3x \int \mathrm{d}^3x_1 G^{(+)}(\boldsymbol{x}',t,\boldsymbol{x}_1,t_1) G^{(-)}(\boldsymbol{x}_1,t_1,\boldsymbol{x},t)\psi(\boldsymbol{x},t)$$

falls $t > t_1$.

Vergleich dieser Beziehung mit (3.44) ergibt die Gleichung (3.41). Der Beweis von (3.42) läßt sich wieder auf analoge Weise führen.

33. Unitarität der Streumatrix. Zeigen Sie, daß die Streumatrix S unitär ist.

Lösung. Sofern man sich auf Wellenfunktionen mit Normierung auf ein endliches Volumen beschränkt, ist zu zeigen, daß

a) $\sum_k S_{fk} S_{ki}^{\dagger} = \sum_k S_{fk} S_{ik}^* = \delta_{fi}$

b) $\sum_k S_{fk}^{\dagger} S_{ki} = \sum_k S_{kf}^* S_{ki} = \delta_{fi}$

[bei Normierung auf den gesamten Raum sind die Ersetzungen $\sum\limits_k \to \int \mathrm{d}^3 p_k$ und $\delta_{fi} \to \delta(\boldsymbol{p}_f - \boldsymbol{p}_i)$ vorzunehmen].

Zu a) Es gilt

$$S_{fk} = \mathrm{i} \lim_{\substack{t' \to +\infty \\ t \to -\infty}} \int \mathrm{d}^3x' \int \mathrm{d}^3x \Psi_f^*(\boldsymbol{x}',t') G^{(+)}(\boldsymbol{x}',t',\boldsymbol{x},t)\Psi_k(\boldsymbol{x},t)$$

und wegen (3.38)

$$S_{ik}^* = -\mathrm{i} \lim_{\substack{t' \to +\infty \\ t \to -\infty}} \int \mathrm{d}^3y' \int \mathrm{d}^3y \Psi_i(\boldsymbol{y}',t') G^{(+)*}(\boldsymbol{y}',t',\boldsymbol{y},t)\Psi_k^*(\boldsymbol{y},t)$$

$$= -\mathrm{i} \lim_{\substack{t' \to +\infty \\ t \to -\infty}} \int \mathrm{d}^3y' \int \mathrm{d}^3y \Psi_k^*(\boldsymbol{y},t) G^{(-)}(\boldsymbol{y},t,\boldsymbol{y}',t')\Psi_i(\boldsymbol{y}',t') \ ,$$

wobei $\{\Psi_k(\boldsymbol{x},t)\}$ ein vollständiges, orthonormales Lösungssystem der freien Schrödinger-Gleichung ist, mit

$$\int \mathrm{d}^3x \Psi_k^*(\boldsymbol{x},t)\Psi_j(\boldsymbol{x},t) = \delta_{kj} \ , \quad \sum_k \Psi_k(\boldsymbol{x},t)\Psi_k^*(\boldsymbol{y},t) = \delta(\boldsymbol{x}-\boldsymbol{y}) \ \forall \, t \ .$$

Somit folgt unter Ausnutzung von (3.41)

$$\sum_k S_{fk} S_{ik}^* = \lim_{\substack{t' \to +\infty \\ t \to -\infty}} \sum_k \int \mathrm{d}^3x' \int \mathrm{d}^3x \int \mathrm{d}^3y' \int \mathrm{d}^3y$$

$$\times \Psi_f^*(\boldsymbol{x}',t') G^{(+)}(\boldsymbol{x}',t',\boldsymbol{x},t)\Psi_k(\boldsymbol{x},t)$$
$$\times \Psi_k^*(\boldsymbol{y},t) G^{(-)}(\boldsymbol{y},t,\boldsymbol{y}',t')\Psi_i(\boldsymbol{y}',t')$$

$$= \lim_{\substack{t' \to +\infty \\ t \to -\infty}} \int d^3x' \int d^3x \int d^3y'$$

$$\times \Psi_f^*(\boldsymbol{x}',t')G^{(+)}(\boldsymbol{x}',t',\boldsymbol{x},t)G^{(-)}(\boldsymbol{x},t,\boldsymbol{y}',t')\Psi_i(\boldsymbol{y}',t')$$

$$= \lim_{t' \to \infty} \int d^3x' \Psi_f^*(\boldsymbol{x}',t')\Psi_i(\boldsymbol{x}',t') = \delta_{fi} .$$

Der Beweis von b) läßt sich analog durchführen.

34. Quadrat der δ-Funktion. Zeigen Sie, daß in (3.27) der Ausdruck $[2\pi\hbar\delta(E_f - E_i)]^2$ ersetzt werden kann durch $2\pi T\hbar\delta(E_f - E_i)$ indem Sie (3.25) für große aber endliche T betrachten.

Lösung. In (3.25) haben wir

$$2\pi\hbar\delta(E_f - E_i) = \int\limits_{-\infty}^{\infty} dt e^{i(E_f - E_i)t/\hbar}$$

gleichgesetzt, was für eine unendlich lange Streuzeit T sicherlich richtig ist und in (3.27) zu dem schlecht definierten Ausdruck $[2\pi\hbar\delta(E_f - E_i)]^2$ führt. Wir müssen jedoch berücksichtigen, daß wir gemäß unseres Streuformalismus zunächst eine endliche Streudauer T voraussetzen und erst zum Schluß den Grenzprozeß $T \to \infty$ durchführen. Demnach haben wir

$$2\pi\hbar\delta(E_f - E_i) \to \int\limits_{-T/2}^{T/2} dt e^{i(E_f - E_i)t/\hbar} = \frac{\hbar}{i(E_f - E_i)}e^{(E_f - E_i)t/\hbar}\Bigg|_{-T/2}^{T/2}$$

$$= \frac{2\hbar \sin[(E_f - E_i)T/2\hbar]}{E_f - E_i}$$

und deshalb

$$[2\pi\hbar\delta(E_f - E_i)]^2 \to \frac{4\hbar^2 \sin^2[(E_f - E_i)T/2\hbar]}{(E_f - E_i)^2} .$$

Nun gilt aber

$$\int\limits_{-\infty}^{\infty} dE_f \frac{4\hbar^2 \sin^2[(E_f - E_i)T/2\hbar]}{(E_f - E_i)^2} = 2T\hbar \int\limits_{-\infty}^{\infty} dx \frac{\sin^2 x}{x^2} = 2\pi\hbar T . \qquad (3.45)$$

Somit können wir folgern, daß

$$[2\pi\hbar\delta(E_f - E_i)]^2 = 2\pi\hbar\delta(0)2\pi\hbar\delta(E_f - E_i) \to 2\pi\hbar T\delta(E_f - E_i) ,$$

also $2\pi\hbar\delta(0) \to T$, damit die Integration über E_f gemäß (3.45) $2\pi\hbar T$ ergibt.

3.2 Streuung von Spin-1/2-Teilchen

Aufbauend auf den Ergebnissen des letzten Abschnittes wenden wir uns in diesem Abschnitt der Beschreibung relativistischer Streuprozesse von Spin-1/2-Teilchen zu, wobei unsere Diskussion sehr ähnlich zu der des letzten Abschnittes verläuft. Dies bedeutet, wir entwickeln zunächst einen geeigneten Propagatorformalismus zur Lösung der allgemeinen Dirac-Gleichung, in welchem wir allerdings von vornherein ein modifiziertes Kausalitätsprinzip für den sog. *Feynman-Propagator* implementieren müssen, um der später wichtig werdenden Feynman-Stückelberg-Interpretation von positiven und negativen Dirac-Lösungen Rechnung zu tragen. Nach der Herleitung des freien Feynman-Propagators im Impulsraum gehen wir zum eigentlichen Streuformalismus über und betrachten insbesondere seine spezifisch relativistischen Aspekte. Zum Schluß werden einige Identitäten im Zusammenhang mit Spurbildungen von γ-Matrizen besprochen, die sich für nachfolgende konkrete Berechnungen von Streuprozessen als sehr nützlich erweisen werden.

Anmerkung. Da wir im weiteren Verlauf oftmals Gleichungen mit zahlreichen γ-Matrixoperationen begegnen werden, führen wir an dieser Stelle die bequeme „Slash-Notation"

$$\slashed{a} = a_\mu \gamma^\mu$$

ein, die wir ab jetzt meistens verwenden. Ebenfalls aus Bequemlichkeitsgründen bezeichnen wir (elementare) Spin-1/2-Teilchen desöfteren stellvertretend mit „Elektron" und Spin-1/2-Antiteilchen mit „Positron".

3.2.1 Lösung der allgemeinen Dirac-Gleichung

Analog zu Unterabschn. 3.1.1 starten wir von der zeitabhängigen Dirac-Gleichung

$$\left[\slashed{p}' - \frac{e}{c}\slashed{A}(x') - m_0 c\right]\psi(x') = 0 \ , \tag{3.46}$$

deren Lösung sich aus denselben Gründen wir bei der Schrödinger-Gleichung durch eine lineare homogene Integralgleichung der Form

$$\psi(x') = i\int d^3 x S(x', x)\gamma^0 \psi(x) \ , \ x = (x^0, \boldsymbol{x}) = (ct, \boldsymbol{x})$$

ausdrücken lassen sollte, wobei wir hier die entsprechende Green-Funktion mit S notieren. Der Faktor γ^0 rührt daher, daß wir von der kovarianten Dirac-Gleichung ausgehen, die sich aus der kanonischen Dirac-Gleichung durch Multiplikation mit γ^0/c ergibt. Offenbar bietet es sich wieder an, ein Kausalitätsprinzip in der Weise

$$\left\{\begin{matrix}\Theta(x'^0 - x^0) \\ \Theta(x^0 - x'^0)\end{matrix}\right\}\psi(x') = \pm i\int d^3 x S^{(\pm)}(x', x)\gamma^0 \psi(x) \tag{3.47}$$

einzuführen, das die zeitliche Vorwärts- bzw. Rückwärtsausbreitung von $\psi(x)$ nach $\psi(x')$ garantiert, unabhängig davon, welche Beiträge mit positiver und negativer Energie im Laufe der Zeit gebildet werden. In Bezug auf die Beschreibung relativistischer Streuprozesse von Elektronen und Positronen macht es jedoch mehr Sinn, die zeitliche Ausbreitungsrichtung von ψ nach seinen positiven und negativen Anteilen auszurichten, dergestalt, daß sich die positiven Anteile $\psi^{(+)}$ zeitlich nur vorwärts und die negativen Anteile $\psi^{(-)}$ zeitlich nur rückwärts entwickeln können. Auf diese Weise lassen sich nämlich bei Streuungen die anteilige zeitliche Vorwärtsentwicklung von ψ als vorwärtige Teilchenpropagation (Elektron) und die anteilige zeitliche Rückwärtsentwicklung von ψ gemäß der Feynman-Stückelberg-Interpretation (Satz 2.7) als ebenfalls vorwärtige Antiteilchenpropagation (Positron) deuten. Wir kommen auf diesen Punkt im weiteren Verlauf noch zurück und postulieren aufgrund des soeben Gesagten anstelle von (3.47) den modifizierten kausalen Zusammenhang[12]

$$\left\{ \begin{array}{c} \Theta(x'^0 - x^0) \\ \Theta(x^0 - x'^0) \end{array} \right\} \psi^{(\pm)}(x') = \pm i \int d^3x\, S_F(x', x) \gamma^0 \psi^{(\pm)}(x) , \tag{3.48}$$

wodurch der *Feynmansche Fermionpropagator* S_F definiert ist.

Differentialgleichung für S_F. Das weitere Vorgehen ist wieder sehr ähnlich zu dem aus Unterabschn. 3.1.1, indem wir zuerst die Differentialgleichung für S_F bestimmen und daraus iterativ lösbare Integralgleichungen für S_F und ψ ableiten. Anwendung des Operators in (3.46) auf (3.48) liefert

$$\left[\not{p}' - \frac{e}{c}\not{A}(x') - m_0 c \right] \left\{ \begin{array}{c} \Theta(x'^0 - x^0) \\ \Theta(x^0 - x'^0) \end{array} \right\} \psi^{(\pm)}(x')$$

$$= \pm i\hbar \gamma^0 \delta(x'^0 - x^0) \psi^{(\pm)}(x')$$

$$= \pm i \int d^3x \left[\not{p}' - \frac{e}{c}\not{A}(x') - m_0 c \right] S_F(x', x) \gamma^0 \psi^{(\pm)}(x)$$

$$\Longrightarrow \int d^3x \left\{ \left[\not{p}' - \frac{e}{c}\not{A}(x') - m_0 c \right] S_F(x', x) \right.$$

$$\left. - \hbar \delta(x'^0 - x^0)\delta(\boldsymbol{x}' - \boldsymbol{x}) \right\} \gamma^0 \psi^{(\pm)}(x) = 0$$

$$\Longrightarrow \left[\not{p}' - \frac{e}{c}\not{A}(x') - m_0 c \right] S_F(x', x) = \hbar \delta(x' - x) .$$

Integralgleichung für S_F und ψ. Indem man die letzte Gleichung umschreibt zu

$$(\not{p}' - m_0 c)\, S_F(x', x) = \hbar \delta(x' - x) + \frac{e}{c}\not{A}(x') S_F(x', x) , \tag{3.49}$$

erkennt man leicht, daß ihre Lösung gegeben ist durch

---

[12] Auch hier gilt das positive Vorzeichen für die obere und das negative Vorzeichen für die untere Gleichung.

$$S_{\mathrm{F}}(x', x) = S_{\mathrm{F}}^{(0)}(x', x) + \frac{e}{\hbar c} \int \mathrm{d}^4 x_1 S_{\mathrm{F}}^{(0)}(x', x_1) A\!\!\!/(x_1) S_{\mathrm{F}}(x_1, x) , \qquad (3.50)$$

mit dem freien Fermionpropagator $S_{\mathrm{F}}^{(0)}$, der seinerseits die Differentialgleichung

$$(p\!\!\!/' - m_0 c) S_{\mathrm{F}}^{(0)}(x', x) = \hbar \delta(x' - x)$$

zu erfüllen hat. Für $\psi = \psi^{(+)} + \psi^{(-)}$ folgt aus (3.48) und (3.50) die Integralgleichung

$$\begin{aligned}
\psi^{(\pm)}(x') &= \pm \mathrm{i} \lim_{t \to \mp\infty} \int \mathrm{d}^3 x S_{\mathrm{F}}(x', x) \gamma^0 \psi^{(\pm)}(x) \\
&= \pm \mathrm{i} \lim_{t \to \mp\infty} \left[\int \mathrm{d}^3 x S_{\mathrm{F}}^{(0)}(x', x) \gamma^0 \psi^{(\pm)}(x) \right. \\
&\quad \left. + \frac{e}{\hbar c} \int \mathrm{d}^3 x \int \mathrm{d}^4 x_1 S_{\mathrm{F}}^{(0)}(x', x_1) A\!\!\!/(x_1) S_{\mathrm{F}}(x_1, x) \gamma^0 \psi^{(\pm)}(x) \right] \\
&= \psi_{\mathrm{frei}}^{(\pm)}(x') + \frac{e}{\hbar c} \int \mathrm{d}^4 x_1 S_{\mathrm{F}}^{(0)}(x', x_1) A\!\!\!/(x_1) \psi^{(\pm)}(x_1) \\
\Longrightarrow \psi(x') &= \psi_{\mathrm{frei}}(x') + \frac{e}{\hbar c} \int \mathrm{d}^4 x_1 S_{\mathrm{F}}^{(0)}(x', x_1) A\!\!\!/(x_1) \psi(x_1) .
\end{aligned}$$

Analog zu den Gleichungen (3.12) und (3.14) des nichtrelativistischen Falles gelangen wir also bei der Lösung der Dirac-Gleichung auf Integralgleichungen für den Fermionpropagator S_{F} und die Wellenfunktion ψ, die sich bei Kenntnis des freien Propagators $S_{\mathrm{F}}^{(0)}$ durch Iteration approximativ lösen lassen. Der wesentliche Unterschied zum nichtrelativistischen Fall besteht jedoch darin, daß dort die Integranden entweder nur für vergangene Zeiten ($x'^0 > x_1^0 > x^0$, retardierter Fall) oder nur für zukünftige Zeiten ($x'^0 < x_1^0 < x^0$, avancierter Fall) beitragen, während hier Beiträge aus der Vergangenheit und der Zukunft eine Rolle spielen.

Satz 3.4: Lösung der allgemeinen Dirac-Gleichung im Propagatorformalismus unter Berücksichtigung der Feynman-Stückelberg-Interpretation

Die Lösung der allgemeinen Dirac-Gleichung

$$\left[p\!\!\!/' - \frac{e}{c} A\!\!\!/(x') - m_0 c \right] \psi(x') = 0 , \quad \psi(x') = \psi^{(+)}(x') + \psi^{(-)}(x')$$

unterliege zum Zeitpunkt t der Randbedingung $\psi(x)$. Dann ist der Feynmansche Fermionpropagator S_{F} dadurch definiert, daß er gemäß

$$\left\{ \begin{array}{c} \Theta(x'^0 - x^0) \\ \Theta(x^0 - x'^0) \end{array} \right\} \psi^{(\pm)}(x') = \pm \mathrm{i} \int \mathrm{d}^3 x S_{\mathrm{F}}(x', x) \gamma^0 \psi^{(\pm)}(x) \qquad (3.51)$$

$\triangleright$

die zeitliche Entwicklung der positiven Anteile $\psi^{(+)}$ in Vorwärtsrichtung und der negativen Anteile $\psi^{(-)}$ in Rückwärtsrichtung beschreibt. Für S_F gilt die Differentialgleichung

$$\left[\not{p}' - \frac{e}{c}\not{A}(x') - m_0 c \right] S_F(x', x) = \hbar \delta(x' - x)$$

und die Integralgleichung

$$S_F(x', x) = S_F^{(0)}(x', x) + \frac{e}{\hbar c} \int d^4 x_1 S_F^{(0)}(x', x_1)\not{A}(x_1)S_F(x_1, x) \ ,$$

wobei $S_F^{(0)}$ den freien Fermionpropagator bezeichnet und durch die Fourier-Zerlegung

$$\left. \begin{array}{c} S_F^{(0)}(x', x) = S_F^{(0)}(x' - x) = \int \dfrac{d^4 p}{(2\pi\hbar)^4} e^{-i p_\mu (x'^\mu - x^\mu)/\hbar} \tilde{S}_F^{(0)}(p) \\[3mm] \tilde{S}_F^{(0)}(p) = \dfrac{\hbar(\not{p} + m_0 c)}{p_\mu p^\mu - m_0^2 c^2 + i\epsilon} \end{array} \right\} \quad (3.52)$$

(siehe nächster Unterabschnitt) gegeben ist. Für ψ selbst folgt die Integralgleichung

$$\psi(x') = \psi_{\text{frei}}(x') + \frac{e}{\hbar c} \int d^4 x_1 S_F^{(0)}(x', x_1)\not{A}(x_1)\psi(x_1) \ .$$

In Aufgabe 36 wird (zumindest für den freien Fall) gezeigt, daß neben (3.51) auch die Kausalzusammenhänge

$$\left\{ \begin{array}{c} \Theta(x^0 - x'^0) \\ \Theta(x'^0 - x^0) \end{array} \right\} \bar{\psi}^{(\pm)}(x') = \pm i \int d^3 x \bar{\psi}^{(\pm)}(x)\gamma^0 S_F(x, x') \quad (3.53)$$

gelten, welche die zeitliche Rückwärts- bzw. Vorwärtsausbreitung von $\bar{\psi}^{(+)}$ bzw. $\bar{\psi}^{(-)}$ beschreiben.

3.2.2 Fourier-Zerlegung des freien Fermionpropagators

Um die Gültigkeit von (3.51) und (3.52) zu zeigen, gehen wir analog zu Aufgabe 31 vor, indem wir die Differentialgleichung

$$(\not{p}' - m_0 c) S_F^{(0)}(x', x) = \hbar \delta(x' - x) \quad (3.54)$$

für den freien Fermionpropagator durch Übergang von der Zeit-Ort- in die Energie-Impuls-Darstellung betrachten. Unter Verwendung von

$$S_F^{(0)}(x', x) = S_F^{(0)}(x' - x) \quad \text{(Homogenität von Raum und Zeit)}$$

$$S_F^{(0)}(x' - x) = \int \frac{d^4 p}{(2\pi\hbar)^4} e^{-i p_\mu (x'^\mu - x^\mu)/\hbar} \tilde{S}_F^{(0)}(p)$$

$$\delta(x' - x) = \int \frac{d^4 p}{(2\pi\hbar)^4} e^{-i p_\mu (x'^\mu - x^\mu)/\hbar}$$

wird aus (3.54)

$$\int \frac{d^4 p}{(2\pi\hbar)^4} (\not{p}' - m_0 c) \, e^{-ip_\mu(x'^\mu - x^\mu)\hbar} \tilde{S}_F^{(0)}(p) = \hbar \int \frac{d^4 p}{(2\pi\hbar)^4} e^{-ip_\mu(x'^\mu - x^\mu)/\hbar}.$$

Hieraus folgt

$$(\not{p} - m_0 c) \, \tilde{S}_F^{(0)}(p) = \hbar \implies (\not{p} + m_0 c)(\not{p} - m_0 c) \, \tilde{S}_F^{(0)}(p) = \hbar \,(\not{p} + m_0 c)$$

$$\implies \left(p_\mu p^\mu - m_0^2 c^2\right) \tilde{S}_F^{(0)}(p) = \hbar \,(\not{p} + m_0 c)$$

$$\implies \tilde{S}_F^{(0)}(p) = \hbar \frac{\not{p} + m_0 c}{p_\mu p^\mu - m_0^2 c^2} \, , \ p_\mu p^\mu \neq m_0^2 c^2$$

und somit schließlich

$$S_F^{(0)}(x' - x) = \hbar \int \frac{d^4 p}{(2\pi\hbar)^4} \frac{\not{p} + m_0 c}{p_\mu p^\mu - m_0^2 c^2} e^{-ip_\mu(x'^\mu - x^\mu)/\hbar}$$

$$= \int \frac{d^3 p}{(2\pi\hbar)^3} e^{ip(x'-x)/\hbar} \int \frac{dp_0}{2\pi} \frac{\not{p} + m_0 c}{p_\mu p^\mu - m_0^2 c^2} e^{-ip_0(x'^0 - x^0)/\hbar}. \quad (3.55)$$

Die Auswertung des Energieintegrals

$$I = \int \frac{dp_0}{2\pi} \frac{\not{p} + m_0 c}{p_\mu p^\mu - m_0^2 c^2} e^{-ip_0(x'^0 - x^0)/\hbar} \quad (3.56)$$

läßt sich am einfachsten wieder durch Komplexifizierung und Wahl eines ge-eigneten geschlossenen Integrationsweges unter besonderer Beachtung der vorhandenen Singularitäten bei $\pm\sqrt{p^2 + m_0^2 c^2}$ in der komplexen p_0-Ebene durchführen. Hierbei bietet sich

• für $x'^0 > x^0$ ein Halbkreis in der unteren komplexen Halbebene und

• für $x'^0 < x^0$ ein Halbkreis in der oberen komplexen Halbebene

an, weil dann die Integration entlang des jeweiligen Kreisbogens im Limes $R \to \infty$ verschwindet und lediglich die Integration entlang der reellen p_0-Achse übrigbleibt.

Als nächstes ist zu klären, wie genau der Integrationsweg entlang der reellen p_0-Achse um die Singularitäten herumzuführen ist bzw. auf welche Weise die Singularitäten durch Addition oder Subtraktion eines Imaginärteils iϵ in die beiden komplexen Halbebenen zu verschieben sind. Weil wir es hier aufgrund der quadratischen Energie-Impuls-Abhängigkeit mit zwei Singularitäten zu tun haben, existieren dazu mehr Möglichkeiten als beim Energieintegral (3.35) des nichtrelativistischen Propagators. Sie alle sind in Abb. 3.6 dargestellt und unterscheiden sich dadurch, daß sie zu verschiedenen Kausalzusammenhängen führen. Wie wir gleich zeigen werden, ist der Fall **d** aus Abb. 3.6 die richtige Wahl und liefert genau das gewünschte Kausalverhalten (3.51). Dieser Fall ist offenbar identisch mit einer Verschiebung des Pols $-\sqrt{p^2 + m_0^2 c^2}$ in die obere und $+\sqrt{p^2 + m_0^2 c^2}$ in die untere komplexe Halbebene, so daß wir (3.56) umschreiben können zu

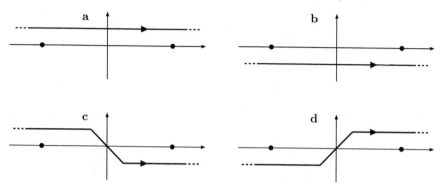

Abb. 3.6. Mögliche Integrationswege um die beiden Singularitäten bei $\pm\sqrt{\boldsymbol{p}^2 + m_0^2 c^2}$ entlang der reellen p_0-Achse. Sie alle erzwingen unterschiedliche Kausalzusammenhänge. **a** entspricht der ersten Gleichung von (3.47) und **b** der zweiten Gleichung (retardierter bzw. avancierter Propagator). **c** spiegelt (3.51) wider, allerdings mit umgekehrter Zeitordnung, d.h. hier würden positive Anteile zeitlich rückwärts und negative Anteile zeitlich vorwärts propagieren. **d** liefert schließlich das gewünschte Kausalitätsprinzip wie es in (3.51) definiert ist.

$$I = \lim_{\epsilon \to 0} \oint_{H(0,R,\pm)} \frac{\mathrm{d}p_0}{2\pi} \frac{(\gamma^0 p_0 - \boldsymbol{\gamma}\boldsymbol{p} + m_0 c)\mathrm{e}^{-\mathrm{i}p_0(x'^0 - x^0)/\hbar}}{\left(p_0 + \sqrt{\boldsymbol{p}^2 + m_0^2 c^2} - \mathrm{i}\epsilon\right)\left(p_0 - \sqrt{\boldsymbol{p}^2 + m_0^2 c^2} + \mathrm{i}\epsilon\right)} \ ,$$

wobei $H(0, R, \pm)$ die Halbkreise mit Radius R in der oberen bzw. unteren komplexen Halbebene bezeichnen. Diese Gleichung läßt sich jetzt leicht mit Hilfe des Residuensatzes auswerten.

$\boldsymbol{x'^0 > x^0}$: In diesem Fall befindet sich nur der Pol bei $+\sqrt{\boldsymbol{p}^2 + m_0^2 c^2}$ innerhalb des von $H(0, R, -)$ eingeschlossenen Gebietes. Unter Berücksichtigung des negativen Umlaufsinnes von $H(0, R, -)$ erhalten wir daher

$$I = -\mathrm{i}\frac{(\gamma^0 p_0 - \boldsymbol{\gamma}\boldsymbol{p} + m_0 c)\mathrm{e}^{-\mathrm{i}p_0(x'^0 - x^0)/\hbar}}{2p_0} \ , \ p_0 = +\sqrt{\boldsymbol{p}^2 + m_0^2 c^2} \ .$$

Jetzt ist p_0 natürlich nicht mehr die Integrationsvariable, sondern wie üblich die positive freie Energie. Einsetzen dieses Ausdruckes in (3.55) liefert

$$S_{\mathrm{F}}^{(0)}(x' - x) = -\mathrm{i} \int \frac{\mathrm{d}^3 p}{(2\pi\hbar)^3} \mathrm{e}^{\mathrm{i}\boldsymbol{p}(\boldsymbol{x}' - \boldsymbol{x})/\hbar} \mathrm{e}^{-\mathrm{i}p_0(x'^0 - x^0)/\hbar} \frac{\gamma^0 p_0 - \boldsymbol{\gamma}\boldsymbol{p} + m_0 c}{2p_0}$$

$$= -\mathrm{i} \int \frac{\mathrm{d}^3 p}{(2\pi\hbar)^3} \mathrm{e}^{\mathrm{i}\boldsymbol{p}(\boldsymbol{x}' - \boldsymbol{x})/\hbar} \mathrm{e}^{-\mathrm{i}p_0(x'^0 - x^0)/\hbar} \frac{\not{p} + m_0 c}{2p_0}$$

$$= -\mathrm{i} \int \frac{\mathrm{d}^3 p}{(2\pi\hbar)^3} \mathrm{e}^{-\mathrm{i}p_\mu(x'^\mu - x^\mu)/\hbar} \frac{m_0 c}{p_0} \Lambda_+(p) \ ,$$

mit den Energieprojektoren $\Lambda_\pm(p) = (\pm\not{p} + m_0 c)/2m_0 c$ aus Satz 2.4.

$\boldsymbol{x'^0 < x^0}$: Hier haben wir den von $H(0, R, +)$ eingeschlossenen Pol bei $-\sqrt{\boldsymbol{p}^2 + m_0^2 c^2}$ zu berücksichtigen, so daß

$$I = -\mathrm{i}\frac{(-\gamma^0 p_0 - \boldsymbol{\gamma}\boldsymbol{p} + m_0 c)\mathrm{e}^{\mathrm{i}p_0(x'^0-x^0)/\hbar}}{2p_0} \quad , \quad p_0 = +\sqrt{\boldsymbol{p}^2 + m_0^2 c^2} \; .$$

Damit geht (3.55) über in

$$
\begin{aligned}
S_{\mathrm{F}}^{(0)}(x'-x) &= -\mathrm{i}\int \frac{\mathrm{d}^3 p}{(2\pi\hbar)^3}\mathrm{e}^{\mathrm{i}\boldsymbol{p}(\boldsymbol{x}'-\boldsymbol{x})/\hbar}\mathrm{e}^{\mathrm{i}p_0(x'^0-x^0)/\hbar}\frac{-\gamma^0 p_0 - \boldsymbol{\gamma}\boldsymbol{p} + m_0 c}{2p_0} \\
&= -\mathrm{i}\int \frac{\mathrm{d}^3 p}{(2\pi\hbar)^3}\mathrm{e}^{-\mathrm{i}\boldsymbol{p}(\boldsymbol{x}'-\boldsymbol{x})/\hbar}\mathrm{e}^{\mathrm{i}p_0(x'^0-x^0)/\hbar}\frac{-\gamma^0 p_0 + \boldsymbol{\gamma}\boldsymbol{p} + m_0 c}{2p_0} \\
&= -\mathrm{i}\int \frac{\mathrm{d}^3 p}{(2\pi\hbar)^3}\mathrm{e}^{-\mathrm{i}\boldsymbol{p}(\boldsymbol{x}'-\boldsymbol{x})/\hbar}\mathrm{e}^{\mathrm{i}p_0(x'^0-x^0)/\hbar}\frac{-\not{p} + m_0 c}{2p_0} \\
&= -\mathrm{i}\int \frac{\mathrm{d}^3 p}{(2\pi\hbar)^3}\mathrm{e}^{\mathrm{i}p_\mu(x'^\mu-x^\mu)/\hbar}\frac{m_0 c}{p_0}\Lambda_-(p) \; ,
\end{aligned}
$$

wobei in der zweiten Zeile die Ersetzung $\boldsymbol{p} \to -\boldsymbol{p}$ vorgenommen wurde. Beide Fälle lassen sich schließlich zusammenfassen zu[13]

$$
\begin{aligned}
S_{\mathrm{F}}^{(0)}(x'-x) = &-\mathrm{i}\Theta(x'^0-x^0)\int \frac{\mathrm{d}^3 p}{(2\pi\hbar)^3}\mathrm{e}^{-\mathrm{i}p_\mu(x'^\mu-x^\mu)/\hbar}\frac{m_0 c}{p_0}\Lambda_+(p) \\
&-\mathrm{i}\Theta(x^0-x'^0)\int \frac{\mathrm{d}^3 p}{(2\pi\hbar)^3}\mathrm{e}^{\mathrm{i}p_\mu(x'^\mu-x^\mu)/\hbar}\frac{m_0 c}{p_0}\Lambda_-(p) \; . \quad (3.57)
\end{aligned}
$$

Wie in Aufgabe 35 gezeigt wird, kann man diesen Ausdruck analog zum nichtrelativistischen Fall weiter umschreiben zu

$$
\begin{aligned}
S_{\mathrm{F}}^{(0)}(x'-x) = &-\mathrm{i}\Theta(x'^0-x^0)\int \mathrm{d}^3 p\sum_{r=1}^{2}\psi_{\boldsymbol{p}}^{(r)}(x')\bar{\psi}_{\boldsymbol{p}}^{(r)}(x) \\
&+\mathrm{i}\Theta(x^0-x'^0)\int \mathrm{d}^3 p\sum_{r=3}^{4}\psi_{\boldsymbol{p}}^{(r)}(x')\bar{\psi}_{\boldsymbol{p}}^{(r)}(x) \; , \quad (3.58)
\end{aligned}
$$

womit sich insbesondere auch die Gültigkeit des zweiten Kausalzusammenhangs (3.53) für den freien Fall leicht nachweisen läßt (Aufgabe 36).

Insgesamt führen unsere Überlegungen also zum Ergebnis, daß der korrekte freie Fermionpropagator im Impulsraum durch

$$
\begin{aligned}
\tilde{S}_{\mathrm{F}}^{(0)}(p) &= \frac{\hbar(\gamma^\mu p_\mu + m_0 c)}{\left(p_0 + \sqrt{\boldsymbol{p}^2 + m_0^2 c^2} - \mathrm{i}\epsilon\right)\left(p_0 - \sqrt{\boldsymbol{p}^2 + m_0^2 c^2} + \mathrm{i}\epsilon\right)} \\
&= \frac{\hbar(\gamma^\mu p_\mu + m_0 c)}{p_\mu p^\mu - m_0^2 c^2 + 2\mathrm{i}\epsilon\sqrt{\boldsymbol{p}^2 + m_0^2 c^2} + \epsilon^2} \\
&\approx \frac{\hbar(\gamma^\mu p_\mu + m_0 c)}{p_\mu p^\mu - m_0^2 c^2 + \mathrm{i}\epsilon'}
\end{aligned}
$$

---

[13] Hieran erkennt man leicht, daß $S_{\mathrm{F}}^{(0)}$ im nichtrelativistischen Grenzfall $p_0 \approx m_0 c + E/c$, $E \approx \boldsymbol{p}^2/2m_0$ in den freien retardierten Propagator $G^{(0,+)}$ aus (3.16) übergeht.

gegeben ist, in Übereinstimmung mit (3.52).

Abschließend sei darauf hingewiesen, daß die Wahl des Propagators entscheidend vom Vakuum abhängt bzw. davon, welche Zustände als Elektronen und Positronen interpretiert werden. In den hier vorgeführten Rechnungen sind wir stillschweigend davon ausgegangen, daß die Zustände des negativen Energiekontinuums besetzt und Löcher darin als Positronen aufzufassen sind. Es sind jedoch durchaus auch Situationen vorstellbar (z.B. bei Anwesenheit starker Felder), in denen gewisse Zustände des negativen Energiekontinuums als Elektronen mit zeitlich vorwärtiger Ausbreitungsrichtung interpretiert werden müssen. In solchen Fällen ist der Integrationsweg für $S_{\mathrm{F}}^{(0)}$ in der komplexen p_0-Ebene entsprechend anzupassen.

3.2.3 Streuformalismus

Mit Satz 3.4 haben wir einen relativistischen Propagatorformalismus für die Bewegung von Elektronen und Positronen vorliegen, den wir jetzt analog zu Unterabschn. 3.1.3 zum Aufbau der zugehörigen Streutheorie heranziehen werden. Viele der dortigen Voraussetzungen können dabei unverändert übernommen werden. Dies bedeutet konkret,

- daß wir von Teilchenstreuungen an ein fest installiertes Target mit einem örtlich begrenzten Wechselwirkungspotential ausgehen,

$$\lim_{|\boldsymbol{x}| \to \infty} V(x) = 0 \; ,$$

- daß aus Einfachheitsgründen die einlaufenden, anfänglich frei zu betrachtenden Teilchen nicht durch lokalisierte Wellenpakete, sondern durch ebene Wellen beschrieben werden,

- was aufgrund der Adiabatennäherung gerechtfertigt ist, wonach die asymptotische Freiheit lokalisierter Wellenpakete im Limes $|\boldsymbol{x}| \to \infty$ ersetzt werden kann durch die asymptotische Freiheit von einlaufender ebener Welle und resultierender Streuwelle im Limes $t \to \pm\infty$:

$$\lim_{t \to \pm\infty} V(x) = 0 \; .$$

Streuamplitude, Streumatrix. Wie im nichtrelativistischen Fall wird auch hier die Streuamplitude S_{fi} definiert durch die Projektion des sich aus der freien ebenen Welle Ψ_i entwickelnden Zustandes ψ_i auf die freie ebene Welle Ψ_f lange nach der Streuung:

$$S_{fi} = \lim_{t' \to \pm\infty} \int \mathrm{d}^3 x' \Psi_f^\dagger(x') \psi_i(x') \; . \tag{3.59}$$

Der Hauptunterschied zum nichtrelativistischen Fall besteht jedoch darin, daß wir hier einen von zwei Grenzwerten, $t' \to +\infty$ oder $t' \to -\infty$, zu betrachten haben, und zwar in Abhängigkeit von den bei der Streuung beteiligten Teilchensorten. Interessieren wir für uns für elektronische Streuzustände, dann ist Ψ_f eine Elektronwelle mit positiver Energie, die sich zeitlich vorwärts entwickelt, so daß der Grenzwert $t' \to +\infty$ zu wählen ist. Wollen wir dagegen die Streuung in Positronzustände studieren, dann bietet sich für Ψ_f aufgrund der Feynman-Stückelberg-Interpretation eine Elektronwelle mit negativer Energie an, die zeitlich rückwärts propagiert. In diesem Fall ist also der Grenzwert $t' \to -\infty$ relevant. Entsprechende Überlegungen gelten für die einlaufenden Teilchen: Handelt es sich hierbei um Elektronen, dann gilt $\lim_{t \to -\infty} \psi_i(x) = \Psi_i(x)$, wobei Ψ_i eine Elektronwelle mit positiver Energie ist. Im Falle von Positronen haben wir dagegen $\lim_{t \to +\infty} \psi_i(x) = \Psi_i(x)$, mit Ψ_i als Elektronwelle negativer Energie.

Unter Zuhilfenahme von Satz 3.4 können wir jetzt weitere Ausdrücke der Streuamplitude (3.59) für die vier Streukonstellationen

$$\text{Elektron oder Positron} \longrightarrow \text{Elektron oder Positron}$$

in folgender Weise zusammenfassend berechnen, wobei der obere Grenzwert für Elektronen ($r_f = 1, 2$; $\epsilon_f = +1$) und der untere Grenzwert für Positronen ($r_f = 3, 4$; $\epsilon_f = -1$) im Endzustand zu nehmen ist: Wegen

$$\psi_i(x') = \Psi_i(x') + \frac{e}{\hbar c} \int \mathrm{d}^4 x_1 S_F^{(0)}(x' - x_1)\slashed{A}(x_1)\psi_i(x_1)$$

und[14]

$$\bar{\Psi}_f(x_1) = \lim_{t' \to \pm\infty} \mathrm{i}\epsilon_f \int \mathrm{d}^3 x' \bar{\Psi}_f(x')\gamma^0 S_F^{(0)}(x' - x_1)$$

$$\int \mathrm{d}^3 x \Psi_f^{(r_f)\dagger}(x)\Psi_i^{(r_i)}(x) = \delta(\boldsymbol{p}_f - \boldsymbol{p}_i)\delta_{r_f r_i}$$

geht (3.59) über in

$$
\begin{aligned}
S_{fi} &= \lim_{t' \to \pm\infty} \left[\int \mathrm{d}^3 x' \Psi_f^\dagger(x')\psi_i(x') \right. \\
&\quad \left. + \frac{e}{\hbar c} \int \mathrm{d}^3 x' \int \mathrm{d}^4 x_1 \bar{\Psi}_f(x')\gamma^0 S_F^{(0)}(x' - x_1)\slashed{A}(x_1)\psi_i(x_1) \right] \\
&= \delta(\boldsymbol{p}_f - \boldsymbol{p}_i)\delta_{r_f r_i} - \frac{\mathrm{i}e\epsilon_f}{\hbar c} \int \mathrm{d}^4 x_1 \bar{\Psi}_f(x_1)\slashed{A}(x_1)\psi_i(x_1) \; .
\end{aligned}
$$

Durch Iteration von ψ_i in der Weise

$$
\begin{aligned}
\psi_i(x_1) &= \Psi_i(x_1) \\
&\quad + \frac{e}{\hbar c} \int \mathrm{d}^4 x_2 S_F^{(0)}(x_1 - x_2)\slashed{A}(x_2)\Psi_i(x_2) \\
&\quad + \left(\frac{e}{\hbar c}\right)^2 \int \mathrm{d}^4 x_2 \int \mathrm{d}^4 x_3 S_F^{(0)}(x_1 - x_2)\slashed{A}(x_2) \\
&\quad \times S_F^{(0)}(x_2 - x_3)\slashed{A}(x_3)\Psi_i(x_3) \\
&\quad + \ldots
\end{aligned}
$$

---

[14] Siehe Fußnote 9 auf Seite 200.

erhalten wir schließlich den zu Satz 3.2 korrespondierenden

Satz 3.5: Streumatrix in der Dirac-Theorie

Die Streuamplitude S_{fi} ist definiert durch die Projektion des sich aus Ψ_i während einer Streuung an ein Target entwickelnden Zustandes ψ_i auf Ψ_f lange nach der Streuung:

$$S_{fi} = \lim_{t' \to \pm\infty} \int d^3x' \Psi_f^\dagger(x')\psi_i(x') \ , \ \lim_{t \to \mp\infty} \psi_i(x) = \Psi_i(x) \ . \tag{3.60}$$

Im Falle elektronischer [positronischer] Streuzustände ist Ψ_f eine ebene Elektronwelle mit positiver [negativer] Energie, die sich zeitlich vorwärts [rückwärts] entwickelt, so daß in der linken Gleichung der Grenzwert $t' \to +\infty$ [$t' \to -\infty$] zu betrachten ist. Handelt es sich bei den einlaufenden Teilchen um Elektronen [Positronen], dann ist Ψ_i eine ebene Elektronwelle mit positiver [negativer] Energie, und es gilt in der rechten Gleichung der Grenzwert $t \to -\infty$ [$t \to +\infty$].

Mit Hilfe des Feynmanschen Propagatorformalismus läßt sich S_{fi} in eine Reihe von Vielfachstreuungen entwickeln:

$$\begin{aligned}
S_{fi} =\ & \delta(\boldsymbol{p}_f - \boldsymbol{p}_i)\delta_{r_f r_i} - \frac{ie\epsilon_f}{\hbar c} \int d^4x_1 \bar{\Psi}_f(x_1)\!\!\not{\!A}(x_1)\psi_i(x_1) \\
=\ & \delta(\boldsymbol{p}_f - \boldsymbol{p}_i)\delta_{r_f r_i} \\
& -i\epsilon_f \frac{e}{\hbar c} \int d^4x_1 \bar{\Psi}_f(x_1)\!\!\not{\!A}(x_1)\Psi_i(x_1) \\
& -i\epsilon_f \left(\frac{e}{\hbar c}\right)^2 \int d^4x_1 \int d^4x_2 \bar{\Psi}_f(x_2)\!\!\not{\!A}(x_2)S_F^{(0)}(x_2 - x_1)\!\!\not{\!A}(x_1)\Psi_i(x_1) \\
& -i\epsilon_f \left(\frac{e}{\hbar c}\right)^3 \int d^4x_1 \int d^4x_2 \int d^4x_3 \bar{\Psi}_f(x_3)\!\!\not{\!A}(x_3)S_F^{(0)}(x_3 - x_2) \\
& \times \!\!\not{\!A}(x_2)S_F^{(0)}(x_2 - x_1)\!\!\not{\!A}(x_1)\Psi_i(x_1) \\
& -\ldots \ .
\end{aligned} \tag{3.61}$$

Hierbei bezeichnet A^μ das Viererpotential des Targets, $S_F^{(0)}$ den freien Fermionpropagator und ϵ_f das Energievorzeichen von Ψ_f.

Grundlage dieses Satzes sind die Adiabatennäherung und die Feynman-Stückelberg-Interpretation.

Analog zu den Bemerkungen nach Satz 3.2 halten wir hier folgendes fest:

• Aus der Hermitezität des Diracschen Hamilton-Operators und der damit verbundenen Erhaltung der Gesamtwahrscheinlichkeit folgt wieder die Unitarität der Streumatrix S. Der direkte Beweis ist allerdings etwas aufwendiger als im nichtrelativistischen Fall, weil hier die Summe der Unitaritätsbedingung $\sum_k S_{kf}^* S_{ki} = \delta_{fi}$ über alle Zustände zu nehmen ist, in die ein gegebener Anfangszustand streuen kann. Man führt den Beweis deshalb am besten im Rahmen der Quantenelektrodynamik durch.

- Ähnlich wie im nichtrelativistischen Fall können wir auch hier die Entwicklung von ψ_f ausgehend von Ψ_f (anstelle von ψ_i ausgehend von Ψ_i) in zeitlich umgekehrter Richtung betrachten und die Streumatrix durch

$$S_{fi} = \lim_{t \to \mp\infty} \int \mathrm{d}^3 x \psi_f^\dagger(x) \Psi_i(x) \ , \quad \lim_{t' \to \pm\infty} \psi_f(x') = \Psi_f(x')$$

definieren, welche bis auf eine Phase mit (3.60) identisch ist. Wegen

$$\psi_i(x') = \lim_{t \to \mp\infty} \mathrm{i}\epsilon_i \int \mathrm{d}^3 x S_\mathrm{F}(x',x)\gamma^0 \Psi_i(x)$$

$$\bar\psi_f(x) = \lim_{t' \to \pm\infty} \mathrm{i}\epsilon_f \int \mathrm{d}^3 x' \bar\psi_f(x')\gamma^0 S_\mathrm{F}(x',x)$$

folgt nämlich

$$S_{fi} = \lim_{t \to \mp\infty} \int \mathrm{d}^3 x \psi_f^\dagger(x) \Psi_i(x) = \lim_{t \to \mp\infty} \int \mathrm{d}^3 x \bar\psi_f(x)\gamma^0 \Psi_i(x)$$

$$= \lim_{\substack{t \to \mp\infty \\ t' \to \pm\infty}} \mathrm{i}\epsilon_f \int \mathrm{d}^3 x \int \mathrm{d}^3 x' \bar\psi_f(x')\gamma^0 S_\mathrm{F}(x',x)\gamma^0 \Psi_i(x)$$

$$= \lim_{t' \to \pm\infty} \epsilon_i \epsilon_f \int \mathrm{d}^3 x' \Psi_f^\dagger(x') \psi_i(x') \ .$$

- Wie man sieht, ist die Streureihe (3.61) im wesentlichen eine Entwicklung in der Feinstrukturkonstanten $\alpha_e = e^2/\hbar c \approx 1/137$ (in praxisrelevanten Fällen enthält A selbst die elektrische Ladung e). Es ist gerade diese Kleinheit von α_e, die eine rasche Konvergenz von (3.61) gewährleistet, so daß i.d.R. nur die ersten Terme mitgenommen werden müssen.

Betrachten wir jetzt die physikalischen Implikationen von Satz 3.5 etwas genauer. Zunächst einmal lassen sich die einzelnen Entwicklungsterme von (3.61) unter Berücksichtigung von

$$\Psi_i(x_1) = \lim_{t \to \mp\infty} \mathrm{i}\epsilon_i \int \mathrm{d}^3 x S_\mathrm{F}^{(0)}(x_1 - x)\gamma^0 \Psi_i(x)$$

$$\bar\Psi_f(x_n) = \lim_{t' \to \pm\infty} \mathrm{i}\epsilon_f \int \mathrm{d}^3 x' \bar\psi_f(x_n)\gamma^0 S_\mathrm{F}^{(0)}(x' - x_n)$$

analog zum nichtrelativistischen Fall dergestalt interpretieren, daß sich ein Teilchen zwischen den Raumzeitpunkten x und x' entlang verschiedener Zwischenpunkte oder Vertizes x_i mit der Wahrscheinlichkeitsamplitude $S_\mathrm{F}^{(0)}(x_{i+1} - x_i)$ frei entwickelt, wobei es an jedem Vertex Streuungen durch das Wechselwirkungspotential A^μ erleidet. Die Gesamtamplitude ergibt sich wieder durch Integration über alle möglichen Vertizes. Im Gegensatz zum nichtrelativistischen Fall müssen diese Streuungen jedoch nicht chronologisch verlaufen, was auf die Konstruktion des Fermionpropagators bzw. des damit verbundenen Kausalitätsprinzips (3.51) zurückzuführen ist.

Elektronstreuung. Interessiert man sich für den Prozeß der Elektronstreuung,

$$\left.\begin{array}{l} \epsilon_i = +1 \ , \ \Psi_i \ \text{im Limes} \ t \to -\infty \\[2mm] \epsilon_f = +1 \ , \ \Psi_f \ \text{im Limes} \ t' \to +\infty \ , \end{array}\right\} \tag{3.62}$$

so lassen sich die hierfür relevanten Terme von S_{fi} in nullter, erster und zweiter Ordnung wieder durch die in Abb. 3.3 gezeigten Feynman-Graphen **a**, **b** und **c** (mit der Ersetzung $\Psi^* \to \bar{\Psi}$) darstellen. Zusätzlich trägt in zweiter Ordnung aber auch noch der „achronologische" Zickzack-Graph der Abb. 3.7 bei, den wir auf Teilchenebene gemäß der Feynman-Stückelberg-Interpretation folgendermaßen deuten können: Bei x_2 wird ein Elektron-Positron-Paar er-

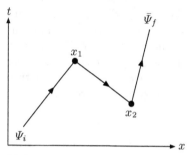

Abb. 3.7. Neben Abb. 3.3**c** trägt auch dieser gezackte Feynman-Graph zur zweiten Ordnung der Streuamplitude für die Elektronstreuung bei.

zeugt, von denen das Elektron aus dem Wechselwirkungsbereich heraus und das Positron nach x_1 läuft. Letzteres wird zusammen mit dem einlaufenden Elektron bei x_1 vernichtet.[15] Sämtliche Teilchenbewegungen finden dabei, wie es physikalisch auch sein muß, in zeitlicher Vorwärtsrichtung statt.

Im Sinne des löchertheoretischen Bildes läßt sich Abb. 3.7 auch so deuten, daß bei x_2 ein Elektron negativer Energie in ein Elektron positiver Energie gestreut wird und dabei ein Loch im Dirac-See hinterläßt. Während das so erzeugte Elektron positiver Energie herausläuft, wandert das Loch nach x_1, wo es durch Streuung des einlaufenden Elektrons positiver Energie wieder gefüllt, d.h. vernichtet wird.

---

[15] Weil dieses Positron offensichtlich nur sehr kurz existiert, wird es auch *virtuell* genannt. Ganz allgemein unterscheidet man *reelle Teilchen*, deren Feynman-Pfade nach einer Seite hin offen sind (offene bzw. äußere Linien), und *virtuelle Teilchen*, deren Feynman-Pfade Anfangs- und Endpunkt besitzen (geschlossene bzw. innere Linien).

Positronstreuung. Wie man sich sofort klar macht, führen die zur Positronstreuung, also die zu

$$\left.\begin{array}{l} \epsilon_i = -1 \ , \ \Psi_i \text{ im Limes } t \to +\infty \\[2mm] \epsilon_f = -1 \ , \ \Psi_f \text{ im Limes } t' \to -\infty \end{array}\right\} \tag{3.63}$$

beitragenden Terme von S_{fi}, auf die um 180° gedrehten Feynman-Graphen der Elektronstreuung. Auch diese lassen sich mit Hilfe der Feynman-Stückelberg-Interpretation und im Sinne der Löchertheorie konsistent deuten.

Paarerzeugung. Neben (3.62) und (3.63) können wir natürlich auch die Kombination

$$\epsilon_i = -1 \ , \ \Psi_i \text{ im Limes } t \to +\infty$$

$$\epsilon_f = +1 \ , \ \Psi_f \text{ im Limes } t' \to +\infty$$

betrachten, die offenbar einem aus dem Wechselwirkungsbereich herauslaufenden Positron und einem ebenfalls herauslaufenden Elektron entspricht, also dem Prozeß der reellen Elektron-Positron-Erzeugung. Hier hat man für S_{fi} in erster und zweiter Ordnung die Feynman-Graphen der Abb. 3.8a-c, wobei die zweite Ordnung in **b** und **c** dem möglichen zeitlichen Verlauf der beiden Streuungen entsprechend aufgespalten ist: In **b** erleidet das Positron und in **c** das Elektron nach seiner Erzeugung eine zusätzliche Streuung.

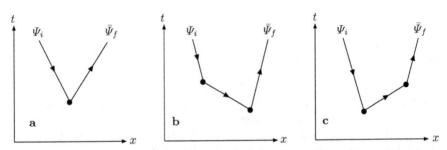

Abb. 3.8. Feynman-Graphen der Streuamplitude für die Elektron-Positron-Erzeugung in erster und zweiter Ordnung. Der Beitrag zweiter Ordnung ist in **b** und **c** durch die Zeitordnung der beiden Streuungen aufgespalten.

Paarvernichtung. Dreht man schließlich die Diagramme der Abb. 3.8 um 180°, so erhält man die Graphen von S_{fi} in erster und zweiter Ordnung für die verbleibende Kombination

$$\epsilon_i = +1 \ , \ \Psi_i \text{ im Limes } t \to -\infty$$

$$\epsilon_f = -1 \ , \ \Psi_f \text{ im Limes } t' \to -\infty \ ,$$

also für eine Konstellation, bei der sowohl Elektron als auch Positron in den Wechselwirkungsbereich hineinlaufen und sich dort gegenseitig vernichten.

Anhand dieser einfachen Beispiele zeigt sich sehr deutlich die physikalische Bedeutung und Notwendigkeit des modifizierten Kausalitätsprinzips (3.51), das wir als Randbedingung in den Fermionpropagator gesteckt hatten. Nur dadurch ist es im Zusammenwirken mit der Feynman-Stückelberg-Interpretation möglich, die in S_{fi} vorkommenden Ausdrücke als Elektron- und Positronstreuung, Paarerzeugung und Paarvernichtung zu deuten, also als diejenigen Phänomene, die in der Natur auch tatsächlich beobachtet werden.

Zusammenfassend können wir festhalten, daß die Sätze 3.4 und 3.5 in Verbindung mit Satz 3.3 eine sinnvolle Beschreibung relativistischer Streuprozesse von Dirac-Teilchen darstellen, die wir im folgenden Abschnitt auf viele konkrete Probleme anwenden und für kompliziertere Streusituationen erweitern werden. Da wir hierbei oft auf komplexe aber strukturell ähnliche Bispinor-γ-Matrixkombinationen stoßen werden, erweist es sich als zweckmäßig, zuvor einige allgemeine Eigenschaften derartiger Kombinationen zu untersuchen.

3.2.4 Spurbildungen mit γ-Matrizen

Die Berechnung von $|S_{fi}|^2$ bei konkreten Streuproblemen führt oftmals auf doppelte Spinsummen der Form

$$\sum_{s_f, s_i} [\bar{u}(p_f, s_f)\Gamma_1 u(p_i, s_i)][\bar{u}(p_i, s_i)\Gamma_2 u(p_f, s_f)] \,,$$

mit $u(p, s)$ oder auch $v(p, s)$ aus Satz 2.4 und $\Gamma_{1,2}$ als Operatoren, die gewisse γ-Matrixkombinationen enthalten. Derartige Ausdrücke lassen sich i.d.R. auf Spurbildungen zurückführen und anschließend durch Verwendung einiger allgemeiner γ-Matrix-Spurtheoreme weiter auswerten, so daß die explizite Gestalt der beteiligten Bispinoren nicht weiter berücksichtigt zu werden braucht. Der Übersicht halber fassen wir einige hierfür relevante Zusammenhänge in folgendem Satz zusammen und beweisen sie direkt im Anschluß:

Satz 3.6: Spurbildungen mit γ-Matrizen

Es gelten die Beziehungen

$$\left.\begin{aligned}
\sum_{s_f, s_i} [\bar{u}(f)\Gamma_1 u(i)][\bar{u}(i)\Gamma_2 u(f)] &= \mathrm{tr}\left[\Lambda_+(p_f)\Gamma_1\Lambda_+(p_i)\Gamma_2\right] \\
\sum_{s_f, s_i} [\bar{v}(f)\Gamma_1 v(i)][\bar{v}(i)\Gamma_2 v(f)] &= \mathrm{tr}\left[\Lambda_-(p_f)\Gamma_1\Lambda_-(p_i)\Gamma_2\right] \\
\sum_{s_f, s_i} [\bar{u}(f)\Gamma_1 v(i)][\bar{v}(i)\Gamma_2 u(f)] &= -\mathrm{tr}\left[\Lambda_+(p_f)\Gamma_1\Lambda_-(p_i)\Gamma_2\right] \\
\sum_{s_f, s_i} [\bar{v}(f)\Gamma_1 u(i)][\bar{u}(i)\Gamma_2 v(f)] &= -\mathrm{tr}\left[\Lambda_-(p_f)\Gamma_1\Lambda_+(p_i)\Gamma_2\right] \,,
\end{aligned}\right\} \quad (3.64)$$

mit der abkürzenden Schreibweise $u(i) = u(p_i, s_i)$ usw. Je nach konkretem Aussehen der Operatoren $\Gamma_{1,2}$ lassen sich diese Spuren durch folgende Identitäten weiter berechnen:

$\triangleright$

$$\text{tr}(\not{a}\not{b}) = 4a \cdot b$$

$$\text{tr}(\not{a}_1 \cdots \not{a}_n) = 0 \text{ falls } n \text{ ungerade}$$

$$\text{tr}(\not{a}_1 \not{a}_2 \cdots \not{a}_{2n}) = \text{tr}(\not{a}_{2n} \cdots \not{a}_1)$$

$$\text{tr}(\not{a}_1 \cdots \not{a}_n) = a_1 \cdot a_2 \text{tr}(\not{a}_3 \cdots \not{a}_n)$$

$$-a_1 \cdot a_3 \text{tr}(\not{a}_2 \not{a}_4 \cdots \not{a}_n)$$

$$+ \ldots + (-1)^n a_1 \cdot a_n \text{tr}(\not{a}_2 \cdots \not{a}_{n-1})$$

$$\text{tr}(\gamma^5) = 0$$

$$\text{tr}(\gamma^5 \not{a}_1 \cdots \not{a}_n) = 0 \text{ falls } n \text{ ungerade}$$

$$\text{tr}(\gamma^5 \not{a}\not{b}) = 0$$

$$\text{tr}(\gamma^5 \not{a}\not{b}\not{c}\not{d}) = -4i\epsilon^{\alpha\beta\gamma\delta} a_\alpha b_\beta c_\gamma d_\delta$$

$$\tag{3.65}$$

$$\gamma_\mu \gamma^\mu = 4$$

$$\gamma_\mu \not{a} \gamma^\mu = -2\not{a}$$

$$\gamma_\mu \not{a}\not{b} \gamma^\mu = 4a \cdot b$$

$$\gamma_\mu \not{a}\not{b}\not{c} \gamma^\mu = -2\not{c}\not{b}\not{a}$$

$$\gamma_\mu \not{a}\not{b}\not{c}\not{d} \gamma^\mu = 2\not{d}\not{a}\not{b}\not{c} + 2\not{c}\not{b}\not{a}\not{d} .$$

$$\tag{3.66}$$

Man beachte die indexsparende Schreibweise $a \cdot b$ für $a^\mu b_\mu$, die wir auch im weiteren Verlauf oft verwenden werden.

Zu (3.64). Aufgrund der Projektionsbeziehungen (siehe Satz 2.4)

$$\bar{\omega}^{(1,2)}(\boldsymbol{p})\Lambda_+(p) = \bar{\omega}^{(1,2)}(\boldsymbol{p}) \quad , \quad \bar{\omega}^{(3,4)}(\boldsymbol{p})\Lambda_+(p) = 0$$

$$\bar{\omega}^{(3,4)}(\boldsymbol{p})\Lambda_-(p) = \bar{\omega}^{(3,4)}(\boldsymbol{p}) \quad , \quad \bar{\omega}^{(1,2)}(\boldsymbol{p})\Lambda_-(p) = 0$$

und der zweiten Relation von (2.16) gilt

$$\sum_{s_i} u_\alpha(i)\bar{u}_\beta(i) = \sum_{r=1}^{2} \omega_\alpha^{(r)}(\boldsymbol{p}_i)\bar{\omega}_\beta^{(r)}(\boldsymbol{p}_i)$$

$$= \sum_{\epsilon,r=1}^{4} \epsilon_r \omega_\alpha^{(r)}(\boldsymbol{p}_i)\bar{\omega}_\delta^{(r)}(\boldsymbol{p}_i) \left[\Lambda_+(p_i)\right]_{\delta\beta}$$

$$= \left[\Lambda_+(p_i)\right]_{\alpha\beta} \tag{3.67}$$

$$\sum_{s_i} v_\alpha(i)\bar{v}_\beta(i) = \sum_{r=3}^{4} \omega_\alpha^{(r)}(\boldsymbol{p}_i)\bar{\omega}_\beta^{(r)}(\boldsymbol{p}_i)$$

$$= -\sum_{\epsilon,r=1}^{4} \epsilon_r \omega_\alpha^{(r)}(\boldsymbol{p}_i)\bar{\omega}_\delta^{(r)}(\boldsymbol{p}_i) \left[\Lambda_-(p_i)\right]_{\delta\beta}$$

$$= - [\Lambda_+(p_i)]_{\alpha\beta} \ . \tag{3.68}$$

Damit folgt für die erste Gleichung von (3.64)

$$\sum_{s_f,s_i} [\bar{u}(f)\Gamma_1 u(i)][\bar{u}(i)\Gamma_2 u(f)] = \sum_{\substack{\alpha,\beta,\delta,\epsilon \\ s_i,s_f}} \bar{u}_\alpha(f)[\Gamma_1]_{\alpha\beta} u_\beta(i)\bar{u}_\delta(i)[\Gamma_2]_{\delta\epsilon} u_\epsilon(f)$$

$$= \sum_{\substack{\alpha,\beta,\delta,\epsilon \\ s_f}} \bar{u}_\alpha(f)[\Gamma_1]_{\alpha\beta}[\Lambda_+(p_i)]_{\beta\delta}[\Gamma_2]_{\delta\epsilon} u_\epsilon(f)$$

$$= \sum_{\substack{\alpha,\beta,\delta,\epsilon \\ s_f}} u_\epsilon(f)\bar{u}_\alpha(f)[\Gamma_1]_{\alpha\beta}[\Lambda_+(p_i)]_{\beta\delta}[\Gamma_2]_{\delta\epsilon}$$

$$= \sum_{\alpha,\beta,\delta,\epsilon} [\Lambda_+(p_f)]_{\epsilon\alpha}[\Gamma_1]_{\alpha\beta}[\Lambda_+(p_i)]_{\beta\delta}[\Gamma_2]_{\delta\epsilon} \ .$$

Durch Zusammenfassen der Matrixmultiplikation zu einer Matrix folgt schließlich die Behauptung. Der Beweis für die restlichen Gleichungen von (3.64) erfolgt in analoger Weise.

Zum Beweis von (3.65) benötigen wir vor allem die Antikommutatorrelationen $\{\gamma^\mu,\gamma^\nu\} = 2g^{\mu\nu}$ und $\{\gamma^5,\gamma^\mu\} = 0$ sowie die zyklische Vertauschbarkeit der Spur, $\mathrm{tr}(AB) = \mathrm{tr}(BA)$, die wir im folgenden mit den Symbolen A bzw. Z über den entsprechenden Gleichheitszeichen andeuten.

Zur 1. Gleichung von (3.65).

$$\mathrm{tr}(\not{a}\not{b}) \overset{Z}{=} \mathrm{tr}(\not{b}\not{a}) = \frac{1}{2}\mathrm{tr}(\not{a}\not{b} + \not{b}\not{a}) = \frac{1}{2}a_\mu b_\nu \mathrm{tr}(\gamma^\mu\gamma^\nu + \gamma^\nu\gamma^\mu)$$

$$\overset{A}{=} a_\mu b_\nu \mathrm{tr}(g^{\mu\nu}) = a_\mu b_\nu g^{\mu\nu}\mathrm{tr}(1) = 4a\cdot b \ .$$

Zur 2. Gleichung von (3.65).

$$\mathrm{tr}(\not{a}_1\cdots\not{a}_n) = \mathrm{tr}(\not{a}_1\cdots\not{a}_n\gamma^5\gamma^5) \overset{Z}{=} \mathrm{tr}(\gamma^5\not{a}_1\cdots\not{a}_n\gamma^5)$$

$$\overset{A}{=} (-1)^n\mathrm{tr}(\not{a}_1\cdots\not{a}_n\gamma^5\gamma^5) = (-1)^n\mathrm{tr}(\not{a}_1\cdots\not{a}_n) \ .$$

Zur 3. Gleichung von (3.65). Hier machen wir Gebrauch von der Ladungskonjugationstransformation C aus Unterabschn. 2.1.6 mit der Eigenschaft $C^{-1}\gamma^\mu C = -\gamma^{*\mu} = -\gamma^0\gamma^{\mu,T}\gamma^0$ [siehe (2.40)] und rechnen

$$\mathrm{tr}(\not{a}_1\cdots\not{a}_{2n}) = \mathrm{tr}(CC^{-1}\not{a}_1 CC^{-1}\not{a}_2\cdots CC^{-1}\not{a}_{2n})$$

$$\overset{Z}{=} \mathrm{tr}(C^{-1}\not{a}_1 CC^{-1}\not{a}_2\cdots CC^{-1}\not{a}_{2n}C)$$

$$= (-1)^{2n}\mathrm{tr}\left(\gamma^0\not{a}_1^T\gamma^0\gamma^0\not{a}_2^T\gamma^0\cdots\gamma^0\not{a}_{2n}^T\gamma^0\right)$$

$$\overset{Z}{=} \mathrm{tr}\left(\not{a}_1^T\cdots\not{a}_{2n}^T\right) = \mathrm{tr}(\not{a}_{2n}\cdots\not{a}_1)^T = \mathrm{tr}(\not{a}_{2n}\cdots\not{a}_1) \ .$$

Zur 4. Gleichung von (3.65).

$$\mathrm{tr}(\slashed{a}_1\slashed{a}_2\cdots\slashed{a}_n) \overset{A}{=} \mathrm{tr}\left[(-\slashed{a}_2\slashed{a}_1 + 2a_1\cdot a_2)\slashed{a}_3\cdots\slashed{a}_n\right]$$
$$= 2a_1\cdot a_2\mathrm{tr}(\slashed{a}_3\cdots\slashed{a}_n) - \mathrm{tr}(\slashed{a}_2\slashed{a}_1\slashed{a}_3\cdots\slashed{a}_n)\ .$$

Weitere Fortführung dieser Prozedur führt zu

$$\mathrm{tr}(\slashed{a}_1\cdots\slashed{a}_n) = 2a_1\cdot a_2\mathrm{tr}(\slashed{a}_3\cdots\slashed{a}_n) - 2a_1\cdot a_3\mathrm{tr}(\slashed{a}_2\slashed{a}_4\cdots\slashed{a}_n) + \dots$$
$$+(-1)^n\mathrm{tr}(\slashed{a}_2\cdots\slashed{a}_n\slashed{a}_1)\ .$$

Unter Berücksichtigung von $\mathrm{tr}(\slashed{a}_2\cdots\slashed{a}_n\slashed{a}_1) \overset{Z}{=} \mathrm{tr}(\slashed{a}_1\cdots\slashed{a}_n)$ folgt die behauptete Gleichung. Sie ist außerordentlich nützlich, wenn es eine komplizierte Spur von γ-Matrizen auszurechnen gilt, wobei die Zahl der entstehenden Einzelterme schon für moderate n recht beträchtlich sein kann. Im Falle $n = 4$ folgt z.B. unter Ausnutzung der 1. Gleichung von (3.65)

$$\mathrm{tr}(\slashed{a}\slashed{b}\slashed{c}\slashed{d}) = 4\left[(a_1\cdot a_2)(a_3\cdot a_4) + (a_1\cdot a_4)(a_2\cdot a_3) - (a_1\cdot a_3)(a_2\cdot a_4)\right]\ .$$

Zur 5. Gleichung von (3.65).

$$\mathrm{tr}\left(\gamma^5\right) = \mathrm{tr}\left(\gamma^5\gamma^0\gamma^0\right) \overset{A}{=} -\mathrm{tr}\left(\gamma^0\gamma^5\gamma^0\right) \overset{Z}{=} -\mathrm{tr}\left(\gamma^5\gamma^0\gamma^0\right) = 0\ .$$

Zur 6. Gleichung von (3.65).

$$\mathrm{tr}(\gamma^5\slashed{a}_1\cdots\slashed{a}_n) \overset{Z}{=} \mathrm{tr}(\slashed{a}_1\cdots\slashed{a}_n\gamma^5) \overset{A}{=} (-1)^n\mathrm{tr}(\gamma^5\slashed{a}_1\cdots\slashed{a}_n)\ .$$

Zur 7. Gleichung von (3.65). Der Beweis ist erbracht, wenn wir zeigen, daß $\mathrm{tr}\left(\gamma^5\gamma^\mu\gamma^\nu\right)=0$. Dabei brauchen wir aufgrund der 5. Gleichung von (3.65) nur den Fall $\mu \neq \nu$ zu betrachten. Für $\lambda \neq \mu, \nu$ folgt dann

$$\mathrm{tr}\left(\gamma^5\gamma^\mu\gamma^\nu\right) = \mathrm{tr}\left[\gamma^5\gamma^\mu\gamma^\nu\left(\gamma^\lambda\right)^{-1}\gamma^\lambda\right] \overset{Z}{=} \mathrm{tr}\left[\gamma^\lambda\gamma^5\gamma^\mu\gamma^\nu\left(\gamma^\lambda\right)^{-1}\right]$$
$$\overset{A}{=} (-1)^3\mathrm{tr}\left[\gamma^5\gamma^\mu\gamma^\nu\gamma^\lambda\left(\gamma^\lambda\right)^{-1}\right] = (-1)^3\mathrm{tr}\left(\gamma^5\gamma^\mu\gamma^\nu\right) = 0\ .$$

Zur 8. Gleichung von (3.65). Zum Beweis betrachten wir den Ausdruck $\mathrm{tr}\left(\gamma^5\gamma^\alpha\gamma^\beta\gamma^\gamma\gamma^\delta\right)$. Diese Spur verschwindet, wenn zwei der Indizes gleiche Werte annehmen. Seien nämlich beispielsweise der erste und dritte Index gleich, dann gilt

$$\mathrm{tr}\left(\gamma^5\gamma^\alpha\gamma^\beta\gamma^\alpha\gamma^\delta\right) \overset{A}{=} \mathrm{tr}\left[\gamma^5\gamma^\alpha\left(2g^{\alpha\beta} - \gamma^\alpha\gamma^\beta\right)\gamma^\delta\right]$$
$$= 2g^{\alpha\beta}\mathrm{tr}\left(\gamma^5\gamma^\alpha\gamma^\delta\right) - g^{\alpha\alpha}\mathrm{tr}\left(\gamma^5\gamma^\beta\gamma^\delta\right) \overset{6.\mathrm{Gl.}}{=} 0\ .$$

Somit bleiben nur die Spur

$$\mathrm{tr}\left(\gamma^5\gamma^0\gamma^1\gamma^2\gamma^3\right) = \mathrm{tr}\left(-\mathrm{i}\gamma^5\gamma^5\right) = -4\mathrm{i} = -4\mathrm{i}\epsilon^{0123}$$

und solche mit permutierten Indizes übrig, wobei sich aufgrund obiger Antikommutatorrelationen bei einer geraden Permutation am Ergebnis nichts ändert und bei einer ungeraden Permutation ein zusätzliches negatives Vorzeichen entsteht, in Übereinstimmung mit $\epsilon^{\alpha\beta\gamma\delta}$.

Zur 1. Gleichung von (3.66).

$$\gamma_\mu \gamma^\mu = g_{\mu\nu} \gamma^\nu \gamma^\mu \overset{\mathrm{A}}{=} g_{\mu\nu} \left(2g^{\mu\nu} - \gamma^\mu \gamma^\nu\right) = 2g_{\mu\nu} g^{\mu\nu} - \gamma_\mu \gamma^\mu = 8 - \gamma_\mu \gamma^\mu .$$

Zur 2. Gleichung von (3.66).

$$\gamma_\mu \slashed{a} \gamma^\mu = \gamma_\mu a_\nu \gamma^\nu \gamma^\mu \overset{\mathrm{A}}{=} \gamma_\mu a_\nu \left(2g^{\mu\nu} - \gamma^\mu \gamma^\nu\right) \overset{1.\mathrm{Gl.}}{=} 2\slashed{a} - 4\slashed{a} = -2\slashed{a} .$$

Zur 3. Gleichung von (3.66).

$$\gamma_\mu \slashed{a} \slashed{b} \gamma^\mu = \gamma_\mu \slashed{a} b_\nu \gamma^\nu \gamma^\mu \overset{\mathrm{A}}{=} \gamma_\mu \slashed{a} b_\nu \left(2g^{\mu\nu} - \gamma^\mu \gamma^\nu\right) \overset{2.\mathrm{Gl.}}{=} 2\slashed{b}\slashed{a} + 2\slashed{a}\slashed{b}$$

$$\overset{\mathrm{A}}{=} 4a \cdot b - 2\slashed{a}\slashed{b} + 2\slashed{a}\slashed{b} = 4a \cdot b .$$

Zur 4. Gleichung von (3.66).

$$\gamma_\mu \slashed{a} \slashed{b} \slashed{c} \gamma^\mu = \gamma_\mu \slashed{a} \slashed{b} c_\nu \gamma^\nu \gamma^\mu \overset{\mathrm{A}}{=} \gamma_\mu \slashed{a} \slashed{b} c_\nu \left(2g^{\mu\nu} - \gamma^\mu \gamma^\nu\right) \overset{3.\mathrm{Gl.}}{=} 2\slashed{c}\slashed{a}\slashed{b} - 4a \cdot b\slashed{c}$$

$$\overset{\mathrm{A}}{=} 4\slashed{c} a \cdot b - 2\slashed{c}\slashed{b}\slashed{a} - 4a \cdot b\slashed{c} = -2\slashed{c}\slashed{b}\slashed{a} .$$

Zur 5. Gleichung von (3.66).

$$\gamma_\mu \slashed{a} \slashed{b} \slashed{c} \slashed{d} \gamma^\mu = \gamma_\mu \slashed{a} \slashed{b} \slashed{c} d_\nu \gamma^\nu \gamma^\mu \overset{\mathrm{A}}{=} \gamma_\mu \slashed{a} \slashed{b} \slashed{c} d_\nu)(2g^{\mu\nu} - \gamma^\mu \gamma^\nu) \overset{4.\mathrm{Gl.}}{=} 2\slashed{d}\slashed{a}\slashed{b}\slashed{c} + 2\slashed{c}\slashed{b}\slashed{a}\slashed{d}.$$

Zusammenfassung

- Analog zum nichtrelativistischen Fall läßt sich die Dirac-Gleichung in eine Integralgleichung für den Propagator bzw. für die Wellenfunktion selbst umschreiben, die sich approximativ lösen läßt.

- Aufgrund der quadratischen Energie-Impuls-Beziehung existieren zur eindeutigen Festlegung des Propagators vier mögliche Randbedingungen (anstatt zwei wie im nichtrelativistischen Fall), mit denen unterschiedliche Kausalzusammenhänge verbunden sind.

- Der **Feynmansche Fermionpropagator** ist dadurch definiert, daß er die zeitlich vorwärts [rückwärts] gerichtete Ausbreitung der positiven [negativen] Anteile einer zu einem festen Zeitpunkt bekannten Wellenfunktion beschreibt. Hierdurch und unter Berücksichtigung der Feynman-Stückelberg-Interpretation lassen sich die positiven [negativen] Anteile als zeitlich vorwärts gerichtete Teilchenpropagation [Antiteilchenpropagation] deuten.

- Relativistische Streuprozesse werden durch Streuamplituden beschrieben, die sich mit Hilfe des Feynman-Propagatorformalismus in eine Reihe von Vielfachstreuungen entwickeln lassen. Die graphischen Repräsentationen der einzelnen Entwicklungsterme, die **Feynman-Graphen**, besitzen im Vergleich zum nichtrelativistischen Fall kompliziertere Strukturen, welche die vielfältigeren Streukonstellationen und insbesondere die Möglichkeit von Teilchenerzeugungs- und Vernichtungsprozessen zum Ausdruck bringen.

- In Bezug auf die praktische Berechnung von Streuprozessen (ebene Wellen, Adiabatennäherung und Wirkungsquerschnitt) gelten uneingeschränkt die Aussagen des nichtrelativistischen Falles.

Aufgaben

35. Zerlegung von $S_{\mathrm{F}}^{(0)}$ nach ebenen Wellen. Zeigen Sie den Übergang von (3.57) nach (3.58).

Lösung. Unter Berücksichtigung der für ebene Diracsche Wellenfunktionen (siehe Satz 2.4)

$$\psi_{\boldsymbol{p}}^{(1,2)}(x) = \frac{1}{(2\pi\hbar)^{3/2}} \sqrt{\frac{m_0 c}{p_0}} \mathrm{e}^{-\mathrm{i}p_\mu x^\mu/\hbar} u(p, \pm s)$$

$$\psi_{\boldsymbol{p}}^{(3,4)}(x) = \frac{1}{(2\pi\hbar)^{3/2}} \sqrt{\frac{m_0 c}{p_0}} \mathrm{e}^{+\mathrm{i}p_\mu x^\mu/\hbar} v(p, \mp s)$$

geltenden Beziehungen [siehe (3.67) und (3.68)]

$$\sum_s u(p,s)\bar{u}(p,s) = \Lambda_+(p) \ , \quad \sum_s v(p,s)\bar{v}(p,s) = -\Lambda_-(p)$$

haben wir

$$(2\pi\hbar)^3 \sum_{r=1}^{2} \psi_{\boldsymbol{p}}^{(r)}(x')\bar{\psi}_{\boldsymbol{p}}^{(r)}(x) = \mathrm{e}^{-\mathrm{i}p_\mu(x'^\mu - x^\mu)/\hbar} \frac{m_0 c}{p_0} \sum_s u(p,s)\bar{u}(p,s)$$

$$= \mathrm{e}^{-\mathrm{i}p_\mu(x'^\mu - x^\mu)/\hbar} \frac{m_0 c}{p_0} \Lambda_+(p)$$

$$(2\pi\hbar)^3 \sum_{r=3}^{4} \psi_{\boldsymbol{p}}^{(r)}(x')\bar{\psi}_{\boldsymbol{p}}^{(r)}(x) = \mathrm{e}^{\mathrm{i}p_\mu(x'^\mu - x^\mu)/\hbar} \frac{m_0 c}{p_0} \sum_s v(p,s)\bar{v}(p,s)$$

$$= -\mathrm{e}^{\mathrm{i}p_\mu(x'^\mu - x^\mu)/\hbar} \frac{m_0 c}{p_0} \Lambda_-(p) \ .$$

Vergleich mit (3.57) liefert (3.58).

36. Kausalitätsprinzip von $S_{\mathrm{F}}^{(0)}$. Beweisen Sie mit Hilfe von (3.58) die Gültigkeit beider Kausalzusammenhänge (3.51) und (3.53) für den freien Fall.

Lösung. Sei

$$\psi(x) = \psi^{(+)}(x) + \psi^{(-)}(x) = \int \mathrm{d}^3 p' \sum_{r'=1}^{4} a^{(r')}(\boldsymbol{p}') \Psi_{\boldsymbol{p}'}^{(r')}(x)$$

ein beliebiges freies Diracsches Wellenpaket, dann gilt

$$\int \mathrm{d}^3 x S_{\mathrm{F}}^{(0)}(x'-x)\gamma^0 \psi(x)$$

$$= -\mathrm{i}\Theta(x'^0 - x^0) \int \mathrm{d}^3 x \int \mathrm{d}^3 p \int \mathrm{d}^3 p'$$

$$\times \sum_{r=1}^{2} \sum_{r'=1}^{4} \psi_{\boldsymbol{p}}^{(r)}(x') \psi_{\boldsymbol{p}}^{(r)\dagger}(x) \psi_{\boldsymbol{p}'}^{(r')}(x) a^{(r')}(\boldsymbol{p}')$$

$$+\mathrm{i}\Theta(x^0 - x'^0) \int \mathrm{d}^3 x \int \mathrm{d}^3 p \int \mathrm{d}^3 p'$$

$$\times \sum_{r=3}^{4} \sum_{r'=1}^{4} \psi_{\boldsymbol{p}}^{(r)}(x') \psi_{\boldsymbol{p}}^{(r)\dagger}(x) \psi_{\boldsymbol{p}'}^{(r')}(x) a^{(r')}(\boldsymbol{p}')$$

$$= -\mathrm{i}\Theta(x'^0 - x^0) \int \mathrm{d}^3 p \int \mathrm{d}^3 p' \sum_{r=1}^{2} \sum_{r'=1}^{4} \delta_{rr'}\delta(\boldsymbol{p}-\boldsymbol{p}')\psi_{\boldsymbol{p}}^{(r)}(x') a^{(r')}(\boldsymbol{p}')$$

$$+\mathrm{i}\Theta(x^0 - x'^0) \int \mathrm{d}^3 p \int \mathrm{d}^3 p' \sum_{r=3}^{4} \sum_{r'=1}^{4} \delta_{rr'}\delta(\boldsymbol{p}-\boldsymbol{p}')\psi_{\boldsymbol{p}}^{(r)}(x') a^{(r')}(\boldsymbol{p}')$$

$$= -\mathrm{i}\Theta(x'^0 - x^0) \int \mathrm{d}^3 p \sum_{r=1}^{2} \psi_{\boldsymbol{p}}^{(r)}(x') a^{(r)}(\boldsymbol{p})$$

$$+\mathrm{i}\Theta(x^0 - x'^0) \int \mathrm{d}^3 p \sum_{r=3}^{4} \psi_{\boldsymbol{p}}^{(r)}(x') a^{(r)}(\boldsymbol{p})$$

$$= -\mathrm{i}\Theta(x'^0 - x^0)\psi^{(+)}(x') + \mathrm{i}\Theta(x^0 - x'^0)\psi^{(-)}(x') \ .$$

In ähnlicher Weise ergibt sich

$$\int \mathrm{d}^3 x \bar{\psi}(x)\gamma^0 S_{\mathrm{F}}^{(0)}(x-x')$$

$$= -\mathrm{i}\Theta(x^0 - x'^0) \int \mathrm{d}^3 x \int \mathrm{d}^3 p' \int \mathrm{d}^3 p$$

$$\times \sum_{r'=1}^{4} \sum_{r=1}^{2} a^{(r')*}(\boldsymbol{p}') \psi_{\boldsymbol{p}'}^{(r')\dagger}(x) \psi_{\boldsymbol{p}}^{(r)}(x) \bar{\psi}_{\boldsymbol{p}}^{(r)}(x')$$

$$+\mathrm{i}\Theta(x'^0 - x^0) \int \mathrm{d}^3 x \int \mathrm{d}^3 p' \int \mathrm{d}^3 p$$

$$\times \sum_{r'=1}^{4} \sum_{r=3}^{4} a^{(r')*}(\boldsymbol{p}') \psi_{\boldsymbol{p}'}^{(r')\dagger}(x) \psi_{\boldsymbol{p}}^{(r)}(x) \bar{\psi}_{\boldsymbol{p}}^{(r)}(x')$$

$$= -i\Theta(x^0 - x'^0) \int d^3p' \int d^3p \sum_{r'=1}^{4} \sum_{r=1}^{2} a^{(r')*}(\boldsymbol{p'})\bar{\psi}_{\boldsymbol{p}}^{(r)}(x')\delta_{rr'}\delta(\boldsymbol{p}-\boldsymbol{p'})$$

$$+i\Theta(x'^0 - x^0) \int d^3p' \int d^3p \sum_{r'=1}^{4} \sum_{r=3}^{4} a^{(r')*}(\boldsymbol{p'})\bar{\psi}_{\boldsymbol{p}}^{(r)}(x')\delta_{rr'}\delta(\boldsymbol{p}-\boldsymbol{p'})$$

$$= -i\Theta(x^0 - x'^0) \int d^3p \sum_{r=1}^{2} a^{(r)*}(\boldsymbol{p})\bar{\psi}_{\boldsymbol{p}}^{(r)}(x')$$

$$+i\Theta(x'^0 - x^0) \int d^3p \sum_{r=3}^{4} a^{(r)*}(\boldsymbol{p})\bar{\psi}_{\boldsymbol{p}}^{(r)}(x')$$

$$= -i\Theta(x^0 - x'^0)\bar{\psi}^{(+)}(x') + i\Theta(x'^0 - x^0)\bar{\psi}^{(-)}(x') \ .$$

3.3 Spin-1/2-Streuprozesse

Nach den Vorbereitungen der letzten beiden Abschnitte führen wir nun konkrete Berechnungen von Spin-1/2-Streuprozessen in den niedrigsten Ordnungen der Streutheorie durch. Zuerst betrachten wir als einfachstes Beispiel die Coulomb-Streuung von Elektronen und diskutieren anschließend den realistischeren Fall der Streuung von Elektronen an frei beweglichen Protonen. Hierbei werden wir eine enge Korrespondenz zwischen Streuprozessen, Feynman-Graphen und Streuamplituden feststellen, die sich in einen einfachen Satz von Regeln, den sog. *Feynman-Regeln* gießen läßt. Desweiteren behandeln wir Prozesse wie die Elektron-Elektron- und Elektron-Positron-Streuung sowie die Compton-Streuung an Elektronen, die Elektron-Positron-Erzeugung durch zwei Photonen und Elektron-Positron-Vernichtung in zwei Photonen. Die ersten beiden und die letzten drei Prozesse sind jeweils über das Prinzip der *Kreuzsymmetrie* miteinander verknüpft. Den Abschluß bildet eine abermalige und vollständige Aufstellung der Feynman-Regeln.

Bevor wir beginnen, wollen wir auf einige Punkte hinweisen, die für die richtige Einordnung des gesamten dritten Kapitels von entscheidender Bedeutung sind:

- Die Dirac-Gleichung beschäftigt sich mit der Bewegung von (Anti-)Fermionen in einem externen klassischen Potential. Dasselbe gilt deshalb auch für den Propagator-Streuformalismus, Satz 3.5, der ja lediglich auf einer störungstheoretischen Entwicklung der Dirac-Gleichung beruht.

- Insofern ist die Streuung von Elektronen an einem externen klassischen Coulomb-Potential ein konkreter und völlig legitimer Anwendungsfall dieses Formalismus.

- Die Elektron-Proton-Streuung liegt im strengen Sinne zwar schon außerhalb des Beschreibungsbereiches unseres Formalismus, läßt sich aber durch eine plausible Erweiterung darin integrieren, indem man nämlich das externe Potential als durch den Proton- bzw. Elektronstrom erzeugt ansieht. Auf diese Weise lassen sich dann ganz allgemein Zwei-Teilchenstreuungen als *Strom-Strom-Wechselwirkungen* innerhalb des Formalismus beschreiben, wobei die Wechselwirkungen selbst, also die in der Streureihe (3.61) stehenden A^μ-Felder, als Austausch von n virtuellen Photonen zwischen beiden Teilchen in n-ter Ordnung interpretiert werden können.

- Die anderen Prozesse, nämlich Compton-Streuung, Elektron-Positron-Vernichtung und Elektron-Positron-Erzeugung, sprengen dagegen ganz klar den Rahmen unseres Formalismus, u.a. weil wir es hier mit photonischen Anfangs- bzw. Endzuständen zu tun haben. Trotzdem findet man auch hier eine sinnvolle Integrationsmöglichkeit, indem man die A^μ-Felder in dem Term niedrigster (in diesem Fall: zweiter) Ordnung der Streureihe (3.61) als die ein- bzw. auslaufenden Photonen betrachtet. Allerdings stellt sich dann die Frage, wie die zusätzlichen A^μ-Felder der Terme höherer Ordnung zu interpretieren sind.

- Wie wir feststellen werden, lassen sich die Streuamplituden aller genannten Prozesse nach gewissen Regeln graphisch darstellen und berechnen. Diese Regeln werden wir mit den Feynman-Regeln identifizieren und darlegen. Die Feynman-Regeln sind jedoch sehr viel allgemeiner, als unser Propagator-Streuformalismus hergibt. So erlauben sie neben *Baumgraphen* (engl. *tree diagrams*) auch die Anwesenheit von *Schleifengraphen* (engl. *loop diagrams*), die der Erzeugung und anschließenden Vernichtung von virtuellen Teilchen entsprechen. Derartige Effekte (*Strahlungskorrekturen*) lassen sich im Rahmen unseres Formalismus streng genommen nicht erklären und sind letztlich rein quantenfeldtheoretischer Natur.

- Mit anderen Worten: Die Feynman-Regeln sind die quantenelektrodynamischen Vorschriften zur Konstruktion von Streuamplituden. Sie können aus dem Propagator-Streuformalismus mit einigen zusätzlichen, nicht unbedingt offensichtlichen Verallgemeinerungen geschlossen werden. Im engeren Sinne liefert der Propagator-Streuformalismus lediglich deren Tree-Level-Anteil.

- Bis auf die Darlegung der kompletten Feynman-Regeln beschäftigt sich dieser Abschnitt ausschließlich mit Streuprozessen auf Tree-Level. Die eigentlichen quantenelektrodynamischen Korrekturen (Loop-Level) sind Gegenstand von Abschn. 3.4.

Weitere Anmerkung. Um unsere Rechnungen möglichst überschaubar zu halten, verwenden wir ab jetzt durchweg das *natürliche Einheitensystem*, in dem gilt:

$$\hbar = c = 1 \ .$$

Dies hat zur Folge, daß als einzige Einheit die Energie- bzw. Masseneinheit übrigbleibt, welche typischerweise in Elektronvolt (eV) gemessen wird.

Darüber hinaus sind nun Länge und Zeit proportional zueinander und besitzen die Einheit $1/\mathrm{eV}$. Für die Umrechnung vom MKS- zum natürlichen System gilt

$$1\mathrm{s} = \frac{1.519 \cdot 10^{15}}{\mathrm{eV}} \; , \; 1\mathrm{m} = \frac{5.068 \cdot 10^{6}}{\mathrm{eV}} \; . \tag{3.69}$$

Desweiteren beachte man, daß wir im folgenden zwei verschiedene Ordnungsbegriffe verwenden werden. Zum einen bezieht sich „Ordnung" auf die Nummer des Terms innerhalb der Reihe von Vielfachstreuungen aus Satz 3.5, angefangen von Null, und zum anderen auf die Ordnung in der Kopplungskonstanten e.

3.3.1 Coulomb-Streuung von Elektronen

Als erstes betrachten wir die Streuung von Elektronen an einem Coulomb-Potential der Form

$$eA^0(x) = V(x) = \frac{\alpha}{|\boldsymbol{x}|} \; , \; \boldsymbol{A}(x) = \boldsymbol{0} \; , \; \alpha = -Ze^2 \; ,$$

wobei wir ähnlich vorgehen, wie bei der nichtrelativistischen Rechnung in Unterabschn. 3.1.4. Weil hier sowohl einlaufende als auch gestreute Teilchen Elektronen sind, setzen wir für $\Psi_{i,f}$ positive, auf das Volumen V normierte ebene Dirac-Wellen mit der Elektronmasse m_0, den Energien $E_{i,f}$, den Viererimpulsindizes $p_{i,f}$ und den Viererpolarisationsindizes $s_{i,f}$ an [vgl. (3.62)]:

$$\Psi_i(x) = \sqrt{\frac{m_0}{E_i V}} u(p_i, s_i) \mathrm{e}^{-\mathrm{i}E_i t} \mathrm{e}^{\mathrm{i}\boldsymbol{p}_i \boldsymbol{x}} \quad (\text{im Limes } t \to -\infty)$$

$$\Psi_f(x) = \sqrt{\frac{m_0}{E_f V}} u(p_f, s_f) \mathrm{e}^{-\mathrm{i}E_f t} \mathrm{e}^{\mathrm{i}\boldsymbol{p}_f \boldsymbol{x}} \quad (\text{im Limes } t \to +\infty) \; .$$

Nach Satz 3.5 lautet die zugehörige Streuamplitude in erster Ordnung $(\epsilon_f = +1, \, f \neq i)$

$$S_{fi} = -\mathrm{i}e \int \mathrm{d}^4 x \bar{\Psi}_f(x) \gamma^\mu A_\mu(x) \Psi_i(x)$$

$$= -\frac{\mathrm{i}\alpha}{V} \sqrt{\frac{m_0^2}{E_f E_i}} \bar{u}(p_f, s_f) \gamma^0 u(p_i, s_i)$$

$$\times \int\limits_{-T/2}^{T/2} \mathrm{d}t \mathrm{e}^{\mathrm{i}(E_f - E_i)t} \int\limits_V \mathrm{d}^3 x \mathrm{e}^{-\mathrm{i}\boldsymbol{q}\boldsymbol{x}} \frac{1}{|\boldsymbol{x}|} \; , \; \boldsymbol{q} = \boldsymbol{p}_f - \boldsymbol{p}_i$$

$$= -\frac{\mathrm{i}[2\pi\delta(E_f - E_i)]}{V} \sqrt{\frac{m_0^2}{E_i E_f}} M_{fi} \; , \; M_{fi} = \frac{4\pi\alpha}{\boldsymbol{q}^2} \bar{u}(p_f, s_f) \gamma^0 u(p_i, s_i) \; ,$$

wobei im letzten Schritt wieder von den Beziehungen [siehe (3.25) und (3.26)]

$$\int\limits_{-T/2}^{T/2} \mathrm{dt} \mathrm{e}^{\mathrm{i}(E_f - E_i)t} \stackrel{T \to \infty}{=} 2\pi\delta(E_f - E_i) \ , \quad \int\limits_V \mathrm{d}^3x \frac{\mathrm{e}^{-\mathrm{i}\boldsymbol{qx}}}{|\boldsymbol{x}|} = \frac{4\pi}{\boldsymbol{q}^2}$$

Gebrauch gemacht wurde. Für den differentiellen Wirkungsquerschnitt folgt nach Satz 3.3

$$\mathrm{d}\sigma = \frac{|S_{fi}|^2}{T|\boldsymbol{j}_i|} \frac{V\mathrm{d}^3p_f}{(2\pi)^3} = \frac{m_0}{E_i} \frac{[2\pi\delta(E_f - E_i)]^2}{TV|\boldsymbol{j}_i|} |M_{fi}|^2 \frac{m_0\mathrm{d}^3p_f}{(2\pi)^3 E_f} \ ,$$

bzw. nach der für endliche T gerechtfertigten Ersetzung $[2\pi\delta(E_f - E_i)]^2 \to 2\pi T\delta(E_f - E_i)$

$$\mathrm{d}\sigma = \frac{m_0}{E_i} \frac{1}{V|\boldsymbol{j}_i|} |M_{fi}|^2 (2\pi)\delta(E_f - E_i) \frac{m_0\mathrm{d}^3p_f}{(2\pi)^3 E_f} \ . \tag{3.70}$$

Zur Bestimmung der Stromdichte $|\boldsymbol{j}_i|$ nehmen wir an, daß die Geschwindigkeit der einlaufenden Teilchen in z-Richtung verläuft, so daß

$$|\boldsymbol{j}_i| = \frac{m_0}{E_iV} \left| u^\dagger(p_i, s_i)\alpha_3 u(p_i, s_i) \right|$$

und in der Dirac-Darstellung

$$u(p_i, s_i) = \sqrt{\frac{E_i + m_0}{2m_0}} \begin{pmatrix} \chi_{s_i} \\ \dfrac{\sigma_3|\boldsymbol{p}_i|}{E_i + m_0}\chi_{s_i} \end{pmatrix} \ , \quad \chi_{s_i}^\dagger\chi_{s_i} = 1 \ ,$$

wobei die genaue Form des Spinors χ_{s_i} von der Polarisationsrichtung s_i abhängt. Hieraus folgt die von der Polarisationsrichtung unabhängige und intuitiv erwartete Beziehung

$$|\boldsymbol{j}_i| = \frac{|\boldsymbol{p}_i|}{E_iV} \ .$$

Setzen wir dies in (3.70) ein, so ergibt sich für den differentiellen Wirkungsquerschnitt der Ausdruck

$$\mathrm{d}\sigma = \frac{m_0}{|\boldsymbol{p}_i|} |M_{fi}|^2 (2\pi)\delta(E_f - E_i) \frac{m_0\mathrm{d}^3p_f}{(2\pi)^3 E_f} \ ,$$

in welchem nun, wie gewünscht, alle Abhängigkeiten von T und V herausgefallen sind. Unter Berücksichtigung von

$$\mathrm{d}^3p_f = \boldsymbol{p}_f^2 \mathrm{d}|\boldsymbol{p}_f|\mathrm{d}\Omega \ , \quad E_f^2 = \boldsymbol{p}_f^2 + m_0^2 \Longrightarrow \mathrm{d}|\boldsymbol{p}_f| = \frac{E_f\mathrm{d}E_f}{|\boldsymbol{p}_f|}$$

erhalten wir schließlich

$$\begin{aligned} \frac{\mathrm{d}\sigma}{\mathrm{d}\Omega} &= \frac{m_0^2}{(2\pi)^2|\boldsymbol{p}_i|} \int \mathrm{d}E_f |\boldsymbol{p}_f| |M_{fi}|^2 \delta(E_f - E_i) \\ &= \frac{m_0^2}{(2\pi)^2} |M_{fi}|^2_{|\boldsymbol{p}_f| = |\boldsymbol{p}_i|} \\ &= \frac{4\alpha^2 m_0^2}{\boldsymbol{q}^4} \left| \bar{u}(p_f, s_f)\gamma^0 u(p_i, s_i) \right|^2_{|\boldsymbol{p}_f| = |\boldsymbol{p}_i|} \ . \end{aligned} \tag{3.71}$$

Wie leicht zu erkennen ist, geht dieser Ausdruck im nichtrelativistischen Grenzfall erwartungsgemäß in die Rutherfordsche Streuformel (3.29) über. In diesem Grenzfall haben wir nämlich

$$\left|\bar{u}(p_f, s_f)\gamma^0 u(p_i, s_i)\right|^2 = \left|(1,0)\begin{pmatrix} 1 & 0 \\ 0 & 1 \end{pmatrix}\begin{pmatrix} 1 \\ 0 \end{pmatrix}\right|^2 = 1 \ .$$

Unpolarisierter Wirkungsquerschnitt. Zur weiteren Berechnung von (3.71) nehmen wir zunächst an, daß im Streuexperiment weder die Polarisation des einlaufenden Teilchenstrahls präpariert noch die Polarisation der gestreuten Teilchen gemessen wird – eine in der Praxis durchaus typische Situation. Dies bedeutet, daß in (3.71) der Mittelwert über alle möglichen Anfangspolarisationen s_i und die Summe über alle möglichen Endpolarisationen s_f zu nehmen ist (jedes mögliche s_i kommt mit gleicher Wahrscheinlichkeit vor, und jedes mögliche s_f wird gemessen):

$$\frac{\overline{d\sigma}}{d\Omega} = \frac{4\alpha^2 m_0^2}{q^4}\frac{1}{2}\sum_{s_f, s_i}\left|\bar{u}(p_f, s_f)\gamma^0 u(p_i, s_i)\right|^2\Big|_{|\boldsymbol{p}_f|=|\boldsymbol{p}_i|} \ . \tag{3.72}$$

Eine derartige Rückführung von Wirkungsquerschnitten auf doppelte Spinsummen bietet den großen Vorteil, daß sie sich durch Anwendung von Satz 3.6 auf bequeme Weise und ohne Rückgriff auf die konkrete Form der beteiligten Bispinoren weiter auswerten lassen. Wir werden deshalb nicht nur hier sondern auch bei allen nachfolgenden Streuproblemen immer wieder bestrebt sein, den zugehörigen Wirkungsquerschnitt in eine zu (3.72) ähnliche Form zu bringen. Im Falle von (3.72) selbst folgt aus (3.64) und der zweiten Gleichung von (3.65)

$$\left|\bar{u}(p_f, s_f)\gamma^0 u(p_i, s_i)\right|^2 = \left[\bar{u}(p_f, s_f)\gamma^0 u(p_i, s_i)\right]\left[\bar{u}(p_f, s_f)\gamma^0 u(p_i, s_i)\right]^\dagger$$
$$= \left[\bar{u}(p_f, s_f)\gamma^0 u(p_i, s_i)\right]\left[\bar{u}(p_i, s_i)\gamma^0 u(p_f, s_f)\right]$$

$$\Longrightarrow \sum_{s_f, s_i}\left|\bar{u}(p_f, s_f)\gamma^0 u(p_i, s_i)\right|^2 = \text{tr}\left[\Lambda_+(p_f)\gamma^0\Lambda_+(p_i)\gamma^0\right]$$

$$= \text{tr}\left(\frac{\not{p}_f + m_0}{2m_0}\gamma^0\frac{\not{p}_i + m_0}{2m_0}\gamma^0\right)$$

$$= \frac{1}{4m_0^2}\text{tr}(\not{p}_f\gamma^0\not{p}_i\gamma^0) + \frac{1}{4m_0}\text{tr}(\not{p}_f)$$

$$+ \frac{1}{4m_0}\text{tr}(\not{p}_i) + \frac{1}{4}\text{tr}(1)$$

$$= \frac{1}{4m_0^2}\text{tr}(\not{p}_f\gamma^0\not{p}_i\gamma^0) + 1 \ .$$

Für die verbleibende Spur ergibt sich durch Einführen des Vierervektors $(a^\mu) = (1,0,0,0)$ und Gebrauch der vierten und ersten Gleichung von (3.65)

$$\text{tr}\left(\slashed{p}_f\gamma^0\slashed{p}_i\gamma^0\right) = \text{tr}\left(\slashed{p}_f\slashed{a}\slashed{p}_i\slashed{a}\right)$$

$$= 2(p_f \cdot a)\text{tr}(\slashed{p}_i\slashed{a}) - (p_f \cdot p_i)\text{tr}(\slashed{a}\slashed{a})$$

$$= 8(p_f \cdot a)(p_i \cdot a) - 4(p_f \cdot p_i)(a \cdot a)$$

$$= 8E_iE_f - 4\left(E_iE_f - \boldsymbol{p}_i\boldsymbol{p}_f\right)$$

$$= 4E_iE_f + 4\boldsymbol{p}_i\boldsymbol{p}_f \;. \tag{3.73}$$

Insgesamt geht somit (3.72) über in die *Mottsche Streuformel*

$$\overline{\frac{\mathrm{d}\sigma}{\mathrm{d}\Omega}} = \left(\overline{\frac{\mathrm{d}\sigma}{\mathrm{d}\Omega}}\right)_{\text{Mott}} = \frac{2\alpha^2 m_0^2}{q^4}\left(1 + \frac{E_iE_f + \boldsymbol{p}_i\boldsymbol{p}_f}{m_0^2}\right)_{|\boldsymbol{p}_f|=|\boldsymbol{p}_i|}$$

$$= \frac{4\alpha^2}{q^4}\left(E_i^2\cos^2\frac{\theta}{2} + m_0^2\sin^2\frac{\theta}{2}\right) = \frac{\alpha^2\left(1 - v_i^2\sin^2\frac{\theta}{2}\right)}{4v_i^4 E_i^2\sin^4\frac{\theta}{2}} \;, \tag{3.74}$$

wobei in der letzten Zeile die Identitäten

$$\boldsymbol{p}_i\boldsymbol{p}_f\big|_{|\boldsymbol{p}_f|=|\boldsymbol{p}_i|} = \boldsymbol{p}_i^2\cos\theta \;, \quad \cos\theta = \cos^2\frac{\theta}{2} - \sin^2\frac{\theta}{2}$$

$$\boldsymbol{q}^2\big|_{|\boldsymbol{p}_f|=|\boldsymbol{p}_i|} = 4\boldsymbol{p}_i^2\sin^2\frac{\theta}{2} \;, \quad \boldsymbol{p}_i^2 = v_i^2 E_i^2$$

benutzt wurden.

Teilweise polarisierter Wirkungsquerschnitt. Als nächstes nehmen wir an, daß die Polarisationsrichtung s_f der gestreuten Teilchen im Experiment gemessen wird, während der einlaufende Teilchenstrahl nach wie vor unpolarisiert ist. In diesem Fall hat man anstelle von (3.72) den Ausdruck

$$\frac{\mathrm{d}\sigma}{\mathrm{d}\Omega}(s_f) = \frac{4\alpha^2 m_0^2}{q^4}\frac{1}{2}\sum_{s_i}\left|\bar{u}(p_f,s_f)\gamma^0 u(p_i,s_i)\right|^2_{|\boldsymbol{p}_f|=|\boldsymbol{p}_i|} \tag{3.75}$$

zu betrachten, der aus (3.71) durch Mittelwertbildung über alle möglichen Anfangspolarisationen s_i hervorgeht. Offensichtlich besitzt dieser Ausdruck nicht die von uns gewünschte Form einer doppelten Spinsumme. Unter Zuhilfenahme der Spinprojektoren $\Sigma(s)$ aus Satz 2.4 ist es jedoch leicht möglich, die einfache Spinsumme in (3.75) in eine doppelte Spinsumme zu verwandeln, um sie anschließend mit Hilfe von Satz 3.6 weiter auszuwerten. Unter Berücksichtigung von

$$\Sigma(s)u(p,s) = u(p,s) \;, \quad \Sigma(s)u(p,-s) = 0$$

folgt nämlich

$$\sum_{s_i}\left|\bar{u}(p_f,s_f)\gamma^0 u(p_i,s_i)\right|^2$$

$$= \sum_{s_i} \left[\bar{u}(p_f, s_f)\gamma^0 u(p_i, s_i)\right] \left[\bar{u}(p_f, s_f)\gamma^0 u(p_i, s_i)\right]^\dagger$$

$$= \sum_{s_i} \left[\bar{u}(p_f, s_f)\gamma^0 u(p_i, s_i)\right] \left[\bar{u}(p_i, s_i)\gamma^0 u(p_f, s_f)\right]$$

$$= \sum_{s_f', s_i} \left[\bar{u}(p_f, s_f')\gamma^0 u(p_i, s_i)\right] \left[\bar{u}(p_i, s_i)\gamma^0 \Sigma(s_f) u(p_f, s_f')\right]$$

$$= \text{tr}\left[\Lambda_+(p_f)\gamma^0 \Lambda_+(p_i)\gamma^0 \Sigma(s_f)\right]$$

$$= \frac{1}{8m_0^2}\text{tr}\left[(\not{p}_f + m_0)\gamma^0(\not{p}_i + m_0)\gamma^0(1 + \gamma^5 \not{s}_f)\right]$$

$$= \frac{1}{8m_0^2}\text{tr}\left(\not{p}_f\gamma^0\not{p}_i\gamma^0\right) + \frac{1}{2}$$

$$= \frac{1}{2}\left(1 + \frac{E_i E_f + \boldsymbol{p}_i\boldsymbol{p}_f}{m_0^2}\right) . \tag{3.76}$$

Hierbei wurde im vorletzten Schritt ausgenutzt, daß alle Einzelspurterme verschwinden, die aus einer ungeraden Zahl von $\not{p}$-Multiplikationen (mit oder ohne zusätzlichem γ^5) bestehen, und ferner, daß alle Terme mit einer geraden Zahl von $\not{p}$-Multiplikationen und zusätzlichem γ^5 durch Antikommutieren von γ^0 auf Terme der Form $\text{tr}(\gamma^5\not{p}\not{p}) = 0$ zurückgeführt werden können. Der letzte Schritt folgt aus (3.73). Durch Einsetzen der letzten Beziehung in (3.75) und Vergleich mit (3.74) erhalten wir schließlich als Endresultat

$$\frac{\mathrm{d}\sigma}{\mathrm{d}\Omega}(s_f) = \frac{\alpha^2 m_0^2}{\boldsymbol{q}^4}\left(1 + \frac{E_i E_f + \boldsymbol{p}_i\boldsymbol{p}_f}{m_0^2}\right)\Bigg|_{|\boldsymbol{p}_f|=|\boldsymbol{p}_i|} = \frac{1}{2}\left(\overline{\frac{\mathrm{d}\sigma}{\mathrm{d}\Omega}}\right)_{\text{Mott}} . \tag{3.77}$$

Demnach ist $\mathrm{d}\sigma(s_f)/\mathrm{d}\Omega$ also unabhängig vom gemessenen Spin der gestreuten Teilchen – ein Effekt, der allerdings nur in der niedrigsten Ordnung der Streutheorie gilt.

Der Wirkungsquerschnitt für die komplementäre Situation, bei der die Polarisation der gestreuten Teilchen nicht gemessen wird und der einfallende Teilchenstrahl polarisiert ist, ergibt sich in analoger Weise. Hierzu betrachtet man die Gleichung [siehe (3.71)]

$$\frac{\mathrm{d}\sigma}{\mathrm{d}\Omega}(s_i) = \frac{4\alpha^2 m_0^2}{\boldsymbol{q}^4}\sum_{s_f}\left|\bar{u}(p_f, s_f)\gamma^0 u(p_i, s_i)\right|^2_{|\boldsymbol{p}_f|=|\boldsymbol{p}_i|} ,$$

in der über alle möglichen Endpolarisationen summiert wird, und führt eine zu (3.76) analoge Rechnung durch, wo anstelle von $\Sigma(s_f)$ der Spinprojektor $\Sigma(s_i)$ an entsprechender Stelle eingefügt wird. Daraus folgt schließlich

$$\sum_{s_f}\left|\bar{u}(p_f, s_f)\gamma^0 u(p_i, s_i)\right|^2 = \frac{1}{2}\left(1 + \frac{E_i E_f + \boldsymbol{p}_i\boldsymbol{p}_f}{m_0^2}\right)$$

und somit

$$\frac{\mathrm{d}\sigma}{\mathrm{d}\Omega}(s_i) = \frac{2\alpha^2 m_0^2}{\boldsymbol{q}^4}\left(1 + \frac{E_i E_f + \boldsymbol{p}_i \boldsymbol{p}_f}{m_0^2}\right)_{|\boldsymbol{p}_f|=|\boldsymbol{p}_i|} = \left(\overline{\frac{\mathrm{d}\sigma}{\mathrm{d}\Omega}}\right)_{\mathrm{Mott}} . \tag{3.78}$$

Vollständig polarisierter Wirkungsquerschnitt. Betrachten wir nun noch den Fall, bei dem einerseits der einlaufende Teilchenstrahl polarisiert ist und andererseits die Polarisation der gestreuten Teilchen gemessen wird. In diesem Fall gilt [siehe (3.71)]

$$\frac{\mathrm{d}\sigma}{\mathrm{d}\Omega}(s_i, s_f) = \frac{4\alpha^2 m_0^2}{\boldsymbol{q}^4}\left|\bar{u}(p_f, s_f)\gamma^0 u(p_i, s_i)\right|^2_{|\boldsymbol{p}_f|=|\boldsymbol{p}_i|} .$$

Man ahnt mittlerweile sofort, wie sich auch dieser Ausdruck durch Einfügen der Spinprojektoren $\Sigma(s_i)$ und $\Sigma(s_f)$ in Form einer doppelten Spinsumme schreiben und anschließend durch Gebrauch von Satz 3.6 vereinfachen läßt:

$$\left|\bar{u}(p_f, s_f)\gamma^0 u(p_i, s_i)\right|^2$$

$$= \left[\bar{u}(p_f, s_f)\gamma^0 u(p_i, s_i)\right]\left[\bar{u}(p_i, s_i)\gamma^0 u(p_f, s_f)\right]$$

$$= \sum_{s'_f, s'_i} \left[\bar{u}(p_f, s'_f)\gamma^0 \Sigma(s_i) u(p_i, s'_i)\right]\left[\bar{u}(p_i, s'_i)\gamma^0 \Sigma(s_f) u(p_f, s'_f)\right]$$

$$= \mathrm{tr}\left[\Lambda_+(p_f)\gamma^0 \Sigma(s_i)\Lambda_+(p_i)\gamma^0 \Sigma(s_f)\right]$$

$$= \mathrm{tr}\left(\frac{\not{p}_f + m_0}{2m_0}\gamma^0 \frac{1 + \gamma^5 \not{s}_i}{2}\frac{\not{p}_i + m_0}{2m_0}\gamma^0 \frac{1 + \gamma^5 \not{s}_f}{2}\right)$$

$$= \frac{1}{16m_0^2}\left\{\mathrm{tr}\left[(\not{p}_f + m_0)\gamma^0(\not{p}_i + m_0)\gamma^0\right]\right.$$

$$+ \mathrm{tr}\left[(\not{p}_f + m_0)\gamma^0 \gamma^5 \not{s}_i(\not{p}_i + m_0)\gamma^0\right]$$

$$+ \mathrm{tr}\left[(\not{p}_f + m_0)\gamma^0(\not{p}_i + m_0)\gamma^0 \gamma^5 \not{s}_f\right]$$

$$+ \left. \mathrm{tr}\left[(\not{p}_f + m_0)\gamma^0 \gamma^5 \not{s}_i(\not{p}_i + m_0)\gamma^0 \gamma^5 \not{s}_f\right]\right\} .$$

Hierin verschwindet die zweite und dritte Spur, und zwar aufgrund derselben Argumentation wie bei (3.76). Es folgt deshalb

$$\frac{\mathrm{d}\sigma}{\mathrm{d}\Omega}(s_i, s_f) = \frac{\alpha^2}{4\boldsymbol{q}^4}\left\{\mathrm{tr}\left[(\not{p}_f + m_0)\gamma^0(\not{p}_i + m_0)\gamma^0\right]\right.$$

$$\left. + \mathrm{tr}\left[(\not{p}_f + m_0)\gamma^0 \gamma^5 \not{s}_i(\not{p}_i + m_0)\gamma^0 \gamma^5 \not{s}_f\right]\right\}_{|\boldsymbol{p}_f|=|\boldsymbol{p}_i|} . \tag{3.79}$$

Offenbar sind in diesem Ausdruck, anders als in (3.77) und (3.78), die Polarisationsabhängigkeiten nicht herausgefallen, so daß zu seiner weiteren Berechnung die Viererpolarisationen s_i und s_f konkretisiert werden müssen. Betrachten wir hierzu ein Elektron, das in seinem Ruhesystem einen Spin in Richtung $\boldsymbol{s}^{(0)}$, $|\boldsymbol{s}^{(0)}| = 1$ besitzt. Nach Satz 2.3 lautet dann seine Viererpolarisation in einem System, in welchem es sich mit der Geschwindigkeit $\boldsymbol{v} = \boldsymbol{p}/E$ bewegt $(c = 1)$,

$$(s^\mu) = [\Lambda_{-v}]^\mu{}_\nu \begin{pmatrix} 0 \\ s^{(0)} \end{pmatrix} = \left(\frac{\boldsymbol{p}\boldsymbol{s}^{(0)}}{m_0}, \boldsymbol{s}^{(0)} + \frac{\boldsymbol{p}\boldsymbol{s}^{(0)}}{m_0(E+m_0)}\boldsymbol{p} \right) \,, \qquad (3.80)$$

wobei die Lorentz-Transformation Λ_{-v} vom Ruhesystem des Elektrons auf das relativ dazu mit der Geschwindigkeit $-\boldsymbol{v}$ bewegte System transformiert. Nimmt man im speziellen an, daß der Ruhespin des Elektrons parallel oder antiparallel zu dessen Bewegungsrichtung zeigt, also positive oder negative Helizität besitzt,

$$\boldsymbol{s}^{(0)} = \frac{\lambda \boldsymbol{p}}{|\boldsymbol{p}|} \,, \quad \lambda = \pm 1 \,,$$

dann geht (3.80) über in

$$(s^\mu) = \lambda \left(\frac{|\boldsymbol{p}|}{m_0}, \frac{E}{m_0} \frac{\boldsymbol{p}}{|\boldsymbol{p}|} \right) \,.$$

Insgesamt läßt sich demnach (3.79) für den Fall einlaufender und gestreuter Teilchen mit jeweils positiver oder negativer Helizität umschreiben zu

$$\frac{\mathrm{d}\sigma}{\mathrm{d}\Omega}(\lambda_i, \lambda_f) = \frac{\alpha^2}{4q^4} \Big\{ \mathrm{tr} \left[(\not{p}_f + m_0)\gamma^0 (\not{p}_i + m_0)\gamma^0 \right]$$
$$+ \lambda_i \lambda_f \, \mathrm{tr} \left[(\not{p}_f + m_0)\gamma^0\gamma^5 \not{s}_i (\not{p}_i + m_0)\gamma^0\gamma^5 \not{s}_f \right] \Big\}_{|\boldsymbol{p}_f| = |\boldsymbol{p}_i|} \,,$$

mit

$$(s_i^\mu) = \lambda_i s_i \,, \quad s_i = \left(\frac{|\boldsymbol{p}_i|}{m_0}, \frac{E_i}{m_0} \frac{\boldsymbol{p}_i}{|\boldsymbol{p}_i|} \right)$$
$$(s_f^\mu) = \lambda_f s_f \,, \quad s_f = \left(\frac{|\boldsymbol{p}_f|}{m_0}, \frac{E_f}{m_0} \frac{\boldsymbol{p}_f}{|\boldsymbol{p}_f|} \right) \,.$$

Die Auswertung der verbleibenden Spuren nach Satz 3.6 liefert unter Berücksichtigung von $|\boldsymbol{p}_f| = |\boldsymbol{p}_i|$, $\cos\theta = \boldsymbol{p}_i \boldsymbol{p}_f / |\boldsymbol{p}_i|^2$

$$\mathrm{tr} \left[(\not{p}_f + m_0)\gamma^0 (\not{p}_i + m_0)\gamma^0 \right] = 8 \left(E_i^2 \cos^2 \frac{\theta}{2} + m_0^2 \sin^2 \frac{\theta}{2} \right)$$
$$\mathrm{tr} \left[(\not{p}_f + m_0)\gamma^0\gamma^5 \not{s}_i (\not{p}_i + m_0)\gamma^0\gamma^5 \not{s}_f \right] = 8 \left(E_i^2 \cos^2 \frac{\theta}{2} - m_0^2 \sin^2 \frac{\theta}{2} \right) \,.$$

Der vollständig polarisierte differentielle Wirkungsquerschnitt lautet somit

$$\frac{\mathrm{d}\sigma}{\mathrm{d}\Omega}(\lambda_i, \lambda_f) = \frac{2\alpha^2}{q^4} \Big[E_i^2 \cos^2 \frac{\theta}{2} + m_0^2 \sin^2 \frac{\theta}{2}$$
$$+ \lambda_i \lambda_f \left(E_i^2 \cos^2 \frac{\theta}{2} - m_0^2 \sin^2 \frac{\theta}{2} \right) \Big] \,.$$

Er geht nach Mittelwertbildung über λ_i und/oder Summenbildung über λ_f erwartungsgemäß in die Ausdrücke (3.74), (3.77) bzw. (3.78) für den unpolarisierten bzw. teilweise polarisierten Wirkungsquerschnitt über. Selbst in erster Ordnung Streutheorie hängen also die Zählraten der gestreuten Teilchen mit bestimmter Spinorientierung von der Polarisation des einlaufenden Teilchenstrahls ab.

Neben dem Wirkungsquerschnitt ist in spinsensitiven Streuexperimenten auch der *Polarisationsgrad* der gestreuten Teilchen von Interesse. Er ist definiert als die Differenz der Zählraten zu positiver und negativer Helizität, geteilt durch die totale Zählrate:

$$P(\lambda_i) = \frac{d\sigma(\lambda_f = +1) - d\sigma(\lambda_f = -1)}{d\sigma(\lambda_f = +1) + d\sigma(\lambda_f = -1)} \ .$$

Ist der Anfangszustand vollkommen polarisiert, z.B. $\lambda_i = +1$, dann lautet der zugehörige Polarisationsgrad

$$P(\lambda_i = +1) = 1 - \frac{2m_0^2 \sin^2 \frac{\theta}{2}}{E_i^2 \cos^2 \frac{\theta}{2} + m_0^2 \sin^2 \frac{\theta}{2}} \ .$$

Im nichtrelativistischen Grenzfall $E \to m_0$ geht dieser über in

$$P(\lambda_i = +1) \approx 1 - 2\sin^2 \frac{\theta}{2} = \cos\theta \ ,$$

also in den geometrischen Überlapp zwischen den Quantisierungsachsen des Anfangs- und Endzustandes. Hieraus folgt, daß in diesem Limes der Spin durch die Streuung überhaupt nicht beeinflußt wird, sofern er in einem festen System betrachtet wird.

Satz 3.7: Coulomb-Streuung von Elektronen in führender Ordnung

Die Streuamplitude für die Streuung von Elektronen an einem Coulomb-Potential der Form

$$eA^0(x) = \frac{\alpha}{|\boldsymbol{x}|} \ , \ \boldsymbol{A}(x) = \boldsymbol{0}$$

lautet in führender Ordnung ($f \neq i$)

$$S_{fi} = -\mathrm{i}\frac{2\pi\delta(E_f - E_i)}{V}\sqrt{\frac{m_0^2}{E_i E_f}} \, M_{fi} \ ,$$

mit

$$M_{fi} = \frac{4\pi\alpha}{\boldsymbol{q}^2}\bar{u}(p_f, s_f)\gamma^0 u(p_i, s_i) \ , \ \boldsymbol{q} = \boldsymbol{p}_f - \boldsymbol{p}_i \ .$$

Hieraus folgt für den differentiellen Wirkungsquerschnitt

$$d\sigma = \frac{m_0}{E_i}\frac{1}{V|\boldsymbol{j}_i|}|M_{fi}|^2(2\pi)\delta(E_f - E_i)\frac{m_0 d^3 p_f}{(2\pi)^3 E_f}$$

$$= \frac{m_0}{|\boldsymbol{p}_i|}|M_{fi}|^2(2\pi)\delta(E_f - E_i)\frac{m_0 d^3 p_f}{(2\pi)^3 E_f}$$

$\triangleright$

$$\Longrightarrow \frac{d\sigma}{d\Omega} = \frac{m_0^2}{(2\pi)^2} |M_{fi}|^2_{|\boldsymbol{p}_f|=|\boldsymbol{p}_i|} \,,$$

wobei in der letzten Gleichung über alle Streuimpulse $\boldsymbol{p}_f$ in Richtung $d\Omega$ ausintegriert wurde. Davon ausgehend ergeben sich der unpolarisierte Wirkungsquerschnitt (Mittelung über s_i und Summe über s_f, $v_i = |\boldsymbol{p}_i|/E_i$)

$$\left(\overline{\frac{d\sigma}{d\Omega}}\right)_{\text{Mott}} = \frac{2\alpha^2 m_0^2}{q^4} \left(1 + \frac{E_i E_f + \boldsymbol{p}_i \boldsymbol{p}_f}{m_0^2}\right)_{|\boldsymbol{p}_f|=|\boldsymbol{p}_i|}$$

$$= \frac{4\alpha^2}{q^4} \left(E_i^2 \cos^2 \frac{\theta}{2} + m_0^2 \sin^2 \frac{\theta}{2}\right) = \frac{\alpha^2 \left(1 - v_i^2 \sin^2 \frac{\theta}{2}\right)}{4 v_i^4 E_i^2 \sin^4 \frac{\theta}{2}} \,,$$

die teilweise polarisierten Wirkungsquerschnitte (Mittelung über s_i bzw. Summe über s_f)

$$\frac{d\sigma}{d\Omega}(s_f) = \frac{1}{2} \left(\overline{\frac{d\sigma}{d\Omega}}\right)_{\text{Mott}} \,, \quad \frac{d\sigma}{d\Omega}(s_i) = \left(\overline{\frac{d\sigma}{d\Omega}}\right)_{\text{Mott}}$$

und der vollständig polarisierte Wirkungsquerschnitt (mit Anfangs- und Endhelizitäten $\lambda_{i,f}$)

$$\frac{d\sigma}{d\Omega}(\lambda_i, \lambda_f) = \frac{2\alpha^2}{q^4} \left[E_i^2 \cos^2 \frac{\theta}{2} + m_0^2 \sin^2 \frac{\theta}{2}\right.$$
$$\left. + \lambda_i \lambda_f \left(E_i^2 \cos^2 \frac{\theta}{2} - m_0^2 \sin^2 \frac{\theta}{2}\right)\right] \,.$$

Wir kommen nun noch kurz auf die Coulomb-Streuung von Positronen in führender Ordnung zu sprechen. In diesem Fall müssen wir das auslaufende Positron (mit p_f, s_f) durch eine zeitlich rückwärts bewegte, in den Streubereich einlaufende negative ebene Dirac-Welle ψ_i (mit $-p_f$, $-s_f$) beschreiben und dementsprechend das einlaufende Positron (mit p_i, s_i) durch eine zeitliche rückwärts bewegte, aus dem Streubereich herauslaufende negative ebene Dirac-Welle ψ_f (mit $-p_i$, $-s_i$). Wir haben deshalb [vgl. (3.63)]

$$\psi_i(x) = \sqrt{\frac{m_0}{E_f V}} v(p_f, s_f) e^{+iE_f t} e^{-i\boldsymbol{p}_f x} \quad (\text{im Limes } t \to +\infty)$$

$$\psi_f(x) = \sqrt{\frac{m_0}{E_i V}} v(p_i, s_i) e^{+iE_i t} e^{-i\boldsymbol{p}_i x} \quad (\text{im Limes } t \to -\infty) \,.$$

Analog zum Elektronfall folgt nach Satz 3.5 ($\epsilon_f = -1$, $f \neq i$) für die Streuamplitude

$$S_{fi} = +\frac{i[2\pi\delta(E_f - E_i)]}{V} \sqrt{\frac{m_0^2}{E_i E_f}} M_{fi} \,, \quad M_{fi} = \frac{4\pi\alpha}{q^2} \bar{v}(p_i, s_i)\gamma^0 v(p_f, s_f) \,,$$

die sich von derjenigen des Elektronfalles offensichtlich nur im Gesamtvorzeichen (wegen ϵ_f) und den beteiligten Bispinoren unterscheidet. Aufgrund der kinematisch gleichen Verhältnisse läuft die Berechnung des differentiellen Wirkungsquerschnittes wieder auf die Formel

$$\frac{\mathrm{d}\sigma}{\mathrm{d}\Omega} = \frac{m_0^2}{(2\pi)^2} |M_{fi}|^2\big|_{|\boldsymbol{p}_f|=|\boldsymbol{p}_i|}$$

hinaus. Je nach betrachteter Situation (unpolarisierte, teilweise polarisierte oder vollständig polarisierte Teilchenströme) sind nun wieder verschiedene Summen von $|M_{fi}|^2$ auszuwerten. Dies impliziert jeweils die Berechnung von Spurtermen, die sich von denen des Elektronfalles nur durch die Ersetzung $\Lambda_+(p) \rightarrow \Lambda_-(p)$ unterscheiden. Unter Berücksichtigung von Satz 3.6 folgt deshalb, daß sich im positronischen Fall dieselben $|M_{fi}|^2$-Summen und somit auch dieselben Wirkungsquerschnitte ergeben wie im Elektronfall. Diese Übereinstimmung gilt jedoch nur in der niedrigsten Ordnung.

3.3.2 Elektron-Proton-Streuung (I)

Die im vorigen Unterabschnitt diskutierte Coulomb-Streuung von Elektronen ist gleichbedeutend mit der Elektronstreuung an einem fest verankerten, unendlich schweren, spin- und strukturlosen Proton. In diesem und im nächsten Unterabschnitt erweitern wir dieses Szenarium und beschäftigen uns mit der realistischeren Streuung von Elektronen an frei beweglichen, endlich schweren Protonen, wobei wir die Protonen jetzt als Spin-1/2-Teilchen voraussetzen, ihre innere Struktur aber weiterhin vernachlässigen. Somit ist zu vermuten, daß sich hier insbesondere aufgrund von Rückstoßeffekten Abweichungen gegenüber der Coulomb-Streuung ergeben werden.

Ausgangspunkt unser Diskussion ist die Streuamplitude erster Ordnung (siehe Satz 3.5, $\epsilon_f = +1, f \neq i$)

$$S_{fi} = -\mathrm{i}e \int \mathrm{d}^4x \bar{\Psi}_f(x) \slashed{A} \Psi_i(x) \ . \tag{3.81}$$

Hierin bedeuten, wie gehabt, Ψ_i und Ψ_f positive, auf das Volumen V normierte ebene Dirac-Wellen für den elektronischen Anfangs- bzw. Endzustand. A^μ ist das vom Proton erzeugte Viererpotential, dessen genaue Form a priori unklar ist und erst noch bestimmt werden muß. Hierzu nehmen wir an, daß der elektrische Strom (genauer: die elektrische Stromdichte) $J^{(\mathrm{p})\mu}$ des Protons bekannt sei. Dann läßt sich das entsprechende elektromagnetische *Strahlungsfeld* A^μ über die Maxwell-Gleichung[16]

$$\partial_\mu F^{\mu\nu}(x) = 4\pi J^{(\mathrm{p})\nu}(x) \ , \quad F^{\mu\nu} = \partial^\mu A^\nu - \partial^\nu A^\mu$$

bzw. bei Verwendung der Lorentz-Eichung $\partial_\mu A^\mu = 0$ über

---

[16] Der Faktor $4\pi/c = 4\pi$ ergibt sich durch Verwendung des Gaußschen Einheitensystems ($c = 1$).

$$\partial_\mu \partial^\mu A^\nu(x) = 4\pi J^{(p)\nu}(x)$$

berechnen. Für unsere Zwecke ist es günstig, die Lösung der letzten Gleichung mit Hilfe des bekannten Green-Funktionenkalküls in der Form

$$A^\mu(x) = \int d^4y D_F^{(0)}(x-y) J^{(p)\mu}(y) \tag{3.82}$$

zu schreiben, wobei $D_F^{(0)}$ den *freien Photonpropagator* bezeichnet und seinerseits der Gleichung

$$\partial_\mu \partial^\mu D_F^{(0)}(x-y) = 4\pi\delta(x-y) \tag{3.83}$$

zu genügen hat. Zu ihrer Lösung bietet sich wieder das Vorgehen aus Aufgabe 31 und Unterabschn. 3.2.2 an. Durch Verwendung der vierdimensionalen Fourier-Darstellungen

$$D_F^{(0)}(x-y) = \int \frac{d^4q}{(2\pi)^4} e^{-iq\cdot(x-y)} \tilde{D}_F^{(0)}(q)$$

$$\delta(x-y) = \int \frac{d^4q}{(2\pi)^4} e^{-iq\cdot(x-y)}$$

und anschließendes Einsetzen in (3.83) folgt

$$\tilde{D}_F^{(0)}(q) = -\frac{4\pi}{q^2} \ , \ q^2 = q_\mu q^\mu \neq 0$$

$$\Longrightarrow D_F^{(0)}(x-y) = \int \frac{d^4q}{(2\pi)^4} \frac{-4\pi}{q^2 + i\epsilon} e^{-iq\cdot(x-y)} \ . \tag{3.84}$$

Hierbei haben wir aufgrund unserer Erfahrungen aus Unterabschn. 3.2.2 von vornherein im Nenner einen kleinen Imaginärteil hinzuaddiert, der das gewünschte Kausalitätsverhalten garantiert, daß nämlich nur elektromagnetische Strahlung mit positiver Frequenz also mit positiver Energie auftritt, die sich vorwärts in der Zeit ausbreitet. Zwar treten im A^μ-Feld auch Beiträge mit negativer Energie auf, die sich rückwärts in der Zeit bewegen. Da aber das Photon im Gegensatz zum Elektron keine Ladung trägt und deshalb sein eigenes Antiteilchen ist, besteht zwischen beiden Prozessen physikalisch kein Unterschied.

Kombinieren wir nun die beiden Gleichungen (3.81) und (3.82), so folgt für die Streuamplitude

$$S_{fi} = -ie \int d^4x \bar{\Psi}_f(x) \gamma_\mu A^\mu(x) \Psi_i(x)$$

$$= -i \int d^4x \int d^4y [e\bar{\Psi}_f(x) \gamma_\mu \Psi_i(x)] A^\mu(x)$$

$$= -i \int d^4x \int d^4y \left[e\bar{\Psi}_f(x) \gamma_\mu \Psi_i(x) \right] D_F^{(0)}(x-y) J^{(p)\mu}(y) \ , \tag{3.85}$$

wobei der Protonstrom $J^{(p)\mu}$ nach wie vor unbestimmt ist. Die eckige Klammer können wir offensichtlich mit dem Strom der Elektronen (in erster Ordnung) identifizieren:

$$J_\mu(x) = e\bar{\Psi}_f(x)\gamma_\mu\Psi_i(x) \ .$$

Da elektronische und protonische Ströme aus Symmetriegründen physikalisch völlig gleichberechtigt sein sollten (Elektronstreuung im Feld des Protons $\Longleftrightarrow$ Protonstreuung im Feld des Elektrons), macht es Sinn, für den protonischen Strom (in erster Ordnung) entsprechend anzusetzen:[17]

$$J^{(\mathrm{p})\mu}(y) = e_\mathrm{p}\bar{\Psi}_f^{(\mathrm{p})}(y)\gamma^\mu\Psi_i^{(\mathrm{p})}(y) \ . \tag{3.86}$$

Dabei sind $e_\mathrm{p} = -e$ die Protonladung und $\Psi_{i,f}^{(\mathrm{p})}$ die Wellenfunktionen des Protons im Anfangs- bzw. Endzustand, also ebenfalls positive, auf das Volumen V normierte ebene Dirac-Wellen. Beide Ströme werden aus leicht einsichtigen Gründen auch *Übergangsströme* genannt. Durch Einsetzen der Elektron- und Protonwellenfunktionen

$$\Psi_i(x) = \sqrt{\frac{m_0}{E_i V}}u(p_i,s_i)\mathrm{e}^{-\mathrm{i}p_i\cdot x}$$

$$\Psi_f(x) = \sqrt{\frac{m_0}{E_f V}}u(p_f,s_f)\mathrm{e}^{-\mathrm{i}p_f\cdot x}$$

$$\Psi_i^{(\mathrm{p})}(y) = \sqrt{\frac{M_0}{E_i^{(\mathrm{p})}V}}u(P_i,S_i)\mathrm{e}^{-\mathrm{i}P_i\cdot y}$$

$$\Psi_f^{(\mathrm{p})}(y) = \sqrt{\frac{M_0}{E_f^{(\mathrm{p})}V}}u(P_f,S_f)\mathrm{e}^{-\mathrm{i}P_f\cdot y}$$

sowie des Photonpropagators (3.84) und des Protonstromes (3.86) geht nun die Streuamplitude (3.85) über in

$$S_{fi} = -\frac{\mathrm{i}}{V^2}\sqrt{\frac{m_0^2}{E_i E_f}}\sqrt{\frac{M_0^2}{E_i^{(\mathrm{p})}E_f^{(\mathrm{p})}}}\int\mathrm{d}^4x\int\mathrm{d}^4y\int\frac{\mathrm{d}^4q}{(2\pi)^4}$$

$$\times\left[\bar{u}(p_f,s_f)\gamma_\mu u(p_i,s_i)\frac{-4\pi e e_\mathrm{p}}{q^2+\mathrm{i}\epsilon}\bar{u}(P_f,S_f)\gamma^\mu u(P_i,S_i)\right]$$

$$\times\mathrm{e}^{\mathrm{i}(p_f-p_i)\cdot x}\mathrm{e}^{-\mathrm{i}q\cdot(x-y)}\mathrm{e}^{\mathrm{i}(P_f-P_i)\cdot y} \ ,$$

wobei M_0, $E_{i,f}^{(\mathrm{p})}$, $P_{i,f}$, $S_{i,f}$ die Masse, Energien, Viererimpuls- und Viererpolarisationsindizes des Protons bezeichnen. Die x- und y-Integrationen lassen sich sofort ausführen,

$$\int\mathrm{d}^4x\mathrm{e}^{\mathrm{i}(p_f-p_i-q)\cdot x} = (2\pi)^4\delta(p_f-p_i-q)$$

---

[17] Man mache sich klar, daß diese Wahl des Protonstroms und die hierdurch entstehende symmetrische Form der Strom-Strom-Wechselwirkung streng genommen eine Erweiterung unseres Streuformalismus bedeutet, weil A^μ nun kein externes, durch die Streuung unbeeinflußbares Hintergrundpotential mehr ist. Eine formale Rechtfertigung dieses Vorgehens läßt sich nur im Rahmen der Quantenelektrodynamik finden (vgl. die einleitenden Bemerkungen zu diesem Abschnitt).

$$\int \mathrm{d}^4 y e^{\mathrm{i}(P_f - P_i + q)\cdot y} = (2\pi)^4 \delta(P_f - P_i + q) \,,$$

und ziehen die q-Integration

$$(2\pi)^4 \int \mathrm{d}^4 q \delta(p_f - p_i - q)\delta(P_f - P_i + q)\frac{-4\pi e e_{\mathrm{p}}}{q^2 + \mathrm{i}\epsilon}$$

$$= (2\pi)^4 \delta(p_f + P_f - p_i - P_i)\frac{-4\pi e e_{\mathrm{p}}}{(p_f - p_i)^2 + \mathrm{i}\epsilon}$$

nach sich. Dadurch erhalten wir schließlich den Ausdruck

$$\left.\begin{aligned} S_{fi} &= -\frac{\mathrm{i}\left[(2\pi)^4\delta(p_f + P_f - p_i - P_i)\right]}{V^2}\sqrt{\frac{m_0^2}{E_i E_f}}\sqrt{\frac{M_0^2}{E_i^{(\mathrm{p})} E_f^{(\mathrm{p})}}}\,M_{fi} \\ M_{fi} &= \bar{u}(p_f, s_f)\gamma_\mu u(p_i, s_i)\frac{-4\pi e e_{\mathrm{p}}}{q^2 + \mathrm{i}\epsilon}\bar{u}(P_f, S_f)\gamma^\mu u(P_i, S_i) \\ q &= p_f - p_i \,, \end{aligned}\right\} \quad (3.87)$$

mit der offensichtlich lorentzinvarianten Amplitude M_{fi}. Man erkennt sehr schön die Symmetrie zwischen den elektronischen und protonischen Variablen, was unser Vertrauen in die Wahl (3.86) für den protonischen Übergangsstrom bestärkt. Desweiteren zeigt sich anhand der vierdimensionalen δ-Funktion, daß hier im Gegensatz zur Coulomb-Streuung nicht nur Energie- sondern auch Impulserhaltung gilt (Viererimpulserhaltung).

Wirkungsquerschnitt. Wir können nun Satz 3.3 heranziehen, um von (3.87) ausgehend den Wirkungsquerschnitt für die Elektron-Proton-Streuung zu berechnen. Dabei ist allerdings zu beachten, daß über alle möglichen Endzustände sowohl der Elektronen als auch der Protonen zu integrieren ist. Dies bedeutet, wir haben in Satz 3.3 nicht nur die Zahl der elektronischen Endzustände im Impulsintervall $[\boldsymbol{p}_f : \boldsymbol{p}_f + \mathrm{d}^3 p_f]$ sondern auch die Zahl der protonischen Endzustände im Impulsintervall $[\boldsymbol{P}_f : \boldsymbol{P}_f + \mathrm{d}^3 P_f]$ zu berücksichtigen, was insgesamt zu einem Phasenraumfaktor

$$\frac{V\mathrm{d}^3 p_f}{(2\pi)^3}\frac{V\mathrm{d}^3 P_f}{(2\pi)^3}$$

führt. Der sechsfach differentielle Wirkungsquerschnitt lautet somit

$$\begin{aligned} \mathrm{d}\sigma &= \frac{|S_{fi}|^2}{T|\boldsymbol{j}_i|}\frac{V\mathrm{d}^3 p_f}{(2\pi)^3}\frac{V\mathrm{d}^3 P_f}{(2\pi)^3} \\ &= \frac{m_0}{E_i}\frac{M_0}{E_i^{(\mathrm{p})}}\frac{\left[(2\pi)^4\delta(p_f + P_f - p_i - P_i)\right]^2}{TV^2|\boldsymbol{j}_i|}|M_{fi}|^2\frac{m_0\mathrm{d}^3 p_f}{(2\pi)^3 E_f}\frac{M_0\mathrm{d}^3 P_f}{(2\pi)^3 E_f^{(\mathrm{p})}} \\ &= \frac{m_0}{E_i}\frac{M_0}{E_i^{(\mathrm{p})}}\frac{1}{|\boldsymbol{j}_i|V}|M_{fi}|^2(2\pi)^4\delta(p_f + P_f - p_i - P_i) \\ &\quad \times \frac{m_0\mathrm{d}^3 p_f}{(2\pi)^3 E_f}\frac{M_0\mathrm{d}^3 P_f}{(2\pi)^3 E_f^{(\mathrm{p})}} \,, \end{aligned} \quad (3.88)$$

wobei im letzten Schritt das mathematisch unschöne δ-Quadrat in Verallgemeinerung von (3.28) für endliche T und V ersetzt wurde durch

$$\left[(2\pi)^4\delta(p_f + P_f - p_i - P_i)\right]^2 \longrightarrow TV(2\pi)^4\delta(p_f + P_f - p_i - P_i) .$$

Als nächstes benötigen wir die Stromdichte $|\boldsymbol{j}_i|$, die sich ganz allgemein aus der Relativbewegung der aufeinander zulaufenden Elektronen und Protonen ergibt ($\rho, \boldsymbol{v}_i$ = Teilchendichte und Geschwindigkeit der Elektronen; $\rho^{(\mathrm{p})}, \boldsymbol{V}_i$ = Teilchendichte und Geschwindigkeit der Protonen):

$$|\boldsymbol{j}_i| = |\rho\boldsymbol{v}_i - \rho^{(\mathrm{p})}\boldsymbol{V}_i| = \frac{|\boldsymbol{v}_i - \boldsymbol{V}_i|}{V} = \frac{\sqrt{\left(E_i^{(\mathrm{p})}\boldsymbol{p}_i - E_i\boldsymbol{P}_i\right)^2}}{VE_iE_i^{(\mathrm{p})}} .$$

Da wir uns auf kollineare Ströme ($\boldsymbol{j}_i \| \boldsymbol{j}_i^{(\mathrm{p})}$) beschränken wollen, läßt sich diese Gleichung unter Berücksichtigung von $(\boldsymbol{p}_i\boldsymbol{P}_i)^2 = \boldsymbol{p}_i^2\boldsymbol{P}_i^2$ umschreiben zu

$$|\boldsymbol{j}_i| = \frac{\sqrt{(p_i \cdot P_i)^2 - m_0^2M_0^2}}{VE_iE_i^{(\mathrm{p})}} . \tag{3.89}$$

Setzen wir dies in (3.88) ein, so folgt für den differentiellen Wirkungsquerschnitt

$$\begin{aligned}
\mathrm{d}\sigma &= \frac{m_0M_0}{\sqrt{(p_i \cdot P_i)^2 - m_0^2M_0^2}}|M_{fi}|^2(2\pi)^4\delta(p_f + P_f - p_i - P_i) \\
&\times \frac{m_0\mathrm{d}^3p_f}{(2\pi)^3E_f}\frac{M_0\mathrm{d}^3P_f}{(2\pi)^3E_f^{(\mathrm{p})}} .
\end{aligned} \tag{3.90}$$

Man beachte, daß es sich hierbei um einen lorentzinvarianten Ausdruck handelt. Bis auf die letzten beiden Faktoren ist dies offensichtlich. Für diese können wir aber unter Ausnutzung der Identität

$$\delta\left[f(x)\right] = \sum_k \frac{\delta(x - x_k)}{\left|\frac{\mathrm{d}f}{\mathrm{d}x}\right|_{x_k}} , \quad x_k = \text{Nullstellen von } f \tag{3.91}$$

schreiben (Integration nur über p_0):

$$\frac{\mathrm{d}^3p}{2E} = \int\limits_0^\infty \mathrm{d}p_0\delta(p^2 - m_0^2)\mathrm{d}^3p = \int\limits_{-\infty}^{+\infty} \mathrm{d}^4p\delta(p^2 - m_0^2)\Theta(p_0) .$$

Weil p^μ in jedem Lorentz-System ein zeitartiger Vierervektor ist, gilt überall $p^2 = m_0^2 \Longrightarrow p_0^2 > \boldsymbol{p}^2 > 0$. Hieraus folgt unmittelbar die Lorentz-Invarianz der Θ-Funktion und somit auch von d^3p/E.

Im Gegensatz zu $\mathrm{d}\sigma$ ist die Größe $\mathrm{d}\sigma/\mathrm{d}\Omega$, auf die wir letztlich hinaus wollen, nicht lorentzinvariant, so daß nun das Bezugssystem spezifiziert werden muß. Da Elektron-Proton-Streuexperimente für gewöhnlich an einem festen Protontarget durchgeführt werden, wählen wir hier das Laborsystem, in dem das Proton anfänglich ruht. Unter Berücksichtigung von

$$p_i = (E_i, \boldsymbol{p}_i) \ , \ p_f = (E_f, \boldsymbol{p}_f) \ , \ P_i = (M_0, \boldsymbol{0}) \ , \ \boldsymbol{p}_i \boldsymbol{p}_f = |\boldsymbol{p}_i||\boldsymbol{p}_f|\cos\theta$$

sowie

$$\frac{m_0 M_0}{\sqrt{(p_i \cdot P_i)^2 - m_0^2 M_0^2}} = \frac{m_0 M_0}{\sqrt{E_i^2 M_0^2 - m_0^2 M_0^2}} = \frac{m_0}{\sqrt{E_i^2 - m_0^2}} = \frac{m_0}{|\boldsymbol{p}_i|}$$

$$\mathrm{d}^3 p_f = \boldsymbol{p}_f^2 \mathrm{d}|\boldsymbol{p}_f|\mathrm{d}\Omega = |\boldsymbol{p}_f| E_f \mathrm{d}E_f \mathrm{d}\Omega$$

$$\frac{\mathrm{d}^3 P_f}{E_f^{(\mathrm{p})}} = 2 \int \mathrm{d}^4 P_f \delta(P_f^2 - M_0^2)\Theta(P_f^0)$$

folgt dann aus (3.90)

$$
\begin{aligned}
\frac{\mathrm{d}\sigma}{\mathrm{d}\Omega} &= \frac{m_0^2 M_0}{2\pi^2 |\boldsymbol{p}_i|} \int \mathrm{d}E_f \int \mathrm{d}^4 P_f |\boldsymbol{p}_f||M_{fi}|^2 \delta(p_f + P_f - p_i - P_i) \\
&\quad \times \delta(P_f^2 - M_0^2)\Theta(P_f^0) \\
&= \frac{m_0^2 M_0}{2\pi^2 |\boldsymbol{p}_i|} \int \mathrm{d}E_f |\boldsymbol{p}_f||M_{fi}|^2_{P_f = P_i + p_i - p_f} \\
&\quad \times \delta\left[(P_i + p_i - p_f)^2 - M_0^2\right]\Theta(M_0 + E_i - E_f) \\
&= \frac{m_0^2 M_0}{2\pi^2 |\boldsymbol{p}_i|} \int_{m_0}^{M_0 + E_i} \mathrm{d}E_f |\boldsymbol{p}_f||M_{fi}|^2_{P_f = P_i + p_i - p_f} \\
&\quad \times \delta\left[(P_i + p_i - p_f)^2 - M_0^2\right] \\
&= \frac{m_0^2 M_0}{2\pi^2 |\boldsymbol{p}_i|} \int_{m_0}^{M_0 + E_i} \mathrm{d}E_f |\boldsymbol{p}_f||M_{fi}|^2_{P_f = P_i + p_i - p_f} \\
&\quad \times \delta\left[2m_0^2 - 2M_0(E_f - E_i) - 2E_i E_f + 2|\boldsymbol{p}_i||\boldsymbol{p}_f|\cos\theta\right] \ .
\end{aligned}
$$

Die Integrationsgrenzen ergeben sich aus der Tatsache, daß einerseits $E_f \geq m_0$ sein muß (untere Grenze) und andererseits $\Theta(M_0 + E_i - E_f)$ nur für $E_f < M_0 + E_i$ einen Beitrag liefert (obere Grenze). Das verbleibende Integral läßt sich wieder mit Hilfe der Identität (3.91) auswerten, und wir erhalten schließlich

$$
\left.
\begin{aligned}
\frac{\mathrm{d}\sigma}{\mathrm{d}\Omega} &= \frac{m_0^2 M_0 |\boldsymbol{p}_f|}{4\pi^2 |\boldsymbol{p}_i|} \frac{|M_{fi}|^2_{\mathrm{co}}}{M_0 + E_i - \frac{|\boldsymbol{p}_i| E_f}{|\boldsymbol{p}_f|}\cos\theta} \\
|M_{fi}|^2_{\mathrm{co}} &= |M_{fi}|^2_{P_f = P_i + p_i - p_f} \ ,
\end{aligned}
\right\}
\tag{3.92}
$$

mit der Nebenbedingung

$$2m_0^2 - 2M_0(E_f - E_i) - 2E_i E_f + 2|\boldsymbol{p}_i||\boldsymbol{p}_f|\cos\theta = 0 \ ,$$

aus der sich E_f bzw. $|\boldsymbol{p}_f|$ als Funktion von θ und E_i bzw. $|\boldsymbol{p}_i|$ ergibt. Man beachte den Index co (=conservation), der zur Abkürzung der Viererimpuls-erhaltungsbedingung eingeführt wurde.

Amplitudenquadrat. Mit den letzten Gleichungen haben wir schon eine recht kompakte Darstellung für den differentiellen Wirkungsquerschnitt der Elektron-Proton-Streuung in erster Ordnung vorliegen, in der allerdings noch das Amplitudenquadrat $|M_{fi}|^2_{\text{co}}$ weiter ausgewertet werden muß. Um die hierfür notwendigen Rechnungen möglichst einfach zu halten, verzichten wir auf das Studium von Polarisationseffekten und betrachten anstelle von (3.92) den unpolarisierten Wirkungsquerschnitt

$$\frac{\overline{d\sigma}}{d\Omega} = \frac{m_0^2 M_0 |\boldsymbol{p}_f|}{4\pi^2 |\boldsymbol{p}_i|} \frac{\overline{|M_{fi}|^2_{\text{co}}}}{M_0 + E_i - \frac{|\boldsymbol{p}_i| E_f}{|\boldsymbol{p}_f|} \cos\theta} \,, \tag{3.93}$$

mit der Amplitude

$$\overline{|M_{fi}|^2} = \frac{1}{4} \sum_{\substack{s_f, s_i \\ S_f, S_i}} \left| \bar{u}(p_f, s_f)\gamma_\mu u(p_i, s_i) \frac{4\pi e e_{\text{p}}}{q^2 + \mathrm{i}\epsilon} \bar{u}(P_f, S_f \gamma^\mu u(P_i, S_i) \right|^2, \tag{3.94}$$

die sich aus $|M_{fi}|^2$ in (3.87) durch Mittelung über sämtliche einlaufende Spinzustände und Summation über sämtliche auslaufende Spinzustände von Elektronen und Protonen ergibt. Unter Beachtung der Tatsache, daß Terme der Art $\bar{u}\gamma^\mu u$ ₵-Zahlen sind, können wir jetzt (3.94) in folgender Weise als Produkt von zwei doppelten Spinsummen schreiben, die sich mit Hilfe von Satz 3.6 auf bekanntem Wege ausrechnen lassen:

$$\overline{|M_{fi}|^2} = \frac{(4\pi)^2 e^2 e_{\text{p}}^2}{4(q^2)^2} \sum_{\substack{s_f, s_i \\ S_f, S_i}} [\bar{u}(p_f, s_f)\gamma_\mu u(p_i, s_i)] \, [\bar{u}(P_f, S_f)\gamma^\mu u(P_i, S_i)]$$

$$\times [\bar{u}(p_f, s_f)\gamma_\nu u(p_i, s_i)]^\dagger \, [\bar{u}(P_f, S_f)\gamma^\nu u(P_i, S_i)]^\dagger$$

$$= \frac{(4\pi)^2 e^2 e_{\text{p}}^2}{4(q^2)^2} \sum_{s_f, s_i} [\bar{u}(p_f, s_f)\gamma_\mu u(p_i, s_i)] \, [\bar{u}(p_i, s_i)\gamma_\nu u(p_f, s_f)]$$

$$\times \sum_{S_f, S_i} [\bar{u}(P_f, S_f)\gamma_\mu u(P_i, S_i)] \, [\bar{u}(P_i, S_i)\gamma_\nu u(P_f, S_f)]$$

$$= \frac{(4\pi)^2 e^2 e_{\text{p}}^2}{4(q^2)^2} \operatorname{tr}\left[\Lambda_+(p_f)\gamma_\mu \Lambda_+(p_i)\gamma_\nu \right] \operatorname{tr}\left[\Lambda_+(P_f)\gamma^\mu \Lambda_+(P_i)\gamma^\nu \right]. \tag{3.95}$$

Zur weiteren Vereinfachung der beiden Spuren führt man am besten die beiden Hilfsgrößen

$$(a^\mu) = \begin{pmatrix} 0 \\ 1 \\ \cdot \\ 0 \end{pmatrix} \!\!\leftarrow \mu\text{-te Stelle} \,, \quad (b^\nu) = \begin{pmatrix} 0 \\ \cdot \\ 1 \\ 0 \end{pmatrix} \!\!\leftarrow \nu\text{-te Stelle}$$

ein, nimmt die Ersetzungen $\gamma_\mu \to \not{a}$, $\gamma_\nu \to \not{b}$ vor und rechnet wie folgt:

$$\operatorname{tr}\left[\Lambda_+(p_f)\gamma_\mu \Lambda_+(p_i)\gamma_\nu \right]$$

$$= \frac{1}{4m_0^2}\,\text{tr}\left[(\not{p}_f + m_0)\not{a}(\not{p}_i + m_0)\not{b}\right]$$

$$= \frac{1}{4m_0^2}\left[\text{tr}\,(\not{p}_f\not{a}\not{p}_i\not{b}) + m_0^2\text{tr}\,(\not{a}\not{b})\right]$$

$$= \frac{1}{4m_0^2}\left[(p_f \cdot a)\text{tr}\,(\not{p}_i\not{b}) - (p_f \cdot p_i)\text{tr}\,(\not{a}\not{b}) + (p_f \cdot b)\text{tr}\,(\not{a}\not{p}_i) + m_0^2\text{tr}\,(\not{a}\not{b})\right]$$

$$= \frac{4}{4m_0^2}\left[(p_f)_\mu(p_i)_\nu - (p_f \cdot p_i)g_{\mu\nu} + (p_f)_\nu(p_i)_\mu + m_0^2 g_{\mu\nu}\right]$$

$$= \frac{1}{m_0^2}\left[(p_f)_\mu(p_i)_\nu + (p_i)_\mu(p_f)_\nu - g_{\mu\nu}(p_f \cdot p_i - m_0^2)\right]\ .$$

Für die zweite Spur folgt entsprechend

$$\text{tr}\left[\Lambda_+(P_f)\gamma^\mu\Lambda_+(P_i)\gamma^\nu\right] = \frac{1}{M_0^2}\left[P_f^\mu P_i^\nu + P_i^\mu P_f^\nu - g^{\mu\nu}(P_f \cdot P_i - M_0^2)\right]\ .$$

Somit geht (3.95) nach Ausmultiplikation der beiden Spurterme über in

$$\overline{|M_{fi}|^2} = \frac{(4\pi)^2 e^2 e_{\mathrm{p}}^2}{2m_0^2 M_0^2 (q^2)^2}\left[(p_i \cdot P_i)(p_f \cdot P_f) + (p_i \cdot P_f)(p_f \cdot P_i)\right.$$
$$\left. - (p_i \cdot p_f)M_0^2 - (P_i \cdot P_f)m_0^2 + 2m_0^2 M_0^2\right]\ . \tag{3.96}$$

Ersetzen wir jetzt noch die Viererimpulse durch die kinematischen Größen $p_i = (E_i, \boldsymbol{p}_i)$, $p_f = (E_f, \boldsymbol{p}_f)$, $P_i = (M_0, \boldsymbol{0})$ im Laborsystem und berücksichtigen die Viererimpulserhaltung $P_f = P_i + p_i - p_f$, dann erhalten wir schließlich das in (3.93) einzusetzende Endresultat

$$\overline{|M_{fi}|_{\mathrm{co}}^2} = \frac{(4\pi)^2 e^2 e_{\mathrm{p}}^2}{2m_0^2 M_0^2 (q^2)^2}\left\{2M_0^2 E_i E_f + 2M_0 m_0^2(E_f - E_i)\right.$$
$$\left. - (p_i \cdot p_f)\left[M_0^2 + M_0(E_f - E_i)\right] + m_0^2 M_0^2\right\}$$

$$= \frac{(4\pi)^2 e^2 e_{\mathrm{p}}^2}{2m_0^2 M_0^2 (q^2)^2}\left\{2M_0^2 E_i E_f + M_0 m_0^2(E_f - E_i)\right.$$
$$\left. + \frac{q^2}{2}\left[M_0^2 + M_0(E_f - E_i)\right]\right\}\ ,$$

wobei im letzten Schritt das Skalarprodukt $p_i \cdot p_f$ durch den quadratischen Viererimpulsübertrag

$$q^2 = (p_f - p_i)^2 = p_f^2 + p_i^2 - 2p_i \cdot p_f = 2m_0^2 - 2p_i \cdot p_f$$

ausgedrückt wurde.

Satz 3.8: Elektron-Proton-Streuung in führender Ordnung

Die Streuamplitude für die Elektron-Proton-Streuung lautet in führender Ordnung ($f \neq i$)

$$S_{fi} = -\mathrm{i} \frac{(2\pi)^4 \delta(p_f + P_f - p_i - P_i)}{V^2} \sqrt{\frac{m_0^2}{E_i E_f}} \sqrt{\frac{M_0^2}{E_i^{(\mathrm{p})} E_f^{(\mathrm{p})}}} \, M_{fi} \, ,$$

mit der lorentzinvarianten Amplitude ($q = p_f - p_i$)

$$M_{fi} = \bar{u}(p_f, s_f) \gamma_\mu u(p_i, s_i) \frac{-4\pi e e_{\mathrm{p}}}{q^2 + \mathrm{i}\epsilon} \bar{u}(P_f, S_f) \gamma^\mu u(P_i, S_i) \, .$$

Hieraus folgt für den differentiellen Wirkungsquerschnitt

$$\begin{aligned}
\mathrm{d}\sigma &= \frac{m_0}{E_i} \frac{M_0}{E_i^{(\mathrm{p})}} \frac{1}{|\boldsymbol{j}_i| V} |M_{fi}|^2 (2\pi)^4 \delta(p_f + P_f - p_i - P_i) \\
&\quad \times \frac{m_0 \mathrm{d}^3 p_f}{(2\pi)^3 E_f} \frac{M_0 \mathrm{d}^3 P_f}{(2\pi)^3 E_f^{(\mathrm{p})}} \\
&= \frac{m_0 M_0}{\sqrt{(p_i \cdot P_i)^2 - m_0^2 M_0^2}} |M_{fi}|^2 (2\pi)^4 \delta(p_f + P_f - p_i - P_i) \\
&\quad \times \frac{m_0 \mathrm{d}^3 p_f}{(2\pi)^3 E_f} \frac{M_0 \mathrm{d}^3 P_f}{(2\pi)^3 E_f^{(\mathrm{p})}} \quad \text{(kollineare Ströme)}
\end{aligned}$$

und speziell im Laborsystem, wo das Proton anfänglich ruht,

$$\left.\begin{aligned}
\frac{\mathrm{d}\sigma}{\mathrm{d}\Omega} &= \frac{m_0^2 M_0 |\boldsymbol{p}_f|}{4\pi^2 |\boldsymbol{p}_i|} \frac{|M_{fi}|_{\mathrm{co}}^2}{M_0 + E_i - \frac{|\boldsymbol{p}_i| E_f}{|\boldsymbol{p}_f|} \cos\theta} \\
|M_{fi}|_{\mathrm{co}}^2 &= |M_{fi}|_{P_f = P_i + p_i - p_f}^2 \\
2m_0^2 &- 2M_0(E_f - E_i) - 2E_i E_f + 2|\boldsymbol{p}_i||\boldsymbol{p}_f| \cos\theta = 0 \, ,
\end{aligned}\right\} \quad (3.97)$$

wobei in $\mathrm{d}\sigma/\mathrm{d}\Omega$ über alle elektronischen Streuimpulse $\boldsymbol{p}_f$ in Richtung $\mathrm{d}\Omega$ und alle protonischen Streuimpulse $\boldsymbol{P}_f$ ausintegriert wurde. Durch Vernachlässigung elektronischer und protonischer Polarisationseffekte erhält man für das unpolarisierte Amplitudenquadrat

$$\begin{aligned}
\overline{|M_{fi}|_{\mathrm{co}}^2} &= \frac{(4\pi)^2 e^2 e_{\mathrm{p}}^2}{2m_0^2 M_0^2 (q^2)^2} \left\{ 2M_0^2 E_i E_f + M_0 m_0^2 (E_f - E_i) \right. \\
&\quad \left. + \frac{q^2}{2} \left[M_0^2 + M_0(E_f - E_i) \right] \right\} \, .
\end{aligned}$$

Niederenergetischer und ultrarelativistischer Grenzfall. Wir können uns von der Richtigkeit dieses Satzes überzeugen, indem wir ihn z.B. für den niederenergetischen Grenzfall prüfen, der wieder in die Gesetzmäßigkeiten der Coulomb-Streuung von Elektronen münden sollte. In diesem Limes gilt $E_{i,f}, |\boldsymbol{p}_{i,f}| \ll m_0 < M_0$, so daß sich die Nebenbedingung in (3.97) auf $E_f \approx E_i \iff |\boldsymbol{p}_f| \approx |\boldsymbol{p}_i|$ reduziert (keine Rückstoßeffekte des Protons, vollständig elastische Streuung des Elektrons). Unter Berücksichtigung von

$$q^2 \approx -\boldsymbol{q}^2 = -2(E_i^2 - m_0^2) + 2\boldsymbol{p}_i\boldsymbol{p}_f$$

folgt für das mittlere Amplitudenquadrat

$$
\begin{aligned}
\overline{|M_{fi}|^2_{\text{co}}} &\approx \frac{(4\pi)^2 e^2 e_{\text{p}}^2}{2m_0^2 \boldsymbol{q}^4}\left(2E_i^2 - \frac{\boldsymbol{q}^2}{2}\right)_{|\boldsymbol{p}_f|=|\boldsymbol{p}_i|} \\
&= \frac{(4\pi)^2 e^2 e_{\text{p}}^2}{2\boldsymbol{q}^4}\left(1 + \frac{E_i^2 + \boldsymbol{p}_i\boldsymbol{p}_f}{m_0^2}\right)_{|\boldsymbol{p}_f|=|\boldsymbol{p}_i|},
\end{aligned}
$$

woraus sich erwartungsgemäß die Mottsche Streuformel ergibt:

$$\frac{d\sigma}{d\Omega} \approx \frac{m_0^2 \overline{|M_{fi}|^2_{\text{co}}}}{4\pi^2} \approx \frac{2m_0^2 e^2 e_{\text{p}}^2}{\boldsymbol{q}^4}\left(1 + \frac{E_i^2 + \boldsymbol{p}_i\boldsymbol{p}_f}{m_0^2}\right)_{|\boldsymbol{p}_f|=|\boldsymbol{p}_i|} = \left(\frac{d\sigma}{d\Omega}\right)_{\text{Mott}}.$$

Das andere Extrem ist der ultrarelativistische Grenzfall. Er ist definiert durch $E_{i,f}/m_0 \gg 1$, woraus $E_{i,f} \approx |\boldsymbol{p}_{i,f}|$ und

$$q^2 \approx -2E_iE_f(1 - \cos\theta) = -4E_iE_f \sin^2\frac{\theta}{2}$$

$$\implies 1 + \frac{q^2}{4E_iE_f} \approx 1 - \sin^2\frac{\theta}{2} = \cos^2\frac{\theta}{2}$$

sowie die Nebenbedingung

$$M_0(E_f - E_i) \approx m_0^2 - E_iE_f + E_iE_f(1 - \cos\theta) = -2E_iE_f \sin^2\frac{\theta}{2}$$

folgt. Damit geht das mittlere Amplitudenquadrat über in

$$
\begin{aligned}
\overline{|M_{fi}|^2_{\text{co}}} &= \frac{(4\pi)^2 e^2 e_{\text{p}}^2 E_iE_f}{m_0^2(q^2)^2} \\
&\quad \times \left[1 + \frac{q^2}{4E_iE_f}\left(1 + \frac{E_f - E_i}{M_0}\right) + \underbrace{\frac{m_0^2}{2E_iE_f}\frac{E_f - E_i}{M_0}}_{\approx 0}\right] \\
&\approx \frac{\pi^2 e^2 e_{\text{p}}^2}{m_0^2 E_iE_f \sin^4\frac{\theta}{2}}\left(1 + \frac{q^2}{4E_iE_f} - \frac{q^2}{4E_iE_f}\frac{2E_iE_f \sin^2\frac{\theta}{2}}{M_0^2}\right) \\
&= \frac{\pi^2 e^2 e_{\text{p}}^2}{m_0^2 E_iE_f \sin^4\frac{\theta}{2}}\left(\cos^2\frac{\theta}{2} - \frac{q^2}{2M_0^2}\sin^2\frac{\theta}{2}\right),
\end{aligned}
$$

und der unpolarisierte differentielle Wirkungsquerschnitt wird zu

$$\frac{d\sigma}{d\Omega} \approx \frac{m_0^2 E_f}{4\pi^2 E_i}\frac{\overline{|M_{fi}|^2_{\text{co}}}}{1 + \frac{2E_i}{M_0}\sin^2\frac{\theta}{2}} \approx \frac{e^2 e_{\text{p}}^2}{4E_i^2 \sin^4\frac{\theta}{2}}\frac{\cos^2\frac{\theta}{2} - \frac{q^2}{2M_0^2}\sin^2\frac{\theta}{2}}{1 + \frac{2E_i}{M_0}\sin^2\frac{\theta}{2}}.$$

Man beachte, daß diese Gleichung insofern keine realistische Beschreibung der Elektron-Proton-Streuung unter extrem hohen Elektronenergien darstellt, als daß sie nach unserer eingangs getroffenen Voraussetzung die in diesem Bereich wichtig werdende innere Struktur des Protons und dessen anomales magnetisches Moment vernachlässigt. Eine realistischere Beschreibung liefert die *Rosenbluth-Formel*, in der der inneren Struktur des Protons durch sog. *elektrische* und *magnetische Formfaktoren* Rechnung getragen wird. Indessen beschreibt obige Formel mit sehr großer Genauigkeit die Streuung von Elektronen und Myonen, die sich beide wie strukturlose Dirac-Teilchen verhalten.

Feynman-Graphen und charakteristische Faktoren. Nach den vielen, etwas länglichen Rechnungen ist es instruktiv, die bisherigen Ergebnisse dieses Unterabschnittes unter dem Gesichtspunkt ihrer Systematik und ihres Zusammenhangs mit Feynman-Graphen zu beleuchten. Nachdem wir die elektronischen und protonischen Übergangsströme identifiziert hatten, erhielten wir für die Streuamplitude der Elektron-Proton-Streuung zunächst [siehe (3.85) und (3.86)]

$$S_{fi} = -\mathrm{i} \int \mathrm{d}^4 x \int \mathrm{d}^4 y \left[e\bar{\Psi}_f(x)\gamma_\mu \Psi_i(x) \right] D_{\mathrm{F}}^{(0)}(x - y)$$
$$\times \left[e_{\mathrm{p}} \bar{\Psi}_f^{(\mathrm{p})}(y)\gamma^\mu \Psi_i^{(\mathrm{p})}(y) \right] . \tag{3.98}$$

Unter Bezugnahme auf unsere allgemeinen Betrachtungen in Unterabschn. 3.2.3 läßt sich dieser Ausdruck durch den in Abb. 3.9a gezeigten Feynman-Graph im Ortsraum darstellen. Die linke dünne Linie mit positiver Zeitrichtung stellt die Propagation des Elektrons (elektronischer Übergangsstrom) dar und die rechte dicke, ebenfalls zeitlich vorwärts orientierte Linie die Pro-

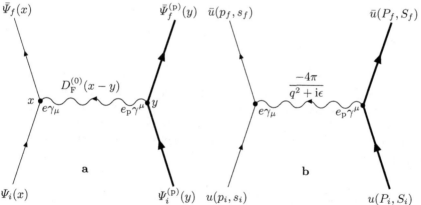

Abb. 3.9. Feynman-Graphen der Streuamplitude für die Elektron-Proton-Streuung in erster Ordnung [bzw. in der Ordnung $\mathcal{O}\left(e^2\right)$] im Ortsraum (**a**) und Impulsraum (**b**). An jedem Vertex gilt Energie- und Impulserhaltung. Deshalb folgt für den Viererimpulsübertrag $q = p_f - p_i = -(P_f - P_i)$.

pagation des Protons (protonischer Übergangsstrom). Der Einfluß der elektromagnetischen Wechselwirkung (Photonpropagator) wird durch die Wellenlinie symbolisiert, die man sich als virtuelles Photon vorstellen kann, welches zwischen Elektron und Proton ausgetauscht wird und an den beiden Vertizes x und y eine Streuung der Teilchen verursacht. Die Korrespondenz wird dadurch vervollständigt, daß man die vier äußeren Fermionlinien (mit einem offenen Ende), die geschlossene Photonlinie (mit Anfangs- und Endpunkt) sowie die Vertizes mit bestimmten Faktoren versieht. Wie wir später noch sehen werden, ist diese Faktorzuordnung charakteristisch und behält auch bei anderen Streuprozessen ihre Gültigkeit, so daß man mit ein wenig Übung die Formel für die Streuamplitude anhand des zugehörigen Feynman-Graphen direkt hinschreiben kann.

Nach Einsetzen der expliziten Ausdrücke für die Wellenfunktionen und des Photonpropagators in (3.98) sowie anschließender Ausintegration gelangten wir dann zu

$$
\left.
\begin{aligned}
S_{fi} &= -\mathrm{i}\frac{(2\pi)^4\delta(p_f + P_f - p_i - P_i)}{V^2}\sqrt{\frac{m_0^2}{E_iE_f}}\sqrt{\frac{M_0^2}{E_i^{(\mathrm{p})}E_f^{(\mathrm{p})}}}\,M_{fi} \\[2mm]
M_{fi} &= \bar{u}(p_f, s_f)\gamma_\mu u(p_i, s_i)\frac{-4\pi ee_\mathrm{p}}{q^2 + \mathrm{i}\epsilon}\bar{u}(P_f, S_f)\gamma^\mu u(P_i, S_i) \\[2mm]
q &= p_f - p_i\ ,
\end{aligned}
\right\}\quad (3.99)
$$

wobei die vierdimensionale δ-Funktion die Energie- und Impulserhaltung des Streuprozesses zum Ausdruck bringt. Offenbar erhält man den zugehörigen – genauer gesagt: den zu M_{fi} gehörenden – Feynman-Graphen im Impulsraum (Abb. 3.9b), aus dem des Ortsraumes (Abb. 3.9a), indem man im letzteren die Ersetzungen

$$
\Psi_{i,f}(x) \longrightarrow u(p_{i,f}, s_{i,f})\ ,\quad \Psi_{i,f}^{(\mathrm{p})}(y) \longrightarrow u(P_{i,f}, S_{i,f})
$$

$$
D_\mathrm{F}^{(0)}(x - y) \longrightarrow \tilde{D}_\mathrm{F}^{(0)}(q) = \frac{-4\pi}{q^2 + \mathrm{i}\epsilon}\ ,\quad q = p_f - p_i
$$

vornimmt. Dabei garantiert der Viererimpulsübertrag q die Energie- und Impulserhaltung an jedem Vertex. Insgesamt deutet sich somit eine enge Korrespondenz zwischen Streuprozessen, Feynman-Graphen und Streuamplituden an, auf die wir im weiteren Verlauf noch oft zurückkommen werden.

Betrachten wir zum Schluß noch die Formel für den differentiellen Wirkungsquerschnitt,

$$
\mathrm{d}\sigma = \left(\frac{m_0}{E_i}\frac{M_0}{E_i^{(\mathrm{p})}}\frac{1}{|\boldsymbol{j}_i|V}\right)|M_{fi}|^2(2\pi)^4\delta(p_f + P_f - p_i - P_i)
$$

$$
\times\frac{m_0\mathrm{d}^3p_f}{(2\pi)^3E_f}\frac{M_0\mathrm{d}^3P_f}{(2\pi)^3E_f^{(\mathrm{p})}}\ ,
$$

die ebenfalls einige aufzeigenswerte charakteristische Züge enthält: Neben der δ-Funktion und dem Amplitudenquadrat $|M_{fi}|^2$ tritt für jede äußere Fermionlinie ein Faktor m_0/E auf. Desweiteren liefert jedes auslaufende Teilchen zusätzlich einen Phasenraumfaktor $\mathrm{d}^3p/(2\pi)^3$. Der in den Klammern stehende Term läßt sich im Falle kollinearer Ströme durch die Viererimpulse der einlaufenden Teilchen in der Weise $m_0 M_0/\sqrt{(p_i \cdot P_i) - m_0^2 M_0^2}$ ausdrücken.

3.3.3 Elektron-Proton-Streuung (II)

Wir dehnen unsere Betrachtungen der Elektron-Proton-Streuung weiter aus und diskutieren im folgenden die Korrekturen in zweiter Ordnung. Dabei versuchen wir zunächst, den zugehörigen Feynman-Graphen aufgrund obiger Korrespondenzüberlegungen zu entwickeln und daraus die korrekte Form der Streuamplitude $S_{fi}^{(2)}$ abzuleiten. Anschließend überprüfen wir unsere Überlegungen durch analytische Rechnungen.

Direkte Streuamplitude.[18] Die Streuamplitude zweiter Ordnung zeichnet sich dadurch aus, daß in ihr Elektron und Proton jeweils zwei Streuungen erleiden, die durch den Austausch von zwei virtuellen Photonen hervorgerufen werden. Zwischen den Streuungen bewegen sich die Fermionen und Photonen störungsfrei, und zwar mit einer Wahrscheinlichkeitsamplitude proportional zum Propagator des jeweiligen Teilchens. Demnach liegt es nahe, den entsprechenden Feynman-Graphen im Ortsraum in der in Abb. 3.10 gezeigten

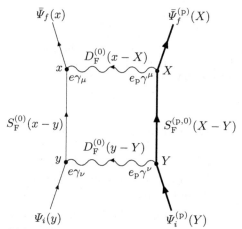

Abb. 3.10. Feynman-Graph der direkten Streuamplitude für die Elektron-Proton-Streuung in zweiter Ordnung [bzw. in der Ordnung $\mathcal{O}\left(e^4\right)$] im Ortsraum. $S_{\mathrm{F}}^{(\mathrm{p},0)}$ bezeichnet den freien Feynmanschen Protonpropagator, der sich vom Elektronpropagator $S_{\mathrm{F}}^{(0)}$ lediglich durch die Teilchenmasse unterscheidet.

---

[18] Neben der *direkten Streuamplitude* existiert noch eine weitere, die sog. *Austauschstreuamplitude*, welche weiter hinten besprochen wird.

Weise zu zeichnen, wobei an den Endpunkten jeder Photonlinie wieder die Faktoren $e\gamma^\mu$ bzw. $e_p\gamma^\mu$ stehen. Hieraus folgern wir für die Streuamplitude

$$S_{fi}^{(2)}(\mathrm{dir}) = -\mathrm{i}\int \mathrm{d}^4x \int \mathrm{d}^4y \int \mathrm{d}^4X \int \mathrm{d}^4Y$$
$$\times \left[e^2\bar{\Psi}_f(x)\gamma_\mu S_F^{(0)}(x-y)\gamma_\nu \Psi_i(y) \right]$$
$$\times D_F^{(0)}(x-X)D_F^{(0)}(y-Y)$$
$$\times \left[e_p^2\bar{\Psi}_f^{(p)}(X)\gamma^\mu S_F^{(p,0)}(X-Y)\gamma^\nu \Psi_i^{(p)}(Y) \right] , \qquad (3.100)$$

mit einem vorangestellten Faktor $-\mathrm{i}$, in Anlehnung an (3.98). Natürlich ist klar, daß Abb. 3.10 nur ein Repräsentant aller beitragenden Graphen darstellt, die sich aus den 4! Möglichkeiten der zeitlichen Anordnung der Vertizes ergeben (siehe Abb. 3.11). Sie alle werden in (3.100) durch die vier Zeitintegrationen über x^0, y^0, X^0, Y^0 automatisch berücksichtigt.

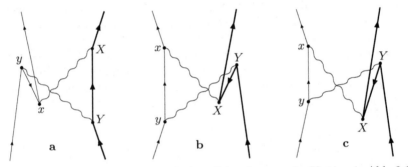

Abb. 3.11. Drei der 4! möglichen relativen Zeitordnungen der Vertizes in Abb. 3.10. In **a** wird neben dem auslaufenden Elektron ein virtuelles Positron bei x erzeugt. In **b** und **c** wird neben dem auslaufenden Proton ein virtuelles Antiproton bei X erzeugt.

Nehmen wir nun in Abb. 3.10 die entsprechenden Ersetzungen vor, so führt dies auf Abb. 3.12 für den Feynman-Graphen im Impulsraum, wobei an jedem Vertex Energie- und Impulserhaltung vorausgesetzt wird und der umlaufende Viererimpuls q_1 als Freiheitsgrad übrigbleibt. Zusammen mit der insgesamt energie- und impulserhaltenden δ-Funktion sowie den Normierungsfaktoren $\sqrt{m_0/E_{i,f}V}$, $\sqrt{M_0/E_{i,f}^{(p)}V}$ für die ein- und auslaufenden Fermionen sollte sich hieraus schließlich für die ausintegrierte Streuamplitude

$$S_{fi}^{(2)}(\mathrm{dir}) = -\mathrm{i}\frac{(2\pi)^4\delta(p_f+P_f-p_i-P_i)}{V^2}\sqrt{\frac{m_0^2}{E_iE_f}}\sqrt{\frac{M_0^2}{E_i^{(p)}E_f^{(p)}}}$$

$$\times \int \frac{\mathrm{d}^4q_1}{(2\pi)^4}\frac{-4\pi ee_p}{q_1^2+\mathrm{i}\epsilon}\frac{-4\pi ee_p}{(q-q_1)^2+\mathrm{i}\epsilon}$$

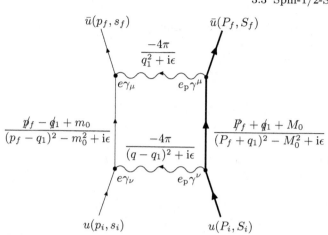

Abb. 3.12. Feynman-Graph der direkten Streuamplitude für die Elektron-Proton-Streuung in zweiter Ordnung [bzw. in der Ordnung $\mathcal{O}\left(e^4\right)$] im Impulsraum. An jedem Vertex gilt Energie- und Impulserhaltung. Deshalb folgt für den Viererimpulsübertrag $q = p_f - p_i = -(P_f - P_i)$.

$$\times \left[\bar{u}(p_f, s_f)\gamma_\mu \frac{\slashed{p}_f - \slashed{q}_1 + m_0}{(p_f - q_1)^2 - m_0^2 + \mathrm{i}\epsilon}\gamma_\nu u(p_i, s_i)\right]$$

$$\times \left[\bar{u}(P_f, S_f)\gamma^\mu \frac{\slashed{P}_f + \slashed{q}_1 + M_0}{(P_f + q_1)^2 - M_0^2 + \mathrm{i}\epsilon}\gamma^\nu u(P_i, S_i)\right] \qquad (3.101)$$

ergeben, mit $q = p_f - p_i = -(P_f - P_i)$ und einem vorangestellten Faktor $-\mathrm{i}$ wie in (3.99).

Vergleichen wir nun die beiden heuristisch hergeleiteten Ausdrücke (3.100) und (3.101) mit den sich unmittelbar aus Satz 3.5 ergebenden Streuamplituden. Ausgangspunkt hierzu ist ($\epsilon_f = +1, f \neq i$)

$$S_{fi}^{(2)}(\mathrm{dir}) = -\mathrm{i}e^2 \int \mathrm{d}^4x \int \mathrm{d}^4y \bar{\Psi}_f(x)\slashed{A}(x)S_\mathrm{F}^{(0)}(x-y)\slashed{A}(y)\Psi_i(y)$$

$$= -\int \mathrm{d}^4x \int \mathrm{d}^4y$$

$$\times \left[\mathrm{i}e^2\bar{\Psi}_f(x)\gamma_\mu S_\mathrm{F}^{(0)}(x-y)\gamma_\nu \Psi_i(y)\right] A^\mu(x) A^\nu(y) . \qquad (3.102)$$

Ähnlich wie im vorigen Unterabschnitt sind wir zunächst bestrebt, den elektronischen und protonischen Übergangsstrom (in zweiter Ordnung) zu identifizieren. Dabei sollte die Streuamplitude wieder symmetrisch unter beiden Strömen sein. Für den Elektronstrom bietet sich der in den eckigen Klammern stehende Ausdruck

$$J_{\mu\nu}^{(2)}(x) = \mathrm{i}e^2\bar{\Psi}_f(x)\gamma_\mu S_\mathrm{F}^{(0)}(x-y)\gamma_\nu \Psi_i(y) \qquad (3.103)$$

an, wobei der Faktor i mitgenommen wurde, damit $J_{\mu\nu}^{(2)}$ sich als Produkt von Übergangsströmen erster Ordnung ausdrücken läßt. Unter Verwendung der

Wellenzerlegung (3.58) von $S_{\mathrm{F}}^{(0)}$ haben wir nämlich

$$
\begin{aligned}
J_{\mu\nu}^{(2)}(x) &= e^2\Theta(x^0 - y^0)\bar{\Psi}_f(x)\gamma_\mu \sum_{\boldsymbol{p},r=1}^{2} \Psi_{\boldsymbol{p}}^{(r)}(x)\bar{\Psi}_{\boldsymbol{p}}^{(r)}(y)\gamma_\nu \Psi_i(y) \\
&\quad - e^2\Theta(y^0 - x^0)\bar{\Psi}_f(x)\gamma_\mu \sum_{\boldsymbol{p},r=3}^{4} \Psi_{\boldsymbol{p}}^{(r)}(x)\bar{\Psi}_{\boldsymbol{p}}^{(r)}(y)\gamma_\nu \Psi_i(y) \\
&= e^2\Theta(x^0 - y^0) \sum_{\boldsymbol{p},r=1}^{2} \left[\bar{\Psi}_f(x)\gamma_\mu \Psi_{\boldsymbol{p}}^{(r)}(x)\right]\left[\bar{\Psi}_{\boldsymbol{p}}^{(r)}(y)\gamma_\nu \Psi_i(y)\right] \\
&\quad - e^2\Theta(y^0 - x^0) \sum_{\boldsymbol{p},r=3}^{4} \left[\bar{\Psi}_f(x)\gamma_\mu \Psi_{\boldsymbol{p}}^{(r)}(x)\right]\left[\bar{\Psi}_{\boldsymbol{p}}^{(r)}(y)\gamma_\nu \Psi_i(y)\right] \\
&= \Theta(x^0 - y^0) \sum_{\boldsymbol{p},r=1}^{2} \left[J_\mu(x)\right]_{f,(\boldsymbol{p},r)}\left[J_\nu(y)\right]_{(\boldsymbol{p},r),i} \\
&\quad - \Theta(y^0 - x^0) \sum_{\boldsymbol{p},r=3}^{4} \left[J_\mu(x)\right]_{f,(\boldsymbol{p},r)}\left[J_\nu(y)\right]_{(\boldsymbol{p},r),i} \ .
\end{aligned}
$$

Weil jeder Strom erster Ordnung nach (3.82) ein elektromagnetisches Feld der Form

$$
A^\mu(x) = \int \mathrm{d}^4 X D_{\mathrm{F}}^{(0)}(x - X) J^{(\mathrm{p})\mu}(X)
$$

hervorruft, liegt die Vermutung nahe, daß die in (3.102) stehende Feldkombination $A^\mu A^\nu$ über

$$
A^\mu(x)A^\nu(y) = \int \mathrm{d}^4 X \int \mathrm{d}^4 Y D_{\mathrm{F}}^{(0)}(x - X) D_{\mathrm{F}}^{(0)}(y - Y) J^{(\mathrm{p},2)\mu\nu}(X,Y)
$$

mit dem Protonstrom zweiter Ordnung $J^{(\mathrm{p},2)\mu\nu}$ verbunden ist, der seinerseits aufgrund von (3.103) in der Weise

$$
J^{(\mathrm{p},2)\mu\nu}(X,Y) = \mathrm{i}e_{\mathrm{p}}^2 \bar{\Psi}_f^{(\mathrm{p})}(X)\gamma^\mu S_{\mathrm{F}}^{(\mathrm{p},0)}(X - Y)\gamma^\nu \Psi_i^{(\mathrm{p})}(Y)
$$

zu wählen ist. Somit geht (3.102) über in die Gleichung

$$
\begin{aligned}
S_{fi}^{(2)}(\mathrm{dir}) = \int \mathrm{d}^4 x \int \mathrm{d}^4 y \int \mathrm{d}^4 X \int \mathrm{d}^4 Y \\
\times \left[e^2\bar{\Psi}_f(x)\gamma_\mu S_{\mathrm{F}}^{(0)}(x - y)\gamma_\nu \Psi_i(y)\right] \\
\times D_{\mathrm{F}}^{(0)}(x - X) D_{\mathrm{F}}^{(0)}(y - Y) \\
\times \left[e_{\mathrm{p}}^2\bar{\Psi}_f^{(\mathrm{p})}(X)\gamma^\mu S_{\mathrm{F}}^{(\mathrm{p},0)}(X - Y)\gamma^\nu \Psi_i^{(\mathrm{p})}(Y)\right] \ ,
\end{aligned} \tag{3.104}
$$

die mit dem heuristisch hergeleiteten Ausdruck (3.100) in der Tat übereinstimmt, allerdings nur bis auf einen Faktor $-\mathrm{i}$. In diese Gleichung setzen wir nun zur Überprüfung von (3.101) die bekannten Ausdrücke für die Elektron-

und Protonwellenfunktionen sowie die Fourier-Darstellungen des Elektron-, Proton- und Photonpropagators ein. Dies führt zu

$$
S_{fi}^{(2)}(\mathrm{dir}) = \frac{1}{V^2} \sqrt{\frac{m_0^2}{E_i E_f}} \sqrt{\frac{M_0^2}{E_i^{(\mathrm{p})} E_f^{(\mathrm{p})}}} \int d^4 x \int d^4 y \int d^4 X \int d^4 Y
$$

$$
\times \int \frac{d^4 q_1}{(2\pi)^4} \int \frac{d^4 q_2}{(2\pi)^4} \int \frac{d^4 p}{(2\pi)^4} \int \frac{d^4 P}{(2\pi)^4}
$$

$$
\times \frac{-4\pi e e_{\mathrm{p}}}{q_1^2 + i\epsilon} \frac{-4\pi e e_{\mathrm{p}}}{q_2^2 + i\epsilon} \left[\bar{u}(p_f, s_f) \gamma_\mu \frac{(\not{p} + m_0)}{p^2 - m_0^2 + i\epsilon} \gamma_\nu u(p_i, s_i) \right]
$$

$$
\times \left[\bar{u}(P_f, S_f) \gamma^\mu \frac{(\not{P} + M_0)}{P^2 - M_0^2 + i\epsilon} \gamma^\nu u(P_i, S_i) \right]
$$

$$
\times e^{-iq_1 \cdot (x - X)} e^{-iq_2 \cdot (y - Y)} e^{ip_f \cdot x} e^{-ip \cdot (x - y)}
$$

$$
\times e^{-ip_i \cdot y} e^{iP_f \cdot X} e^{-iP \cdot (X - Y)} e^{-iP_i \cdot Y} .
$$

Hierin lassen sich zuerst die Integrationen über die Ortskoordinaten ausführen,

$$
\int d^4 x \int d^4 y \int d^4 X \int d^4 Y e^{-iq_1 \cdot (x - X)} e^{-iq_2 \cdot (y - Y)} e^{ip_f \cdot x} e^{-ip \cdot (x - y)}
$$

$$
\times e^{-ip_i \cdot y} e^{iP_f \cdot X} e^{-iP \cdot (X - Y)} e^{-iP_i \cdot Y}
$$

$$
= (2\pi)^4 \delta(q_1 + p - p_f)(2\pi)^4 \delta(q_2 - p + p_i)(2\pi)^4 \delta(-q_1 + P - P_f)
$$

$$
\times (2\pi)^4 \delta(-q_2 - P + P_i) ,
$$

und danach die Integrationen über die Impulse p, P und q_2:

$$
\int \frac{d^4 q_1}{(2\pi)^4} \int \frac{d^4 q_2}{(2\pi)^4} \int \frac{d^4 p}{(2\pi)^4} \int \frac{d^4 P}{(2\pi)^4} (2\pi)^4 \delta(q_1 + p - p_f)
$$

$$
\times (2\pi)^4 \delta(q_2 - p + p_i)(2\pi)^4 \delta(-q_1 + P - P_f)(2\pi)^4 \delta(-q_2 - P + P_i)
$$

$$
\times \frac{-4\pi e e_{\mathrm{p}}}{q_1^2 + i\epsilon} \frac{-4\pi e e_{\mathrm{p}}}{q_2^2 + i\epsilon} \left[\bar{u}(p_f, s_f) \gamma_\mu \frac{\not{p} + m_0}{p^2 - m_0^2 + i\epsilon} \gamma_\nu u(p_i, s_i) \right]
$$

$$
\times \left[\bar{u}(P_f, S_f) \gamma^\mu \frac{\not{P} + M_0}{P^2 - M_0^2 + i\epsilon} \gamma^\nu u(P_i, S_i) \right]
$$

$$
= (2\pi)^4 \delta(p_f + P_f - p_i - P_i) \int \frac{d^4 q_1}{(2\pi)^4} \frac{-4\pi e e_{\mathrm{p}}}{q_1^2 + i\epsilon} \frac{-4\pi e e_{\mathrm{p}}}{(p_f - p_i - q_1)^2 + i\epsilon}
$$

$$
\times \left[\bar{u}(p_f, s_f) \gamma_\mu \frac{\not{p}_f - \not{q}_1 + m_0}{(p_f - q_1)^2 - m_0^2 + i\epsilon} \gamma_\nu u(p_i, s_i) \right]
$$

$$
\times \left[\bar{u}(P_f, S_f) \gamma^\mu \frac{\not{P}_f + \not{q}_1 + M_0}{(P_f + q_1)^2 - M_0^2 + i\epsilon} \gamma^\nu u(P_i, S_i) \right] .
$$

Man beachte, daß die vier δ-Funktionen aus den Ortsintegrationen gerade die in Abb. 3.12 vorausgesetzte Energie- und Impulserhaltung an jedem Vertex zum Ausdruck bringen. Für die ausintegrierte Streuamplitude erhalten wir hieraus die Gleichung

$$S_{fi}^{(2)}(\text{dir}) = \frac{(2\pi)^4 \delta(p_f + P_f - p_i - P_i)}{V^2} \sqrt{\frac{m_0^2}{E_i E_f}} \sqrt{\frac{M_0^2}{E_i^{(p)} E_f^{(p)}}}$$

$$\times \int \frac{d^4 q_1}{(2\pi)^4} \frac{-4\pi e e_p}{q_1^2 + i\epsilon} \frac{-4\pi e e_p}{(q - q_1)^2 + i\epsilon}$$

$$\times \left[\bar{u}(p_f, s_f) \gamma_\mu \frac{\slashed{p}_f - \slashed{q}_1 + m_0}{(p_f - q_1)^2 - m_0^2 + i\epsilon} \gamma_\nu u(p_i, s_i) \right]$$

$$\times \left[\bar{u}(P_f, S_f) \gamma^\mu \frac{\slashed{P}_f + \slashed{q}_1 + M_0}{(P_f + q_1)^2 - M_0^2 + i\epsilon} \gamma^\nu u(P_i, S_i) \right] \ , \quad (3.105)$$

mit $q = p_f - p_i = -(P_f - P_i)$. Erfreulicherweise stimmt auch sie mit dem entsprechenden heuristischen Ausdruck (3.101) überein, jedoch wiederum nur bis auf einen Faktor $-i$.

Insgesamt demonstriert dieses Beispiel sehr schön die Korrespondenz zwischen Streuprozessen, Feynman-Graphen und Streuamplituden. Im nächsten Unterabschnitt werden wir diese Korrespondenz in einige einfache Regeln fassen, die insbesondere auch die soeben bemerkten Unklarheiten bzgl. i-Faktoren beseitigen.

Austauschstreuamplitude. Neben der direkten Streuamplitude trägt noch eine weitere Amplitude zur Elektron-Proton-Streuung in zweiter Ordnung bei, weil die beiden Photonen, die vom Protonstrom ausgesandt werden, nicht unterschieden werden können.[19] So kann z.B. das Elektron, welches am Raumzeitpunkt x mit einem Photon wechselwirkt, nicht wissen, ob dieses Photon vom Vertex X oder Y stammt. Die vollständige Streuamplitude erhält man daher durch die Addition

$$S_{fi}^{(2)} = S_{fi}^{(2)}(\text{dir}) + S_{fi}^{(2)}(\text{aus}) \ ,$$

wobei $S_{fi}^{(2)}(\text{aus})$ die *Austauschstreuamplitude* bezeichnet und durch die Feynman-Graphen in Abb. 3.13 repräsentiert wird. Sie unterscheidet sich von der direkten Streuamplitude $S_{fi}^{(2)}(\text{dir})$ gerade dadurch, daß die Endpunkte der Photonlinien auf einer Seite, hier auf Seite des Protons, und die damit verbundenen γ-Faktoren vertauscht sind. Der ausintegrierte Ausdruck für die Austauschstreuamplitude läßt sich deshalb durch die entsprechenden Ersetzungen in (3.105) sofort ermitteln und lautet

$$S_{fi}^{(2)}(\text{aus}) = \frac{(2\pi)^4 \delta(p_f + P_f - p_i - P_i)}{V^2} \sqrt{\frac{m_0^2}{E_i E_f}} \sqrt{\frac{M_0^2}{E_i^{(p)} E_f^{(p)}}}$$

$$\times \int \frac{d^4 q_1}{(2\pi)^4} \frac{-4\pi e e_p}{q_1^2 + i\epsilon} \frac{-4\pi e e_p}{(q - q_1)^2 + i\epsilon}$$

---

[19] Darüber hinaus existieren in dieser Ordnung auch Graphen, die mit der Produktion und Absorption von virtuellen Teilchen zusammenhängen (siehe nächster Unterabschnitt sowie Abschn. 3.4). Sie werden hier nicht weiter betrachtet.

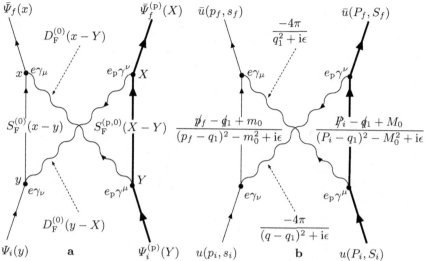

Abb. 3.13. Feynman-Graphen der Austauschstreuamplitude für die Elektron-Proton-Streuung in zweiter Ordnung [bzw. in der Ordnung $\mathcal{O}\left(e^4\right)$] im Ortsraum (**a**) und Impulsraum (**b**). An jedem Vertex gilt Energie- und Impulserhaltung. Deshalb folgt für den Viererimpulsübertrag $q = p_f - p_i = -(P_f - P_i)$.

$$\times \left[\bar{u}(p_f, s_f) \gamma_\mu \frac{\not{p}_f - \not{q}_1 + m_0}{(p_f - q_1)^2 - m_0^2 + i\epsilon} \gamma_\nu u(p_i, s_i) \right]$$

$$\times \left[\bar{u}(P_f, S_f) \gamma^\nu \frac{\not{P}_i - \not{q}_1 + M_0}{(P_i - q_1)^2 - M_0^2 + i\epsilon} \gamma^\mu u(P_i, S_i) \right] \ .$$

Insgesamt folgt der

Satz 3.9: Elektron-Proton-Streuung in nächstführender Ordnung

Die Streuamplitude für die Elektron-Proton-Streuung lautet in nächstführender Ordnung ($f \neq i$)

$$S_{fi}^{(2)} = \frac{(2\pi)^4 \delta(p_f + P_f - p_i - P_i)}{V^2} \sqrt{\frac{m_0^2}{E_i E_f}} \sqrt{\frac{M_0^2}{E_i^{(\mathrm{p})} E_f^{(\mathrm{p})}}} M_{fi}^{(2)} \ ,$$

mit der lorentzinvarianten Amplitude ($q = p_f - p_i$)

$$M_{fi}^{(2)} = \int \frac{\mathrm{d}^4 q_1}{(2\pi)^4} \frac{-4\pi e e_\mathrm{p}}{q_1^2 + i\epsilon} \frac{-4\pi e e_\mathrm{p}}{(q - q_1)^2 + i\epsilon}$$

$$\times \left[\bar{u}(p_f, s_f) \gamma_\mu \frac{\not{p}_f - \not{q}_1 + m_0}{(p_f - q_1)^2 - m_0^2 + i\epsilon} \gamma_\nu u(p_i, s_i) \right] P^{\mu\nu}$$

und dem Protontensor

$\triangleright$

$$P^{\mu\nu} = \bar{u}(P_f, S_f)\left[\gamma^\mu \frac{\not{P}_f + \not{q}_1 + M_0}{(P_f + q_1)^2 - M_0^2 + i\epsilon}\gamma^\nu \right.$$
$$\left. + \gamma^\nu \frac{\not{P}_i - \not{q}_1 + M_0}{(P_i - q_1)^2 - M_0^2 + i\epsilon}\gamma^\mu\right] u(P_i, S_i) \; .$$

Statischer Grenzfall. Die weitere Auswertung dieses Satzes ist im allgemeinen aufgrund des darin auftretenden vierdimensionalen Integrals schwierig und nichttrivial. Immerhin läßt sich die Rechnung für den Grenzfall eines unendlich schweren, als Punktladung ruhenden Protons etwas weiter verfolgen. In diesem Fall vereinfacht sich der Protontensor unter Berücksichtigung von

$$M_0 \to \infty \Longrightarrow \begin{cases} P_i \approx P_f \approx (M_0, \mathbf{0}) \\[2mm] \dfrac{M_0^2}{E_i^{(p)} E_f^{(p)}} \approx 1 \\[2mm] \delta(E_f^{(p)} - E_i^{(p)} + E_f - E_i) \approx \delta(E_f - E_i) \\[2mm] u(P_{i,f}, S_{i,f}) \approx u(0, S_{i,f}) \end{cases}$$

und

$$\gamma^\mu u(0, S) = g^{\mu 0} u(0, S) \; , \quad \frac{1}{q_1^0 + i\epsilon} - \frac{1}{q_1^0 - i\epsilon} = -2\pi i\delta(q_1^0)$$

zu

$$P^{\mu\nu} \approx \bar{u}(0, S_f)\left[\gamma^\mu \frac{M_0\gamma^0 + \not{q}_1 + M_0}{(P_f + q_1)^2 - M_0^2 + i\epsilon}\gamma^\nu \right.$$
$$\left. + \gamma^\nu \frac{M_0\gamma^0 - \not{q}_1 + M_0}{(P_i - q_1)^2 - M_0^2 + i\epsilon}\gamma^\mu\right] u(0, S_i)$$
$$\approx \bar{u}(0, S_f)\left[\gamma^\mu \frac{M_0(\gamma^0 + 1)}{M_0^2 + 2M_0 q_1^0 - M_0^2 + i\epsilon}\gamma^\nu \right.$$
$$\left. + \gamma^\nu \frac{M_0(\gamma^0 + 1)}{M_0^2 - 2M_0 q_1^0 - M_0^2 + i\epsilon}\gamma^\mu\right] u(0, S_i)$$
$$= \bar{u}(0, S_f)\left[\gamma^\mu \frac{\gamma^0 + 1}{2q_1^0 + i\epsilon}\gamma^\nu + \gamma^\nu \frac{\gamma^0 + 1}{-2q_1^0 + i\epsilon}\gamma^\mu\right] u(0, S_i)$$
$$= g^{\mu 0} g^{\nu 0} u^\dagger(0, S_f) u(0, S_i)\left[\frac{1}{q_1^0 + i\epsilon} - \frac{1}{q_1^0 - i\epsilon}\right]$$
$$= -2\pi i g^{\mu 0} g^{\nu 0} \delta_{S_f S_i} \delta(q_1^0) \; .$$

Daraus folgt für die Streuamplitude

$$S_{fi}^{(2)} \approx -i\frac{(2\pi)^4 \delta(E_f - E_i)\delta(\boldsymbol{p}_f + \boldsymbol{P}_f - \boldsymbol{p}_i - \boldsymbol{P}_i)\delta_{S_f, S_i}}{V^2}\sqrt{\frac{m_0^2}{E_i E_f}}$$

$$\times 2\pi \int \frac{\mathrm{d}^4 q_1}{(2\pi)^4} \frac{-4\pi ee_{\mathrm{p}}}{q_1^2 + \mathrm{i}\epsilon} \frac{-4\pi ee_{\mathrm{p}}}{(q - q_1)^2 + \mathrm{i}\epsilon} \delta(q_1^0)$$

$$\times \left[\bar{u}(p_f, s_f) \gamma_0 \frac{\slashed{p}_f - \slashed{q}_1 + m_0}{(p_f - q_1)^2 - m_0^2 + \mathrm{i}\epsilon} \gamma_0 u(p_i, s_i) \right] .$$

Gehen wir nun davon aus, daß Impuls- und Polarisationseffekte des Protons nicht gemessen werden, daß also im Wirkungsquerschnitt über $\boldsymbol{P}_f$ integriert, über S_i gemittelt und über S_f summiert wird, so können wir in der letzten Gleichung die Ersetzung

$$(2\pi)^3 \delta(\boldsymbol{p}_f + \boldsymbol{P}_f - \boldsymbol{p}_i - \boldsymbol{P}_i)\delta_{S_f S_i} \longrightarrow V$$

vornehmen. Im Wirkungsquerschnitt selber tritt nämlich dann die Integration

$$\frac{1}{2} \sum_{S_f, S_i} \int \frac{V \mathrm{d}^3 P_f}{(2\pi)^3} \left[(2\pi)^3 \delta(\boldsymbol{p}_f + \boldsymbol{P}_f - \boldsymbol{p}_i - \boldsymbol{P}_i) \right]^2 \delta_{S_f S_i}$$

$$= \int \frac{V^2 \mathrm{d}^3 P_f}{(2\pi)^3} (2\pi)^3 \delta(\boldsymbol{p}_f + \boldsymbol{P}_f - \boldsymbol{p}_i - \boldsymbol{P}_i) = V^2$$

auf, wobei wieder $[(2\pi)^3\delta(\boldsymbol{p}_f + \ldots)]^2 \to V(2\pi)^3\delta(\boldsymbol{p}_f + \ldots)$ benutzt wurde. Insgesamt erhalten wir deshalb

$$S_{fi}^{(2)} \approx -\mathrm{i}\frac{2\pi\delta(E_f - E_i)}{V} \sqrt{\frac{m_0^2}{E_i E_f}}$$

$$\times \int \frac{\mathrm{d}^3 q_1}{(2\pi)^3} \int \mathrm{d}q_1^0 \frac{-4\pi ee_{\mathrm{p}}}{q_1^2 + \mathrm{i}\epsilon} \frac{-4\pi ee_{\mathrm{p}}}{(q - q_1)^2 + \mathrm{i}\epsilon} \delta(q_1^0)$$

$$\times \left[\bar{u}(p_f, s_f) \gamma_0 \frac{\slashed{p}_f - \slashed{q}_1 + m_0}{(p_f - q_1)^2 - m_0^2 + \mathrm{i}\epsilon} \gamma_0 u(p_i, s_i) \right]$$

$$= -\mathrm{i}\frac{2\pi\delta(E_f - E_i)}{V} \sqrt{\frac{m_0^2}{E_i E_f}} \int \frac{\mathrm{d}^3 q_1}{(2\pi)^3} \frac{-4\pi ee_{\mathrm{p}}}{\boldsymbol{q}_1^2} \frac{-4\pi ee_{\mathrm{p}}}{(\boldsymbol{q} - \boldsymbol{q}_1)^2}$$

$$\times \left[\bar{u}(p_f, s_f) \frac{\gamma_0 E_i + \boldsymbol{\gamma}(\boldsymbol{p}_f - \boldsymbol{q}_1) + m_0}{\boldsymbol{p}_f^2 - (\boldsymbol{p}_f - \boldsymbol{q}_1)^2 + \mathrm{i}\epsilon} u(p_i, s_i) \right] .$$

Wie sich zeigen läßt, entspricht dies genau der Streuamplitude für die Coulomb-Streuung von Elektronen in zweiter Ordnung. Das verbleibende dreidimensionale Integral ist divergent, was auf die Langreichweitigkeit des Coulomb-Potentials zurückzuführen ist.

3.3.4 Vorläufige Feynman-Regeln im Impulsraum

Bevor wir in den nächsten Unterabschnitten weitere Streuprozesse diskutieren, wollen wir an dieser Stelle unsere bisher beobachteten Korrespondenzen zwischen Streuprozessen, Feynman-Graphen und Streuamplituden zusammentragen und in einen einfachen Satz von Regeln im Impulsraum gießen, welche die Berechnung von Streuamplituden und Wirkungsquerschnitten stark vereinfachen und in Bezug auf i-Faktoren eindeutig machen. Allerdings sind diese *Feynman-Regeln* in der hier dargelegten Form noch nicht vollständig und müssen im weiteren Verlauf an entsprechender Stelle ergänzt werden. Den vollständigen Satz von Feynman-Regeln geben wir in Unterabschn. 3.3.9 an, nachdem wir auch andere Arten von Streuprozessen, insbesondere solche mit Beteiligung reeller Photonen, besprochen haben.

1. Die Streuamplitude eines Streuprozesses der Art

$$I + I' \longrightarrow F + F' \quad (I=\text{einlaufende, } F=\text{auslaufende Teilchen})$$

   ist gegeben durch

$$S_{fi} = \frac{(2\pi)^4 \delta(p_f + p'_f - p_i - p'_i)}{V^2} \sqrt{\frac{N_i}{E_i}} \sqrt{\frac{N'_i}{E'_i}} \sqrt{\frac{N_f}{E_f}} \sqrt{\frac{N'_f}{E'_f}} M_{fi} \, ,$$

   wobei $N_{i,f}^{(\dots)} = m_{0_{i,f}}$ die *Fermionfaktoren* sind. Für jedes einlaufende Antifermion (auslaufende Fermionwellenfunktion negativer Energie) ergibt sich zusätzlich ein Faktor (-1).

2. Der zugehörige differentielle Wirkungsquerschnitt lautet bei kollinearen Strömen

$$d\sigma = \frac{N_i N'_i}{\sqrt{(p_i \cdot p'_i)^2 - m_{0,i}^2 m'^2_{0,i}}} |M_{fi}|^2 (2\pi)^4 \delta(p_f + p'_f - p_i - p'_i)$$

$$\times \frac{N_f d^3 p_f}{(2\pi)^3 E_f} \frac{N'_f d^3 p'_f}{(2\pi)^3 E'_f} \, .$$

3. Die lorentzinvariante Amplitude M_{fi} läßt sich nach Potenzen der Kopplungskonstanten e entwickeln. Die einzelnen Entwicklungsglieder der Ordnung $\mathcal{O}(e^n)$ ergeben sich aus den Feynman-Graphen im Impulsraum, welche ihrerseits sämtliche topologischen Konstellationen von Fermionlinien, Photonlinien und n Vertizes enthalten, die mit der Kinematik des betrachteten Streuprozesses im Einklang stehen.

4. Innerhalb der Feynman-Graphen werden die Vertizes, Fermion- und Photonlinien mit den in Abb. 3.14 angegebenen Faktoren versehen.

5. An jedem Vertex gilt Viererimpulserhaltung. Über alle dadurch noch nicht festgelegten Impulse p wird in der Amplitude M_{fi} mit $\int d^4p/(2\pi)^4$ integriert.

Zu 1. und 2. Die Gültigkeit dieser Regeln wurde bislang nur in erster und teilweise zweiter Ordnung (im Sinne der Streureihentermnummer) gezeigt. Wie sich jedoch herausstellt, gelten sie in jeder beliebigen Ordnung der Streutheorie. Der Faktor (-1) ergibt sich aus $\epsilon_f = -1$ im Falle eines in den Streubereich einlaufenden Antifermions.

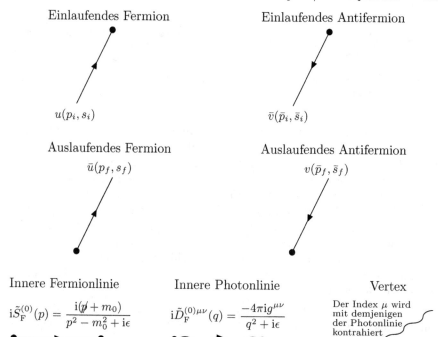

Abb. 3.14. Feynman-Graphelemente und charakteristische Faktoren im Impulsraum.

Zu 3. (Baumgraphen und Schleifengraphen). Bisher haben wir ausschließlich Streuprozesse studiert, bei denen das elektromagnetische Potential A^μ entweder ein klassisches Hintergrundfeld darstellt (Coulomb-Streuung von Elektronen, Unterabschn. 3.3.1) oder durch die Übergangsströme von gegenseitig gestreuten Teilchen erzeugt bzw. abgestrahlt wird (Elektron-Proton-Streuung, Unterabschn. 3.3.2 und 3.3.3). Dabei stellte sich heraus, daß sich im letzten Fall die elektromagnetische Wechselwirkung als ein Austausch virtueller Photonen zwischen beiden Teilchen auffassen läßt. In der Feynman-Diagrammatik spiegelt sich dies durch eine innere Photonlinie in erster Ordnung und zwei innere Photonlinien in zweiter Ordnung wider, die jeweils einen Vertex des ersten Teilchens mit einem Vertex des zweiten Teilchens verbinden. Würde man z.B. die Elektron-Proton-Streuung in derselben Weise wie vorhin in noch höheren Ordnungen berechnen, so liefe dies graphisch gesehen auf eine immer größere Anzahl von inneren Photonlinien zwischen Elektron und Proton hinaus. Derartige Graphen nennt man *Baumgraphen* (engl. *tree diagrams*) und sind in der 3. Regel natürlich enthalten.

Der entscheidende Punkt ist nun, daß die 3. Regel aufgrund der kombinatorischen Vielfalt von Vertizes und Linien in höheren Ordnungen aber auch die Konstruktion von *Schleifengraphen* (engl. *loop diagrams*) erlaubt, so wie sie beispielsweise in Abb. 3.15 dargestellt sind. Diese Sorte von Gra-

Abb. 3.15. Mögliche Schleifengraphen nach der 3. Feynman-Regel: Vakuumpolarisation (**a**) und Selbstenergie (**b**).

phen liegt ganz klar außerhalb unseres Streuformalismus (mit seiner Betrachtungsweise von klassischen Hintergrundfeldern bzw. seiner Modifikation durch Strom-Strom-Wechselwirkungen) und läßt sich nur quantenfeldtheoretisch begründen. Physikalisch entsprechen die Schleifengraphen sog. *Strahlungskorrekturen*, die durch *Quantenfluktuationen des Vakuums* hervorgerufen werden und z.B. Auswirkungen auf das gyromagnetische Verhältnis des Elektrons und auf das Bindungsspektrum atomarer Systeme haben. Mit ihnen werden wir uns in Abschn. 3.4 genauer auseinandersetzen. Dagegen konzentrieren wir uns in diesem Abschnitt weiterhin auf die Baumgraphen von Streuprozessen in den niedrigsten Ordnungen (vgl. die einleitenden Bemerkungen zu diesem Abschnitt).

Zu 4. Prinzipiell ist zu beachten, daß Feynman-Graphen auf Ebene der Wellenfunktionen zu konstruieren sind. Somit folgt die Viererimpulspfeilrichtung der äußeren Antifermionlinien aus der Feynman-Stückelberg-Interpretation, nach der ein zeitlich vorwärts einlaufendes [auslaufendes] Antifermion durch eine zeitlich rückwärts auslaufende [einlaufende] fermionische Wellenfunktion mit negativer Energie beschrieben wird. Die in den Bispinoren stehenden Impulse und Spins beziehen sich dagegen auf die Teilchenebene; sie sind im antifermionischen Fall der jeweiligen Pfeilrichtung entgegengesetzt.

Die inneren Fermion-, Photonlinien und Vertizes sind hier offensichtlich mit etwas anderen Faktoren belegt, als wir es bisher getan haben. Hierdurch werden Unsicherheiten bzgl. i-Faktoren in der Streuamplitude vermieden, denen wir im vorigen Unterabschnitt begegnet sind und die daher rühren, daß wir bei der Elektron-Proton-Streuung die elektronischen und protonischen Übergangsströme in erster Ordnung ohne einen Faktor i, aber in zweiter Ordnung mit einem Faktor i definiert hatten. Das heißt in erster Ordnung stießen wir für die Streuamplitude auf die Gleichung (3.85), die sich schematisch in der Weise

$$S_{fi} \sim -\mathrm{i} J_\mu(x) D_{\mathrm{F}}^{(0)}(x-y) J^{(\mathrm{p})\mu}(y)$$

schreiben läßt. In zweiter Ordnung kamen wir zu (3.104), also zu

$$S_{fi}^{(2)} \sim -J_{\mu\nu}^{(2)}(x,y) D_{\mathrm{F}}^{(0)}(x-X) D_{\mathrm{F}}^{(0)}(y-Y) J^{(\mathrm{p},2)\mu\nu}(X,Y) \,,$$

wo der i-Faktor in den elektronischen (und damit auch in den protonischen) Strom aus Gründen der Faktorisierbarkeit hineingezogen wurde. Weil diese Faktorisierung auch in höheren Ordnungen gelten soll, gelangt man zu einem eindeutigen Umgang mit den i-Faktoren, indem man alle auftretenden Fermionpropagatoren mit dem Faktor +i und alle auftretenden Felder A^μ mit dem

Faktor $-\mathrm{i}$ versieht und dafür den vorangestellten Faktor $-\mathrm{i}$ in $S_{fi}^{(n)}$ fallenläßt (1. Regel), denn es gilt

$$S_{fi}^{(n)} \sim -\mathrm{i}\!\!\not{A}(+\mathrm{i}S_{\mathrm{F}}^{(0)})\cdots\!\!\not{A} = (-\mathrm{i}\!\!\not{A})(+\mathrm{i}S_{\mathrm{F}}^{(0)})\cdots(-\mathrm{i}\!\!\not{A}) \ .$$

Wie man sich leicht klarmacht, entspricht dies genau der in Abb. 3.14 gezeigten Faktorzuordnung der inneren Fermion-, Photonlinien und Vertizes.

3.3.5 Elektron-Elektron-Streuung

Wir kommen nun zum Prozeß der Elektron-Elektron-Streuung, dessen Beschreibung wir mit Hilfe der soeben dargelegten Regeln in führender Ordnung durchführen werden. Die kinematische Situation, in der die Elektronen aneinander vorbeifliegen, ist in Abb. 3.16a dargestellt. Hierzu gehört der Feynman-Graph der Abb. 3.16b, aus der sich sofort die lorentzinvariante Amplitude

$$M_{fi}(\mathrm{dir}) = \bar{u}(p_f, s_f)(-\mathrm{i}e)\gamma_\mu u(p_i, s_i)\frac{-4\pi\mathrm{i}}{q^2 + \mathrm{i}\epsilon}\bar{u}(p'_f, s'_f)(-\mathrm{i}e)\gamma^\mu u(p'_i, s'_i)$$

$$q = p_f - p_i$$

ableiten läßt. Sie ist offensichtlich strukturell gleich aufgebaut wie die $\mathcal{O}\left(e^2\right)$-Amplitude der Elektron-Proton-Streuung in Satz 3.8, was aufgrund der kinematischen Ähnlichkeit beider Prozesse nicht weiter verwundert. Neben dieser direkten Streuung ist allerdings noch eine weitere zu berücksichtigen, weil wir es hier, anders als bei der Elektron-Proton-Streuung, mit identischen Teilchen zu tun haben. Das heißt wir sind nicht in der Lage, im Streuexperiment die

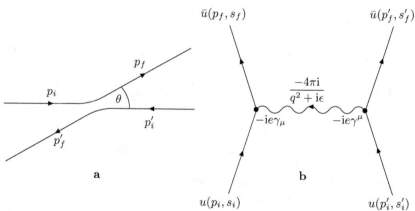

Abb. 3.16. Elektron-Elektron-Streuung. **a** gibt die kinematische Situation der direkten Streuung im Schwerpunktsystem wieder und **b** den Feynman-Graph der direkten Streuamplitude in der Ordnung $\mathcal{O}\left(e^2\right)$ im Impulsraum (vgl. Abb. 3.9b). An jedem Vertex gilt Energie- und Impulserhaltung. Deshalb folgt für den Viererimpulsübertrag $q = p_f - p_i = -(p'_f - p'_i)$.

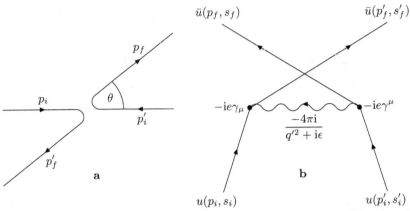

Abb. 3.17. Elektron-Elektron-Streuung. **a** gibt die kinematische Situation der Austauschstreuung im Schwerpunktsystem wieder und **b** den Feynman-Graph der Austauschstreuamplitude in der Ordnung $\mathcal{O}\left(e^2\right)$ im Impulsraum. An jedem Vertex gilt Energie- und Impulserhaltung. Deshalb folgt für den Viererimpulsübertrag $q' = p'_f - p_i = -(p_f - p'_i)$.

kinematische Situation aus Abb. 3.16a von derjenigen aus Abb. 3.17a zu unterscheiden, in der sich beide Elektronen gegenseitig reflektieren. Zusätzlich zur direkten Amplitude $M_{fi}(\text{dir})$ haben wir deshalb auch die Austauschamplitude $M_{fi}(\text{aus})$ mitzunehmen, die sich aus $M_{fi}(\text{dir})$ durch die Ersetzung $p_f \leftrightarrow p'_f$ ergibt. Insgesamt erhalten wir somit für die Streuamplitude $(f \neq i)$

$$\left.\begin{aligned}
S_{fi} &= \frac{(2\pi)^4\delta(p_f + p'_f - p_i - p'_i)}{V^2}\sqrt{\frac{m_0^2}{E_iE_f}}\sqrt{\frac{m_0^2}{E'_iE'_f}}M_{fi} \\[2mm]
M_{fi} &= M_{fi}(\text{dir}) - M_{fi}(\text{aus}) \\[2mm]
M_{fi}(\text{dir}) &= \bar{u}(p_f,s_f)\gamma_\mu u(p_i,s_i)\frac{4\pi\mathrm{i}e^2}{q^2 + \mathrm{i}\epsilon}\bar{u}(p'_f,s'_f)\gamma^\mu u(p'_i,s'_i) \\[2mm]
M_{fi}(\text{aus}) &= \bar{u}(p'_f,s'_f)\gamma_\mu u(p_i,s_i)\frac{4\pi\mathrm{i}e^2}{q'^2 + \mathrm{i}\epsilon}\bar{u}(p_f,s_f)\gamma^\mu u(p'_i,s'_i) \\[2mm]
q &= p_f - p_i \ , \ q' = p'_f - p_i \ .
\end{aligned}\right\} \qquad (3.106)$$

Dabei trägt das relative Vorzeichen zwischen $M_{fi}(\text{dir})$ und $M_{fi}(\text{aus})$ der Fermi-Dirac-Statistik Rechnung, nach der im Falle identischer Fermionen die gesamte Streuamplitude antisymmetrisch sein muß unter dem Austausch der beiden Fermionen im Anfangszustand $(p_i \leftrightarrow p'_i)$ oder auch im Endzustand $(p_f \leftrightarrow p'_f)$.

Wirkungsquerschnitt. Zur Berechnung des differentiellen Wirkungsquerschnittes

$$d\sigma = \frac{m_0^2}{\sqrt{(p_i \cdot p_i')^2 - m_0^4}} |M_{fi}|^2 (2\pi)^4 \delta(p_f + p_f' - p_i - p_i')$$

$$\times \frac{m_0 d^3 p_f}{(2\pi)^3 E_f} \frac{m_0 d^3 p_f'}{(2\pi)^3 E_f'} \tag{3.107}$$

können wir ähnlich vorgehen wie bei den Rechnungen im Elektron-Proton-Fall, die zu (3.92) führten. Allerdings ist es hier realistischer, nicht im Labor-sondern im Schwerpunktsystem zu arbeiten. Dort gilt aufgrund der Impuls-erhaltung

$$\boldsymbol{p}_i + \boldsymbol{p}_i' = \boldsymbol{0} = \boldsymbol{p}_f + \boldsymbol{p}_f' \Longrightarrow \begin{cases} \boldsymbol{p}_i = -\boldsymbol{p}_i' \ , \ \boldsymbol{p}_f = -\boldsymbol{p}_f' \\ E_i = E_i' \ , \ E_f = E_f' \end{cases}$$

und aufgrund der Energieerhaltung

$$E_i + E_i' = E_f + E_f' \Longrightarrow \begin{cases} E_i = E_i' = E_f = E_f' \\ |\boldsymbol{p}_i| = |\boldsymbol{p}_i'| = |\boldsymbol{p}_f| = |\boldsymbol{p}_f'| \ . \end{cases}$$

Mit Hilfe der Identitäten

$$\frac{m_0^2}{\sqrt{(p_i \cdot p_i')^2 - m_0^4}} = \frac{m_0^2}{\sqrt{(E_i^2 + \boldsymbol{p}_i^2)^2 - m_0^4}} = \frac{m_0^2}{2E_i |\boldsymbol{p}_i|}$$

$$d^3 p_f = |\boldsymbol{p}_f| E_f dE_f d\Omega \ , \ \frac{d^3 p_f'}{E_f'} = 2 \int d^4 p_f' \delta(p_f'^2 - m_0^2) \Theta(p_f'^0)$$

läßt sich nun (3.107) umschreiben zu (cm=center of mass system)

$$\left(\frac{d\sigma}{d\Omega}\right)_{cm} = \frac{m_0^4}{(2\pi)^2 E_i |\boldsymbol{p}_i|} \int dE_f |\boldsymbol{p}_f| \int d^4 p_f' |M_{fi}|^2 \delta(p_f + p_f' - p_i - p_i')$$

$$\times \delta(p_f'^2 - m_0^2) \Theta(p_f'^0)$$

$$= \frac{m_0^4}{(2\pi)^2 E_i |\boldsymbol{p}_i|} \int dE_f |\boldsymbol{p}_f| |M_{fi}|^2_{p_f' = p_i' + p_i - p_f}$$

$$\times \delta\left[(p_i' + p_i - p_f)^2 - m_0^2\right] \Theta(p_i'^0 + p_i^0 - p_f^0)$$

$$= \frac{m_0^4}{(2\pi)^2 E_i |\boldsymbol{p}_i|} \int dE_f |\boldsymbol{p}_f| |M_{fi}|^2_{p_f' = p_i' + p_i - p_f} \delta([4E_i(E_i - E_f)])$$

$$\times \Theta(2E_i - E_f)$$

$$= \frac{m_0^4}{(2\pi)^2 E_i |\boldsymbol{p}_i|} \int_{m_0}^{2E_i} dE_f |\boldsymbol{p}_f| |M_{fi}|^2_{p_f' = p_i' + p_i - p_f} \delta[4E_i(E_i - E_f)]$$

$$= \frac{m_0^4}{(2\pi)^2 E_i |\boldsymbol{p}_i|} \int_{m_0}^{2E_i} dE_f |\boldsymbol{p}_f| |M_{fi}|^2_{p_f' = p_i' + p_i - p_f} \frac{\delta(E_f - E_i)}{4E_i}$$

$$= \frac{m_0^4}{4(2\pi)^2 E_i^2} |M_{fi}|^2_{cm} \ . \tag{3.108}$$

Amplitudenquadrat. Zur näheren Bestimmung von $|M_{fi}|_{\text{cm}}^2$ gehen wir wie im Elektron-Proton-Fall davon aus, daß Polarisationseffekte keine Rolle spielen, und betrachten das Amplitudenquadrat

$$\overline{|M_{fi}|^2} = \overline{|M_{fi}(\text{dir})|^2} + \overline{|M_{fi}(\text{aus})|^2} - 2\text{Re}\overline{\left[M_{fi}(\text{dir})M_{fi}^\dagger(\text{aus})\right]} \ ,$$

in dem über sämtliche einlaufenden Spins s_i, s_i' gemittelt (Faktor 1/4) und über sämtliche auslaufenden Spins s_f, s_f' summiert wird. Durch Vergleich von (3.106) mit (3.94) können wir das Quadrat der direkten Amplitude und der Austauschamplitude sofort von (3.95) und (3.96) mit den entsprechenden Ersetzungen ablesen und erhalten

$$
\begin{aligned}
\overline{|M_{fi}(\text{dir})|^2} &= \frac{(4\pi)^2 e^4}{4(q^2)^2}\text{tr}\left[\Lambda_+(p_f)\gamma_\mu\Lambda_+(p_i)\gamma_\nu\right]\text{tr}\left[\Lambda_+(p_f')\gamma^\mu\Lambda_+(p_i')\gamma^\nu\right] \\
&= \frac{(4\pi)^2 e^4}{2m_0^4(q^2)^2}\left[(p_i\cdot p_i')(p_f\cdot p_f') + (p_i\cdot p_f')(p_f\cdot p_i')\right. \\
&\quad \left. -m_0^2(p_i\cdot p_f) - m_0^2(p_i'\cdot p_f') + 2m_0^4\right]
\end{aligned}
\tag{3.109}
$$

$$
\begin{aligned}
\overline{|M_{fi}(\text{aus})|^2} &= \frac{(4\pi)^2 e^4}{4(q'^2)^2}\text{tr}\left[\Lambda_+(p_f')\gamma_\mu\Lambda_+(p_i)\gamma_\nu\right]\text{tr}\left[\Lambda_+(p_f)\gamma^\mu\Lambda_+(p_i')\gamma^\nu\right] \\
&= \frac{(4\pi)^2 e^4}{2m_0^4(q'^2)^2}\left[(p_i\cdot p_i')(p_f\cdot p_f') + (p_i\cdot p_f)(p_f'\cdot p_i')\right. \\
&\quad \left. -m_0^2(p_i\cdot p_f') - m_0^2(p_i'\cdot p_f) + 2m_0^4\right] \ .
\end{aligned}
\tag{3.110}
$$

Der Interferenzterm läßt sich unter Berücksichtigung von $\sum\limits_s u(p,s)\bar{u}(p,s) = \Lambda_+(p)$ wieder auf eine doppelte Spinsumme zurückführen und anschließend mit Hilfe von Satz 3.6 weiter vereinfachen:

$$
\begin{aligned}
2\text{Re}\overline{\left[M_{fi}(\text{dir})M_{fi}^\dagger(\text{aus})\right]} &= 2\overline{\left[M_{fi}(\text{dir})M_{fi}^\dagger(\text{aus})\right]} \\
&= \frac{1}{2}\sum_{\substack{s_f,s_i \\ s_f',s_i'}}\left[\bar{u}(p_f,s_f)\gamma_\mu u(p_i,s_i)\frac{4\pi i e^2}{q^2}\bar{u}(p_f',s_f')\gamma^\mu u(p_i',s_i')\right] \\
&\quad \times \left[\bar{u}(p_f',s_f')\gamma_\nu u(p_i,s_i)\frac{4\pi i e^2}{q'^2}\bar{u}(p_f,s_f)\gamma^\nu u(p_i',s_i')\right]^\dagger \\
&= \frac{(4\pi)^2 e^4}{2q^2 q'^2}\sum_{\substack{s_f,s_i \\ s_f',s_i'}}\left[\bar{u}(p_f,s_f)\gamma_\mu u(p_i,s_i)\bar{u}(p_f',s_f')\gamma^\mu u(p_i',s_i')\right] \\
&\quad \times \left[\bar{u}(p_i',s_i')\gamma^\nu u(p_f,s_f)\bar{u}(p_i,s_i)\gamma_\nu u(p_f',s_f')\right] \\
&= \frac{(4\pi)^2 e^4}{2q^2 q'^2}\sum_{\substack{s_f,s_i \\ s_f',s_i'}}\left[\bar{u}(p_f,s_f)\gamma_\mu u(p_i,s_i)\right]\left[\bar{u}(p_i,s_i)\gamma_\nu u(p_f',s_f')\right]
\end{aligned}
$$

$$\times \left[\bar{u}(p'_f,s'_f)\gamma^\mu u(p'_i,s'_i)\right]\left[\bar{u}(p'_i,s'_i)\gamma^\nu u(p_f,s_f)\right]$$

$$= \frac{(4\pi)^2 e^4}{2q^2 q'^2}\sum_{s_f,s'_f}\left[\bar{u}(p_f,s_f)\gamma_\mu \Lambda_+(p_i)\gamma_\nu u(p'_f,s'_f)\right]$$

$$\times \left[\bar{u}(p'_f,s'_f)\gamma^\mu \Lambda_+(p'_i)\gamma^\nu u(p_f,s_f)\right]$$

$$= \frac{(4\pi)^2 e^4}{2q^2 q'^2}\,\text{tr}\left[\Lambda_+(p_f)\gamma_\mu \Lambda_+(p_i)\gamma_\nu \Lambda_+(p'_f)\gamma^\mu \Lambda_+(p'_i)\gamma^\nu\right]$$

$$= \frac{(4\pi)^2 e^4}{2m_0^4 q^2 q'^2}\Big[-2(p_i\cdot p'_i)(p_f\cdot p'_f)+m_0^2(p_i\cdot p'_i+p_i\cdot p_f$$
$$+\,p_i\cdot p'_f+p_f\cdot p'_i+p_f\cdot p'_f+p'_i\cdot p'_f)-2m_0^4\Big]\ . \tag{3.111}$$

Führen wir nun die drei Amplitudenquadratbeiträge zusammen und ersetzen die darin vorkommenden Skalarprodukte durch die im Schwerpunktsystem gültigen Beziehungen

$$\left.\begin{aligned}
p_i\cdot p_i &= p'_i\cdot p'_i = p_f\cdot p_f = p'_f\cdot p'_f = m_0^2\\[4pt]
p_i\cdot p'_i &= p_f\cdot p'_f = 2E_i^2 - m_0^2\\[4pt]
p_i\cdot p_f &= p'_i\cdot p'_f = 2E_i^2\sin^2\frac{\theta}{2}+m_0^2\cos\theta\\[4pt]
p_i\cdot p'_f &= p'_i\cdot p_f = 2E_i^2\cos^2\frac{\theta}{2}-m_0^2\cos\theta\\[4pt]
q^2 &= (p_f-p_i)^2 = -4(E_i^2-m_0^2)\sin^2\frac{\theta}{2}\\[4pt]
q'^2 &= (p'_f-p_i)^2 = -4(E_i^2-m_0^2)\cos^2\frac{\theta}{2}\ ,
\end{aligned}\right\} \tag{3.112}$$

so läßt sich $\overline{|M_{fi}|^2}_{\text{cm}}$ nach einigen algebraischen Umformungen schließlich in die einfache Form

$$\overline{|M_{fi}|^2}_{\text{cm}} = \frac{(2\pi)^2 e^4}{m_0^4}\left[\frac{4(2E_i^2-m_0^2)^2}{\boldsymbol{p}_i^4\sin^4\theta}-\frac{4E_i^2(E_i^2+\boldsymbol{p}_i^2)-m_0^4}{\boldsymbol{p}_i^4\sin^2\theta}+1\right]$$

bringen. Daß hierbei nur trigonometrische Potenzen von $\sin^2\theta$ auftreten, ist plausibel, weil der differentielle Wirkungsquerschnitt aufgrund der Identität der betrachteten Teilchen symmetrisch unter $\theta\to\pi-\theta$ sein muß.

Satz 3.10: Elektron-Elektron-Streuung in führender Ordnung

Die Streuamplitude für die Elektron-Elektron-Streuung (*Møller-Streuung*) lautet in führender Ordnung ($f\neq i$)

$$S_{fi} = \frac{(2\pi)^4\delta(p_f+p'_f-p_i-p'_i)}{V^2}\sqrt{\frac{m_0^2}{E_iE_f}}\sqrt{\frac{m_0^2}{E'_iE'_f}}M_{fi}\ ,$$

mit der lorentzinvarianten Amplitude ($q=p_f-p_i$, $q'=p'_f-p_i$)

$\triangleright$

$$M_{fi} = M_{fi}(\text{dir}) - M_{fi}(\text{aus})$$

$$M_{fi}(\text{dir}) = \bar{u}(p_f, s_f)\gamma_\mu u(p_i, s_i)\frac{4\pi i e^2}{q^2 + i\epsilon}\bar{u}(p'_f, s'_f)\gamma^\mu u(p'_i, s'_i)$$

$$M_{fi}(\text{aus}) = \bar{u}(p'_f, s'_f)\gamma_\mu u(p_i, s_i)\frac{4\pi i e^2}{q'^2 + i\epsilon}\bar{u}(p_f, s_f)\gamma^\mu u(p'_i, s'_i) \ .$$

Hieraus folgt für den differentiellen Wirkungsquerschnitt

$$\mathrm{d}\sigma = \frac{m_0^2}{\sqrt{(p_i \cdot p'_i)^2 - m_0^4}}|M_{fi}|^2 (2\pi)^4 \delta(p_f + p'_f - p_i - p'_i)$$

$$\times \frac{m_0 \mathrm{d}^3 p_f}{(2\pi)^3 E_f}\frac{m_0 \mathrm{d}^3 p'_f}{(2\pi)^3 E'_f}$$

und speziell im Schwerpunktsystem

$$\left(\frac{\mathrm{d}\sigma}{\mathrm{d}\Omega}\right)_{\text{cm}} = \frac{m_0^4}{4(2\pi)^2 E_i^2}|M_{fi}|^2_{\text{cm}} \ ,$$

wobei in der letzten Gleichung über alle elektronischen Streuimpulse p_f in Richtung $\mathrm{d}\Omega$ und alle elektronischen Streuimpulse p'_f ausintegriert wurde. Durch Vernachlässigung sämtlicher Polarisationseffekte erhält man für das unpolarisierte Amplitudenquadrat

$$\overline{|M_{fi}|^2_{\text{cm}}} = \frac{(2\pi)^2 e^4}{m_0^4}\left[\frac{4(2E_i^2 - m_0^2)^2}{p_i^4 \sin^4 \theta} - \frac{4E_i^2(E_i^2 + p_i^2) - m_0^4}{p_i^4 \sin^2 \theta} + 1\right] \ .$$

Dieses Beispiel macht deutlich, wie effektiv und zeitsparend die konsequente Anwendung der Regeln des vorigen Unterabschnittes ist. Man beachte, daß in der Streuamplitude kein zusätzlicher Faktor $1/2$ oder $\sqrt{1/2}$ auftritt, so wie man es aufgrund der Identität der betrachteten Teilchen erwarten könnte. Auch die Regeln für die Berechnung des differentiellen Wirkungsquerschnittes werden durch das Auftreten identischer Teilchen nicht verändert. Allerdings muß beim totalen Wirkungsquerschnitt ein Faktor $1/2$ angebracht werden, um eine Doppelzählung der identischen Teilchen im Endzustand zu verhindern.

3.3.6 Elektron-Positron-Streuung

Als nächstes untersuchen wir die Elektron-Positron-Streuung in führender Ordnung nach den Regeln aus Unterabschn. 3.3.4. Hierbei werden wir eine interessante Entdeckung machen, daß nämlich die zugehörige Streuamplitude unmittelbar mit derjenigen der Elektron-Elektron-Streuung zusammenhängt – ein Phänomen, das ganz allgemein bei Gegenüberstellung von Teilchen-Teilchen- und Teilchen-Antiteilchen-Prozessen gilt.

Die naheliegenste kinematische Konstellation bei der Elektron-Positron-Streuung besteht analog zur Elektron-Elektron-Streuung in der direkten Streuung, also im gegenseitigen Vorbeiflug beider Teilchen, so wie es in Abb. 3.18a dargestellt ist. Bei der Konstruktion des zugehörigen Feynman-

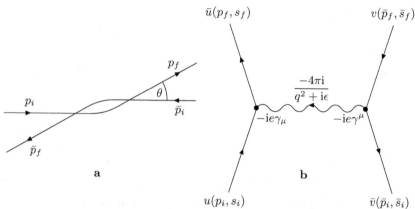

Abb. 3.18. Elektron-Positron-Streuung. **a** gibt die kinematische Situation der direkten Streuung im Schwerpunktsystem wieder und **b** den Feynman-Graph der direkten Streuamplitude in der Ordnung $\mathcal{O}\left(e^2\right)$ im Impulsraum (vgl. Abb. 3.16). Die ungestrichenen Größen beziehen sich auf das Elektron, die waagerecht überstrichenen Größen auf das Positron. An jedem Vertex gilt Energie- und Impulserhaltung. Deshalb folgt für den Viererimpulsübertrag $q = p_f - p_i = -(\bar{p}_f - \bar{p}_i)$.

Graphen ist zu berücksichtigen, daß dem zeitlich vorwärts ein- bzw. auslaufenden Positron zeitlich rückwärts aus- bzw. einlaufende elektronische Dirac-Wellen negativer Energie entsprechen. Deshalb sind in Abb. 3.18b auf der rechten (positronischen) Seite die Zeitpfeile rückwärts gerichtet und der Vertex mit dem Faktor $-ie\gamma^\mu$ belegt (und nicht mit $+ie\gamma^\mu$, wie man es aufgrund des Ladungsvorzeichens des Positrons erwarten könnte). Die in den v-Bispinoren stehenden Impulse und Spins beziehen sich dagegen auf die Teilchenebene, also auf das zeitlich vorwärts bewegte Positron. Insgesamt folgt die Amplitude

$$M_{fi}(\text{dir}) = \bar{u}(p_f, s_f)(-ie)\gamma_\mu u(p_i, s_i)\frac{-4\pi i}{q^2 + i\epsilon}\bar{v}(\bar{p}_i, \bar{s}_i)(-ie)\gamma^\mu v(\bar{p}_f, \bar{s}_f)$$

$$q = p_f - p_i \, .$$

Eine weitere mögliche Streukonstellation ist, daß das einlaufende Elektron und Positron beim „Zusammenstoß" vernichtet werden und ein neues auslaufendes Elektron-Positron-Paar entsteht (siehe Abb.3.19a). Der zugehörige Vernichtungsgraph ist in Abb. 3.19b dargestellt und führt zu der Amplitude

$$M_{fi}(\text{aus}) = \bar{v}(\bar{p}_i, \bar{s}_i)(-ie)\gamma_\mu u(p_i, s_i)\frac{-4\pi i}{q'^2 + i\epsilon}\bar{u}(p_f, s_f)(-ie)\gamma^\mu v(\bar{p}_f, \bar{s}_f)$$

$$q' = p_i + \bar{p}_i \, .$$

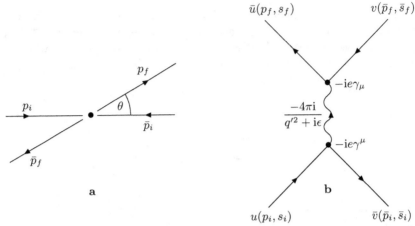

Abb. 3.19. Elektron-Positron-Streuung. **a** gibt die kinematische Situation der Vernichtungsstreuung im Schwerpunktsystem wieder und **b** den Feynman-Graph der Vernichtungsstreuamplitude in der Ordnung $\mathcal{O}\left(e^2\right)$ im Impulsraum (vgl. Abb. 3.17), für die wir aus Bequemlichkeitsgründen das Symbol „aus" beibehalten. An jedem Vertex gilt Energie- und Impulserhaltung. Deshalb folgt für den Viererimpulsübertrag $q' = p_i + \bar{p}_i = p_f + \bar{p}_f$.

Die Besonderheit hierbei ist, daß der Viererimpulsübertrag q', anders als bei allen bisher betrachteten Prozessen, zeitartig ist, weshalb die Photonlinie in Abb. 3.19b vertikal gezeichnet ist. Man sieht dies am besten im Schwerpunktsystem, wo $p_i = (E_i, \boldsymbol{p})$, $\bar{p}_i = (E_i, -\boldsymbol{p})$, so daß folgt: $q' = (2E_i, \boldsymbol{0})$, $q'^2 > 0$.

Kombination der beiden Amplituden ergibt schließlich insgesamt ($f \neq i$)

$$\left.\begin{aligned} S_{fi} &= -\frac{(2\pi)^4 \delta(p_f + \bar{p}_f - p_i - \bar{p}_i)}{V^2}\sqrt{\frac{m_0^2}{E_i E_f}}\sqrt{\frac{m_0^2}{\bar{E}_i \bar{E}_f}}M_{fi} \\[2mm] M_{fi} &= M_{fi}(\text{dir}) - M_{fi}(\text{aus}) \\[2mm] M_{fi}(\text{dir}) &= \bar{u}(p_f,s_f)\gamma_\mu u(p_i,s_i)\frac{4\pi i e^2}{q^2 + i\epsilon}\bar{v}(\bar{p}_i,\bar{s}_i)\gamma^\mu v(\bar{p}_f,\bar{s}_f) \\[2mm] M_{fi}(\text{aus}) &= \bar{v}(\bar{p}_i,\bar{s}_i)\gamma_\mu u(p_i,s_i)\frac{4\pi i e^2}{q'^2 + i\epsilon}\bar{u}(p_f,s_f)\gamma^\mu v(\bar{p}_f,\bar{s}_f) \\[2mm] q &= p_f - p_i \ , \ q' = p_i + \bar{p}_i \ . \end{aligned}\right\} \quad (3.113)$$

Das relative Vorzeichen zwischen $M_{fi}(\text{dir})$ und $M_{fi}(\text{aus})$ ist wieder eine Folge der auf Ebene der Wellenfunktionen geltenden Fermi-Dirac-Statistik und bringt die notwendige Antisymmetrie zwischen dem einlaufenden Elektron positiver Energie (p_i) und dem zeitlich rückwärts einlaufenden Elektron negativer Energie ($-\bar{p}_f$) oder auch zwischen dem auslaufenden Elektron positiver Energie (p_f) und dem zeitlich rückwärts auslaufenden Elektron negativer Energie ($-\bar{p}_i$) zum Ausdruck.

Wirkungsquerschnitt. Da die Elektron-Positron-Streuung in Bezug auf die Energie- und Impulsverhältnisse auf Teilchenebene mit der Elektron-Elektron-Streuung übereinstimmt, können wir die Berechnung des differentiellen Wirkungsquerschnittes aus dem vorigen Unterabschnitt mit den Ersetzungen $p'_{i,f} \to \bar{p}_{i,f}$ vollständig übernehmen. Somit erhalten wir im Schwerpunktsystem wieder

$$\left(\frac{d\sigma}{d\Omega}\right)_{cm} = \frac{m_0^4}{4(2\pi)^2 E_i}|M_{fi}|^2_{cm} \ .$$

Amplitudenquadrat. Die weitere Berechnung von $|M_{fi}|^2$ verläuft dagegen anders als bei der Elektron-Elektron-Streuung. Da wieder sämtliche Polarisationseffekte vernachlässigt werden sollen, betrachten wir das über alle einlaufenden Spins s_i, $\bar{s}_i$ gemittelte (Faktor 1/4) und über alle auslaufenden Spins s_f, $\bar{s}_f$ summierte Amplitudenquadrat

$$\overline{|M_{fi}|^2} = \overline{|M_{fi}(\mathrm{dir})|^2} + \overline{|M_{fi}(\mathrm{aus})|^2} - 2\mathrm{Re}\overline{\left[M_{fi}(\mathrm{dir})M_{fi}^\dagger(\mathrm{aus})\right]}$$

und werten die drei Einzelterme unter Anwendung von Satz 3.6 wie folgt aus:

$$\overline{|M_{fi}(\mathrm{dir})|^2} = \frac{(4\pi)^2 e^4}{4(q^2)^2}\sum_{\substack{s_f, s_i \\ \bar{s}_f, \bar{s}_i}}[\bar{u}(p_f,s_f)\gamma_\mu u(p_i,s_i)][\bar{v}(\bar{p}_i,\bar{s}_i)\gamma^\mu v(\bar{p}_f,\bar{s}_f)]$$

$$\times[\bar{u}(p_f,s_f)\gamma_\nu u(p_i,s_i)]^\dagger[\bar{v}(\bar{p}_i,\bar{s}_i)\gamma^\nu v(\bar{p}_f,\bar{s}_f)]^\dagger$$

$$= \frac{(4\pi)^2 e^4}{4(q^2)^2}\sum_{\substack{s_f, s_i \\ \bar{s}_f, \bar{s}_i}}[\bar{u}(p_f,s_f)\gamma_\mu u(p_i,s_i)][\bar{u}(p_i,s_i)\gamma_\nu u(p_f,s_f)]$$

$$\times[\bar{v}(\bar{p}_i,\bar{s}_i)\gamma^\mu v(\bar{p}_f,\bar{s}_f)][\bar{v}(\bar{p}_f,\bar{s}_f)\gamma^\nu v(\bar{p}_i,\bar{s}_i)]$$

$$= \frac{(4\pi)^2 e^4}{4(q^2)^2}\mathrm{tr}\left[\Lambda_+(p_f)\gamma_\mu\Lambda_+(p_i)\gamma_\nu\right]\mathrm{tr}\left[\Lambda_-(\bar{p}_i)\gamma^\mu\Lambda_-(\bar{p}_f)\gamma^\nu\right]$$

$$\overline{|M_{fi}(\mathrm{aus})|^2} = \frac{(4\pi)^2 e^4}{4(q'^2)^2}\sum_{\substack{s_f, s_i \\ \bar{s}_f, \bar{s}_i}}[\bar{v}(\bar{p}_i,\bar{s}_i)\gamma_\mu u(p_i,s_i)][\bar{u}(p_f,s_f)\gamma^\mu v(\bar{p}_f,\bar{s}_f)]$$

$$\times[\bar{v}(\bar{p}_i,\bar{s}_i)\gamma_\nu u(p_i,s_i)]^\dagger[\bar{u}(p_f,s_f)\gamma^\nu v(\bar{p}_f,\bar{s}_f)]^\dagger$$

$$= \frac{(4\pi)^2 e^4}{4(q'^2)^2}\sum_{\substack{s_f, s_i \\ \bar{s}_f, \bar{s}_i}}[\bar{v}(\bar{p}_i,\bar{s}_i)\gamma_\mu u(p_i,s_i)][\bar{u}(p_i,s_i)\gamma_\nu v(\bar{p}_i,\bar{s}_i)]$$

$$\times[\bar{u}(p_f,s_f)\gamma^\mu v(\bar{p}_f,\bar{s}_f)][\bar{v}(\bar{p}_f,\bar{s}_f)\gamma^\nu u(p_f,s_f)]$$

$$= \frac{(4\pi)^2 e^4}{4(q'^2)^2}\mathrm{tr}\left[\Lambda_-(\bar{p}_i)\gamma_\mu\Lambda_+(p_i)\gamma_\nu\right]\mathrm{tr}\left[\Lambda_+(p_f)\gamma^\mu\Lambda_-(\bar{p}_f)\gamma^\nu\right]$$

$$2\mathrm{Re}\overline{\left[M_{fi}(\mathrm{dir})M_{fi}^\dagger(\mathrm{aus})\right]} = 2\overline{\left[M_{fi}(\mathrm{dir})M_{fi}^\dagger(\mathrm{aus})\right]}$$

$$= \frac{(4\pi)^2 e^4}{2q^2 q'^2} \sum_{\substack{s_f, s_i \\ \bar{s}_f, \bar{s}_i}} [\bar{u}(p_f, s_f)\gamma_\mu u(p_i, s_i)][\bar{v}(\bar{p}_i, \bar{s}_i)\gamma^\mu v(\bar{p}_f, \bar{s}_f)]$$

$$\times [\bar{v}(\bar{p}_i, \bar{s}_i)\gamma_\nu u(p_i, s_i)]^\dagger [\bar{u}(p_f, s_f)\gamma^\nu v(\bar{p}_f, \bar{s}_f)]^\dagger$$

$$= \frac{(4\pi)^2 e^4}{2q^2 q'^2} \sum_{\substack{s_f, s_i \\ \bar{s}_f, \bar{s}_i}} [\bar{u}(p_f, s_f)\gamma_\mu u(p_i, s_i)][\bar{u}(p_i, s_i)\gamma_\nu v(\bar{p}_i, \bar{s}_i)]$$

$$\times [\bar{v}(\bar{p}_i, \bar{s}_i)\gamma^\mu v(\bar{p}_f, \bar{s}_f)][\bar{v}(\bar{p}_f, \bar{s}_f)\gamma^\nu u(p_f, s_f)]$$

$$= -\frac{(4\pi)^2 e^4}{2q^2 q'^2} \sum_{s_f, \bar{s}_i} [\bar{u}(p_f, s_f)\gamma_\mu \Lambda_+(p_i)\gamma_\nu v(\bar{p}_i, \bar{s}_i)]$$

$$\times [\bar{v}(\bar{p}_i, \bar{s}_i)\gamma^\mu \Lambda_-(\bar{p}_f)\gamma^\nu u(p_f, s_f)]$$

$$= \frac{(4\pi)^2 e^4}{2q^2 q'^2} \text{tr} \left[\Lambda_+(p_f)\gamma_\mu \Lambda_+(p_i)\gamma_\nu \Lambda_-(\bar{p}_i)\gamma^\mu \Lambda_-(\bar{p}_f)\gamma^\nu\right] \ .$$

Vergleicht man diese Beziehungen mit den entsprechenden Gleichungen (3.109), (3.110) und (3.111) der Elektron-Elektron-Streuung, so stellt man fest, daß die Amplitudenquadrate beider Prozesse auseinander hervorgehen, wenn die Viererimpulse in der in Abb. 3.20 angegebenen Weise ersetzt werden. Dies ist offenbar darauf zurückzuführen, daß sich die Streuamplitude der

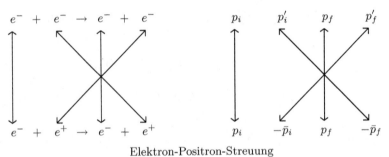

Abb. 3.20. Kreuzsymmetrie zwischen der Elektron-Elektron- und Elektron-Positron-Streuung.

Elektron-Positron-Streuung in (3.113) durch genau diese Ersetzungen aus derjenigen der Elektron-Elektron-Streuung (Satz 3.10) ergibt. Wie sich zeigt, gilt diese *Kreuzsymmetrie* (engl. *crossing symmetry*) ganz allgemein für S-Matrixelemente von Prozessen, bei denen ein- und auslaufende Teilchen durch die Antiversion des jeweils anderen ersetzt werden, und zwar exakt wie auch in jeder Ordnung der Streutheorie. So ergibt sich z.B. die Streuamplitude der Teilchen-Teilchen-Reaktion $A + B \to C + D$ aus derjenigen der Teilchen-Antiteilchen-Reaktion $A + \bar{D} \to C + \bar{B}$, indem man beim letzteren einfach die Impulsvariablen $\bar{p}_B \to -p_D$ und $\bar{p}_D \to -p_B$ austauscht. Auch Prozesse mit unterschiedlicher Gruppierung der ein- und auslaufenden Teilchen, z.B. $A \to \bar{B} + C + D$ und $A + B \to C + D$, stehen über die Kreuzsymmetrie miteinander in Beziehung.

Führen wir jetzt also in (3.109), (3.110) und (3.111) die Ersetzungen $p'_i \to -\bar{p}_f$, $p'_f \to -\bar{p}_i$ durch und werten anschließend die Skalarprodukte im Schwerpunktsystem aus, so erhalten wir schließlich als Resultat

$$\overline{|M_{fi}|^2_{\mathrm{cm}}} = \frac{(2\pi)^2 e^4}{4 m_0^4} \left[\frac{m_0^4 + 4\boldsymbol{p}_i^2 m_0^2 \cos^2 \frac{\theta}{2} + 2\boldsymbol{p}_i^4 \left(1 + \cos^4 \frac{\theta}{2}\right)}{\boldsymbol{p}_i^4 \sin^4 \frac{\theta}{2}} \right.$$
$$+ \frac{3 m_0^4 + 4\boldsymbol{p}_i^2 m_0^2 + \boldsymbol{p}_i^4 (1 + \cos^2 \theta)}{E_i^4}$$
$$\left. - \frac{3 m_0^4 + 8\boldsymbol{p}_i^2 m_0^2 \cos^2 \frac{\theta}{2} + 4\boldsymbol{p}_i^4 \cos^4 \frac{\theta}{2}}{E_i^2 \boldsymbol{p}_i^2 \sin^2 \frac{\theta}{2}} \right] ,$$

welches sich nicht in Potenzen von $1/\sin^2 \theta$ ausdrücken läßt, weil es nun, anders als bei der Elektron-Elektron-Streuung, möglich ist, zwischen der Vorwärtsstreuung ($\theta < \pi/2$) und der Rückwärtsstreuung ($\theta > \pi/2$) zu unterscheiden.

Satz 3.11: Elektron-Positron-Streuung in führender Ordnung

Die Streuamplitude für die Elektron-Positron-Streuung (*Bhabba-Streuung*) lautet in führender Ordnung ($f \neq i$)

$$S_{fi} = -\frac{(2\pi)^4 \delta(p_f + \bar{p}_f - p_i - \bar{p}_i)}{V^2} \sqrt{\frac{m_0^2}{E_i E_f}} \sqrt{\frac{m_0^2}{\bar{E}_i \bar{E}_f}} M_{fi} ,$$

mit der lorentzinvarianten Amplitude ($q = p_f - p_i$, $q' = p_i + \bar{p}_i$)

$$M_{fi} = M_{fi}(\mathrm{dir}) - M_{fi}(\mathrm{aus})$$

$$M_{fi}(\mathrm{dir}) = \bar{u}(p_f, s_f)\gamma_\mu u(p_i, s_i) \frac{4\pi \mathrm{i} e^2}{q^2 + \mathrm{i}\epsilon} \bar{v}(\bar{p}_i, \bar{s}_i)\gamma^\mu v(\bar{p}_f, \bar{s}_f)$$

$$M_{fi}(\mathrm{aus}) = \bar{v}(\bar{p}_i, \bar{s}_i)\gamma_\mu u(p_i, s_i) \frac{4\pi \mathrm{i} e^2}{q'^2 + \mathrm{i}\epsilon} \bar{u}(p_f, s_f)\gamma^\mu v(\bar{p}_f, \bar{s}_f) .$$

Hieraus folgt für den differentiellen Wirkungsquerschnitt

$$\mathrm{d}\sigma = \frac{m_0^2}{\sqrt{(p_i \cdot \bar{p}_i)^2 - m_0^4}} |M_{fi}|^2 (2\pi)^4 \delta(p_f + \bar{p}_f - p_i - \bar{p}_i)$$
$$\times \frac{m_0 \mathrm{d}^3 p_f}{(2\pi)^3 E_f} \frac{m_0 \mathrm{d}^3 \bar{p}_f}{(2\pi)^3 \bar{E}_f}$$

$\triangleright$

und speziell im Schwerpunktsystem

$$\left(\frac{d\sigma}{d\Omega}\right)_{cm} = \frac{m_0^4}{4(2\pi)^2 E_i^2} |M_{fi}|_{cm}^2 \,,$$

wobei in der letzten Gleichung über alle elektronischen Streuimpulse $\boldsymbol{p}_f$ in Richtung $d\Omega$ und alle positronischen Streuimpulse $\bar{\boldsymbol{p}}_f$ ausintegriert wurde. Durch Vernachlässigung sämtlicher Polarisationseffekte erhält man für das unpolarisierte Amplitudenquadrat

$$\overline{|M_{fi}|_{cm}^2} = \frac{(2\pi)^2 e^4}{4m_0^4} \left[\frac{m_0^4 + 4\boldsymbol{p}_i^2 m_0^2 \cos^2\frac{\theta}{2} + 2\boldsymbol{p}_i^4 \left(1 + \cos^4\frac{\theta}{2}\right)}{\boldsymbol{p}_i^4 \sin^4\frac{\theta}{2}} \right.$$
$$+ \frac{3m_0^4 + 4\boldsymbol{p}_i^2 m_0^2 + \boldsymbol{p}_i^4(1 + \cos^2\theta)}{E_i^4}$$
$$\left. - \frac{3m_0^4 + 8\boldsymbol{p}_i^2 m_0^2 \cos^2\frac{\theta}{2} + 4\boldsymbol{p}_i^4 \cos^4\frac{\theta}{2}}{E_i^2 \boldsymbol{p}_i^2 \sin^2\frac{\theta}{2}} \right] \,.$$

Die Elektron-Positron-Streuung steht über die Kreuzsymmetrie mit der Elektron-Elektron-Streuung in Beziehung.

3.3.7 Compton-Streuung an Elektronen

Bisher wurden Streuprozesse besprochen, bei denen ausschließlich virtuelle Photonen als Träger der elektromagnetischen Kraftwirkung zwischen zwei reellen Fermionen beteiligt waren. Dementsprechend waren die photonischen Viererimpulse nicht lichtartig, sondern raum- oder zeitartig und wurden in den Feynman-Graphen durch geschlossene Linien mit Anfangs- und Endpunkt dargestellt. Nun gibt es jedoch durchaus auch Prozesse mit reellen Photonen, deren Viererimpulse die Einstein-Bedingung $k_\mu k^\mu = 0$ erfüllen. Drei Prozesse dieser Art sind die Compton-Streuung, die Elektron-Positron-Vernichtung und die Elektron-Positron-Erzeugung, die wir in diesem und im nächsten Unterabschnitt sowie in den Aufgaben 38 und 39 behandeln wollen.[20]

---

[20] Dies hat offensichtlich zur Voraussetzung, daß wir unseren ursprünglichen Streuformalismus aus Satz 3.5 ein weiteres mal modifizieren müssen (die erste Modifikation war die Strom-Strom-Wechselwirkung, siehe Fußnote 17 auf Seite 249), weil wir es bei den genannten Prozessen mit emittierten bzw. absorbierten Photonquanten zu tun haben, die mit einem klassischen Hintergrundfeld nicht vereinbar sind. Immerhin ist es in der führenden Ordnung $\mathcal{O}\left(e^2\right)$ noch plausibel, die beiden, im zweiten Term der Streureihe (3.61) stehenden A^μ-Felder als ein- bzw. auslaufende Photonen zu interpretieren. In höheren Ordnungen kommt man dagegen um eine quantenfeldtheoretische Betrachtungsweise nicht herum (vgl. die einleitenden Bemerkungen zu diesem Abschnitt).

Beschreibung reeller Photonen. Zur Beschreibung reeller Photonen gehen wir vom Viererpotential A^μ aus, welches in der Lorentz-Eichung $\partial_\mu A^\mu = 0$ der Maxwell-Gleichung

$$\partial_\mu \partial^\mu A^\nu = 0$$

genügt. Wie bei den Fermionen setzen wir für A^μ eine ebene Welle an ($\hbar = c = 1$),

$$A_k^\mu(x) = \epsilon^\mu N_k \left(e^{-ik \cdot x} + e^{ik \cdot x} \right) \ , \ k^\mu = \begin{pmatrix} \omega \\ \boldsymbol{k} \end{pmatrix} \ , \ k \cdot k = 0 \ ,$$

mit der Normierungskonstanten N_k, dem Polarisationsvektor ϵ^μ und den Bedingungen

$$k \cdot \epsilon = 0 \ , \ \epsilon \cdot \epsilon = -1 \ . \tag{3.114}$$

Die erste Bedingung folgt aus der Lorentz-Eichung und spiegelt die transversale Natur von A^μ wider. Weil sich in der durch die Lorentz-Bedingung eingeschränkten A^μ-Klasse weitere Eichtransformationen der Art

$$A^\mu(x) \longrightarrow A^\mu(x) - \chi(x) \ , \ \partial_\mu \partial^\mu \chi = 0$$

durchführen lassen, können wir durch die Wahl $\chi(x) = A^0(x)$ zur *Strahlungseichung* übergehen, in der

$$A^0(x) = 0 \Longrightarrow \boldsymbol{\nabla} \boldsymbol{A}(x) = 0$$

gilt. In diesem speziellen Lorentz-System sind die Polarisationsvektoren rein raumartig, und es verbleiben zwei transversale, linear unabhängige Dreierpolarisationen:

$$(\epsilon^\mu) = \begin{pmatrix} 0 \\ \boldsymbol{\epsilon}(\boldsymbol{k}, \lambda) \end{pmatrix} \ , \ \boldsymbol{k}\boldsymbol{\epsilon}(\boldsymbol{k}, \lambda) = 0 \ , \ \boldsymbol{\epsilon}(\boldsymbol{k}, \lambda)\boldsymbol{\epsilon}(\boldsymbol{k}, \lambda) = 1 \ , \ \lambda = 1, 2 \ .$$

Die Normierungskonstante N_k läßt sich über die Forderung festlegen, daß die mittlere Energie der Welle A_k^μ,

$$E_k = \frac{1}{8\pi} \int\limits_V \mathrm{d}^3 x \left\langle \boldsymbol{E}_k^2 + \boldsymbol{B}_k^2 \right\rangle \ , \ \left\langle \boldsymbol{E}_k^2 \right\rangle = \left\langle \boldsymbol{B}_k^2 \right\rangle = \frac{1}{T} \int\limits_0^T \mathrm{d}t \boldsymbol{B}_k^2 \ , \ T = \frac{2\pi}{\omega} \ ,$$

gerade gleich derjenigen eines einzelnen Photons, also ω sein soll. Unter Berücksichtigung von

$$\boldsymbol{B}_k = \boldsymbol{\nabla} \times \boldsymbol{A}_k = \mathrm{i} N_k \boldsymbol{k} \times \boldsymbol{\epsilon} \left(e^{-ik \cdot x} - e^{ik \cdot x} \right) = 2 N_k \boldsymbol{k} \times \boldsymbol{\epsilon} \sin k \cdot x$$

und

$$(\boldsymbol{k} \times \boldsymbol{\epsilon})^2 = \boldsymbol{k}^2 \boldsymbol{\epsilon}^2 - (\boldsymbol{k}\boldsymbol{\epsilon})^2 = \boldsymbol{k}^2 = \omega^2$$

erhält man somit schließlich

$$E_k = \frac{\omega^2 N_k^2}{\pi} \int\limits_V \mathrm{d}^3 x \left\langle \sin^2(\omega t - \boldsymbol{k}\boldsymbol{x}) \right\rangle = \frac{\omega^2 N_k^2 V}{2\pi} \Longrightarrow N_k = \sqrt{\frac{2\pi}{\omega V}} \ .$$

Nach diesen Vorüberlegungen wenden wir uns jetzt der Compton-Streuung zu, bei der ein Photon an einem freien Elektron in der in Abb. 3.21 gezeigten Weise gestreut wird, und starten unmittelbar von Satz 3.5.

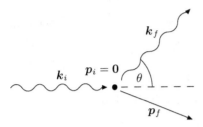

Abb. 3.21. Kinematische Situation der Compton-Streuung im Laborsystem, wo das Elektron anfänglich ruht.

Direkte Streuamplitude. Der führende Term der Streureihe für die Compton-Streuung ist die Nummer Zwei. Unser Ausgangspunkt ist deshalb die Gleichung (der Index 2 wird unterdrückt)

$$
\begin{aligned}
S_{fi}(\mathrm{dir}) &= -\mathrm{i}e^2 \int \mathrm{d}^4x \int \mathrm{d}^4y \bar{\Psi}_f(x)\slashed{A}_f(x)S_\mathrm{F}^{(0)}(x-y)\slashed{A}_i(y)\Psi_i(y) \\
&= \int \mathrm{d}^4x \int \mathrm{d}^4y \bar{\Psi}_f(x)(-\mathrm{i}e)\slashed{A}_f(x) \\
&\quad \times (+\mathrm{i})S_\mathrm{F}^{(0)}(x-y)(-\mathrm{i}e)\slashed{A}_i(y)\Psi_i(y) \;,
\end{aligned}
\tag{3.115}
$$

in der wir naheliegender Weise die Viererpotentiale mit den ein- (i) bzw. auslaufenden (f) Photonen identifizieren, wobei die hier gewählte Zuordnung in unserem Sprachgebrauch einer direkten Streuamplitude entspricht. Durch Einsetzen der bekannten Ausdrücke für die Elektron- und Photonwellenfunktionen sowie des Elektronpropagators folgt

$$
\begin{aligned}
S_{fi}(\mathrm{dir}) &= -\frac{\mathrm{i}e^2}{V^2}\sqrt{\frac{m_0}{E_iE_f}}\sqrt{\frac{(2\pi)^2}{\omega_i\omega_f}}\int \mathrm{d}^4x \int \mathrm{d}^4y \int \frac{\mathrm{d}^4p}{(2\pi)^4} \\
&\quad \times \left[\bar{u}(p_f,s_f)\slashed{\epsilon}(k_f,\lambda_f)\frac{(\slashed{p}+m_0)}{p^2-m_0^2+\mathrm{i}\epsilon}\slashed{\epsilon}(k_i,\lambda_i)u(p_i,s_i)\right] \\
&\quad \times \mathrm{e}^{\mathrm{i}p_f\cdot x}\left(\mathrm{e}^{-\mathrm{i}k_f\cdot x}+\mathrm{e}^{\mathrm{i}k_f\cdot x}\right)\mathrm{e}^{-\mathrm{i}p\cdot(x-y)}\left(\mathrm{e}^{-\mathrm{i}k_i\cdot y}+\mathrm{e}^{\mathrm{i}k_i\cdot y}\right)\mathrm{e}^{-\mathrm{i}p_i\cdot y} \;.
\end{aligned}
$$

Führen wir hierin zuerst die Ortsintegrationen aus, dann haben wir

$$
\begin{aligned}
\int \mathrm{d}^4x &\int \mathrm{d}^4y \mathrm{e}^{\mathrm{i}p_f\cdot x}\left(\mathrm{e}^{-\mathrm{i}k_f\cdot x}+\mathrm{e}^{\mathrm{i}k_f\cdot x}\right)\mathrm{e}^{-\mathrm{i}p\cdot(x-y)}\left(\mathrm{e}^{-\mathrm{i}k_i\cdot y}+\mathrm{e}^{\mathrm{i}k_i\cdot y}\right)\mathrm{e}^{-\mathrm{i}p_i\cdot y} \\
&= \int \mathrm{d}^4x \left[\mathrm{e}^{\mathrm{i}(p_f-p-k_f)\cdot x}+\mathrm{e}^{\mathrm{i}(p_f-p+k_f)\cdot x}\right] \\
&\quad \times \int \mathrm{d}^4y \left[\mathrm{e}^{-\mathrm{i}(p_i-p+k_i)\cdot y}+\mathrm{e}^{-\mathrm{i}(p_i-p-k_i)\cdot y}\right]
\end{aligned}
$$

$$= (2\pi)^8 \left[\delta(p_f - p - k_f) + \delta(p_f - p + k_f) \right]$$
$$\times \left[\delta(p_i - p + k_i) + \delta(p_i - p - k_i) \right]$$
$$= (2\pi)^8 \delta(p_f - p + k_f) \delta(p_i - p + k_i) \,, \qquad (3.116)$$

wobei im letzten Schritt berücksichtigt wurde, daß drei der vier $\delta()\delta()$-Kombinationen entweder anderen oder nicht realisierbaren kinematischen Situationen entsprechen (siehe Aufgabe 37). Die Impulsintegration liefert nun

$$\int \frac{\mathrm{d}^4 p}{(2\pi)^4} (2\pi)^8 \delta(p_f - p + k_f) \delta(p_i - p + k_i) \frac{\not{p} + m_0}{p^2 - m_0^2 + i\epsilon}$$

$$= (2\pi)^4 \delta(p_f + k_f - p_i - k_i) \frac{\not{p}_i + \not{k}_i + m_0}{(p_i + k_i)^2 - m_0^2 + i\epsilon} \,,$$

und wir erhalten insgesamt für die ausintegrierte direkte Streuamplitude

$$S_{fi}(\mathrm{dir}) = \frac{(2\pi)^4 \delta(p_f + k_f - p_i - k_i)}{V^2} \sqrt{\frac{m_0^2}{E_i E_f}} \sqrt{\frac{(2\pi)^2}{\omega_i \omega_f}} M_{fi}(\mathrm{dir})$$

$$M_{fi}(\mathrm{dir}) = u(p_f, s_f)(-i e)\not{\epsilon}(k_f, \lambda_f) \frac{(+i)(\not{p}_i + \not{k}_i + m_0)}{(p_i + k_i)^2 - m_0^2 + i\epsilon}$$
$$\times (-i e)\not{\epsilon}(k_i, \lambda_i) u(p_i, s_i) \,.$$

Vergleicht man diese Ausdrücke sowie den zu $M_{fi}(\mathrm{dir})$ gehörenden Feynman-Graphen in Abb. 3.22a mit unseren Feynman-Regeln aus Unterabschn. 3.3.4, so stellt man fest, daß sich diese Regeln zur Einbeziehung reeller Photonprozesse in folgender Weise leicht ergänzen lassen:

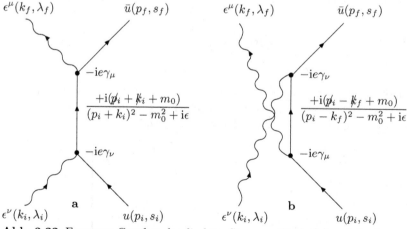

Abb. 3.22. Feynman-Graphen der direkten Streuamplitude (**a**) und der Austausch-streuamplitude (**b**) für die Compton-Streuung an Elektronen in der Ordnung $\mathcal{O}\left(e^2\right)$ im Impulsraum. An jedem Vertex gilt Energie- und Impulserhaltung.

1', 2'. Für jedes ein- bzw. auslaufende Photon ergibt sich (im Gaußschen Maßsystem) der *Photonfaktor* $N_{i,f}^{(\ldots)} = 2\pi$.

4'.   Ein- und auslaufende Photonen werden in Feynman-Graphen im Impulsraum durch die Linien und Faktoren der Abb. 3.23 dargestellt.

3', 5'. Unverändert zu 3. und 5.

Einlaufendes Photon

Auslaufendes Photon

$\epsilon^\mu(k_f, \lambda_f)$

$\epsilon^\mu(k_i, \lambda_i)$

Abb. 3.23. Ergänzende Feynman-Graphelemente und charakteristische Faktoren im Impulsraum (siehe Abb. 3.14).

Austauschstreuamplitude. Neben der direkten Streuung müssen wir auch noch die Konstellation berücksichtigen, bei der die Zuordnung von ein- und auslaufendem bzw. absorbiertem und emittiertem Photon in (3.115) vertauscht sind. Dies läuft nach einer ähnlichen Rechnung wie eben auf die ausintegrierte Austauschstreuamplitude

$$S_{fi}(\text{aus}) = \frac{(2\pi)^4 \delta(p_f + k_f - p_i - k_i)}{V^2} \sqrt{\frac{m_0^2}{E_i E_f}} \sqrt{\frac{(2\pi)^2}{\omega_i \omega_f}} M_{fi}(\text{aus})$$

$$M_{fi}(\text{aus}) = u(p_f, s_f)(-\mathrm{ie})\slashed{\epsilon}(k_i, \lambda_i) \frac{(+\mathrm{i})(\slashed{p}_i - \slashed{k}_f + m_0)}{(p_i - k_f)^2 - m_0^2 + \mathrm{i}\epsilon}$$

$$\times (-\mathrm{ie})\slashed{\epsilon}(k_f, \lambda_f) u(p_i, s_i)$$

und deren graphische Repräsentation in Abb. 3.22b hinaus, was wiederum im Einklang mit unseren erweiterten Regeln 1' bis 5' steht.

Alles in allem folgt schließlich die Streuamplitude

$$\left.\begin{aligned}
S_{fi} &= \frac{(2\pi)^4 \delta(p_f + k_f - p_i - k_i)}{V^2} \sqrt{\frac{m_0^2}{E_i E_f}} \sqrt{\frac{(2\pi)^2}{\omega_i \omega_f}} M_{fi} \\
M_{fi} &= M_{fi}(\text{dir}) + M_{fi}(\text{aus}) \\
&= -\mathrm{ie}^2 \bar{u}(p_f, s_f) \left[\frac{\slashed{\epsilon}(k_f, \lambda_f)(\slashed{p}_i + \slashed{k}_i + m_0)\slashed{\epsilon}(k_i, \lambda_i)}{(p_i + k_i)^2 - m_0^2 + \mathrm{i}\epsilon} \right. \\
&\quad \left. + \frac{\slashed{\epsilon}(k_i, \lambda_i)(\slashed{p}_i - \slashed{k}_f + m_0)\slashed{\epsilon}(k_f, \lambda_f)}{(p_i - k_f)^2 - m_0^2 + \mathrm{i}\epsilon} \right] u(p_i, s_i) \ .
\end{aligned}\right\} \tag{3.117}$$

Ihre Invarianz unter dem Austausch $k_i \leftrightarrow -k_f$ ist ein weiteres Beispiel der Kreuzsymmetrie, der wir im vorigen Unterabschnitt schon begegnet sind. In diesem Fall bedeutet sie: Die Streuamplitude für die Absorption und Emission von Photonen mit den Impulsen k_i bzw. k_f ist gleich der Streuamplitude für die Absorption und Emission von Antiphotonen mit den Impulsen k_f bzw. k_i. Die Unterscheidung zwischen Photon und Antiphoton ist jedoch irrelevant, weil das Photon sein eigenes Antiteilchen ist.

Wirkungsquerschnitt. Den differentiellen Wirkungsquerschnitt werten wir günstigerweise im Laborsystem aus, wo das Elektron anfänglich ruht, $p_i = (m_0, \mathbf{0})$, so daß

$$d\sigma = \frac{2\pi m_0}{\sqrt{\omega_i^2 m_0^2}} |M_{fi}|^2 (2\pi)^4 \delta(p_f + k_f - p_i - k_i) \frac{m_0 d^3 p_f}{(2\pi)^3 E_f} \frac{2\pi d^3 k_f}{(2\pi)^3 \omega_f} \ ,$$

und rechnen unter Verwendung von

$$\frac{d^3 p_f}{E_f} = 2 \int d^4 p_f \delta(p_f^2 - m_0^2) \Theta(p_f^0) \ , \ d^3 k_f = \omega_f^2 d\omega_f d\Omega$$

wie folgt:

$$\begin{aligned}
\frac{d\sigma}{d\Omega} &= \frac{2m_0}{\omega_i} \int d\omega_f \omega_f \int d^4 p_f |M_{fi}|^2 \delta(p_f + k_f - p_i - k_i) \\
&\quad \times \delta(p_f^2 - m_0^2) \Theta(p_f^0) \\
&= \frac{2m_0}{\omega_i} \int d\omega_f \omega_f |M_{fi}|^2_{p_f = p_i + k_i - k_f} \\
&\quad \times \delta[(p_i + k_i - k_f)^2 - m_0^2] \Theta(m_0 + \omega_i - \omega_f) \\
&= \frac{2m_0}{\omega_i} \int\limits_0^{m_0 + \omega_i} d\omega_f \omega_f |M_{fi}|^2_{p_f = p_i + k_i - k_f} \\
&\quad \times \delta[2m_0(\omega_i - \omega_f) - 2\omega_i \omega_f (1 - \cos\theta)] \\
&= \frac{2m_0}{\omega_i} \int\limits_0^{m_0 + \omega_i} d\omega_f \omega_f |M_{fi}|^2_{p_f = p_i + k_i - k_f} \\
&\quad \times \frac{\delta\left[\omega_f - \dfrac{\omega_i}{1 + \frac{\omega_i}{m_0}(1 - \cos\theta)}\right]}{2m_0 + 2\omega_i(1 - \cos\theta)} \\
&= \frac{\omega_f^2}{\omega_i^2} |M_{fi}|^2_{\text{co}} \ , \ |M_{fi}|^2_{\text{co}} = |M_{fi}|^2_{p_f = p_i + k_i - k_f} \ ,
\end{aligned} \tag{3.118}$$

mit der Nebenbedingung

$$\omega_f = \frac{\omega_i}{1 + \frac{\omega_i}{m_0}(1 - \cos\theta)} \ .$$

Die letzte Gleichung setzt als Folge der Energie- und Impulserhaltung die Energien des einfallenden und gestreuten Photons in Beziehung und kann unter Verwendung von $\lambda = 2\pi/\omega$ umgeschrieben werden zur *Compton-Formel*

$$\lambda_f = \lambda_i + 2\pi \frac{1}{m_0}(1 - \cos\theta) \ .$$

Demnach erhöht sich die Wellenlänge des gestreuten Photons um einen Betrag von der Größenordnung der Compton-Wellenlänge $\lambda_c = \hbar/m_0 c$ des Elektrons.

Amplitudenquadrat. Interessiert man sich für den Fall unpolarisierter Elektronen, behält aber die Photonpolarisationen $\lambda_{i,f}$ bei, so führt dies von (3.117) zu (Mittelung über Anfangs- und Summation über Endpolarisationen des Elektrons)

$$\overline{|M_{fi}|^2}(\lambda_i, \lambda_f) = \frac{e^4}{2} \sum_{s_f, s_i} [\bar{u}(p_f, s_f)\Gamma_1 u(p_i, s_i)] \, [\bar{u}(p_f, s_f)\Gamma_1 u(p_i, s_i)]^\dagger$$

$$= \frac{e^4}{2} \sum_{s_f, s_i} [\bar{u}(p_f, s_f)\Gamma_1 u(p_i, s_i)] \, [\bar{u}(p_i, s_i)\Gamma_2 u(p_f, s_f)]$$

$$= \frac{e^4}{2} \mathrm{tr} \, [\Lambda_+(p_f)\Gamma_1 \Lambda_+(p_i)\Gamma_2] \ , \qquad (3.119)$$

mit den Operatoren

$$\left.\begin{aligned}
\Gamma_1 &= \frac{\not{\epsilon}_f(\not{p}_i + \not{k}_i + m_0)\not{\epsilon}_i}{2p_i \cdot k_i} - \frac{\not{\epsilon}_i(\not{p}_i - \not{k}_f + m_0)\not{\epsilon}_f}{2p_i \cdot k_f} \\
\Gamma_2 &= \gamma^0 \Gamma_1^\dagger \gamma^0 = \frac{\not{\epsilon}_i(\not{p}_i + \not{k}_i + m_0)\not{\epsilon}_f}{2p_i \cdot k_i} - \frac{\not{\epsilon}_f(\not{p}_i - \not{k}_f + m_0)\not{\epsilon}_i}{2p_i \cdot k_f} \\
&= \Gamma_1(\epsilon_i \leftrightarrow \epsilon_f)
\end{aligned}\right\} \qquad (3.120)$$

und den Abkürzungen $\epsilon_{i,f} = \epsilon(k_{i,f}, \lambda_{i,f})$. Die Auswertung der Spur nach Satz 3.6 ist hier aufgrund der vielen γ-Matrixkombinationen offensichtlich aufwendiger als bei allen vorherigen Beispielen. Jedoch lassen sich die Operatoren $\Gamma_{1,2}$ durch folgende Überlegungen zunächst etwas vereinfachen: Kommutiert man $\not{p}_i$ in Γ_1 nach rechts und in Γ_2 nach links durch, so ergibt sich

$$\Gamma_1 = \frac{2p_i \cdot \epsilon_i \not{\epsilon}_f + \not{\epsilon}_f \not{k}_i \not{\epsilon}_i - \not{\epsilon}_f \not{\epsilon}_i(\not{p}_i - m_0)}{2p_i \cdot k_i}$$

$$- \frac{2p_i \cdot \epsilon_f \not{\epsilon}_i - \not{\epsilon}_i \not{k}_f \not{\epsilon}_f - \not{\epsilon}_i \not{\epsilon}_f(\not{p}_i - m_0)}{2p_i \cdot k_f}$$

$$\Gamma_2 = \frac{2p_i \cdot \epsilon_i \not{\epsilon}_f + \not{\epsilon}_i \not{k}_i \not{\epsilon}_f - (\not{p}_i - m_0)\not{\epsilon}_i \not{\epsilon}_f}{2p_i \cdot k_i}$$

$$- \frac{2p_i \cdot \epsilon_f \not{\epsilon}_i - \not{\epsilon}_f \not{k}_f \not{\epsilon}_i - (\not{p}_i - m_0)\not{\epsilon}_f \not{\epsilon}_i}{2p_i \cdot k_f} \ .$$

Hierin können zum einen die $(\not{p}_i - m_0)$-Terme weggelassen werden, weil sie orthogonal zu den Energieprojektionsoperatoren $\Lambda_+(p_i)$ sind. Zum anderen läßt sich immer eine Eichung finden, in der die Photonpolarisationen $\epsilon_{i,f}$ senkrecht zu p_i stehen. Im hier betrachteten Laborsystem ist dies gerade die Strahlungseichung, in der ϵ^μ keine Nullkomponente besitzt. Insgesamt können wir also $\Gamma_{1,2}$ ersetzen durch

$$\Gamma_1 \longrightarrow \frac{\slashed{\epsilon}_f \slashed{k}_i \slashed{\epsilon}_i}{2p_i \cdot k_i} + \frac{\slashed{\epsilon}_i \slashed{k}_f \slashed{\epsilon}_f}{2p_i \cdot k_f} \; , \quad \Gamma_2 \longrightarrow \frac{\slashed{\epsilon}_i \slashed{k}_i \slashed{\epsilon}_f}{2p_i \cdot k_i} + \frac{\slashed{\epsilon}_f \slashed{k}_f \slashed{\epsilon}_i}{2p_i \cdot k_f} \; .$$

Trotz dieser Vereinfachung bleibt die Berechnung der Spur recht mühsam, weil immerhin noch Produkte von bis zu 8 γ-Matrizen involviert sind. Hat man sich durch diese Rechnung durchgekämpft, so erhält man mit Berücksichtigung der Viererimpulserhaltung

$$\overline{|M_{fi}|^2_{\text{co}}}(\lambda_i, \lambda_f) = \frac{e^4}{4m_0^2} \left\{ \frac{p_i \cdot k_f}{p_i \cdot k_i} + \frac{p_i \cdot k_i}{p_i \cdot k_f} \right.$$
$$\left. + 4[\epsilon(k_i, \lambda_i) \cdot \epsilon(k_f, \lambda_f)]^2 - 2 \right\} \; . \qquad (3.121)$$

Nach Einbau der Laborbedingungen $k_i \cdot p_i = \omega_i m_0$, $k_f \cdot p_i = \omega_f m_0$ folgt hieraus die *Klein-Nishina-Formel*

$$\overline{|M_{fi}|^2_{\text{co}}}(\lambda_i, \lambda_f) = \frac{e^4}{4m_0^2} \left\{ \frac{\omega_f}{\omega_i} + \frac{\omega_i}{\omega_f} + 4[\epsilon(k_i, \lambda_i) \cdot \epsilon(k_f, \lambda_f)]^2 - 2 \right\} \; .$$

Zur Bestimmung des vollständig unpolarisierten Wirkungsquerschnittes müssen wir nun noch über die Anfangspolarisationen des Photons mitteln und über seine Endpolarisationen summieren:

$$\overline{|M_{fi}|^2_{\text{co}}} = \frac{e^4}{2m_0^2} \left\{ \frac{\omega_f}{\omega_i} + \frac{\omega_i}{\omega_f} + \sum_{\lambda_i, \lambda_f} [\epsilon(k_i, \lambda_i) \cdot \epsilon(k_f, \lambda_f)]^2 - 2 \right\} \; . \quad (3.122)$$

Hierzu bietet sich die Verwendung der Strahlungseichung an, in der wir ohne Beschränkung der Allgemeinheit die Dreiervektoren $\epsilon(k_i, 1)$ und $\epsilon(k_f, 1)$ so wählen können, daß sie in der von k_i und k_f aufgespannten Ebene liegen. Einerseits ist dann der Winkel zwischen $\epsilon(k_i, 1)$ und $\epsilon(k_f, 1)$ gleich dem Streuwinkel θ. Andererseits liegen $\epsilon(k_i, 2)$ und $\epsilon(k_f, 2)$ senkrecht zu dieser Ebene und sind deshalb identisch:

$$\left.\begin{aligned} \epsilon(k_i, 1)\epsilon(k_f, 1) &= \cos\theta \; , \quad \epsilon(k_i, 2)\epsilon(k_f, 2) = 1 \\ \epsilon(k_i, 1)\epsilon(k_f, 2) &= \epsilon(k_i, 2)\epsilon(k_f, 1) = 0 \\ \sum_{\lambda_i, \lambda_f} [\epsilon(k_i, \lambda_i) \cdot \epsilon(k_f, \lambda_f)]^2 &= \sum_{\lambda_i, \lambda_f} [\epsilon(k_i, \lambda_i)\epsilon(k_f, \lambda_f)]^2 \\ &= 1 + \cos^2\theta \; . \end{aligned}\right\} \qquad (3.123)$$

Damit geht (3.122) schließlich über in

$$\overline{|M_{fi}|^2_{\text{co}}} = \frac{e^4}{2m_0^2} \left(\frac{\omega_f}{\omega_i} + \frac{\omega_i}{\omega_f} - \sin^2\theta \right) \; .$$

Satz 3.12: Compton-Streuung an Elektronen in führender Ordnung

Die Streuamplitude für die Compton-Streuung an Elektronen lautet in führender Ordnung ($f \neq i$)

$$S_{fi} = \frac{(2\pi)^4 \delta(p_f + k_f - p_i - k_i)}{V^2} \sqrt{\frac{m_0^2}{E_i E_f}} \sqrt{\frac{(2\pi)^2}{\omega_i \omega_f}} M_{fi} \,,$$

mit der lorentzinvarianten Amplitude

$$M_{fi} = M_{fi}(\mathrm{dir}) + M_{fi}(\mathrm{aus})$$

$$M_{fi}(\mathrm{dir}) = -\mathrm{i}e^2 \bar{u}(p_f, s_f) \frac{\not{\epsilon}(k_f, \lambda_f)(\not{p}_i + \not{k}_i + m_0)\not{\epsilon}(k_i, \lambda_i)}{(p_i + k_i)^2 - m_0^2 + \mathrm{i}\epsilon} u(p_i, s_i)$$

$$M_{fi}(\mathrm{aus}) = -\mathrm{i}e^2 \bar{u}(p_f, s_f) \frac{\not{\epsilon}(k_i, \lambda_i)(\not{p}_i - \not{k}_f + m_0)\not{\epsilon}(k_f, \lambda_f)}{(p_i - k_f)^2 - m_0^2 + \mathrm{i}\epsilon} u(p_i, s_i) \,.$$

Hieraus folgt für den differentiellen Wirkungsquerschnitt

$$\mathrm{d}\sigma = \frac{2\pi m_0}{\sqrt{(p_i \cdot k_i)^2}} |M_{fi}|^2 (2\pi)^4 \delta(p_f + k_f - p_i - k_i) \frac{m_0 \mathrm{d}^3 p_f}{(2\pi)^3 E_f} \frac{2\pi \mathrm{d}^3 k_f}{(2\pi)^3 \omega_f}$$

und speziell im Laborsystem, wo das Elektron anfänglich ruht,

$$\frac{\mathrm{d}\sigma}{\mathrm{d}\Omega} = \frac{\omega_f^2}{\omega_i^2} |M_{fi}|_{\mathrm{co}}^2 \,, \quad |M_{fi}|_{\mathrm{co}}^2 = |M_{fi}|_{p_f = p_i + k_i - k_f}^2$$

$$\omega_f = \frac{\omega_i}{1 + \frac{\omega_i}{m_0}(1 - \cos\theta)} \,,$$

wobei in $\mathrm{d}\sigma/\mathrm{d}\Omega$ über alle photonischen Streuimpulse $\boldsymbol{k}_f$ in Richtung $\mathrm{d}\Omega$ und alle elektronischen Streuimpulse $\boldsymbol{p}_f$ ausintegriert wurde. Durch Vernachlässigung elektronischer Polarisationseffekte und Beibehaltung der Photonpolarisationen ergibt sich die Klein-Nishina-Formel

$$\overline{|M_{fi}|_{\mathrm{co}}^2}(\lambda_i, \lambda_f) = \frac{e^4}{4m_0^2} \left\{ \frac{\omega_f}{\omega_i} + \frac{\omega_i}{\omega_f} + 4[\epsilon(k_i, \lambda_i) \cdot \epsilon(k_f, \lambda_f)]^2 - 2 \right\} \,.$$

Das vollständig unpolarisierte Amplitudenquadrat lautet

$$\overline{|M_{fi}|_{\mathrm{co}}^2} = \frac{e^4}{2m_0^2} \left(\frac{\omega_f}{\omega_i} + \frac{\omega_i}{\omega_f} - \sin^2\theta \right) \,.$$

3.3.8 Elektron-Positron-Vernichtung

Wir wenden nun den erweiterten Regelsatz 1' bis 5' aus dem vorigen Unterabschnitt auf den Prozeß der Elektron-Positron-Vernichtung an, bei dem ein Elektron und ein Positron zusammentreffen und dabei in zwei Photonen zerstrahlen (siehe Abb. 3.24). Die zugehörigen Feynman-Graphen für die direkte

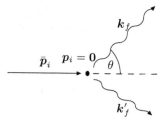

Abb. 3.24. Kinematische Situation der Elektron-Positron-Vernichtung im Laborsystem, wo das Elektron anfänglich ruht.

Streuung und die Austauschstreuung in führender Ordnung im Impulsraum sind in Abb. 3.25 dargestellt und liefern die Streuamplitude

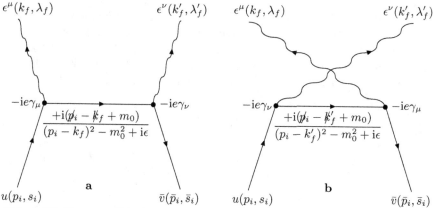

Abb. 3.25. Feynman-Graphen der direkten Streuamplitude (**a**) und der Austausch- bzw. Vernichtungsstreuamplitude (**b**) für die Elektron-Positron-Vernichtung in der Ordnung $\mathcal{O}\left(e^2\right)$ im Impulsraum. An jedem Vertex gilt Energie- und Impulserhaltung.

$$
\begin{aligned}
S_{fi} &= \frac{(2\pi)^4 \delta(k_f + k'_f - p_i - \bar{p}_i)}{V^2} \sqrt{\frac{m_0^2}{E_i \bar{E}_i}} \sqrt{\frac{(2\pi)^2}{\omega_f \omega'_f}} M_{fi} \\
M_{fi} &= M_{fi}(\text{dir}) + M_{fi}(\text{aus}) \\
&= -\mathrm{i}e^2 \bar{v}(\bar{p}_i, \bar{s}_i) \left[\frac{\rlap{/}{\epsilon}(k'_f, \lambda'_f)(\rlap{/}{p}_i - \rlap{/}{k}_f + m_0)\rlap{/}{\epsilon}(k_f, \lambda_f)}{(p_i - k_f)^2 - m_0^2 + \mathrm{i}\epsilon} \right. \\
&\quad \left. + \frac{\rlap{/}{\epsilon}(k_f, \lambda_f)(\rlap{/}{p}_i - \rlap{/}{k}'_f + m_0)\rlap{/}{\epsilon}(k'_f, \lambda'_f)}{(p_i - k'_f)^2 - m_0^2 + \mathrm{i}\epsilon} \right] u(p_i, s_i) \; .
\end{aligned}
\qquad (3.124)
$$

Dabei sind folgende Punkte zu berücksichtigen:

- Die führende Ordnung dieses Prozesses ist $\mathcal{O}\left(e^2\right)$, weil die Zerstrahlung eines (freien!) Elektron-Positron-Paares in ein einzelnes Photon kinematisch nicht möglich ist. Das heißt die Bedingung

$$k_f^2 = (p_i + \bar{p}_i)^2 = (p_i^0 + \bar{p}_i^0)^2 - (\boldsymbol{p}_i + \bar{\boldsymbol{p}}_i)^2 = 0$$

ist nicht erfüllbar, wie man sich im Schwerpunktsystem leicht klarmacht, wo $\boldsymbol{p}_i = -\bar{\boldsymbol{p}}_i$.

- In Übereinstimmung mit der Bose-Einstein-Statistik ist die Streuamplitude symmetrisch unter dem Austausch der beiden Photonen im Endzustand $(k_f \leftrightarrow k'_f)$.

- Offensichtlich gehen die Feynman-Graphen der Elektron-Positron-Vernichtung und der Compton-Streuung durch 90°-Drehungen auseinander hervor. Vergleicht man überdies die Streuamplitude (3.124) mit der aus Satz 3.12, so zeigt sich wieder ein Beispiel der Kreuzsymmetrie, nach der beide Prozesse über die Substitutionsregel der Abb. 3.26 miteinander verbunden sind. Ein ähnlicher Zusammenhang existiert übrigens auch zwischen der Compton-Streuung und dem Prozeß $\gamma + \gamma \rightarrow e^- + e^+$, also der Elektron-Positron-Erzeugung durch zwei Photonen (siehe Aufgabe 39). Alle drei Prozesse stehen somit über die Kreuzsymmetrie miteinander in Beziehung.

Compton-Streuung

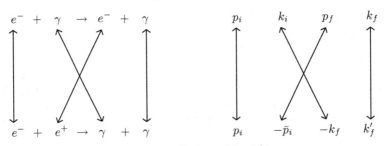

Elektron-Positron-Vernichtung

Abb. 3.26. Kreuzsymmetrie zwischen der Compton-Streuung an Elektronen und der Elektron-Positron-Vernichtung.

Wirkungsquerschnitt. Im Laborsystem ist $p_i = (m_0, \boldsymbol{0})$, und der differentielle Wirkungsquerschnitt lautet

$$\mathrm{d}\sigma = \frac{m_0^2}{\sqrt{m_0^2 E_i^2 - m_0^4}} |M_{fi}|^2 (2\pi)^4 \delta(k_f + k'_f - p_i - \bar{p}_i) \frac{2\pi \mathrm{d}^3 k_f}{(2\pi)^3 \omega_f} \frac{2\pi \mathrm{d}^3 k'_f}{(2\pi)^3 \omega'_f} .$$

Dies läßt sich auf bekannte Weise durch Gebrauch von

$$\mathrm{d}^3 k_f = \omega_f^2 \mathrm{d}\omega_f \mathrm{d}\Omega \ , \ \frac{\mathrm{d}^3 k'_f}{\omega'_f} = 2 \int \mathrm{d}^4 k'_f \delta(k_f'^2) \Theta(k_f'^0)$$

umschreiben zu

$$
\begin{aligned}
\frac{d\sigma}{d\Omega} &= \frac{2m_0}{|\bar{\boldsymbol{p}}_i|} \int d\omega_f \omega_f \int d^4 k'_f |M_{fi}|^2 \delta(k_f + k'_f - p_i - \bar{p}_i) \delta(k'^2_f) \Theta(k'^0_f) \\
&= \frac{2m_0}{|\bar{\boldsymbol{p}}_i|} \int d\omega_f \omega_f |M_{fi}|^2_{k'_f = \bar{p}_i + p_i - k_f} \\
&\quad \times \delta[(\bar{p}_i + p_i - k_f)^2] \Theta(\bar{E}_i + m_0 - \omega_f) \\
&= \frac{2m_0}{|\bar{\boldsymbol{p}}_i|} \int_0^{m_0 + \bar{E}_i} d\omega_f \omega_f |M_{fi}|^2_{k'_f = \bar{p}_i + p_i - k_f} \\
&\quad \times \delta[2m_0^2 + 2m_0 \bar{E}_i - 2\omega_f(m_0 + \bar{E}_i - |\bar{\boldsymbol{p}}_i| \cos\theta)] \\
&= \frac{2m_0}{|\bar{\boldsymbol{p}}_i|} \int_0^{m_0 + \bar{E}_i} d\omega_f \omega_f |M_{fi}|^2_{k'_f = \bar{p}_i + p_i - k_f} \\
&\quad \times \frac{\delta\left[\omega_f - \frac{m_0(m_0 + \bar{E}_i)}{m_0 + \bar{E}_i - |\bar{\boldsymbol{p}}_i| \cos\theta}\right]}{2(m_0 + \bar{E}_i - |\bar{\boldsymbol{p}}_i| \cos\theta)} \\
&= \frac{\omega_f^2}{|\bar{\boldsymbol{p}}_i|(m_0 + \bar{E}_i)} |M_{fi}|^2_{\mathrm{co}} \ , \ |M_{fi}|^2_{\mathrm{co}} = |M_{fi}|^2_{k'_f = \bar{p}_i + p_i - k_f} \ ,
\end{aligned}
$$

wobei die Photonenergie ω_f über

$$
\omega_f = \frac{m_0(m_0 + \bar{E}_i)}{m_0 + \bar{E}_i - |\bar{\boldsymbol{p}}_i| \cos\theta}
$$

mit der Energie des einlaufenden Positrons im Zusammenhang steht.

Amplitudenquadrat. Ähnlich wie bei der Compton-Streuung setzen wir unpolarisierte Fermionen voraus, halten aber an den Photonpolarisationen λ_f und λ'_f fest. Ausgehend von (3.124) betrachten wir deshalb (Mittelung über die Anfangspolarisationen des Elektrons und Positrons)

$$
\begin{aligned}
\overline{|M_{fi}|^2}(\lambda_f, \lambda'_f) &= \frac{e^4}{4} \sum_{s_i, \bar{s}_i} [\bar{v}(\bar{p}_i, \bar{s}_i) \tilde{\Gamma}_1 u(p_i, s_i)][\bar{v}(\bar{p}_i, \bar{s}_i) \tilde{\Gamma}_1 u(p_i, s_i)]^\dagger \\
&= \frac{e^4}{4} \sum_{s_i, \bar{s}_i} [\bar{v}(\bar{p}_i, \bar{s}_i) \tilde{\Gamma}_1 u(p_i, s_i)][\bar{u}(p_i, s_i) \tilde{\Gamma}_2 v(\bar{p}_i, \bar{s}_i)] \\
&= -\frac{e^4}{4} \mathrm{tr}[\Lambda_-(\bar{p}_i) \tilde{\Gamma}_1 \Lambda_+(p_i) \tilde{\Gamma}_2] \ , \quad (3.125)
\end{aligned}
$$

mit den Operatoren

$$
\begin{aligned}
\tilde{\Gamma}_1 = &-\frac{\not{\epsilon}(k'_f, \lambda'_f)(\not{p}_i - \not{k}_f + m_0)\not{\epsilon}(k_f, \lambda_f)}{2p_i \cdot k_f} \\
&-\frac{\not{\epsilon}(k_f, \lambda_f)(\not{p}_i - \not{k}'_f + m_0)\not{\epsilon}(k'_f, \lambda'_f)}{2p_i \cdot k'_f}
\end{aligned}
$$

$$\tilde{\Gamma}_2 = \gamma^0 \tilde{\Gamma}_1^\dagger \gamma^0 = -\frac{\not{\epsilon}(k_f, \lambda_f)(\not{p}_i - \not{k}_f + m_0)\not{\epsilon}(k_f', \lambda_f')}{2p_i \cdot k_f}$$

$$-\frac{\not{\epsilon}(k_f', \lambda_f')(\not{p}_i - \not{k}_f' + m_0)\not{\epsilon}(k_f, \lambda_f)}{2p_i \cdot k_f'} .$$

Die weitere Auswertung dieser Ausdrücke ist einfach, wenn man berücksichtigt, daß sie mit den entsprechenden Gleichungen (3.119) und (3.120) der Compton-Streuung über die kreuzsymmetrische Substitutionsregel der Abb. 3.26 im Zusammenhang stehen. Der zusätzliche Faktor $-1/2$ in (3.125) rührt daher, daß dort über beide Fermionpolarisationen gemittelt wird und ein v-Bispinor bei der Spurbildung involviert ist (vgl. Satz 3.6). Insgesamt können wir deshalb (3.121) mit den entsprechenden Ersetzungen übernehmen und erhalten

$$\overline{|M_{fi}|^2}_{\text{co}}(\lambda_f, \lambda_f') = \frac{e^4}{8m_0^2} \left\{ \frac{p_i \cdot k_f'}{p_i \cdot k_f} + \frac{p_i \cdot k_f}{p_i \cdot k_f'} \right.$$

$$\left. + 2 - 4[\epsilon(k_f \lambda_f) \cdot \epsilon(k_f', \lambda_f')]^2 \right\} \qquad (3.126)$$

bzw. nach Einsetzen der Laborbedingungen $p_i \cdot k_f = \omega_f m_0$, $p_i \cdot k_f' = \omega_f' m_0$

$$\overline{|M_{fi}|^2}_{\text{co}}(\lambda_f, \lambda_f') = \frac{e^4}{8m_0^2} \left\{ \frac{\omega_f'}{\omega_f} + \frac{\omega_f}{\omega_f'} + 2 - 4[\epsilon(k_f \lambda_f) \cdot \epsilon(k_f', \lambda_f')]^2 \right\} .$$

Der Wert von ω_f' ergibt sich aus der Energieerhaltungsbedingung zu

$$\omega_f' = m_0 + \bar{E}_i - \omega_f = (m_0 + \bar{E}_i)\left(1 - \frac{m_0}{m_0 + \bar{E}_i - |\bar{p}_i|\cos\theta} \right) .$$

Summiert man zum Schluß noch über die Photonpolarisationen, so erhält man das vollständig unpolarisierte Amplitudenquadrat

$$\overline{|M_{fi}|^2}_{\text{co}} = \frac{e^4}{2m_0^2} \left(\frac{\omega_f'}{\omega_f} + \frac{\omega_f}{\omega_f'} + \sin^2\tilde{\theta} \right) ,$$

wobei $\tilde{\theta}$ den Winkel zwischen den beiden Photonimpulsen $\boldsymbol{k}_f$ und $\boldsymbol{k}_f'$ bezeichnet (im Falle der Compton-Streuung war $\tilde{\theta}$ identisch mit dem Streuwinkel θ).

Satz 3.13: Elektron-Positron-Vernichtung in führender Ordnung

Die Streuamplitude für die Elektron-Positron-Vernichtung lautet in führender Ordnung ($f \neq i$)

$$S_{fi} = \frac{(2\pi)^4 \delta(k_f + k_f' - p_i - \bar{p}_i)}{V^2} \sqrt{\frac{m_0^2}{E_i \bar{E}_i}} \sqrt{\frac{(2\pi)^2}{\omega_f \omega_f'}} M_{fi} ,$$

mit der lorentzinvarianten Amplitude

$\triangleright$

$$M_{fi} = M_{fi}(\text{dir}) + M_{fi}(\text{aus})$$

$$M_{fi}(\text{dir}) = -\mathrm{i}e^2 \bar{v}(\bar{p}_i, \bar{s}_i) \frac{\not{\epsilon}(k'_f, \lambda'_f)(\not{p}_i - \not{k}_f + m_0)\not{\epsilon}(k_f, \lambda_f)}{(p_i - k_f)^2 - m_0^2 + \mathrm{i}\epsilon} u(p_i, s_i)$$

$$M_{fi}(\text{aus}) = -\mathrm{i}e^2 \bar{v}(\bar{p}_i, \bar{s}_i) \frac{\not{\epsilon}(k_f, \lambda_f)(\not{p}_i - \not{k}'_f + m_0)\not{\epsilon}(k'_f, \lambda'_f)}{(p_i - k'_f)^2 - m_0^2 + \mathrm{i}\epsilon} u(p_i, s_i) \ .$$

Hieraus folgt für den differentiellen Wirkungsquerschnitt

$$d\sigma = \frac{m_0^2}{\sqrt{(p_i \cdot \bar{p}_i)^2 - m_0^4}} |M_{fi}|^2 (2\pi)^4 \delta(k_f + k'_f - p_i - \bar{p}_i)$$

$$\times \frac{2\pi d^3 k_f}{(2\pi)^3 \omega_f} \frac{2\pi d^3 k'_f}{(2\pi)^3 \omega'_f}$$

und speziell im Laborsystem, wo das Elektron anfänglich ruht,

$$\frac{d\sigma}{d\Omega} = \frac{\omega_f^2}{|\bar{p}_i|(m_0 + \bar{E}_i)} |M_{fi}|^2_{\text{co}} \ , \ |M_{fi}|^2_{\text{co}} = |M_{fi}|^2_{k'_f = \bar{p}_i + p_i - k_f}$$

$$\omega_f = \frac{m_0(m_0 + \bar{E}_i)}{m_0 + \bar{E}_i - |\bar{p}_i|\cos\theta} \ ,$$

wobei in $d\sigma/d\Omega$ über alle photonischen Streuimpulse $\boldsymbol{k}_f$ in Richtung $d\Omega$ und alle photonischen Streuimpulse $\boldsymbol{k}'_f$ ausintegriert wurde. Durch Vernachlässigung fermionischer Polarisationseffekte und Beibehaltung der Photonpolarisationen ergibt sich

$$\overline{|M_{fi}|^2_{\text{co}}}(\lambda_f, \lambda'_f) = \frac{e^4}{8m_0^2} \left\{ \frac{\omega'_f}{\omega_f} + \frac{\omega_f}{\omega'_f} + 2 - 4[\epsilon(k_f\lambda_f) \cdot \epsilon(k'_f, \lambda'_f)]^2 \right\}$$

$$\omega'_f = (m_0 + \bar{E}_i)\left(1 - \frac{m_0}{m_0 + \bar{E}_i - |\bar{p}_i|\cos\theta}\right) \ .$$

Das vollständig unpolarisierte Amplitudenquadrat lautet

$$\overline{|M_{fi}|^2_{\text{co}}} = \frac{e^4}{2m_0^2}\left(\frac{\omega'_f}{\omega_f} + \frac{\omega_f}{\omega'_f} + \sin^2\tilde{\theta}\right) \ , \ \tilde{\theta} = \sphericalangle(\boldsymbol{k}_f, \boldsymbol{k}'_f) \ .$$

Die Compton-Streuung, Elektron-Positron-Vernichtung und -Erzeugung stehen über die Kreuzsymmetrie miteinander in Beziehung.

3.3.9 Fazit: Feynman-Regeln im Impulsraum

In den vorangegangenen Unterabschnitten haben wir eine ganze Reihe von relativistischen Spin-1/2-Streuprozessen studiert. Zuerst wurden rein fermionische Prozesse wie die Coulomb-Streuung, Elektron-Proton-Streuung, E-lektron-Elektron-Streuung und Elektron-Positron-Streuung betrachtet, bei denen ausschließlich virtuelle Photonen als Träger der elektromagnetischen Kraftwirkung beteiligt waren. Dabei stellte sich heraus, daß die zugehörigen Streuamplituden gewissen Mustern folgen, die mittels einfacher Regeln formalisiert werden können. Anschließend behandelten wir die Compton-Streuung sowie die Elektron-Positron-Vernichtung und fanden, daß sich auch derartige Prozesse mit Beteiligung reeller Photonen durch die gefundenen Regeln mit wenigen Ergänzungen beschreiben lassen. Wie an mehreren Stellen dieses Abschnittes betont wurde, sind mit dieser Vorgehensweise zwei wesentliche Aspekte verknüpft:

- Erweiterungen des ursprünglichen Streuformalismus aus Satz 3.5, die die Beschreibung von Zwei-Teilchenstreuungen mittels Strom-Strom-Wechselwirkung sowie von Prozessen mit Beteiligung reeller Photonen ermöglichen und jeweils über die Betrachtung von A^μ als klassischem Hintergrundfeld hinausgehen.

- Ableitung der Feynman-Regeln, die sich in ihrer Allgemeinheit nur quantenfeldtheoretisch vollständig begründen lassen und von denen in diesem Abschnitt lediglich der Tree-Level in den niedrigsten Ordnungen betrachtet wurde.

Im nächsten Abschnitt werden wir sehen, daß es gerade die rein quantenfeldtheoretisch motivierten Schleifengraphen in höheren Ordnungen sind, die bei der Konstruktion von Streuamplituden Schwierigkeiten bereiten und einer gesonderten Betrachtung bedürfen.

Zum Schluß dieses Abschnittes stellen wir noch einmal den kompletten Satz von Feynman-Regeln im Impulsraum zusammenhängend dar. Die hierbei vorgenommenen Erweiterungen gegenüber den Regeln aus Unterabschn. 3.3.4 und 3.3.7 betreffen im wesentlichen die Verallgemeinerung auf Streuprozesse mit mehr als zwei Streuprodukten (1. Regel), die Berücksichtigung der quantenmechanischen Ununterscheidbarkeit identischer Teilchen (2. Regel) sowie der Fermi-Statistik (4. Regel).

1. Die Streuamplitude eines elastischen oder inelastischen Streuprozesses der Art

$$I + I' \longrightarrow F + F' + F'' + \ldots + F^{(m)} \qquad \left(\begin{array}{l} I = \text{einlaufende} \\ F = \text{auslaufende Teilchen} \end{array} \right)$$

ist gegeben durch

$$S_{fi} = \frac{(2\pi)^4 \delta \left(p_i + p'_i - \sum_{k=1}^{m} p_f^{(k)} \right)}{V^2} \prod_{j=1}^{2} \sqrt{\frac{N_i^{(j)}}{E_i^{(j)}}} \prod_{k=1}^{m} \sqrt{\frac{N_f^{(k)}}{E_f^{(k)}}} M_{fi} \,,$$

mit dem Fermionfaktor $N_{i,f}^{(\ldots)} = m_0$ für jedes (Anti-)Fermion und dem Photonfaktor $N_{i,f}^{(\ldots)} = 2\pi$ für jedes Photon. Für jedes einlaufende Antifermion (auslaufende Fermionwellenfunktion mit negativer Energie) erhält S_{fi} ein zusätzliches Vorzeichen.

2. Der zugehörige differentielle Wirkungsquerschnitt lautet bei kollinearen Strömen

$$d\sigma = \frac{N_i N_i'}{\sqrt{(p_i \cdot p_i')^2 - m_{0,i}^2 m_{0,i}'^2}} |M_{fi}|^2 (2\pi)^4 \delta \left(p_i + p_i' - \sum_{k=1}^{m} p_f^{(k)} \right)$$

$$\times \prod_{k=1}^{m} \frac{N_f^{(k)} d^3 p_f^{(k)}}{(2\pi)^3 E_f^{(k)}} \ .$$

In dieser Formel ist bei der Berechnung des totalen Wirkungsquerschnittes zusätzlich der *Entartungsfaktor*

$$\prod_{k=1}^{m} \frac{1}{g^{(k)}!}$$

für $g^{(k)}$ identische Teilchen der Sorte $F^{(k)}$ im Endzustand zu berücksichtigen.

3. Die lorentzinvariante Amplitude M_{fi} läßt sich nach Potenzen der Kopplungskonstanten e entwickeln. Die einzelnen Entwicklungsglieder der Ordnung $\mathcal{O}(e^n)$ ergeben sich aus den Feynman-Graphen im Impulsraum, welche ihrerseits sämtliche topologischen Konstellationen von Fermionlinien, Photonlinien und n Vertizes enthalten, die mit der Kinematik des betrachteten Streuprozesses im Einklang stehen.

4. Innerhalb der Feynman-Graphen werden die Vertizes, Fermion- und Photonlinien mit den in Abb. 3.27 angegebenen Faktoren versehen. Darüber hinaus sind folgende Phasenfaktoren zu berücksichtigen:

   i) Ein relatives Vorzeichen, wenn sich zwei Feynman-Graphen nur durch Vertauschung zweier Fermionlinien (desselben Fermiontyps) unterscheiden,

   ii) ein Faktor (-1) für jede geschlossene Fermionschleife.

5. An jedem Vertex gilt Viererimpulserhaltung. Über alle dadurch noch nicht festgelegten Impulse p wird in der Amplitude M_{fi} mit $\int d^4p/(2\pi)^4$ integriert.

Zu 2. Der angegebene Entartungsfaktor berücksichtigt die quantenmechanische Ununterscheidbarkeit der Trajektorien von identischen auslaufenden Teilchen wie z.B. bei der Elektron-Elektron-Streuung (siehe Unterabschn. 3.3.5).

Zu 4. Das relative Vorzeichen in i) ist eine Folge der notwendigen Antisymmetrisierung der gesamten Streuamplitude aufgrund der Fermi-Statistik, und zwar auf Ebene der Wellenfunktionen. Deshalb greift sie auch bei der Vertauschung einer ein- [aus-]laufenden Teilchenlinie mit einer aus- [ein-]laufenden Antiteilchenlinie (siehe Elektron-Elektron-Streuung, Unterabschn. 3.3.5 und

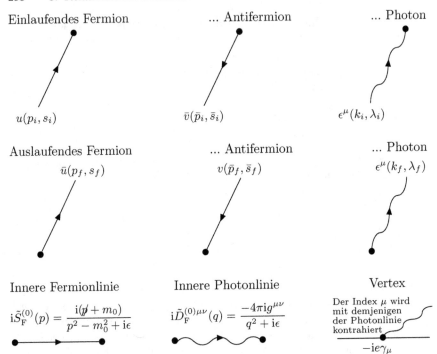

Einlaufendes Fermion ... Antifermion ... Photon

$u(p_i, s_i)$ $\bar{v}(\bar{p}_i, \bar{s}_i)$ $\epsilon^\mu(k_i, \lambda_i)$

Auslaufendes Fermion ... Antifermion ... Photon

$\bar{u}(p_f, s_f)$ $v(\bar{p}_f, \bar{s}_f)$ $\epsilon^\mu(k_f, \lambda_f)$

Innere Fermionlinie   Innere Photonlinie   Vertex

$$\mathrm{i}\tilde{S}_{\mathrm{F}}^{(0)}(p) = \frac{\mathrm{i}(\not{p} + m_0)}{p^2 - m_0^2 + \mathrm{i}\epsilon}$$ $$\mathrm{i}\tilde{D}_{\mathrm{F}}^{(0)\mu\nu}(q) = \frac{-4\pi\mathrm{i}g^{\mu\nu}}{q^2 + \mathrm{i}\epsilon}$$ Der Index μ wird mit demjenigen der Photonlinie kontrahiert

$-\mathrm{i}e\gamma_\mu$

Abb. 3.27. Vollständige Feynman-Graphelemente und charakteristische Faktoren im Impulsraum (siehe die Abbildungen 3.14 und 3.23).

Elektron-Positron-Streuung, Unterabschn. 3.3.6). Die Regel ii) ist nichts weiter als ein Spezialfall der Regel i), wie man sich z.B. anhand der Abb. 3.28 sofort klarmacht. Vertauscht man im Graphen **a** die beiden gekennzeichneten Fermionlinien, so erhält man den Graphen **b**, der auch wie in **c** gezeichnet werden kann. Gegenüber letzterem besitzt der Graph **a** also den Phasenfaktor (-1).[21]

Zusammenfassung

- Die Behandlung relativistischer Spin-1/2-Streuprozesse beinhaltet im wesentlichen die Schritte

$\triangleright$

---

[21] In Bezug auf die Gleichwertigkeit der Graphen **b** und **c** sei daran erinnert, daß ein Feynman-Graph aufgrund der Integration über alle Raum-Zeitpositionen der Vertizes beliebig deformierbar ist, solange die Abfolge von Vertizes und Linien erhalten bleibt.

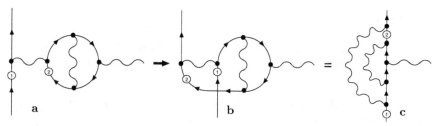

Abb. 3.28. Fermionschleife (**a**), Vertauschung zweier Fermionlinien (**b**) und topologisch äquivalente Deformation (**c**).

- Konstruktion der Streuamplitude S_{fi} bzw. M_{fi} bis zur gewünschten Ordnung in der Kopplungskonstanten e.
- Bilden des Betragsquadrates $|S_{fi}|^2$ bzw. $|M_{fi}|^2$ und ggfs. Mittelung über die Anfangspolarisationen und/oder Summation über die Endpolarisationen.
- Einsetzen von $|S_{fi}|^2$ bzw. $|M_{fi}|^2$ in die Formel für den differentiellen Wirkungsquerschnitt unter Berücksichtigung der Phasenraumfaktoren aller beteiligten Streuprodukte.

• Mit Hilfe der **Feynman-Regeln** lassen sich der erste und dritte Schritt in allgemeingültiger Weise formalisieren und vereinfachen. Diese Regeln beinhalten einen **Tree-Level** und einen **Loop-Level**, von denen letzterer rein quantenfeldtheoretischer Natur ist und somit über den Rahmen der relativistischen Quantenmechanik „im engeren Sinne" hinausgeht.

• Im o.g. zweiten Schritt führt man $|M_{fi}|^2$ am besten auf eine doppelte Spinsumme zurück (ggfs. durch Einbau geeigneter Projektionsoperatoren) und wertet diesen Ausdruck dann mit Hilfe der Spurtheoreme aus Satz 3.6 aus.

• Streuprozesse mit Beteiligung rein fermionischer Anfangs- und Endprodukte sind z.B. die **Coulomb-, Elektron-Proton-, Elektron-Elektron-** und **Elektron-Positron-Streuung**. Hierin treten ausschließlich virtuelle Photonen als Träger der elektromagnetischen Wechselwirkung auf.

• Daneben existieren auch Streuprozesse mit photonischen Anfangs- oder Endzuständen wie etwa die **Compton-Streuung, Elektron-Positron-Vernichtung** und **Elektron-Positron-Erzeugung**.

• Die Elektron-Elektron- und Elektron-Positron-Streuung einerseits und die Compton-Streuung, Elektron-Positron-Vernichtung und Elektron-Positron-Erzeugung andererseits sind jeweils über das Prinzip der **Kreuzsymmetrie** miteinander verbunden.

Aufgaben

37. Kinematische Konstellationen bei der Compton-Streuung. Zeigen Sie, daß in (3.116) nur eine der vier $\delta()\delta()$-Kombinationen zum betrachteten Streuprozeß beiträgt.

Lösung. Die Auflösung von (3.116) liefert folgende Kombinationen samt zugehörigen Impulsbilanzen:

$$A : \delta(p_f - p + k_f)\delta(p_i - p + k_i) \Longrightarrow p_i + k_i = p_f + k_f$$
$$B : \delta(p_f - p - k_f)\delta(p_i - p - k_i) \Longrightarrow p_i - k_i = p_f - k_f$$
$$C : \delta(p_f - p - k_f)\delta(p_i - p + k_i) \Longrightarrow p_i + k_i = p_f - k_f$$
$$D : \delta(p_f - p + k_f)\delta(p_i - p - k_i) \Longrightarrow p_i - k_i = p_f + k_f \ .$$

Zu A. Diese Bilanz spiegelt die von uns vorausgesetzte Konstellation bei der Compton-Streuung korrekt wider, nämlich ein in den Streubereich einlaufendes Photon mit Impuls $+k_i$ und ein aus dem Streubereich herauslaufendes Photon mit Impuls $+k_f$.

Zu B. Hierdurch wird ebenfalls die Compton-Streuung beschrieben, allerdings mit vertauschten Photonimpulsen: Auslaufendes Photon mit $-k_i$ und einlaufendes Photon mit $-k_f$.

Zu C und D. Physikalisch entsprechen diese beiden Bilanzen der Absorption bzw. Emission zweier Photonen durch ein freies Elektron, was kinematisch verboten ist. Man sieht dies im Fall C, indem man die Gleichung

$$p_f - p_i = k_i + k_f \tag{3.127}$$

unter Berücksichtigung der Massenschalenbedingungen $p_{i,f}^2 = m_0^2$, $k_{i,f}^2 = 0$ quadriert,

$$\omega_i\omega_f + E_iE_f - m_0^2 = \boldsymbol{p}_i\boldsymbol{p}_f + \boldsymbol{k}_i\boldsymbol{k}_f \ ,$$

und anschließend die Ungleichung

$$\boldsymbol{p}_i\boldsymbol{p}_f + \boldsymbol{k}_i\boldsymbol{k}_f \leq |\boldsymbol{p}_i\boldsymbol{p}_f + \boldsymbol{k}_i\boldsymbol{k}_f| \leq |\boldsymbol{p}_i||\boldsymbol{p}_f| + |\boldsymbol{k}_i||\boldsymbol{k}_f|$$
$$= \sqrt{E_i^2 - m_0^2}\sqrt{E_f^2 - m_0^2} + \omega_i\omega_f$$

ausnutzt. Hieraus folgt ($E_{i,f} \geq m_0$)

$$E_iE_f - m_0^2 \leq \sqrt{E_i^2 - m_0^2}\sqrt{E_f^2 - m_0^2} \Longrightarrow (E_i - E_f)^2 \leq 0 \Longrightarrow E_i = E_f$$

und wegen (3.127)

$$\omega_i = -\omega_f \Longleftrightarrow |\boldsymbol{k}_i| = -|\boldsymbol{k}_f| \Longrightarrow \omega_i = \omega_f = 0 \ .$$

Somit besitzt die Bilanz C nur die triviale Lösung eines nichtwechselwirkenden Elektrons. Die Nichtrealisierbarkeit der Bilanz D folgt in analoger Weise.

38. Elektron-Positron-Vernichtung im Schwerpunktsystem. Berechnen Sie unter Zuhilfenahme der Ergebnisse aus Unterabschn. 3.3.8 den vollständig unpolarisierten differentiellen und totalen Wirkungsquerschnitt der Elektron-Positron-Vernichtung in führender Ordnung im Schwerpunktsystem.

Hinweis: Aufgrund der Eichinvarianz des elektromagnetischen Feldes kann bei der Berechnung von Streuamplituden die Vollständigkeitsrelation

$$\sum_{\lambda=1}^{2} \epsilon_\mu(k,\lambda)\epsilon_\nu(k,\lambda) = -g_{\mu\nu} \tag{3.128}$$

der zu k transversalen Polarisationsvektoren ϵ verwendet werden.

Lösung. Ausgangspunkt ist der differentieller Wirkungsquerschnitt

$$d\sigma = \frac{m_0^2}{\sqrt{(p_i \cdot \bar{p}_i)^2 - m_0^4}} |M_{fi}|^2 (2\pi)^4 \delta(k_f + k_f' - p_i - \bar{p}_i) \frac{2\pi d^3 k_f}{(2\pi)^3 \omega_f} \frac{2\pi d^3 k_f'}{(2\pi)^3 \omega_f'},$$

mit M_{fi} aus (3.124), der im Schwerpunktsystem auszuwerten ist (siehe Abb. 3.29). Unter Berücksichtigung von

$$\frac{m_0^2}{\sqrt{(p_i \cdot \bar{p}_i)^2 - m_0^4}} = \frac{m_0^2}{\sqrt{(E_i^2 + \boldsymbol{p}_i^2)^2 - m_0^4}} = \frac{m_0^2}{2E_i|\boldsymbol{p}_i|}$$

$$d^3 k_f = \omega_f^2 d\omega_f d\Omega \ , \quad \frac{d^3 k_f'}{\omega_f'} = 2 \int d^4 k_f' \delta(k_f'^2)\Theta(k_f'^0)$$

folgt zunächst

$$\left(\overline{\frac{d\sigma}{d\Omega}}\right)_{cm} = \frac{m_0^2}{E_i|\boldsymbol{p}_i|} \int d\omega_f \omega_f \int d^4 k_f' \overline{|M_{fi}|^2} \delta(k_f + k_f' - p_i - \bar{p}_i)$$

$$\times \delta(k_f'^2)\theta(k_f'^0)$$

$$= \frac{m_0^2}{E_i|\boldsymbol{p}_i|} \int d\omega_f \omega_f \overline{|M_{fi}|^2}_{k_f' = \bar{p}_i + p_i - k_f}$$

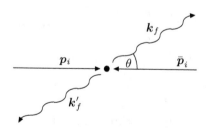

Abb. 3.29. Kinematische Situation der Elektron-Positron-Vernichtung im Schwerpunktsystem. Aufgrund der Energie- und Impulserhaltung gelten die Beziehungen $E_i = \bar{E}_i = \omega_f = \omega_f'$ und $\boldsymbol{p}_i = -\bar{\boldsymbol{p}}_i$, $\boldsymbol{k}_f = -\boldsymbol{k}_f'$.

$$\times \delta[(\bar{p}_i + p_i - k_f)^2]\Theta(\bar{p}_i^0 + p_i^0 - k_f^0)$$

$$= \frac{m_0^2}{E_i|\boldsymbol{p}_i|} \int \mathrm{d}\omega_f \omega_f \overline{|M_{fi}|^2}\big|_{k_f' = \bar{p}_i + p_i - k_f}$$

$$\times \delta[4E_i(E_i - \omega_f)]\Theta(2E_i - \omega_f)$$

$$= \frac{m_0^2}{E_i|\boldsymbol{p}_i|} \int\limits_0^{2E_i} \mathrm{d}\omega_f \omega_f \overline{|M_{fi}|^2}\big|_{k_f' = \bar{p}_i + p_i - k_f} \frac{\delta(\omega_f - E_i)}{4E_i}$$

$$= \frac{m_0^2}{4E_i|\boldsymbol{p}_i|} \overline{|M_{fi}|^2}_{\mathrm{cm}} \ . \tag{3.129}$$

Zur Berechnung des Amplitudenquadrates können wir auf (3.126) zurückgreifen,

$$\overline{|M_{fi}|^2}_{\mathrm{co}}(\lambda_f, \lambda_f') = \frac{e^4}{8m_0^2}\left\{\frac{p_i \cdot k_f'}{p_i \cdot k_f} + \frac{p_i \cdot k_f}{p_i \cdot k_f'}\right.$$

$$\left. +2 - 4[\epsilon(k_f\lambda_f) \cdot \epsilon(k_f', \lambda_f')]^2\right\} \ , \tag{3.130}$$

wo die Viererimpulserhaltung bereits berücksichtigt und die Anfangspolarisationen der Fermionen herausgemittelt sind. Für das vollständig unpolarisierte Amplitudenquadrat (Summation über die Endpolarisationen der Photonen) ergibt sich hieraus

$$\overline{|M_{fi}|^2}_{\mathrm{co}} = \frac{e^4}{2m_0^2}\left\{\frac{p_i \cdot k_f'}{p_i \cdot k_f} + \frac{p_i \cdot k_f}{p_i \cdot k_f'} + 2 - \sum_{\lambda_f, \lambda_f'}[\epsilon(k_f\lambda_f) \cdot \epsilon(k_f', \lambda_f')]^2\right\} \ .$$

Zu beachten ist, daß (3.130) unter der Voraussetzung hergeleitet wurde, daß die Polarisationsvektoren ϵ_f, ϵ_f' senkrecht zu p_i stehen (siehe Compton-Streuung, Unterabschn. 3.3.7). Im Laborsystem ($\boldsymbol{p}_i = \boldsymbol{0}$) konnte dem durch die Wahl rein raumartiger Photonpolarisationen $\epsilon = (0, \boldsymbol{\epsilon})$ leicht entsprochen werden. Dagegen bietet sich im hier vorliegenden allgemeineren Fall zum Einbau der Bedingungen $\epsilon_f \cdot p_i = \epsilon_f' \cdot p_i = 0$ der Ansatz bzw. die Umeichung

$$\epsilon_f \to \tilde{\epsilon}_f = \epsilon_f - \frac{\epsilon_f \cdot p_i}{k_f \cdot p_i}k_f \ , \ \epsilon_f' \to \tilde{\epsilon}_f' = \epsilon_f' - \frac{\epsilon_f' \cdot p_i}{k_f' \cdot p_i}k_f' \tag{3.131}$$

an, wodurch die sonstigen Orthogonalitäts- und Transversalitätsbedingungen (3.114) unberührt bleiben:

$$\epsilon \cdot k = 0 \ , \ \epsilon \cdot \epsilon = -1 \Longrightarrow \tilde{\epsilon} \cdot k = 0 \ , \ \tilde{\epsilon} \cdot \tilde{\epsilon} = -1 \ .$$

Somit läßt sich die Polarisationssumme in $\overline{|M_{fi}|^2}_{\mathrm{co}}$ umschreiben zu

$$\sum_{\lambda_f, \lambda_f'}[\tilde{\epsilon}_f \cdot \tilde{\epsilon}_f']^2 = \sum_{\lambda_f, \lambda_f'} \tilde{\epsilon}_f^\mu \tilde{\epsilon}_{f,\mu}' \tilde{\epsilon}_f^\nu \tilde{\epsilon}_{f,\nu}' = A^{\mu\nu}B_{\mu\nu} \ ,$$

mit

$$A^{\mu\nu} = \sum_{\lambda_f} \tilde{\epsilon}_f^\mu \tilde{\epsilon}_f^\nu \; , \; B_{\mu\nu} = \sum_{\lambda_f'} \tilde{\epsilon}_{f,\mu} \tilde{\epsilon}_{f,\nu} \; .$$

Indem man nun die Vollständigkeitsrelation (3.128) benutzt, können die beiden Tensoren weiter vereinfacht werden zu

$$
\begin{aligned}
A^{\mu\nu} &= \sum_{\lambda_f} \left(\epsilon_f - \frac{\epsilon_f \cdot p_i}{k_f \cdot p_i} k_f \right)^\mu \left(\epsilon_f - \frac{\epsilon_f \cdot p_i}{k_f \cdot p_i} k_f \right)^\nu \\
&= \sum_{\lambda_f} \left(\epsilon_f^\mu \epsilon_f^\nu - \epsilon_f^\nu \epsilon_f^\alpha \frac{p_{i,\alpha} k_f^\mu}{k_f \cdot p_i} - \epsilon_f^\mu \epsilon_f^\alpha \frac{p_{i,\alpha} k_f^\nu}{k_f \cdot p_i} + \epsilon_f^\alpha \epsilon_f^\beta \frac{p_{i,\alpha} p_{i,\beta} k_f^\mu k_f^\nu}{(k_f \cdot p_i)^2} \right) \\
&= -g^{\mu\nu} + \frac{p_i^\nu k_f^\mu + p_i^\mu k_f^\nu}{k_f \cdot p_i} - \frac{m_0^2 k_f^\mu k_f^\nu}{(k_f \cdot p_i)^2}
\end{aligned}
$$

$$
\begin{aligned}
B_{\mu\nu} &= \sum_{\lambda_f} \epsilon_{f,\mu} \epsilon_{f,\nu} = \sum_{\lambda_f'} \left(\epsilon_f' - \frac{\epsilon_f' \cdot p_i}{k_f' \cdot p_i} k_f' \right)_\mu \left(\epsilon_f' - \frac{\epsilon_f' \cdot p_i}{k_f' \cdot p_i} k_f' \right)_\nu \\
&= -g_{\mu\nu} + \frac{p_{i,\nu} k_{f,\mu}' + p_{i,\mu} k_{f,\nu}'}{k_f' \cdot p_i} - \frac{m_0^2 k_{f,\mu}' k_{f,\nu}'}{(k_f \cdot p_i)^2} \; .
\end{aligned}
$$

Kontraktion von $A^{\mu\nu}$ und $B_{\mu\nu}$ liefert schließlich unter Beachtung der Massenschalenbedingungen $k_f^2 = k_f'^2 = 0$

$$\sum_{\lambda_f, \lambda_f'} [\tilde{\epsilon}_f \cdot \tilde{\epsilon}_f']^2 = 2 - \frac{2 m_0^2 k_f \cdot k_f'}{(k_f \cdot p_i)(k_f' \cdot p_i)} + \frac{m_0^4 (k_f \cdot k_f')^2}{(k_f \cdot p_i)^2 (k_f' \cdot p_i)^2} \; , \qquad (3.132)$$

und es folgt das vollständig unpolarisierte Amplitudenquadrat

$$
\begin{aligned}
\overline{|M_{fi}|_{\text{co}}^2} = \frac{e^4}{2m_0^2} &\left[\frac{p_i \cdot k_f'}{p_i \cdot k_f} + \frac{p_i \cdot k_f}{p_i \cdot k_f'} \right. \\
&\left. + \frac{2 m_0^2 k_f \cdot k_f'}{(k_f \cdot p_i)(k_f' \cdot p_i)} - \frac{m_0^4 (k_f \cdot k_f')^2}{(k_f \cdot p_i)^2 (k_f' \cdot p_i)^2} \right] \; .
\end{aligned}
\qquad (3.133)
$$

Um hieraus den in (3.129) einzusetzenden Ausdruck $\overline{|M_{fi}|_{\text{cm}}^2}$ zu erhalten, müssen jetzt noch die Schwerpunktsbedingungen eingebaut werden. Unter Berücksichtigung von $|p_i| = v_i E_i$ haben wir

$$
\begin{aligned}
p_i \cdot k_f &= E_i^2 - |p_i||k_f| \cos\theta = E_i^2 (1 - v_i \cos\theta) \\
p_i \cdot k_f' &= E_i^2 + |p_i||k_f| \cos\theta = E_i^2 (1 + v_i \cos\theta) \\
k_f \cdot k_f' &= E_i^2 + |k_f||k_f'| = 2 E_i^2 \; .
\end{aligned}
$$

Das Endresultat für den differentiellen Wirkungsquerschnitt im Schwerpunktsystem lautet somit

$$\left(\overline{\frac{d\sigma}{d\Omega}}\right)_{cm} = \frac{e^4}{8E_i^2 v_i}\left[\frac{1+v_i\cos\theta}{1-v_i\cos\theta} + \frac{1-v_i\cos\theta}{1+v_i\cos\theta}\right.$$

$$\left. + \frac{4m_0^2}{E_i^2(1-v_i^2\cos^2\theta)} - \frac{4m_0^4}{E_i^4(1-v_i^2\cos^2\theta)^2}\right]$$

$$= \frac{e^4}{4E_i^2 v_i}\frac{1+2v_i^2(1-v_i^2)-2v_i^2(1-v_i^2)\cos^2\theta - v_i^4\cos^4\theta}{(1-v_i^2\cos^2\theta)^2},$$

wobei im letzten Schritt $m_0^2/E_i^2 = 1 - v_i^2$ verwendet wurde. Die Berechnung des totalen Wirkungsquerschnittes, insbesondere die Integration über $d\cos\theta$, ist problemlos durchführbar und liefert

$$\bar{\sigma} = \frac{1}{2}\int\left(\overline{\frac{d\sigma}{d\Omega}}\right)_{cm}d\Omega = \frac{\pi e^4(1-v_i^2)}{4m_0^2 v_i^2}\left[(3-v_i^4)\ln\frac{1+v_i}{1-v_i} - 2v_i(2-v_i^2)\right].$$

Dabei berücksichtigt der Faktor $1/2$ die Ununterscheidbarkeit der beiden Photonen im Endzustand und verhindert deren doppelte Zählung.

39. Elektron-Positron-Erzeugung im Schwerpunktsystem. Berechnen Sie den vollständig unpolarisierten differentiellen und totalen Wirkungsquerschnitt der Elektron-Positron-Erzeugung in führender Ordnung im Schwerpunktsystem. Berücksichtigen Sie hierbei die Kreuzsymmetrie zwischen der Elektron-Positron-Erzeugung und -Vernichtung.

Lösung. Abb. 3.30 gibt die betrachtete kinematische Situation der Elektron-Positron-Erzeugung im Schwerpunktsystem wieder. Ähnlich wie in der vorigen Aufgabe starten wir mit dem differentiellen Wirkungsquerschnitt

$$d\sigma = \frac{(2\pi)^2}{\sqrt{(k_i\cdot k_i')^2}}|M_{fi}|^2(2\pi)^4\delta(p_f+\bar{p}_f-k_i-k_i')\frac{m_0 d^3 p_f}{(2\pi)^3 E_f}\frac{m_0 d^3\bar{p}_f}{(2\pi)^3\bar{E}_f}$$

und werten ihn unter Zuhilfenahme der Beziehungen

$$\frac{(2\pi)^2}{\sqrt{(k_i\cdot k_i')^2}} = \frac{(2\pi)^2}{2\omega_i\omega_i'} = \frac{(2\pi)^2}{2\omega_i^2}$$

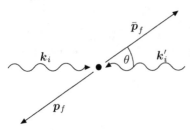

Abb. 3.30. Kinematische Situation der Elektron-Positron-Erzeugung im Schwerpunktsystem. Aufgrund der Energie- und Impulserhaltung gelten die Beziehungen $\omega_i = \omega_i' = E_f = \bar{E}_f$ und $\mathbf{k}_i = -\mathbf{k}_i'$, $\mathbf{p}_f = -\bar{\mathbf{p}}_f$.

$$\frac{\mathrm{d}^3 p_f}{E_f} = 2 \int \mathrm{d}^4 p_f \delta(p_f^2 - m_0^2)\Theta(p_f^0) \ , \ \mathrm{d}^3 \bar{p}_f = |\bar{p}_f|\bar{E}_f \mathrm{d}\bar{E}_f \mathrm{d}\Omega$$

wie folgt aus:

$$
\begin{aligned}
\left(\overline{\frac{\mathrm{d}\sigma}{\mathrm{d}\Omega}}\right)_{\mathrm{cm}} &= \frac{m_0^2}{\omega_i^2} \int \mathrm{d}\bar{E}_f |\bar{p}_f| \int \mathrm{d}^4 p_f \overline{|M_{fi}|^2} \delta(p_f + \bar{p}_f - k_i - k_i') \\
&\quad \times \delta(p_f^2 - m_0^2)\Theta(p_f^0) \\
&= \frac{m_0^2}{\omega_i^2} \int \mathrm{d}\bar{E}_f |\bar{p}_f| \overline{|M_{fi}|^2}\big|_{p_f = k_i + k_i' - \bar{p}_f} \\
&\quad \times \delta[(k_i + k_i' - \bar{p}_f)^2 - m_0^2]\Theta(k_i^0 + k_i'^0 - \bar{p}_f^0) \\
&= \frac{m_0^2}{\omega_i^2} \int \mathrm{d}\bar{E}_f |\bar{p}_f| \overline{|M_{fi}|^2}\big|_{p_f = k_i + k_i' - \bar{p}_f} \\
&\quad \times \delta[4\omega_i(\omega_i - \bar{E}_f)]\Theta(2\omega_i - \bar{E}_f) \\
&= \frac{m_0^2}{\omega_i^2} \int\limits_{m_0}^{2\omega_i} \mathrm{d}\bar{E}_f |\bar{p}_f| \overline{|M_{fi}|^2}\big|_{p_f = k_i + k_i' - \bar{p}_f} \frac{\delta(\bar{E}_f - \omega_i)}{4\omega_i} \\
&= \frac{m_0^2 \sqrt{\omega_i^2 - m_0^2}}{4\omega_i^3} \overline{|M_{fi}|^2}_{\mathrm{cm}} \ .
\end{aligned}
$$

Erwartungsgemäß macht diese Formel offensichtlich nur dann Sinn, wenn die Energie jedes Photons mindestens gleich der Ruheenergie des zu erzeugenden Elektrons bzw. Positrons ist. Ohne die Amplitude M_{fi} explizit zu konstruieren, können wir das Amplitudenquadrat direkt aus dem entsprechenden Ausdruck (3.133) der Elektron-Positron-Vernichtung ableiten, wenn wir den kreuzsymmetrischen Zusammenhang der Abb. 3.31 berücksichtigen. Nehmen wir also in (3.133) die entsprechenden Ersetzungen vor, so führt dies auf

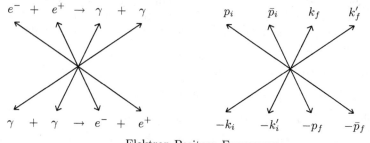

Abb. 3.31. Kreuzsymmetrie zwischen der Elektron-Positron-Vernichtung und -Erzeugung.

$$\overline{|M_{fi}|^2_{\mathrm{co}}} = \frac{e^4}{2m_0^2} \left[\frac{\bar{p}_f \cdot k_i}{\bar{p}_f \cdot k_i'} + \frac{\bar{p}_f \cdot k_i'}{\bar{p}_f \cdot k_i} \right.$$
$$\left. + \frac{2m_0^2 k_i \cdot k_i'}{(k_i \cdot \bar{p}_f)(k_i' \cdot \bar{p}_f)} - \frac{m_0^4 (k_i \cdot k_i')^2}{(k_i \cdot \bar{p}_f)^2 (k_i' \cdot \bar{p}_f)^2} \right] ,$$

woraus sich $|M_{fi}|^2_{\mathrm{cm}}$ durch Auswertung der Skalarprodukte im Schwerpunkt-system ergibt:

$$\bar{p}_f \cdot k_i = \omega_i^2 - |\boldsymbol{p}_f||\boldsymbol{k}_i|\cos\theta = \omega_i^2(1 - v_f \cos\theta) , \quad |\boldsymbol{p}_f| = v_f E_f = v_f \omega_i$$
$$\bar{p}_f \cdot k_i' = \omega_i^2 + |\boldsymbol{p}_f||\boldsymbol{k}_i|\cos\theta = \omega_i^2(1 + v_f \cos\theta)$$
$$\bar{k}_f \cdot k_f' = \omega_i^2 - |\boldsymbol{k}_f||\boldsymbol{k}_f| = 2\omega_i^2 .$$

Insgesamt erhalten wir für den differentiellen Wirkungsquerschnitt der Elektron-Positron-Erzeugung im Schwerpunktsystem

$$\left(\frac{\overline{\mathrm{d}\sigma}}{\mathrm{d}\Omega}\right)_{\mathrm{cm}} = \frac{e^4 v_f}{8\omega_i^2} \left[\frac{1 + v_f \cos\theta}{1 - v_f \cos\theta} + \frac{1 - v_f \cos\theta}{1 + v_f \cos\theta} \right.$$
$$\left. + \frac{4m_0^2}{\omega_i^2(1 - v_f^2 \cos^2\theta)} - \frac{4m_0^4}{\omega_i^4(1 - v_f^2 \cos^2\theta)^2} \right]$$
$$= \frac{e^4 v_f}{4\omega_i} \frac{1 + 2v_f^2(1 - v_f^2) - 2v_f^2(1 - v_f^2)\cos^2\theta - v_f^4 \cos^4\theta}{(1 - v_f^2 \cos^2\theta)^2} .$$

Bei der Berechnung des totalen Wirkungsquerschnittes kann auf die entsprechende Integration bei der Elektron-Positron-Vernichtung zurückgegriffen werden, und es folgt

$$\bar{\sigma} = \int \left(\frac{\overline{\mathrm{d}\sigma}}{\mathrm{d}\Omega}\right)_{\mathrm{cm}} \mathrm{d}\Omega = \frac{\pi e^4 (1 - v_f^2)}{2m_0^2} \left[(3 - v_f^4) \ln \frac{1 + v_f}{1 - v_f} - 2v_f(2 - v_f^2) \right] .$$

Im Vergleich zum Vernichtungsfall fehlt hier der Faktor $1/2$, da die fermionischen Streuprodukte unterscheidbar sind.

40. Furry-Theorem. Beweisen Sie das Furry-Theorem, welches folgendes besagt: Zwei identische Feynman-Graphen mit jeweils einer n-Vertex-Fermionschleife, die sich lediglich in der Bewegungsrichtung des umlaufenden Fermions unterscheiden,

- liefern denselben Beitrag, falls n gerade ist,

- heben sich gegenseitig auf, falls n ungerade ist.

Wie sieht es im Falle $n = 1$ und $n = 2$ aus?

Lösung. Abb. 3.32 zeigt die beiden n-Vertex-Fermionschleifen mit gegenläufigem Umlaufsinn als Bestandteile von zwei ansonsten identischen Feynman-Graphen. Die zugehörige Amplitude läßt sich in der Form

$$M_{fi} = [\ldots] \left[M^{(a)} + M^{(b)} \right] [\ldots]$$

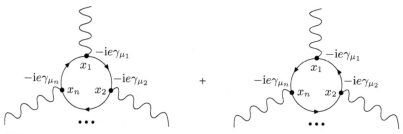

Abb. 3.32. n-Vertex-Fermionschleifen mit gegenläufigem Umlaufsinn des virtuellen Fermions.

schreiben, wobei $M^{(a)}$ und $M^{(b)}$ die Anteile der beiden Teilgraphen bezeichnen und gegeben sind durch

$$M^{(a)} = \text{tr}\left[(-\mathrm{i}e)\gamma_{\mu_n}\mathrm{i}S_\mathrm{F}^{(0)}(x_n - x_{n-1})(-\mathrm{i}e)\gamma_{\mu_{n-1}}\mathrm{i}S_\mathrm{F}^{(0)}(x_{n-1} - x_{n-2})\cdots\right.$$
$$\left.\times (-\mathrm{i}e)\gamma_{\mu_1}\mathrm{i}S_\mathrm{F}^{(0)}(x_1 - x_n)\right]$$
$$= e^n\text{tr}\left[\gamma_{\mu_n}S_\mathrm{F}^{(0)}(x_n - x_{n-1})\gamma_{\mu_{n-1}}S_\mathrm{F}^{(0)}(x_{n-1} - x_{n-2})\cdots\right.$$
$$\left.\times \gamma_{\mu_1}S_\mathrm{F}^{(0)}(x_1 - x_n)\right]$$
$$M^{(b)} = \text{tr}\left[(-\mathrm{i}e)\gamma_{\mu_1}\mathrm{i}S_\mathrm{F}^{(0)}(x_1 - x_2)(-\mathrm{i}e)\gamma_{\mu_2}\mathrm{i}S_\mathrm{F}^{(0)}(x_2 - x_3)\cdots\right.$$
$$\left.\times (-\mathrm{i}e)\gamma_{\mu_n}\mathrm{i}S_\mathrm{F}^{(0)}(x_n - x_1)\right]$$
$$= e^n\text{tr}\left[\gamma_{\mu_1}S_\mathrm{F}^{(0)}(x_1 - x_2)\gamma_{\mu_2}S_\mathrm{F}^{(0)}(x_2 - x_3)\cdots\gamma_{\mu_n}S_\mathrm{F}^{(0)}(x_n - x_1)\right] .$$

Die Spur ergibt sich aus der zyklischen Multiplikation der Vertexfaktoren und Fermionpropagatoren entlang der Schleife. Indem man nun die Ladungskonjugationstransformation C aus Unterabschn. 2.1.6 heranzieht und die Beziehungen [siehe (2.40)]

$$C^{-1}\gamma_\mu C = -\gamma_\mu^* = -\gamma^0\gamma_\mu^T\gamma^0$$
$$C^{-1}S_\mathrm{F}^{(0)}(x)C = \int \frac{\mathrm{d}^4p}{(2\pi)^4}\mathrm{e}^{-\mathrm{i}p\cdot x}\frac{p^\mu C^{-1}\gamma_\mu C + m_0}{p^2 - m_0^2 + \mathrm{i}\epsilon}$$
$$= \int \frac{\mathrm{d}^4p}{(2\pi)^4}\mathrm{e}^{-\mathrm{i}p\cdot x}\frac{-p^\mu\gamma^0\gamma_\mu^T\gamma^0 + m_0}{p^2 - m_0^2 + \mathrm{i}\epsilon}$$
$$= \gamma^0 S_\mathrm{F}^{(0)T}(-x)\gamma^0$$

verwendet, läßt sich $M^{(b)}$ in der Weise

$$M^{(b)} = e^n\text{tr}\left[CC^{-1}\gamma_{\mu_1}CC^{-1}S_\mathrm{F}^{(0)}(x_1 - x_2)\right.$$
$$\times CC^{-1}\gamma_{\mu_2}CC^{-1}S_\mathrm{F}^{(0)}(x_2 - x_3)CC^{-1}\cdots$$
$$\left.\times CC^{-1}\gamma_{\mu_n}CC^{-1}S_\mathrm{F}^{(0)}(x_n - x_1)\right]$$

$$= e^n \text{tr} \left[C^{-1}\gamma_{\mu_1} C C^{-1} S_F^{(0)}(x_1 - x_2) \right.$$

$$\times C C^{-1}\gamma_{\mu_2} C C^{-1} S_F^{(0)}(x_2 - x_3) C C^{-1} \cdots$$

$$\times \left. C C^{-1}\gamma_{\mu_n} C C^{-1} S_F^{(0)}(x_n - x_1) C \right]$$

$$= e^n (-1)^n \text{tr} \left[\gamma_{\mu_1}^T S_F^{(0)T}(x_2 - x_1) \gamma_{\mu_2}^T S_F^{(0)T}(x_3 - x_2) \cdots \right.$$

$$\times \left. \gamma_{\mu_n}^T S_F^{(0)T}(x_1 - x_n) \right]$$

$$= e^n (-1)^n \text{tr} \left[S_F^{(0)}(x_1 - x_n) \gamma_{\mu_n} S_F^{(0)}(x_n - x_{n-1}) \gamma_{\mu_{n-1}} \cdots \right.$$

$$\times \left. S_F^{(0)}(x_3 - x_2) \gamma_{\mu_2} S_F^{(0)}(x_2 - x_1) \gamma_{\mu_1} \right]$$

$$= (-1)^n M^{(a)}$$

umformen, woraus sofort die Behauptung folgt. Hierbei wurde im zweiten und letzten Schritt die zyklische Vertauschbarkeit der Spur ausgenutzt.

Die Fälle $n = 1$ und $n = 2$ bilden die einzigen Ausnahmen, auf die das Furry-Theorem nicht anwendbar ist. Dort sind die zugehörigen beiden Teilgraphen mit gegenläufigem Umlaufsinn topologisch äquivalent, so daß faktisch jeweils nur ein Teilgraph übrig bleibt. Aufgrund der besonderen Form spricht man im Fall $n = 1$ vom *Kaulquappen-Graph* (engl. *tadpole diagram*). Er kann wegen der Viererimpulserhaltung nur über ein virtuelles Photon (mit $k = 0$) an den Rest angebunden sein und liefert somit einen Beitrag zur Selbstenergie des Elektrons (bzw. Positrons). Dieser Beitrag ist jedoch im Gegensatz zum Selbstenergiebeitrag des nächsten Abschnittes physikalisch nicht beobachtbar, was damit zusammenhängt, daß er sich in einer (divergenten) *Renormierungskonstanten* vollständig absorbieren läßt. Es ist daher gerechtfertigt, Feynman-Graphen mit 1-Vertex-Fermionschleifen von vornherein wegzulassen.

3.4 Korrekturen höherer Ordnung

Im vorigen Abschnitt haben wir uns mit konkreten Beispielen relativistischer Spin-1/2-Streuprozesse in den niedrigsten Ordnungen der Streutheorie beschäftigt und daraus den kompletten Satz von Feynman-Regeln zur Konstruktion von Streuamplituden und Streuquerschnitten entwickelt. Dieses Regelwerk ist prinzipiell in allen Ordnungen gültig und enthält in höheren Ordnungen neben den Baumgraphen auch die rein quantenfeldtheoretisch begründeten Schleifengraphen. Wir wollen nun anhand der Feynman-Regeln zu höheren Ordnungen übergehen und die damit verbundenen, neu auftretenden Probleme diskutieren. Wie wir sehen werden, resultieren diese Probleme aus der Tatsache, daß einige Korrekturen höherer Ordnung, nämlich gerade diejenigen, die Schleifengraphen enthalten, zu Unendlichkeiten führen, wodurch die Sinnhaftigkeit des gesamten Formalismus in Frage gestellt wird.

Glücklicherweise läßt sich dieses Divergenzproblem durch das Programm der *Renormierung* beseitigen. Das entscheidende Argument hierbei ist, daß die in der Dirac-Gleichung auftretenden Parameter wie die Ladung e oder die Masse m_0 eher als buchhalterische Größen zu betrachten sind, denen an sich keine physikalische Bedeutung zukommt, weil sie gewissen Effekten, die sich im Experiment nicht abschalten lassen, keine Rechnung tragen. Deshalb enthalten diese Größen selbst Divergenzen, die durch die o.g. Unendlichkeiten kompensiert werden müssen. Mit anderen Worten: Verwendet man anstelle der „nackten" Größen e und m_0 von vornherein die physikalischen, so verschwinden jegliche Divergenzen aus dem Streuformalismus.

Als führendes Beispiel betrachten wir die $\mathcal{O}\left(e^4\right)$-Korrekturen zur Elektron-Positron-Streuung (vgl. Unterabschn. 3.3.6), deren Feynman-Graphen – insgesamt sind es 18 – sämtliche topologischen und kinematisch erlaubten Konstellationen mit vier äußeren Fermionlinien und vier Vertizes enthalten und allesamt in Abb. 3.33 dargestellt sind.

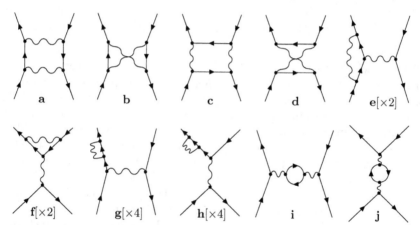

Abb. 3.33. Sämtliche Feynman-Graphen der Streuamplitude für die Elektron-Positron-Streuung in der Ordnung $\mathcal{O}\left(e^4\right)$. **a** bis **d** sind Baumgraphen und **e** bis **j** Schleifengraphen.

- Die Graphen **a** und **b** stellen den Zwei-Photonenaustausch der direkten bzw. Austauschstreuung dar, ähnlich wie die $\mathcal{O}\left(e^4\right)$-Korrekturen der Elektron-Proton-Streuung in Abb. 3.12 und 3.13. Bei den Graphen **c** und **d** handelt es sich um Vernichtungsgraphen. Schreibt man die zu **a** bis **d** gehörenden Amplituden explizit auf, so stellt man durch Abzählen der Potenzen des Integrationsimpulses fest, daß sie zu endlichen Beiträgen führen und mit unseren bisherigen Methoden problemlos ausgerechnet werden können. Sie werden deshalb im weiteren Verlauf nicht weiter berücksichtigt.

- Beim Graphen **e** sendet das Elektron (Positron) vor der Austauschstreuung ein Photon aus und absorbiert es nach der Austauschstreuung wieder. Der Graph **f** entspricht einem Prozeß, bei dem das vom Vernichtungsphoton erzeugte Paar noch einmal streut, bevor es in den Endzustand übergeht. Beide Graphen gehören zur Klasse der *Vertexkorrekturen* und liefern divergente Beiträge.

- Im Gegensatz zu **e** und **f** sendet in den Graphen **g** und **h** das Elektron (Positron) ein Photon aus und absorbiert es unmittelbar danach wieder, ohne zwischenzeitlich anderweitig zu wechselwirken. Man zählt diese, ebenfalls divergenten Graphen zu den *Selbstenergiekorrekturen*, weil sie die Wechselwirkung des Elektrons (Positrons) mit seinem eigenen Strahlungsfeld beschreiben.

- Bei den Graphen **i** und **j** wird vom Austausch- bzw. Vernichtungsphoton ein virtuelles Elektron-Positron-Paar erzeugt und gleich darauf wieder vernichtet. Im Hinblick auf das fluktuierende Dipolmoment des virtuellen Paares, das durch ein elektrisches Feld auch polarisiert werden kann, spricht man bei dieser Art von Graphen von *Vakuumpolarisation*. Auch sie führen zu divergenten Amplitudenbeiträgen.

Offensichtlich sind es ausschließlich Schleifen innerhalb der Feynman-Graphen, die die Divergenzen in den zugehörigen Streuamplituden verursachen und zusammenfassend mit *Strahlungskorrekturen* bezeichnet werden. In Abb. 3.35 sind diese Bausteine noch einmal zusammengetragen, wobei zusätzlich zwei weitere hinzugenommen wurden, wie sie z.B. in den $\mathcal{O}\left(e^4\right)$-Graphen der Elektron-Positron-Vernichtung (siehe Abb. 3.34, vgl. Unterabschn. 3.3.8) auftauchen. Zu ihnen allen gehören jeweils vierdimensionale Impulsintegrale, die bei $k \to \infty$ in unterschiedlich starkem Maße divergieren (*Ultraviolettdivergenz*). Während die Volumenelemente jeweils mit k^4 gehen, sind die Integranden der drei Prozesse aus Abb. 3.35 proportional zu k^{-2}, k^{-3} bzw. k^{-4}, so daß man für die Vakuumpolarisation die stärkste Divergenz, nämlich eine quadratische, für die Selbstenergie eine lineare und für die Vertexkorrektur eine logarithmische Divergenz erwartet.

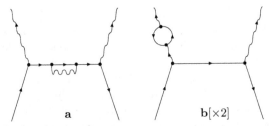

Abb. 3.34. Zwei Feynman-Graphen der Streuamplitude für die Elektron-Positron-Vernichtung in der Ordnung $\mathcal{O}\left(e^4\right)$: Innere Selbstenergie (**a**) und äußere Vakuumpolarisation (**b**).

Innere / äußere Vakuumpolarisation:

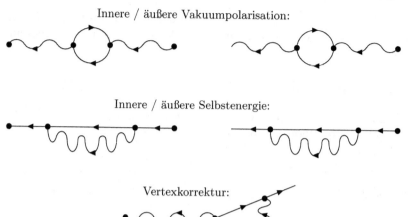

Innere / äußere Selbstenergie:

Vertexkorrektur:

Abb. 3.35. Vakuumpolarisation, Selbstenergie und Vertexkorrektur als Divergenz verursachende Bauelemente von $\mathcal{O}\left(e^4\right)$-Feynman-Graphen.

In den folgenden drei Unterabschnitten werden wir uns mit den Strahlungskorrekturen genauer auseinandersetzen und zeigen, wie sich diese durch das Renormierungsprogramm in physikalisch sinnvoller Weise in den nackten Parametern e und m_0 absorbieren lassen. Der vierte Unterabschnitt behandelt einige physikalische Konsequenzen, die sich durch die Existenz der Strahlungskorrekturen ergeben.

Anmerkung. Man beachte, daß in Abb. 3.33 einige $\mathcal{O}\left(e^4\right)$-Feynman-Graphen unterschlagen wurden, und zwar solche, die aus unverbundenen Teilen bestehen. Ein Beispiel dieser Art ist in Abb. 3.36 zu sehen und repräsentiert die Elektron-Positron-Streuung in niedrigster Ordnung, während unabhängig davon aus dem Vakuum ein virtuelles Elektron-Positron-Paar entsteht und gleich darauf wieder vernichtet wird. In Streuamplituden äußern sich diese sog. *Vakuumfluktuationen* als multiplikativer Faktor zu dem Anteil der verbundenen Graphen mit äußeren Linien. Da wir jedoch an Streuamplituden

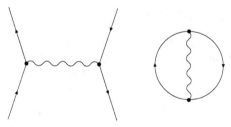

Abb. 3.36. Beispiel für einen unverbundenen $\mathcal{O}\left(e^4\right)$-Feynman-Graphen der Elektron-Positron-Streuung.

relativ zu den immer stattfindenden Vakuumfluktuationen interessiert sind, können wir diesen Faktor einfach herausdividieren bzw. von vornherein alle unverbundenen Graphen vernachlässigen.

3.4.1 Vakuumpolarisation

Wir beginnen mit der inneren Vakuumpolarisation und betrachten die Modifikation des freien Photonpropagators[22]

$$D_{\mathrm{F}}^{(0)\mu\nu}(q) = \frac{-4\pi g^{\mu\nu}}{q^2 + \mathrm{i}\epsilon}$$

durch eine $\mathcal{O}\left(e^2\right)$-Fermionschleife. Dies führt nach Abb. 3.37 zu der Ersetzung

$$D_{\mathrm{F}}^{(0)\mu\nu}(q) \longrightarrow D_{\mathrm{F}}^{\mu\nu}(q) = D_{\mathrm{F}}^{(0)\mu\nu}(q) + D_{\mathrm{F}}^{(0)\mu\alpha}(q) P_{\alpha\beta}(q) D_{\mathrm{F}}^{(0)\beta\nu}(q) \ , \quad (3.134)$$

mit dem *Polarisationstensor*

$$P_{\mu\nu}(q) = -\mathrm{i}e^2 \int \frac{\mathrm{d}^4 k}{(2\pi)^4} \mathrm{tr}\left[\gamma_\mu \frac{\slashed{k} + m_0}{k^2 - m_0^2 + \mathrm{i}\epsilon} \gamma_\nu \frac{\slashed{k} - \slashed{q} + m_0}{(k-q)^2 - m_0^2 + \mathrm{i}\epsilon}\right] . \quad (3.135)$$

Die Spur ergibt sich dabei aus der zyklischen Multiplikation der γ-Matrizen mit den Propagatoren entlang der Schleife. Bevor wir diesen quadratisch ul-

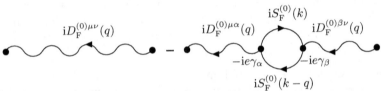

Abb. 3.37. Modifikation des freien Photonpropagators durch die $\mathcal{O}\left(e^2\right)$-Vakuumpolarisation. Das relative Vorzeichen resultiert aus der Fermionschleife (vierte Feynman-Regel).

traviolettdivergenten Ausdruck konkret berechnen, ist es instruktiv, einige seiner allgemeinen Eigenschaften näher zu betrachten. Zunächst einmal ist $P_{\mu\nu}$ ein Lorentz-Tensor und kann deshalb in der Weise

$$P_{\mu\nu}(q) = D g_{\mu\nu} + g_{\mu\nu} q^2 \Pi^{(1)}(q^2) + q_\mu q_\nu \Pi^{(2)}(q^2) \quad (3.136)$$

angesetzt werden, mit der Konstanten D und den skalaren Funktionen $\Pi^{(1,2)}(q^2)$. Berücksichtigt man ferner die aus Eichinvarianzüberlegungen folgenden Bedingungen $P_{\mu\nu} q^\nu = q^\mu P_{\mu\nu} = 0$, so reduziert sich dieser Ansatz auf

$$P_{\mu\nu}(q) = \left(q^2 g_{\mu\nu} - q_\mu q_\nu\right) \Pi(q^2) \ , \quad D = 0 \ , \quad (3.137)$$

---

[22] Hier und im folgenden wird das $\sim$-Zeichen über den Propagatoren im Impulsraum unterdrückt.

wobei $\Pi(q^2)$ die *Polarisationsfunktion* bezeichnet. Daß die Konstante D verschwinden muß, ergibt sich auch aus einer anderen Überlegung. Geht man nämlich über die $\mathcal{O}\left(e^2\right)$-Fermionschleife hinaus und bezieht noch höhere Korrekturen mit ein, so läuft dies auf die Entwicklung

$$
\begin{aligned}
D_{\mathrm{F}} &= D_{\mathrm{F}}^{(0)} + D_{\mathrm{F}}^{(0)} P D_{\mathrm{F}}^{(0)} + D_{\mathrm{F}}^{(0)} P D_{\mathrm{F}}^{(0)} P D_{\mathrm{F}}^{(0)} + \dots \\
&= D_{\mathrm{F}}^{(0)} + D_{\mathrm{F}}^{(0)} P \left(D_{\mathrm{F}}^{(0)} + D_{\mathrm{F}}^{(0)} P D_{\mathrm{F}}^{(0)} + \dots \right) \\
&= D_{\mathrm{F}}^{(0)} + D_{\mathrm{F}}^{(0)} P D_{\mathrm{F}} \\
&= \frac{1}{\left[D_{\mathrm{F}}^{(0)} \right]^{-1} - P} \quad (\textit{Dyson-Gleichung})
\end{aligned}
\tag{3.138}
$$

hinaus, die graphisch einer Reihe von immer mehr hintereinander geschalteten Fermionschleifen innerhalb der Photonlinie entspricht (kompliziertere topologische Konstellationen wie z.B. ineinander geschachtelte Fermionschleifen bleiben allerdings unberücksichtigt). Mit unserem allgemeinen Ansatz (3.136) können wir daher für den modifizierten Photonpropagator im Grenzfall $q^2 \to 0$ bis zur Ordnung $\mathcal{O}\left(e^2\right)$ schreiben:

$$
D_{\mathrm{F}}^{\mu\nu}(q) \approx \frac{-4\pi g^{\mu\nu}}{q^2 - D + \mathrm{i}\epsilon} \; .
$$

Dies ist aber gerade der freie Propagator für ein Boson der Masse $\sqrt{D}$, so daß hieraus wieder die Bedingung $D = 0$ folgt.

Eine direkte Berechnung scheint dem allerdings zu widersprechen, weil, wie bereits erwähnt, das Integral (3.135) in k divergiert und insbesondere für $q^2 \to 0$ einen unendlichen Wert liefert. Um hier irgendwie weiterzukommen, gibt es verschiedene Ansätze, die allesamt darauf hinauslaufen, daß man die Konvergenz des Integrals durch *Regularisierung* erzwingt, z.B. indem man die k-Integration bei einem großem Impuls abschneidet oder einen Dämpfungsfaktor einführt, der für große k stetig gegen Null geht. Wir verwenden im folgenden das *Pauli-Villars-Verfahren*, bei dem man vom Integranden in (3.135) eine Funktion mit demselben asymptotischen Verhalten abzieht, so daß das resultierende Integral konvergent wird. Diese Methode hat den Vorzug, daß die Eichinvarianzbedingung (3.137) aufrecht erhalten werden kann. Konkret bedeutet dies, daß wir anstelle von (3.135) den *regularisierten Polarisationstensor*

$$
\begin{aligned}
\bar{P}_{\mu\nu}(p) = -\mathrm{i}e^2 \int \frac{\mathrm{d}^4 k}{(2\pi)^4} \sum_{i=0}^{N} C_i \\
\times \mathrm{tr}\left[\gamma_\mu \frac{\slashed{k} + M_i}{k^2 - M_i^2 + \mathrm{i}\epsilon} \gamma_\nu \frac{\slashed{k} - \slashed{q} + M_i}{(k-q)^2 - M_i^2 + \mathrm{i}\epsilon} \right]
\end{aligned}
\tag{3.139}
$$

betrachten, mit $C_0 = 1$, $M_0 = m_0$ (ursprünglicher Integrand) und geeignet zu wählenden *Abschneideparametern* $C_{i>0}$, $M_{i>0}$, welche die Konvergenz des

Integrals gewährleisten. Am Schluß der Rechnungen muß dann der Grenzwert $M_{i>0} \to \infty$ betrachtet werden. Weil dieses Abschneideverfahren (wie jedes andere auch) willkürlich ist, dürfen physikalische Observable letztlich natürlich nicht von den $C_{i>0}$ und $M_{i>0}$ abhängen. Dies läßt sich, wie wir gleich sehen werden, tatsächlich erreichen.

Die konkrete Berechnung von (3.139) bedeutet einigen trickreichen Aufwand, den wir hier nicht vorführen wollen. Dabei zeigt sich, daß die nichteichinvarianten Terme durch bestimmte Wahl der Abschneideparameter zum Verschwinden gebracht werden können. Am Ende verbleibt der eichinvariante Ausdruck [vgl. (3.137)]

$$\bar{P}_{\mu\nu}(q) = \left(g_{\mu\nu}q^2 - q_\mu q_\nu\right) \bar{\Pi}(q^2) \,,$$

mit der nur noch logarithmisch divergenten *regularisierten Polarisationsfunktion*

$$\bar{\Pi}(q^2) = \frac{e^2}{2\pi^2} \int\limits_0^1 d\beta\,\beta(1-\beta) \underbrace{\int\limits_0^\infty \frac{d\rho}{\rho} \sum_{i=0}^N C_i \exp\left\{i\rho\left[-M_i^2 + \beta(1-\beta)q^2\right]\right\}}_{I} \,.$$

Nehmen wir nun an, daß[23] $q^2 < 4m_0^2 \ll M_{i>0}^2$, dann läßt sich das I-Integral durch Deformation der Integrationskontur auf die negative imaginäre Achse weiter umschreiben zu

$$I = -\lim_{\eta\to 0} \sum_{i=0}^N C_i \ln\eta - \sum_{i=0}^N C_i \ln\left[M_i^2 - \beta(1-\beta)q^2\right] + \sum_{i=0}^N C_i \int\limits_0^\infty dt \ln t\, e^{-t}.$$

Offensichtlich können wir jetzt durch die zusätzliche Parameterbedingung $\sum_{i=0}^N C_i = 0$ den ersten und dritten unendlichen Term eliminieren, und es folgt

$$I = -\left\{ \ln\left[m_0^2 - \beta(1-\beta)q^2\right] + \sum_{i=1}^N C_i \ln\left[M_i^2 - \beta(1-\beta)q^2\right] \right\}$$

$$\approx -\left\{ \ln\left[m_0^2 - \beta(1-\beta)q^2\right] + \sum_{i=1}^N C_i \ln M_i^2 \right\}$$

$$= -\left\{ \ln\left[1 - \beta(1-\beta)\frac{q^2}{m_0^2}\right] + \sum_{i=1}^N C_i \ln\frac{M_i^2}{m_0^2} + \underbrace{\sum_{i=0}^N C_i m_0^2}_{0} \right\}$$

$$= -\left\{ \ln\left[1 - \beta(1-\beta)\frac{q^2}{m_0^2}\right] - \ln\frac{\Lambda^2}{m_0^2} \right\} \,,$$

---

[23] Diese Voraussetzung gewährleistet einen negativ imaginären Exponenten im gesamten β-Integrationsintervall $[0 : 1]$. Jenseits hiervon, also ab der *Schwellenenergie* $q^2 = (2m_0)^2$, ist die Produktion reeller Elektron-Positron-Paare möglich.

wobei im letzten Schritt die Abkürzung

$$\sum_{i=0}^{N} C_i \ln \frac{M_i^2}{m_0^2} = -\ln \frac{\Lambda^2}{m_0^2} \qquad (\Lambda = Abschneideimpuls)$$

eingeführt wurde. Somit wird der regularisierte Polarisationstensor schließlich zu

$$\left.\begin{aligned}
\bar{P}_{\mu\nu}(q) &= \left(g_{\mu\nu}q^2 - q_\mu q_\nu\right) \bar{\Pi}(q^2) \\[2mm]
\bar{\Pi}(q^2) &= \frac{1}{4\pi}\left[\frac{e^2}{3\pi}\ln\frac{\Lambda^2}{m_0^2} + \Pi^{(\mathrm{R})}(q^2)\right] \\[2mm]
\Pi^{(\mathrm{R})}(q^2) &= -\frac{2e^2}{\pi}\int_0^1 \mathrm{d}\beta\,\beta(1-\beta)\ln\left[1 - \beta(1-\beta)\frac{q^2}{m_0^2}\right] \\[2mm]
&\stackrel{q^2/m_0^2 \ll 1}{=} \frac{e^2}{\pi}\frac{q^2}{m_0^2}\left(\frac{1}{15} + \frac{1}{140}\frac{q^2}{m_0^2} + \dots\right) .
\end{aligned}\right\} \qquad (3.140)$$

Wie man sieht, hat die Regularisierung dazu geführt, daß der Polarisationstensor nun

- die Eichinvarianzbedingung (3.137) erfüllt,

- das korrekte asymptotische Verhalten für $q^2 \to 0$ zeigt,

- keine quadratische Divergenz mehr besitzt, sondern einen von q unabhängigen, im Abschneideimpuls Λ nur noch logarithmisch divergierenden Anteil und

- einen wohldefinierten, endlichen q-abhängigen Term $\Pi^{(\mathrm{R})}(q^2)$.

Allerdings erscheint dieses Ergebnis insofern noch unbefriedigend, als daß eben immer noch eine divergente Λ-Abhängigkeit vorhanden ist. Um dies genauer zu verstehen, kehren wir zum modifizierten Photonpropagator zurück und betrachten seinen Einfluß auf die Elektron-Positron-Streuung. Unter Berücksichtigung von (3.134), (3.140) und Abb. 3.38 lautet der durch die Vakuumpolarisation hervorgerufene Anteil der direkten Streuamplitude bis zur Ordnung $\mathcal{O}\left(e^4\right)$

$$\begin{aligned}
M_{fi}(\mathrm{dir}) &= \bar{u}(p_f)(-\mathrm{i}e)\gamma_\mu u(p_i)\left[\mathrm{i}D_{\mathrm{F}}^{\mu\nu}(q)\right]\bar{v}(\bar{p}_i)(-\mathrm{i}e)\gamma_\nu v(\bar{p}_f) \\[2mm]
&= -\mathrm{i}e^2\bar{u}(p_f)\gamma_\mu u(p_i)D_{\mathrm{F}}^{(0)}(q)\left[g^{\mu\nu} + \left(g^{\mu\nu}q^2 - q^\mu q^\nu\right)\bar{\Pi}(q^2)\frac{-4\pi}{q^2}\right] \\
&\quad \times\bar{v}(\bar{p}_i)\gamma_\nu v(\bar{p}_f) \\[2mm]
&= -\mathrm{i}e^2\bar{u}(p_f)\gamma_\mu u(p_i)D_{\mathrm{F}}^{(0)}(q)\left[1 - 4\pi\bar{\Pi}(q^2)\right]\bar{v}(\bar{p}_i)\gamma^\mu v(\bar{p}_f) \\[2mm]
&= -\mathrm{i}e^2\bar{u}(p_f)\gamma_\mu u(p_i)D_{\mathrm{F}}^{(0)}(q)\left[1 - \frac{e^2}{3\pi}\ln\frac{\Lambda^2}{m_0^2} - \Pi^{(\mathrm{R})}(q^2)\right] \\
&\quad \times\bar{v}(\bar{p}_i)\gamma^\mu v(\bar{p}_f) ,
\end{aligned}$$

$$(3.141)$$

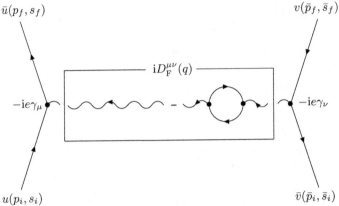

$\bar{u}(p_f, s_f)$ $v(\bar{p}_f, \bar{s}_f)$

$iD_F^{\mu\nu}(q)$

$-ie\gamma_\mu$ $-ie\gamma_\nu$

$u(p_i, s_i)$ $\bar{v}(\bar{p}_i, \bar{s}_i)$

Abb. 3.38. Feynman-Graph der direkten Elektron-Positron-Streuung bis zur Ordnung $\mathcal{O}\left(e^4\right)$ im Impulsraum, der durch die Vakuumpolarisation hervorgerufen wird. Für den Impulsübertrag gilt $q = p_f - p_i = -(\bar{p}_f - \bar{p}_i)$.

mit $D_F^{(0)}(q) = -4\pi/q^2$. Hierbei wurde im dritten Schritt ausgenutzt, daß für freie(!) Positronen aufgrund von

$$\left(\bar{\slashed{p}}_f + m_0\right) v(\bar{p}_f) = 0 \ , \ \bar{v}(\bar{p}_i) \left(\bar{\slashed{p}}_i + m_0\right) = 0$$

der zu $q^\mu q^\nu$ proportionale Term verschwindet:

$$\bar{v}(\bar{p}_i) \left(\bar{\slashed{p}}_i - \bar{\slashed{p}}_f\right) v(\bar{p}_f) = \bar{v}(\bar{p}_i)\slashed{q}v(\bar{p}_f) = q^\nu \bar{v}(\bar{p}_i)\gamma_\nu v(\bar{p}_f) = 0 \ .$$

Bis auf einen Fehler der Ordnung $\mathcal{O}\left(e^6\right)$ kann man nun in (3.141) den logarithmisch divergenten Anteil multiplikativ voranstellen und erhält schließlich [vgl. die $\mathcal{O}\left(e^2\right)$-Streuamplitude $M_{fi}(\text{dir})$ in Satz 3.11]

$$\begin{aligned} M_{fi}(\text{dir}) &= -ie^2\bar{u}(p_f)\gamma_\mu u(p_i)D_F^{(0)}(q)Z_3 \left[1 - \Pi^{(R)}(q^2) + \mathcal{O}\left(e^4\right)\right] \\ &\quad \times \bar{v}(\bar{p}_i)\gamma^\mu v(\bar{p}_f) \\ &= -ie_R^2\bar{u}(p_f)\gamma_\mu u(p_i)D_F^{(0)}(q) \left[1 - \Pi^{(R)}(q^2) + \mathcal{O}\left(e^4\right)\right] \\ &\quad \times \bar{v}(\bar{p}_i)\gamma^\mu v(\bar{p}_f) \ , \end{aligned}$$

mit der *renormierten Ladung*

$$e_R = \sqrt{Z_3}e \ , \ Z_3 = 1 - \frac{e^2}{3\pi} \ln \frac{\Lambda^2}{m_0^2} \ . \tag{3.142}$$

An dieser Stelle kommt das Renormierungsargument zum tragen: Experimentell bestimmt sich die Ladung eines Teilchens durch seine Wechselwirkung mit einem anderen geladenen Teilchen. Ein untrennbarer Bestandteil dieser Wechselwirkung ist aber gerade die Vakuumpolarisation, die durch Verwendung der nackten Ladung e nicht berücksichtigt wird und deshalb den divergenten Faktor Z_3 verursacht. Physikalische Bedeutung hat allein die renormierte Ladung e_R, in der die Fermion-Photon-Wechselwirkung enthalten ist und die in Streuexperimenten mit kleinem q^2, also durch leichte Streuungen von zwei weit entfernten Ladungen, zu $e_R^2 \approx 1/137$ bestimmt wird. Durch diese *Ladungsrenormierung* gelangt man am Ende zu einer wohldefinierten Streuamplitude, korrekt bis zur Ordnung $\mathcal{O}\left(e^4\right)$, in der die Abhängigkeit vom Abschneideimpuls Λ in der Elektronladung vollständig absorbiert ist.[24] Der genaue Zusammenhang zwischen nackter und renormierter Ladung, also auch das verwendete Regularisierungsverfahren, ist dabei irrelevant. Um den Einfluß der Vakuumpolarisation zu berechnen, verwendet man einfach die renormierte Ladung e_R sowie den *renormierten Photonpropagator*

$$D_F^{(R)\mu\nu}(q) = D_F^{(0)\mu\nu}(q)\left[1 - \Pi^{(R)}(q^2)\right]$$

und hat es dann nur noch mit endlichen Größen zu tun. Verglichen mit dem freien Photonpropagator $D_F^{(0)\mu\nu}(q)$ besteht die eigentliche, physikalisch beobachtbare Korrektur im impulsabhängigen Term $\Pi^{(R)}(q^2)$. Sein Beitrag ist endlich, vom Abschneideimpuls Λ unabhängig und verschwindet für $q^2 \to 0$.

Äußere Vakuumpolarisation. Nachdem wir die Korrektur von inneren Photonlinien durch die Vakuumpolarisation besprochen haben, bleibt noch zu klären, wie äußere Photonlinien durch die Anwesenheit einer Fermionschleife zu modifizieren sind. Wie man sich leicht klarmacht, führt die direkte Berechnung zu einem unbestimmten Ausdruck. Hier hilft jedoch die Überlegung weiter, daß ein- bzw. auslaufende Photonen nicht wirklich frei sind, sondern irgendwann von einer Quelle emittiert wurden bzw. irgendwann von einem Beobachter absorbiert werden, so daß eine äußere Photonlinie mit Fermionschleife zu einer inneren Photonlinie mit Fermionschleife wird, deren eine Ende der weit entfernte Quellenvertex ist (Rückführung der äußeren Vakuumpolarisation auf die innere). Dies entspricht aber gerade dem modifizierten Photonpropagator

$$q^2 \approx 0 \implies D_F^{\mu\nu}(q) = Z_3 D_F^{(0)\mu\nu}(q)$$

bzw. der bekannten Renormierung $e_R = \sqrt{Z_3}\,e$ an beiden Endvertizes. Wir gelangen daher zu der einfachen Regel, daß man den Beitrag der Fermionschleife in einer äußeren Photonlinie einfach weglassen kann und dafür an ihrem Vertex ebenfalls die renormierte Ladung e_R anstelle von e verwendet.

---

[24] Man beachte, daß Z_3 erst dann wesentlich von Eins abweicht, wenn $\Lambda \gtrsim m_0 e^{3\pi/2e^2} \approx 10^{280} m_0$, was einer Länge von $\Delta x \lesssim \hbar/\Lambda \approx 10^{-293}$cm entspricht. Für die Praxis ist dies jedoch vollkommen irrelevant, da das Vorhandensein anderer Quantenfelder den Gültigkeitsbereich der Quantenelektrodynamik auf sehr viel kleinere Impulse bzw. sehr viel größere Abstände einschränkt. $Z_3 \lesssim 1$ bedeutet, daß die physikalische (renormierte) Ladung eines Fermions aufgrund der ihn umgebenden Wolke von virtuellen Teilchen-Antiteilchen-Paaren gegenüber seiner nackten Ladung aus Sicht eines entfernten Beobachters bzw. einer entfernten Probeladung abgeschwächt ist (Abschirmung).

Satz 3.14: Vakuumpolarisation

Die durch die Vakuumpolarisation hervorgerufene Modifikation einer inneren Photonlinie fügt dem freien Photonpropagator $D_F^{(0)\mu\nu}(q)$ einen quadratisch ultraviolettdivergenten Anteil hinzu. Dieser läßt sich mit Hilfe des Pauli-Villars-Verfahrens dergestalt regularisieren, daß der modifizierte Photonpropagator bis zur Ordnung $\mathcal{O}\left(e^2\right)$ geschrieben werden kann als

$$D_F^{\mu\nu}(q) = Z_3 D_F^{(0)\mu\nu}(q) \left[1 - \Pi^{(R)}(q^2)\right] \; ,$$

mit der q-abhängigen, endlichen Funktion

$$\Pi^{(R)}(q^2) \quad = \quad -\frac{2e^2}{\pi} \int\limits_0^1 \mathrm{d}\beta \beta(1-\beta) \ln\left[1 - \beta(1-\beta)\frac{q^2}{m_0^2}\right]$$

$$\overset{q^2/m_0^2 \ll 1}{\approx} \frac{e^2}{\pi}\frac{q^2}{m_0^2}\left(\frac{1}{15} + \frac{1}{140}\frac{q^2}{m_0^2} + \ldots\right)$$

und der *Renormierungskonstanten*

$$Z_3 = 1 - \frac{e^2}{3\pi} \ln \frac{\Lambda^2}{m_0^2} \; .$$

Hierdurch wird die ehemals quadratische Divergenz zu einer logarithmischen Divergenz im Abschneideimpuls Λ abgeschwächt, welche allein in Z_3 enthalten ist. Aufgrund des Renormierungsgedankens kann $D_F^{\mu\nu}(q)$ durch den renormierten Photonpropagator

$$D_F^{(R)\mu\nu}(q) = D_F^{(0)\mu\nu}(q) \left[1 - \Pi^{(R)}(q^2)\right]$$

ersetzt werden, wenn gleichzeitig an seinen Endvertizes anstelle der nackten Ladung e die renormierte Ladung

$$e_R = \sqrt{Z_3}e$$

verwendet wird. Der Beitrag der Vakuumpolarisation zu einer äußeren Photonlinie kann einfach weggelassen werden, wenn auch an dessen Vertex e_R genommen wird.

Zu beachten ist, daß innerhalb des renormierten Photonpropagators bis zur Ordnung $\mathcal{O}\left(e^2\right)$ auch in $\Pi^{(R)}(q^2)$ selbst die nackte Ladung durch die renormierte Ladung ersetzt werden darf. Somit fällt die nackte Ladung gänzlich aus der Berechnung von Streuamplituden heraus.

3.4.2 Selbstenergie

Als nächstes untersuchen wir, welchen Einfluß die innere $\mathcal{O}\left(e^2\right)$-Selbstenergie auf den freien Fermionpropagator

$$S_{\mathrm{F}}^{(0)}(p) = \frac{\not{p} + m_0}{p^2 - m_0^2 + \mathrm{i}\epsilon}$$

hat. Nach Abb. 3.39 vollzieht sich der Übergang zum modifizierten Fermionpropagator vermöge

$$S_{\mathrm{F}}^{(0)}(p) \longrightarrow S_{\mathrm{F}}(p) = S_{\mathrm{F}}^{(0)}(p) + S_{\mathrm{F}}^{(0)}(p)\,\Sigma(p)\,S_{\mathrm{F}}^{(0)}(p) \;, \tag{3.143}$$

mit der linear ultraviolettdivergenten *Selbstenergiefunktion*

$$\Sigma(p) = -4\pi\mathrm{i}e^2 \int \frac{\mathrm{d}^4k}{(2\pi)^4} \frac{1}{k^2 + \mathrm{i}\epsilon} \gamma_\mu \frac{\not{p} - \not{k} + m_0}{(p-k)^2 - m_0^2 + \mathrm{i}\epsilon} \gamma^\mu \;, \tag{3.144}$$

die im Gegensatz zur Polarisationstensor $P_{\mu\nu}(p)$ eine 4×4-Matrix im Spinorraum ist. Unter Zuhilfenahme der Dyson-Gleichung (3.138) können wir $S_{\mathrm{F}}(p)$

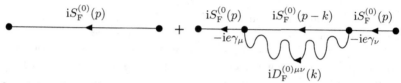

Abb. 3.39. Modifikation des freien Fermionpropagators durch die $\mathcal{O}\left(e^2\right)$-Selbstenergie.

zunächst formal umschreiben zu

$$S_{\mathrm{F}}(p) = \frac{1}{\left[S_{\mathrm{F}}^{(0)}(p)\right]^{-1} - \Sigma(p)} = \frac{1}{\not{p} - m_0 - \Sigma(p) + \mathrm{i}\epsilon} \;. \tag{3.145}$$

Dieser Ausdruck ist korrekt bis zur Ordnung $\mathcal{O}\left(e^2\right)$ (und enthält in höheren Ordnungen zusätzlich Terme, die einer Reihe von immer mehr hintereinander geschalteten Selbstenergieeinsätzen entspricht).

Für die weitere Diskussion nehmen wir einschränkend an, daß $S_{\mathrm{F}}(p)$ zwischen zwei freien elektronischen (und nicht positronischen) Zuständen steht, also $\bar{u}(p)S_{\mathrm{F}}(p)u(p)$, die sich „in der Nähe der Massenschale" befinden: $(\not{p} - m_0)u(p) \approx 0$, $\bar{u}(p)(\not{p} - m_0) \approx 0$. In diesem Fall bietet sich für die Selbstenergiefunktion der Ansatz

$$\Sigma(p) = \delta m + (Z_2 - 1)(\not{p} - m_0) + \Sigma^{(\mathrm{R})}(p)(\not{p} - m_0)^2 \tag{3.146}$$

an, der einer Art Taylor-Entwicklung um den „Punkt" $\not{p} = m_0$ entspricht. Die Größen δm und $Z_2 - 1$ sind hierbei als kleine konstante **C**-Zahlen der Ordnung $\mathcal{O}\left(e^2\right)$ zu betrachten, in denen, wir wir später zeigen werden, formal die Divergenz des Integrals (3.144) steckt, während die skalare $\mathcal{O}\left(e^2\right)$-„Restfunktion" $\Sigma^{(\mathrm{R})}(p)$ endlich ist. Unter Vernachlässigung von Termen höherer Ordnung geht somit (3.145) über in

$$
\begin{aligned}
S_{\mathrm{F}}(p) &= \frac{1}{\slashed{p} - m_0 - \delta m - (Z_2 - 1)(\slashed{p} - m_0) - (\slashed{p} - m_0)^2 \Sigma^{(\mathrm{R})}(p) + i\epsilon} \\
&\approx \frac{1}{(\slashed{p} - m_0 - \delta m)[1 - (Z_2 - 1)][1 - (\slashed{p} - m_0)\Sigma^{(\mathrm{R})}(p)] + i\epsilon} \\
&\approx \frac{Z_2}{(\slashed{p} - m_0 - \delta m)[1 - (\slashed{p} - m_0)\Sigma^{(\mathrm{R})}(p)] + i\epsilon} \;,
\end{aligned}
\tag{3.147}
$$

wobei im letzten Schritt $[1 - (Z_2 - 1)]^{-1} \approx Z_2$ verwendet wurde. Nutzen wir nun die oben gemachte Einschränkung bzgl. quasi freier Elektronbispinoren auf der Massenschale, dann kann die impulsabhängige Korrektur $(\slashed{p} - m_0)\Sigma^{(\mathrm{R})}(p)$ in (3.147) vernachlässigt werden, und man erhält

$$
S_{\mathrm{F}}(p) \approx \frac{Z_2}{\slashed{p} - m_0 - \delta m + i\epsilon} = \frac{Z_2(\slashed{p} + m_0 + \delta m)}{p^2 - (m_0 + \delta m)^2 + i\epsilon} \;.
$$

Bis auf die multiplikative Konstante Z_2 entspricht dies erwartungsgemäß dem freien Elektronpropagator, in welchem allerdings anstelle von m_0 die Masse $m_0 + \delta m$ eingeht. Der divergente *Selbstenergieanteil* δm läßt sich jedoch analog zur Ladungsrenormierung bei der Vakuumpolarisation mit dem Argument beseitigen, daß die *renormierte Masse*

$$
m_{\mathrm{R}} = m_0 + \delta m
$$

die eigentlich physikalische, im Experiment gemessene Elektronmasse ist, während die nackte Masse m_0 selbst keine physikalische Bedeutung besitzt, weil sie die prinzipiell nicht abschaltbare Wechselwirkung des Elektrons mit seinem eigenen Strahlungsfeld nicht berücksichtigt. Eine formale Prozedur zur Durchführung der *Massenrenormierung* besteht darin, daß man die Dirac-Gleichung durch die renormierte Masse ausdrückt:

$$
(\slashed{p} - e\slashed{A} - m_{\mathrm{R}})\,\psi = -\delta m \psi \;.
$$

Dies führt innerhalb unseres Streuformalismus einerseits dazu, daß überall m_0 durch m_{R} zu ersetzen ist. Andererseits taucht dann in (3.143) der Zusatzterm bzw. *Gegenterm*

$$
-S_{\mathrm{F}}^{(0)}(p)\delta m S_{\mathrm{F}}^{(0)}(p)
$$

auf, der das δm in $\Sigma(p)$ und damit auch in (3.147) eliminiert, so daß der modifizierte (massenrenormierte) Elektronpropagator die Form

$$
S_{\mathrm{F}}(p) = \frac{Z_2}{(\slashed{p} - m_{\mathrm{R}})[1 - (\slashed{p} - m_{\mathrm{R}})\Sigma^{(\mathrm{R})}(p)] + i\epsilon}
$$

annimmt. Den verbleibenden divergenten Faktor Z_2 können wir wieder in die nackte Ladung e absorbieren, indem wir die Ladungsrenormierung

$$
e \to e'_{\mathrm{R}} = Z_2 e
\tag{3.148}
$$

durchführen. Allerdings steht hier im Gegensatz zu (3.142) keine Wurzel, weil sich jeweils zwei Elektronlinien einen Vertex teilen. Alles in allem läßt sich also auch der Einfluß der elektronischen Selbstenergie in wohldefinierter Weise berechnen, indem man die renormierte Ladung e'_R und den *ladungs- und massenrenormierten Elektronpropagator*

$$S_F^{(R)}(p) = \frac{1}{(\not p - m_R)[1 - (\not p - m_R)\Sigma^{(R)}(p)] + i\epsilon}$$

verwendet, wobei die eigentliche, physikalisch relevante Korrektur gegenüber dem freien Elektronpropagator allein in der impulsabhängigen, endlichen Funktion $\Sigma^{(R)}(p)$ steckt.

Äußere Selbstenergie. Inwiefern sich ein Selbstenergieeinsatz auf eine äußere Elektronlinie auswirkt, läßt sich analog zur äußeren Vakuumpolarisation leicht verstehen, indem man berücksichtigt, daß auch ein freies Elektron irgendwann emittiert wurde bzw. irgendwann absorbiert wird und deshalb ein inneres Elektron auf der Massenschale innerhalb eines größeren Prozeßablaufes ist (Rückführung der äußeren Selbstenergie auf die innere). Folglich führt die Kombination aus äußerer Elektronlinie mit und ohne Selbstenergieeinsatz zum modifizierten Elektronpropagator

$$\not p \approx m_R \Longrightarrow S_F(p) = Z_2 S_F^{(0)}(m_R, p) \ ,$$

was einfach einem Faktor $\sqrt{Z_2}$ an beiden Endvertizes entspricht. Somit finden wir schließlich die zur äußeren Vakuumpolarisation analoge Regel, daß man den Beitrag der Selbstenergie in einer äußeren Elektronlinie weglassen kann, wenn man an ihrem Vertex ebenfalls die renormierte Ladung e'_R anstelle von e verwendet.

Berechnung von δm und Z_2. Wir wollen jetzt noch zeigen, wie die Divergenzen der Selbstenergiefunktion $\Sigma(p)$ in den Renormierungskonstanten δm und Z_2 untergebracht werden können. Eine Ultraviolettdivergenz des Integrals (3.144) liegt, wie bereits erwähnt, bei $k \to \infty$, so daß es regularisiert werden muß. Aufgrund des ersten Terms im Integranden enthält das Integral aber auch noch eine *Infrarotdivergenz* bei $k \to 0$, die sich formal durch Einführung einer Photonmasse μ umgehen läßt, wobei am Schluß der Rechnungen natürlich der Grenzfall $\mu \to 0$ zu betrachten ist. Wir starten deshalb mit der *regularisierten Selbstenergiefunktion*

$$\bar\Sigma(p,\mu) = -4\pi i e^2 \int \frac{d^4k}{(2\pi)^4} \left[\frac{1}{k^2 - \mu^2 + i\epsilon} \gamma_\mu \frac{\not p - \not k + m_0}{(p-k)^2 - m_0^2 + i\epsilon} \gamma^\mu + \text{Reg} \right],$$

in der die regularisierenden Pauli-Villars-Terme zusammenfassend mit „Reg" bezeichnet sind. Nach einigen Zwischenrechnungen wird daraus

$$\bar\Sigma(p,\mu) = \frac{e^2}{2\pi} \int\limits_0^1 d\beta (2m_0 - \beta\not p)$$

$$\times \left[\int\limits_0^\infty \frac{d\rho}{\rho} \exp\left\{ i\rho \left[\beta(1-\beta)p^2 - \beta\mu^2 - (1-\beta)m_0^2 \right] \right\} + \text{Reg} \right] .$$

Wie man sieht, ist das ρ-Integral an der unteren Grenze logarithmisch divergent. Zu seiner Regularisierung genügt es, im Integranden einen einzigen Pauli-Villars-Term der Form $\exp(-i\rho\beta\Lambda^2)/\rho$ abzuziehen, wobei Λ wieder einen Abschneideimpuls bedeutet. Unter der Voraussetzung[25] $p^2 < (m_0 + \mu)^2$ läßt sich die ρ-Integration genau wie im Fall der Vakuumpolarisation durch Deformation des Integrationsweges auf die negative imaginäre Achse ausführen, und man erhält schließlich

$$\bar{\Sigma}(p, \mu, \Lambda) = \frac{e^2}{2\pi} \int\limits_0^1 d\beta (2m_0 - \beta\slashed{p}) \ln \frac{\beta\Lambda^2}{(1-\beta)m_0^2 + \beta\mu^2 - \beta(1-\beta)p^2} \ .$$

Unserem Ansatz (3.146) entsprechend ergibt sich nun der Selbstenergieanteil δm durch Berechnung von $\bar{\Sigma}(p, \mu, \Lambda)$ auf der Massenschale. Das Endresultat ist von μ unabhängig und lautet

$$\delta m = \bar{\Sigma}(p, \mu, \Lambda)\big|_{\slashed{p}=m_0, p^2=m_0^2} = \frac{3e^2 m_0}{4\pi} \ln\left(\frac{\Lambda^2}{m_0^2} + \frac{1}{2}\right) \ .$$

Für Z_2 findet man dagegen den μ-abhängigen Ausdruck

$$Z_2 = 1 + \frac{\partial\bar{\Sigma}(p, \mu, \Lambda)}{\partial\slashed{p}}\bigg|_{\slashed{p}=m_0, p^2=m_0^2} = 1 - \frac{e^2}{2\pi}\left(\frac{1}{2}\ln\frac{\Lambda^2}{m_0^2} + \ln\frac{\mu^2}{m_0^2} + \frac{9}{4}\right) \ .$$

Die Bestimmung der Restfunktion $\Sigma^{(\mathrm{R})}(p)$ ist um einiges aufwendiger und soll hier nicht weiter verfolgt werden.

Auffällig ist, daß sowohl δm als auch Z_2 in Λ logarithmisch divergent sind, während die Inspektion von (3.144) ursprünglich zur pessimistischeren Vorhersage einer linearen Divergenz geführt hatte. Darüber hinaus besitzt die Größe Z_2 zwei unschöne Eigenschaften. Sie ist nämlich zum einen in der Photonmasse infrarotdivergent und zum anderen nicht eichinvariant. Wie wir jedoch gleich sehen werden, ist dies nicht weiter von Belang, weil Z_2 durch die mit der Vertexkorrektur verbundene Renormierungskonstante gerade aufgehoben wird.

Satz 3.15: Selbstenergie

Die durch die Selbstenergie hervorgerufene Modifikation einer inneren Fermionlinie fügt dem freien Fermionpropagator $S_{\mathrm{F}}^{(0)}(p)$ einen logarithmisch ultraviolettdivergenten und infrarotdivergenten Ausdruck hinzu. Dieser läßt sich mit Hilfe des Pauli-Villars-Verfahrens dergestalt regularisieren, daß der modifizierte Fermionpropagator bis zur Ordnung $\mathcal{O}\left(e^2\right)$ geschrieben werden kann als $\triangleright$

---

[25] Bei Viererimpulsen oberhalb der *Schwellenenergie* $p^2 = (m_0 + \mu)^2$ kann das virtuelle Fermion in ein reelles Fermion und ein reelles Photon zerfallen; vgl. Fußnote 23 auf Seite 314.

$$S_{\mathrm{F}}(p) = \frac{Z_2}{(\not{p} - m_{\mathrm{R}})[1 - (\not{p} - m_{\mathrm{R}})\Sigma^{(\mathrm{R})}(p)] + \mathrm{i}\epsilon} \,,$$

mit der p-abhängigen, endlichen Funktion $\Sigma^{(\mathrm{R})}(p)$ und der Renormierungs-konstanten

$$Z_2 = 1 - \frac{e^2}{2\pi}\left(\frac{1}{2}\ln\frac{\Lambda^2}{m_0^2} + \ln\frac{\mu^2}{m_0^2} + \frac{9}{4}\right)\,.$$

Hierbei wird vorausgesetzt, daß

- $S_{\mathrm{F}}(p)$ zwischen zwei quasi freien Elektronbispinoren steht und

- überall bereits eine Massenrenormierung vorgenommen also die nackte Masse m_0 durch die renormierte (physikalische) Masse m_{R} ersetzt wurde.

Somit geht Z_2 als einzige Konstante aus der Regularisierung hervor, in der allein die o.g. Divergenzen stecken. Aufgrund des Renormierungsgedankens kann $S_{\mathrm{F}}(p)$ durch den renormierten Fermionpropagator

$$S_{\mathrm{F}}^{(\mathrm{R})}(p) = \frac{1}{(\not{p} - m_{\mathrm{R}})[1 - (\not{p} - m_{\mathrm{R}})\Sigma^{(\mathrm{R})}(p)] + \mathrm{i}\epsilon} \,,$$

ersetzt werden, wenn gleichzeitig an seinen Endvertizes anstelle der nackten Ladung e die renormierte Ladung

$$e_{\mathrm{R}}' = Z_2 e$$

verwendet wird. Der Beitrag der Selbstenergie zu einer äußeren Fermion-linie kann einfach weggelassen werden, wenn auch an dessen Vertex e_{R}' genommen wird.

3.4.3 Vertexkorrektur

Die letzte zu besprechende Strahlungskorrektur ist die $\mathcal{O}\left(e^2\right)$-Vertexkorrektur, bei der ein Vertex durch eine innere Photonlinie in der Weise

$$\gamma_\mu \longrightarrow \Gamma_\mu(p',p) = \gamma_\mu + \Lambda_\mu(p',p) \tag{3.149}$$

modifiziert wird (siehe Abb. 3.40), mit der logarithmisch ultraviolettdivergenten *Vertexfunktion*[26]

$$\Lambda_\mu(p',p) = -4\pi\mathrm{i}e^2 \int \frac{\mathrm{d}^4k}{(2\pi)^4}\frac{1}{k^2 - \mu^2 + \mathrm{i}\epsilon}$$
$$\times \left[\gamma_\nu \frac{\not{p}' - \not{k} + m_{\mathrm{R}}}{(p' - k)^2 - m_{\mathrm{R}}^2 + \mathrm{i}\epsilon}\gamma_\mu \frac{\not{p} - \not{k} + m_{\mathrm{R}}}{(p - k)^2 - m_{\mathrm{R}}^2 + \mathrm{i}\epsilon}\gamma^\nu\right]. \tag{3.150}$$

---

[26] Zur Erinnerung: m_{R} resultiert aus der überall durchzuführenden Massenrenormierung.

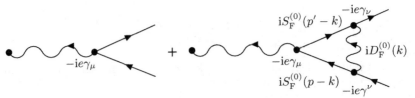

Abb. 3.40. Modifikation eines Vertex durch die $\mathcal{O}\left(e^2\right)$-Vertexkorrektur.

Ähnlich wie die Selbstenergiefunktion besitzt auch sie aufgrund des Photon-propagatorterms zusätzlich eine Infrarotdivergenz, weshalb hier von vornher-ein die Photonmasse μ eingefügt wurde. Unser Ziel ist wie bei den anderen Strahlungskorrekturen, die vorhandenen Divergenzen in eine multiplikative Konstante zu verschieben, die ihrerseits wieder zu einer Renormierung der elektrischen Ladung führt. Zu diesem Zweck spalten wir $\Lambda_\mu(p',p)$ auf in einen Anteil $\Lambda_\mu(p,p)$ für die „Vorwärtsstreuung" (verschwindender Impulsübertrag: $q = p' - p = 0$) und in einen „Rest" $\Lambda_\mu^{(\mathrm{R})}(p',p)$:

$$\Lambda_\mu(p',p) = \Lambda_\mu(p,p) + \Lambda_\mu^{(\mathrm{R})}(p',p) \ .$$

Hierbei ist wichtig, daß die Ultraviolettdivergenz des Integrals (3.150) allein in $\Lambda_\mu(p,p)$ steckt, während $\Lambda_\mu^{(\mathrm{R})}(p',p)$ diesbezüglich wohldefiniert und endlich ist. Man erkennt dies, indem man den zweiten Propagator in (3.150) mit Hilfe der Dyson-Gleichung (3.138) entwickelt:

$$\frac{\not{p}' - \not{k} + m_{\mathrm{R}}}{(p' - k)^2 - m_{\mathrm{R}}^2 + \mathrm{i}\epsilon} = \frac{1}{\not{p}' - \not{k} - m_{\mathrm{R}} + \mathrm{i}\epsilon}$$

$$= \frac{1}{\not{p} - \not{k} - m_{\mathrm{R}} + \mathrm{i}\epsilon - (\not{p} - \not{p}')}$$

$$= \frac{1}{\not{p} - \not{k} - m_{\mathrm{R}} + \mathrm{i}\epsilon}$$
$$+ \frac{1}{\not{p} - \not{k} - m_{\mathrm{R}} + \mathrm{i}\epsilon}(\not{p} - \not{p}')\frac{1}{\not{p} - \not{k} - m_{\mathrm{R}} + \mathrm{i}\epsilon} + \dots \ .$$

Hierin geht der von p' unabhängige Term für große k wie $1/|k|$ und verur-sacht daher die logarithmische Divergenz. Die p'-abhängigen Terme besitzen dagegen höhere k-Potenzen im Nenner und belassen das Integral konvergent.

Überraschenderweise kann man zur Berechnung des divergenten Anteils $\Lambda_\mu(p,p)$ auf eine explizite Regularisierung verzichten, indem man nämlich die *Wardsche Identität*

$$\Lambda_\mu(p,p) = -\frac{\partial \Sigma(p)}{\partial p^\mu} \tag{3.151}$$

ausnutzt, wobei $\Sigma(p)$ die bekannte Selbstenergiefunktion aus (3.144) ist. Diese Identität folgt aus der Gleichung[27]

$$\frac{\partial}{\partial p^\mu} S_{\rm F}^{(0)}(p-k) = -S_{\rm F}^{(0)}(p-k)\gamma_\mu S_{\rm F}^{(0)}(p-k) \ ,$$

die sich ihrerseits durch Differentiation von $S_{\rm F}^{(0)}(p-k)S_{\rm F}^{(0)\,-1}(p-k) = 1$ unter Berücksichtigung der Produktregel ergibt:

$$\left[\frac{\partial}{\partial p^\mu} S_{\rm F}^{(0)}(p-k)\right] S_{\rm F}^{(0)\,-1}(p-k) + S_{\rm F}^{(0)}(p-k)\frac{\partial}{\partial p^\mu}(\not{p} - \not{k} - m_{\rm R}) = 0 \ .$$

Aufgrund unseres Ansatzes (3.146) liefert die Ward-Identität jetzt die einfache Beziehung

$$\Lambda_\mu(p,p) = -(Z_2 - 1)\gamma_\mu + \mathcal{O}(\not{p} - m_{\rm R}) \ .$$

Beschränken wir uns nun wieder auf den Fall, daß der modifizierte Vertex $\Gamma_\mu(p',p)$ zwischen zwei quasi freien Elektronbispinoren steht, die sich in der Nähe der Massenschale befinden, also $\bar{u}(p')\Gamma_\mu(p',p)u(p)$, $(\not{p} - m_{\rm R})u(p) \approx 0$, $\bar{u}(p')(\not{p}' - m_0) \approx 0$, dann können wir (3.149) wegen der letzten Beziehung bis auf einen Fehler der Ordnung $\mathcal{O}(e^4)$ umschreiben zu

$$\Gamma_\mu(p',p) = \left[1 - (Z_2 - 1)\right]\gamma_\mu + \Lambda_\mu^{(\rm R)}(p',p)$$

$$\approx \left[1 - (Z_2 - 1)\right]\left[\gamma_\mu + \Lambda_\mu^{(\rm R)}(p',p)\right]$$

$$\approx Z_2^{-1}\left[\gamma_\mu + \Lambda_\mu^{(\rm R)}(p',p)\right] \ .$$

Damit ist unser Ziel erreicht: Die Ultraviolettdivergenz der Vertexkorrektur, d.h. ihre Abhängigkeit vom Abschneideimpuls steckt allein im multiplikativen Faktor Z_2^{-1} und läßt sich wie bei der Vakuumpolarisation und der Selbstenergie durch die Ladungsrenormierung

$$e \to e_{\rm R}'' = Z_2^{-1}e \tag{3.152}$$

aus dem Streuformalismus beseitigen, wenn gleichzeitig der *renormierte Vertex*

$$\Gamma_\mu^{(\rm R)}(p',p) = \gamma_\mu + \Lambda_\mu^{(\rm R)}(p',p)$$

anstelle von γ_μ verwendet wird. Ähnlich wie zuvor steckt die eigentliche, physikalisch beobachtbare Korrektur ausschließlich in der vom Abschneideimpuls unabhängigen Restfunktion $\Lambda_\mu^{(\rm R)}(p',p)$. Für sie ergibt sich nach einer etwas

---

[27] Sie bedeutet: Die Differentiation des Fermionpropagators nach dem Impuls entspricht graphisch gesehen dem Einsetzen eines Photons mit dem Impulsübertrag Null in die Fermionlinie.

länglichen Rechnung (für freie Elektronbispinoren!) im Limes $q^2/m_{\rm R}^2 \to 0$ der Ausdruck[28]

$$\Lambda_\mu^{\rm (R)}(p',p) \approx \gamma_\mu \frac{e^2}{3\pi} \frac{q^2}{m_{\rm R}^2} \left(\ln \frac{m_{\rm R}}{\mu} - \frac{3}{8}\right) + \frac{e^2}{2\pi} \frac{\rm i}{2m_{\rm R}} \sigma_{\mu\nu} q^\nu \;,$$

mit $q = p' - p$ und $\sigma_{\mu\nu} = {\rm i}[\gamma_\mu, \gamma_\nu]/2$.

Betrachten wir jetzt die drei fundamentalen Strahlungskorrekturen Vakuumpolarisation, Selbstenergie und Vertexkorrektur im Zusammenhang, so läuft dies bei der Berechnung von Streuamplituden insgesamt auf eine bis zur Ordnung $\mathcal{O}\left(e^2\right)$ korrekte Ladungsrenormierung

$$e \to \sqrt{Z_3} Z_2 Z_2^{-1} e = \sqrt{Z_3} e$$

an jedem Vertex hinaus, bei der sich die aus der Selbstenergie- und Vertexkorrektur stammenden Renormierungen also gerade wegheben. Dieses Ergebnis ist in vielerlei Hinsicht sehr befriedigend. Zum einen deshalb, weil die resultierende physikalische Ladung im Gegensatz zu (3.148) und (3.152) weder von der künstlich eingeführten Photonmasse μ noch von der willkürlich gewählten Eichung abhängt. Zum anderen, weil die Renormierung der elektrischen Ladung ausschließlich eine Konsequenz des durch virtuelle Paarbildung veränderten Photonpropagators ist, so daß zwei Fermionen mit derselben nackten Ladung (e^-, μ^-, τ^-, ...) auch dieselbe physikalische Ladung besitzen. Dies wäre ohne die o.g. Kompensation bzw. ohne die Ward-Identität (3.151) aufgrund der Fermionmassenabhängigkeit der einzelnen Renormierungskonstanten nicht der Fall.

Satz 3.16: Vertexkorrektur

Die Vertexkorrektur fügt jedem Vertexfaktor γ_μ einen logarithmisch ultraviolettdivergenten und infrarotdivergenten Anteil hinzu. Unter Berücksichtigung der Ward-Identität läßt sich der modifizierte Vertex bis zur Ordnung $\mathcal{O}\left(e^2\right)$ schreiben als

$$\Gamma_\mu(p',p) = Z_2^{-1}\left[\gamma_\mu + \Lambda_\mu^{\rm (R)}(p',p)\right] \;,$$

mit der impulsabhängigen, endlichen Funktion ($q = p' - p$)

$$\Lambda_\mu^{\rm (R)}(p',p) \overset{q^2/m_{\rm R}^2 \to 0}{\approx} \gamma_\mu \frac{e^2}{3\pi} \frac{q^2}{m_{\rm R}^2} \left(\ln \frac{m_{\rm R}}{\mu} - \frac{3}{8}\right) + \frac{e^2}{2\pi} \frac{\rm i}{2m_{\rm R}} \sigma_{\mu\nu} q^\nu$$

$\triangleright$

---

[28] Zu beachten ist, daß $\Gamma_\mu^{\rm (R)}(p',p)$ immer noch eine Infrarotdivergenz bei verschwindender Photonmasse enthält. Diese sog. *Infrarotkatastrophe* erweist sich allerdings als nicht existent, wenn man berücksichtigt, daß bei der Berechnung von elastischen Streuprozessen immer auch ein „Grundrauschen" von inelastischen Streuungen (z.B. Bremsstrahlung) einbezogen werden muß, das sich in reellen Experimenten nicht abschalten läßt. Derartige externe Strahlungskorrekturen heben die Photonmassenabhängigkeit der internen Vertexkorrektur exakt heraus (siehe Aufgabe 41).

und der Renormierungskonstanten Z_2 (siehe Satz 3.15). Dabei wird vorausgesetzt, daß $\Gamma_\mu(p',p)$ zwischen zwei quasi freien Elektronbispinoren steht. Aufgrund des Renormierungsgedankens kann $\Gamma_\mu(p',p)$ durch den renormierten Vertex

$$\Gamma_\mu^{(\mathrm{R})}(p',p) = \gamma_\mu + \Lambda_\mu^{(\mathrm{R})}(p',p)$$

ersetzt werden, wenn dort gleichzeitig anstelle der nackten Ladung e die renormierte Ladung

$$e_\mathrm{R}'' = Z_2^{-1} e$$

verwendet wird. Die Berücksichtigung von Vakuumpolarisation, Selbstenergie und Vertexkorrektur führt insgesamt zur Ladungsrenormierung

$$e \to \sqrt{Z_3}\, e \;,$$

welche demnach allein durch die Vakuumpolarisation hervorgerufen wird. Dieses Ergebnis ist eine Folge der Ward-Identität, die in allen Ordnungen der Streutheorie gültig ist.

Es sei auch hier darauf hingewiesen, daß man im renormierten Vertex bis zur Ordnung $\mathcal{O}\left(e^2\right)$ in $\Lambda_\mu^{(\mathrm{R})}$ selbst die nackte Ladung durch die renormierte Ladung ersetzen darf.

Nachdem nun alle drei $\mathcal{O}\left(e^2\right)$-Strahlungskorrekturen besprochen wurden, wird man sich sinnvollerweise fragen, welche neuen Probleme zu erwarten sind, wenn man darüber hinausgeht. Die Antwort ist, daß wir mit den vorgestellten Renormierungsmethoden bereits über sämtliches Rüstzeug verfügen, um auch in höheren Ordnungen der Streutheorie zu eindeutigen, endlichen und von den Abschneideparametern unabhängigen physikalischen Ergebnissen zu gelangen. Allerdings muß man sich dort auf mehr Rechenaufwand gefaßt machen, was allein schon aus der größeren kombinatorischen Vielfalt bei der Konstruktion von Feynman-Graphen ersichtlich ist.

3.4.4 Physikalische Konsequenzen

Zum Schluß dieses Abschnittes besprechen wir zwei physikalische Effekte, die sich aus den $\mathcal{O}\left(e^2\right)$-Strahlungskorrekturen ergeben und zu den bedeutensten Prüfsteinen der Quantenelektrodynamik überhaupt zählen. Es sind dies die *Anomalie des Elektrons* also die Abweichung des Landéschen g-Faktors vom Wert 2, und der *Lamb-Shift* in den Energiespektren atomarer Systeme.

Gyromagnetisches Verhältnis des Elektrons. In Unterabschn. 2.4.1 haben wir gesehen, daß die reine Dirac-Theorie bei Anwesenheit eines äußeren elektromagnetischen Feldes zu einem Wechselwirkungsterm $-\boldsymbol{M}\boldsymbol{B}$ im Hamilton-Operator führt, wobei

$$\boldsymbol{M} = g\mu_\mathrm{B}\boldsymbol{S} \tag{3.153}$$

das magnetische Moment des Elektrons ist, mit

$$g = 2 \quad \text{(Landé-Faktor)} \; , \quad \mu_{\mathrm{B}} = \frac{e\hbar}{2m_0 c} \quad \text{(Bohrsches Magneton)} \; . \quad (3.154)$$

Wir untersuchen nun, welche Auswirkungen Strahlungskorrekturen auf das magnetische Moment des Elektrons haben. Zu diesem Zweck betrachten wir die Streuung eines Elektrons an einem externen elektromagnetischen Potential A_{ext}^{μ} in niedrigster Ordnung $\mathcal{O}(e)$, beziehen jedoch die $\mathcal{O}(e^2)$-Strahlungskorrekturen ein und fragen nach der zugehörigen Wechselwirkungsenergie

$$W = \int \mathrm{d}^3 x j_{\mu} A_{\mathrm{ext}}^{\mu} \; . \tag{3.155}$$

Die zu diesem Prozeß beitragenden Feynman-Graphen sind in Abb. 3.41 zu sehen. Dabei ist die Selbstenergiekorrektur nicht mit aufgeführt, weil sie für

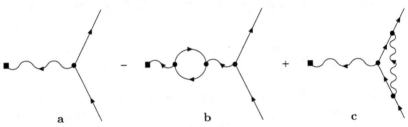

Abb. 3.41. Elektron-Streuung an einem externen Potential in der niedrigsten Ordnung $\mathcal{O}(e)$ (**a**) inklusive der $\mathcal{O}(e^2)$-Strahlungskorrekturen Vakuumpolarisation (**b**) und Vertexkorrektur (**c**).

freie Teilchen lediglich zur Massenrenormierung $m_0 \to m_{\mathrm{R}}$ und zusammen mit den anderen Korrekturen zur Ladungsrenormierung $e \to e_{\mathrm{R}}$ führt. Die Graphen **a** und **b** liefern zusammen die Amplitude (siehe Satz 3.14)

$$M_{fi}^{(a,b)} = e_{\mathrm{R}} \bar{u}(p_f, s_f) \gamma_{\mu} u(p_i, s_i) D_{\mathrm{F}}^{(\mathrm{R})\mu\nu}(q) j_{\nu,\mathrm{ext}} \; , \quad q = p_f - p_i$$

$$= e_{\mathrm{R}} \bar{u}(p_f, s_f) \gamma_{\mu} u(p_i, s_i) D_{\mathrm{F}}^{(0)\mu\nu}(q) \left[1 - \Pi^{(\mathrm{R})}(q^2) \right] j_{\nu,\mathrm{ext}}$$

und der Graph **c** (siehe Satz 3.16)

$$M_{fi}^{(c)} = e_{\mathrm{R}} \bar{u}(p_f, s_f) \Lambda_{\mu}^{(\mathrm{R})}(p_f, p_i) u(p_i, s_i) D_{\mathrm{F}}^{(0)\mu\nu}(q) j_{\nu,\mathrm{ext}} \; .$$

Insgesamt folgt somit die Amplitude

$$M_{fi}^{(a,b,c)} = j_{\mu} D_{\mathrm{F}}^{(0)\mu\nu}(q) j_{\nu,\mathrm{ext}} \; ,$$

wobei

$$j_{\mu} = e_{\mathrm{R}} \bar{u}(p_f, s_f) \left\{ \gamma_{\mu} \left[1 - \Pi^{(\mathrm{R})}(q^2) \right] + \Lambda_{\mu}^{(\mathrm{R})}(p_f, p_i) \right\} u(p_i, s_i)$$

der gesuchte, in (3.155) einzusetzende $\mathcal{O}\left(e^2\right)$-strahlungskorrigierte elektronische Übergangsstrom im Impulsraum ist. Damit erhalten wir für die Wechselwirkungsenergie des Elektrons mit dem äußeren elektromagnetischen Feld

$$W = e_{\mathrm{R}} \int \mathrm{d}^3 x \bar{\Psi}_f \left\{ \gamma_\mu \left[1 - \Pi^{(\mathrm{R})}(q^2) \right] + \Lambda_\mu^{(\mathrm{R})}(p_f, p_i) \right\} \Psi_i A_{\mathrm{ext}}^\mu \ .$$

Unter Berücksichtigung der expliziten Ausdrücke von $\Pi^{(\mathrm{R})}$ und $\Lambda_\mu^{(\mathrm{R})}$ im Limes $q^2 \to 0$ (siehe Satz 3.14 und 3.16) wird hieraus

$$\begin{aligned}
W &\approx e_{\mathrm{R}} \int \mathrm{d}^3 x \bar{\Psi}_f \left\{ \gamma_\mu \left[1 + \frac{e_{\mathrm{R}}^2 q^2}{3\pi m_{\mathrm{R}}^2} \left(\ln \frac{m_{\mathrm{R}}}{\mu} - \frac{3}{8} - \frac{1}{5} \right) \right] \right. \\
&\quad \left. + \frac{\mathrm{i} e_{\mathrm{R}}^2}{4\pi m_{\mathrm{R}}} \sigma_{\mu\nu} q^\nu \right\} \Psi_i A_{\mathrm{ext}}^\mu \\
&\approx e_{\mathrm{R}} \int \mathrm{d}^3 x \frac{\mathrm{i}}{2m_{\mathrm{R}}} \left[\bar{\Psi}_f \partial_\mu \Psi_i - (\partial_\mu \bar{\Psi}_f) \Psi_i \right] \\
&\quad \times \left[1 + \frac{e_{\mathrm{R}}^2 q^2}{3\pi m_{\mathrm{R}}^2} \left(\ln \frac{m_{\mathrm{R}}}{\mu} - \frac{3}{8} - \frac{1}{5} \right) \right] A_{\mathrm{ext}}^\mu \\
&\quad + e_{\mathrm{R}} \int \mathrm{d}^3 x \frac{\mathrm{i}}{2m_{\mathrm{R}}} \left(1 + \frac{e_{\mathrm{R}}^2}{2\pi} \right) \bar{\Psi}_f \sigma_{\mu\nu} \Psi_i q^\nu A_{\mathrm{ext}}^\mu \ ,
\end{aligned} \tag{3.156}$$

wobei im letzten Schritt die Gordon-Zerlegung [siehe (2.86)]

$$\bar{\Psi}_f \gamma_\mu \Psi_i = \frac{\mathrm{i}}{2m_{\mathrm{R}}} \left[\bar{\Psi}_f \partial_\mu \Psi_i - (\partial_\mu \bar{\Psi}_f) \Psi_i \right] + \frac{\mathrm{i}}{2m_{\mathrm{R}}} \bar{\Psi}_f \sigma_{\mu\nu} \Psi_i q^\nu$$

verwendet und die $\mathcal{O}\left(q^3\right)$-Terme weggelassen wurden. Wandeln wir jetzt noch die q-Faktoren in Ableitungen im Ortsraum um, so ergibt sich schließlich

$$\begin{aligned}
W &\approx e_{\mathrm{R}} \int \mathrm{d}^3 x \left\{ \frac{\mathrm{i}}{2m_{\mathrm{R}}} \left[\bar{\Psi}_f \partial_\mu \Psi_i - (\partial_\mu \bar{\Psi}_f) \Psi_i \right] \right. \\
&\quad \times \left[1 - \frac{e_{\mathrm{R}}^2}{3\pi m_{\mathrm{R}}^2} \left(\ln \frac{m_{\mathrm{R}}}{\mu} - \frac{3}{8} - \frac{1}{5} \right) \partial_\alpha \partial^\alpha \right] A_{\mathrm{ext}}^\mu \\
&\quad \left. - \left(1 + \frac{e_{\mathrm{R}}^2}{2\pi} \right) \frac{1}{2m_{\mathrm{R}}} \bar{\Psi}_f \sigma_{\mu\nu} \Psi_i \partial^\nu A_{\mathrm{ext}}^\mu \right\} \ .
\end{aligned}$$

Hierin beinhaltet der erste Term einen rein konvektiven Strom, den wir nicht weiter betrachten. Den zweiten Term schreiben wir dagegen unter Ausnutzung von [siehe (2.54) in Aufgabe 15]

$$\begin{aligned}
\sigma_{\mu\nu} \partial^\nu A^\mu &= \frac{1}{2}(\sigma_{\mu\nu} - \sigma_{\nu\mu}) \partial^\nu A^\mu = \frac{1}{2}(\sigma_{\mu\nu}(\partial^\nu A^\mu - \partial^\mu A^\nu) \\
&= -\frac{1}{2}\sigma_{\mu\nu} F^{\mu\nu} = -(\mathrm{i}\boldsymbol{\alpha}\boldsymbol{E} - \hat{\boldsymbol{\sigma}}\boldsymbol{B})
\end{aligned}$$

um zu

$$\delta W \approx \left(1 + \frac{e_{\mathrm{R}}^2}{2\pi} \right) \frac{1}{2m_{\mathrm{R}}} \int \mathrm{d}^3 x \bar{\Psi}_f \left(\mathrm{i}\boldsymbol{\alpha}\Psi_i \boldsymbol{E} - \hat{\boldsymbol{\sigma}}\Psi_i \boldsymbol{B} \right) \ .$$

Offenbar läßt sich dieser Ausdruck im Falle eines reinen Magnetfeldes und für den Fall langsamer Elektronen, bei denen die oberen beiden Komponenten von Ψ gegenüber den unteren dominieren, als magnetische Dipolenergie interpretieren. In diesem Fall haben wir nämlich

$$\delta W \approx -2\left(1+\frac{e_\mathrm{R}^2}{2\pi}\right)\frac{1}{2m_\mathrm{R}}\int \mathrm{d}^3x\,\bar\Psi\, \boldsymbol{S}\Psi\,\boldsymbol{B}$$

$$\approx -2\left(1+\frac{e_\mathrm{R}^2}{2\pi}\right)\frac{1}{2m_\mathrm{R}}\int \mathrm{d}^3x\,\Psi^\dagger\, \boldsymbol{S}\Psi\,\boldsymbol{B}$$

$$= -\langle\boldsymbol{M}\rangle\,\boldsymbol{B}\,,$$

mit dem magnetischen Moment

$$\langle\boldsymbol{M}\rangle = 2\left(1+\frac{e_\mathrm{R}^2}{2\pi\hbar c}\right)\frac{e_\mathrm{R}\hbar}{2m_\mathrm{R}c}\,\langle\boldsymbol{S}\rangle = g\mu_\mathrm{B}\,\langle\boldsymbol{S}\rangle\,,\; g = 2\left(1+\frac{e_\mathrm{R}^2}{2\pi\hbar c}\right)\,,$$

wobei die Naturkonstanten $\hbar$ und c ausnahmsweise angeschrieben wurden. Im Vergleich zu (3.153) und (3.154) ist das magnetische Moment des Elektrons bei Mitnahme der $\mathcal{O}\left(e^2\right)$-Strahlungskorrekturen also ein wenig größer und enthält mit $\alpha_e = e_\mathrm{R}^2/\hbar c = 1/137.03602$ den korrigierten Landé-Faktor

$$g = 2\left(1+\frac{\alpha_e}{2\pi}\right) = 2(1+0.00116141)\,.$$

Die Abweichung dieses Faktors gegenüber dem ursprünglichen Wert 2 bezeichnet man als *Anomalie des Elektrons*. Sie wurde zum ersten mal durch Julian Schwinger im Jahre 1948 abgeleitet und anschließend von anderen experimentell bestätigt. Ein moderner experimenteller Wert ist

$$g_\mathrm{exp} = 2[1+0.00115965219(\pm 1)]\,.$$

Die verbleibende Differenz zwischen g und g_exp erklärt sich aus der Vernachlässigung höherer Strahlungskorrekturen. So liefert die Berücksichtigung der Korrekturen bis zur Ordnung $\mathcal{O}\left(e^8\right)$ einen theoretischen Wert, der bis auf eine relative Abweichung von etwa 10^{-11} mit g_exp übereinstimmt.

Qualitativ läßt sich die Zunahme des magnetischen Momentes folgendermaßen verstehen: Das Elektron emittiert und absorbiert laufend virtuelle Photonen, die einen Teil der Energie bzw. Masse des Elektrons forttragen. Deshalb ist das Verhältnis von Elektronladung und effektiver Elektronmasse erhöht, was sich bei Messungen des magnetischen Momentes in einem Magnetfeld niederschlägt.

Lamb-Shift. Vergleicht man das experimentell gemessene, hoch aufgelöste Bindungsspektrum des Wasserstoffatoms mit den theoretischen Vorhersagen der reinen Dirac-Theorie aus Unterabschn. 2.5.4, so lassen sich Abweichungen feststellen, die zum größten Teil wiederum auf Strahlungskorrekturen zurückzuführen sind. Bei der Darstellung dieses Zusammenhangs werden wir im folgenden auf etliche Einzelrechnungen verzichten und uns auf die wesentlichen Zusammenhänge konzentrieren.

Wie zuvor beschränken wir uns auf die Mitnahme der $\mathcal{O}\left(e^2\right)$-Strahlungs-korrekturen und studieren deren Einfluß auf die Bindungsenergien des Hül-lenelektrons in wasserstoffähnlichen Atomen. Die hierfür relevanten Beiträge können wieder durch die Feynman-Graphen der Abb. 3.41 dargestellt wer-den. Allerdings bedeuten die äußeren und inneren Fermionlinien jetzt ge-bundene Elektronlösungen bzw. den vollen Elektronpropagator der Dirac-Gleichung im Coulomb-Feld, wobei letzterer die unendlich vielen und zu al-len Zeiten stattfinden Wechselwirkungen zwischen Elektron und Atomkern in allen Ordnungen von e enthält. Unglücklicherweise sind die hiermit verbun-denen Rechnungen äußerst kompliziert und langwierig. Indem wir allerdings berücksichtigen, daß die atomaren Bindungsenergien typischerweise von der Größenordnung $Z^2 e_R^4 m_R$ [siehe (2.115)] und für leichte Atome nichtrelativi-stisch sind, läßt sich das Problem in zwei additive Teilprobleme für hoch- und niederfrequente Strahlungsfelder zerlegen und auf diese Weise approximativ lösen.

Hochfrequente Strahlung. Solange das Strahlungsfeld eine Frequenz

$$\omega \geq \omega_{\min} \gg Z^2 e_R^4 m_R$$

besitzt, darf man den Effekt des Coulomb-Feldes auf den Elektronpropagator innerhalb der Strahlungskorrekturen vernachlässigen. Es ist deshalb gerecht-fertigt, den in (3.156) enthaltenen Term

$$\delta H = e_R \gamma^0 \left[\gamma_\mu \frac{e_R^2 q^2}{3\pi m_R^2} \left(\ln \frac{m_R}{\mu} - \frac{3}{8} - \frac{1}{5} \right) + \frac{ie_R^2}{4\pi m_R} \sigma_{\mu\nu} q^\nu \right] A_{\text{ext}}^\mu$$

als Störterm zum Diracschen Hamilton-Operator mit dem Coulomb-Potential

$$[A_{\text{ext}}^\mu(x)] = \begin{pmatrix} A_{\text{ext}}^0(\boldsymbol{x}) \\ \boldsymbol{0} \end{pmatrix} \ , \ A_{\text{ext}}^0(\boldsymbol{x}) = -\frac{Ze}{|\boldsymbol{x}|}$$

zu betrachten und die resultierende Energieverschiebung der ungestörten Coulomb-Lösungen ψ_ν in erster Ordnung Störungstheorie zu berechnen:

$$\delta E_\nu^> = \int \mathrm{d}^3 x \psi_\nu^\dagger \delta H \psi_\nu \ .$$

Dabei ist zu beachten, daß die Photonmasse μ in δH ursprünglich von der Be-seitigung der Infrarotdivergenz innerhalb der Impulsintegration (3.150) bei der Vertexkorrektur herrührt. Wegen $\omega \geq \omega_{\min}$ wird hier aber diese Inte-gration nach unten abgeschnitten, so daß μ nicht länger benötigt wird. Wie entsprechende Rechnungen zeigen, läuft dies im Endeffekt auf die in δH vor-zunehmende Ersetzung

$$\ln \frac{m_R}{\mu} \longrightarrow \ln \frac{m_R}{2\omega_{\min}} + \frac{5}{6}$$

hinaus. Indem wir jetzt noch die Impulsfaktoren in Ableitungen im Ortsraum umwandeln,

$$\gamma_\mu q^2 A_{\text{ext}}^\mu = \gamma_0 \left(-\frac{\partial^2}{\partial t^2} + \boldsymbol{\nabla}^2 \right) A_{\text{ext}}^0 = \gamma_0 \boldsymbol{\nabla}^2 A_{\text{ext}}^0$$

$$\gamma^0 \sigma_{\mu\nu} q^\nu A_{\text{ext}}^\mu = \gamma^0 \sigma_{0\nu} q^\nu A_{\text{ext}}^0 = \mathrm{i}\gamma^0 \sigma_{0\nu} \partial^\nu A_{\text{ext}}^0 = \mathrm{i}\gamma^0 \sigma_{0k} \partial^k A_{\text{ext}}^0$$
$$= -\mathrm{i}\gamma_k \partial^k A_{\text{ext}}^0 = -\boldsymbol{\gamma}\boldsymbol{\nabla} A_{\text{ext}}^0 \,,$$

ergibt sich insgesamt

$$\begin{aligned}
\delta E_\nu^> &= e_{\text{R}} \int \psi_\nu^\dagger \left[\frac{e_{\text{R}}^2}{3\pi m_{\text{R}}^2} \left(\ln \frac{m_{\text{R}}}{2\omega_{\min}} + \frac{5}{6} - \frac{3}{8} - \frac{1}{5} \right) (\boldsymbol{\nabla}^2 A_{\text{ext}}^0) \right.\\
&\quad \left. - \frac{\mathrm{i}e_{\text{R}}^2}{4\pi m_{\text{R}}} \boldsymbol{\gamma}(\boldsymbol{\nabla} A_{\text{ext}}^0) \right] \psi_\nu \\
&= \frac{e_{\text{R}}^3}{3\pi m_{\text{R}}^2} \left(\ln \frac{m_{\text{R}}}{2\omega_{\min}} + \frac{5}{6} - \frac{3}{8} - \frac{1}{5} \right) \langle \nu | (\boldsymbol{\nabla}^2 A_{\text{ext}}^0) | \nu \rangle \\
&\quad - \frac{\mathrm{i}e_{\text{R}}^3}{4\pi m_{\text{R}}} \langle \nu | \boldsymbol{\gamma}(\boldsymbol{\nabla} A_{\text{ext}}^0) | \nu \rangle \,.
\end{aligned}$$

Die weitere Berechnung der Erwartungswerte läßt sich in der nichtrelativistischen Näherung durchführen, und man erhält

$$\langle \nu | (\boldsymbol{\nabla}^2 A_{\text{ext}}^0) | \nu \rangle = \frac{4Z^4 e_{\text{R}}^7 m_{\text{R}}^3}{n^3} \delta_{l0}$$
$$\langle \nu | \boldsymbol{\gamma}(\boldsymbol{\nabla} A_{\text{ext}}^0) | \nu \rangle = \frac{2\mathrm{i}Z^4 e_{\text{R}}^7 m_{\text{R}}^2}{n^3} \left[\delta_{l0} \pm \frac{2(1 - \delta_{l0})}{(2J + 1)(2l + 1)} \right] \,,$$

mit der Hauptquantenzahl n, der Drehimpulsquantenzahl l und der Gesamtdrehimpulsquantenzahl $J = l \pm 1/2$ der Schrödingerschen Coulomb-Lösungen.

Niederfrequente Strahlung. Nehmen wir jetzt auf der anderen Seite an, daß die Strahlungsfrequenz der Bedingung

$$\omega \le \omega_{\max} \ll m_{\text{R}}$$

genügt, so ist das Problem völlig nichtrelativistisch. In diesem Fall kann man die Strahlungskorrekturen einfach als Emission und Reabsorption eines virtuellen Photons auffassen und im Rahmen der Schrödinger-Theorie störungstheoretisch behandeln. Der zugehörige Störoperator lautet jetzt

$$\delta H = \frac{\mathrm{i}e_{\text{R}}}{m_{\text{R}}} \boldsymbol{A}\boldsymbol{\nabla} \,,$$

wobei $\boldsymbol{A}$ das Photonpotential in der Strahlungseichung bezeichnet, das wir genau wie in Unterabschn. 3.3.7 mit

$$\boldsymbol{A}_k(x) = \sqrt{\frac{2\pi}{\omega V}} \boldsymbol{\epsilon}(\boldsymbol{k}, \lambda) \left(\mathrm{e}^{-\mathrm{i}k\cdot x} + \mathrm{e}^{\mathrm{i}k\cdot x} \right) \,, \quad \begin{cases} \boldsymbol{k}\boldsymbol{\epsilon}(\boldsymbol{k}, \lambda) = 0 \\ \boldsymbol{\epsilon}(\boldsymbol{k}, \lambda)\boldsymbol{\epsilon}(\boldsymbol{k}, \lambda) = 1 \end{cases}$$

ansetzen. Damit ergibt sich die Energieverschiebung des Elektrons durch Emission und Reabsorption eines Photons in zweiter Ordnung Störungstheorie zu

$$\delta E_\nu^< = \sum_{\nu',\lambda} \int\limits_{\omega < \omega_{\max}} \frac{V \mathrm{d}^3 k}{(2\pi)^3} \frac{2\pi}{\omega V} \frac{e_{\mathrm{R}}^2}{m_{\mathrm{R}}^2} \frac{\left|\langle \nu' | \mathrm{e}^{\mathrm{i}kx} \boldsymbol{\epsilon}(\boldsymbol{k},\lambda) \mathrm{i}\boldsymbol{\nabla} | \nu \rangle \right|^2}{E_\nu - E_{\nu'} - \omega} .$$

Die Summe erstreckt sich dabei über alle Elektronzustände und transversalen Polarisationsrichtungen des Photons. Bei Verwendung der Dipolnäherung $\mathrm{e}^{\mathrm{i}kx} \approx 1$ und unter Berücksichtigung von $E_{\nu'} - E_\nu \ll \omega_{\max}$ wird hieraus

$$\delta E_\nu^< \approx \frac{2e_{\mathrm{R}}^2}{3\pi} \int\limits_0^{\omega_{\max}} \mathrm{d}\omega\,\omega \sum_{\nu'} \frac{\left|\langle \nu' | \boldsymbol{v} | \nu \rangle\right|^2}{E_\nu - E_{\nu'} - \omega} , \quad \boldsymbol{v} = -\frac{\mathrm{i}\boldsymbol{\nabla}}{m_{\mathrm{R}}}$$

$$\approx \frac{2e_{\mathrm{R}}^2}{3\pi} \left[-\omega_{\max} \langle \nu | \boldsymbol{v}^2 | \nu \rangle \right.$$

$$\left. + \sum_{\nu'} \left|\langle \nu' | \boldsymbol{v}^2 | \nu \rangle\right|^2 (E_{\nu'} - E_\nu) \ln \frac{\omega_{\max}}{|E_{\nu'} - E_\nu|} \right] .$$

Der erste Term beschreibt gerade den Anteil der niederfrequenten Photonen zur Massenrenormierung und muß abgezogen werden, weil m_{R} bereits die physikalische Elektronmasse ist. Nach einer Reihe weiterer Manipulationen folgt schließlich

$$\delta E_\nu^< \approx \frac{2e_{\mathrm{R}}^2}{3\pi} \sum_{\nu'} \left|\langle \nu' | \boldsymbol{v}^2 | \nu \rangle\right|^2 (E_{\nu'} - E_\nu) \ln \frac{\omega_{\max}}{|E_{\nu'} - E_\nu|}$$

$$= \frac{e_{\mathrm{R}}^3}{3\pi m_{\mathrm{R}}^2} \langle \nu | (\boldsymbol{\nabla}^2 A_{\mathrm{ext}}^0) | \nu \rangle \left[\ln \frac{2\omega_{\max}}{m_{\mathrm{R}}} - 2\ln(Ze_{\mathrm{R}}^2) \right]$$

$$+ \frac{2e_{\mathrm{R}}^2}{3\pi} \sum_{\nu'} \left|\langle \nu' | \boldsymbol{v} | \nu \rangle\right|^2 (E_{\nu'} - E_\nu) \ln \frac{Z^2 e_{\mathrm{R}}^4 m_{\mathrm{R}}/2}{|E_{\nu'} - E_\nu|} .$$

Bevor wir nun die Energieverschiebungen für den hoch- und niederfrequenten Bereich zusammenbringen, ist festzustellen, daß wir mit der Gleichsetzung $\omega_{\min} = \omega_{\max}$ offenbar den gesamten Frequenzbereich abdecken, sofern $\omega_{\min}$ dergestalt gewählt werden kann, daß $Z^2 e_{\mathrm{R}}^4 m_{\mathrm{R}} \ll \omega_{\min} \ll m_{\mathrm{R}}$. Dies ist jedoch in leichten Atomen problemlos möglich. Unter dieser Voraussetzung ergibt sich für die Energieverschiebung insgesamt

$$\delta E_\nu = \delta E_\nu^> + \delta E_\nu^<$$

$$= \frac{4Z^4 e_{\mathrm{R}}^{10} m_{\mathrm{R}}}{3\pi n^3} \left\{ L_{nl} + \left[\frac{19}{30} - 2\ln(Ze_{\mathrm{R}}^2) \right] \delta_{l0} \pm \frac{3(1 - \delta_{l0})}{4(2J+1)(2l+1)} \right\} ,$$

mit

$$L_{nl} = \frac{n^3}{2Z^4 e_{\mathrm{R}}^8 m_{\mathrm{R}}} \sum_{\nu'} \left|\langle \nu' | \boldsymbol{v} | \nu \rangle\right|^2 (E_{\nu'} - E_\nu) \ln \frac{Z^2 e_{\mathrm{R}}^4 m_{\mathrm{R}}/2}{|E_{\nu'} - E_\nu|} .$$

Die Größe L_{nl} läßt sich analytisch nicht weiter auswerten und muß numerisch bestimmt werden.

Wie man sieht, ist der Lamb-Shift gegenüber den ungestörten Bindungs-energien

$$E_{nl} \approx -\frac{Z^2 e_R^4 m_R}{2n^3}$$

sehr klein und um den Faktor $Z^2 e_R^6$ unterdrückt. Darüber hinaus hebt er offensichtlich die durch die reine Dirac-Theorie (mit Coulomb-Potential) vor-hergesagte Entartung von Zuständen mit gleicher Hauptquantenzahl n und Gesamtdrehimpulsquantenzahl J auf. Das historisch bedeutsamste Beispiel des Lamb-Shifts ist die Abstandsvergrößerung zwischen dem $2s_{1/2}$- und $2p_{1/2}$-Niveau, die von Lamb und Retherford im Jahre 1947 erstmalig gemessen wurde (siehe Abb. 2.2 in Unterabschn. 2.5.4). Unter Berücksichtigung von

$$m_R = 5.11004 \cdot 10^5 \text{eV} \ , \ L_{20} = -2.81177 \ , \ L_{21} = 0.03002$$

erhält man hierfür den theoretischen Wert

$$\delta E = \delta E_{2s_{1/2}} - \delta E_{2p_{1/2}} = 4.298 \cdot 10^{-6} \text{ eV} + 5.328 \cdot 10^{-8} \text{ eV}$$
$$= 1039.3 \text{ MHz} + 12.9 \text{ MHz} = 1052.2 \text{ MHz} \ ,$$

der mit dem heutigen experimentellen Wert von

$$\delta E_{\text{exp}} = 1057.845(9) \text{ MHz}$$

zu vergleichen ist. Die hieraus resultierende relative Abweichung in Bezug auf die Bindungsenergien selbst beträgt 10^{-8}. Sie läßt sich durch Hinzunah-me weiterer Korrekturen sowie durch Berücksichtigung von Rückstoßeffekten und des endlichen Kernradius auf eine relative Abweichung von $< 10^{-11}$ re-duzieren.

Zusammenfassung

- Geht man bei der Berechnung von Streuprozessen über die jeweils nied-rigsten Ordnungen hinaus, so werden Wechselwirkungen von Teilchen mit sich selbst möglich, die man als **Strahlungskorrekturen** bezeichnet.

- Die drei fundamentalen $\mathcal{O}\left(e^2\right)$-Strahlungskorrekturen sind die **Vaku-umpolarisation**, die **Selbstenergie** und die **Vertexkorrektur**. Bei der Vakuumpolarisation erzeugt ein (virtuelles/reelles) Photon ein virtu-elles Fermion-Antifermion-Paar, das anschließend wieder vernichtet wird. Bei der Selbstenergie und der Vertexkorrektur emittiert ein (virtuel-les/reelles) Fermion ein virtuelles Photon und absorbiert es danach wie-der.

- Mit den Strahlungskorrekturen sind gewisse **Ultraviolettdivergenzen** in den zugehörigen Impulsintegralen verbunden, die sich durch das Pro-gramm der **Renormierung** beseitigen lassen. Dabei isoliert man die jeweilige Divergenz durch **Regularisierung** des Integrals in eine multiplikative Konstante und absorbiert diese anschließend in den **nackten Größen** e bzw. m_0. Die hieraus resultierenden **renormierten Größen** e_R und m_R stellen dann die eigentlichen, experimentell relevanten und endlichen Parameter dar.

- Bei zusammenhängender Betrachtung der drei Strahlungskorrekturen ergibt sich die bis zur Ordnung $\mathcal{O}\left(e^2\right)$ korrekte **Ladungsrenormierung** ausschließlich aus der Vakuumpolarisation.

- Physikalisch äußern sich die Strahlungskorrekturen z.B. in der Abweichung des gyromagnetischen Verhältnis des Elektrons vom Wert 2 sowie im **Lamb-Shift** der Bindungsenergien atomarer Systeme.

- Neben der Ultraviolettdivergenz enthält die Vertexkorrektur auch eine **Infrarotdivergenz**. Diese erweist sich jedoch als fiktiv, wenn man sämtliche Streuprozesse sorgfältig berücksichtigt, die aufgrund der jeweiligen experimentellen Anordnung zur Zählung der interessierenden Streuprodukte beitragen.

Aufgaben

41. Beseitigung der Infrarotkatastrophe. Der Prozeß, bei dem ein Elektron an einem anderen geladenen Teilchen gestreut wird und dabei reelle Photonen emittiert, nennt man *Bremsstrahlung*. Für den einfacheren Fall der Elektronstreuung an einem Coulomb-Potential tragen in führender Ordnung die Feynman-Graphen der Abb. 3.42 bei. Der zugehörige vollständig unpolarisierte Wirkungsquerschnitt lautet im Grenzfall weicher Photonen mit $0 < \omega \leq \omega_{\max}$ und kleiner Elektrongeschwindigkeiten $|\boldsymbol{v}_i| = v_i \ll 1$ (nichtrelativistischer Grenzfall)

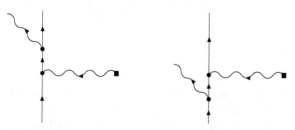

Abb. 3.42. Feynman-Graphen der Bremsstrahlung in einem Coulomb-Feld in niedrigster Ordnung.

$$\left(\frac{\mathrm{d}\sigma}{\mathrm{d}\Omega}\right)_{\mathrm{Brems}} = \left(\frac{\mathrm{d}\sigma}{\mathrm{d}\Omega}\right)_{\mathrm{Mott}} \frac{8e_{\mathrm{R}}^2 v_i^2 \sin^2 \frac{\theta}{2}}{3\pi} \ln \frac{\omega_{\max}}{\mu} \tag{3.157}$$

und enthält eine Infrarotdivergenz bei der *Cut-Off-Frequenz* $\mu \to 0$.

Was ist die Bedeutung dieses Ergebnisses für den $\mathcal{O}\left(e^2\right)$-strahlungskorrigierten Wirkungsquerschnitt der reinen Coulomb-Streuung (ohne reelle Photonemission) in führender Ordnung?

Lösung. Beschränkt man sich bei der reinen Coulomb-Streuung auf die Hinzunahme der Infrarotdivergenz verursachenden Vertexkorrektur zur führenden Ordnung, so läuft dies auf das Amplitudenquadrat (vgl. Satz 3.7)

$$|M_{fi}|^2 = \left| \frac{4\pi Z e_{\mathrm{R}}^2}{q^2} \bar{u}(p_f, s_f) \left[\gamma_0 + \Lambda_0^{(\mathrm{R})}(p_f, p_i) \right] u(p_i, s_i) \right|^2 \, , \quad q = p_f - p_i$$

$$= \left| \frac{4\pi Z e_{\mathrm{R}}^2}{q^2} \bar{u}(p_f, s_f) \gamma_0 u(p_i, s_i) \right|^2$$

$$\times \left| \left[1 - \frac{e_{\mathrm{R}}^2 q^2}{3\pi m_{\mathrm{R}}^2} \left(\ln \frac{m_{\mathrm{R}}}{\mu} - \frac{3}{8} \right) + \frac{\mathrm{i} e_{\mathrm{R}}^2}{4\pi m_{\mathrm{R}}} \gamma^0 \sigma_{0k} q^k \right] \right|^2$$

und den vollständig unpolarisierten differentiellen Wirkungsquerschnitt

$$\overline{\frac{\mathrm{d}\sigma}{\mathrm{d}\Omega}} = \left(\overline{\frac{\mathrm{d}\sigma}{\mathrm{d}\Omega}}\right)_{\mathrm{Mott}} \left| \left[1 - \frac{e_{\mathrm{R}}^2 q^2}{3\pi m_{\mathrm{R}}^2} \left(\ln \frac{m_{\mathrm{R}}}{\mu} - \frac{3}{8} \right) + \frac{\mathrm{i} e_{\mathrm{R}}^2}{4\pi m_{\mathrm{R}}} \gamma^0 \sigma_{0k} q^k \right] \right|^2_{|p_f|=|p_i|}$$

hinaus. Hierin enthalten ist der Anteil

$$A = - \left(\overline{\frac{\mathrm{d}\sigma}{\mathrm{d}\Omega}}\right)_{\mathrm{Mott}} \frac{2e_{\mathrm{R}}^2 q^2}{3\pi m_{\mathrm{R}}^2} \ln \frac{m_{\mathrm{R}}}{\mu} \Bigg|_{|p_f|=|p_i|} \, ,$$

der die dominante Infrarotdivergenz bei $\mu \to 0$ verursacht und unter Beachtung von

$$q^2\big|_{|p_f|=|p_i|} = 4|p_i|^2 \sin^2 \frac{\theta}{2} = \frac{4v_i^2 m_{\mathrm{R}}^2 \sin^2 \frac{\theta}{2}}{1 - v_i^2}$$

im Grenzfall $|v_i| = v_i \to 0$ (nichtrelativistischer Grenzfall) weiter umgeschrieben werden kann zu

$$A = - \left(\overline{\frac{\mathrm{d}\sigma}{\mathrm{d}\Omega}}\right)_{\mathrm{Mott}} \frac{8e_{\mathrm{R}}^2 v_i^2 \sin^2 \frac{\theta}{2}}{3\pi} \ln \frac{m_{\mathrm{R}}}{\mu} \, .$$

Zur physikalischen Interpretation dieses Sachverhaltes ist zu berücksichtigen, daß die Energieauflösung ΔE jeder Meßapparatur, die zur Zählung von gestreuten Teilchen eingesetzt wird, begrenzt ist. Dies bedeutet, daß im Experiment nicht zwischen elastisch (reine Coulomb-Streuung) und inelastisch (Bremsstrahlung) gestreuten Teilchen unterschieden werden kann, sofern die Frequenz der emittierten Photonen $\omega \leq \Delta E$ ist. Zum differentiellen Wirkungsquerschnitt der reinen Coulomb-Streuung muß deshalb derjenige der weichen Bremsstrahlung, also (3.157), addiert werden, wobei im letzteren $\omega_{max} = \Delta E$ zu setzen ist. Damit wird der kritische Coulomb-Term A zu

$$A \longrightarrow \left(\overline{\frac{d\sigma}{d\Omega}}\right)_{\text{Mott}} \frac{8e_{\text{R}}^2 v_i^2 \sin^2 \frac{\theta}{2}}{3\pi} \left(\ln \frac{\Delta E}{\mu} - \ln \frac{m_{\text{R}}}{\mu}\right)$$

$$= \left(\overline{\frac{d\sigma}{d\Omega}}\right)_{\text{Mott}} \frac{8e_{\text{R}}^2 v_i^2 \sin^2 \frac{\theta}{2}}{3\pi} \ln \frac{\Delta E}{m_{\text{R}}} \ .$$

Wie zu erkennen ist, hebt die Infrarotdivergenz der Bremsstrahlung die dominante Infrarotdivergenz der Coulomb-Streuung exakt heraus – ein äußerst zufriedenstellendes Ergebnis, das auch in höheren Ordnungen durch physikalisch motiviertes Zusammenfassen von internen und externen Strahlungskorrekturen gültig bleibt.

3.5 Streuung von Spin-0-Teilchen

In diesem letzten Abschnitt beschäftigen wir uns mit der Beschreibung relativistischer Streuprozesse von elementaren Spin-0-Teilchen auf der Basis eines geeigneten Propagator-Streuformalismus, so wie wir es in den vorigen Abschnitten für elementare Spin-1/2-Teilchen getan haben. Dabei wird es nicht weiter verwundern, daß viele der dort erarbeiteten Konzepte mehr oder weniger unverändert übernommen werden können. Jedoch muß an dieser Stelle betont werden, daß der Anwendungsbereich des Spin-0-Streuformalismus gegenüber dem Spin-1/2-Fall stark eingeschränkt sein wird, und zwar hauptsächlich aufgrund der Tatsache, daß es in der Natur eben keine elementaren (punktförmigen, strukturlosen) Spin-0-Teilchen gibt. Sie bestehen vielmehr aus zwei Spin-1/2-Quarks, die ihrerseits der starken Wechselwirkung unterliegen. Dies wiederum führt aufgrund von starken (quantenchromodynamischen) Vakuumpolarisationseffekten dazu, daß jedes Spin-0-Teilchen untrennbar mit einer komplizierten Wolke von virtuellen Teilchen umgeben ist, die durch unsere selbst auferlegte Beschränkung auf die elektromagnetische Wechselwirkung natürlich völlig unberücksichtigt bleibt. Desweiteren ist zu beachten, daß Spin-0-Teilchen nicht wirklich stabil sind, sondern über die schwache Wechselwirkung zerfallen. Manche von ihnen, wie z.B. Pionen, können allerdings in Bezug auf rein elektromagnetische Streuprozesse als „quasi stabil" betrachtet werden, da ihre (schwache) Zerfallszeit von etwa 10^{-8} s weit oberhalb der charakteristischen Zeiteinheit $\hbar/(m_0 c^2) < 10^{-23}$ s liegt.

Aufgrund dieser Einschränkungen besitzen die im folgenden zu diskutierenden relativistischen Spin-0-Streuprozesse also eher akademischen bzw. didaktischen Wert, womit vor allem die formale Korrespondenz zum Spin-1/2-Fall verdeutlicht werden soll. Diese Korrespondenz spiegelt sich auch in den Feynman-Regeln wider, die wir im Laufe dieses Abschnittes für den bosonischen Fall (allein aus Tree-Level-Prozessen heraus) entwickeln und am Ende noch einmal komplett (inklusive des quantenelektrodynamischen Loop-Levels) darlegen werden.

Anmerkung. Analog zum Spin-1/2-Fall setzen wir Spin-0-Teilchen desöfteren mit Pionen und Spin-0-Antiteilchen mit Antipionen gleich. Desweiteren wird im gesamten Abschnitt von vornherein das natürliche Einheitensystem ($\hbar = c = 1$) verwendet.

3.5.1 Lösung der allgemeinen Klein-Gordon-Gleichung

Analog zu Unterabschn. 3.2.1 sind wir zunächst wieder an der Entwicklung eines Propagatorformalismus zur Lösung der allgemeinen Klein-Gordon-Gleichung interessiert. Hierzu erweist es sich als günstig, abweichend von Kapitel 1 die Ladungsstromdichte und das V-Skalarprodukt der Klein-Gordon-Theorie mit anderen Vorfaktoren zu versehen (vgl. Satz 1.2):

$$j^\mu = i \left[\phi^* \partial^\mu \phi - (\partial^\mu \phi^*) \phi \right] - 2e A^\mu \phi^* \phi = \phi^* i \overleftrightarrow{\partial}^\mu \phi - 2e A^\mu \phi^* \phi \qquad (3.158)$$

$$\langle \phi_1 | \phi_2 \rangle_V = \int d^3 x \left(\phi_1^* i \overleftrightarrow{\partial}_0 \phi_2 - 2e A^0 \phi_1^* \phi_2 \right) . \qquad (3.159)$$

Im Gegenzug werden die freien Klein-Gordon-Lösungen so umnormiert,

$$\phi_{\boldsymbol{p}}^{(r)}(x) = \sqrt{\frac{1}{2E(2\pi)^3}} e^{-i\epsilon_r p \cdot x} ,$$

daß sie nach wie vor die V-Kontinuumsnormierung

$$\left\langle \phi_{\boldsymbol{p}}^{(r)} \middle| \phi_{\boldsymbol{p}'}^{(r')} \right\rangle_V = \epsilon_r \delta_{rr'} \delta(\boldsymbol{p} - \boldsymbol{p}')$$

erfüllen. Im Falle der später relevanten V-Normierung auf ein Kastenvolumen V gilt dann entsprechend (ab jetzt wieder: großes Symbol Φ für freie ebene Klein-Gordon-Wellen)

$$\Phi_i^{(r_i)}(x) = \sqrt{\frac{1}{2E_i V}} e^{-i\epsilon_i p_i \cdot x} , \quad \left\langle \Phi_f^{(r_f)} \middle| \Phi_i^{(r_i)} \right\rangle_V = \epsilon_f \delta_{r_f r_i} \delta_{fi} . \qquad (3.160)$$

Alle weiteren Schritte lassen sich nun völlig analog zum Dirac-Fall in Unterabschn. 3.2.1 durchführen, indem man

- die Lösung der Klein-Gordon-Gleichung mittels einer Green-Funktion in integrale Form bringt,

- für die Green-Funktion einen geeigneten Kausalzusammenhang im Einklang mit der Feynman-Stückelberg-Interpretation fordert,

- daraus eine Differentialgleichung für den *Feynmanschen Bosonpropagator* ableitet

- und diese schließlich in eine iterativ lösbare Integralgleichung für den Propagator bzw. für die Klein-Gordonsche Wellenfunktion selbst umschreibt.

Weil mit dieser Vorgehensweise keinerlei neuen Einsichten verbunden sind, verzichten wir an dieser Stelle auf ihre konkrete Ausführung und fassen stattdessen die für uns relevanten Ergebnisse sofort im folgenden Satz zusammen:

Satz 3.17: Lösung der allgemeinen Klein-Gordon-Gleichung im Propagatorformalismus unter Berücksichtigung der Feynman-Stückelberg-Interpretation

Die Klein-Gordon-Gleichung

$$(p'_\mu p'^\mu - m_0^2)\phi(x') = V(x')\phi(x')$$

mit dem *modifizierten Potential*

$$V(x') = e[p'_\mu A^\mu(x') + A_\mu(x')p'^\mu] - e^2 A_\mu(x')A^\mu(x')$$

ist äquivalent zur Integralgleichung

$$\phi(x') = \phi_{\text{frei}}(x') + \int \mathrm{d}^4 x \Delta_{\text{F}}^{(0)}(x',x)V(x)\phi(x) \ ,$$

sofern $\Delta_{\text{F}}^{(0)}$ der Gleichung

$$(p'_\mu p'^\mu - m_0^2)\Delta_{\text{F}}^{(0)}(x',x) = \delta(x' - x)$$

genügt. Die Größe $\Delta_{\text{F}}^{(0)}$ heißt *freier Feynmanscher Bosonpropagator*, wenn sie neben der letzten Gleichung die Kausalzusammenhänge

$$\left\{ \begin{matrix} \Theta(x'^0 - x^0) \\ \Theta(x^0 - x'^0) \end{matrix} \right\} \phi_{\text{frei}}^{(\pm)}(x') = \pm\mathrm{i} \int \mathrm{d}^3 x \Delta_{\text{F}}^{(0)}(x',x)\mathrm{i}\overset{\leftrightarrow}{\partial_0}\, \phi_{\text{frei}}^{(\pm)}(x)$$

und

$$\left\{ \begin{matrix} \Theta(x^0 - x'^0) \\ \Theta(x'^0 - x^0) \end{matrix} \right\} \phi_{\text{frei}}^{(\pm)*}(x') = \pm\mathrm{i} \int \mathrm{d}^3 x \phi_{\text{frei}}^{(\pm)*}(x)\mathrm{i}\overset{\leftrightarrow}{\partial_0}\, \Delta_{\text{F}}^{(0)}(x,x')$$

berücksichtigt. Sie garantieren die zeitliche Vorwärtsausbreitung [Rückwärtsausbreitung] von positiven [negativen] freien Klein-Gordon-Lösungen sowie die jeweils umgekehrte Ausbreitungsrichtung bei den komplex konjugierten Lösungen. Die Fourier-Zerlegung des freien Bosonpropagators lautet

$$\left. \begin{aligned} \Delta_{\text{F}}^{(0)}(x',x) = \Delta_{\text{F}}^{(0)}(x'-x) &= \int \frac{\mathrm{d}^4 p}{(2\pi)^4} \mathrm{e}^{-\mathrm{i}p_\mu(x'^\mu - x^\mu)} \tilde{\Delta}_{\text{F}}^{(0)}(p) \\ \tilde{\Delta}_{\text{F}}^{(0)}(p) &= \frac{1}{p^2 - m_0^2 + \mathrm{i}\epsilon} \ . \end{aligned} \right\} \quad (3.161)$$

Wie man sich durch eine zu Unterabschn. 3.2.2 analoge Rechnung problemlos überzeugt, ist der zusätzliche imaginäre Anteil im Nenner von $\tilde{\Delta}_{\text{F}}^{(0)}$ wieder notwendig, um die Einhaltung der genannten Kausalitätsprinzipien zu garantieren. Weiterhin folgt aus dieser Rechnung die Zerlegung

$$\Delta_F^{(0)}(x'-x) = -i\Theta(x'^0 - x^0)\int d^3p\phi_{\boldsymbol{p}}^{(1)}(x')\phi_{\boldsymbol{p}}^{(1)*}(x)$$
$$-i\Theta(x^0 - x'^0)\int d^3p\phi_{\boldsymbol{p}}^{(2)}(x')\phi_{\boldsymbol{p}}^{(2)*}(x) \tag{3.162}$$

nach freien Klein-Gordon-Lösungen, mit deren Hilfe wir in Aufgabe 42 noch einmal die Gültigkeit beider Kausalzusammenhänge explizit überprüfen werden.

3.5.2 Streuformalismus

Auch in Bezug auf die Beschreibung bosonischer Streuprozesse gelten im Prinzip dieselben Voraussetzungen (zeitliche Begrenzung der Streuwechselwirkung, Adiabatennäherung usw.) und Überlegungen, wie wir sie für den fermionischen Fall in Unterabschn. 3.2.3 angestellt haben. Unser Interesse gilt hierbei wieder der Projektion der Streuwelle ϕ_i auf eine freie ebene Klein-Gordon-Welle Φ_f lange nach der Streuung, wobei ϕ_i lange vor der Streuung durch eine ebenfalls freie ebene Welle Φ_i gegeben ist. Dementsprechend lautet unser Ansatz für die Streuamplitude S_{fi} unter Berücksichtigung des V-Skalarproduktes (3.159)

$$S_{fi} = \lim_{t'\to\pm\infty}\epsilon_f\int d^3x'\Phi_f^*(x')i\overset{\leftrightarrow}{\partial_0'}\phi_i(x')\ . \tag{3.163}$$

Dabei ist wie im fermionischen Fall gemäß der Feynman-Stückelberg-Interpretation einer von zwei Grenzwerten zu betrachten, je nach vorliegender Teilchensorte im Endzustand. Handelt es sich um Bosonen (Pionen), dann ist Φ_f eine Bosonwellenfunktion mit positiver Energie, die sich zeitlich vorwärts entwickelt, so daß der obere Grenzwert gilt. Im Falle von antibosonischen (antipionischen) Streuzuständen bedeutet Φ_f dagegen eine zeitlich rückwärts bewegte Bosonwellenfunktion mit negativer Energie, und es muß der untere Grenzwert genommen werden. Für die sich aus Φ_i entwickelnde Streuwelle ϕ_i gilt entsprechend

$$\Phi_i(x) = \lim_{t\to\mp\infty}\phi_i(x)\ ,$$

mit dem oberen Grenzwert für einlaufende Bosonen und dem unteren Grenzwert für einlaufende Antibosonen. Das ϵ_f in (3.163) ist reine Konvention. Indem wir nun die Beziehungen

$$\phi_i(x') = \Phi_i(x') + \int d^4x_1\Delta_F^{(0)}(x'-x_1)V(x_1)\phi_i(x_1)$$

$$\Phi_f^*(x_1) = \lim_{t'\to\pm\infty}i\epsilon_f\int d^3x'\Phi_f^*(x')i\overset{\leftrightarrow}{\partial_0'}\Delta_F^{(0)}(x'-x_1)$$

$$\int d^3x \Phi_f^{(r_f)*}(x) i \overset{\leftrightarrow}{\partial_0} \Psi_i^{(r_i)}(x) = \epsilon_f \delta_{r_f r_i} \delta(\boldsymbol{p}_f - \boldsymbol{p}_i)$$

ausnutzen [mit oberem Grenzwert für Bosonen ($r_f = 1$; $\epsilon_f = +1$) und unterem Grenzwert für Antibosonen ($r_f = 2$; $\epsilon_f = -1$) im Endzustand], erhalten wir aus (3.163) den Ausdruck

$$
\begin{aligned}
S_{fi} &= \lim_{t' \to \pm\infty} \epsilon_f \left[\int d^3x' \Phi_f^*(x') i \overset{\leftrightarrow}{\partial_0'} \Phi_i(x') \right. \\
&\quad + \left. \int d^3x' \int d^4x_1 \Phi_f^*(x') i \overset{\leftrightarrow}{\partial_0'} \Delta_F^{(0)}(x' - x_1) V(x_1) \phi_i(x) \right] \\
&= \delta(\boldsymbol{p} - \boldsymbol{p}') \delta_{r_f r_i} - i \int d^4x_1 \Phi_f^*(x_1) V(x_1) \phi_i(x_1) \,,
\end{aligned}
$$

der für alle vier möglichen Streukonstellationen

Boson oder Antiboson $\longrightarrow$ Boson oder Antiboson

gleichermaßen gültig ist. Darin iterieren wir jetzt ϕ_i in der Form

$$
\begin{aligned}
\phi_i(x_1) &= \Phi_i(x_1) \\
&\quad + \int d^4x_2 \Delta_F^{(0)}(x_1 - x_2) V(x_2) \Phi_i(x_2) \\
&\quad + \int d^4x_2 \int d^4x_3 \Delta_F^{(0)}(x_1 - x_2) V(x_2) \Delta_F^{(0)}(x_2 - x_3) \Phi_i(x_3) \\
&\quad + \ldots
\end{aligned}
$$

und gelangen somit zu (vgl. Satz 3.5)

Satz 3.18: Streumatrix in der Klein-Gordon-Theorie

Die Streuamplitude S_{fi} ist definiert durch die Projektion des sich aus Φ_i während einer Streuung an ein Target entwickelnden Zustandes ϕ_i auf Φ_f lange nach der Streuung:

$$S_{fi} = \lim_{t' \to \pm\infty} \epsilon_f \int d^3x' \Phi_f^* i \overset{\leftrightarrow}{\partial_0'} \phi_i(x') \,, \quad \lim_{t \to \mp\infty} \phi_i(x) = \Phi_i(x) \,.$$

Im Falle pionischer [antipionischer] Streuzustände ist Φ_f eine ebene Pionwelle mit positiver [negativer] Energie, die sich zeitlich vorwärts [rückwärts] entwickelt, so daß in der linken Gleichung der Grenzwert $t' \to +\infty$ [$t' \to -\infty$] zu betrachten ist. Handelt es sich bei den einlaufenden Teilchen um Pionen [Antipionen], dann ist Φ_i eine ebene Pionwelle mit positiver [negativer] Energie, und es gilt in der rechten Gleichung der Grenzwert $t \to -\infty$ [$t \to +\infty$].

Mit Hilfe des Feynmanschen Propagatorformalismus läßt sich S_{fi} in eine Reihe von Vielfachstreuungen entwickeln:

$$S_{fi} = \delta(\boldsymbol{p}_f - \boldsymbol{p}_i) \delta_{r_f r_i} - i \int d^4x_1 \Phi_f^*(x_1) V(x_1) \phi_i(x_1)$$

$\triangleright$

$$= \delta(\boldsymbol{p}_f - \boldsymbol{p}_i)\delta_{r_f r_i}$$

$$-\mathrm{i} \int \mathrm{d}^4x_1 \Phi_f^*(x_1)V(x_1)\Phi_i(x_1)$$

$$-\mathrm{i} \int \mathrm{d}^4x_1 \int \mathrm{d}^4x_2 \Phi_f^*(x_2)V(x_2)\Delta_{\mathrm{F}}^{(0)}(x_2 - x_1)V(x_1)\Phi_i(x_1)$$

$$-\mathrm{i} \int \mathrm{d}^4x_1 \int \mathrm{d}^4x_2 \int \mathrm{d}^4x_3 \Phi_f^*(x_3)V(x_3)\Delta_{\mathrm{F}}^{(0)}(x_3 - x_2)$$

$$\times V(x_2)\Delta_{\mathrm{F}}^{(0)}(x_2 - x_1)V(x_1)\Phi_i(x_1)$$

$$- \dots .$$

Hierbei bezeichnet V das modifizierte Potential des Targets aus Satz 3.17 und $\Delta_{\mathrm{F}}^{(0)}$ den freien Bosonpropagator.
Grundlage dieses Satzes sind die Adiabatennäherung und die Feynman-Stückelberg-Interpretation.

Insgesamt führen unsere Überlegungen also auf einen Formalismus zur relativistischen Beschreibung bosonischer Streuprozesse, der bzgl. Struktur und Interpretation sehr ähnlich aufgebaut ist, wie der des fermionischen Falles. So können wir etwa die nach Satz 3.5 angestellten Betrachtungen über die Elektron- und Positronstreuung, Paarerzeugung und -vernichtung nach entsprechender Umbenennung der Teilchen und Wellenfunktionen – bis auf die löchertheoretische Sicht – in vollem Umfang übernehmen. Eine Besonderheit weist der bosonische Fall allerdings auf: Die in Satz 3.18 stehenden Streureihenterme sind nicht mehr identisch mit den Entwicklungsgliedern in der Kopplungskonstanten e, weil das modifizierte Potential V einen in e linearen und quadratischen Anteil enthält, die beide adäquat zu berücksichtigen sind.

Analog zum fermionischen Fall werden wir im folgenden die Sätze 3.17 und 3.18 in Kombination mit Satz 3.3 auf einige konkrete Spin-0-Streuprozesse anwenden und erweitern. Dabei wird sich herausstellen, daß manche Rechnungen aufgrund der Abwesenheit des Spinfreiheitsgrades etwas einfacher sind als im fermionischen Fall.

3.5.3 Coulomb-Streuung von Pionen

Als erstes konkretes Beispiel betrachten wir die Streuung von Pionen an einem Coulomb-Potential in niedrigster Ordnung in e. Geht man zunächst von einem beliebigen Hintergrundpotential A^μ aus, so lautet die zugehörige Streuamplitude nach Satz 3.18 ($f \neq i$)

$$S_{fi} = -\mathrm{i}e \int \mathrm{d}^4x \Phi_f^*(x)\left[\mathrm{i}\partial_\mu A^\mu(x) + A^\mu(x)\mathrm{i}\partial_\mu\right]\Phi_i(x)$$

$$= -\mathrm{i}e \int \mathrm{d}^4x \left[\Phi_f^*(\mathrm{i}\partial_\mu\Phi_i)A^\mu - (\mathrm{i}\partial_\mu\Phi_f^*)\Phi_i A^\mu\right]$$

$$= -ie \int d^4x \left(\Phi_f^* i \overleftrightarrow{\partial_\mu} \Phi_i \right) A^\mu \; , \tag{3.164}$$

wobei in der zweiten Zeile partiell integriert wurde. Nun gilt im Falle der Streuung von Pionen [siehe 3.160)]

$$\Phi_i(x) = \frac{1}{\sqrt{2E_i V}} e^{-ip_i \cdot x} \; , \quad \Phi_f(x) = \frac{1}{\sqrt{2E_f V}} e^{-ip_f \cdot x} \; ,$$

so daß (3.164) übergeht in

$$\begin{aligned}
S_{fi} &= \frac{-ie}{V} \frac{1}{\sqrt{4E_i E_f}} \int d^4x (p_i + p_f)_\mu A^\mu(x) e^{i(p_f - p_i) \cdot x} \\
&= \frac{1}{V} \frac{1}{\sqrt{4E_i E_f}} (-ie)(p_i + p_f)_\mu \tilde{A}^\mu(q) \; , \quad q = p_f - p_i \; , \tag{3.165}
\end{aligned}$$

mit dem Hintergrundpotential

$$\tilde{A}^\mu(q) = \int d^4x e^{iq \cdot x} A^\mu(x)$$

im Impulsraum. Interessiert man sich dagegen für die Streuung von Antipionen, so hat man

$$\Phi_i(x) = \frac{1}{\sqrt{2E_f V}} e^{+ip_f \cdot x} \; , \quad \Phi_f(x) = \frac{1}{\sqrt{2E_i V}} e^{+ip_i \cdot x} \; ,$$

zu wählen, und es folgt

$$S_{fi} = \frac{1}{V} \frac{1}{\sqrt{4E_i E_f}} (-ie)(-p_i - p_f)_\mu \tilde{A}^\mu(q) \; , \quad q = p_f - p_i \; . \tag{3.166}$$

Offensichtlich legen die beiden Ausdrücke (3.165) und (3.166) die in Abb. 3.43 gezeigte Form für den *Ein-Photonvertex*[29] im Impulsraum nahe, wobei im Vertexfaktor die Impulse der angrenzenden Bosonlinien auf Ebene der Wellenfunktionen eingehen, im Gegensatz zu den behelfsmäßig eingeführten Impulsen in den eckigen Klammern hinter den Eins-Faktoren der äußeren Bosonlinien, die sich auf die Teilchenebene beziehen.

In diesem Zusammenhang beachte man, daß wir hier bei der Konstruktion von Streuamplituden mittels Feynman-Graphen die i-Faktorenregel aus der Spin-1/2-Streutheorie aus Konsistenzgründen von vornherein übernehmen, nämlich einen Faktor $-i$ bei Ein-Photonvertizes und einen Faktor $+i$ bei inneren Photon- und Bosonlinien.

Zurückkommend auf den konkreten Fall der Pionstreuung am Coulomb-Potential

$$eA^\mu(x) = \frac{\alpha g^{\mu 0}}{|\boldsymbol{x}|} \; , \quad \alpha = -Ze^2 \Longrightarrow e\tilde{A}^\mu(q) = 2\pi\delta(q^0)\frac{4\pi\alpha g^{\mu 0}}{\boldsymbol{q}^2}$$

---

[29] Neben dem Ein-Photonvertex existiert im Klein-Gordon-Fall auch noch der *Zwei-Photonvertex*, auf den wir in Unterabschn. 3.5.6 zu sprechen kommen werden.

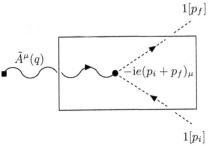

Abb. 3.43. Feynman-Graph der Pionstreuung an einem Hintergrundpotential in der Ordnung $\mathcal{O}(e)$ im Impulsraum [siehe 3.165) und (3.166)]. Innerhalb des Kastens befindet sich der Ein-Photonvertex der bosonischen Streutheorie. Die Impulse im Vertexfaktor beziehen sich auf diejenigen der gestrichelten Bosonlinien auf Ebene der Wellenfunktionen, während hinter den Eins-Faktoren der äußeren Bosonlinien in den eckigen Klammern die Teilchenimpulse stehen. Letztere wurden aus Analogiegründen zu den im fermionischen Fall in den Bispinoren stehenden Teilchenimpulsen eingeführt und tauchen in Matrixelementen selber nicht auf. Der Index μ des Vertexfaktors wird mit demjenigen der Photonlinie kontrahiert.

ergibt sich nun aus (3.165)

$$S_{fi} = \frac{-\mathrm{i}[2\pi\delta(E_f - E_i)]}{V}\frac{1}{\sqrt{4E_iE_f}}M_{fi} \, , \; M_{fi} = \frac{4\pi\alpha}{\boldsymbol{q}^2}(E_i + E_f) \, .$$

Wirkungsquerschnitt. Zur Bestimmung des differentiellen Wirkungsquerschnittes

$$\mathrm{d}\sigma = \frac{|S_{fi}|^2}{T|\boldsymbol{j}_i|}\frac{V\mathrm{d}^3p_f}{(2\pi)^3} = \frac{1}{2E_i}\frac{[2\pi\delta(E_f - E_i)]^2}{TV|\boldsymbol{j}_i|}|M_{fi}|^2\frac{\mathrm{d}^3p_f}{2E_f(2\pi)^3}$$

benötigen wir die Stromdichte $|\boldsymbol{j}_i|$ des einfallenden Pions. Sie berechnet sich nach (3.158) zu

$$|\boldsymbol{j}_i| = \left| -\Phi_i^*\mathrm{i}\overset{\leftrightarrow}{\boldsymbol{\nabla}}\Phi_i \right| = \frac{\boldsymbol{p}_i}{2E_iV} \, .$$

Zusammen mit den bekannten Ersetzungen

$$[2\pi\delta(E_f - E_i)]^2 = 2\pi T\delta(E_f - E_i) \, , \; \mathrm{d}^3p_f = |\boldsymbol{p}_f|E_f\mathrm{d}E_f\mathrm{d}\Omega$$

folgt schließlich

$$\frac{\mathrm{d}\sigma}{\mathrm{d}\Omega} = \frac{1}{4(2\pi)^2|\boldsymbol{p}_i|}\int \mathrm{d}E_f|\boldsymbol{p}_f||M_{fi}|^2\delta(E_f - E_i) = \frac{1}{4(2\pi)^2}|M_{fi}|^2_{\,|\boldsymbol{p}_f|=|\boldsymbol{p}_i|}$$

$$= \left(\frac{4\alpha^2 E_i^2}{\boldsymbol{q}^4}\right)_{|\boldsymbol{p}_f|=|\boldsymbol{p}_i|} = \frac{\alpha^2}{4v_i^4 E_i^2 \sin^4\frac{\theta}{2}} \, ,$$

mit

$$\boldsymbol{q}^2\big|_{|\boldsymbol{p}_f|=|\boldsymbol{p}_i|} = 4|\boldsymbol{p}_i|^2\sin^2\frac{\theta}{2} = 4v_i^2 E_i^2\sin^2\frac{\theta}{2} \, .$$

Ein Vergleich mit dem Mottschen Wirkungsquerschnitt aus Satz 3.7 zeigt im Dirac-Fall die zusätzliche Anwesenheit des Faktors $(1 - v_i^2 \sin^2 \theta/2)$. Er ist dem magnetischen Moment der Elektronen zuzuschreiben. Im Grenzfall kleiner Geschwindigkeiten verschwindet die hiermit verbundene magnetische Wechselwirkung, und beide Ergebnisse stimmen überein.

Satz 3.19: Coulomb-Streuung von Pionen in führender Ordnung

Die Streuamplitude für die Streuung von Pionen an einem Coulomb-Potential der Form

$$eA^0(x) = \frac{\alpha}{|\boldsymbol{x}|} \ , \ \boldsymbol{A}(x) = \boldsymbol{0}$$

lautet in führender Ordnung $(f \neq i)$

$$S_{fi} = -\mathrm{i}\frac{2\pi\delta(E_f - E_i)}{V} \frac{1}{\sqrt{4E_iE_f}}M_{fi} \ ,$$

mit

$$M_{fi} = \frac{4\pi\alpha}{\boldsymbol{q}^2}(E_i + E_f) \ , \ \boldsymbol{q} = \boldsymbol{p}_f - \boldsymbol{p}_i \ .$$

Hieraus folgt für den differentiellen Wirkungsquerschnitt

$$\mathrm{d}\sigma = \frac{1}{2E_i}\frac{1}{V|\boldsymbol{j}_i|}|M_{fi}|^2(2\pi)\delta(E_f - E_i)\frac{\mathrm{d}^3p_f}{2E_f(2\pi)^3}$$

$$= \frac{1}{2|\boldsymbol{p}_i|}|M_{fi}|^2(2\pi)\delta(E_f - E_i)\frac{\mathrm{d}^3p_f}{2E_f(2\pi)^3}$$

$$\Longrightarrow \frac{\mathrm{d}\sigma}{\mathrm{d}\Omega} = \frac{1}{4(2\pi)^2}|M_{fi}|^2_{|\boldsymbol{p}_f|=|\boldsymbol{p}_i|} = \frac{\alpha^2}{4v_i^4E_i^2\sin^4\frac{\theta}{2}} \ ,$$

wobei in der letzten Gleichung über alle Streuimpulse $\boldsymbol{p}_f$ in Richtung $\mathrm{d}\Omega$ ausintegriert wurde.

Es ist klar, daß die Streuung von Antipionen zum selben Wirkungsquerschnitt führt, da sich die beiden Amplituden (3.165) und (3.166) lediglich im Vorzeichen unterscheiden (vgl. die Bemerkungen nach Satz 3.7).

3.5.4 Pion-Pion-Streuung

Analog zum Dirac-Fall können wir uns das Hintergrundpotential A^μ natürlich auch als durch den Strom eines anderen Teilchens erzeugt denken und gelangen auf diese Weise wieder zu einer Strom-Strom-Wechselwirkung bzw. zur Zwei-Teilchenstreuung. Hierzu behandeln wir im folgenden die gegenseitige Streuung von Pionen, wobei die Argumentation genauso verläuft, wie in den Unterabschnitten 3.3.2 und 3.3.5. Bezeichnet J'^μ den Strom des zweiten Pions, dann folgt unter Berücksichtigung von (3.82) für die Streuamplitude in niedrigster Ordnung in e ($f \neq i$)

$$S_{fi} = -\mathrm{i} \int \mathrm{d}^4x \int \mathrm{d}^4y \left[e\Phi_f^*(x)\mathrm{i}\frac{\overleftrightarrow{\partial}}{\partial x^\mu}\Phi_i(x) \right] D_{\mathrm{F}}^{(0)}(x-y)J'^\mu(y) \,,$$

mit dem freien Photonpropagator [siehe (3.84)]

$$D_{\mathrm{F}}^{(0)}(x-y) = \int \frac{\mathrm{d}^4q}{(2\pi)^4}\frac{-4\pi}{q^2+\mathrm{i}\epsilon}\mathrm{e}^{-\mathrm{i}q\cdot(x-y)} \,.$$

Nun ist es offensichtlich wieder plausibel, den Ausdruck

$$J_\mu(x) = e\Phi_f^*(x)\mathrm{i}\frac{\overleftrightarrow{\partial}}{\partial x^\mu}\Phi_i(x)$$

als den Übergangsstrom des ersten Pions (in erster Ordnung) zu interpretieren und dementsprechend[30]

$$J'^\mu(y) = e\Phi_f'^*(y)\mathrm{i}\frac{\overleftrightarrow{\partial}}{\partial y_\mu}\Phi_i'(y)$$

als den Übergangsstrom des zweiten Pions (in erster Ordnung), wobei $\Phi_{i,f}'$ die Anfangs- und Endwellenfunktionen des zweiten Pions bedeuten. Insgesamt folgt deshalb die in beiden Teilchen symmetrische Streuamplitude

$$S_{fi} = -\mathrm{i} \int \mathrm{d}^4x \int \mathrm{d}^4y \left[e\Phi_f^*(x)\mathrm{i}\frac{\overleftrightarrow{\partial}}{\partial x^\mu}\Phi_i(x) \right] D_{\mathrm{F}}^{(0)}(x-y)$$

$$\times \left[e\Phi_f'^*(y)\mathrm{i}\frac{\overleftrightarrow{\partial}}{\partial y_\mu}\Phi_i'(y) \right] \,.$$

Aufgrund der Gleichheit der betrachteten Teilchen sind hierbei analog zur Elektron-Elektron-Streuung in Unterabschn. 3.3.5 zwei Beiträge zu berücksichtigen, die den beiden experimentell ununterscheidbaren Situationen des gegenseitigen Vorbeifluges (direkte Streuung) und der gegenseitigen Reflexion (Austauschstreuung) Rechnung tragen. Im Falle der direkten Streuung haben wir

$$\Phi_i(x) = \frac{1}{\sqrt{2E_iV}}\mathrm{e}^{-\mathrm{i}p_i\cdot x} \,, \quad \Phi_f(x) = \frac{1}{\sqrt{2E_fV}}\mathrm{e}^{-\mathrm{i}p_f\cdot x}$$

$$\Phi_i'(y) = \frac{1}{\sqrt{2E_i'V}}\mathrm{e}^{-\mathrm{i}p_i'\cdot y} \,, \quad \Phi_f'(y) = \frac{1}{\sqrt{2E_f'V}}\mathrm{e}^{-\mathrm{i}p_f'\cdot y} \,,$$

so daß

---

[30] Siehe Fußnote 17 auf Seite 249.

$$S_{fi}(\text{dir}) = -\frac{\mathrm{i}}{V^2} \frac{1}{\sqrt{4E_i E_f}} \frac{1}{\sqrt{4E_i' E_f'}} \int \mathrm{d}^4 x \int \mathrm{d}^4 y \int \frac{\mathrm{d}^4 q}{(2\pi)^4}$$

$$\times (p_i + p_f)_\mu \frac{-4\pi e^2}{q^2 + \mathrm{i}\epsilon} (p_i' + p_f')^\mu$$

$$\times \mathrm{e}^{\mathrm{i}(p_f - p_i)\cdot x} \mathrm{e}^{-\mathrm{i}q\cdot(x-y)} \mathrm{e}^{\mathrm{i}(p_f' - p_i')\cdot y} \ .$$

Die Orts- und Impulsintegrationen sind dieselben wie diejenigen vor (3.87) und führen schließlich auf

$$S_{fi}(\text{dir}) = \frac{(2\pi)^4 \delta(p_f + p_f' - p_i - p_i')}{V^2} \frac{1}{\sqrt{4E_i E_f}} \frac{1}{\sqrt{4E_i' E_f'}} M_{fi}(\text{dir})$$

$$M_{fi}(\text{dir}) = (-\mathrm{i}e)(p_i + p_f)_\mu \frac{-4\pi \mathrm{i}}{q^2 + \mathrm{i}\epsilon} (-\mathrm{i}e)(p_i' + p_f')^\mu \ , \quad q = p_f - p_i \ .$$

Die Streuamplitude der Austauschstreuung berechnet sich durch die Ersetzung $p_f \leftrightarrow p_f'$. Alles in allem erhalten wir somit für die Streuamplitude der Pion-Pion-Streuung in niedrigster Ordnung

$$S_{fi} = \frac{(2\pi)^4 \delta(p_f + p_f' - p_i - p_i')}{V^2} \frac{1}{\sqrt{4E_i E_f}} \frac{1}{\sqrt{4E_i' E_f'}} M_{fi} \ ,$$

mit

$$\left. \begin{aligned} M_{fi} &= M_{fi}(\text{dir}) + M_{fi}(\text{aus}) \\ M_{fi}(\text{dir}) &= (-\mathrm{i}e)(p_i + p_f)_\mu \frac{-4\pi \mathrm{i}}{q^2 + \mathrm{i}\epsilon} (-\mathrm{i}e)(p_i' + p_f')^\mu \\ &= (p_i + p_f)_\mu \frac{4\pi \mathrm{i}e^2}{q^2 + \mathrm{i}\epsilon} (p_i' + p_f')^\mu \ , \quad q = p_f - p_i \\ M_{fi}(\text{aus}) &= (-\mathrm{i}e)(p_i + p_f')_\mu \frac{-4\pi \mathrm{i}}{q'^2 + \mathrm{i}\epsilon} (-\mathrm{i}e)(p_i' + p_f)^\mu \\ &= (p_i + p_f')_\mu \frac{4\pi \mathrm{i}e^2}{q'^2 + \mathrm{i}\epsilon} (p_i' + p_f)^\mu \ , \quad q' = p_f' - p_i \ , \end{aligned} \right\} \quad (3.167)$$

wobei sich die Amplituden $M_{fi}(\text{dir})$ und $M_{fi}(\text{aus})$ durch die Feynman-Graphen der Abb. 3.44 darstellen lassen. Anders als bei der Elektron-Elektron-Streuung tritt hier kein relatives Vorzeichen zwischen $M_{fi}(\text{dir})$ und $M_{fi}(\text{aus})$ auf. Denn nach der Bose-Einstein-Statistik muß die gesamte Streuamplitude im Falle identischer Bosonen symmetrisch sein unter dem Austausch der beiden Bosonen im Anfangszustand ($p_i \leftrightarrow p_i'$) oder Endzustand ($p_f \leftrightarrow p_f'$).

Wirkungsquerschnitt. Als nächstes ist der sechsfach differentielle Wirkungsquerschnitt

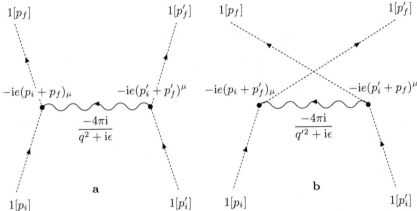

Abb. 3.44. Feynman-Graphen der direkten Streuamplitude (**a**) und der Austauschstreuamplitude (**b**) für die Pion-Pion-Streuung in der Ordnung $\mathcal{O}\left(e^2\right)$ im Impulsraum (vgl. Abb. 3.16 und 3.17). Innere Photonlinien werden wie in der Spin-1/2-Streutheorie durch Wellenlinien dargestellt und mit dem i-fachen des freien Photonpropagators belegt. An jedem Vertex gilt Energie- und Impulserhaltung. Deshalb folgt für die Viererimpulsüberträge $q = p_f - p_i = -(p'_f - p'_i)$ und $q' = p_f - p'_i = -(p_f - p'_i)$.

$$
\begin{aligned}
\mathrm{d}\sigma &= \frac{|S_{fi}|^2}{T|\boldsymbol{j}_i|} \frac{V\mathrm{d}^3 p_f}{(2\pi)^3} \frac{V\mathrm{d}^3 p'_f}{(2\pi)^3} \\
&= \frac{1}{2E_i} \frac{1}{2E'_i} \frac{1}{|\boldsymbol{j}_i|V} |M_{fi}|^2 (2\pi)^4 \delta(p_f + p'_f - p_i - p'_i) \frac{\mathrm{d}^3 p_f}{2E_f(2\pi)^3} \frac{\mathrm{d}^3 p'_f}{2E'_f(2\pi)^3}
\end{aligned}
$$

auszuwerten, was im Schwerpunktsystem geschehen soll (zur kinematischen Situation siehe Abb. 3.16a und 3.17a). Da wir uns wieder auf kollineare Teilchenströme beschränken, können wir für $|\boldsymbol{j}_i|$ die Formel (3.89) aus Unterabschn. 3.3.2 übernehmen,

$$
|\boldsymbol{j}_i| = \frac{\sqrt{(p_i \cdot p'_i)^2 - m_0^2 m_0'^2}}{V E_i E'_i} \, ,
$$

und es folgt der lorentzinvariante Ausdruck

$$
\begin{aligned}
\mathrm{d}\sigma &= \frac{1}{4\sqrt{(p_i \cdot p'_i)^2 - m_0^2 m_0'^2}} |M_{fi}|^2 (2\pi)^4 \delta(p_f + p'_f - p_i - p'_i) \\
&\quad \times \frac{\mathrm{d}^3 p_f}{2E_f(2\pi)^3} \frac{\mathrm{d}^3 p'_f}{2E'_f(2\pi)^3} \, .
\end{aligned}
\tag{3.168}
$$

Nach Einsetzen der im Schwerpunktsystem gültigen Beziehung [$m_0 = m'_0$, $p_i = (E_i, \boldsymbol{p}_i)$, $p'_i = (E_i, -\boldsymbol{p}_i)$]

$$
\frac{1}{4\sqrt{(p_i \cdot p'_i)^2 - m_0^4}} = \frac{1}{8E_i|\boldsymbol{p}_i|}
$$

sowie der bekannten Identitäten

$$\mathrm{d}^3 p_f = |\boldsymbol{p}_f| E_f \mathrm{d}E_f \mathrm{d}\Omega \ , \quad \frac{\mathrm{d}^3 p_f'}{2E_f'} = \int \mathrm{d}^4 p_f' \delta(p_f'^2 - m_0^2)\Theta(p_f'^0)$$

geht (3.168) über in

$$\left(\frac{\mathrm{d}\sigma}{\mathrm{d}\Omega}\right)_{\mathrm{cm}} = \frac{1}{16(2\pi)^2 E_i |\boldsymbol{p}_i|} \int \mathrm{d}E_f |\boldsymbol{p}_f| \int \mathrm{d}^4 p_f' |M_{fi}|^2 \delta(p_f + p_f' - p_i - p_i')$$
$$\times \delta(p_f'^2 - m_0^2)\Theta(p_f'^0) \ .$$

Diese Gleichung ist offenbar formal identisch mit der ersten Zeile von (3.108), multipliziert mit $1/(16m_0^4)$. Aufgrund der kinematisch gleichen Verhältnisse wie bei der Elektron-Elektron-Streuung können wir uns deshalb die weitere Rechnung sparen und das Endergebnis direkt aus der letzten Zeile von (3.108), multipliziert mit obigem Faktor, ablesen:

$$\left(\frac{\mathrm{d}\sigma}{\mathrm{d}\Omega}\right)_{\mathrm{cm}} = \frac{1}{64(2\pi)^2 E_i^2} |M_{fi}|^2_{\mathrm{cm}} \ .$$

Amplitudenquadrat. Nun verbleibt noch die explizite Bestimmung von $|M_{fi}|^2_{\mathrm{cm}}$. Ausgehend von (3.167) folgt zunächst

$$|M_{fi}|^2 = |M_{fi}(\mathrm{dir})|^2 + |M_{fi}(\mathrm{aus})|^2 + 2\mathrm{Re}\left[M_{fi}(\mathrm{dir})M_{fi}^*(\mathrm{aus})\right] \ ,$$

mit

$$\left.\begin{aligned}
|M_{fi}(\mathrm{dir})|^2 &= \frac{(4\pi)^2 e^4}{(q^2)^2}\left[p_i \cdot p_i' + p_i \cdot p_f' + p_f \cdot p_i' + p_f \cdot p_f'\right]^2 \\
|M_{fi}(\mathrm{aus})|^2 &= \frac{(4\pi)^2 e^4}{(q'^2)^2}\left[p_i \cdot p_i' + p_i \cdot p_f + p_f' \cdot p_i' + p_f' \cdot p_f\right]^2 \\
2\mathrm{Re}\left[M_{fi}(\mathrm{dir})M_{fi}^*(\mathrm{aus})\right] &= 2M_{fi}(\mathrm{dir})M_{fi}^*(\mathrm{aus}) \\
&= \frac{2(4\pi)^2 e^4}{q^2 q'^2}(p_i \cdot p_i' + p_i \cdot p_f' + p_f \cdot p_i' + p_f \cdot p_f') \\
&\quad \times (p_i \cdot p_i' + p_i \cdot p_f + p_f' \cdot p_i' + p_f' \cdot p_f) \ .
\end{aligned}\right\} \quad (3.169)$$

Dies läßt sich unter Verwendung der kinematischen Beziehungen (3.112) der Elektron-Elektron-Streuung im Schwerpunktsystem nach einiger Rechnung vereinfachen zu

$$|M_{fi}|^2_{\mathrm{cm}} = 4(4\pi)^2 e^4 \left[\frac{4(2E_i^2 - m_0^2)^2}{\boldsymbol{p}_i^4 \sin^4 \theta} - \frac{4(2E_i^2 - m_0^2)}{\boldsymbol{p}_i^2 \sin^2 \theta} + 1\right] \ .$$

Erwartungsgemäß ist dieses Ergebnis wieder symmetrisch unter $\theta \to \pi - \theta$, worin sich die Ununterscheidbarkeit der betrachteten Bosonen widerspiegelt.

Satz 3.20: Pion-Pion-Streuung in führender Ordnung

Die Streuamplitude für die Pion-Pion-Streuung lautet in führender Ordnung $(f \neq i)$

$$S_{fi} = \frac{(2\pi)^4 \delta(p_f + p'_f - p_i - p'_i)}{V^2} \frac{1}{\sqrt{4E_i E_f}} \frac{1}{\sqrt{4E'_i E'_f}} M_{fi} \, ,$$

mit der lorentzinvarianten Amplitude $(q = p_f - p_i, \ q' = p'_f - p_i)$

$$M_{fi} = M_{fi}(\text{dir}) + M_{fi}(\text{aus})$$

$$M_{fi}(\text{dir}) = (p_i + p_f)_\mu \frac{4\pi i e^2}{q^2 + i\epsilon} (p'_i + p'_f)^\mu$$

$$M_{fi}(\text{aus}) = (p_i + p'_f)_\mu \frac{4\pi i e^2}{q'^2 + i\epsilon} (p'_i + p_f)^\mu \, .$$

Hieraus folgt für den differentiellen Wirkungsquerschnitt

$$d\sigma = \frac{1}{4\sqrt{(p_i \cdot p'_i)^2 - m_0^4}} |M_{fi}|^2 (2\pi)^4 \delta(p_f + p'_f - p_i - p'_i)$$

$$\times \frac{d^3 p_f}{2E_f(2\pi)^3} \frac{d^3 p'_f}{2E'_f(2\pi)^3}$$

und speziell im Schwerpunktsystem

$$\left(\frac{d\sigma}{d\Omega} \right)_{\text{cm}} = \frac{1}{64(2\pi)^2 E_i^2} |M_{fi}|^2_{\text{cm}} \, ,$$

wobei in der letzten Gleichung über alle pionischen Streuimpulse $\boldsymbol{p}_f$ in Richtung $d\Omega$ und alle pionischen Streuimpulse $\boldsymbol{p}'_f$ ausintegriert wurde. Das Amplitudenquadrat lautet

$$|M_{fi}|^2_{\text{cm}} = 4(4\pi)^2 e^4 \left[\frac{4(2E_i^2 - m_0^2)^2}{\boldsymbol{p}_i^4 \sin^4 \theta} - \frac{4(2E_i^2 - m_0^2)}{\boldsymbol{p}_i^2 \sin^2 \theta} + 1 \right] \, .$$

Betrachtet man die Ergebnisse dieses Satzes zusammen mit Abb. 3.44 im Hinblick auf die spinoriellen Feynman-Regeln aus Unterabschn. 3.3.9, so stellt man fest, daß diese mit kleinen Erweiterungen offenbar auch den Fall bosonischer Zwei-Teilchenstreuungen abdecken. Zu diesen Erweiterungen, die wir am Ende dieses Abschnittes noch einmal komplett darlegen werden, gehören im wesentlichen

- der *Bosonfaktor* $N_{i,f}^{(\ldots)} = 1/2$ für jedes (Anti-)Boson (1. und 2. Regel),

- ein Eins-Faktor an jeder äußeren Bosonlinie, der Ein-Photonvertex aus Abb. 3.43 sowie der noch zu besprechende *Zwei-Photonvertex* (4. Regel).

Darüber hinaus entfallen aufgrund der Bose-Statistik die unter 4.i) und 4.ii) genannten Vorzeichen.

Im folgenden werden wir mit Hilfe dieser Erweiterungen den bosonisch-fermionisch gemischten Prozeß der Pion-Antipion-Erzeugung durch Elektron-Positron-Vernichtung berechnen. Anschließend diskutieren wir anhand der Compton-Streuung den Umgang mit reellen Photonen und den Zwei-Photonvertex, dessen Existenz sich aus dem Glied $-e^2 A_\mu A^\mu$ im modifizierten Potential V aus Satz 3.17 ergibt.

3.5.5 Pionproduktion durch Elektronen

Entsprechend unserer erweiterten Feynman-Regeln ist der Feynman-Graph für die Pion-Antipion-Erzeugung durch Elektron-Positron-Vernichtung in führender Ordnung im Impulsraum durch Abb. 3.45 gegeben. Hieraus folgt

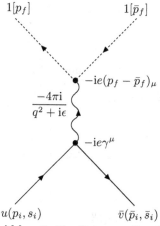

Abb. 3.45. Feynman-Graph der Pion-Antipion-Erzeugung durch Elektron-Positron-Vernichtung in der Ordnung $\mathcal{O}\left(e^2\right)$ im Impulsraum. An jedem Vertex gilt Energie- und Impulserhaltung. Deshalb folgt für den Viererimpulsübertrag $q = p_i + \bar{p}_i = p_f + \bar{p}_f$.

die Streuamplitude

$$
\left.
\begin{aligned}
S_{fi} &= \frac{(2\pi)^4 \delta(p_f + \bar{p}_f - p_i - \bar{p}_i)}{V^2} \sqrt{\frac{m_0^2}{E_i \bar{E}_i}} \sqrt{\frac{1}{4 E_f \bar{E}_f}} M_{fi} \\
M_{fi} &= -ie(p_f - \bar{p}_f)_\mu \frac{-4\pi i}{q^2 + i\epsilon} \bar{v}(\bar{p}_i, \bar{s}_i)(-ie)\gamma^\mu u(p_i, s_i) \\
&= \frac{4\pi i e^2}{q^2 + i\epsilon} \bar{v}(\bar{p}_i, \bar{s}_i)(\not{p}_f - \not{\bar{p}}_f) u(p_i, s_i) \\
q &= p_i + \bar{p}_i = p_f + \bar{p}_f\ ,
\end{aligned}
\right\} \tag{3.170}
$$

wobei in diesem Beispiel m_0 die Elektronmasse und M_0 die Pionmasse bezeichnet.

Wirkungsquerschnitt. Ausgangspunkt zur Berechnung des differentiellen Wirkungsquerschnittes ist die Formel

$$d\sigma = \frac{m_0^2}{\sqrt{(p_i \cdot \bar{p}_i)^2 - m_0^4}} |M_{fi}|^2 (2\pi)^4 \delta(p_f + \bar{p}_f - p_i - \bar{p}_i)$$

$$\times \frac{d^3 p_f}{2E_f (2\pi)^3} \frac{d^3 \bar{p}_f}{2\bar{E}_f (2\pi)^3},$$

die wir im Schwerpunktsystem auswerten wollen (siehe Abb. 3.46). Dort gilt

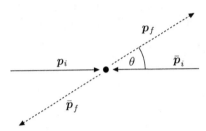

Abb. 3.46. Kinematische Situation der Pion-Antipion-Erzeugung durch Elektron-Positron-Vernichtung im Schwerpunktsystem. Aufgrund der Energie- und Impulserhaltung gelten die Beziehungen $E_i = \bar{E}_i = E_f = \bar{E}_f$ und $\boldsymbol{p}_i = -\bar{\boldsymbol{p}}_i$, $\boldsymbol{p}_f = -\bar{\boldsymbol{p}}_f$.

$$p_i = (E_i, \boldsymbol{p}_i) \ , \ \bar{p}_i = (E_i, -\boldsymbol{p}_i) \Longrightarrow \frac{m_0^2}{\sqrt{(p_i \cdot \bar{p}_i)^2 - m_0^4}} = \frac{m_0^2}{2E_i |\boldsymbol{p}_i|} \ .$$

Zusammen mit

$$d^3 p_f = |\boldsymbol{p}_f| E_f dE_f d\Omega \ , \ \frac{d^3 \bar{p}_f}{2\bar{E}_f} = \int d^4 \bar{p}_f \delta(\bar{p}_f^2 - M_0^2) \Theta(\bar{p}_f^0)$$

folgt deshalb

$$\left(\frac{d\sigma}{d\Omega}\right)_{cm} = \frac{m_0^2}{4(2\pi)^2 E_i |\boldsymbol{p}_i|} \int dE_f |\boldsymbol{p}_f| \int d^4 \bar{p}_f |M_{fi}|^2 \delta(p_f + \bar{p}_f - p_i - \bar{p}_i)$$

$$\times \delta(\bar{p}_f^2 - M_0^2) \Theta(\bar{p}_f^0)$$

$$= \frac{m_0^2}{4(2\pi)^2 E_i |\boldsymbol{p}_i|} \int dE_f |\boldsymbol{p}_f| |M_{fi}|^2_{\bar{p}_f = p_i + \bar{p}_i - p_f}$$

$$\times \delta[(p_i + \bar{p}_i - p_f)^2 - M_0^2] \Theta(p_i^0 + \bar{p}_i^0 - p_f^0)$$

$$= \frac{m_0^2}{4(2\pi)^2 E_i |\boldsymbol{p}_i|} \int dE_f |\boldsymbol{p}_f| |M_{fi}|^2_{\bar{p}_f = p_i + \bar{p}_i - p_f}$$

$$\times \delta[4E_i(E_i - E_f)] \Theta(2E_i - E_f)$$

$$= \frac{m_0^2}{4(2\pi)^2 E_i |\boldsymbol{p}_i|} \int\limits_{M_0}^{2E_i} dE_f |\boldsymbol{p}_f| |M_{fi}|_{\bar{p}_f = p_i + \bar{p}_i - p_f} \delta[4E_i(E_i - E_f)]$$

$$= \frac{m_0^2}{4(2\pi)^2 E_i |\boldsymbol{p}_i|} \int\limits_{M_0}^{2E_i} \mathrm{d}E_f |\boldsymbol{p}_f| |M_{fi}|_{\bar{p}_f = p_i + \bar{p}_i - p_f}^2 \frac{\delta(E_f - E_i)}{4E_i}$$

$$= \frac{m_0^2 |\boldsymbol{p}_f|}{16(2\pi)^2 E_i^2 |\boldsymbol{p}_i|} |M_{fi}|_{\mathrm{cm}}^2 \ .$$

Amplitudenquadrat. Die Berechnung von $|M_{fi}|^2$ läßt sich relativ einfach durchführen, wenn man Polarisationseffekte vernachlässigt und anstelle von (3.170) das über die einlaufenden Elektronspins s_i, $\bar{s}_i$ gemittelte Amplitudenquadrat betrachtet:

$$\overline{|M_{fi}|^2} = \frac{(4\pi)^2 e^4}{4q^4} \sum_{s_i,\bar{s}_i} \left| \bar{v}(\bar{p}_i, \bar{s}_i)(\slashed{p}_f - \bar{\slashed{p}}_f) u(p_i, s_i) \right|^2 \ .$$

In diesem Fall folgt unter Berücksichtigung von

$$\bar{v}(\bar{p}_i, \bar{s}_i)(\slashed{p}_f + \bar{\slashed{p}}_f) u(p_i, s_i) = \bar{v}(\bar{p}_i, \bar{s}_i)(\slashed{p}_i + \bar{\slashed{p}}_i) u(p_i, s_i) = 0$$

und Satz 3.6

$$\overline{|M_{fi}|^2} = \frac{(4\pi)^2 e^4}{4q^4} \sum_{s_i,\bar{s}_i} \left| \bar{v}(\bar{p}_i, \bar{s}_i)(\slashed{p}_f + \bar{\slashed{p}}_f - 2\bar{\slashed{p}}_f) u(p_i, s_i) \right|^2$$

$$= \frac{(4\pi)^2 e^4}{q^4} \sum_{s_i,\bar{s}_i} \left| \bar{v}(\bar{p}_i, \bar{s}_i) \bar{\slashed{p}}_f u(p_i, s_i) \right|^2$$

$$= \frac{(4\pi)^2 e^4}{q^4} \sum_{s_i,\bar{s}_i} [\bar{v}(\bar{p}_i, \bar{s}_i) \bar{\slashed{p}}_f u(p_i, s_i)][\bar{u}(p_i, s_i) \bar{\slashed{p}}_f v(\bar{p}_i, \bar{s}_i)]$$

$$= -\frac{(4\pi)^2 e^4}{q^4} \mathrm{tr} \left[\Lambda_-(\bar{p}_i) \bar{\slashed{p}}_f \Lambda_+(p_i) \bar{\slashed{p}}_f \right]$$

$$= -\frac{(4\pi)^2 e^4}{4m_0^2 q^4} \mathrm{tr} \left[(-\bar{\slashed{p}}_i + m_0) \bar{\slashed{p}}_f (\slashed{p}_i + m_0) \bar{\slashed{p}}_f \right]$$

$$= \frac{(4\pi)^2 e^4}{4m_0^2 q^4} \left[\mathrm{tr}(\bar{\slashed{p}}_i \bar{\slashed{p}}_f \slashed{p}_i \bar{\slashed{p}}_f) - m_0^2 \mathrm{tr}(\bar{\slashed{p}}_f \bar{\slashed{p}}_f) \right]$$

$$= \frac{(4\pi)^2 e^4}{m_0^2 q^4} \left[2(\bar{p}_i \cdot \bar{p}_f)(p_i \cdot \bar{p}_f) - (p_i \cdot \bar{p}_i)(\bar{p}_f \cdot \bar{p}_f) - m_0^2(\bar{p}_f \cdot \bar{p}_f) \right] \ .$$

Die Auswertung der Skalarprodukte im Schwerpunktsystem,

$$p_i \cdot \bar{p}_i = E_i^2 + \boldsymbol{p}_i^2 \ , \ p_i \cdot \bar{p}_f = E_i^2 + \boldsymbol{p}_i \boldsymbol{p}_f \ , \ \bar{p}_i \cdot \bar{p}_f = E_i^2 - \boldsymbol{p}_i \boldsymbol{p}_f$$

$$\bar{p}_f \cdot \bar{p}_f = E_i^2 - \boldsymbol{p}_f^2 = M_0^2 \ , \ q^2 = 4E_i^2 \ ,$$

führt schließlich zu

$$\overline{|M_{fi}|_{\mathrm{cm}}^2} = \frac{2(4\pi)^2 e^4}{m_0^2 q^4} \left[E_i^2 \boldsymbol{p}_f^2 - (\boldsymbol{p}_i \boldsymbol{p}_f)^2 \right] = \frac{2\pi^2 e^4 \boldsymbol{p}_f^2}{m_0^2 E_i^4} \left(E_i^2 - \boldsymbol{p}_i^2 \cos^2 \theta \right) \ .$$

Satz 3.21: Pionproduktion durch Elektronen in führender Ordnung

Die Streuamplitude für die Pion-Antipion-Erzeugung durch Elektron-Positron-Vernichtung lautet in führender Ordnung ($f \neq i$, m_0 =Elektronmasse)

$$S_{fi} = \frac{(2\pi)^4 \delta(p_f + \bar{p}_f - p_i - \bar{p}_i)}{V^2} \sqrt{\frac{m_0^2}{E_i \bar{E}_i}} \sqrt{\frac{1}{4 E_f \bar{E}_f}} M_{fi} \, ,$$

mit der lorentzinvarianten Amplitude ($q = p_i + \bar{p}_i = p_f + \bar{p}_f$)

$$M_{fi} = \frac{4\pi \mathrm{i} e^2}{q^2 + \mathrm{i}\epsilon} \bar{v}(\bar{p}_i, \bar{s}_i)(\slashed{p}_f - \slashed{\bar{p}}_f) u(p_i, s_i) \, .$$

Hieraus folgt für den differentiellen Wirkungsquerschnitt

$$\mathrm{d}\sigma = \frac{m_0^2}{\sqrt{(p_i \cdot \bar{p}_i)^2 - m_0^4}} |M_{fi}|^2 (2\pi)^4 \delta(p_f + \bar{p}_f - p_i - \bar{p}_i)$$

$$\times \frac{\mathrm{d}^3 p_f}{2 E_f (2\pi)^3} \frac{\mathrm{d}^3 \bar{p}_f}{2 \bar{E}_f (2\pi)^3}$$

und speziell im Schwerpunktsystem

$$\left(\frac{\mathrm{d}\sigma}{\mathrm{d}\Omega} \right)_{\mathrm{cm}} = \frac{m_0^2 |\boldsymbol{p}_f|}{16 (2\pi)^2 E_i^2 |\boldsymbol{p}_i|} |M_{fi}|_{\mathrm{cm}}^2 \, ,$$

wobei in der letzten Gleichung über alle pionischen Streuimpulse $\boldsymbol{p}_f$ in Richtung $\mathrm{d}\Omega$ und alle antipionischen Streuimpulse $\bar{\boldsymbol{p}}_f$ ausintegriert wurde. Durch Vernachlässigung der Elektronpolarisationen ergibt sich das unpolarisierte Amplitudenquadrat zu

$$\overline{|M_{fi}|_{\mathrm{cm}}^2} = \frac{2\pi^2 e^4 \boldsymbol{p}_f^2}{m_0^2 E_i^4} \left(E_i^2 - \boldsymbol{p}_i^2 \cos^2\theta \right) \, .$$

Totaler Wirkungsquerschnitt. Um die prinzipielle Begrenztheit der Anwendbarkeit der bosonischen Streutheorie exemplarisch zu verdeutlichen, berechnen wir nun noch den totalen Wirkungsquerschnitt der Pionproduktion durch Elektronen und vergleichen ihn mit dem experimentellen Resultat

$$E_i = 385 \,\mathrm{MeV} \Longrightarrow \sigma_{\mathrm{exp}} = 1.4 \cdot 10^{-30} \,\mathrm{cm}^2 \, .$$

Nach obigem Satz haben wir

$$\sigma = \int\limits_0^{2\pi} \mathrm{d}\varphi \int\limits_{-1}^{1} \mathrm{d}\cos\theta \left(\frac{\mathrm{d}\sigma}{\mathrm{d}\Omega} \right)_{\mathrm{cm}} = 2\pi \frac{e^4 |\boldsymbol{p}_f|^3}{32 E_i^6 |\boldsymbol{p}_i|} \int\limits_{-1}^{1} \mathrm{d}\cos\theta \left(E_i^2 - \boldsymbol{p}_i^2 \cos^2\theta \right)$$

$$= \frac{\pi e^4 |\boldsymbol{p}_f|^3}{16 E_i^6 |\boldsymbol{p}_i|} \left(2 E_i^2 - \frac{2}{3} \boldsymbol{p}_i^2 \right) \approx \frac{\pi e^4 |\boldsymbol{p}_f|^3}{12 E_i^5} \, ,$$

wobei im letzten Schritt aufgrund von $E_i > M_0 \gg m_0$ die Näherung $\boldsymbol{p}_i^2 = E_i^2 - m_0^2 \approx E_i^2$ vorgenommen wurde. Am experimentellen Meßpunkt folgt hieraus in natürlichen Einheiten

$$\left.\begin{array}{l} E_i = 385 \text{ MeV} \\[4pt] M_0 = 139.6 \text{ MeV} \\[4pt] |\boldsymbol{p}_f| = \sqrt{E_i^2 - M_0^2} = 358.8 \text{ MeV} \\[4pt] e^2 = \alpha_e = 1/137 \end{array}\right\} \Longrightarrow \sigma = 7.6 \cdot 10^{-11} \frac{1}{\text{MeV}^2} \; .$$

Nach Umrechnung in MKS-Einheiten mit der Dimension einer Fläche erhält man schließlich [siehe (3.69)]

$$\frac{1}{\text{MeV}} = 1.973 \cdot 10^{-11} \text{ cm} \Longrightarrow \sigma \approx 3 \cdot 10^{-32} \text{ cm}^2 \; .$$

Dieser Wert ist offensichtlich um etwa einen Faktor 50 kleiner als der experimentell gemessene Pionproduktionsquerschnitt, worin sich sehr deutlich zeigt, daß die Annahme strukturloser Bosonen, die nur elektromagnetisch miteinander wechselwirken, nicht gerechtfertigt ist. In Wahrheit produziert das virtuelle Photon zunächst andere kurzlebige Mesonen, die dann ihrerseits in Pionen zerfallen oder sich an anderen Prozessen der starken Wechselwirkung beteiligen.

3.5.6 Compton-Streuung an Pionen

Wir wenden uns nun der Beschreibung von Prozessen mit reellen Photonen zu und diskutieren in diesem Zusammenhang die Compton-Streuung an Pionen in niedrigster Ordnung.[31] Ein weiterer Prozeß dieser Art, nämlich die Pion-Antipion-Vernichtung wird in Aufgabe 44 besprochen. Weil die führende Ordnung der Compton-Streuamplitude $\mathcal{O}\left(e^2\right)$ ist, müssen innerhalb der Entwicklung in Satz 3.18 die beiden Terme mit der Nummer Eins und Zwei berücksichtigt werden, in denen jeweils der bis zur Ordnung $\mathcal{O}\left(e^2\right)$ relevante Teil des modifizierten Potentials V einzusetzen ist:

$$\left.\begin{array}{l} S_{fi} = S_{fi}^{(a)} + S_{fi}^{(b)} \\[8pt] S_{fi}^{(a)} = -\mathrm{i}e^2 \int \mathrm{d}^4x \int \mathrm{d}^4y \, \Phi_f^*(x) \left[\mathrm{i}\dfrac{\partial}{\partial x^\mu} A^\mu(x) + A^\mu(x)\mathrm{i}\dfrac{\partial}{\partial x^\mu}\right] \\[10pt] \qquad \times \Delta_{\mathrm{F}}^{(0)}(x-y) \left[\mathrm{i}\dfrac{\partial}{\partial y^\nu} A^\nu(y) + A^\nu(y)\mathrm{i}\dfrac{\partial}{\partial y^\nu}\right] \Phi_i(y) \\[10pt] S_{fi}^{(b)} = \mathrm{i}e^2 \int \mathrm{d}^4x \, \Phi_f^*(x)\Phi_i(x)A_\mu(x)A^\mu(x) \; . \end{array}\right\} \tag{3.171}$$

Hierbei entspricht $S_{fi}^{(a)}$ der Compton-Streuamplitude im Dirac-Fall aus Unterabschn. 3.3.7 und besteht wie dort aus einem direkten und einem Aus-

---

[31] Siehe Fußnote 20 auf Seite 282.

tauschbeitrag. Die *Seemövenstreuamplitude*[32] $S_{fi}^{(b)}$ ist dagegen ein bosonisches Spezifikum.

Direkte und Austauschstreuamplitude. Betrachten wir zuerst den direkten Streuanteil des Beitrages $S_{fi}^{(a)}$. Dieser läßt sich durch partielle Integration zunächst umformen zu

$$
S_{fi}^{(a)}(\text{dir}) = -\mathrm{i}e^2 \int \mathrm{d}^4 x \int \mathrm{d}^4 y \left\{ \Phi_f^*(x) \mathrm{i}\overset{\leftrightarrow}{\frac{\partial}{\partial x^\mu}} \left[\Delta_{\mathrm{F}}^{(0)}(x-y)\mathrm{i}\overset{\leftrightarrow}{\frac{\partial}{\partial y^\nu}} \Phi_i(y) \right] \right\}
$$
$$
\times A_f^\mu(x) A_i^\nu(y) \, ,
$$

wobei unter Bezugnahme auf Unterabschn. 3.3.7 das erste A^μ-Feld mit dem auslaufenden und das zweite mit dem einlaufenden Photon identifiziert wurde. Der korrekte Ansatz für diese beiden Felder ist

$$
A_i^\nu(y) = \sqrt{\frac{2\pi}{\omega_i V}} \epsilon^\nu(k_i, \lambda_i) \mathrm{e}^{-\mathrm{i}k_i \cdot y} \, , \, A_f^\mu(x) = \sqrt{\frac{2\pi}{\omega_f V}} \epsilon^\mu(k_f, \lambda_f) \mathrm{e}^{+\mathrm{i}k_f \cdot x}, \quad (3.172)
$$

weil alle anderen Photonbeiträge aufgrund derselben Argumentation wie in Unterabschn. 3.3.7 bzw. Aufgabe 37 zu anderen oder nicht realisierbaren kinematischen Konstellationen führen. Zusammen mit

$$
\Phi_i(y) = \frac{1}{\sqrt{2E_i V}} \mathrm{e}^{-\mathrm{i}p_i \cdot y} \, , \, \Phi_f(x) = \frac{1}{\sqrt{2E_f V}} \mathrm{e}^{-\mathrm{i}p_f \cdot x} \tag{3.173}
$$

und

$$
\Delta_{\mathrm{F}}^{(0)}(x-y) = \int \frac{\mathrm{d}^4 p}{(2\pi)^4} \frac{\mathrm{e}^{-\mathrm{i}p\cdot(x-y)}}{p^2 - m_0^2 + \mathrm{i}\epsilon}
$$

folgt deshalb für die direkte Streuamplitude

$$
S_{fi}^{(a)}(\text{dir}) = -\frac{\mathrm{i}e^2}{V^2} \frac{1}{\sqrt{4E_i E_f}} \sqrt{\frac{(2\pi)^2}{\omega_i \omega_f}} \int \mathrm{d}^4 x \int \mathrm{d}^4 y \int \frac{\mathrm{d}^4 p}{(2\pi)^4}
$$
$$
\times \epsilon^\mu(k_f, \lambda_f)(p+p_f)_\mu \frac{1}{p^2 - m_0^2 + \mathrm{i}\epsilon} \epsilon^\nu(k_i, \lambda_i)(p_i+p)_\nu
$$
$$
\times \mathrm{e}^{\mathrm{i}p_f \cdot x} \mathrm{e}^{-\mathrm{i}p \cdot(x-y)} \mathrm{e}^{-\mathrm{i}p_i \cdot y} \mathrm{e}^{\mathrm{i}k_f \cdot x} \mathrm{e}^{-\mathrm{i}k_i \cdot y}
$$

und nach Ausführung der Orts- und Impulsintegrationen

$$
\left.
\begin{aligned}
S_{fi}^{(a)}(\text{dir}) &= \frac{(2\pi)^4 \delta(p_f + k_f - p_i - k_i)}{V^2} \frac{1}{\sqrt{4E_i E_f}} \sqrt{\frac{(2\pi)^2}{\omega_i \omega_f}} M_{fi}^{(a)}(\text{dir}) \\
M_{fi}^{(a)}(\text{dir}) &= \epsilon^\mu(k_f, \lambda_f)(-\mathrm{i}e)(2p_f + k_f)_\mu \frac{+\mathrm{i}}{(p_i + k_i)^2 - m_0^2 + \mathrm{i}\epsilon} \\
&\quad \times \epsilon^\nu(k_i, \lambda_i)(-\mathrm{i}e)(2p_i + k_i)_\nu \, .
\end{aligned}
\right\} \tag{3.174}
$$

Erwartungsgemäß stimmt dieser Ausdruck und dessen graphische Repräsentation in Abb. 3.47a mit unseren erweiterten Feynman-Regeln überein.

---

[32] Zur Klärung dieses Begriffes siehe Abb. 3.48.

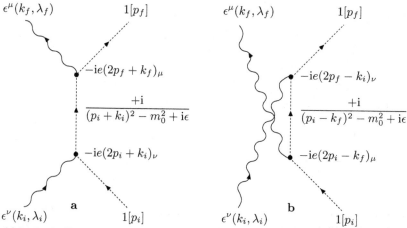

Abb. 3.47. Feynman-Graphen der direkten Streuamplitude (**a**) und der Austausch-streuamplitude (**b**) für die Compton-Streuung an Pionen in der Ordnung $\mathcal{O}\left(e^2\right)$ im Impulsraum (vgl. Abb. 3.22). Innere Bosonlinien werden analog zur Spin-1/2-Streutheorie mit dem i-fachen des Bosonpropagators belegt. An jedem Vertex gilt Energie- und Impulserhaltung.

Die Austauschamplitude ergibt sich durch Vertauschung der Kopplungs-punkte der Photonen bzw. durch die Ersetzung $k_i \leftrightarrow -k_f$ in (3.174) zu (siehe Abb. 3.47b)

$$S_{fi}^{(a)}(\text{aus}) = \frac{(2\pi)^4 \delta(p_f + k_f - p_i - k_i)}{V^2} \frac{1}{\sqrt{4E_i E_f}} \sqrt{\frac{(2\pi)^2}{\omega_i \omega_f}} M_{fi}^{(a)}(\text{aus})$$

$$M_{fi}^{(a)}(\text{aus}) = \epsilon^\mu(k_f, \lambda_f)(-ie)(2p_i - k_f)_\mu \frac{+i}{(p_i - k_f)^2 - m_0^2 + i\epsilon}$$
$$\times \epsilon^\nu(k_i, \lambda_i)(-ie)(2p_f - k_i)_\nu \ .$$

Seemövenstreuamplitude. Bei der Streuamplitude $S_{fi}^{(b)}$ in (3.171) koppeln das einlaufende und auslaufende Photon am selben Punkt an. Nun gibt es hierbei offensichtlich zwei rechnerisch identische Möglichkeiten der A^μ-Feldzuordnung, nämlich entweder das erste Feld als das einlaufende und das zweite als das auslaufende Photon zu betrachten oder umgekehrt. Deshalb ist beim Einsetzen von (3.172) und (3.173) in (3.171) ein zusätzlicher Faktor 2 zu berücksichtigen, und man erhält nach den Orts- und Impulsintegrationen

$$S_{fi}^{(b)} = \frac{(2\pi)^4 \delta(p_f + k_f - p_i - k_i)}{V^2} \frac{1}{\sqrt{4E_i E_f}} \sqrt{\frac{(2\pi)^2}{\omega_i \omega_f}} M_{fi}^{(b)}$$

$$M_{fi}^{(b)} = 2ie^2 \epsilon_\mu(k_f, \lambda_f) \epsilon^\mu(k_i, \lambda_i) \ .$$

Offensichtlich weist der zu $M_{fi}^{(b)}$ gehörende Feynman-Graph in Abb. 3.48 eine Besonderheit auf, die es im fermionischen Fall nicht gibt. Neben dem

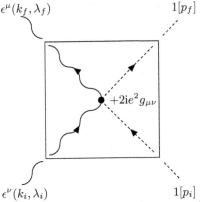

Abb. 3.48. Feynman-Graph der $\mathcal{O}\left(e^2\right)$-Streuamplitude $M_{fi}^{(b)}$ für die Compton-Streuung an Pionen im Impulsraum. Innerhalb des Kastens befindet sich der Zwei-Photonvertex der bosonischen Streutheorie. Die Indizes μ und ν des Vertexfaktors werden mit denjenigen der Photonlinien kontrahiert. Aufgrund seiner Form wird der Zwei-Photonvertex auch „Seemövenvertex" (engl. „seagull vertex") und entsprechend $M_{fi}^{(b)}$ „Seemövenamplitude" genannt.

Ein-Photonvertex aus Abb. 3.43 existiert im bosonischen Fall nämlich auch ein Zwei-Photonvertex (*Seemövenvertex*), der, wie bereits erwähnt, auf den $\mathcal{O}\left(e^2\right)$-Anteil des modifizierten Potentials V aus Satz 3.17 zurückzuführen ist.

Führt man nun alle drei Beiträge $S_{fi}^{(a)}(\text{dir})$, $S_{fi}^{(a)}(\text{aus})$ und $S_{fi}^{(b)}$ zusammen, so folgt schließlich für die Streuamplitude der Compton-Streuung an Pionen in niedrigster Ordnung

$$\left.\begin{aligned}
S_{fi} &= \frac{(2\pi)^4\delta(p_f + k_f - p_i - k_i)}{V^2}\frac{1}{\sqrt{4E_iE_f}}\sqrt{\frac{(2\pi)^2}{\omega_i\omega_f}}M_{fi} \\
M_{fi} &= M_{fi}^{(a)}(\text{dir}) + M_{fi}^{(a)}(\text{aus}) + M_{fi}^{(b)} \\
&= -\mathrm{i}e^2\epsilon_\mu(k_f,\lambda_f)T^{\mu\nu}\epsilon_\nu(k_i,\lambda_i) \\
T^{\mu\nu} &= \frac{(2p_f+k_f)^\mu(2p_i+k_i)^\nu}{(p_i+k_i)^2 - m_0^2 + \mathrm{i}\epsilon} + \frac{(2p_i-k_f)^\mu(2p_f-k_i)^\nu}{(p_i-k_f)^2 - m_0^2 + \mathrm{i}\epsilon} \\
&\quad -2g^{\mu\nu} ,
\end{aligned}\right\} \qquad (3.175)$$

wobei $T^{\mu\nu}$ den *Compton-Tensor* bezeichnet. Ein formaleres Argument für den Faktor 2 im Zwei-Photonvertex ergibt sich übrigens aus der leicht nachzuvollziehenden Tatsache, daß er für die geforderte Invarianz von M_{fi} gegenüber Umeichungen des Viererpotentials notwendig ist:

$$\epsilon_\nu(k,\lambda) \to \epsilon_\nu(k,\lambda) + k_\nu\Lambda(k) \implies T^{\mu\nu}k_\nu = 0 , \; k_\mu T^{\mu\nu} = 0 .$$

Wirkungsquerschnitt. Im Laborsystem, wo das Pion anfänglich ruht, $p_i = (m_0, \mathbf{0})$, lautet der differentielle Wirkungsquerschnitt (zur kinematischen Situation siehe Abb. 3.21)

$$d\sigma = \frac{2\pi}{2\sqrt{m_0^2\omega_i^2}}|M_{fi}|^2(2\pi)^4\delta(p_f + k_f - p_i - k_i)\frac{d^3p_f}{2E_f(2\pi)^3}\frac{2\pi d^3k_f}{(2\pi)^3\omega_f} .$$

Unter Verwendung von

$$d^3k_f = \omega_f^2 d\omega_f d\Omega , \quad \frac{d^3p_f}{2E_f} = \int d^4p_f \delta(p_f^2 - m_0^2)\Theta(p_f^0)$$

folgt hieraus

$$\frac{d\sigma}{d\Omega} = \frac{1}{2m_0\omega_i}\int d\omega_f\omega_f \int d^4p_f|M_{fi}|^2\delta(p_f + k_f - p_i - k_i)$$
$$\times \delta(p_f^2 - m_0^2)\Theta(p_f^0) .$$

Die weitere Auswertung läßt sich wieder auf die kinematisch äquivalente Rechnung bei der Compton-Streung an Elektronen in Unterabschn. 3.3.7 zurückführen, indem man feststellt, daß obiger Ausdruck formal identisch ist zur ersten Zeile der Gleichung (3.118), multipliziert mit dem Faktor $1/(4m_0^2)$. Aus derselben Gleichung folgt deshalb für den vorliegenden Fall

$$\frac{d\sigma}{d\Omega} = \frac{\omega_f^2}{4m_0^2\omega_i^2}|M_{fi}|_{\text{co}}^2 , \quad |M_{fi}|_{\text{co}}^2 = |M_{fi}|_{p_f=p_i+k_i-k_f}^2 ,$$

mit der Nebenbedingung

$$\omega_f = \frac{\omega_i}{1 + \frac{\omega_i}{m_0}(1 - \cos\theta)} \iff \lambda_f = \lambda_i + \frac{2\pi}{m_0}(1 - \cos\theta) .$$

Amplitudenquadrat. Hinsichtlich der Berechnung von $|M_{fi}|^2$ vereinfacht sich der Compton-Tensor in (3.175) wegen $\epsilon(k, \lambda) \cdot k = 0$ zunächst zu

$$T^{\mu\nu} = \frac{4p_f^\mu p_i^\nu}{(p_i + k_i)^2 - m_0^2 + i\epsilon} + \frac{4p_i^\mu p_f^\nu}{(p_i - k_f)^2 - m_0^2 + i\epsilon} - 2g^{\mu\nu} .$$

Geht man überdies zur Strahlungseichung $[\epsilon^\mu(k, \lambda)] = [0, \epsilon(\mathbf{k}, \lambda)]$ über, dann verschwinden aufgrund von $p_i = (m_0, \mathbf{0})$ die ersten beiden Terme von $T^{\mu\nu}$, und es verbleibt

$$T^{\mu\nu} = -2g^{\mu\nu} .$$

Mit anderen Worten: In der Strahlungseichung und im Laborsystem wird der Compton-Wirkungsquerschnitt allein durch den Zwei-Photonvertex bestimmt. Bei Vernachlässigung der Photonpolarisationen (Mittelung über Anfangs- und Summation über Endpolarisationen des Photons) folgt schließlich für das Amplitudenquadrat

$$\overline{|M_{fi}|^2_{\text{co}}} = \frac{e^4}{2} \sum_{\lambda_i,\lambda_f} |\epsilon_\mu(k_f,\lambda_f)T^{\mu\nu}\epsilon_\nu(k_i,\lambda_i)|^2 \tag{3.176}$$

$$= 2e^4 \sum_{\lambda_i,\lambda_f} [\epsilon(\boldsymbol{k}_f,\lambda_f)\epsilon(\boldsymbol{k}_i,\lambda_i)]^2 = 2e^4 \left(1+\cos^2\theta\right) \;,$$

wobei θ den Winkel zwischen $\boldsymbol{k}_i$ und $\boldsymbol{k}_f$ bezeichnet [siehe (3.123)].

Satz 3.22: Compton-Streuung an Pionen in führender Ordnung

Die Streuamplitude für die Compton-Streuung an Pionen lautet in führender Ordnung $(f \neq i)$

$$S_{fi} = \frac{(2\pi)^4\delta(p_f+k_f-p_i-k_i)}{V^2}\frac{1}{\sqrt{4E_iE_f}}\sqrt{\frac{(2\pi)^2}{\omega_i\omega_f}}M_{fi} \;,$$

mit der lorentzinvarianten Amplitude

$$M_{fi} = M_{fi}^{(a)}(\text{dir}) + M_{fi}^{(a)}(\text{aus}) + M_{fi}^{(b)}$$

$$M_{fi}^{(a)}(\text{dir}) = -\mathrm{i}e^2\epsilon_\mu(k_f,\lambda_f)\frac{(2p_f+k_f)^\mu(2p_i+k_i)^\nu}{(p_i+k_i)^2-m_0^2+\mathrm{i}\epsilon}\epsilon_\nu(k_i,\lambda_i)$$

$$M_{fi}^{(a)}(\text{aus}) = -\mathrm{i}e^2\epsilon_\mu(k_f,\lambda_f)\frac{(2p_i-k_f)^\mu(2p_f-k_i)^\nu}{(p_i-k_f)^2-m_0^2+\mathrm{i}\epsilon}\epsilon_\nu(k_i,\lambda_i)$$

$$M_{fi}^{(b)} = 2\mathrm{i}e^2\epsilon_\mu(k_f,\lambda_f)\epsilon^\mu(k_i,\lambda_i) \;.$$

Hieraus folgt für den differentiellen Wirkungsquerschnitt

$$\mathrm{d}\sigma = \frac{\pi}{\sqrt{(p_i\cdot k_i)^2}}|M_{fi}|^2(2\pi)^4\delta(p_f+k_f-p_i-k_i)\frac{\mathrm{d}^3p_f}{2E_f(2\pi)^3}\frac{2\pi\mathrm{d}^3k_f}{(2\pi)^3\omega_f}$$

und speziell im Laborsystem, wo das Elektron anfänglich ruht,

$$\frac{\mathrm{d}\sigma}{\mathrm{d}\Omega} = \frac{\omega_f^2}{4m_0^2\omega_i^2}|M_{fi}|^2_{\text{co}} \;,\; |M_{fi}|^2_{\text{co}} = |M_{fi}|^2_{p_f=p_i+k_i-k_f}$$

$$\omega_f = \frac{\omega_i}{1+\frac{\omega_i}{m_0}(1-\cos\theta)} \;,$$

wobei in $\mathrm{d}\sigma/\mathrm{d}\Omega$ über alle photonischen Streuimpulse $\boldsymbol{k}_f$ in Richtung $\mathrm{d}\Omega$ und alle pionischen Streuimpulse $\boldsymbol{p}_f$ ausintegriert wurde. Durch Vernachlässigung der Photonpolarisationen ergibt sich das unpolarisierte Amplitudenquadrat zu

$$\overline{|M_{fi}|^2_{\text{co}}} = 2e^4\left(1+\cos^2\theta\right) \;.$$

3.5.7 Fazit: Erweiterte Feynman-Regeln im Impulsraum

Wir wir in den vorangegangenen Beispielen gesehen haben, lassen sich die Streuamplituden von bosonischen Streuprozessen auf sehr ähnliche Weise konstruieren, wie im fermionischen Fall. Tatsächlich bedarf es nur einiger weniger Ergänzungen der Spin-1/2-Feynman-Regeln aus Unterabschn. 3.3.9, so daß sie auch den Spin-0-Fall umfassen. Im folgenden stellen wir diese Erweiterungen (gekennzeichnet mit E) noch einmal im Zusammenhang dar:

E1. Ein Bosonfaktor $N_{i,f}^{(\cdots)} = 1/2$ für jedes (Anti-)Boson.

E3. Bei Beteiligung von Bosonen sind zur Bildung von M_{fi} in den Feynman-Graphen der Ein-Photonvertex, der Zwei-Photonvertex sowie innere und äußere Bosonlinien zu berücksichtigen, insoweit sie zu topologischen Konstellationen führen, die mit der Kinematik des betrachteten Streuprozesses verträglich sind.

E4. Innerhalb von Feynman-Graphen werden die zum bosonischen Sektor gehörenden Vertizes und Linien mit den in Abb. 3.49 angegebenen Faktoren versehen. Desweiteren gilt:

    i) Kein relatives Vorzeichen zwischen Feynman-Graphen, die sich nur durch Vertauschung zweier Bosonlinien unterscheiden,

    ii) ein Faktor 1/2 für jede geschlossene Photonschleife.

Zu E4. Anders als bei der Regel 4.i) des fermionischen Falles trägt die Regel E4.i) der hier geltenden Bose-Statistik Rechnung, nach der die gesamte Streuamplitude symmetrisch unter der Vertauschung zweier Bosonlinien (desselben Bosontyps) sein muß. Der Faktor 1/2 in der Regel E4.ii) kompensiert die Doppelzählung der Möglichkeiten, die beiden Vertizes einer Photonschleife, die ja Zwei-Photonvertizes mit jeweils dem Faktor $2ieg^{\mu\nu}$ sind, durch Photonlinien zu verbinden. Diesbezüglich sei an die Diskussion der Seemövenstreuamplitude im vorigen Unterabschnitt erinnert und an die dortige Begründung des Faktors 2 im Zwei-Photonvertex.

Man beachte, daß diese Regeln genau wie im fermionischen Fall die Konstruktion von Schleifengraphen in höheren Ordnungen erlauben, deren mathematische Divergenzen mit denselben Renormierungsmethoden behandelt werden können wie in Abschn. 3.4. Dabei sind die Schleifengraphen natürlich auch hier rein quantenfeldtheoretischer Natur. Bevor man allerdings die konkrete Berechnung höherer Korrekturen in Angriff nimmt, sollte man sich klar darüber sein, daß die elektromagnetischen Kräfte i.d.R. durch die sehr viel stärkeren Wechselwirkungen der Bosonen mit sich selbst und mit Nukleonen überlagert sind, die in unserem Formalismus nicht vorkommen. Insofern darf man bei Mitnahme höherer elektromagnetischer Korrekturen nicht unbedingt auf eine bessere Übereinstimmung mit dem Experiment hoffen.

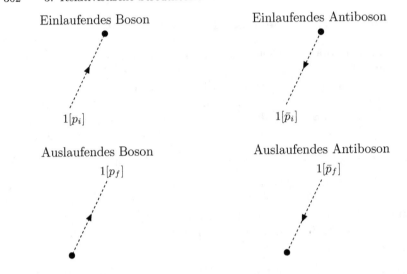

Abb. 3.49. Ergänzende Feynman-Graphelemente und charakteristische Faktoren für den bosonischen Sektor im Impulsraum. Die Vertexindizes werden mit denjenigen der Photonlinien kontrahiert.

Zusammenfassung

- Die Klein-Gordon-Gleichung läßt sich mit denselben Methoden wie im Dirac-Fall durch Propagatorverfahren approximativ lösen.

- Der **Feynmansche Bosonpropagator** ist analog zum Fermionpropagator dadurch definiert, daß er die zeitlich vorwärts [rückwärts] gerichtete Ausbreitung der positiven [negativen] Anteile einer zu einem festen Zeitpunkt bekannten Wellenfunktion (inklusive ihrer ersten zeitlichen Ableitung) beschreibt. Hierdurch und unter Berücksichtigung der Feynman-Stückelberg-Interpretation lassen sich die positiven [negativen] Anteile als zeitlich vorwärts gerichtete Teilchenpropagation [Antiteilchenpropagation] deuten.

- Die Streuamplituden bosonischer Streuprozesse lassen sich mit Hilfe des Feynman-Propagatorformalismus in eine Reihe von Vielfachstreuungen entwickeln. Anders als im Fermion-Fall enthält jeder Reihenterm aufgrund der Form des **modifizierten Potentials** zwei verschiedene Ordnungen in e.

▷

- Die praktische Berechnung von Spin-0-Streuprozessen basiert auf denselben Voraussetzungen (ebene Wellen, Adiabatennäherung usw.) und Schritten (Konstruktion von S_{fi}, Quadrieren, Einsetzen in $d\sigma$ usw.) wie im Spin-1/2-Fall.

- Die hieraus folgenden Konstruktionsvorschriften lassen sich in die spinoriellen Feynman-Regeln durch einige bosonische Ergänzungen integrieren.

- In dieser erweiterten Form erlauben die Feynman-Regeln insgesamt das Studium von Streuprozessen mit Beteiligung von fermionischen, bosonischen oder photonischen Anfangs- oder Endzuständen. Streuprozesse mit Beteiligung rein bosonischer Anfangs- und Endzustände sind z.B. die **Coulomb-Streuung, Pion-Pion-** und **Pion-Antipion-Streuung**. Ein fermionisch-bosonischer Prozeß ist die **Pion-Antipion-Erzeugung durch Elektronen**, und photonisch-bosonische Prozesse sind die **Compton-Streuung** und **Pion-Antipion-Vernichtung**.

- Der Gültigkeitsbereich des Spin-0-Streuformalismus ist gegenüber der Spin-1/2-Streutheorie stark eingeschränkt, weil Spin-0-Teilchen nicht elementar sind, sondern aus Quarks bestehen, die ihrerseits der starken und schwachen Wechselwirkung unterliegen.

Aufgaben

42. Kausalitätsprinzip von $\Delta_F^{(0)}$. Beweisen Sie mit Hilfe von (3.162) die in Satz 3.17 genannten Kausalzusammenhänge für den freien Fall.

Lösung. Die Rechnung verläuft völlig analog zu der in Aufgabe 36. Sei

$$\phi(x) = \phi^{(+)}(x) + \phi^{(-)}(x) = \int d^3p' \sum_{r=1}^{2} a^{(r)}(\boldsymbol{p}')\phi_{\boldsymbol{p}'}^{(r)}(x)$$

ein beliebiges freies Klein-Gordonsches Wellenpaket. Dann gilt

$$\int d^3x \Delta_F^{(0)}(x'-x)i\overleftrightarrow{\partial_0}\,\phi(x)$$

$$= -i\Theta(x'^0 - x^0) \int d^3x \int d^3p \int d^3p'$$

$$\times \sum_{r=1}^{2} \phi_{\boldsymbol{p}}^{(1)}(x')\phi_{\boldsymbol{p}}^{(1)*}(x)i\overleftrightarrow{\partial_0}\,\phi_{\boldsymbol{p}'}^{(r)}(x)a^{(r)}(\boldsymbol{p}')$$

$$-i\Theta(x^0 - x'^0) \int d^3x \int d^3p \int d^3p'$$

$$\times \sum_{r=1}^{2} \phi_{\boldsymbol{p}}^{(2)}(x') \phi_{\boldsymbol{p}}^{(2)*}(x) \mathrm{i}\overset{\leftrightarrow}{\partial_0} \phi_{\boldsymbol{p'}}^{(r)}(x) a^{(r)}(\boldsymbol{p'})$$

$$= -\mathrm{i}\Theta(x'^0 - x^0) \int \mathrm{d}^3 p \int \mathrm{d}^3 p' \sum_{r=1}^{2} \epsilon_r \delta_{r1} \delta(\boldsymbol{p} - \boldsymbol{p'}) \phi_{\boldsymbol{p}}^{(1)}(x') a^{(r)}(\boldsymbol{p'})$$

$$-\mathrm{i}\Theta(x^0 - x'^0) \int \mathrm{d}^3 p \int \mathrm{d}^3 p' \sum_{r=1}^{2} \epsilon_r \delta_{r2} \delta(\boldsymbol{p} - \boldsymbol{p'}) \phi_{\boldsymbol{p}}^{(2)}(x') a^{(r)}(\boldsymbol{p'})$$

$$= -\mathrm{i}\Theta(x'^0 - x^0) \int \mathrm{d}^3 p \, \phi_{\boldsymbol{p}}^{(1)}(x') a^{(1)}(\boldsymbol{p})$$

$$+\mathrm{i}\Theta(x^0 - x'^0) \int \mathrm{d}^3 p \, \phi_{\boldsymbol{p}}^{(2)}(x') a^{(2)}(\boldsymbol{p})$$

$$= -\mathrm{i}\Theta(x'^0 - x^0) \phi^{(+)}(x) + \mathrm{i}\Theta(x^0 - x'^0) \phi^{(-)}(x) \ .$$

Und ebenso:

$$\int \mathrm{d}^3 x \, \phi^*(x) \mathrm{i}\overset{\leftrightarrow}{\partial_0} \Delta_{\mathrm{F}}^{(0)}(x - x')$$

$$= -\mathrm{i}\Theta(x^0 - x'^0) \int \mathrm{d}^3 x \int \mathrm{d}^3 p' \int \mathrm{d}^3 p$$

$$\times \sum_{r=1}^{2} a^{(r)*}(\boldsymbol{p'}) \phi_{\boldsymbol{p'}}^{(r)}(x) \mathrm{i}\overset{\leftrightarrow}{\partial_0} \phi_{\boldsymbol{p}}^{(1)}(x) \phi_{\boldsymbol{p}}^{(1)*}(x')$$

$$-\mathrm{i}\Theta(x'^0 - x^0) \int \mathrm{d}^3 x \int \mathrm{d}^3 p' \int \mathrm{d}^3 p$$

$$\times \sum_{r=1}^{2} a^{(r)*}(\boldsymbol{p'}) \phi_{\boldsymbol{p'}}^{(r)}(x) \mathrm{i}\overset{\leftrightarrow}{\partial_0} \phi_{\boldsymbol{p}}^{(2)}(x) \phi_{\boldsymbol{p}}^{(2)*}(x')$$

$$= -\mathrm{i}\Theta(x^0 - x'^0) \int \mathrm{d}^3 p' \int \mathrm{d}^3 p \sum_{r=1}^{2} a^{(r)*}(\boldsymbol{p'}) \phi_{\boldsymbol{p}}^{(1)*}(x') \epsilon_r \delta_{r1} \delta(\boldsymbol{p} - \boldsymbol{p'})$$

$$-\mathrm{i}\Theta(x'^0 - x^0) \int \mathrm{d}^3 p' \int \mathrm{d}^3 p \sum_{r=1}^{2} a^{(r)*}(\boldsymbol{p'}) \phi_{\boldsymbol{p}}^{(2)*}(x') \epsilon_r \delta_{r1} \delta(\boldsymbol{p} - \boldsymbol{p'})$$

$$= -\mathrm{i}\Theta(x^0 - x'^0) \int \mathrm{d}^3 p \, a^{(1)*}(\boldsymbol{p}) \phi_{\boldsymbol{p}}^{(1)*}(x')$$

$$+\mathrm{i}\Theta(x'^0 - x^0) \int \mathrm{d}^3 p \, a^{(2)*}(\boldsymbol{p}) \phi_{\boldsymbol{p}}^{(2)*}(x')$$

$$= -\mathrm{i}\Theta(x^0 - x'^0) \phi^{(+)}(x') + \mathrm{i}\Theta(x'^0 - x^0) \phi^{(-)}(x') \ .$$

43. Pion-Antipion-Streuung im Schwerpunktsystem. Berechnen Sie unter Berücksichtigung der Ergebnisse aus Unterabschn. 3.5.4 den differentiellen Wirkungsquerschnitt der Pion-Antipion-Streuung in führender Ordnung im Schwerpunktsystem.

Lösung. Ähnlich wie bei der Elektron-Positron-Streuung in Unterabschn. 3.3.6 beinhaltet die Streuamplitude der Pion-Antipion-Streuung in führender Ordnung einen direkten und einen Austausch- bzw. Vernichtungsanteil, deren Feynman-Graphen in Abb. 3.50 dargestellt sind. Man erhält hieraus

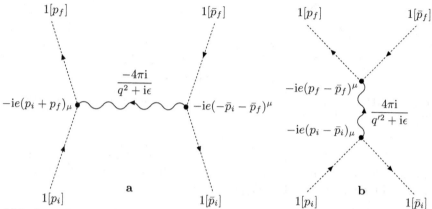

Abb. 3.50. Feynman-Graphen der direkten Streuamplitude (**a**) und der Austausch- bzw. Vernichtungsstreuamplitude (**b**) für die Pion-Antipion-Streuung in der Ordnung $\mathcal{O}\left(e^2\right)$ im Impulsraum (vgl. Abb. 3.18 und 3.19). An jedem Vertex gilt Energie- und Impulserhaltung. Deshalb folgt für die Viererimpulsüberträge $q = p_f - p_i = -(\bar{p}_f - \bar{p}_i)$, $q' = p_i + \bar{p}_i = p_f + \bar{p}_f$.

die Streuamplitude

$$S_{fi} = \frac{(2\pi)^4 \delta(p_f + \bar{p}_f - p_i - \bar{p}_i)}{V^2} \frac{1}{\sqrt{4E_i E_f}} \frac{1}{\sqrt{4\bar{E}_i \bar{E}_f}} M_{fi}$$

$$M_{fi} = M_{fi}(\text{dir}) + M_{fi}(\text{aus})$$

$$M_{fi}(\text{dir}) = (p_i + p_f)_\mu \frac{-4\pi \mathrm{i}e^2}{q^2 + \mathrm{i}\epsilon} (\bar{p}_i + \bar{p}_f)^\mu \ , \quad q = p_f - p_i$$

$$M_{fi}(\text{aus}) = (p_i - \bar{p}_i)_\mu \frac{4\pi \mathrm{i}e^2}{q'^2 + \mathrm{i}\epsilon} (p_f - \bar{p}_f)^\mu \ , \quad q' = p_i + \bar{p}_i \ .$$

Ein Vergleich mit der Streuamplitude der Pion-Pion-Streuung aus Satz 3.20 zeigt, daß auch innerhalb der bosonischen Streutheorie eine Kreuzsymmetrie zwischen Prozessen besteht, bei denen ein einlaufendes Teilchen mit dem zugehörigen auslaufenden Antiteilchen vertauscht ist und umgekehrt (siehe Abb. 3.51).

Aufgrund der kinematisch gleichen Verhältnisse wie bei der Pion-Pion-Streuung können wir den differentiellen Wirkungsquerschnitt aus Satz 3.20 für den hier betrachteten Prozeß unverändert übernehmen, d.h.

$$\left(\frac{\mathrm{d}\sigma}{\mathrm{d}\Omega}\right)_{\text{cm}} = \frac{1}{64(2\pi)^2 E_i^2} |M_{fi}|_{\text{cm}}^2 \ .$$

Pion-Pion-Streuung

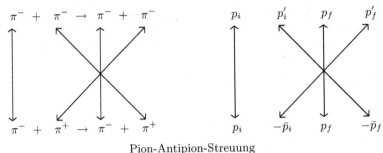

Pion-Antipion-Streuung

Abb. 3.51. Kreuzsymmetrie zwischen der Pion-Pion- und der Pion-Antipion-Streuung (vgl. Abb. 3.20).

Führt man schließlich in (3.169) die in Abb. 3.51 angegebenen Ersetzungen durch und wertet anschließend die Skalarprodukte im Schwerpunktsystem aus, so folgt für das Amplitudenquadrat

$$|M_{fi}|^2_{\mathrm{cm}} = (4\pi)^2 e^4 \left[\frac{\left(E_i^2 + \boldsymbol{p}_i^2 \cos^2 \frac{\theta}{2}\right)^2}{\boldsymbol{p}_i^4 \sin^4 \frac{\theta}{2}} + \frac{\boldsymbol{p}_i^4 \cos^2 \theta}{E_i^4} \right.$$
$$\left. - \frac{\cos\theta \left(E_i^2 + \boldsymbol{p}_i^2 \cos^2 \frac{\theta}{2}\right)}{E_i^2 \sin^2 \frac{\theta}{2}} \right] .$$

44. Pion-Antipion-Vernichtung im Schwerpunktsystem. Berechnen Sie unter Berücksichtigung der Ergebnisse aus Aufgabe 38 und Unterabschn. 3.5.6 den unpolarisierten differentiellen Wirkungsquerschnitt der Pion-Antipion-Vernichtung in zwei Photonen in führender Ordnung im Schwerpunktsystem.

Lösung. In Bezug auf den schwerpunktsystemischen differentiellen Wirkungsquerschnitt läßt sich aufgrund der kinematisch ähnlichen Verhältnisse wie bei der Elektron-Positron-Vernichtung in Aufgabe 38 (siehe auch Abb. 3.29) auf die dortigen Ergebnisse zurückgreifen. Unter Berücksichtigung von

$$\frac{1}{4\sqrt{(p_i \cdot \bar{p}_i)^2 - m_0^4}} = \frac{1}{8E_i |\boldsymbol{p}_i|}$$

$$\mathrm{d}^3 k_f = \omega_f^2 \mathrm{d}\omega_f \mathrm{d}\Omega \ , \quad \frac{\mathrm{d}^3 k_f'}{\omega_f'} = 2 \int \mathrm{d}^4 k_f' \delta(k_f'^2) \Theta(k_f'^0)$$

haben wir zunächst

$$\mathrm{d}\sigma = \frac{1}{8E_i |\boldsymbol{p}_i|} |M_{fi}|^2 (2\pi)^4 \delta(k_f + k_f' - p_i - \bar{p}_i) \frac{2\pi \mathrm{d}^3 k_f}{(2\pi)^3 \omega_f} \frac{2\pi \mathrm{d}^3 k_f}{(2\pi)^3 \omega_f'}$$

$$\Rightarrow \left(\overline{\frac{\mathrm{d}\sigma}{\mathrm{d}\Omega}} \right)_{\mathrm{cm}} = \frac{1}{4E_i|\boldsymbol{p}_i|} \int \mathrm{d}\omega_f \omega_f \int \mathrm{d}^4 k'_f \overline{|M_{fi}|^2} \delta(k_f + k'_f - p_i - \bar{p}_i)$$

$$\times \delta(k'^2_f) \Theta(k'^0_f) \ .$$

Weil diese Gleichung formal identisch ist mit der ersten Zeile von (3.129), multipliziert mit dem Faktor $1/(4m_0^2)$, folgt für unseren Fall aus der letzten Zeile von (3.129) sofort

$$\left(\overline{\frac{\mathrm{d}\sigma}{\mathrm{d}\Omega}} \right)_{\mathrm{cm}} = \frac{1}{16E_i|\boldsymbol{p}_i|} \overline{|M_{fi}|^2_{\mathrm{cm}}} \ .$$

Indem wir nun den kreuzsymmetrischen Zusammenhang zwischen der Compton-Streuung aus Unterabschn. 3.5.6 und der Pion-Antipion-Vernichtung berücksichtigen (siehe Abb. 3.52), folgt aus (3.176) mit den entsprechenden

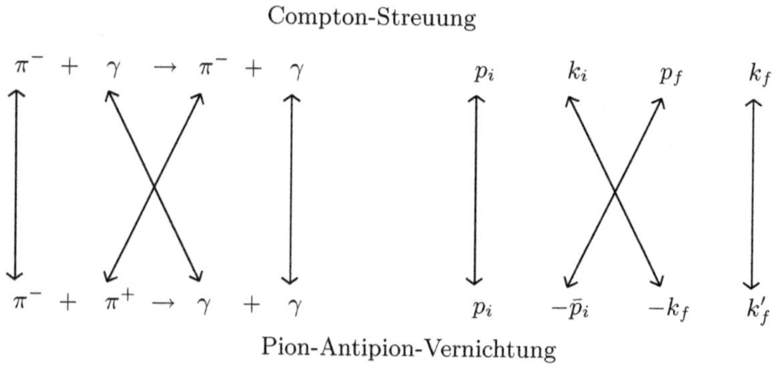

Compton-Streuung

Pion-Antipion-Vernichtung

Abb. 3.52. Kreuzsymmetrie zwischen der Compton-Streuung und der Pion-Antipion-Vernichtung (vgl. Abb. 3.26).

Ersetzungen für das unpolarisierte Amplitudenquadrat (Summation über die Endpolarisationen des Photons)

$$\overline{|M_{fi}|^2_{\mathrm{cm}}} = e^4 \sum_{\lambda_f, \lambda'_f} \left| \epsilon_\mu(k_f, \lambda_f) T^{\mu\nu} \epsilon_\nu(k'_f, \lambda'_f) \right|^2 \ , \quad T^{\mu\nu} = -2g^{\mu\nu}$$

$$= 4e^4 \sum_{\lambda_f, \lambda'_f} \left| \epsilon(k_f, \lambda_f) \cdot \epsilon(k'_f, \lambda'_f) \right|^2 \ .$$

Allerdings haben wir zu berücksichtigen, daß diese Gleichung nur unter der Voraussetzung $\epsilon_f \cdot p_i = \epsilon'_f \cdot p_i = 0$ gilt, was im Laborsystem durch die Strahlungseichung erreicht wurde. Im hier betrachteten Schwerpunktsystem bietet sich deshalb wieder die Umeichung (3.131) aus Aufgabe 38 an, in der dann die Polarisationssumme übergeht in (3.132). Die restliche Auswertung verläuft genau wie in Aufgabe 38 und führt schließlich zu

$$\overline{|M_{fi}|^2}_{\mathrm{cm}} = 4e^4 \left[2 - \frac{4m_0^2}{E_i^2(1 - v_i^2 \cos^2 \theta)} + \frac{4m_0^4}{E_i^4(1 - v_i^2 \cos^2 \theta)^2} \right]$$

$$= 4e^4 \frac{2 - 4v_i^2(1 - v_i^2) - 4v_i^4 \cos^2 \theta + 2v_i^4 \cos^4 \theta}{(1 - v_i^2 \cos^2 \theta)^2} \ .$$

A. Anhang

A.1 Spezielle Relativitätstheorie

Die spezielle Relativitätstheorie beruht auf folgenden Axiomen:

1. Konstanz der Lichtgeschwindigkeit: Die Lichtgeschwindigkeit im Vakuum ist in allen gleichförmig bewegten Bezugssystemen gleich groß, nämlich $c \approx 3 \cdot 10^8$ m/s. Keine Information breitet sich schneller aus als Licht.

2. Relativitätsprinzip: Physikalische Gesetze sind in allen Inertialsystemen gleichermaßen gültig, d.h. es existiert kein ausgezeichnetes Bezugssystem.

Im Relativitätsprinzip sind enthalten die Homogenität von Raum und Zeit, nach der kein ausgezeichneter Ort und Zeitpunkt existiert, und die Isotropie des Raumes, nach der es keine bevorzugte Raumrichtung gibt.

Aufgrund dieser Axiome werden relativistische physikalische Ereignisse mathematisch in einem vierdimensionalen Raum beschrieben, in dem das Produkt aus Lichtgeschwindigkeit und Zeit, $x^0 = ct$, als eigene Dimension gleichberechtigt zu den drei Raumdimensionen x^1, x^2, x^3 auftritt.

Minkowski-Raum. Der Minkowski-Raum ist ein vierdimensionaler linearer Vektorraum über dem Körper der reellen Zahlen. Seine Elemente x^μ werden durch vierkomponentige Koordinatenvektoren bzw. Vierervektoren

$$[x^\mu(t)] = \begin{pmatrix} x^0(t) \\ x^1(t) \\ x^2(t) \\ x^3(t) \end{pmatrix} , \quad x^0(t) = ct$$

repräsentiert. Das Skalarprodukt zweier Vierervektoren ist in der Weise

$$(x^\mu) \cdot (y^\mu) = x^\mu g_{\mu\nu} y^\nu = x^\mu y_\mu = x_\mu g^{\mu\nu} y_\nu = (x_\mu) \cdot (y_\nu)$$

definiert, mit dem nichteuklidischen metrischen Tensor (1. Index=Zeilenindex, 2. Index=Spaltenindex)

$$(g_{\mu\nu}) = (g^{\mu\nu}) = \begin{pmatrix} 1 & 0 & 0 & 0 \\ 0 & -1 & 0 & 0 \\ 0 & 0 & -1 & 0 \\ 0 & 0 & 0 & -1 \end{pmatrix} , \quad g^{\mu\alpha} g_{\alpha\nu} = g^\mu{}_\nu = \delta^\mu_\nu .$$

Notation. Zu diesen Definitionen gehören folgende Vereinbarungen:

- Vektoren, deren Index oben steht, heißen kontravariant, solche mit unten stehendem Index kovariant. Dies läßt sich auch auf Tensoren höherer Stufe übertragen. So ist z.B. $T^{\mu\nu}{}_\rho$ ein zweimal kontra- und einmal kovarianter Tensor 3. Stufe.

- Über gleiche Indizes, von denen der eine unten und der andere oben stehen muß, wird summiert, so daß Summenzeichen fortgelassen werden können (Einsteinsche Summenkonvention).

- Der metrische Tensor kann dazu verwendet werden, oben stehende Indizes nach unten zu ziehen und umgekehrt. So gilt z.B.

$$x_\mu = g_{\mu\nu}x^\nu \ , \quad T^{\mu\nu\rho} = g^{\mu\alpha}T_\alpha{}^{\nu\rho} = g^{\mu\alpha}g^{\nu\beta}T_{\alpha\beta}{}^\gamma = g^{\mu\alpha}g^{\nu\beta}g^{\rho\gamma}T_{\alpha\beta\gamma} \text{ usw.}$$

Demzufolge unterscheiden sich die ko- und kontravarianten Vektoren x_μ und x^μ allein im Vorzeichen ihrer räumlichen Komponenten.

Im Gegensatz zum dreidimensionalen euklidischen Fall ist hier die Norm eines Vektors nicht mehr positiv definit, und es können die Fälle

$$x_\mu x^\mu = x_0^2 - \boldsymbol{x}^2 = c^2 t^2 - \boldsymbol{x}^2 \begin{cases} > 0 \ \text{(zeitartig)} \\ = 0 \ \text{(lichtartig)} \\ < 0 \ \text{(raumartig)} \end{cases}$$

auftreten, wobei die Klassifizierung der Lage des Vektors relativ zum Lichtkegel $x_\mu x^\mu = 0$ entspricht.

Lorentz-Transformationen. Die Axiome der speziellen Relativitätstheorie implizieren, daß der vierdimensionale „Abstand" zweier Vierervektoren x^μ und y^μ in jedem Inertialsystem erhalten bleibt:

$$(x - y)_\mu (x - y)^\mu = (x' - y')_\mu (x' - y')^\mu \ .$$

Lorentz-Transformationen beschreiben den relativistischen Übergang zwischen zwei Inertialsystemen und sind über die lineare Transformationsgleichung

$$x^\mu \to x'^\mu = \Lambda^\mu{}_\nu x^\nu + a^\mu \ , \quad (a^\mu) = \text{Raum-Zeit-Translation} \tag{A.1}$$

kontravarianter Vektoren definiert. Zusammen mit der Erhaltung des Abstandes folgt hieraus einerseits die Bedingungsgleichung

$$\Lambda^\mu{}_\alpha g_{\mu\nu} \Lambda^\nu{}_\beta = g_{\alpha\beta} \tag{A.2}$$

und andererseits das entsprechende Transformationsverhalten kovarianter Vektoren,

$$x'_\mu = g_{\mu\nu}x'^\nu = g_{\mu\nu}\left(\Lambda^\nu{}_\alpha x^\alpha + a^\nu\right) = x_\beta [\Lambda^{-1}]^\beta{}_\mu + a_\mu \ ,$$

mit der inversen Transformation

$$[\Lambda^{-1}]^{\beta}{}_{\mu} = g_{\mu\nu}\Lambda^{\nu}{}_{\alpha}g^{\alpha\beta} = \Lambda_{\mu}{}^{\beta} \ , \ [\Lambda^{-1}]^{\beta}{}_{\mu}\Lambda^{\mu}{}_{\gamma} = g_{\mu\nu}\Lambda^{\nu}{}_{\alpha}g^{\alpha\beta}\Lambda^{\mu}{}_{\gamma} = \delta^{\beta}_{\gamma}.(A.3)$$

In Matrixschreibweise lautet die Bedingung (A.2) $\Lambda^T g \Lambda = g$ und entspricht der Forderung $R^T R = 1$ an Drehmatrizen in der dreidimensionalen euklidischen Geometrie. Lorentz-Transformationen mit $a^{\mu} = 0$ konstituieren die homogene Lorentz-Gruppe. Hierbei bleibt neben dem Abstand auch das Skalarprodukt zweier Vektoren unverändert: $x^{\mu}y_{\mu} = x'^{\mu}y'_{\mu}$. Im allgemeinen Fall $(a^{\mu}) \neq 0$ erhält man die inhomogene Lorentz-Gruppe oder Poincaré-Gruppe. Sie wird im folgenden nicht weiter betrachtet.

Die homogene Lorentz-Gruppe läßt sich folgendermaßen unterteilen:

Symbol	$\det(\Lambda)$	$\Lambda^0{}_0$	Bezeichnung der Gruppe		
$\mathcal{L}$	$+1$	> 0	eigentliche		
$P \cdot \mathcal{L}$	-1	> 0	orthochrone		
$R \cdot \mathcal{L}$	-1	< 0		homogene	
$P \cdot R \cdot \mathcal{L}$	$+1$	< 0			

Sämtliche Transformationen der eigentlichen Lorentz-Gruppe $\mathcal{L}$ können im Gegensatz zu allen anderen als Folge infinitesimaler Transformationen aufgefaßt werden. Nichtinfinitesimale oder diskrete Transformationen sind z.B. die Paritätstransformation (Raumspiegelung)

$$P: \quad x^0 \to x'^0 = x^0 \ , \ x^k \to x'^k = -x^k$$

und die Racah-Zeitspiegelung

$$R: \quad x^0 \to x'^0 = -x^0 \ , \ x^k \to x'^k = x^k \ .$$

Die orthochrone Gruppe besteht aus den eigentlichen Transformationen $\mathcal{L}$, der Raumspiegelung P und ihren Produkten $P \cdot \mathcal{L}$. Die homogene Gruppe wird von den Transformationen $\mathcal{L}$, P, R und ihren Produkten gebildet.

Transformationsverhalten von Differentialoperatoren. Unter Berücksichtigung von $x^{\nu} = [\Lambda^{-1}]^{\nu}{}_{\mu}x'^{\mu}$ [siehe (A.1)] gilt

$$\frac{\partial x^{\nu}}{\partial x'^{\mu}} = [\Lambda^{-1}]^{\nu}{}_{\mu} \implies \frac{\partial}{\partial x'^{\mu}} = \frac{\partial}{\partial x^{\nu}}\frac{\partial x^{\nu}}{\partial x'^{\mu}} = \frac{\partial}{\partial x^{\nu}}[\Lambda^{-1}]^{\nu}{}_{\mu} \ .$$

Also transformiert sich

$$\frac{\partial}{\partial x^{\mu}} = \partial_{\mu}$$

wie ein kovarianter Vektor und dementsprechend

$$\frac{\partial}{\partial x_{\mu}} = \partial^{\mu}$$

wie ein kontravarianter Vektor. Weiterhin folgt, daß der d'Alembert-Operator

$$\partial_\mu \partial^\mu = \frac{1}{c^2}\frac{\partial^2}{\partial t^2} - \boldsymbol{\nabla}^2$$

lorentzinvariant, also ein Lorentz-Skalar ist.

Relativistische Kinematik. Um die Bewegungsgleichungen der relativistischen Mechanik dem Relativitätsprinzip entsprechend lorentzkovariant[1] (forminvariant) anschreiben zu können, müssen die aus der Newtonschen Mechanik bekannten Größen Geschwindigkeit, Impuls und Kraft so umformuliert werden, daß sie ein definiertes Transformationsverhalten unter Lorentz-Transformationen besitzen. Nun ist im Gegensatz zu $\mathrm{d}t$ das Eigenzeitdifferential

$$\mathrm{d}\tau = \mathrm{d}t\sqrt{1 - \frac{1}{c^2}\left(\frac{\mathrm{d}\boldsymbol{x}}{\mathrm{d}t}\right)^2}$$

ein Lorentz-Skalar, denn es gilt aufgrund der Erhaltung des Skalarproduktes

$$\mathrm{d}\tau^2 = \mathrm{d}t^2 - \frac{1}{c^2}\mathrm{d}\boldsymbol{x}^2 = \mathrm{d}t'^2 - \frac{1}{c^2}\mathrm{d}\boldsymbol{x}'^2 \quad (\mathrm{d}\tau^2 > 0 \text{ für zeitartige Vektoren}) .$$

Damit werden folgende Größen definiert, von denen sich die Viererversionen wie x^μ transformieren:

- Vierergeschwindigkeit u^μ:

$$u^\mu = \frac{\mathrm{d}x^\mu}{\mathrm{d}\tau} = \frac{\mathrm{d}t}{\mathrm{d}\tau}\frac{\mathrm{d}x^\mu}{\mathrm{d}t} \ , \ (u^\mu) = \frac{1}{\sqrt{1 - \frac{v^2}{c^2}}}\begin{pmatrix} c \\ \boldsymbol{v} \end{pmatrix}$$

$$\boldsymbol{v} = \frac{\mathrm{d}\boldsymbol{x}}{\mathrm{d}t} = \text{physikalische Geschwindigkeit}.$$

- Viererimpuls p^μ:

$$p^\mu = m_0 u^\mu \ , \ (p^\mu) = \begin{pmatrix} cm \\ \boldsymbol{p} \end{pmatrix} \ , \ m = \frac{m_0}{\sqrt{1 - \frac{v^2}{c^2}}} \ , \ m_0 = \text{Ruhemasse}$$

$$\boldsymbol{p} = m\boldsymbol{v} = \text{physikalischer Impuls}.$$

---

[1] Wie in vielen anderen Lehrbüchern wird auch in diesem Buch das definierte Transformationsverhalten relativistischer Größen unter Lorentz-Transformationen meistens mit „lorentzkovariant" umschrieben, ungeachtet des feinen Unterschiedes zwischen „kovariant" und „kontravariant". Dasselbe gilt für relativistische Gleichungen, die ihre Form unter Lorentz-Transformationen nicht ändern. „Lorentzinvariant" sind Größen bzw. Gleichungen, deren Wert unter Lorentz-Transformationen unverändert bleibt (Lorentz-Skalar).

- Viererkraft F^μ:

$$F^\mu = \frac{\mathrm{d}p^\mu}{\mathrm{d}\tau} = \frac{1}{\sqrt{1 - \frac{v^2}{c^2}}} \frac{\mathrm{d}p^\mu}{\mathrm{d}t} \ , \ (F^\mu) = \frac{1}{\sqrt{1 - \frac{v^2}{c^2}}} \begin{pmatrix} c\frac{\mathrm{d}m}{\mathrm{d}t} \\ \boldsymbol{F} \end{pmatrix} \tag{A.4}$$

$$\boldsymbol{F} = \frac{\mathrm{d}\boldsymbol{p}}{\mathrm{d}t} = \text{physikalische Kraft.}$$

Die erste Kraftgleichung stellt gleichzeitig die lorentzkovariante Bewegungsgleichung der relativistischen Mechanik dar, während die zweite Gleichung das dreidimensionale relativistische Analogon zur Newton-Gleichung ist. Aus ihr folgt im Falle konservativer Kraftfelder $\boldsymbol{F} = -\boldsymbol{\nabla}V(\boldsymbol{x})$ die Energieerhaltung

$$E = mc^2 + V(\boldsymbol{x}) = \text{const} \Longrightarrow E = mc^2 \ \text{für} \ V = 0$$

und zusammen mit der Definition von p^μ die Energie-Impuls-Beziehung für freie Teilchen,

$$p_\mu p^\mu = p_0^2 - \boldsymbol{p}^2 = m_0^2 c^2 \Longleftrightarrow E^2 = \boldsymbol{p}^2 c^2 + m_0^2 c^4 \ .$$

Es ist nicht immer möglich, ein gegebenes mechanisches Problem durch (A.4) kovariant zu formulieren, da nicht alle Typen von Kräften als Vierervektoren zur Verfügung stehen. Ein Beispiel hierfür ist die Coulomb-Kraft. Sie setzt als statische Fernwirkungskraft eine unendlich hohe Ausbreitungsgeschwindigkeit voraus und steht somit im Widerspruch zum ersten Axiom der Relativitätstheorie.

Lorentzkovariante Elektrodynamik. Die Grundgleichungen der klassischen Elektrodynamik sind die vier Maxwell-Gleichungen

$$\left. \begin{aligned} &\boldsymbol{\nabla} \boldsymbol{E}(\boldsymbol{x},t) = 4\pi\rho(\boldsymbol{x},t) \\ &\boldsymbol{\nabla} \times \boldsymbol{E}(\boldsymbol{x},t) + \frac{1}{c}\frac{\partial \boldsymbol{B}(\boldsymbol{x},t)}{\partial t} = 0 \\ &\boldsymbol{\nabla} \boldsymbol{B}(\boldsymbol{x},t) = 0 \\ &\boldsymbol{\nabla} \times \boldsymbol{B}(\boldsymbol{x},t) - \frac{1}{c}\frac{\partial \boldsymbol{E}(\boldsymbol{x},t)}{\partial t} = \frac{4\pi}{c}\boldsymbol{j}(\boldsymbol{x},t) \end{aligned} \right\} \tag{A.5}$$

(im Gaußschen Maßsystem), die aus der ersten und vierten Maxwell-Gleichung folgende Kontinuitätsgleichung

$$\frac{\partial \rho(\boldsymbol{x},t)}{\partial t} + \boldsymbol{\nabla} \boldsymbol{j}(\boldsymbol{x},t) = 0$$

und die Lorentz-Kraft

$$\boldsymbol{F}_\mathrm{L}(\boldsymbol{x},t) = q\left[\boldsymbol{E}(\boldsymbol{x},t) + \frac{\boldsymbol{v}}{c} \times \boldsymbol{B}(\boldsymbol{x},t)\right] \ , \tag{A.6}$$

welche die auf ein Teilchen der Ladung q wirkende Kraft aufgrund seiner Bewegung inmitten der Felder $\boldsymbol{E}$ und $\boldsymbol{B}$ beschreibt.

Daß diese Gleichungen lorentzkovariant formulierbar sind, also mit der speziellen Relativitätstheorie im Einklang stehen, läßt sich folgendermaßen zeigen:

- Als erstes kann man die Kontinuitätsgleichung sofort in die Form

$$\partial_\mu j^\mu(x) = 0 \ , \ (j^\mu) = \begin{pmatrix} c\rho \\ j \end{pmatrix}$$

bringen, wodurch ihre Lorentz-Kovarianz explizit zum Ausdruck kommt, sofern es sich bei j^μ tatsächlich um einen Vierervektor handelt. Dies folgt aber aus der experimentellen Tatsache, daß die Ladung q ein Lorentz-Skalar ist: $\mathrm{d}q = \mathrm{d}^3 x \rho = \mathrm{d}^3 x' \rho'$. Demnach transformiert sich $\mathrm{d}q$ wie das vierdimensionale Volumenelement $\mathrm{d}^3 x \mathrm{d}x^0 = \mathrm{d}^3 x' \mathrm{d}x'^0$ und somit ρ wie die nullte Komponente eines Vierervektors.

- Die Maxwell-Gleichungen lassen sich durch Einführung des skalaren Potentials ϕ und des Vektorpotentials $\boldsymbol{A}$ vermöge

$$\boldsymbol{B}(\boldsymbol{x},t) = \boldsymbol{\nabla} \times \boldsymbol{A}(\boldsymbol{x},t) \ , \ \boldsymbol{E}(\boldsymbol{x},t) + \frac{1}{c}\frac{\partial \boldsymbol{A}(\boldsymbol{x},t)}{\partial t} = -\boldsymbol{\nabla}\phi(\boldsymbol{x},t) \qquad \text{(A.7)}$$

umschreiben zu

$$\boldsymbol{\nabla}^2 \phi + \frac{1}{c}\frac{\partial}{\partial t}\boldsymbol{\nabla A} = -4\pi\rho$$

$$\left(\boldsymbol{\nabla}^2 \boldsymbol{A} - \frac{1}{c^2}\frac{\partial^2 \boldsymbol{A}}{\partial t^2}\right) - \boldsymbol{\nabla}\left(\boldsymbol{\nabla A} + \frac{1}{c}\frac{\partial \phi}{\partial t}\right) = -\frac{4\pi}{c}\boldsymbol{j} \ .$$

Durch Ausnutzen der Eichfreiheit

$$\boldsymbol{\nabla A} = -\frac{1}{c}\frac{\partial \phi}{\partial t} \quad \text{(Lorentz-Eichung)}$$

ergeben sich daraus die in $\boldsymbol{A}$ und ϕ symmetrischen und entkoppelten inhomogenen Wellengleichungen

$$\left(\boldsymbol{\nabla}^2 - \frac{1}{c^2}\frac{\partial^2}{\partial t^2}\right)\phi = -4\pi\rho \iff \partial_\mu \partial^\mu \phi = 4\pi\rho$$

$$\left(\boldsymbol{\nabla}^2 - \frac{1}{c^2}\frac{\partial^2}{\partial t^2}\right)\boldsymbol{A} = -\frac{4\pi}{c}\boldsymbol{j} \iff \partial_\mu \partial^\mu \boldsymbol{A} = \frac{4\pi}{c}\boldsymbol{j} \ .$$

Weil ρ und $\boldsymbol{j}$ die Komponenten eines Vierervektors und $\partial_\mu \partial^\mu$ ein Lorentz-Skalar ist, folgt, daß auch die Potentiale ϕ und $\boldsymbol{A}$ zusammen einen Vierervektor bilden, so daß die letzten drei Gleichungen ebenfalls die manifest lorentzkovariante Form

$$\partial_\mu A^\mu = 0 \ , \ \partial_\mu \partial^\mu A^\nu = \frac{4\pi}{c}j^\nu \ , \ (A^\mu) = \begin{pmatrix} \phi \\ \boldsymbol{A} \end{pmatrix}$$

erhalten.

- Mit dem Wissen, daß j^μ und A^μ Vierervektoren sind, ergibt sich nun die Lorentz-Kovarianz der Maxwell-Gleichungen selbst wie folgt: Zunächst lassen sich die Definitionsgleichungen (A.7) zusammenfassend schreiben als

$$F^{\mu\nu} = \partial^\mu A^\nu - \partial^\nu A^\mu \ , \ (F^{\mu\nu}) = \begin{pmatrix} 0 & -E_x & -E_y & -E_z \\ E_x & 0 & -B_z & B_y \\ E_y & B_z & 0 & -B_x \\ E_z & -B_y & B_x & 0 \end{pmatrix} \ ,$$

wobei der Feldstärketensor $F^{\mu\nu}$ ein zweimal kontravarianter (antisymmetrischer) Tensor sein muß, der sich in der Weise

$$F'^{\mu\nu} = \Lambda^\mu{}_\alpha \Lambda^\nu{}_\beta F^{\alpha\beta}$$

transformiert. Hiermit werden die beiden homogenen Maxwell-Gleichungen in (A.5) zur lorentzkovarianten Gleichung

$$\partial_\mu F^{\mu\nu} = \frac{4\pi}{c} j^\nu \ .$$

Beide Seiten transformieren sich einmal kontravariant. Mit Hilfe des dualen Feldstärketensors

$$G^{\mu\nu} = \frac{1}{2}\epsilon^{\mu\nu\alpha\beta} F_{\alpha\beta} = F_{\mu\nu}(\boldsymbol{E} \rightarrow \boldsymbol{B} \ , \ \boldsymbol{B} \rightarrow -\boldsymbol{E})$$

$$\epsilon^{\mu\nu\alpha\beta} = \begin{cases} +1 & \text{falls } (\mu\nu\alpha\beta) \quad \text{gerade} \quad \text{Permutation von } (0123) \\ -1 & \text{falls } (\mu\nu\alpha\beta) \text{ ungerade Permutation von } (0123) \\ 0 & \text{sonst} \end{cases}$$

folgt für die inhomogenen Maxwell-Gleichungen in (A.5) die kovariante Formel

$$\partial_\mu G^{\mu\nu} = 0 \ .$$

- Im Gegensatz zur Coulomb-Kraft erlaubt die Lorentz-Kraft (A.6) eine relativistische Verallgemeinerung zu einem Vierervektor F_L^μ. Dieser lautet

$$F_L^\mu = \frac{q}{c} F^{\mu\nu} u_\nu = \frac{q}{c} F^{\mu\nu} \frac{\mathrm{d}x_\nu}{\mathrm{d}\tau} \ .$$

Damit ergeben sich nach (A.4) die Gleichungen

$$\frac{\mathrm{d}p^\mu}{\mathrm{d}\tau} = F_L^\mu \Longrightarrow \begin{cases} \mu = 0 : & \dfrac{\mathrm{d}}{\mathrm{d}t} mc^2 = q\boldsymbol{E}\boldsymbol{v} \\[2mm] \mu = i : & \dfrac{\mathrm{d}\boldsymbol{p}}{\mathrm{d}t} = q\left(\boldsymbol{E} + \dfrac{\boldsymbol{v}}{c} \times \boldsymbol{B}\right) = \boldsymbol{F}_L \ . \end{cases}$$

A.2 Bessel-Funktionen, sphärische Bessel-Funktionen

Bessel-Funktionen. Die Besselsche Differentialgleichung lautet

$$\left[\frac{d^2}{dx^2} + \frac{1}{x}\frac{d}{dx} + \left(1 - \frac{m^2}{x^2}\right)\right] f(x) = 0 \ , \ m \in \mathbb{R} \ .$$

Ihre Lösungen sind die Bessel-Funktionen J_m und J_{-m}, mit

$$J_m(x) = \left(\frac{x}{2}\right)^m \sum_{i=0}^{\infty} \frac{(-1)^i}{i!\,\Gamma(m+i+1)} \left(\frac{x}{2}\right)^{2i} \ .$$

Ist m ganzzahlig, dann gilt

$$J_m(x) = \left(\frac{x}{2}\right)^m \sum_{i=0}^{\infty} \frac{(-1)^i}{i!\,(m+i)!} \left(\frac{x}{2}\right)^{2i} \ , \ J_{-m}(x) = (-1)^m J_m(x) \ .$$

Sphärische Bessel-Funktionen. Die sphärische Besselsche Differential-gleichung lautet

$$\left[\frac{d^2}{dx^2} + \frac{2}{x}\frac{d}{dx} + 1 - \frac{l(l+1)}{x^2}\right] f(x) = 0 \ , \ l = 0, 1, 2, \dots \ .$$

Ihre Lösungen sind die sphärischen Bessel-Funktionen j_l, n_l (letztere heißen auch Neumann-Funktionen) und somit auch die Hankel-Funktionen $h_l^{(\pm)}$:

$$j_l(x) = \left(\frac{\pi}{2x}\right)^{1/2} J_{l+1/2}(x)$$

$$n_l(x) = (-1)^l \left(\frac{\pi}{2x}\right)^{1/2} J_{-l-1/2}(x)$$

$$h_l^{(\pm)}(x) = n_l(x) \pm i j_l(x) \ .$$

Ihre explizite Form lautet

$$\left.\begin{aligned}
j_l(x) &= R_l(x)\frac{\sin x}{x} + S_l(x)\frac{\cos x}{x} \\
n_l(x) &= R_l(x)\frac{\cos x}{x} - S_l(x)\frac{\sin x}{x} \\
h_l^{(\pm)}(x) &= [R_l(x) \pm i S_l(x)]\frac{e^{\pm i x}}{x} \ ,
\end{aligned}\right\} \tag{A.8}$$

mit

$$R_l(x) + i S_l(x) = \sum_{s=0}^{l} \frac{i^{s-l}}{2^s s!} \frac{(l+s)!}{(l-s)!} x^{-s} \ , \ R_l, S_l \in \mathbb{R} \ .$$

R_l und S_l sind Polynome in $1/x$ vom Grade l mit reellen Koeffizienten und der Parität $(-1)^l$ bzw. $-(-1)^l$.

Für eine beliebige Linearkombination $f_l = a j_l + b n_l$, a, b fest, gelten die Rekursionsformeln

$$(2l+1)f_l(x) = x\left[f_{l+1}(x) + f_{l-1}(x)\right]$$

$$f_{l-1} = \left(\frac{\mathrm{d}}{\mathrm{d}x} + \frac{l+1}{x}\right)f_l = \frac{1}{x^{l+1}}\frac{\mathrm{d}}{\mathrm{d}x}\left(x^{l+1}f_l\right)$$

$$f_l = \left(-\frac{\mathrm{d}}{\mathrm{d}x} + \frac{l-1}{x}\right)f_{l-1} = -x^{l-1}\frac{\mathrm{d}}{\mathrm{d}x}\left(\frac{f_{l-1}}{x^{l-1}}\right) \ ,$$

woraus folgt:

$$f_l = \left[x^l\left(-\frac{1}{x}\frac{\mathrm{d}}{\mathrm{d}x}\right)^l\right]f_0 \ .$$

Aus (A.8) ergeben sich die ersten sphärischen Funktionen zu

$$j_0(x) = \frac{\sin x}{x} \ , \ j_1(x) = \frac{\sin x}{x^2} - \frac{\cos x}{x}$$

$$n_0(x) = \frac{\cos x}{x} \ , \ n_1(x) = \frac{\cos x}{x^2} + \frac{\sin x}{x}$$

$$h_0^{(\pm)}(x) = \frac{\mathrm{e}^{\pm ix}}{x} \ , \ h_1^{(\pm)}(x) = \left(\frac{1}{x^2} \mp \frac{i}{x}\right)\frac{\mathrm{e}^{\pm ix}}{x} \ .$$

A.3 Legendre-Funktionen, Legendre-Polynome, Kugelflächenfunktionen

Legendre-Funktionen. Die Legendresche Differentialgleichung lautet

$$\left[(1-x^2)\frac{\mathrm{d}^2}{\mathrm{d}x^2} - 2x\frac{\mathrm{d}}{\mathrm{d}x} + l(l+1) - \frac{m^2}{1-x^2}\right]f(x) = 0 \ ,$$

mit $l = 0, 1, 2, \ldots$, $m = 0, \ldots, \pm l$. Ihre im Intervall $[-1 : 1]$ beschränkten Lösungen sind die Legendre-Funktionen

$$P_{l,m}(x) = \frac{(1-x^2)^{m/2}}{2^l l!}\frac{\mathrm{d}^{l+m}}{\mathrm{d}x^{l+m}}(x^2-1)^l \ . \tag{A.9}$$

$P_{l,m}$ ist das Produkt von $(1-x)^{m/2}$ mit einem Polynom vom Grade $l-m$ und der Parität $(-1)^{l-m}$, das im Intervall $[-1 : 1]$ $l-m$ Nullstellen aufweist. Es gelten die Rekursionsformeln ($P_{-1,\ldots} = 0$)

$$(2l+1)xP_{l,m} = (l+1-m)P_{l+1,m} + (l+m)P_{l-1,m}$$

$$(1-x^2)\frac{\mathrm{d}}{\mathrm{d}x}P_{l,m} = -lxP_{l,m} + (l+m)P_{l-1,m}$$

$$= (l+1)xP_{l,m} - (l+1-m)P_{l+1,m}$$

und die Orthogonalitätsrelationen

$$\int_{-1}^{1}\mathrm{d}x P_{l,m}(x)P_{l',m}(x) = \frac{2}{2l+1}\frac{(l+m)!}{(l-m)!}\delta_{ll'} \ .$$

Legendre-Polynome. Im Falle $m = 0$ erhält man aus (A.9) die Legendre-Polynome

$$P_l(x) = P_{l,0}(x) = \frac{1}{2^l l!} \frac{\mathrm{d}^l}{\mathrm{d}x^l}(x^2 - 1)^l \ .$$

P_l ist ein Polynom vom Grade l, der Parität $(-1)^l$ und besitzt im Intervall $[-1 : 1]$ l Nullstellen. Die Legendre-Polynome lassen sich gewinnen, indem man die Funktion $(1 - 2xy + y^2)^{-1/2}$ nach Potenzen von y entwickelt:

$$\frac{1}{\sqrt{1 - 2xy + y^2}} = \sum_{l=0}^{\infty} y^l P_l(x) \ , \ |y| < 1 \ . \tag{A.10}$$

Die ersten 5 Legendre-Polynome lauten

$$P_0(x) = 1 \ , \ P_1(x) = x \ , \ P_2(x) = \frac{1}{2}(3x^2 - 1)$$

$$P_3(x) = \frac{1}{2}(5x^3 - 3x) \ , \ P_4(x) = \frac{1}{8}(35x^4 - 30x^2 + 3) \ .$$

Kugelflächenfunktionen. Die Kugelflächenfunktionen $Y_{l,m}$ sind als die Eigenfunktionen der quantenmechanischen Drehimpulsoperatoren $\boldsymbol{L}^2$ und L_z definiert:

$$\boldsymbol{L}^2 Y_{l,m} = \hbar^2 l(l+1) Y_{l,m} \ , \ l = 0, 1, 2, \ldots$$
$$L_z Y_{l,m} = \hbar m Y_{l,m} \ , \ m = 0, \ldots, \pm l \ .$$

Ihre explizite Form lautet

$$Y_{l,m}(\theta, \varphi) = \frac{(-1)^l}{2^l l!} \sqrt{\frac{(2l+1)!}{4\pi}} \sqrt{\frac{(l+m)!}{(2l)!(l-m)!}}$$

$$\times \mathrm{e}^{im\varphi} \sin^{-m}\theta \frac{\mathrm{d}^{l-m}}{\mathrm{d}(\cos\theta)^{l-m}} \sin^{2l}\theta \ .$$

Sie bilden ein vollständiges orthonormales Funktionensystem auf dem Einheitskreis. Das heißt es gelten folgende Orthonormalitäts- und Vollständigkeitsrelationen:

$$\int Y_{l,m}^* Y_{l',m'} \mathrm{d}\Omega = \int_0^{2\pi} \mathrm{d}\varphi \int_0^{\pi} \mathrm{d}\theta \sin\theta Y_{l,m}^*(\theta, \varphi) Y_{l',m'}(\theta, \varphi) = \delta_{ll'}\delta_{mm'}$$

$$\sum_{l=0}^{\infty} \sum_{m=-l}^{l} Y_{l,m}^*(\theta, \varphi) Y_{l,m}(\theta', \varphi') = \frac{\delta(\varphi - \varphi')\delta(\cos\theta - \cos\theta')}{\sin\theta} = \delta(\Omega - \Omega').$$

Weitere Eigenschaften sind:

• Parität:

$$Y_{l,m}(\pi - \theta, \varphi + \pi) = (-1)^l Y_{l,m}(\theta, \varphi) \ .$$

- Komplexe Konjugation:

$$Y_{l,m}^*(\theta, \varphi) = (-1)^m Y_{l,-m}(\theta, \varphi) \; .$$

- Zusammenhang mit den Legendre-Funktionen:

$$Y_{l,m}(\theta, \varphi) = \sqrt{\frac{2l+1}{4\pi} \frac{(l-m)!}{(l+m)!}} P_{l,m}(\cos\theta) e^{im\varphi} \; , \; m \geq 0 \; .$$

- Additionstheorem: Mit

$$\boldsymbol{x} = r \begin{pmatrix} \cos\varphi\sin\theta \\ \sin\varphi\sin\theta \\ \cos\theta \end{pmatrix} \; , \; \boldsymbol{x}' = r' \begin{pmatrix} \cos\varphi'\sin\theta' \\ \sin\varphi'\sin\theta' \\ \cos\theta' \end{pmatrix}$$

und

$$\boldsymbol{x}\boldsymbol{x}' = rr'\cos\alpha \; , \; \cos\alpha = \sin\theta\sin\theta'\cos(\varphi-\varphi') + \cos\theta\cos\theta'$$

gilt

$$P_l(\cos\alpha) = \frac{4\pi}{2l+1} \sum_{m=-l}^{l} Y_{l,m}^*(\theta', \varphi') Y_{l,m}(\theta, \varphi) \; .$$

Hieraus folgt unter Berücksichtigung von (A.10)

$$\frac{1}{|\boldsymbol{x} - \boldsymbol{x}'|} = \frac{1}{r\sqrt{1 - 2\frac{r'}{r}\cos\alpha + \left(\frac{r'}{r}\right)^2}} = \frac{1}{r} \sum_{l=0}^{\infty} \left(\frac{r'}{r}\right)^l P_l(\cos\alpha)$$

$$= \sum_{l=0}^{\infty} \sum_{m=-l}^{l} \frac{4\pi}{2l+1} \frac{r'^l}{r^{l+1}} Y_{l,m}^*(\theta', \varphi') Y_{l,m}(\theta, \varphi) \; .$$

Die ersten Kugelflächenfunktionen lauten

$$Y_{0,0}(\theta, \varphi) = \frac{1}{\sqrt{4\pi}} \; , \; Y_{1,1}(\theta, \varphi) = -\sqrt{\frac{3}{8\pi}} e^{i\varphi} \sin\theta$$

$$Y_{1,0}(\theta, \varphi) = \sqrt{\frac{3}{4\pi}} \cos\theta \; , \; Y_{2,2}(\theta, \varphi) = \sqrt{\frac{15}{32\pi}} e^{2i\varphi} \sin^2\theta \sin\theta \cos\theta$$

$$Y_{2,1}(\theta, \varphi) = -\sqrt{\frac{15}{8\pi}} e^{i\varphi} \; , \; Y_{2,0}(\theta, \varphi) = \sqrt{\frac{5}{16\pi}} \left(3\cos^2\theta - 1\right) \; .$$

A.4 Dirac-Matrizen und Bispinoren

Die Dirac-Matrizen $\{\alpha_1, \alpha_2, \alpha_3, \beta\}$ und $\{\gamma^0, \gamma^1, \gamma^2, \gamma^3\}$ sowie γ^5 und $\sigma^{\mu\nu}$ sind darstellungsunabhängig definiert durch

$$\{\alpha_i, \alpha_j\} = 2\delta_{ij} \ , \ \{\alpha_i, \beta\} = 0 \ , \ \alpha_i^2 = \beta^2 = 1 \ , \ \alpha_i = \alpha_i^\dagger \ , \ \beta = \beta^\dagger$$

$$\gamma^0 = \beta \ , \ \gamma^i = \beta\alpha_i \ , \ \gamma_\mu = g_{\mu\nu}\gamma^\nu$$

$$\gamma^5 = \mathrm{i}\gamma^0\gamma^1\gamma^2\gamma^3 = -\mathrm{i}\gamma_3\gamma_2\gamma_1\gamma_0 = \gamma_5 \ , \ \sigma^{\mu\nu} = \frac{\mathrm{i}}{2}[\gamma^\mu, \gamma^\nu] \ .$$

Hieraus ergeben sich folgende Identitäten:

$$\{\gamma^\mu, \gamma^\nu\} = 2g^{\mu\nu} \quad \text{(Clifford-Algebra)} \ , \ (\gamma^\mu)^2 = g^{\mu\mu}$$

$$\gamma^5 = -\frac{\mathrm{i}}{4!}\epsilon_{\mu\nu\alpha\beta}\gamma^\mu\gamma^\nu\gamma^\alpha\gamma^\beta \ , \ \gamma_5^2 = 1$$

$$\{\gamma^5, \gamma^\mu\} = 0$$

$$\gamma^5\sigma^{\mu\nu} = \frac{\mathrm{i}}{2}\epsilon^{\mu\nu\alpha\beta}\sigma_{\alpha\beta}$$

$$[\gamma^5, \sigma^{\mu\nu}] = 0$$

$$\gamma^\mu\gamma^\nu = g^{\mu\nu} - \mathrm{i}\sigma^{\mu\nu}$$

$$\gamma_\mu\gamma^\mu = 4$$

$$\gamma^\mu\gamma^\nu\gamma_\mu = -2\gamma^\nu$$

$$\gamma^\mu\gamma^\nu\gamma^\alpha\gamma_\mu = 4g^{\nu\alpha}$$

$$\gamma^\mu\gamma^\nu\gamma^\alpha\gamma^\beta\gamma_\mu = -2\gamma^\beta\gamma^\alpha\gamma^\nu$$

$$\gamma^\mu\gamma^\nu\gamma^\alpha\gamma^\beta\gamma^\rho\gamma_\mu = 2\left(\gamma^\rho\gamma^\nu\gamma^\alpha\gamma^\beta - \gamma^\beta\gamma^\alpha\gamma^\nu\gamma^\rho\right)$$

$$\gamma^\mu\sigma^{\alpha\beta}\gamma_\mu = 0$$

$$\gamma^\mu\sigma^{\alpha\beta}\gamma^\rho\gamma_\mu = 2\gamma^\rho\sigma^{\alpha\beta} \ .$$

Spuren:

$$\text{tr}(\gamma^\mu) = \text{tr}(\gamma^5) = 0$$

$$\text{tr}(\gamma^\mu\gamma^\nu) = 4g^{\mu\nu}$$

$$\text{tr}(\sigma^{\mu\nu}) = 0$$

$$\text{tr}(\gamma^\mu\gamma^\nu\gamma^5) = 0$$

$$\text{tr}(\gamma^\mu\gamma^\nu\gamma^\alpha\gamma^\beta) = 4(g^{\mu\nu}g^{\alpha\beta} - g^{\mu\alpha}g^{\nu\beta} + g^{\mu\beta}g^{\nu\alpha})$$

$$\text{tr}(\gamma^5\gamma^\mu\gamma^\nu\gamma^\alpha\gamma^\beta) = -4\mathrm{i}\epsilon^{\mu\nu\alpha\beta} = 4\mathrm{i}\epsilon_{\mu\nu\alpha\beta} \ .$$

Hermitesche Konjugation:

$$\gamma^{0\dagger} = \gamma^0 \ , \ \gamma^{i\dagger} = -\gamma^i \ , \ \gamma^{5\dagger} = \gamma^5$$

$$\gamma^0\gamma^\mu\gamma^0 = \gamma^{\mu\dagger} \ , \ \gamma^0\gamma^5\gamma^0 = -\gamma^{5\dagger}$$

$$\gamma^0\gamma^5\gamma^\mu\gamma^0 = (\gamma^5\gamma^\mu)^\dagger$$

$$\gamma^0\sigma^{\mu\nu}\gamma^0 = \sigma^{\mu\nu\dagger} \ .$$

Vierdimensionale Repräsentationen der γ-Matrizen.

Dirac-Darstellung:

$$\gamma^0 = \begin{pmatrix} 1 & 0 \\ 0 & -1 \end{pmatrix} \;,\; \gamma^i = \begin{pmatrix} 0 & \sigma_i \\ -\sigma_i & 0 \end{pmatrix} \;,\; \gamma^5 = \begin{pmatrix} 0 & 1 \\ 1 & 0 \end{pmatrix}$$

$$\sigma^{0i} = \mathrm{i} \begin{pmatrix} 0 & \sigma_i \\ \sigma_i & 0 \end{pmatrix} \;,\; \sigma^{ij} = \epsilon_{ijk} \begin{pmatrix} \sigma_k & 0 \\ 0 & \sigma_k \end{pmatrix} \;,\; C = \mathrm{i}\gamma^2 \;.$$

Weyl-Darstellung:

$$\gamma^0 = \begin{pmatrix} 0 & -1 \\ -1 & 0 \end{pmatrix} \;,\; \gamma^i = \begin{pmatrix} 0 & \sigma_i \\ -\sigma_i & 0 \end{pmatrix} \;,\; \gamma^5 = \begin{pmatrix} 1 & 0 \\ 0 & -1 \end{pmatrix}$$

$$\sigma^{0i} = \mathrm{i} \begin{pmatrix} \sigma_i & 0 \\ 0 & -\sigma_i \end{pmatrix} \;,\; \sigma^{ij} = \epsilon_{ijk} \begin{pmatrix} \sigma_k & 0 \\ 0 & \sigma_k \end{pmatrix} \;,\; C = \mathrm{i}\gamma^2$$

$$\gamma^\mu_{\mathrm{Weyl}} = U^\dagger \gamma^\mu_{\mathrm{Dirac}} U \;,\; U = \frac{1}{\sqrt{2}} \begin{pmatrix} 1 & -1 \\ 1 & 1 \end{pmatrix} \;.$$

Majorana-Darstellung:

$$\gamma^0 = \begin{pmatrix} 0 & \sigma_2 \\ \sigma_2 & 0 \end{pmatrix} \;,\; \gamma^1 = \mathrm{i} \begin{pmatrix} \sigma_3 & 0 \\ 0 & \sigma_3 \end{pmatrix} \;,\; \gamma^2 = \begin{pmatrix} 0 & -\sigma_2 \\ \sigma_2 & 0 \end{pmatrix}$$

$$\gamma^3 = \mathrm{i} \begin{pmatrix} -\sigma_1 & 0 \\ 0 & -\sigma_1 \end{pmatrix} \;,\; \gamma^5 = \begin{pmatrix} \sigma_2 & 0 \\ 0 & -\sigma_2 \end{pmatrix} \;,\; C = 1$$

$$\gamma^\mu_{\mathrm{Majorana}} = U^\dagger \gamma^\mu_{\mathrm{Dirac}} U \;,\; U = \frac{1}{\sqrt{2}} \begin{pmatrix} 1 & \sigma_2 \\ \sigma_2 & -1 \end{pmatrix} \;.$$

Hierbei bedeuten σ_i die Pauli-Matrizen:

$$\sigma_1 = \begin{pmatrix} 0 & 1 \\ 1 & 0 \end{pmatrix} \;,\; \sigma_2 = \begin{pmatrix} 0 & -\mathrm{i} \\ \mathrm{i} & 0 \end{pmatrix} \;,\; \sigma_3 = \begin{pmatrix} 1 & 0 \\ 0 & -1 \end{pmatrix} \;.$$

Diracsche Bispinoren. Die Bispinoren $u(p,s)$, $v(p,s)$ und deren Adjungierte $\bar{u}(p,s) = u^\dagger(p,s)\gamma^0$, $\bar{v}(p,s) = v^\dagger(p,s)\gamma^0$ genügen den Diracschen Gleichungen im Impulsraum ($\hbar = c = 1$, $p_0 = \sqrt{\boldsymbol{p}^2 + m_0^2}$):

$$(\not{p} - m_0)u(p,s) = 0 \;,\; (\not{p} + m_0)v(p,s) = 0$$

$$\bar{u}(p,s)(\not{p} - m_0) = 0 \;,\; \bar{v}(p,s)(\not{p} + m_0) = 0 \;.$$

Normierung:

$$\bar{u}(p,s)u(p,s) = 1 \;,\; \bar{v}(p,s)v(p,s) = -1$$

$$\bar{u}(p,s)v(p,s) = \bar{v}(p,s)u(p,s) = 0 \;.$$

Vollständigkeitsrelation:

$$\sum_s u_\alpha(p,s)\bar{u}_\beta(p,s) - v_\alpha(p,s)\bar{v}_\beta(p,s) = \delta_{\alpha\beta} \;.$$

Projektionsoperatoren:

$$\sum_s u_\alpha(p,s)\bar{u}_\beta(p,s) = \left(\frac{\not{p}+m_0}{2m_0}\right)_{\alpha\beta} = [\Lambda_+(p)]_{\alpha\beta}$$

$$-\sum_s v_\alpha(p,s)\bar{v}_\beta(p,s) = \left(\frac{-\not{p}+m_0}{2m_0}\right)_{\alpha\beta} = [\Lambda_-(p)]_{\alpha\beta}$$

$$u_\alpha(p,s)\bar{u}_\beta(p,s) = \left(\frac{\not{p}+m_0}{2m_0}\frac{1+\gamma^5\not{s}}{2}\right)_{\alpha\beta} = [\Lambda_+(p)\Sigma(s)]_{\alpha\beta}$$

$$-v_\alpha(p,s)\bar{v}_\beta(p,s) = \left(\frac{-\not{p}+m_0}{2m_0}\frac{1+\gamma^5\not{s}}{2}\right)_{\alpha\beta} = [\Lambda_-(p)\Sigma(s)]_{\alpha\beta} \ .$$

Gordon-Zerlegungen:

$$\bar{u}(p',s')\gamma^\mu u(p,s) = \frac{1}{2m_0}\bar{u}(p',s')\left[(p'+p)^\mu + i\sigma^{\mu\nu}(p'-p)_\nu\right]u(p,s)$$

$$\bar{v}(p',s')\gamma^\mu v(p,s) = -\frac{1}{2m_0}\bar{v}(p',s')\left[(p'+p)^\mu + i\sigma^{\mu\nu}(p'-p)_\nu\right]v(p,s)$$

$$\bar{u}(p',s')\gamma^\mu v(p,s) = \frac{1}{2m_0}\bar{u}(p',s')\left[(p'-p)^\mu + i\sigma^{\mu\nu}(p'+p)_\nu\right]v(p,s)$$

$$\bar{v}(p',s')\gamma^\mu u(p,s) = -\frac{1}{2m_0}\bar{v}(p',s')\left[(p'-p)^\mu + i\sigma^{\mu\nu}(p'+p)_\nu\right]u(p,s) \ .$$

Sachverzeichnis